AutoCAD 工程设计视频讲堂

轻松学 AutoCAD 2015 机械工程制图

李　波　等编著

電子工業出版社
Publishing House of Electronics Industry
北京 · BEIJING

内容简介

本书分为10章和2个附录，讲解AutoCAD 2015基础入门、机械设计基础与CAD制图规范；针对机械工程图的特点，讲解零件二维视图、三视图、标准及常用件、工程图、三维模型图、装配图、轴测图等工程图的绘制方法；针对机械工程图进行综合实践训练；附录中介绍CAD常见的快捷命令和常用的系统变量。

本书以“轻松·易学·快捷·实用”为宗旨，采用双色印刷，将要点、难点、图解等分色注释。配套多媒体DVD光盘中，包含相关案例素材、大量工程图、视频讲解、电子图书等。另外，开通QQ高级群（15310023），以开放更多的共享资源，以便读者能够互动交流和学习。

本书适合AutoCAD初中级读者学习，也适合大中专院校相关专业师生，以及培训机构和在职技术人员学习。

图书在版编目（CIP）数据

轻松学 AutoCAD 2015 机械工程制图 / 李波等编著．—北京：电子工业出版社，2015.6
（AutoCAD 工程设计视频讲堂）
ISBN 978-7-121-26206-7

I．①轻…　II．①李…　III．①机械制图－AutoCAD 软件　IV．①TH126

中国版本图书馆 CIP 数据核字（2015）第 118528 号

策划编辑：许存权
责任编辑：许存权　　　特约编辑：谢忠玉　钟志芳
印　　刷：北京中新伟业印刷有限公司
装　　订：北京中新伟业印刷有限公司
出版发行：电子工业出版社
北京市海淀区万寿路 173 信箱　　邮编：100036
开　　本：787×1092　1/16　　印张：22.75　　字数：588 千字
版　　次：2015 年 6 月第 1 版
印　　次：2015 年 6 月第 1 次印刷
定　　价：65.00 元（含 DVD 光盘 1 张）

凡所购买电子工业出版社图书有缺损问题，请向购买书店调换。若书店售缺，请与本社发行部联系，联系及邮购电话：(010) 88254888。

质量投诉请发邮件至 zlts@phei.com.cn，盗版侵权举报请发邮件至 dbqq@phei.com.cn。

服务热线：(010) 88258888。

前言

- 随着科学技术的不断发展，计算机辅助设计（CAD）也得到了飞速发展，而最为出色的 CAD 设计软件之一就是美国 Autodesk 公司的 AutoCAD，在 20 多年的发展中，AutoCAD 相继进行了二十多次升级，每次升级都带来了功能的大幅提升，目前的 AutoCAD 2015 简体中文版于 2014 年 3 月正式面世。

本书内容

第1章，讲解AutoCAD 2015 的基础入门。

第2章，讲解机械设计基础与CAD制图规范。

第3～9章，针对机械工程图的特点，对零件的二维视图、三视图、标准及常用件、工程图、三维模型图、装配图、轴测图等工程图分别进行详细的绘制。

第10章，针对机械工程图进行综合实践训练。

附录A、B，介绍CAD常用快捷键和系统变量。

本书特色

- 经过调查，以及多次与作者长时间的沟通，本套图书的写作方式、编排方式将以全新模式，突出技巧主题，做到知识点的独立性和可操作性，每个知识点尽量配有多媒体视频，是 AutoCAD 用户不可多得的一套精品工具书，主要有以下特色。

版本最新 紧密结合

- 以2015版软件为蓝本，使之完全兼容之前版本的应用；在知识内容的编排上，充分将AutoCAD软件的工具命令与机械专业知识紧密结合。

版式新颖 美观大方

- 图书版式新颖，图注编号清晰明确，图片、文字的占用空间比例合理，通过简洁明快的风格，并添加特别提示的标注文字，提高读者的阅读兴趣。

多图组合 步骤编号

- 为节省版面空间，体现更多的知识内容，将多个相关的图形组合编排，并进行步骤编号注释，读者看图即可操作。

双色印刷 轻松易学

- 本书双色编排印刷，更好地体现出本书的重要知识点、快捷键命令、设计数据等，让读者在学习的过程中，达到轻松学习，容易掌握的目的。

全程视频 网络互动

- 本书全程视频讲解，做到视频与图书同步配套学习；开通QQ高级群（15310023）进行互动学习和技术交流，并可获得大量的共享资料。

读者对象

- 特别适合教师讲解和学生自学。
- 各类计算机培训班及工程培训人员。
- 相关专业的工程设计人员。
- 对AutoCAD设计软件感兴趣的读者。

学习方法

- 其实 AutoCAD 工程图的绘制很好学，可通过多种方法执行某个工具或命令，如工具栏、命令行、菜单栏、面板等。但是，学习任何一款软件的技术，都需要动力、坚持和自我思考，如果只有三分钟热度、遇见问题就求助别人，对学习无所谓，是学不好、学不精的。
- 对此，作者推荐以下 6 点建议，希望读者严格要求自己进行学习。

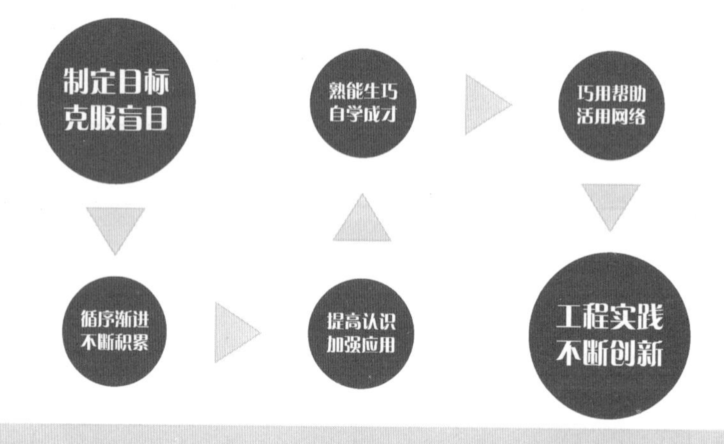

写作团队

- 本书由“巴山书院”集体创作，由资深作者李波主持编写，另外，参与编写的人员还有冯燕、江玲、袁琴、陈本春、刘小红、荆月鹏、汪琴、刘冰、牛姜、王洪令、李友、黄妍、郝德全、李松林等。
- 感谢您选择了本书，希望我们的努力对您的工作和学习有所帮助，也希望把您对本书的意见和建议告诉我们（邮箱：helpkj@163.com　QQ 高级群: 15310023）。
- 书中难免有疏漏与不足之处，敬请专家和读者批评指正。

李波

1

AutoCAD 2015 快速入门

本章导读

随着计算机辅助绘图技术的不断普及和发展，用计算机绘图全面代替手工绘图将成为必然趋势，只有熟练地掌握计算机图形的生成技术，才能够灵活自如地在计算机上表现自己的设计才能和天赋。

本章内容

- AutoCAD 2015 软件基础
- ACAD 图形文件的管理
- ACAD 绘图环境的设置
- ACAD 命令与变量的操作
- ACAD 辅助功能的设置
- ACAD 图形对象的选择
- ACAD 视图的显示控制
- ACAD 图层与对象的控制
- ACAD 文字和标注的设置
- 绘制第一个 ACAD 图形

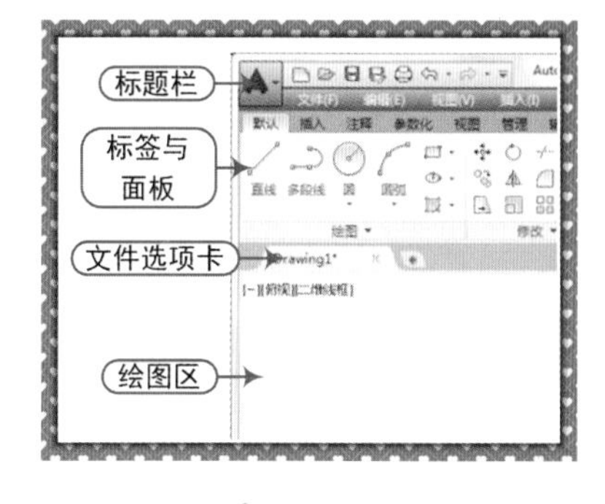

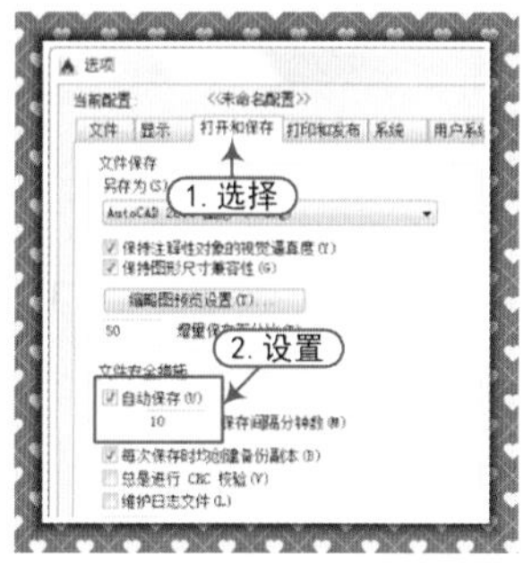

1.1 AutoCAD 2015 软件基础

AutoCAD 软件是美国 Autodesk 公司开发的产品，是目前世界上应用最广泛的 CAD 软件之一。它已经在机械、建筑、航天、造船、电子、化工等领域得到了广泛的应用，并且取得了硕大的成果和巨大的经济效益。

1.1.1 AutoCAD 2015 软件的获取方法

案例	无	视频	AutoCAD 2015 软件的获取方法.avi	时长	03'16"

对于 AutoCAD 2015 软件的获取方法，请用户观看其视频文件的方法来操作。

1.1.2 AutoCAD 2015 软件的安装方法

案例	无	视频	AutoCAD 2015 软件的安装方法.avi	时长	04'52"

对于 AutoCAD 2015 软件的安装方法，请用户观看其视频文件的方法来操作。

1.1.3 AutoCAD 2015 软件的注册方法

案例	无	视频	AutoCAD 2015 软件的注册方法.avi	时长	05'23"

对于 AutoCAD 2015 软件的注册方法，请用户观看其视频文件的方法来操作。

1.1.4 AutoCAD 2015 软件的启动方法

案例	无	视频	AutoCAD 2015 软件的启动方法.avi	时长	02'40"

当用户的电脑已经成功安装并注册 AutoCAD 2015 软件后，用户即可以启动并运行该软件。与大多数应用软件一样，要启动 AutoCAD 2015 软件，用户可通过以下四种方法实现。

方法 01 双击桌面上的【AutoCAD 2015】快捷图标。

方法 02 右击桌面上的【AutoCAD 2015】快捷图标，从弹出的快捷菜单中选择【打开】命令。

方法 03 单击桌面左下角的【开始】|【程序】|【Autodesk | AutoCAD 2015-Simplified Chinese】命令。

方法 04 在 AutoCAD 2015 软件的安装位置，找到其运行文件“acad.exe”文件，然后双击即可。

1.1.5 AutoCAD 2015 软件的退出方法

案例	无	视频	AutoCAD 2015 软件的退出方法.avi	时长	01'36"

在 AutoCAD 2015 中绘制完图形文件后，用户可通过以下四种方法之一来退出。

方法 01 在 AutoCAD 2015 软件环境中单击右上角的“关闭”按钮。

方法 02 在键盘上按<Alt+F4>或<Ctrl+Q>组合键。

方法 03 单击 AutoCAD 界面标题栏左端的图标，在弹出的下拉菜单中单击“关闭”按钮。

方法 04 在命令行输入 Quit 命令或 Exit 命令并按 <Enter>键。

通过以上任意一种方法，可对当前图形文件进行关闭操作。如果当前图形有所修改且没有存盘，系统将出现 AutoCAD 警告对话框，询问是否保存图形文件，如图 1-1 所示。

图 1-1

注意：ACAD 文件退出时是否要保存。

在警告对话框中，单击“是（Y）”按钮或直接按（Enter）键，可以保存当前图形文件并将对话框关闭；单击“否（N）”按钮，可以关闭当前图形文件但不存盘；单击“取消”按钮，取消关闭当前图形文件操作，既不保存也不关闭。如果当前所编辑的图形文件没命名，那么单击“是（Y）”按钮后，AutoCAD 会打开“图形另存为”的对话框，要求用户确定图形文件存放的位置和名称。

1.1.6 AutoCAD 2015 草图与注释界面

案例	无	视频	AutoCAD 2015 草图与注释界面.avi	时长	11'14"

第一次启动 AutoCAD 2015 时，会弹出【Autodesk Exchange】对话框，单击该对话框右上角的【关闭】按钮☒，将进入 AutoCAD 2015 工作界面，默认情况下，系统会直接进入如图 1-2 所示的“草图与注释”空间界面。

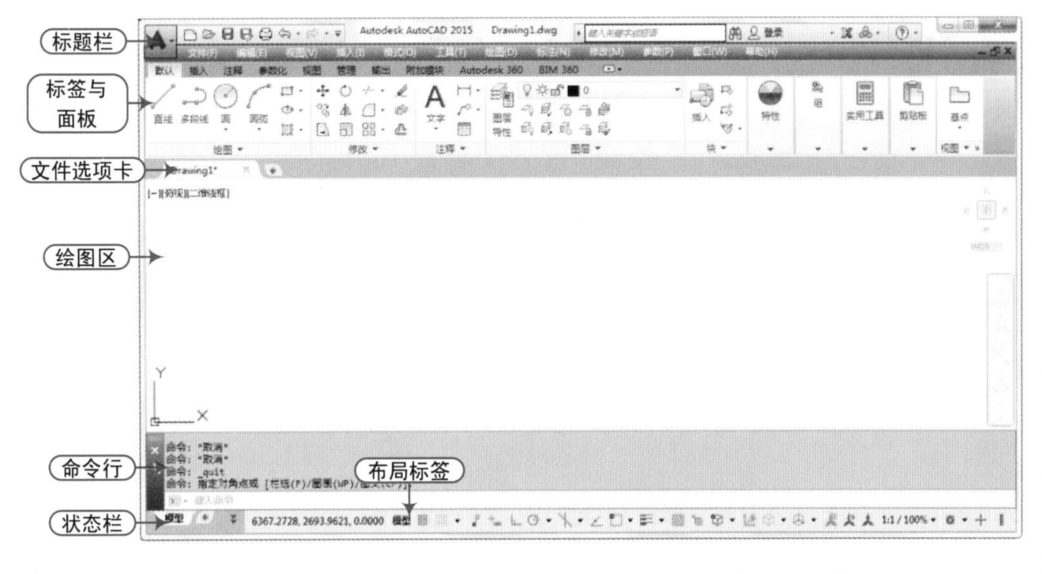

图 1-2

1. AutoCAD 2015 标题栏

AutoCAD 2015 标题栏包括“菜单浏览器”按钮、“快速访问”工具栏（包括新建、打开、保存、另存为、打印、放弃、重做等按钮）、软件名称、标题名称、“搜索”框、“登录”

按钮、窗口控制区（即“最小化”按钮、“最大化”按钮、“关闭”按钮），如图 1-3 所示。这里以“草图与注释”工作空间为例进行讲解。

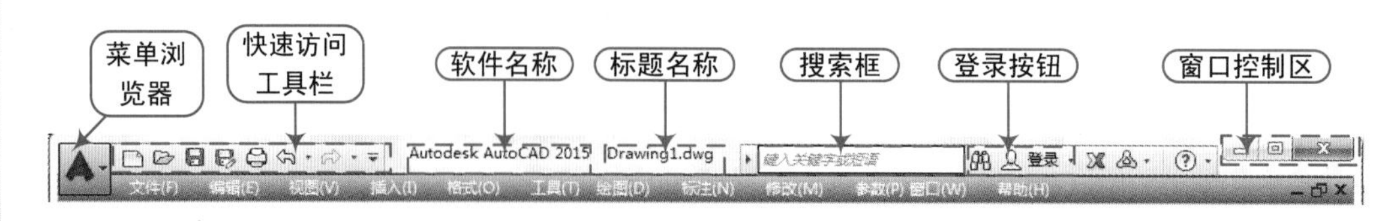

图 1-3

2. AutoCAD 2015 的标签与面板

在标题栏下侧有标签，在每个标签下包括有许多面板。例如“默认”选项标题中包括绘图、修改、图层、注释、块、特性、组、实用工具、剪贴板等面板，如图 1-4 所示。

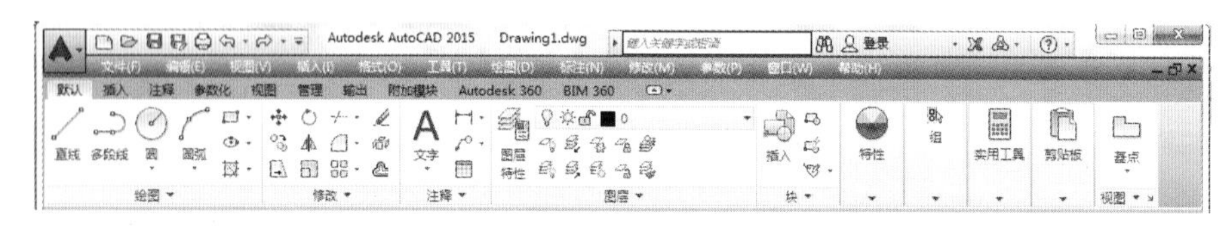

图 1-4

提示：选项卡与面板卡的显示效果。

在标签栏的名称最右侧显示了一个倒三角，用户单击按钮，将弹出一个快捷菜单，可以进行相应的单项选择来调整标签栏显示的幅度，如图 1-5 所示。

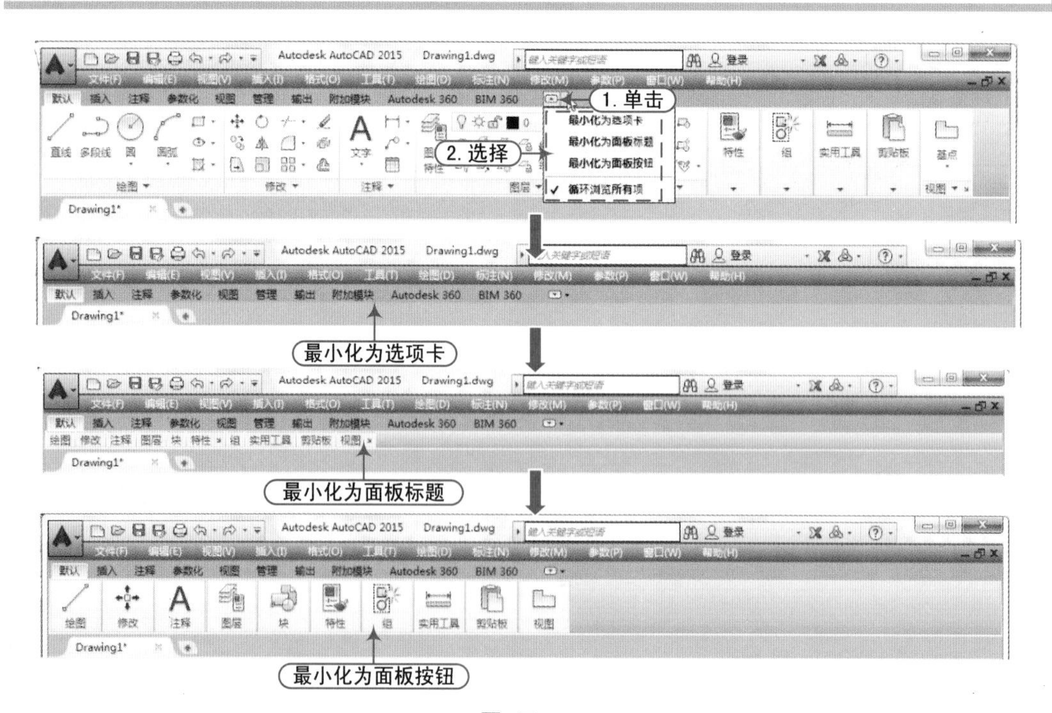

图 1-5

3. AutoCAD 2015 图形文件选项卡

AutoCAD 2015 版本提供了图形选项卡，在打开的图形间切换或创建新图形时非常方便。

使用“视图”选项卡中的“文件选项卡”控件来打开或关闭图形选项卡工具条，当文件选项卡打开后，在图形区域上方会显示所有已经打开的图形选项卡，如图 1-6 所示。

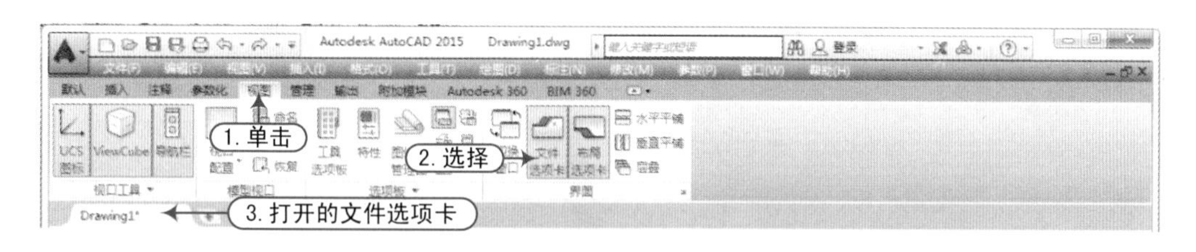

图 1-6

文件选项卡是以文件打开的顺序来显示的，可以拖动选项卡来更改图形的位置，如图 1-7 所示为拖动图形 1 到中间位置的效果。

图 1-7

4. AutoCAD 2015 的菜单栏与工具栏

在 AutoCAD 2015 的“草图与注释”工作空间状态下，其菜单栏和工具栏处于隐藏状态。

如果要显示其菜单栏，那么在标题栏的“工作空间”右侧单击其倒三角按钮（即“自定义快速访问工具栏”列表），从弹出的列表中选择“显示菜单栏”，即可显示 AutoCAD 的常规菜单栏，如图 1-8 所示。

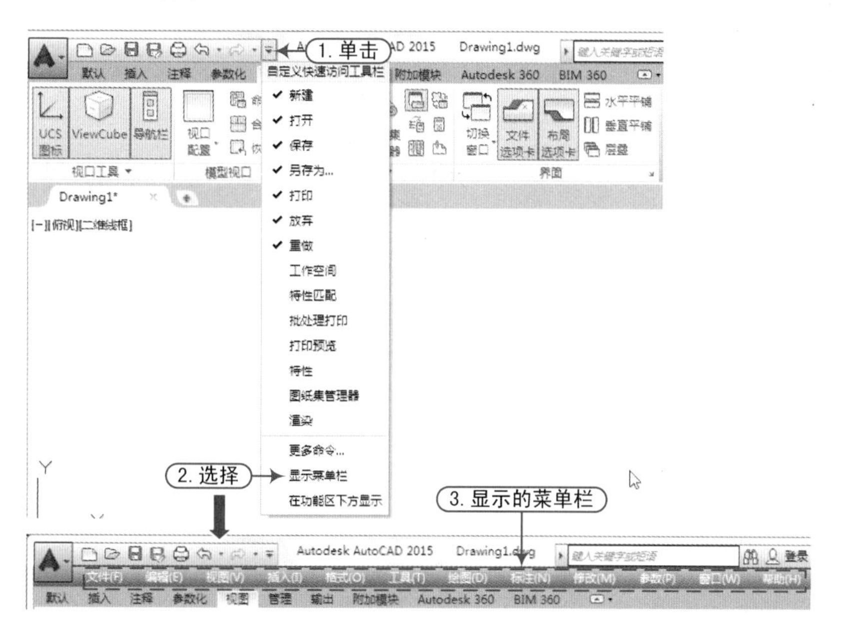

图 1-8

如果要将 AutoCAD 的常规工具栏显示出来，用户可以选择“工具 | 工具栏”菜单项，从弹出的下级菜单中选择相应的工具栏即可，如图 1-9 所示。

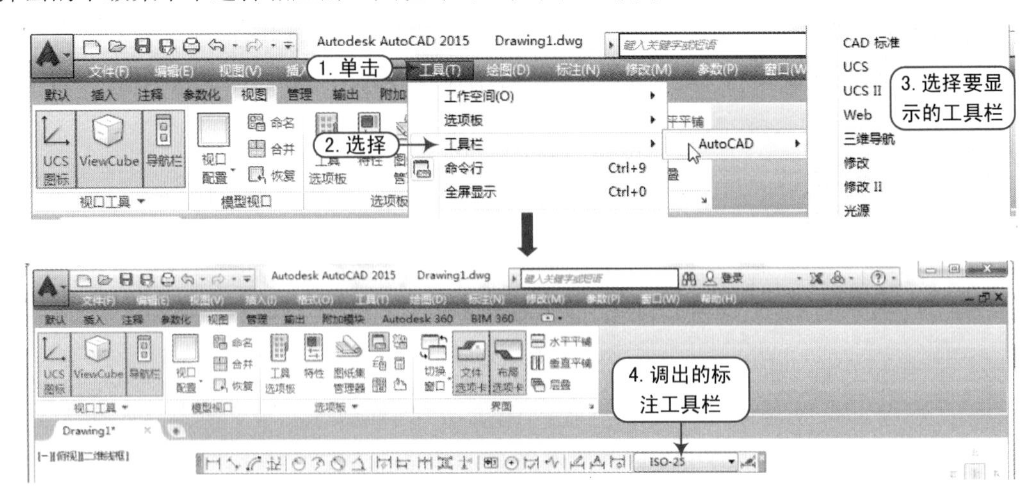

图 1-9

技巧：工具按钮名称的显示

如果用户忘记了某个按钮的名称，只需要将鼠标光标移动到该按钮上面停留几秒钟，就会在其下方出现该按钮所代表的命令名称，看见名称就可快速地确定其功能。

5. AutoCAD 2015 的绘图区域

绘图区也称为视图窗口，即屏幕中央空白区域，是进行绘图操作的主要工作区域，所有的绘图结果都反映在这个窗口中。用户可以根据需要关闭一些“工具栏”，以扩大绘图的空间。如果图纸比较大，需要查看未显示的部分时，可以单击窗口右边和下边滚动条上的箭头，或拖动滚动条上的滑块来移动图纸。在绘图窗口中除了显示当前的绘图结果外，还显示了当前使用的坐标系类型及坐标原点，X 轴、Y 轴、Z 轴的方向等。

默认情况下，坐标系为世界坐标系(WCS)，绘图窗口的下方有“模型”和“布局”选项卡，单击其选项卡可以在模型空间和图纸空间之间切换，如图 1-10 所示。

6. AutoCAD 2015 的命令行

命令行是 AutoCAD 与用户对话的一个平台，AutoCAD 通过命令反馈各种信息，用户应密切关注命令行中出现的信息，根据信息提示进行相应的操作。

使用 AutoCAD 绘图时，命令行一般有以下两种显示状态。

（1）等待命令输入状态：表示系统等待用户输入命令，以绘制或编辑图形，如图 1-11 所示。

（2）正在执行命令状态：在执行命令的过程中，命令行中将显示该命令的操作提示，以方便用户快速确定下一步操作，如图 1-12 所示。

7. AutoCAD 2015 的状态栏

状态栏位于 AutoCAD 2015 窗口的最下方，主要由当前光标的坐标、辅助工具按钮、布局空间、注释比例、切换空间、状态栏菜单、全屏按钮等各个部分组成，如图 1-13 所示。

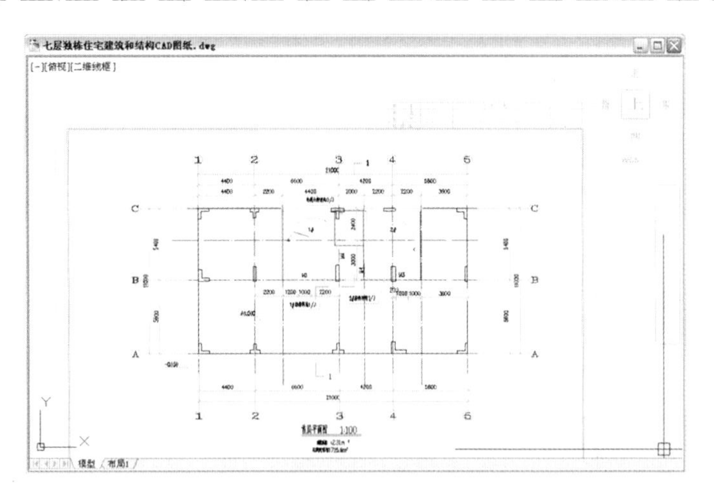

图 1-10

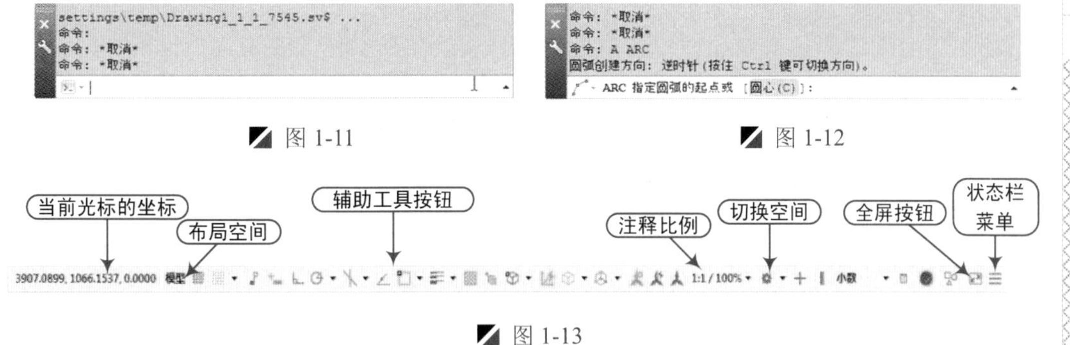

图 1-11　　图 1-12

图 1-13

1.2 ACAD 图形文件的管理

在 AutoCAD 2015 中，图形文件的管理包括创建新的图形文件、打开已有的图形文件、保存图形文件、加密图形文件、输入图形文件和关闭图形文件等操作。

1.2.1 图形文件的新建

案例	无	视频	图形文件的新建.avi	时长	02'27"

在 AutoCAD 2015 中新建图形文件，用户可通过以下四种方法之一来实现。

方法 01　在 AutoCAD 2015 界面中，单击左上角快速访问工具栏的“新建”按钮。

方法 02　在键盘上按<Ctrl+N>组合键。

方法 03　单击 AutoCAD 界面标题栏左端的图标，在弹出的下拉菜单中单击“新建”按钮。

方法 04　在命令行输入 NEW 命令并按<Enter>键。

通过以上任意一种方法，可对图形文件进行新建操作。执行命令后，系统会自动弹出“选择样板”对话框，在文件下拉列表中一般有 dwt、dwg、dws 三种格式图形样板，根据用户需求，选择打开样板文件，如图 1-14 所示。

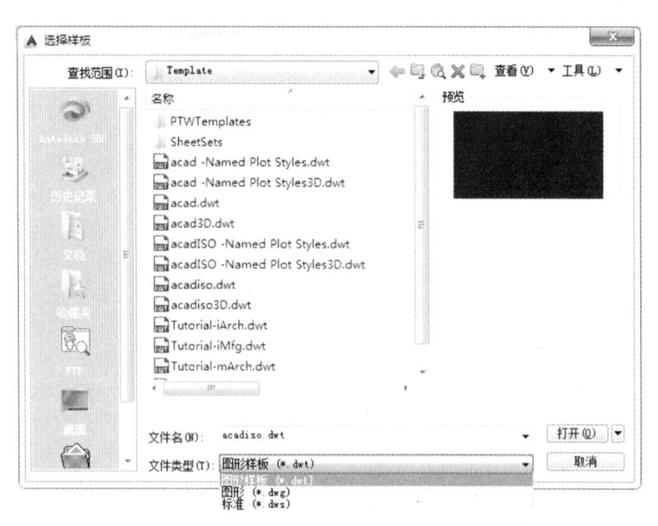

图 1-14

在绘图前期的准备工作过程中，系统会根据所绘图形的任务要求，在样板文件中进行统一图形设置，其中包括绘图的单位、精度、捕捉、栅格、图层和图框等。

注意：样板文件的使用

使用样板文件可以让绘制的图形设置统一，大大提高工作效率，用户也可以根据需求，自行创建新的样板文件。

1.2.2 图形文件的打开

案例	无	视频	图形文件的打开.avi	时长	05'04"

在 AutoCAD 2015 中打开已存在的图形文件，用户可通过以下四种方法之一来实现。

方法 01 在 AutoCAD 2015 界面中，单击左上角快速访问工具栏的“打开”按钮。

方法 02 在键盘上按<Ctrl+O>组合键。

方法 03 单击 AutoCAD 界面标题栏左端的图标，在弹出的下拉菜单中单击“打开”按钮。

方法 04 在命令行输入 Open 命令并按<Enter>键。

通过以上几种方法，系统将弹出“选择文件”对话框，用户根据需求在给出的几种格式中进行选择，打开文件，如图 1-15 所示。

注意：文件格式的了解

在系统给出的图形文件格式中，dwt 格式文件为标准图形文件，dws 格式文件是包含标准图层、标准样式、线性和文字样式的图形文件，dwg 格式文件是普通图形文件，dxf 格式的文件是以文本形式储存的图形文件，能够被其他程序读取。

在 AutoCAD 2015 中，用户可以根据需要，选择局部文件的打开，首先在 AutoCAD 2015 界面标题栏单击左上角的“打开”按钮，在弹出的“选择文本”对话框中，选择需要打开的文件后，单击“打开”按钮右侧的倒三角按钮，在下拉菜单中会出现包括“局部打开”在内的 4 种打开方式，如图 1-16 所示。

图 1-15

在 AutoCAD 2015 中，用户也可以同时打开多个相同类型的文件，通过各种平铺的方式来展示所打开的文件。单击菜单栏中的“窗口”菜单命令，在下拉菜单列表中，有“层叠”、“水平平铺”和“垂直平铺”三种常用的排列方式，用户可根据需求选择使用，如图 1-17 所示。

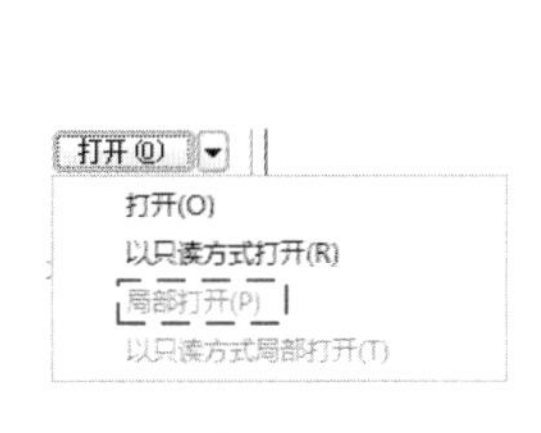

图 1-16

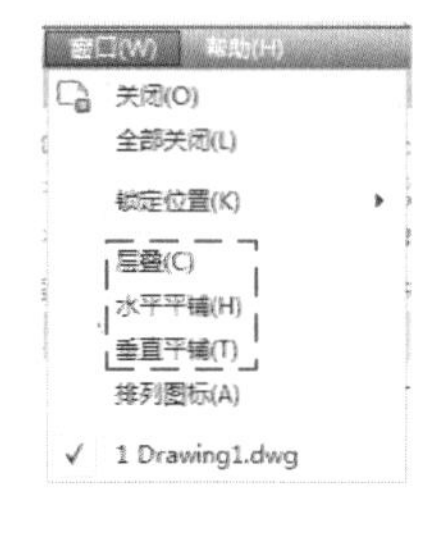

图 1-17

1.2.3 图形文件的保存

案例	无	视频	图形文件的保存.avi	时长	04'05"

在 AutoCAD 2015 中，要想对当前图形文件进行保存，用户可通过以下四种方法之一来实现。

方法 01 在 AutoCAD 2015 界面中，单击左上角快速访问工具栏的“保存”按钮。

方法 02 在键盘上按<Ctrl+S>组合键。

方法 03 单击 AutoCAD 界面标题栏左端的图标，在弹出的下拉菜单中单击“保存”按钮。

方法 04 在命令行输入 Save 命令并按<Enter>键。

通过以上几种方法，系统将弹出“图形另存为”对话框，用户可以命名中进行保存，一般情况下，系统默认的保存格式为.dwg 格式，如图 1-18 所示。

图 1-18

提示：文件的自动保存

在绘图过程中，用户可以选择“工具 | 选项”菜单项，在弹出的“选项”对话框中选择“打开和保存”选项卡，然后在“自动保存”复选框中设置间隔保存的时间，从而实现系统自动保存，如图 1-19 所示。

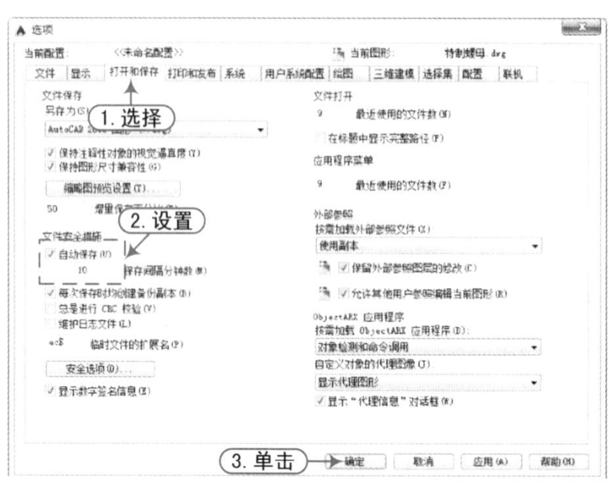

图 1-19

1.2.4　图形文件的加密

案例	无	视频	图形文件的加密.avi	时长	02'05"

在 AutoCAD 2015 中，用户想要对图形文件进行加密，使得别人无法打开该图形文件，可以通过以下步骤进行设置。

Step 01　执行“文件 | 保存”菜单命令，在弹出的“图形另存为”对话框中，单击右上侧的“工具”按钮，在弹出的下拉菜单中选择“安全选项”命令，系统将弹出“安全选项”对话框，如图 1-20 所示。

Step 02　在弹出的“安全选项”中填写想要设置的密码，并单击“确定”按钮后，系统将弹出“确认密码”对话框，再次输入密码后单击“确定”按钮，即已对图形文件加密，如图 1-21 所示。

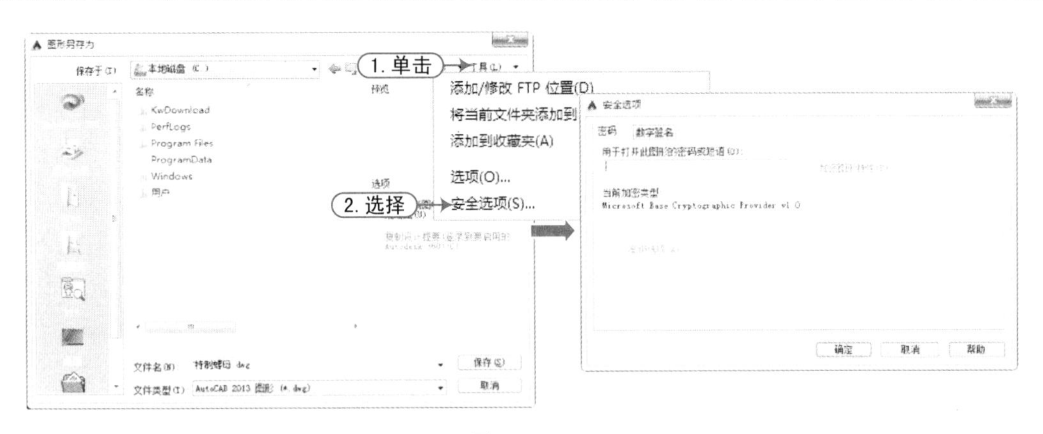

图 1-20

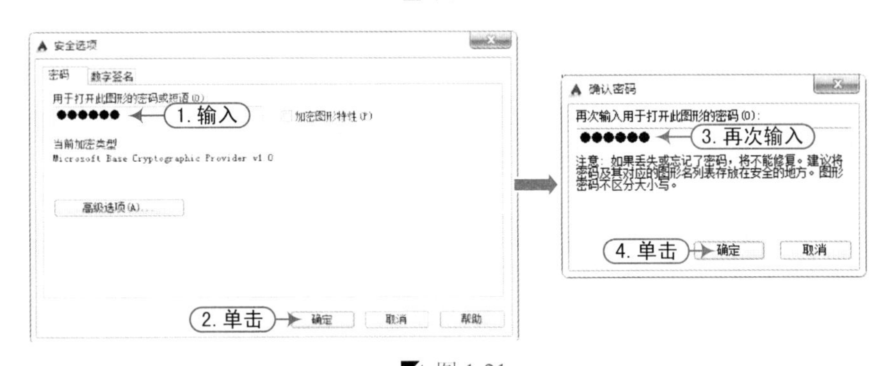

图 1-21

1.2.5 图形文件的关闭

案例	无	视频	图形文件的关闭.avi	时长	03'59"

在 AutoCAD 2015 中，要将当前视图中的文件关闭，可使用如下四种方法之一。

(方法 01) 在 AutoCAD 2015 软件环境中单击右上角的“关闭”按钮 ×。

(方法 02) 在键盘上按<Alt+F4>或<Ctrl+Q>组合键。

(方法 03) 单击 AutoCAD 界面标题栏左端的图标，在弹出的下拉菜单中单击“关闭”按钮。

(方法 04) 在命令行输入 Quit 命令或 Exit 命令并按<Enter>键。

通过以上任意一种方法，可对当前图形文件进行关闭操作。如果当前图形有修改而没有存盘，系统将出现 AutoCAD 警告对话框，询问是否保存图形文件，如图 1-22 所示。

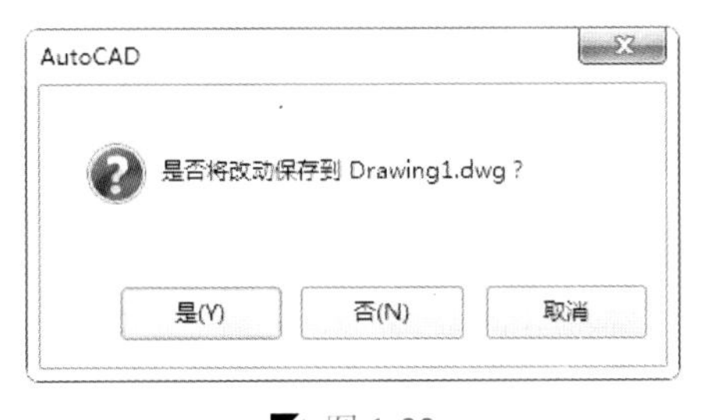

图 1-22

注意：ACAD 文件退出时是否保存

在警告对话框中，单击“是（Y）”按钮或直接按〈Enter〉键，可以保存当前图形文件并将对话框关闭；单击“否（N）”按钮，可以关闭当前图形文件但不存盘；单击“取消”按钮，取消关闭当前图形文件操作，既不保存也不关闭。如果当前所编辑的图形文件没命名，那么单击“是（Y）”按钮后，AutoCAD 会打开“图形另存为”的对话框，要求用户确定图形文件存放的位置和名称。

1.2.6 图形文件的输入与输出

案例	无	视频	图形文件的输入与输出.avi	时长	04'06"

在 AutoCAD 2015 中，绘制图形对象时，除了可以保存为 .dwg 格式的文件外，还可以将其输出为其他格式的文档，以便其他软件调用；同时，用户也可以在 AutoCAD 中调用其他软件绘制的文件。

1. 图形文件的输入

在 AutoCAD 2015 中，图形文件的输入可通过执行“文件丨输入”菜单命令，或者在“插入面板”中选择“输入”命令来完成，随后系统会弹出“输入文件”对话框，用户根据需要，在系统允许的文件格式中，选择打开图像文件，如图 1-23 所示。

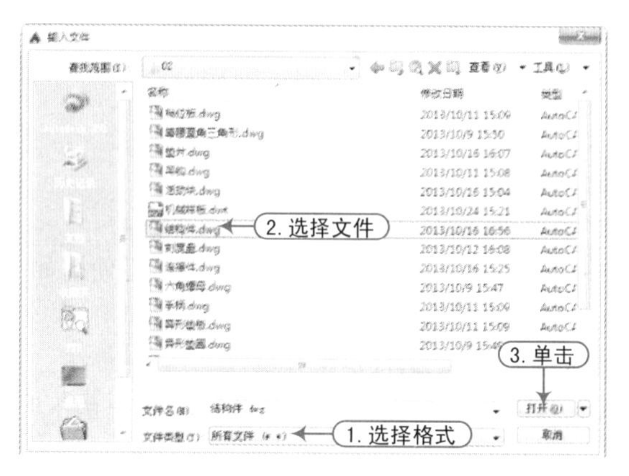

图 1-23

提示：图形文件的显示

在“输入文件”对话框中，只能在首先选择了需要打开的图形文件格式后，图形文件才会显示出来，供用户单击选择。

2. 图形文件的输出

在 AutoCAD 2015 中，图形文件的输出可通过执行“文件丨输出”菜单命令，系统会弹出“输出数据”对话框，用户根据需要，在“输出数据”对话框中设置好图形的“保存路径”、“文件名称”和“文件类型”，设置好后，单击对话框中的“保存”按钮，将切换到绘图窗口中，可以选择需要保存的对象，如图 1-24 所示。

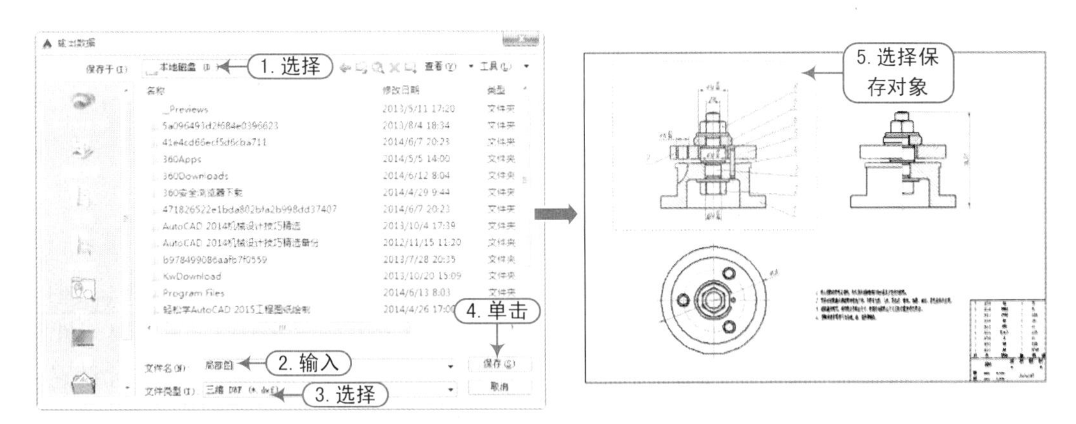

图 1-24

注意："输出数据"对话框

"输出数据"对话框记录并存储上一次使用的文件格式，以便在当前绘图任务中或绘图任务之间使用。

1.3 ACAD 绘图环境的设置

在 AutoCAD 2015 中，可以方便地设置绘图环境，根据绘图环境的不同要求，在绘图之前，用户根据绘制的图形对象对绘图环境进行设置。

1.3.1 ACAD"选项"对话框的打开

案例	无	视频	ACAD"选项"对话框的打开.avi	时长	01'33"

在 AutoCAD 2015 中，ACAD"选项"对话框包括"文件"、"显示"、"打开和保存"、"系统"等选项卡。用户可以根据需求对各选项卡进行设置。

用户可通过以下四种方法之一来打开"选项"对话框。

方法 01 在 AutoCAD 绘图区右击鼠标，从弹出的快捷菜单中选择"选项"命令。

方法 02 在 AutoCAD 界面执行"工具 | 选项"菜单命令。

方法 03 单击 AutoCAD 界面标题栏左端的图标，在弹出的下拉菜单中单击"选项"按钮。

方法 04 在命令行输入 OPTIONS 命令并按<Enter>键。

通过以上任意一种方法，可对 ACAD"选项"对话框进行打开操作。执行命令后，系统都将会自动弹出"选项"对话框，如图 1-25 所示。

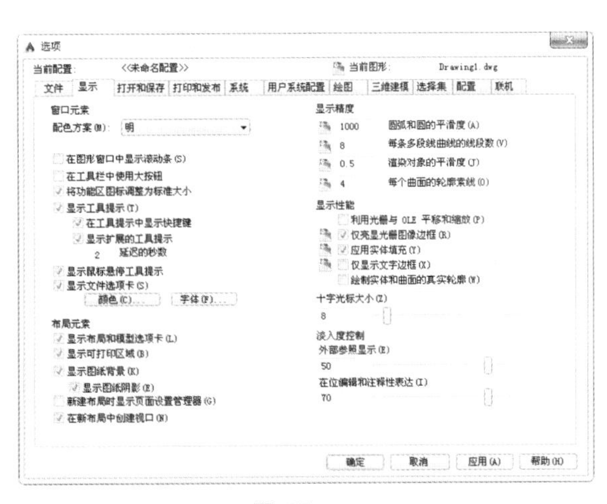

图 1-25

技巧：快速打开

在打开“选项”对话框时，用户可直接在命令行或动态提示输入快捷键命令“OP”，即可打开“选项”对话框。

1.3.2 窗口与图形的显示设置

案例	无	视频	窗口与图形的显示设置.avi	时长	06'45"

在 AutoCAD 2015 的“选项”对话框中，“显示”选项卡用来设置窗口元素、显示性能、十字光标大小、布局元素、淡入度控制等，用户可以根据需要，在相应的位置进行设置。

1. 窗口元素

在“显示”选项卡的“窗口元素”选项区域中，可以对 AutoCAD 绘图环境中基本元素的显示方式进行设置，用户在绘图时，窗口颜色与底色的颜色对设计师的眼睛保护有很大关系，可以通过设置窗口元素来调节，其中背景颜色的调节如图 1-26 所示。

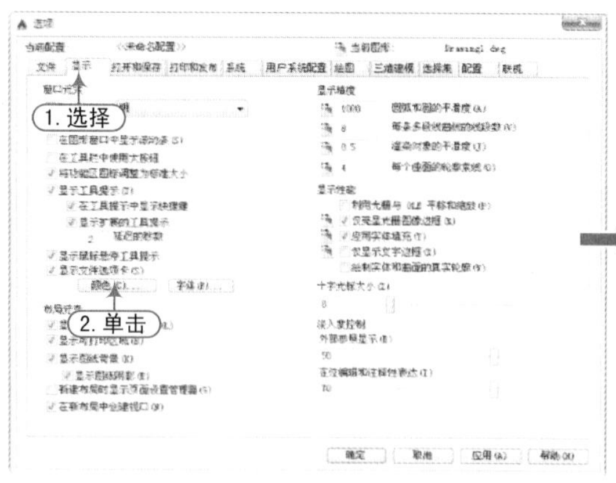

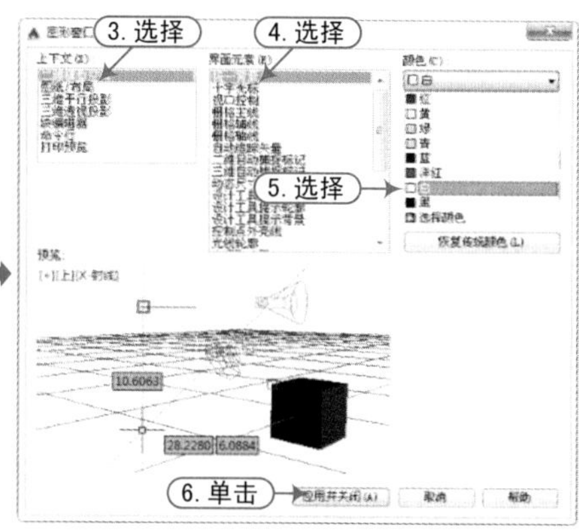

图 1-26

2. 十字光标大小

在绘图时，调整十字光标的大小，能使图形的绘制更方便，十字光标大小的设置如图 1-27 所示。

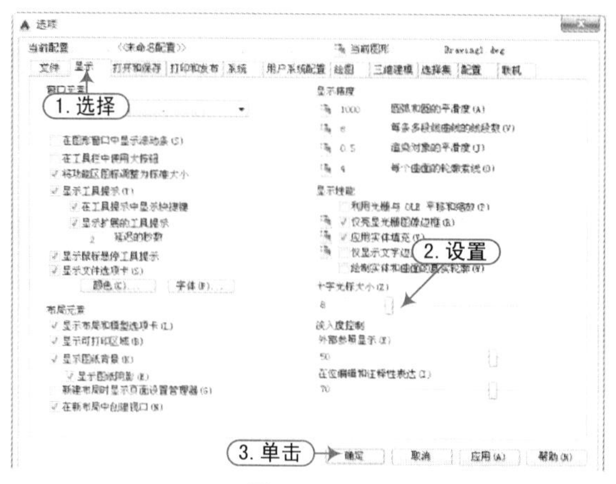

图 1-27

1.3.3 用户系统配置的设置

案例	无	视频	用户系统配置的设置.avi	时长	05'20"

在 AutoCAD 2015 的“选项”对话框中，“用户系统配置”选项卡可用来优化 AutoCAD 的工作方式，如图 1-28 所示。

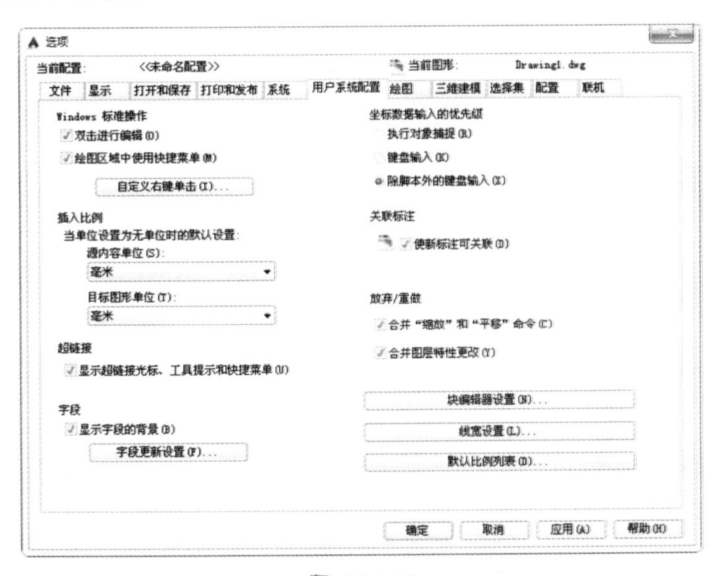

图 1-28

在“用户系统配置”选项卡中有几个设置按钮，可以进行“块编辑器设置”、“线宽设置”和“默认比例列表设置”，依次弹出的对话框为“块编辑器设置”对话框、“线宽设置”对话框和“默认比例列表设置”对话框，如图 1-29 所示。

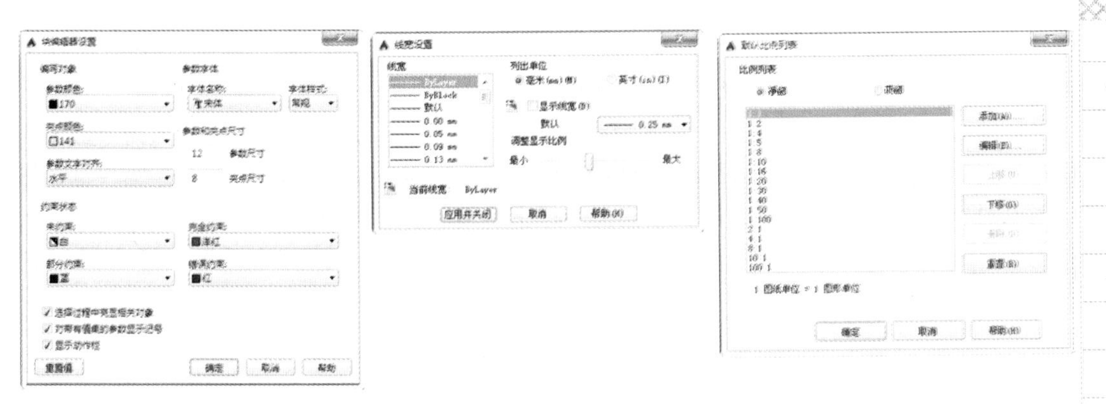

图 1-29

1.4 ACAD 命令与变量的操作

在 AutoCAD 2015 中，命令是绘制与编辑图形的核心，菜单命令、工具按钮、命令和系统变量大都是相互对应的，可在命令行中输入命令和系统变量，或选择某一菜单命令，或单击某个工具按钮来执行相应命令。

1.4.1 ACAD 中鼠标的操作

案例	无	视频	ACAD 中鼠标的操作.avi	时长	06'19"

在绘图区，鼠标显示为“十”字线形式的光标，在菜单选项区、工具或对话框内时，鼠标会变成一个箭头，当单击或者按动鼠标键时，都会执行相应的命令或动作，鼠标功能定义如下。

（1）拾取键：指鼠标左键，用来选择 AutoCAD 对象、工具按钮和菜单命令等，用于指定屏幕上的点。

（2）回车键：指鼠标右键，相当于 Enter 键，用来结束当前使用的命令，系统此时会根据不同的情况弹出不同的快捷菜单。

（3）弹出菜单：使用 Shift 键和鼠标右键的组合时，系统将弹出一个快捷菜单，用于设置捕捉点的方法，三键鼠标的中间按钮通常为弹出按钮。

1.4.2 ACAD 命令的执行

案例	无	视频	ACAD 命令的执行.avi	时长	04'48"

在 AutoCAD 2015 中，有以下几种命令的执行方式。

1. 使用键盘输入命令

通过键盘可以输入命令和系统变量，键盘还是输入文本对象、数值参数、点的坐标或进行参数选择的唯一方法，大部分的绘图、编辑功能都需要通过键盘输入来完成。

2. 使用“命令行”

在 AutoCAD 中默认的情况下，“命令行”是一个可固定的窗口，可以在当前命令行提示下输入命令和对象参数等内容。

右击“命令行”窗口打开快捷菜单，如图 1-30 所示，通过它可以选择最近使用的命令、输入设置、复制历史记录，以及打开“输入搜索选项”和“选项”对话框等。

3. 使用“AutoCAD 文本窗口”

在 AutoCAD 中，“AutoCAD 文本窗口”是一个浮动窗口，可以在其中输入命令或查看命令的提示信息，便于查看执行的命令历史。如图 1-31 所示，其窗口中的命令为只读，不能对其进行修改，但可以复制并粘贴到命令行中重复执行前面的操作，也可以粘贴到其他应用程序，如 Word 等。

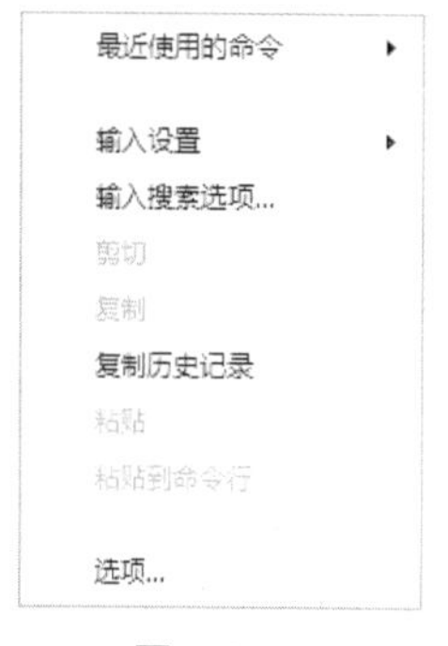

图 1-30

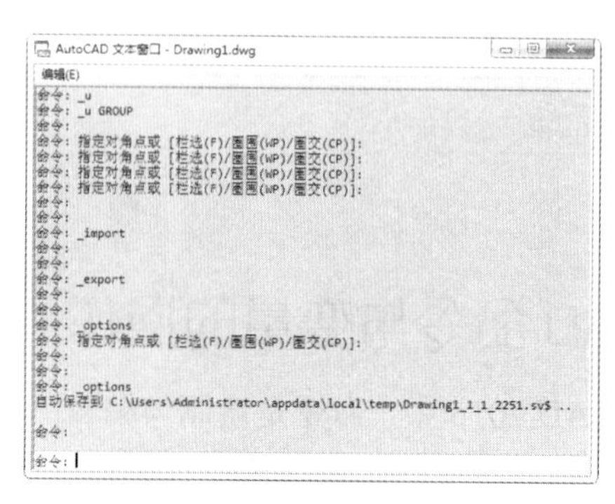

图 1-31

提示："AutoCAD 文本窗口"的打开

> 在 AutoCAD 2015 中，可以选择"视图｜显示｜文本窗口"命令打开"AutoCAD 文本窗口"，也可以按下 F2 键来显示或隐藏它。

1.4.3 ACAD 透明命令的应用

案例	无	视频	ACAD 透明命令的应用.avi	时长	03'29"

在 AutoCAD 中，执行其他命令的过程中，可以执行的命令为透明命令，常使用的透明命令多为修改图形设置的命令、绘图辅助工具命令等。

使用透明命令时，应在输入命令之前输入单引号（'），命令行中，透明命令的提示前有一个双折号（》），完成透明命令后，将继续执行原命令。例如在图 1-32 中，使用直线命令绘制连接矩形端点 A 和 D 的直线，操作如下。

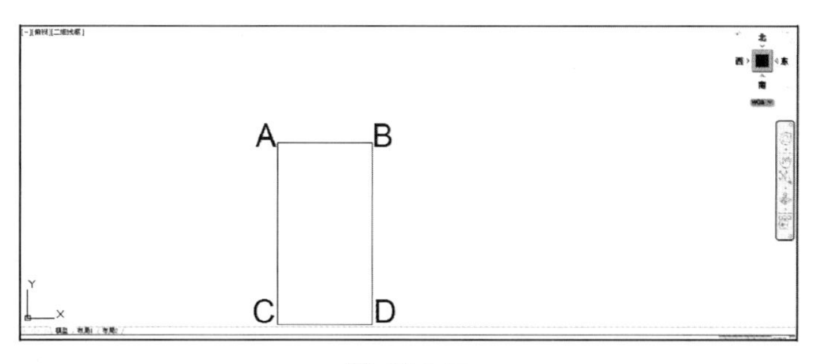

图 1-32

Step 01 在命令行中输入直线（L）命令。

Step 02 在命令行的"指定第一点："提示下单击 A 点。

Step 03 在命令行的"指定下一点或〔放弃（U）〕："提示下，输入'PAN，执行透明命令实时平移。

Step 04 按住并拖动鼠标执行实时平移命令，以将矩形全部显示出来，然后按 Enter 键，结束透明命令，此时原图形被平移，可以很方便地观察确定直线另一个端点 D，如图 1-33 所示。

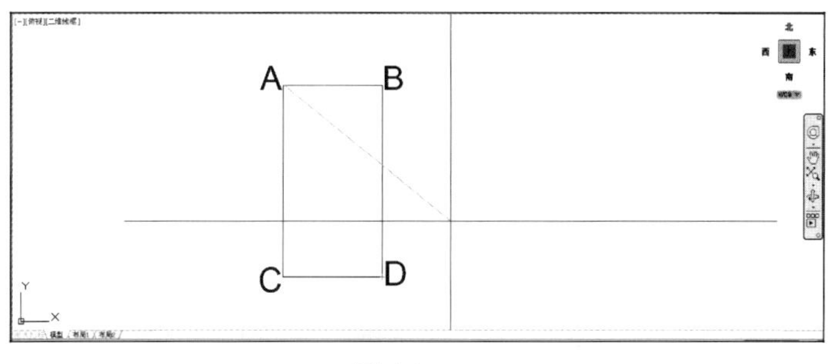

图 1-33

Step 05 在命令行的"指定下一点或〔放弃（U）〕："提示下，单击 D 点，然后按 Enter 键，完成直线的绘制。

1.4.4 ACAD 系统变量的应用

案例	无	视频	ACAD 系统变量的应用.avi	时长	04'23"

在 AutoCAD 中，系统变量可以打开或关闭捕捉、栅格或正交等绘图模式，设置默认的填充图案，或存储当前图形和 AutoCAD 配置的有关信息，系统变量用于控制某些功能和设计环境、命令的工作方式。

系统变量常为 6～10 个字符长的缩写名称，许多系统变量有简单的开关设置。例如 GRIDMODE 系统变量用来显示或关闭栅格，有些系统变量则用来存储数值或文字，例如 DATE 系统变量用来存储当前日期，可以在对话框中修改系统变量，也可直接在命令行中修改系统变量。

1.5 ACAD 辅助功能的设置

在 AutoCAD 2015 绘制或修改图形对象时，为了使绘图精度高，绘制的图形界限精确，可以使用系统提供的绘图辅助功能进行设置，从而提高绘制图形的精确度与工作效率。

1.5.1 ACAD 正交模式的设置

案例	无	视频	ACAD 正交模式的设置.avi	时长	03'19"

在绘制图形时，当指定第一点后，连接光标和起点的直线总是平行于 x 轴和 y 轴的，这种模式称为“正交模式”，用户可通过以下三种方法之一来启动。

方法 01　在命令行中输入 Ortho，按 Enter 键。

方法 02　单击状态栏中的“正交模式”按钮。

方法 03　按 F8 键。

打开“正交模式”后，不管光标在屏幕上的位置，只能在垂直或者水平方向画线，画线的方向取决于光标在 x 轴和 y 轴方向上的移动距离变化。

注意：正交模式的使用

> “正交”模式和极轴追踪不能同时打开。打开“正交”将关闭极轴追踪。

1.5.2 ACAD“草图设置”对话框的打开

案例	无	视频	ACAD“草图设置”对话框的打开.avi	时长	02'12"

在 AutoCAD 2015 中，“草图设置”对话框是指为绘图辅助工具整理的草图设置，这些工具包括捕捉和栅格、追踪、对象捕捉、动态输入、快捷特性和选择循环等。

对于“草图设置”对话框的打开方式，用户可通过以下四种方式之一来打开。

方法 01　在 AutoCAD 2015“辅助工具区”右击鼠标，在弹出的快捷菜单中选择“设置”命令。

方法 02　执行“工具｜绘图设置”菜单项。

方法 03　在命令行输入 Dsettings 命令并按<Enter>键。

方法 04　在 AutoCAD 2015“绘图区”按住 Shift 键或 Ctrl 键的同时右击鼠标，在弹出的快捷菜单中选择“对象捕捉设置”命令。

通过以上任意一种方法，都可以打开“草图设置”对话框。

1.5.3 捕捉和栅格的设置

案例	无	视频	捕捉和栅格的设置.avi	时长	05'15"

在 AutoCAD 2015 中，“捕捉”用于设置鼠标光标按照用户定义的间距移动。“栅格”是点或线的矩阵，是一些标定位置的小点，可以提供直观的距离和位置参照。“草图设置”对话框的“捕捉和栅格”选项卡中，可以启用或关闭“捕捉”和“栅格”功能，并设置“捕捉”和“栅格”的间距与类型，如图 1-34 所示。

在“草图设置”对话框的“捕捉和栅格”选项卡中，其主要选项如下。

（1）启用捕捉：用于打开或者关闭捕捉方式，可单击 按钮，或者按 F9 键进行切换。

（2）启用栅格：用于打开或关闭栅格显示，可单击 按钮，或者按 F7 键进行切换。

（3）捕捉间距：用于设置 x 轴和 y 轴的捕捉间距。

（4）栅格间距：用于设置 x 轴和 y 轴的栅格间距，还可以设置每条主轴的栅格数。

（5）捕捉类型：用于设置捕捉样式。

（6）栅格行为：用于设置“视觉样式”下栅格线的显示样式（三维线框除外）。

注意：捕捉和栅格的使用

> 可以使用其他几个控件来启用和禁用栅格捕捉，包括 F9 键和状态栏中的“捕捉”按钮。通过在创建或修改对象时按住 F9 键可以临时禁用捕捉。

1.5.4 极轴追踪的设置

案例	无	视频	极轴追踪的设置.avi	时长	03'28"

在 AutoCAD 2015 中，使用极轴追踪，可以让光标按指定角度进行移动。

“草图设置”对话框的“极轴追踪”选项卡中，可以启用“极轴追踪”功能，并且用户可以根据需要，对“极轴追踪”进行设置，如图 1-35 所示。

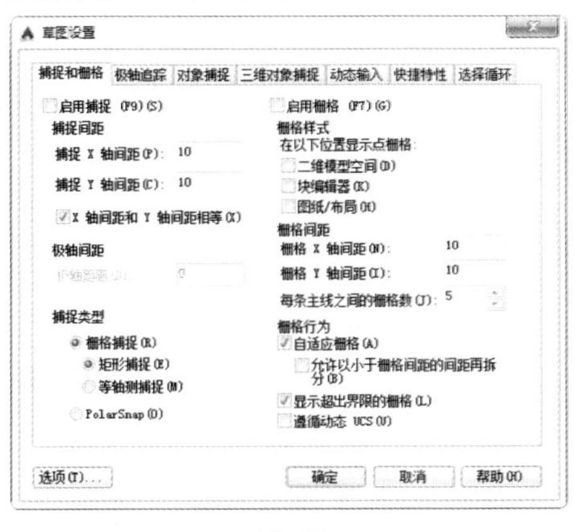

图 1-34

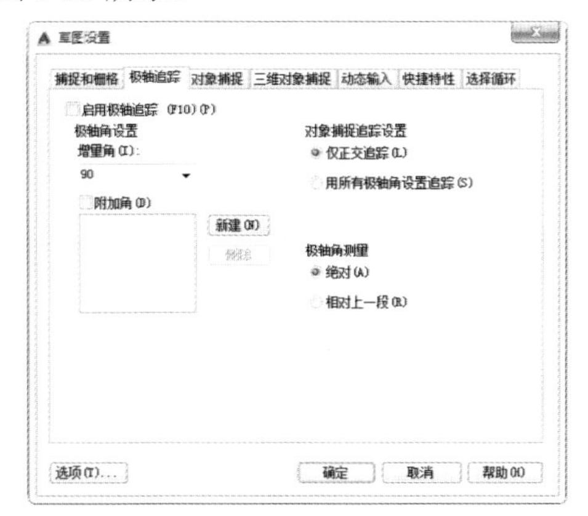

图 1-35

在“草图设置”对话框的“极轴追踪”选项卡中，其主要选项如下。

（1）启用极轴追踪：打开或关闭极轴追踪。也可以通过按 F10 键或使用 AUTOSNAP 系统变量，来打开或关闭极轴追踪。

读书破万卷

（2）极轴角设置：用于设置极轴追踪的角度。默认角度为 90°，用户可以进行更改，当“增量角”下拉列表中不能满足用户需求时，用户可以单击“新建”按钮并输入角度值，将其添加到“附加角”的列表中。如图 1-36 所示分别为 90°、60° 和 30° 极轴角的显示。

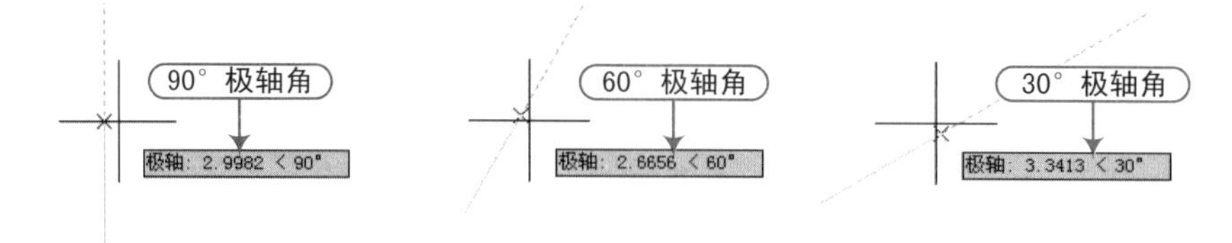

图 1-36

（3）对象捕捉追踪设置：包括“仅正交追踪”和“用所有极轴角设置追踪”两种选择，前者可在启用对象捕捉追踪的同时，显示获取的对象捕捉的正交对象捕捉追踪路径，后者在命令执行期间，将光标停于该点上，当移动光标时，会出现关闭矢量；若要停止追踪，再次将光标停于该点上即可。

（4）极轴角测量：用于设置极轴追踪对其角度的测量基准。有“绝对”和“相对上一段”两种选择。

注意：极轴追踪模式的使用

“极轴追踪”模式和正交模式不能同时打开。打开“正交”将关闭极轴追踪。

1.5.5 对象捕捉的设置

案例	无	视频	对象捕捉的设置.avi	时长	05'06"

在 AutoCAD 2015 中，“对象捕捉”是指在对象上某一位置指定精确点。

“草图设置”对话框的“对象捕捉”选项卡，可以启用“对象捕捉”功能，并且用户可以根据需要，对“对象捕捉”模式进行设置，如图 1-37 所示。

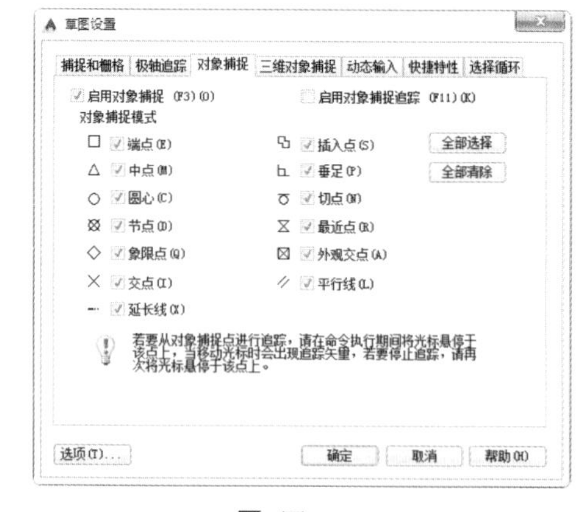

图 1-37

在“草图设置”对话框的“对象捕捉”选项卡中，其主要选项如下。

（1）启用对象捕捉：打开或关闭执行对象捕捉，也可以通过按 F3 键来打开或者关闭。使用执行对象捕捉，在命令执行期间在对象上指定点时，在“对象捕捉模式”下选定的对象捕捉处于活动状态（OSMODE 系统变量）。

（2）启用对象捕捉追踪：打开或关闭对象捕捉追踪。也可以通过按 F11 键来打开或者关闭。使用对象捕捉追踪命令指定点时，光标可以沿基于当前对象捕捉模式的对齐路径进行追踪（AUTOSNAP 系统变量）。

（3）全部选择：打开所有执行对象捕捉模式。

（4）全部清除：关闭所有执行对象捕捉模式。

提示：快速选择对象捕捉模式

在绘图中，用户可以通过右击状态栏中的“对象捕捉”按钮，在弹出的快捷菜单中快速选择所需的对象捕捉模式。

1.6 ACAD 图形对象的选择

在 AutoCAD 2015 中，对图形进行编辑操作前，首先需选择要编辑的对象，正确合理地选择对象，可以提高工作效率，系统用虚线亮显表示所选择的对象。

1.6.1 设置对象选择模式

案例	无	视频	设置对象选择模式.avi	时长	07'53"

在 AutoCAD 中，执行目标选择前可以设置选择集模式、拾取框大小和夹点功能，用户可以通过“选项”对话框来进行设置，执行方式如下。

Step 01 在 AutoCAD 绘图区右击鼠标，从弹出的快捷菜单中选择“选项”命令。

Step 02 执行“工具｜选项”菜单命令。

Step 03 单击 AutoCAD 界面标题栏左端的图标，在弹出的下拉菜单中单击“选项”按钮 选项 。

Step 04 在命令行输入 OPTIONS 命令并按<Enter>键。

通过以上任意一种方法，可以打开“选项”对话框，将对话框切换到“选择集”选项卡，如图 1-38 所示，就可以通过各选项对“选择集”进行设置。

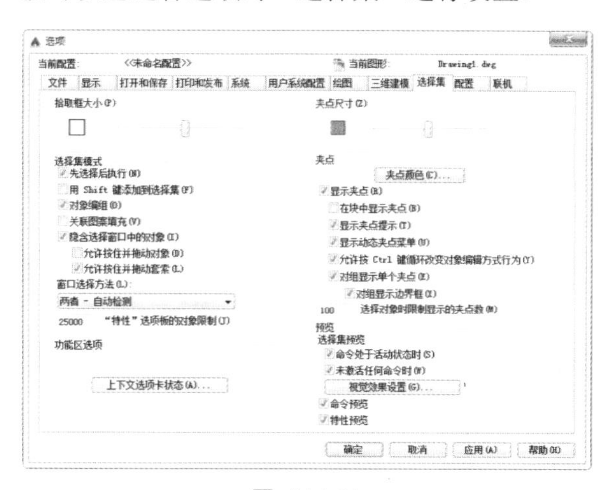

图 1-38

1. 拾取框大小和夹点大小

在“选择集”选项卡的“拾取框大小”和“夹点尺寸”选项区域中，拖动滑块，可以设置默认拾取方式选择对象时拾取框的大小和设置对象夹点标记的大小。

2. 选择集模式

在“选择集”选项卡的“选择集模式”选项区域中，可以设置构造选择集的模式，其功能包括“先选择后执行”、“用 Shift 键添加到选择集”、“对象编组”、“关联图案填充”、“隐含选择窗口中的对象”、“允许按住并拖动对象”和“窗口选择方法”。

3. 夹点

在“选择集”选项卡的“夹点”选项区域中，可以设置是否使用夹点编辑功能，是否在块中使用夹点编辑功能以及夹点颜色等。单击“夹点颜色”按钮，弹出“夹点颜色”对话框，在对话框中设置夹点颜色，如图 1-39 所示。

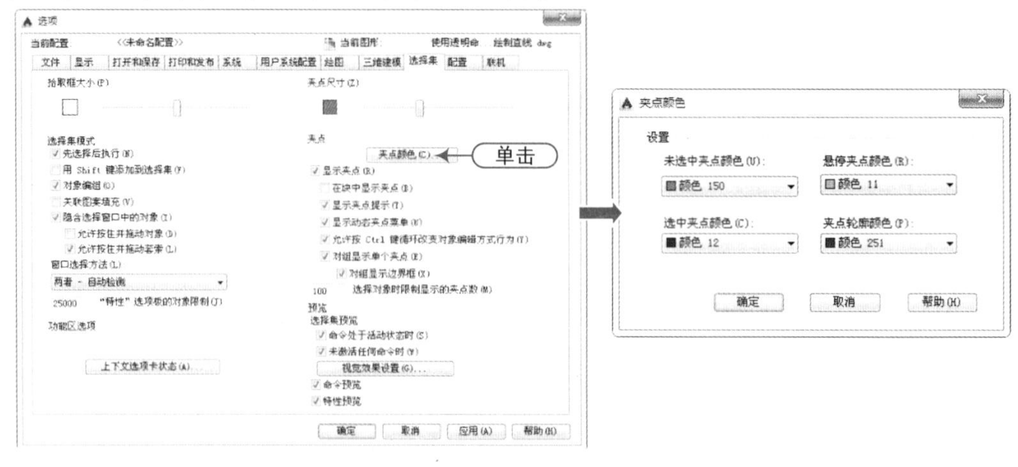

图 1-39

4. 预览

在“选择集”选项卡的“预览”选项区域中，可以设置“命令处于活动状态时”和“未激活任何命令时”是否显示选择预览，单击“视觉效果设置”按钮将打开“视觉效果设置”对话框，可以设置选择区域效果等，如图 1-40 所示。

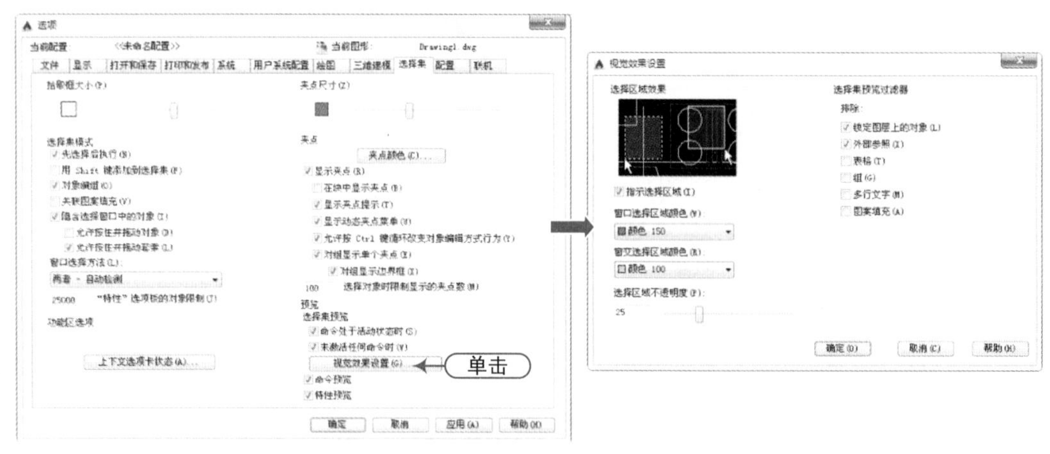

图 1-40

“特性预览”复选框用来控制在将鼠标悬停在控制特性的下拉列表和库上时，是否可以预览对当前选定对象的更改。

注意：“特性预览”的显示

特性预览仅在功能区和“特性”选项板中显示，在其他选项板中不可用。

5. 功能区选项

在“选择集”选项卡的“功能区选项”选项区域中，可以设置“上下文选项卡状态”。

1.6.2 选择对象的方法

案例	无	视频	选择对象的方法.avi	时长	18'46"

在 AutoCAD 中，选择对象的方法有很多，可以通过单击对象逐个选取对象，也可通过矩形窗口或交叉窗口选择对象，还可以选择最近创建对象，前面的选择集或图形中的所有对象，也可向选择集中添加对象或从中删除对象。

在命令行输入 SELECT，命令行提示如下。

```
选择对象:？
需要点或 窗口(W)/上一个(L)/窗交(C)/框(BOX)/全部(ALL)/栏选(F)/圈围(WP)/圈交(CP)/编组(G)/添加(A)/删除(R)/多个(M)/前一个(P)/放弃(U)/自动(AU)/单个(SI)/子对象(SU)/对象(O)
选择对象:
```

在选择对象的命令行中，各个主要选项的具体说明如下。

（1）需要点：默认情况下，可以直接选取对象，此时的光标为一个小方框（拾取框）。可以利用该方框逐个拾取对象。

（2）窗口：选择矩形（由两点定义）中的所有对象。从左到右指定 A、B 角点创建窗口选择（从右到左指定角点，则创建窗交选择），如图 1-41 所示。

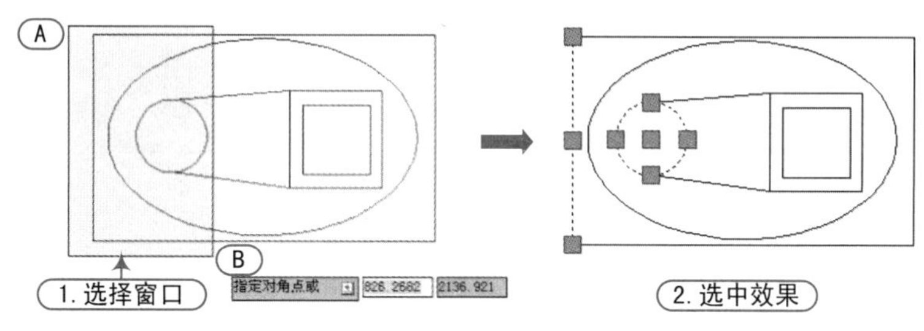

图 1-41

注意：矩形框选的对象

使用“矩形窗口”选择的对象为完全落在矩形窗口以内的图形对象。

（3）上一个：选择最近一次创建的可见对象。对象必须在当前空间（模型空间或图纸空间）中，并且一定不要将对象的图层设定为冻结或关闭状态。

（4）窗交：选择区域（由两点确定）内部或与之相交的所有对象。窗交显示的方框为虚线或高亮度方框，这与窗口选择框不同，如图 1-42 所示。

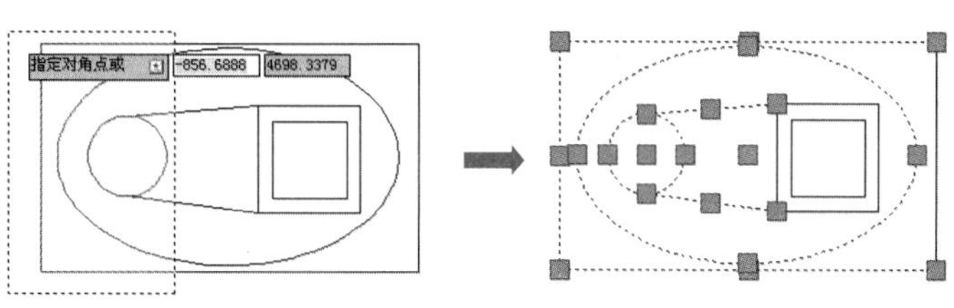

图 1-42

（5）框选：选择矩形（由两点确定）内部或与之相交的所有对象。如果矩形的点是从右至左指定的，则框选与窗交等效。否则，框选与窗选等效。

（6）全部：选择模型空间或当前布局中除冻结图层或锁定图层上的对象之外的所有对象。

（7）栏选：选择与选择栏相交的所有对象。栏选方法与圈交方法相似，只是栏选不闭合，并且栏选可以自交，如图 1-43 所示，栏选不受 PICKADD 系统变量的影响。

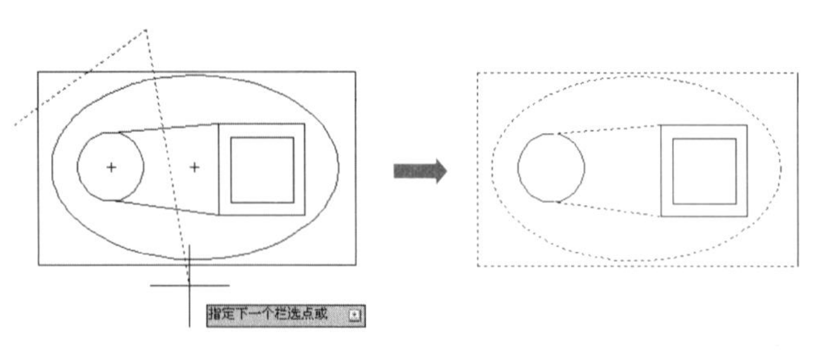

图 1-43

（8）圈围：选择多边形（通过待选对象周围的点定义）中的所有对象。该多边形可以为任意形状，但不能与自身相交或相切。将绘制多边形的最后一条线段，所以该多边形在任何时候都是闭合的，如图 1-44 所示。圈围不受 PICKADD 系统变量的影响。

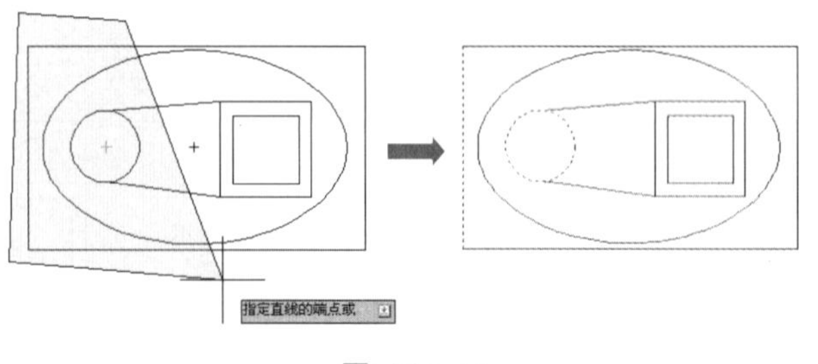

图 1-44

（9）圈交：选择多边形（通过在待选对象周围指定点来定义）内部或与之相交的所有对象。该多边形可以为任意形状，但不能与自身相交或相切。将绘制多边形的最后一条线段，所以该多边形在任何时候都是闭合的，如图 1-45 所示。圈交不受 PICKADD 系统变量的影响。

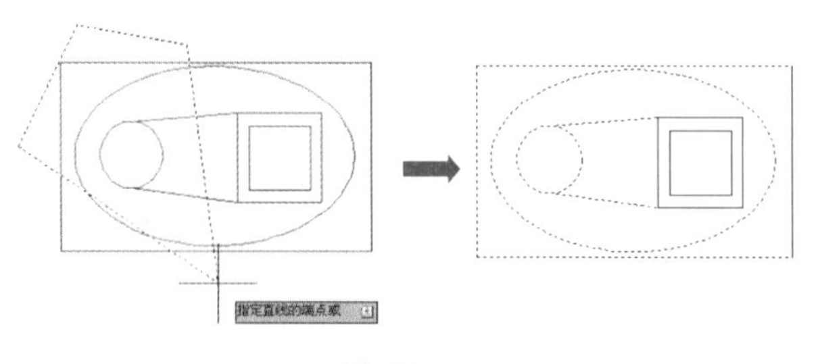

图 1-45

（10）编组：在一个或多个命名或未命名的编组中选择所有对象。

（11）添加：切换到添加模式，可以使用任何对象选择方法将选定对象添加到选择集。自动和添加为默认模式。

（12）删除：切换到删除模式，可以使用任何对象选择方法从当前选择集中删除对象。删除模式的替换模式是在选择单个对象时按下 Shift 键，或者是使用“自动”选项。

（13）多个：在对象选择过程中单独选择对象，而不亮显它们。这样会加速高度复杂对象的选择。

（14）上一个：选择最近创建的选择集。从图形中删除对象将清除“上一个”选项设置。

注意：在两个空间中切换

> 如果在两个空间中切换将忽略“上一个”选择集。

（15）放弃：放弃选择最近加到选择集中的对象。

（16）自动：切换到自动选择。指向一个对象即可选择该对象。指向对象内部或外部的空白区，将形成框选方法定义的选择框的第一个角点。自动和添加为默认模式。

提示：在两个空间中切换

> 在“选项”对话框中，若在“选择”选项卡的“选择集模式”选项区域中选中“隐含窗口”复选框，则“自动”模式永远有效。

（17）单选：切换到单选模式。选择指定的第一个或第一组对象而不继续提示进一步选择。

（18）子对象：使用户可以逐个选择原始形状，这些形状是复合实体的一部分或三维实体上的顶点、边和面。可以选择这些子对象的其中之一，也可以创建多个子对象的选择集。选择集可以包含多种类型的子对象。按住 Ctrl 键操作与选择 SELECT 命令的“子对象”选项相同，如图 1-46 所示。

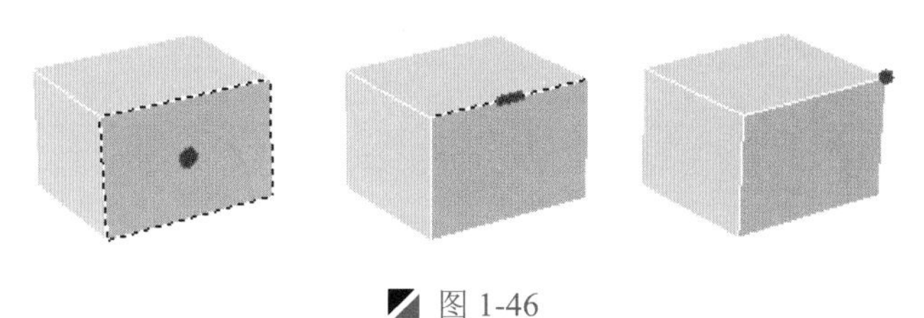

图 1-46

（19）对象：结束选择子对象的功能。使用户可以使用对象选择方法。

1.6.3 快速选择对象

案例	无	视频	快速选择对象.avi	时长	05'06"

在 AutoCAD 中，提供了快速选择功能，当需要选择一些共同特性的对象时，可以利用打开“快速选择”对话框创建选择集来启动“快速选择”命令。

打开“快速选择”对话框的三种方法如下。

方法 01 在 AutoCAD 绘图区右击鼠标，从弹出的快捷菜单中选择“快速选择”命令。

方法 02 执行“工具 | 快速选择”菜单命令。

方法 03 在命令行输入 QSELECT 命令并按<Enter>键。

执行“快速选择”命令后，将弹出“快速选择”对话框，如图 1-47 所示。

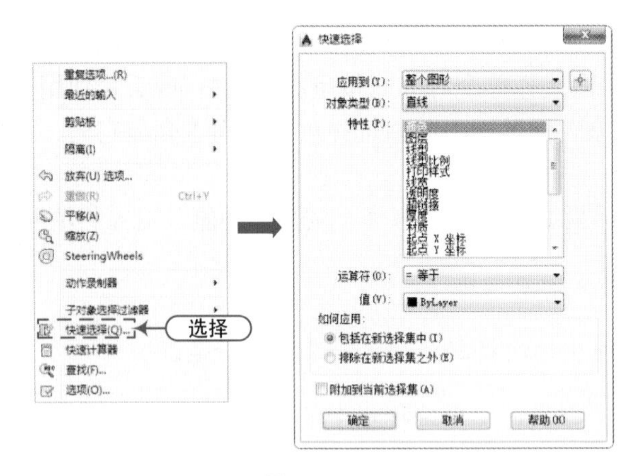

图 1-47

例如，如图 1-48 所示为原图，下面利用“快速选择”命令来删除图形中所有的中心线。

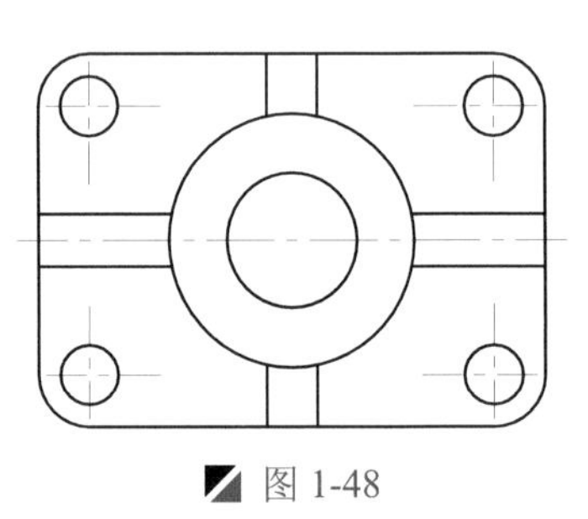

图 1-48

Step 01 执行“工具 | 快速选择”菜单命令则打开“快速选择”对话框，在对话框的“特性”列表中选择“图层”，然后在“值”下拉列表中选择“中心线”，然后单击“确定”按钮，这样图形中所有的“中心线”对象就会被选中，如图 1-49 所示。

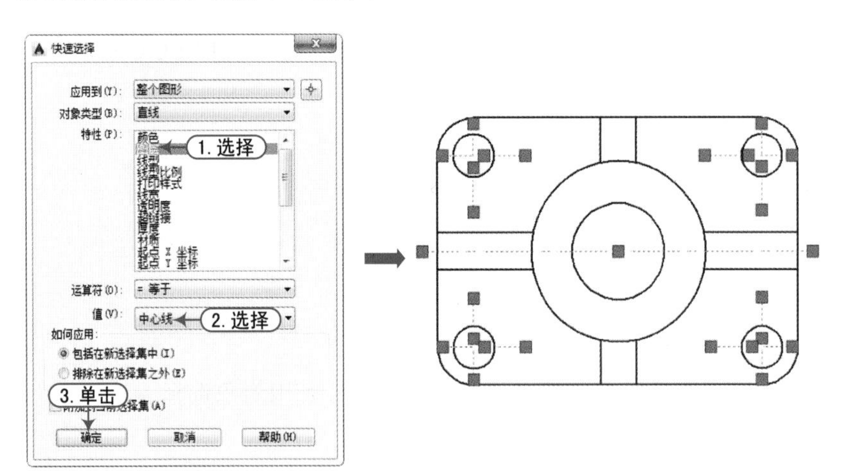

图 1-49

Step 02 执行“删除”命令（E）将选中的对象删除，效果如图 1-50 所示。

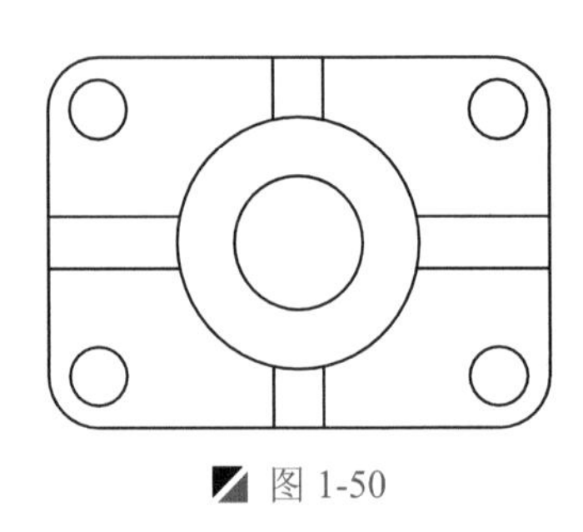

图 1-50

1.6.4 对象编组

案例	无	视频	对象编组.avi	时长	03'28"

在 AutoCAD 中，可以将图形对象进行编组以创建一种选择集，一旦组中任何一个对象被选中，那么组中的全部对象都会被选中，从而使编辑对象操作变得更为有效。

执行编组命令的方法有以下三种。

方法 01 单击“默认”标签下“组”面板中的“组”按钮。

方法 02 执行“工具 | 组”菜单命令。

方法 03 在命令行输入 GROUP 命令并按<Enter>键。

执行该命令后，命令行提示如下。

```
命令: GROUP                                              \\ 执行“组”命令
选择对象或 [名称(N)/说明(D)]:                             \\ 选择“名称”选项
输入编组名或 [?]: 1                                       \\ 输入名称
选择对象或 [名称(N)/说明(D)]: 指定对角点: 找到 7 个        \\ 选择对象
组“1”已创建。                                            \\ 创建组对象
```

如图 1-51 所示为执行编组命令前和执行编组命令后选择对象的区别。

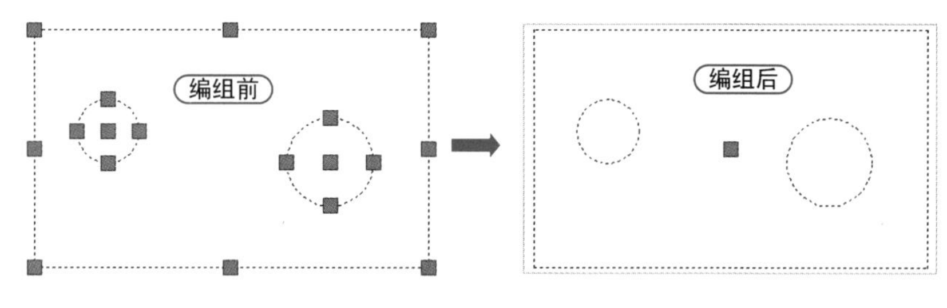

图 1-51

1.7 ACAD 视图的显示控制

在 AutoCAD 中，图形显示控制功能在工程设计和绘图领域的应用极其广泛，灵活、熟练地掌握对图形的控制，可以更加精确、快速地绘制所需要的图形。

1.7.1 视图的缩放和平移

案例	无	视频	视图的缩放和平移.avi	时长	10'08"

在 AutoCAD 中，通过多种方法可以对图形进行缩放和平移视图操作，从而提高工作效率。

1. 平移视图

用户可以通过多种方法来平移视图重新确定图形在绘图区域的位置，平移视图的方法如下。

方法 01 执行“视图 | 平移 | 实时”命令。

方法 02 在命令行输入 PAN 命令或 P 命令并按<Enter>键。

在执行平移命令时，只会改变图形在绘图区域的位置，不会改变图形对象的大小。

技巧：平移视图的快捷方法

> 在绘图过程中，通过按住鼠标滑轮拖动鼠标，这样也能对图形对象进行短暂的平移。

2. 缩放视图

在绘制图形时，可以将局部视图放大或缩放视图全局效果，从而提高绘图精度和效率。缩放视图的方法如下。

方法 01　执行“视图 | 缩放 | 实时”命令。

方法 02　在命令行输入 ZOOM 命令或 Z 命令并按<Enter>键。

在使用命令行输入命令方法时，命令信息中给出了多个选项，如图 1-52 所示。

图 1-52

（1）全部（A）：用于在当前视口显示整个图形，其大小取决于图限设置或者有效绘图区域，这是因为用户可能没有设置图限或有些图形超出了绘图区域。

（2）中心（C）：必须确定一个中心，然后绘出缩放系数或一个高度值，所选的中心点将成为视口的中心点。

（3）动态（D）：该选项集成了“平移”命令或“缩放”命令中的“全部”和“窗口”选项的功能。

（4）范围（E）：用于将图形的视口最大限度地显示出来。

（5）上一个（P）：用于恢复当前视口中上一次显示的图形，最多可以恢复 10 次。

（6）窗口（W）：用于缩放一个由两个角点所确定的矩形区域。

（7）比例（S）：该选项将当前窗口中心作为中心点，依据输入的相关数据值进行缩放。

在绘制图形过程中，常常使用“缩放视图”命令。例如，在命令行输入 ZOOM 命令并按<Enter>键，在给出的多个选项中选择“比例（S）”，并输入比例因子 3，随后按<Enter>键就能缩放视图的显示，如图 1-53 所示。

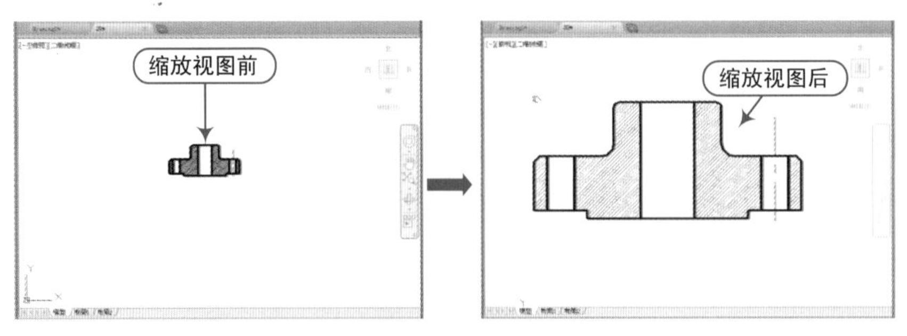

图 1-53

注意：缩放视图的变化

> 使用缩放不会更改图形中对象的绝对大小。它仅更改视图的显示比例。

1.7.2 平铺视口的应用

案例	无	视频	平铺视口的应用.avi	时长	08'11"

在 AutoCAD 中，为了满足用户需求，把绘图窗口分成多个矩形区域，创建不同的绘图区域，这种称为“平铺视口”。

1. 创建平铺视口

平铺视口是指将绘图窗口分成多个矩形区域，从而可得到多个相邻又不同的绘图区域，其中的每一个区域都可以用来查看图形对象的不同部分。

在 AutoCAD 2015 中创建“平铺视口”的方法有以下三种。

方法 01　执行“视图 | 视口 | 新建视口”命令。

方法 02　在命令行输入 VPOINTS 命令并按<Enter>键。

方法 03　在“视图”标签下的“模型视口”面板中单击“视口配置”按钮。

在打开的“视口”对话框中，选择“新建视口”选项卡，可以显示标准视口配置列表，而且还可以创建并设置新平铺视口，如图 1-54 所示。

“视口”对话框中“新建视口”选项卡的主要内容如下。

（1）应用于：有“显示”和“当前视口”两种设置，前者用于设置所选视口配置，用于模型空间的整个显示区域的默认选项；后者用于设置将所选的视口配置，用于当前的视口。

（2）设置：选择二维或三维设置，前者使用视口中的当前视口来初始化视口配置，后者使用正交的视图来配置视口。

（3）修改视图：选择一个视口配置代替已选择的视口配置。

（4）视觉样式：可以从中选择一种视口配置代替已选择的视口配置。

在打开的“视口”对话框中，选择“命名视口”选项卡，可以显示图形中已命名的视口配置，当选择一个视口配置后，配置的布局将显示在预览窗口中，如图 1-55 所示。

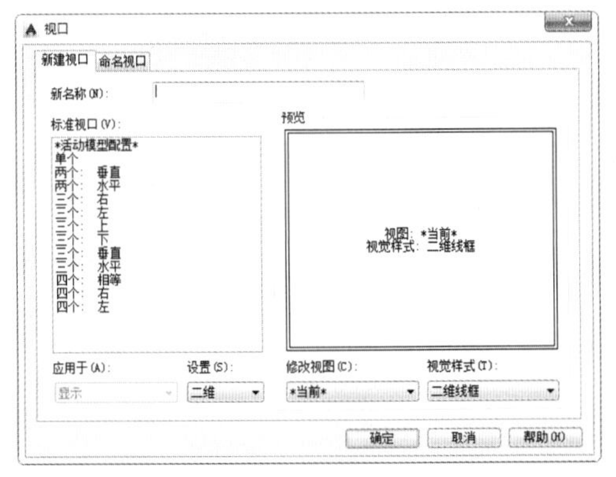

图 1-54

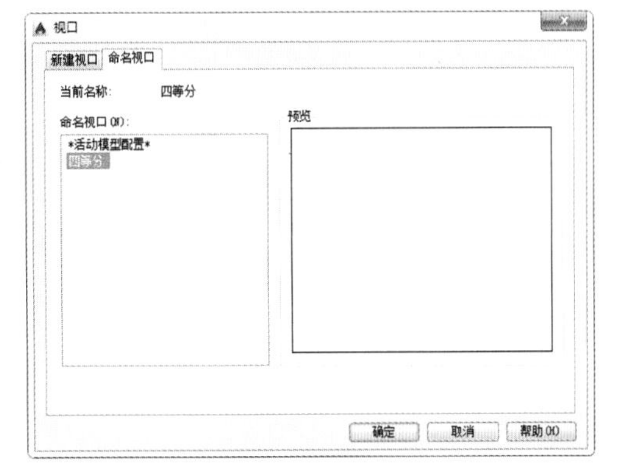

图 1-55

2. 平铺视口的特点

当打开一个新的图形时，默认情况下将用一个单独的视口填满模型空间的整个绘图区域。而当系统变量 TILEMODE 被设置为 1 后（即在模型空间模型下），就可以将屏幕的绘图区域分割成多个平铺视口，平铺视口的特点如下。

（1）每个视口都可以平移和缩放，并设置捕捉、栅格和用户坐标系等，且每个视口都可以有独立的坐标系统。

（2）在执行命令期间，可以切换视口以便在不同的视口中绘图。

（3）可以命名视口中的配置，以便在模型空间中恢复视口或者应用于布局。

（4）只有在当前视口中鼠标才显示为“+”字形状，将鼠标指针移动出当前视口后将变成为箭头形状。

（5）当在平铺视口中工作时，可全局控制所有视口图层的可见性，当在某一个视口中关闭了某一图层，系统将关闭所有视口中的相应图层。

3. 视口的分割与合并

在 AutoCAD 2015 中，执行“视图｜视口”子菜单中的命令，可以进行分割或合并视口操作，执行“视图｜视口｜三个视口”菜单命令，在配置选项中选择“右”，即可将打开的图形文件分成三个窗口进行操作，如图 1-56 所示。若执行“视图｜视口｜合并”菜单命令，系统将要求选择一个视口作为主视口，再选择相邻的视口，即可合并两个选择的视口，如图 1-57 所示。

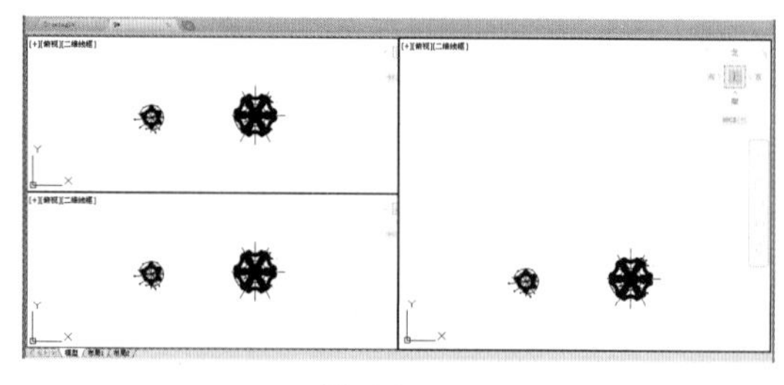

图 1-56

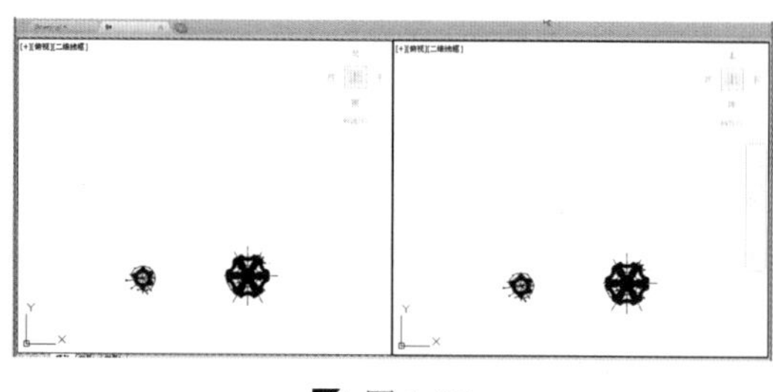

图 1-57

1.7.3 视图的转换操作

案例	无	视频	视图的转换操作.avi	时长	06'25"

在 AutoCAD2015 中，视图样式分为前视、后视、左视、右视、仰视、俯视、西南等轴测视和东南等轴测视等，视图样式转换的选择很多，用户根据不同的需求进行“视图的转换操作”，其主要方法有以下 3 种。

方法 01 单击“绘图区”左上角的“视图控件”按钮[俯视]，在下拉对话框中进行选择。

方法 02 执行“视图｜三维视图”命令，在弹出的下拉列表中进行选择。

方法 03 在“视图”标签中的“视图”面板中进行选择。

通过以上方法，用户根据需求选择后，可以完成视图的转换操作，如图 1-58 所示为“俯视”转换为“仰视”。

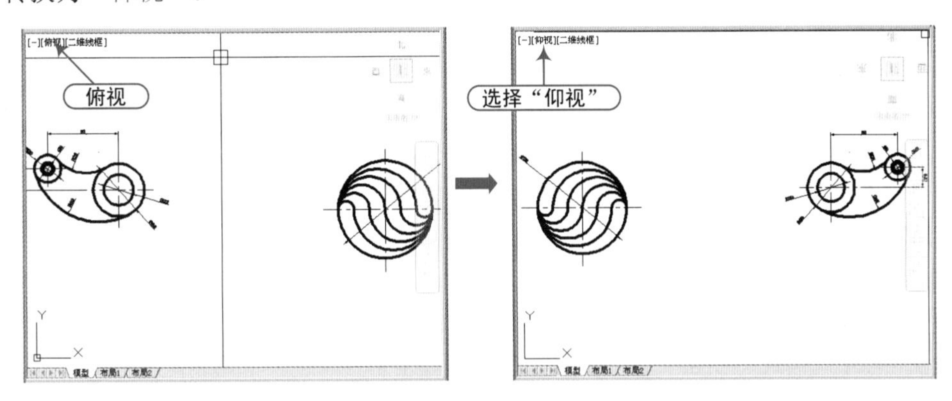

图 1-58

1.7.4 视觉的转换操作

案例	无	视频	视觉的转换操作.avi	时长	06'18"

在 AutoCAD2015 中，视觉样式分为概念、隐藏、真实、着色等，视觉样式转换的选择很多，用户根据不同的需求进行“视觉的转换操作”，其主要方法有以下 3 种。

方法 01 单击“绘图区”左上角的“视觉样式控件”按钮[二维线框]，在下拉对话框中进行选择。

方法 02 执行“视图 | 视觉样式”命令，在弹出的下拉列表中进行选择。

方法 03 在“视图”标签中的“视觉样式”面板中进行选择。

通过以上方法，用户根据需求选择后，可以完成视觉的转换操作，如图 1-59 所示为“二维线框”转换为“勾画”。

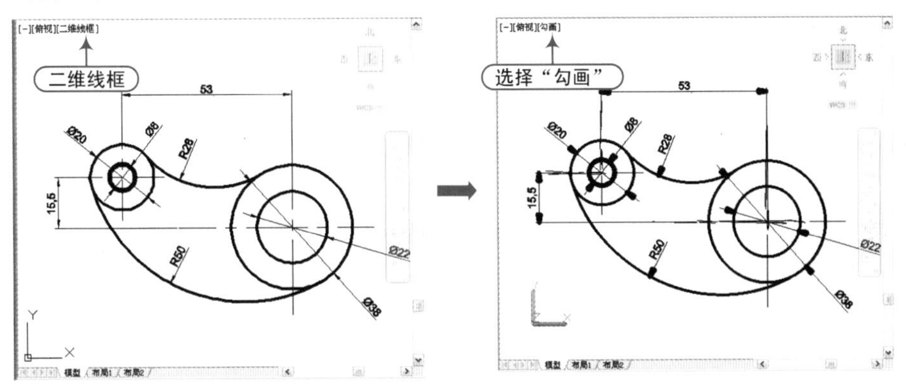

图 1-59

1.8 ACAD 图层与对象的控制

在 AutoCAD 2015 中，用户可以通过图层来编辑和调整图形对象，通过在不同的图层中来绘制不同的对象。

1.8.1 图层的概述

案例	无	视频	图层的特点.avi	时长	04'33"

在 AutoCAD 中，一个复杂的图形由许多不同类型的图形对象组成，而这些对象又都具有图层、颜色、线宽和线型四个基本属性，为了方便区分和管理，通过创建多个图层来控制对象的显示和编辑，从而提高绘制复杂图形的效率和准确性。

利用“图层特性管理器”选项板，不仅可以创建图层，设置图层的颜色、线型和宽度，还可以对图层进行更多的设置与管理，如切换图层、过滤图层、修改和删除图层等。打开“图层特性管理器”选项板的方法有以下 3 种。

方法 01　在命令行中输入 Layer，按<Enter>键。

方法 02　执行“格式｜图层”菜单命令。

方法 03　在“默认”标签中的“图层”面板中单击“图层特性”按钮。

通过以上方法，可以打开“图层特性管理器”选项板，如图 1-60 所示。

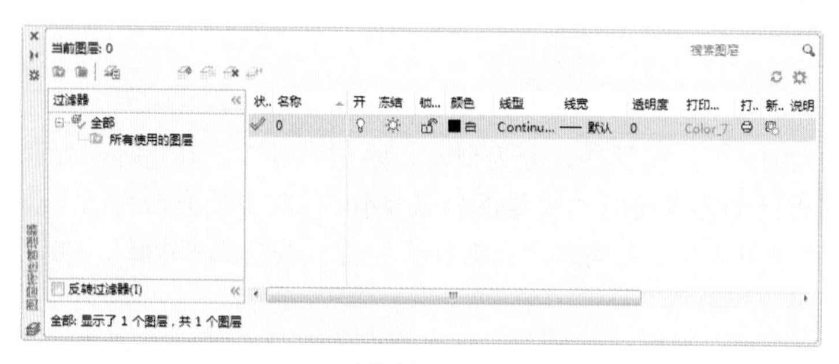

图 1-60

通过“图层特性管理器”选项板，可以添加、删除和重命名图层，更改它们的特性，设置布局视口中的特性替代以及添加图层说明。图层特性管理器包括“过滤器”面板和图层列表面板。图层过滤器可以控制在图层列表中显示的图层，也可以用于同时更改多个图层。

图层特性管理器将始终进行更新，并且将显示当前空间中（模型空间、图纸空间布局或在布局视口中的模型空间内）的图层特性和过滤器选择的当前状态。

注意：图层 0

> 每个图形均包含一个名为 0 的图层。图层 0（零）无法删除或重命名，以确保每个图形至少包括一个图层。

1.8.2 图层的控制

案例	无	视频	图层的控制.avi	时长	07'23"

控制图层，可以很好地组织不同类型的图形信息，使得这些信息便于管理，从而大大提高工作效率。

1. 新建图层

在 AutoCAD 中，单击“图层特性管理器”选项板中的“新建图层”按钮，可以新建图层。在新建图层中，如果用户更改图层名字，用鼠标单击该图层并按 F2 键，然后重新输入图层名即可，图层名最长可达 255 个字符，但不允许有 >、<、\、:、= 等字符，否则系统会弹出如图 1-61 所示的警告框。

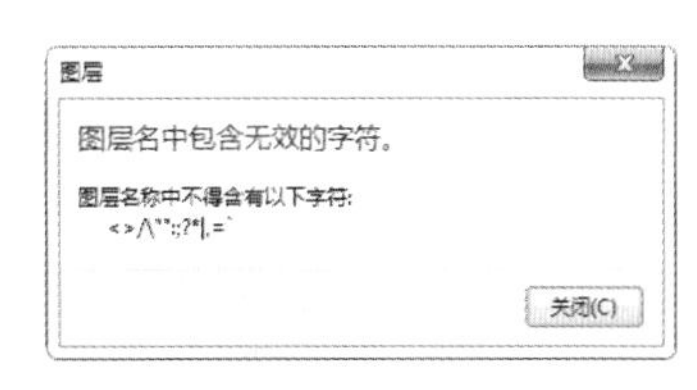

图 1-61

新建的图层继承了“图层 0”的颜色、线型等，如果需要对新建图层进行颜色、线型等重新设置，则选中当前图层的特性（颜色、线型等），单击鼠标左键进行重新设置。如果要使用默认设置创建图层，则不要选择列表中的任何一个图层，或在创建新图层前选择一个具有默认设置的图层。

注意：图层的描述

> 对于具有多个图层的复杂图形，可以在“说明”列中输入描述性文字。

2. 删除图层

在 AutoCAD 中，图层的状态栏是灰色的图层为空白图层，如果要删除没有用过的图层，在“图层特性管理器”选项板中选择好要删除的图层，然后单击“删除图层”按钮或者按<Alt+D>组合键，就可删除该图层。

图 1-62

在 AutoCAD 中，如果该图层不为空白图层，那么就不能删除，系统会弹出“图层—未删除”提示框，如图 1-62 所示。

根据“图层—未删除”提示框可以看出，无法删除的图层有“图层 0 和图层 Defpoints”、“当前图层”、“包含对象的图层”和“依赖外部参照的图层”。

注意：删除图层时

> 如果绘制的是共享工程中的图形，或是基于一组图层标准的图形，删除图层时要小心。

3. 切换到当前图层

在 AutoCAD 中，“当前图层”是指正在使用的图层，用户绘制的图形对象将保存在当前图层，在默认情况下，“对象特性”工具栏中显示了当前图层的状态信息。设置当前图层的方法有以下 3 种。

方法 01 在“图层特性管理器”选项板中，选择需要设置为当前层的图层，然后单击“置为当前”按钮，被设置为当前图层的图层前面有标记。

方法 02 在“默认”标签下“图层”面板的“图层控制”下拉列表中，选择需要设置为当前的图层即可。

方法 03 单击“图层”面板中的“将对象的图层置为当前”按钮，然后使用鼠标在绘图区中选择某个图形对象，则该图形对象所在图层即可被设置为当前图层。

4. 设置图层颜色

在 AutoCAD 中，可以用不同的颜色表示不同的组件、功能和区域。设置图层颜色实际就是设置图层中图形对象的颜色。不同图层可以设置不同的颜色，方便用户区别复杂的图形，默认情况下，系统创建的图层颜色是 7 号颜色，设置图层的颜色命令调用的方法有以下两种。

方法 01　在命令行中输入 COLOR，按<Enter>键。

方法 02　执行“格式丨颜色”菜单命令。

执行图层颜色的设置命令后，系统将会弹出“选择颜色”对话框，此对话框包括“索引颜色”、“真彩色”和“配色系统”三个选项卡，如图 1-63 所示。

5. 设置图层线型

在 AutoCAD 中，为了满足用户的各种不同要求，系统提供了 45 种线型，所有的对象都是用当前的线型来创建的，设置图层线型命令的执行方式如下。

方法 01　在命令行中输入 LINETYPE，按<Enter>键。

方法 02　执行“格式丨线型”菜单命令。

执行图层线型的设置命令后，系统将会弹出“线型管理器”对话框，如图 1-64 所示。

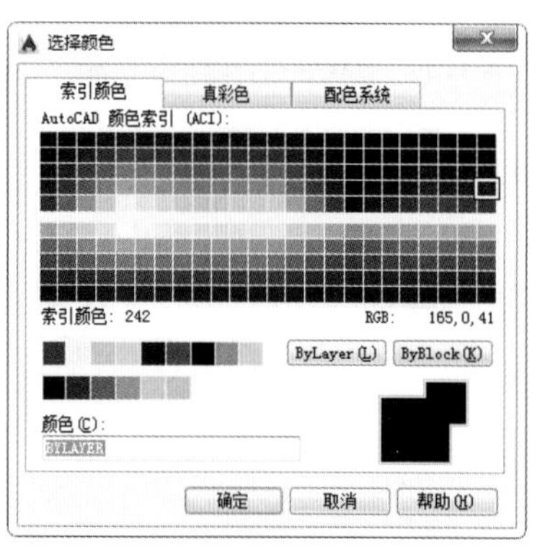

图 1-63

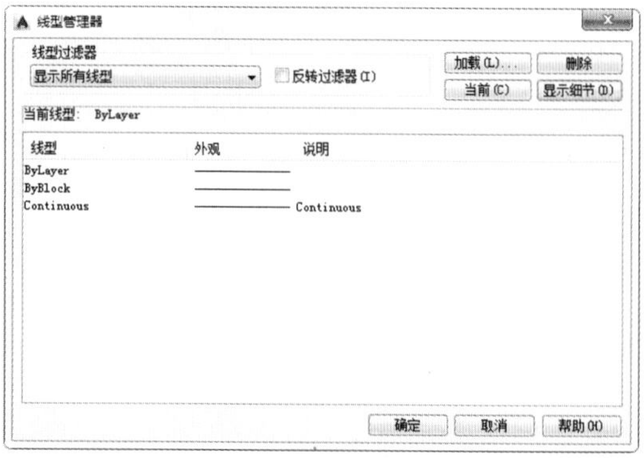

图 1-64

在“线型管理器”对话框中，其主要选项说明如下。

（1）线型过滤器：用于指定线型列表框中要显示的线型，勾选右侧的“反向过滤器”复选框，就会以相反的过滤条件显示线型。

（2）“加载”按钮：单击此按钮，将弹出“加载或重载线型”对话框，用户在“可用线型”列表中选择所需要的线型，也可以单击“文件”按钮，从其他文件中调出所要加载的线型。

（3）“删除”按钮：用此按钮来删除选定的线型。只能删除未使用的线型，不能删除 BYLAYER、BYBLOCK 和 CONTINUOUS 线型。

注意：删除线型时

> 如果处理的是共享工程中的图形，或是基于一系列图层标准的图形，则删除线型时要特别小心。已删除的线型定义仍存储在 acad.lin 或 acadlt.lin 文件(AutoCAD)或 acadiso.linacadltiso.lin 文件(AutoCAD LT)中，可以对其进行重载。

（4）“当前”按钮：此按钮可以将选择的图层或对象设置当前线型，如果是新创建的对象时，系统默认线型是当前线型（包括 Bylayer 和 ByBlock 线型值）。

（5）“显示\隐藏细节”按钮：此按钮用于显示“线型管理器”对话框中的“详细信息”选项区。

6. 设置图层线宽

在 AutoCAD 中，改变线条的宽度，使用不同宽度的线条表现对象的大小或类型，从而提高图形的表达能力和可读性，设置线宽的方法如下。

方法 01 在“图层特性管理器”对话框的“线宽”列表中单击该图层对应的线宽“—默认”，打开“线宽”对话框，选择所需要的线宽。

方法 02 执行“格式|线宽”菜单命令，打开“线宽设置”对话框，通过调整线宽比例，使图形中的线宽显示得更宽或更窄。

注意：线宽的显示

> 图层设置的线宽特性是否能显示在显示器上，还需要通过“线宽设置”对话框来设置。

7. 改变对象所在图层

在 AutoCAD 实际绘图中，如果绘制完某一图形元素后，发现该元素并没有绘制在预先设置的图层上，可选中该图形元素，并在“面板”选项板的“图层”选项区域的“应用的过滤器”下拉列表中选择预设图层名，即可改变对象所在图层。

例如，如图 1-65 所示，将直线所在图层改变为虚线所在图层。

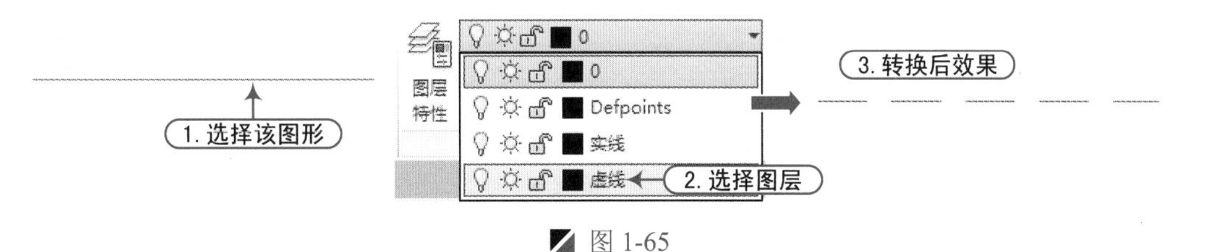

图 1-65

1.9 ACAD 文字和标注的设置

在 AutoCAD 2015 中，可以设置多种文字样式，以方便各种工程图的注释及标注的需要，要创建文字对象，有单行文字和多行文字两种方式。同时 AutoCAD 2015 包含了一套完整的尺寸标注命令和使用程序，可以轻松地完成图形中要求的尺寸标注。

1.9.1 文字样式的设置

案例	无	视频	文字样式的设置.avi	时长	06'47"

在 AutoCAD 2015 中，图形中的所有文字都具有与之相关联的文字样式。输入文字时，系统使用当前的文字样式来创建文字，该样式可设置字体、大小、倾斜角度、方向和文字特征。如果需要使用其他文字样式来创建文字，可以将其他文字样式置于当前。

创建文字样式的方法如下。

方法 01 在命令行输入 STYLE 命令并按<Enter>键。

方法 02 执行“格式 | 文字样式”菜单命令。

方法 03 单击“默认”标签里“注释”面板下拉列表中的“文字样式”按钮，如图 1-66 所示。

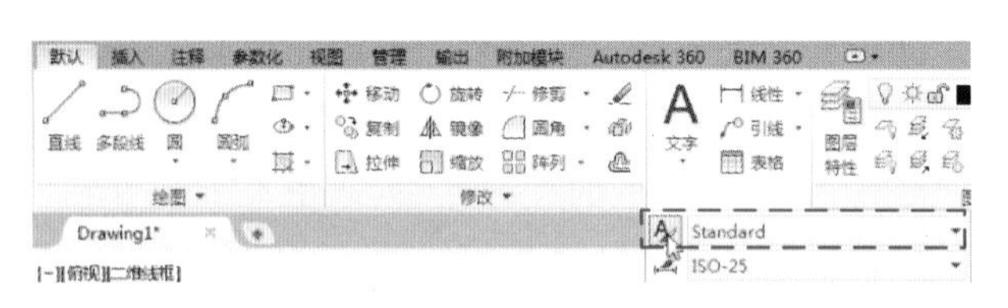

图 1-66

执行上述命令后，将弹出“文字样式”对话框，单击“新建”按钮，会弹出“新建文字样式”对话框，在“样式名”文本框中输入样式的名称，然后单击“确定”按钮，即可新建文字样式，如图 1-67 所示。

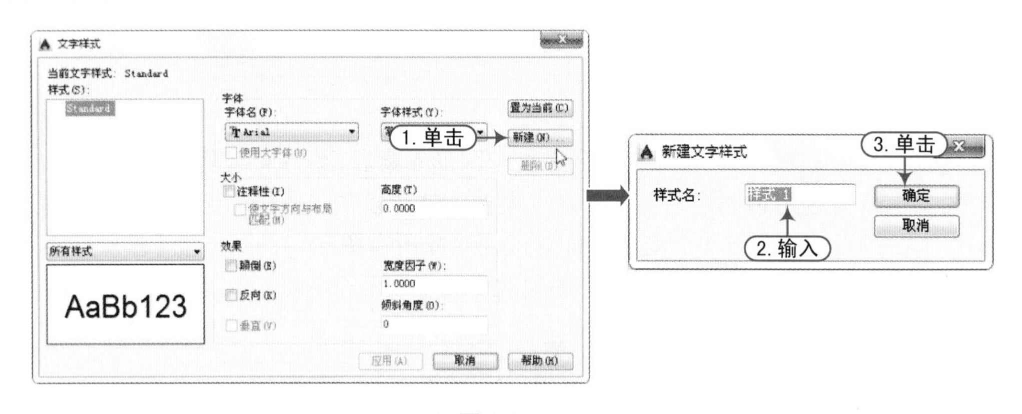

图 1-67

在“文字样式”对话框中，系统提供了一种默认文字样式是 Standard 文字样式，用户可以创建一个新的文字样式或修改文字样式，以满足绘图要求。

在“文字样式”对话框中，各主要选项具体说明如下。

（1）样式（S）：显示图形中的样式列表。样式名前的图标指示样式为注释性。

（2）字体：用来设置样式的字体。

注意：样式字体的设置

> 如果更改现有文字样式的方向或字体文件，当图形重新生成时，所有具有该样式的文字对象都将使用新值。

（3）大小：用来设置字体的大小。

（4）效果：修改字体的特性，例如高度、宽度因子、倾斜角以及是否颠倒显示、反向或垂直对齐。

（5）颠倒（E）：颠倒显示字符。

（6）反向（K）：反向显示字符。

（7）垂直（V）：显示垂直对齐的字符。只有在选定字体支持双向时“垂直”才可用。TrueType 字体的垂直定位不可用。

（8）宽度因子（W）：设置字符间距。系统默认“宽度因子”为 1，输入小于 1 的值将压缩文字。输入大于 1 的值则扩大文字。

（9）倾斜角度（O）：设置文字的倾斜角。输入一个 –85 和 85 之间的值将使文字倾斜。

文字的各种效果如图 1-68 所示。

标准 宋体 字体各种样式

标准 黑体 字体各种样式

标准 楷体 字体各种样式

宽度因子：1.2 字体各种样式

倾斜角度：30度 字体各种样式

颠倒

反向

图 1-68

1.9.2 标注样式的设置

案例	无	视频	标注样式的设置.avi	时长	23'11"

在 AutoCAD 中，用户在标注尺寸之前，第一步要建立标注样式，如果不建立标注样式而直接进行标注，系统会使用默认的 Standard 样式。如果用户认为使用的标注样式某些设置不合适，也可以通过“标注样式管理器”对话框进行设置来修改标注样式。

打开“标注样式管理器”对话框的方法如下。

方法 01　在命令行输入 DIMSTYLE 命令并按<Enter>键。

方法 02　执行“格式丨标注样式”菜单命令。

方法 03　单击“注释”标签下“标注”面板中右下角的“标注样式”按钮。

执行上述命令后，将打开“标注样式管理器”对话框，如图 1-69 所示。

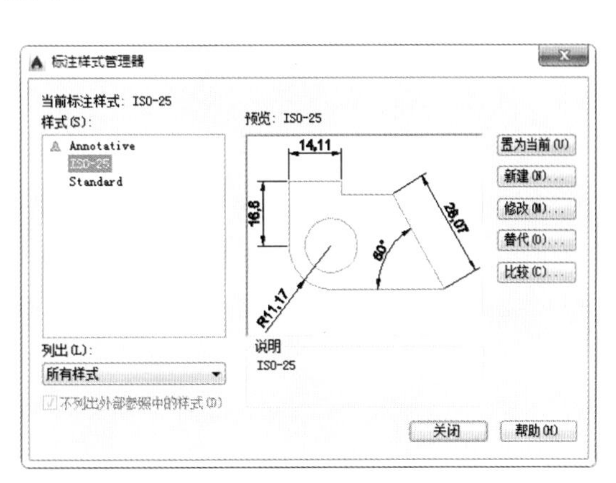

图 1-69

在“标注样式管理器”对话框中，单击“新建”按钮，将打开“创建新标注样式”对话框，在该对话框中可以创建新的标注样式，单击该对话框中的“继续”按

读书破万卷

钮，将打开“新建标注样式：XXX”对话框，从而设置和修改标注样式的相关参数，如图 1-70 所示。

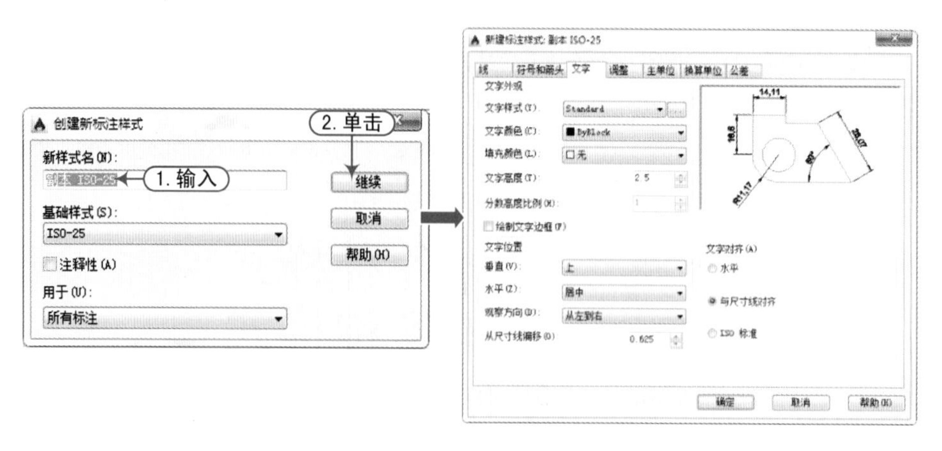

图 1-70

当标注样式创建完成后，在“标注样式管理器”对话框中，单击“修改”按钮，将打开“修改标注样式：XXX”对话框，从中可以修改标注样式。对话框选项与“新建标注样式：XXX”对话框中的选项相同。

1.10 绘制第一个 ACAD 图形

案例	平开门符号.dwg	视频	绘制第一个 ACAD 图形.avi	时长	05'17"

为了使用户对 AutoCAD 建筑工程图的绘制有一个初步的了解，下面以“平开门符号”的绘制来进行讲解，其操作步骤如下。

Step 01 在桌面上双击 AutoCAD 2015 图标，启动 AutoCAD 2015 软件，系统自动创建一个空白文档。

Step 02 在“快速访问”工具栏单击“另存为”按钮，将弹出“图形另存为”对话框，按照如图 1-71 所示将该文件保存为“案例\01\平开门符号.dwg”文件。

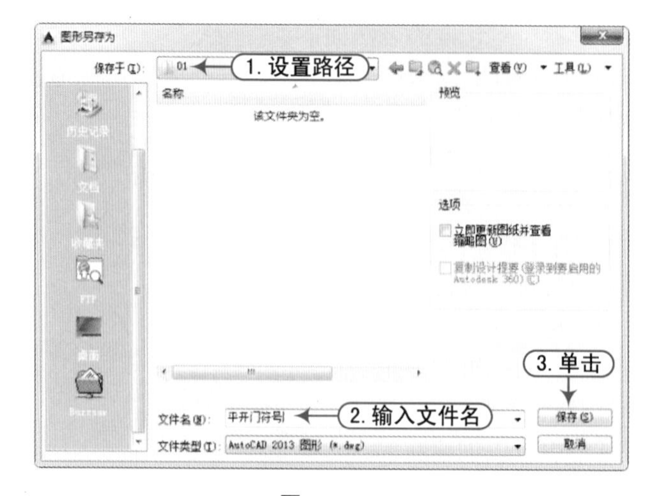

图 1-71

技巧：保存文件为低版本

> 在“图形另存为”对话框中，其“文件类型”下拉组合框中，用户可以将其保存为低版本的 .dwg 文件。

Step 03 在“常用”选项卡的“绘图”面板中单击“圆”按钮，按照如下命令行提示绘制一个半径为 1000mm 的圆，其效果如图 1-72 所示。

```
命令: _circle                                              \\ 执行“圆”命令
指定圆的圆心或 [三点(3P)/两点(2P)/切点、切点、半径(T)]: @0,0   \\ 以原点(0.0)作为圆心点
指定圆的半径或 [直径(D)]: 1000                                \\ 输入圆的半径为 1000
```

Step 04 在“常用”选项卡的“绘图”面板中单击“直线”按钮，根据如下命令行提示，绘制好两条线段，其效果如图 1-73 所示。

```
命令: _line                              \\ 执行“直线”命令
指定第一个点:                             \\ 捕捉圆上侧象限点
指定下一点或 [放弃(U)]:                    \\ 捕捉圆心点，绘制线段 1
指定下一点或 [放弃(U)]:                    \\ 捕捉右侧象限点，绘制线段 2
指定下一点或 [闭合(C)/放弃(U)]:            \\ 按回车键结束直线的绘制
```

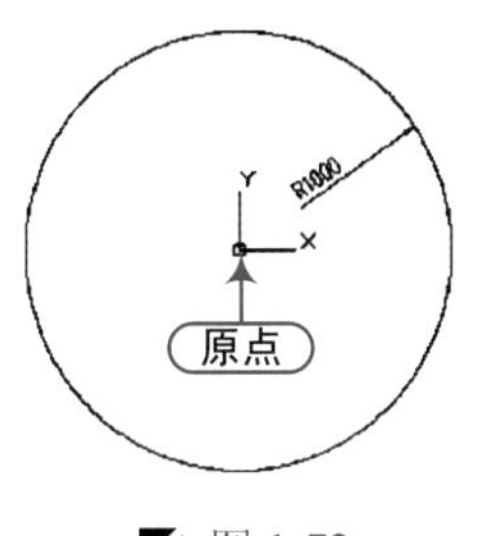

图 1-72

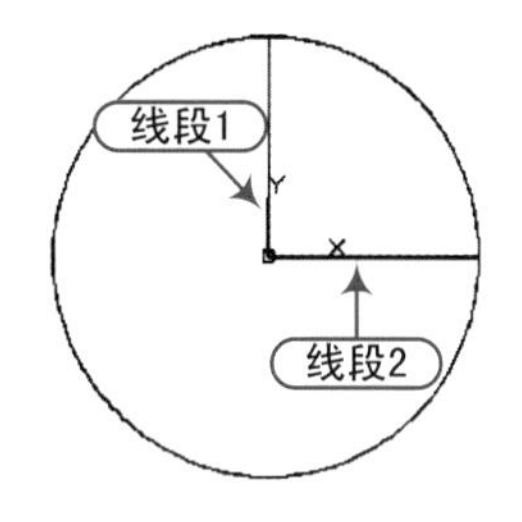

图 1-73

注意：“对象捕捉”的启用

> 用户在绘制图形过程中，用户可按 F3 键来启用或取消其“对象捕捉”模式。但就是启用了“对象捕捉”模式，也必须勾选相应的捕捉点才行。

Step 05 在“常用”选项卡的“修改”面板中单击“偏移”按钮，根据如下命令行提示，将上一步所绘制垂直线段向右侧偏移 60mm，其效果如图 1-74 所示。

```
命令: _offset                                        \\ 执行“偏移”命令
当前设置: 删除源=否  图层=源  OFFSETGAPTYPE=0          \\ 当前设置状态
指定偏移距离或 [通过(T)/删除(E)/图层(L)] <通过>:  60     \\ 输入偏移距离为 60mm
选择要偏移的对象，或 [退出(E)/放弃(U)] <退出>:          \\ 选择垂线段为偏移对象
指定要偏移的那一侧上的点，或 [退出(E)/多个(M)/放弃(U)] <退出>:  \\ 在垂线段右侧单击
选择要偏移的对象，或 [退出(E)/放弃(U)] <退出>:          \\ 按回车键结束偏移操作
```

Step 06 在“常用”选项卡的“修改”面板中单击“修剪”按钮 修剪，根据如下命令行提示，将多余的线段及圆弧进行修剪，其效果如图 1-75 所示。

```
命令: _trim                                                    \\ 执行“修剪”命令
当前设置:投影=UCS，边=无                                        \\ 显示当前设置
选择剪切边...
选择对象或 <全部选择>:                                          \\ 按回车键表示修剪全部
选择要修剪的对象，或按住 Shift 键选择要延伸的对象，或
[栏选(F)/窗交(C)/投影(P)/边(E)/删除(R)/放弃(U)]:                 \\ 单击圆弧修剪
选择要修剪的对象，或按住 Shift 键选择要延伸的对象，或
[栏选(F)/窗交(C)/投影(P)/边(E)/删除(R)/放弃(U)]:                 \\ 单击水平线段右侧进行修剪
选择要修剪的对象，或按住 Shift 键选择要延伸的对象，或
[栏选(F)/窗交(C)/投影(P)/边(E)/删除(R)/放弃(U)]:                 \\ 按回车键结束修剪操作
```

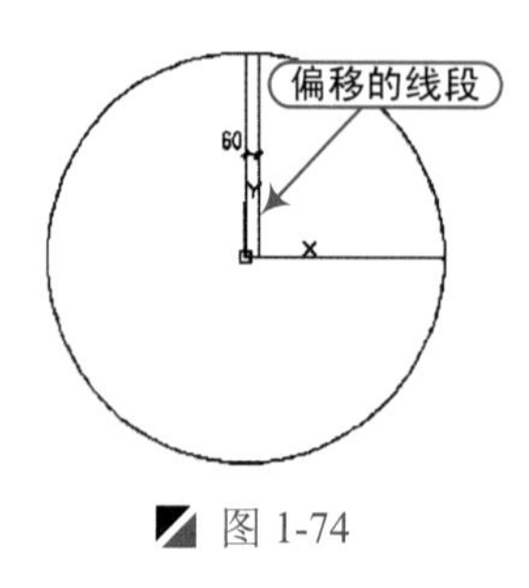

图 1-74

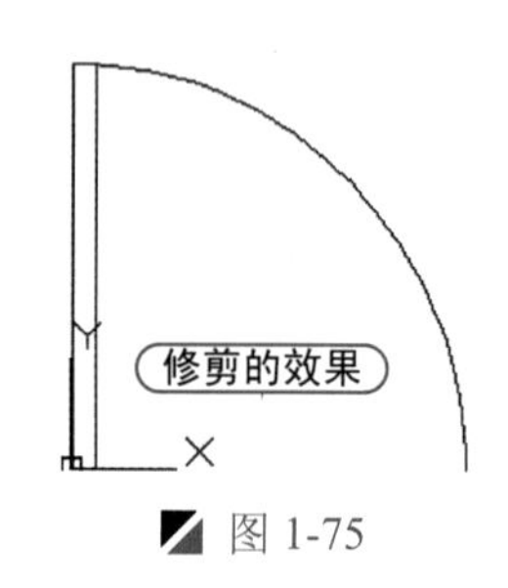

图 1-75

Step 07 在“快速访问”工具栏单击“保存”按钮，将所绘制的平开门符号进行保存。

Step 08 在键盘上按<Alt+F4>或<Ctrl+Q>组合键，退出所绘制的文件对象。

2

机械设计基础与制图规范

本章导读

机械图形的绘制是 CAD 计算机辅助设计的一个重要领域。为了更好地学习机械制图的 CAD 技术，本章主要讲解机械制图的标准、各种视图的表示方法、剖视图和断面图的表示方法，局部放大图和机件的简化画法等，为后面的学习打好基础。

本章内容

- 机械视图的表示方法
- 机件的规定画法与简化画法
- CAD 机械制图规范
- CAD 机械工程图样板文件的创建

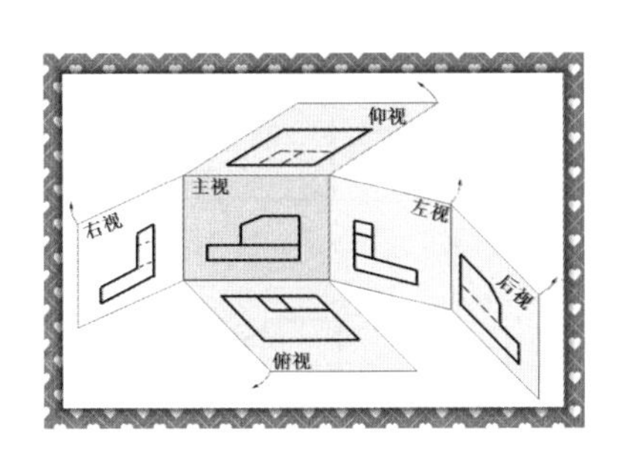

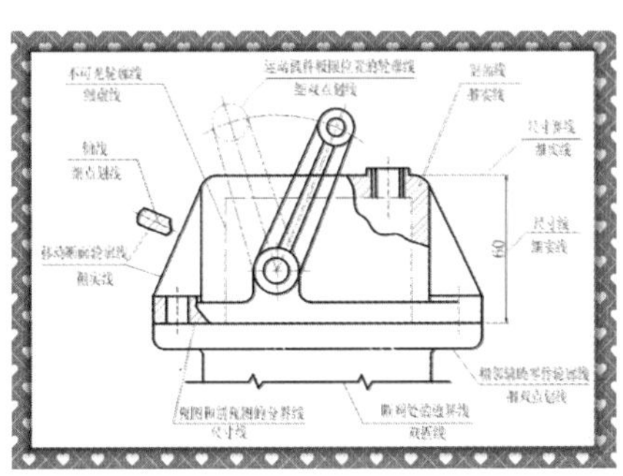

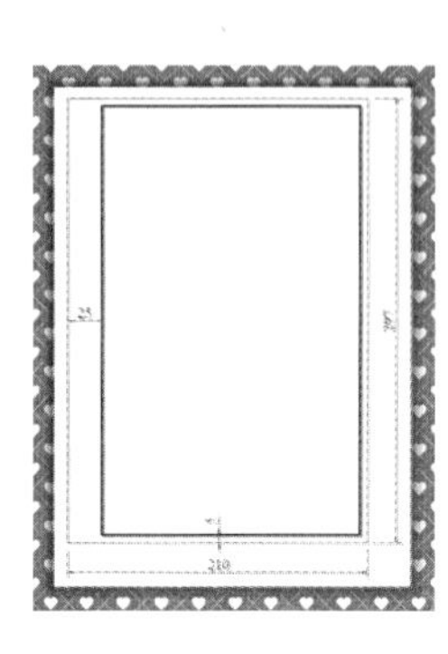

2.1 机械视图的表示方法

视图是物体向投影面投射所得的图形，主要用于表达物体的外部形状，一般只画物体的可见部分，必要时才画出其不可见部分。视图通常有：基本视图、向视图、局部视图和斜视图四种。

2.1.1 基本视图

机件向基本投影面投射所得的视图称为基本视图，六个基本视图的形成及展开如图 2-1 所示。

六个基本视图的投影规律依然遵循三视图中的“三等关系”（如图 2-2 所示）。

- 主视图、后视图、俯视图、仰视图“长对正”；
- 俯视图、仰视图、左视图、右视图“宽相等”；
- 主视图、后视图、左视图、右视图“高平齐”。

六个基本视图的方位对应关系：六个基本视图中，除后视图外，其他四个基本视图在靠近主视图的一侧表示“后”，在远离主视图的一侧表示“前”（如图 2-2 所示）。

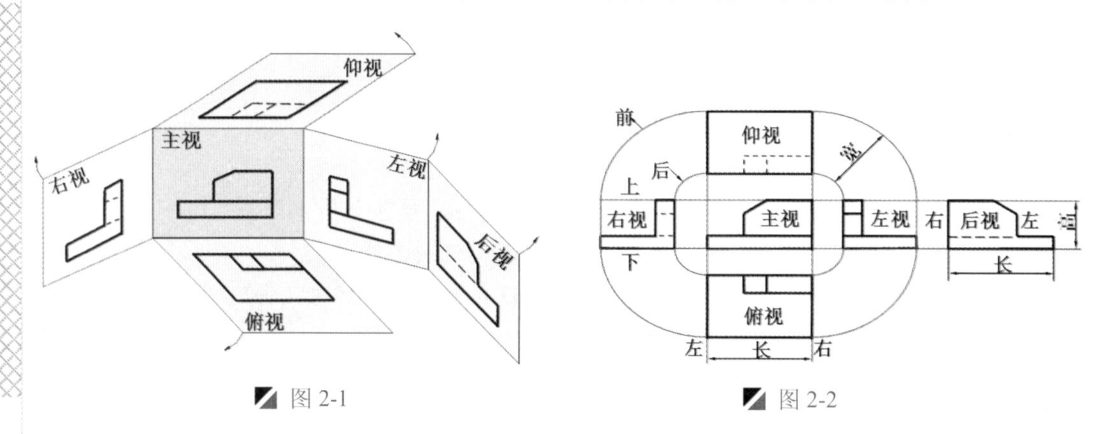

图 2-1　　图 2-2

2.1.2 向视图

向视图是可以自由配置的视图。当其视图不能按投影关系配置时，可按向视图绘制，其表示方法有以下两种。

- 在向视图的上方标注字母，在相应视图附近用箭头指明投射方向，并标注相同的字母，如图 2-3（a）为基本视图画法，图 2-3（b）所示为向视图画法。

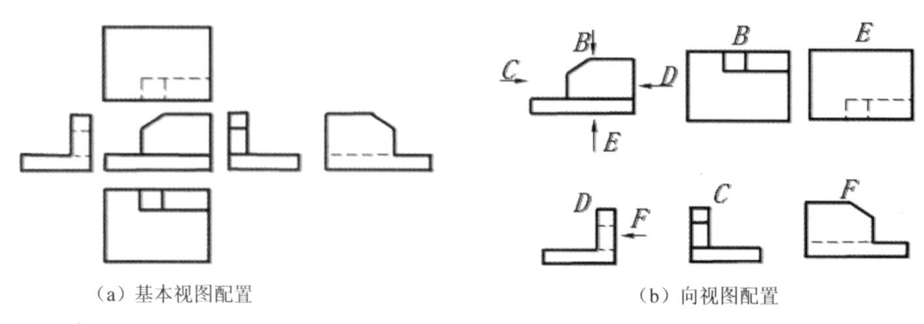

（a）基本视图配置　　（b）向视图配置

图 2-3

➢ 表示投射方向的箭头尽可能配置在主视图上，只是表示后视投射方向的箭头才配置在其他视图上。

2.1.3 局部视图

为重点表达物体的某一局部复杂部位，可以将这一部分向基本投影面进行投影，所得到的视图称为局部视图，其画法如下。

➢ 用带字母的箭头指明要表达的部位和投射方向，并注明视图名称。如图 2-4 所示的局部视图 A 和 B。

➢ 局部视图的范围用波浪线表示。当表示的局部结构是完整的且外轮廓封闭时，波浪线可省略。

➢ 局部视图可按基本视图的配置形式配置，也可按向视图的配置形式配置。

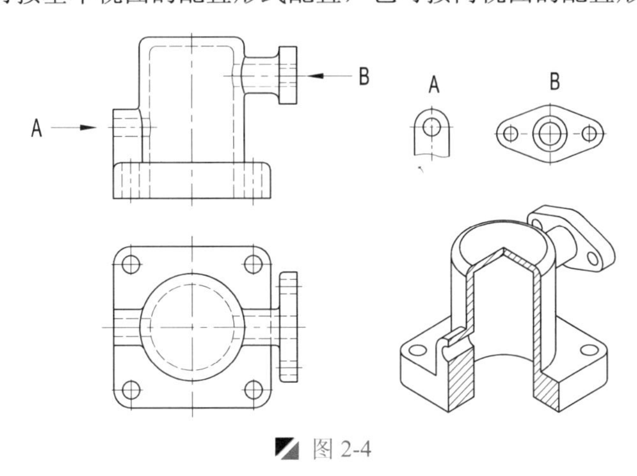

图 2-4

2.1.4 斜视图

斜视图是物体向不平行于基本投影面的平面投射所得的视图，如图 2-5 所示。

画斜视图的注意事项如下。

➢ 斜视图的断裂边界用波浪线或双折线表示。

➢ 斜视图通常按投射方向配置和标注。

➢ 允许将斜视图旋转配置，但需在斜视图上方注写“字母”+“旋转符号”，如图 2-6 所示。

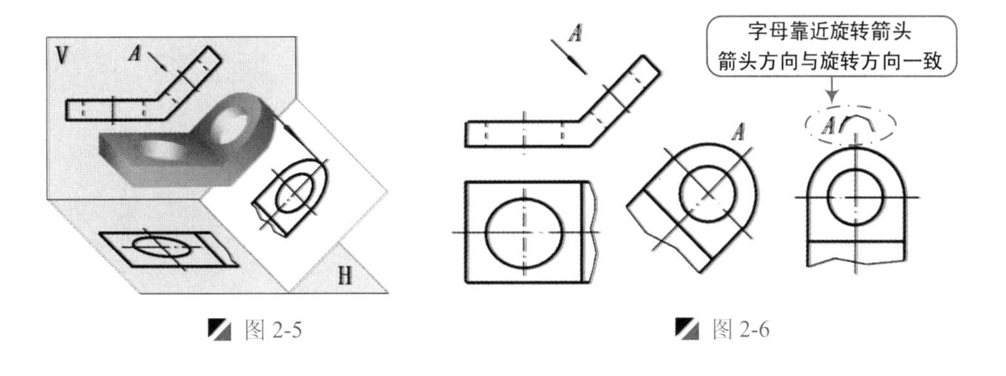

图 2-5　　图 2-6

技巧：旋转符号规定

旋转符号的箭头指向应与旋转方向一致。表示斜视图名称的大写拉丁字母应靠近旋转符号，当需给出旋转角度时，角度应注写在字母之后。

2.2 机件的规定画法与简化画法

为了使机械图更容易识读，有关标准规定了一些图形的画法，现将机械制图中几种规定画法与一些简化画法介绍如下。

2.2.1 规定画法

1. 局部放大图画法

- 适用范围：针对机件中一些相对于整个视图较小的细小结构，无法在视图中清晰地表达出来，或无法标注尺寸、添加技术要求，将机件的部分结构用大于原图形比例画出的图形。
- 画法与标注:用细实线绘制圆圈将待放大的局部圈起来。当图样中只有一处局部放大时，只需在局部放大图上方标注放大的比例；当有多处放大时，须从圆圈上引出细实线并用大写罗马数字依次标明，按照一定比例画出局部放大图后，在其上方注出相应的罗马数字及放大比例，如图 2-7 所示。

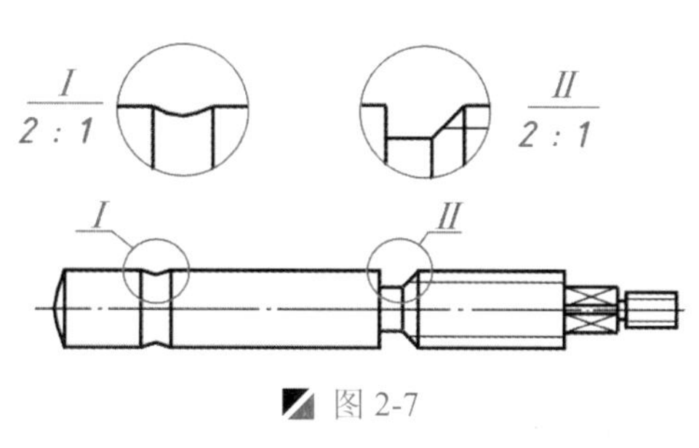

图 2-7

2. 肋板、薄壁件等的画法

对于机件上的肋板、薄壁及轮辐等结构，当剖切平面沿纵向剖切时，这些结构上都不画剖面符号，且要用粗实线将其与邻接部分分开；沿横向剖切时，仍须画出剖面符号，如图 2-8 所示。

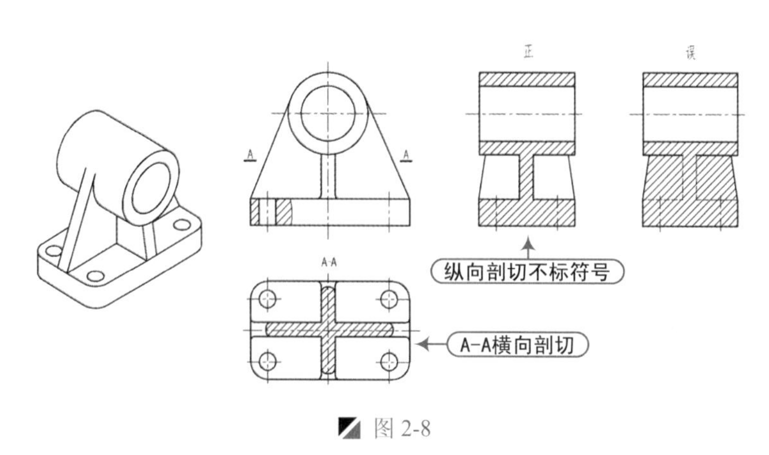

图 2-8

3. 回转体均匀分布的肋板、孔等的画法

若回转体机件上均匀分布着肋板、轮辐、圆孔等结构，绘制机件剖视图时，这些结构不位于剖切平面上时，可将这些结构假想地绕回转体轴线旋转，使之处于剖切平面之上，将其投影画出如图 2-9 所示。

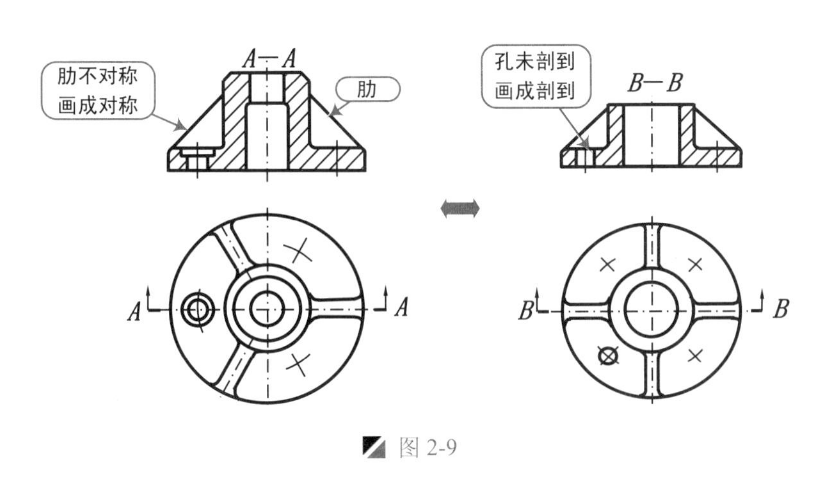

图 2-9

2.2.2 简化画法

1. 相同结构要素的简化画法

- 若机件具有若干相同齿、槽等结构，并按一定规律分布时，只画出几个完整的结构，其余用细实线连接，并在图上注明该结构的总数。
- 机件上直径相同且成规律分布的孔（圆孔、螺孔、沉孔等），可以仅画出一个或少数几个，其余用细点划线表示其对称中心线的位置，并在图上注明孔的总数如图 2-10 所示。

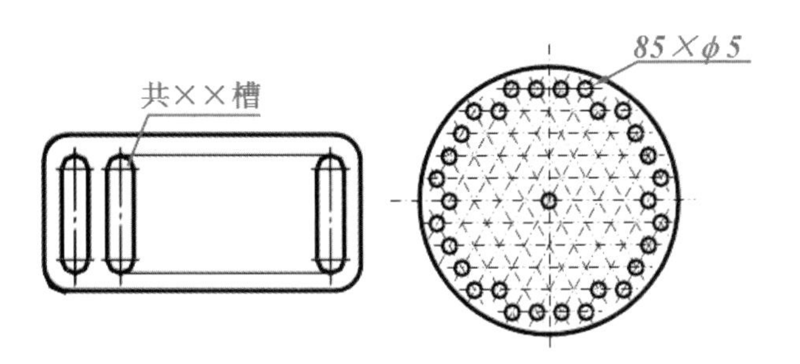

图 2-10

2. 较长机件的断开画法

较长的机件（轴、杆件、型材、连杆等）沿长度方向的形状无变化或按一定规律变化时，可断开后缩短绘制，如图 2-11 所示。

3. 对称图形画法

在不致引起误解时，可只画一半或四分之一。并在对称中心线的两端画出两条与其垂直的平行细实线，如图 2-12 所示。

读书破万卷

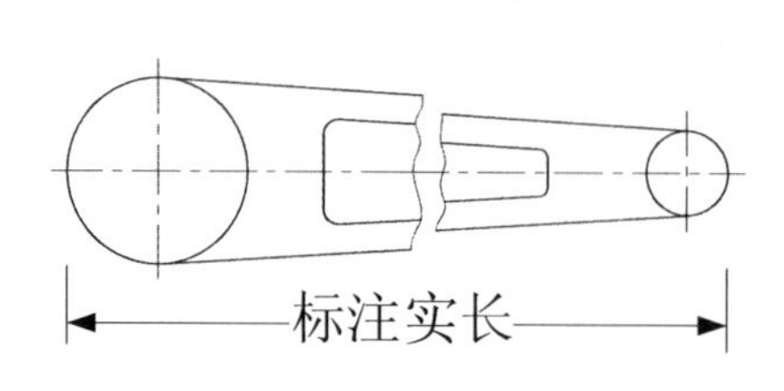

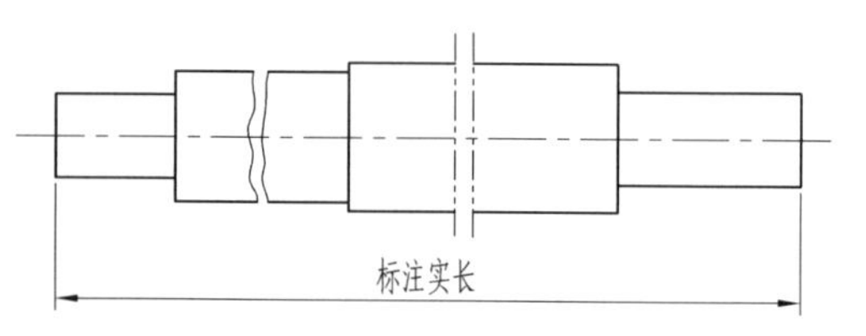

图 2-11

4. 机件上小平面的画法

当回转体机件上的平面在图形中不能充分表达时，可用相交的两条细实线表示，如图 2-13 所示。

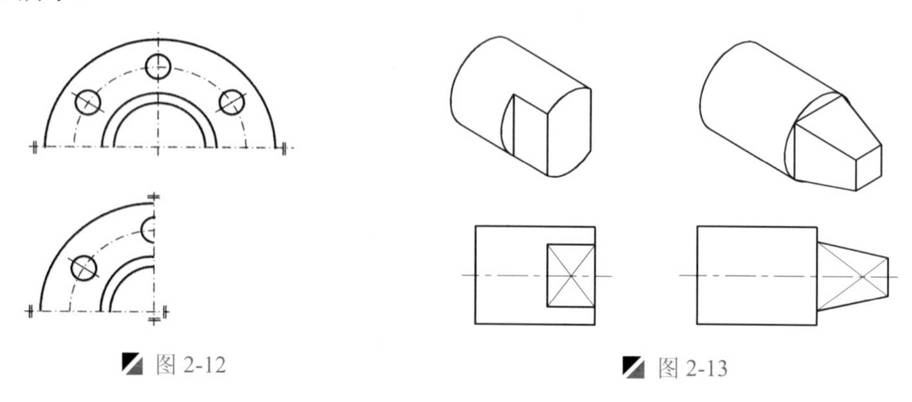

图 2-12　　图 2-13

5. 细小结构的简化画法

机件上细小结构或斜度等已在一个图形中表达清楚时，在其他图形中应简化或省略，如图 2-14 所示。

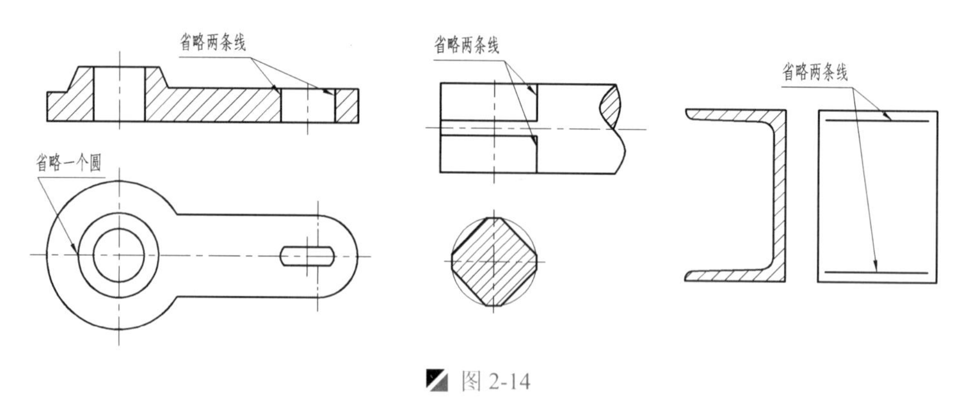

图 2-14

2.3 CAD 机械制图规范

一套标准机械设计图纸，它包括的内容有图纸幅面与标题栏、比例、图线、字体、尺寸标注等，接下来对这些内容进行讲解。

2.3.1 图纸幅面与标题栏

（1）图纸幅面是指图纸本身的规格尺寸，也就是我们常说的图签，为了合理使用并便于图纸管理装订，机械设计制图的图纸幅面规格尺寸延用国家标准，如表 2-1 的规定及如图 2-15 所示格式。

表 2-1 图纸幅面及图框尺寸（mm）

幅面代号	A0	A1	A2	A3	A4
B×L	841×1189	594×841	420×594	297×420	210×297
a（装订边宽）	25				
c（其余边宽）	10			5	
e（不留装订边宽）	20		10		

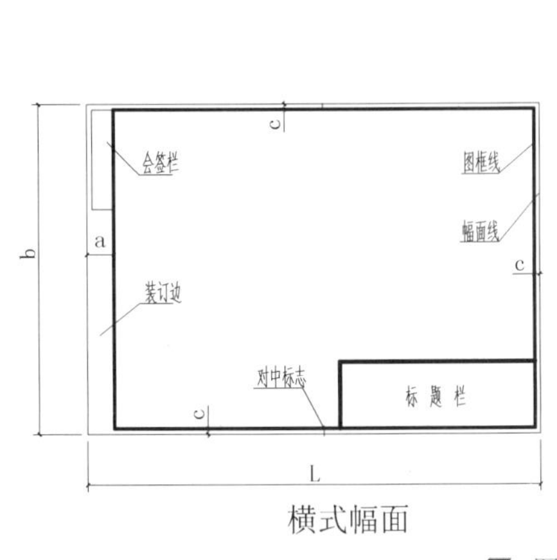

横式幅面

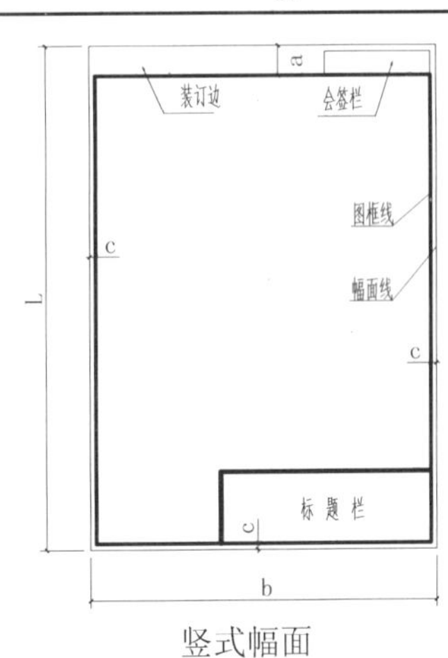

竖式幅面

图 2-15

（2）标题栏是用来说明图样内容的专栏，其格式和尺寸如图 2-16 所示。

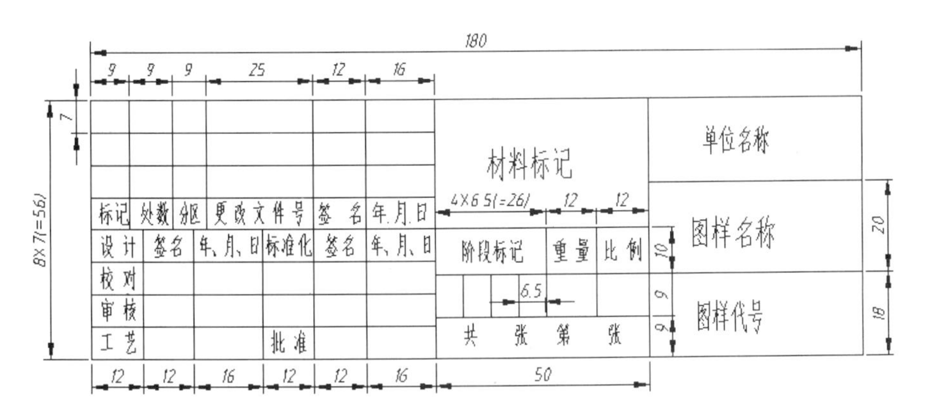

图 2-16

2.3.2 比例

用计算机绘制工程图时，比例的大小应遵照 GB/T18229-2000（GB/T14690-93）的规定。比例系列如表 2-2 所示。

表 2-2　国家标准中推荐的比例

种类	比例	
原值比例	1:1	优选
放大比例	5:1　2:1 5×10^n:1　2×10^n:1　1×10^n:1	优选
缩小比例	1:2　1:5　1:10 1:2×10^n　1:5×10^n:1　1:10×10^n	优选
放大比例	4:1　2.5:1　4×10^n:1　2.5×10^n:1	可选
缩小比例	1:1.5　1:2.5　1:3 1:1.5×10^n　1:2.5×10^n　1:3×10^n 1:4　1:6 1:4×10^n　1:6×10^n	可选
n 为正整数		

2.3.3　字体

字体是图样的一个重要组成部分，国家标准对图样中的字体书写规范作了如下规定。

- 汉字应采用长仿宋体，并采用国家正式公布和推行的简化字（使用 AUTOCAD 字库 HZ•SHX），汉字字高不得小于 3.5mm，字宽一般为字高的 0.71。
- 字母与数字一般采用斜体（使用 AUTOCAD 字库 XT•SHX），其基本高度与汉字一致，用作指数、分数、极限偏差的字母与数字一般采用小一号的字体。
- CAD 产品图样中字高的要求如表 2-3 所示。

表 2-3　CAD 各图样的字高（mm）

项目			字高	
			A4、A3、A2	A1、A0
图形	尺寸、文字说明		3.5	5
图形	视图名称		3.5	5
图形	粗糙度符号、数值、说明文字	统一标注或简化标注	图样中字高的 1.4 倍	
图形	粗糙度符号、数值、说明文字	图样中	3.5	5
图形	“其余”		3.5	5
图形	焊缝基本符号及数值		3.5	5
图形	基准符号		3.5	5
图形	形位公差		3.5	5
图形	零件序号		5	7
技术要求	“技术要求”		7	
技术要求	技术要求内容		5	
标题栏	“山东华盛农业药械股份有限公司”		6	
标题栏	零(部件)名称		7	
标题栏	零(部件)图号		5	
标题栏	材料		5	
标题栏	其他		5	
明细栏	全部内容		5	

2.3.4　图线

在进行机械制图时，其图线的绘制也应符合《机械制图》国家标准规定。CAD 制图所用图线种类及线宽要求如表 2-4 所示。

表 2-4　图线种类及线宽要求（mm）

线型 \ 图幅及宽度	A0、A1	A2、A3、A4
粗实线、粗点画线	0.6	0.5
细实线、波浪线、双折线、细点画线、双点画线、虚线	0.35	0.25

基本图线的颜色和应用如表 2-5 所示。

表 2-5　图线类型、颜色及用途

图线	图线类型	应　　用	颜色
粗实线		可见轮廓线、可见过渡线	白色
细实线		尺寸线、尺寸界线、剖面线、引出线、辅助线等	绿色（剖面线为青色）
波浪线		断裂处的边界线、视图和剖视的分界线	
双折线		断裂处的边界线	
虚线		不可见轮廓线、不可见过渡线	黄色
细点画线		轴线、对称中心线、轨迹线、节圆及节线	红色
粗点画线		有特殊要求的线或表面的表示线	蓝色
双点画线		相临辅助零件的轮廓线	蓝色
所有文字			黄色

2.3.5　尺寸标注

根据规定，图样上的尺寸由尺寸界线、尺寸线、尺寸起止符号（在 AutoCAD 中被称作"箭头"）和尺寸数字组成，如图 2-17 所示。更详细的规范参数请参照 2.4.4 节的"机械"标注样式设置。

另外，对箭头的具体尺寸也作了修改，并规定在"机械图样中一般采用实心闭合（实心箭头）作为尺寸线的终端"。

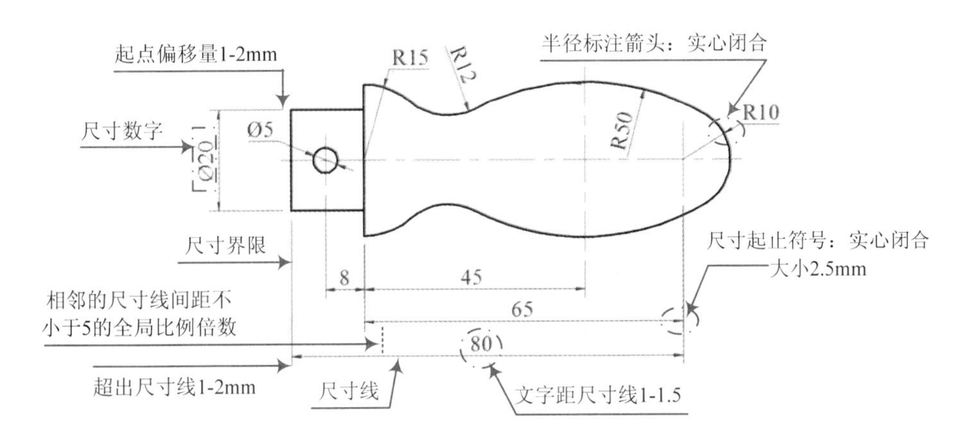

图 2-17

（1）新的《机械制图—尺寸注法》，除了对标准的结构体例进行了调整，以及对个别名词术语改动外，还增补了标注尺寸的符号及符号的比例画法，如表 2-6 和图 2-18 所示。

表 2-6　标注尺寸的符号及缩写词

序号	符号及缩写词			序号	符号及缩写词		
	含义	现行	曾用		含义	现行	曾用
1	直径	φ	（未变）	9	深度	↧	深
2	半径	R	（未变）	10	沉孔或锪平	⌴	沉孔、锪平
3	球直径	Sφ	球φ	11	埋头孔	⌵	沉孔
4	球半径	SR	球R	12	弧长	⌒	（仅变注法）
5	厚度	t	厚，δ	13	斜度	∠	（未变）
6	均布	EQS	均布	14	锥镀	◁	（仅变注法）
7	45°倒角	C	l×45°	15	展开长	○→	（新增）
8	正方形	□	（未变）	16	型材截面形状	GB/T4656.1-2000	GB/T4656-1984

（2）尺寸的简化注法如图 2-19 所示。

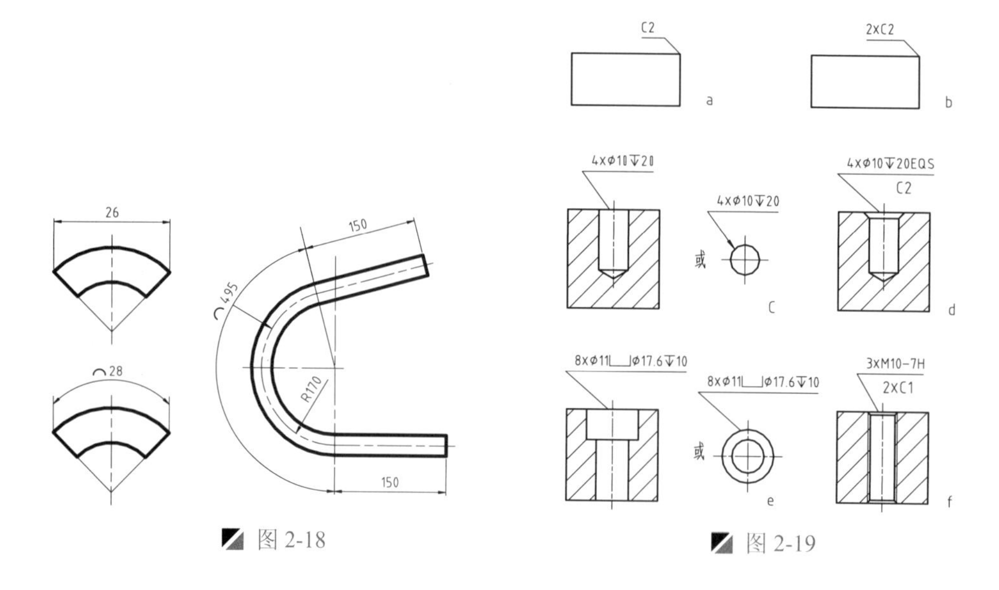

图 2-18

图 2-19

2.4　机械图形样板文件的创建

案例　机械样板.dwt　　视频　机械样板文件的创建.avi　　时长　17'28"

（这一节，参照《轻松学 AutoCAD 2015 工程图绘制》一书的 8.1 节，视频亦相同）

在绘制机械工程图时，有一个完善的模板文件，是提高工作效率和图纸标准化的关键因素。在本节中，将详细讲解机械样板文件的创建方法，包括绘图环境的设置、文字与标注样式的设置、图层的规划、各类工程符号图块的制作、机械标题栏和图框的制作等。

2.4.1　设置绘图环境

设置机械制图绘图环境的具体操作步骤如下。

Step 01　在桌面上双击 AutoCAD 2015 图标，启动 AutoCAD 2015 软件，系统自动创建一个空白文档。

Step 02 在"快速访问"工具栏单击"另存为"按钮，将弹出"图形另存为"对话框，在"文件类型"下拉列表框中选择"AutoCAD 图形样板（*.dwt）"选项，在"文件名"文本框中输入文件名"机械样板"，然后单击"保存"按钮，如图 2-20 所示。

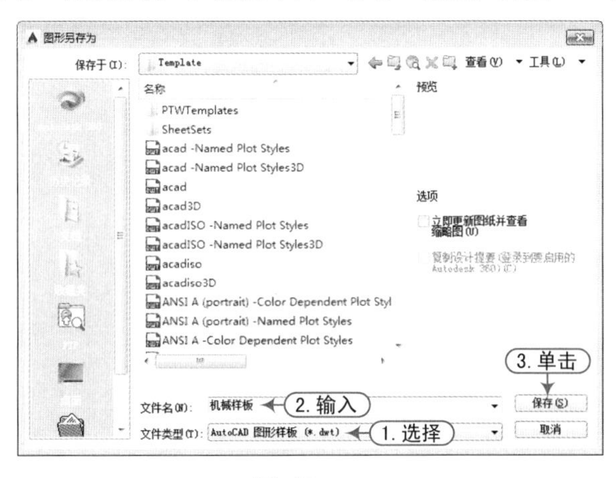

图 2-20

Step 03 在单击"保存"按钮后，弹出"样板选项"对话框，用户可以根据要求在"说明"文本框中输入样板的一些设置说明，在"测量单位"组合列表中，可以设置单位为"公制"，并单击"确定"按钮即可，如图 2-21 所示。

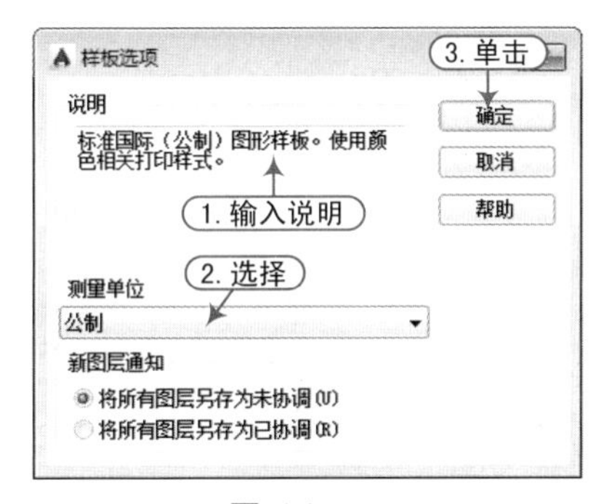

图 2-21

注意：样板文件的保存路径

默认情况下，AutoCAD 2015 的样板文件(*.dwt)是保存在位于如图 2-22 所示路径下。为了便于读者在今后操作使用，待该样板文件制作完成后，可将该"机械样板.dwt"文件复制到自己所需要的位置即可。

在本书中，为了读者今后能够快速调用该样板文件，所以将其复制到光盘"案例\08"文件夹内。

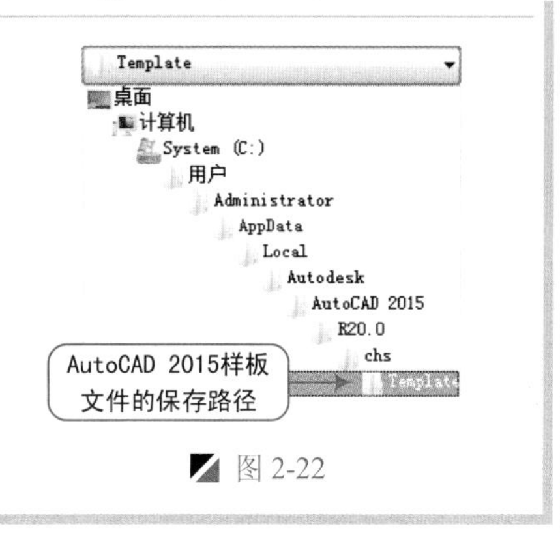

图 2-22

读书破万卷

Step 04 执行“单位”命令（UN），将弹出“图形单位”对话框，按如图 2-23 所示设置图形单位。

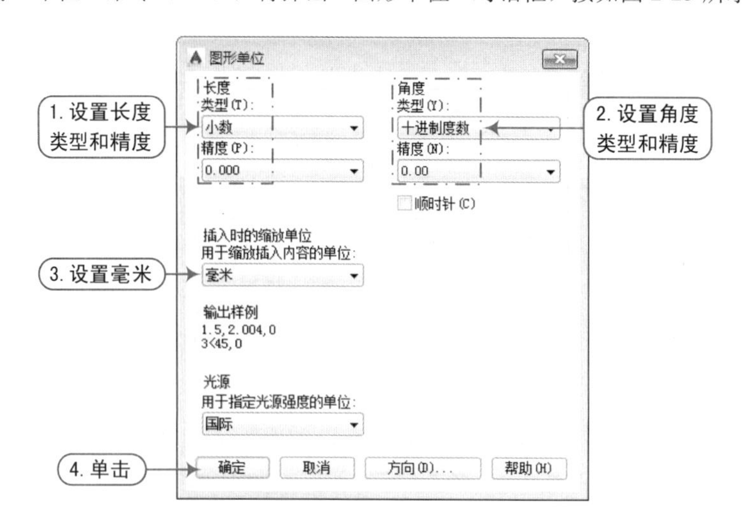

图 2-23

Step 05 在命令行输入命令“Z | 空格 | A”，输入的图形界限区域，全部显示有图形的窗口。

2.4.2 设置机械图层

执行“格式 | 图层”菜单命令（LA），弹出“图层管理器”选项板，根据机械制图的实际需要创建图层，创建效果如图 2-24 所示。

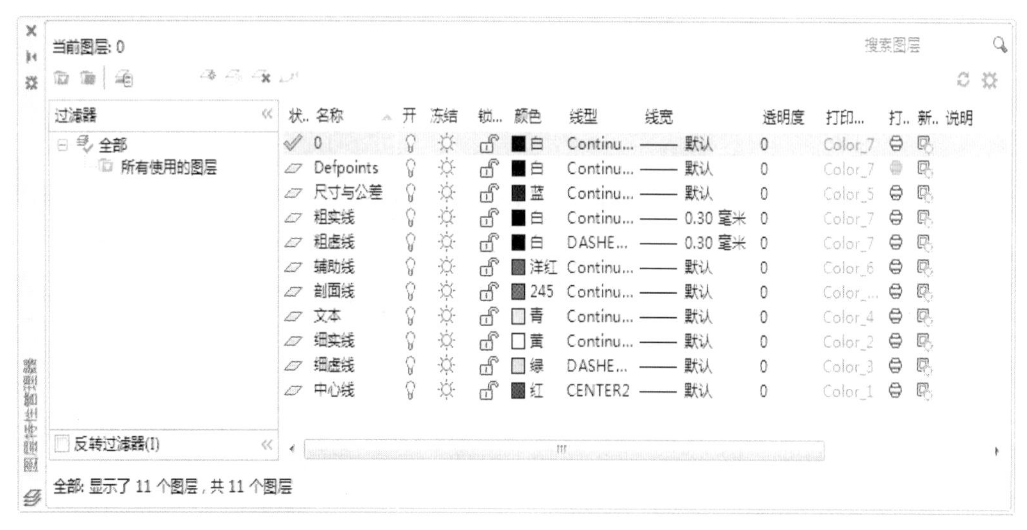

图 2-24

提示：机械制图中的线型及用途

绘图时，不同的线型有不同的作用，可以表示不同的内容，如图 2-25 所示。

国家标准规定了在绘制图样时，可采用 15 种基本线型，常用的线型有下面 8 种。

① 粗实线：用来画可见轮廓线、可见棱边线、相贯线、螺纹牙顶线、螺纹长度

终止线、齿顶圆线、表格图和流程图里的主要表示线、金属结构工程的系统结构线、模样分型线、剖切符号用线。

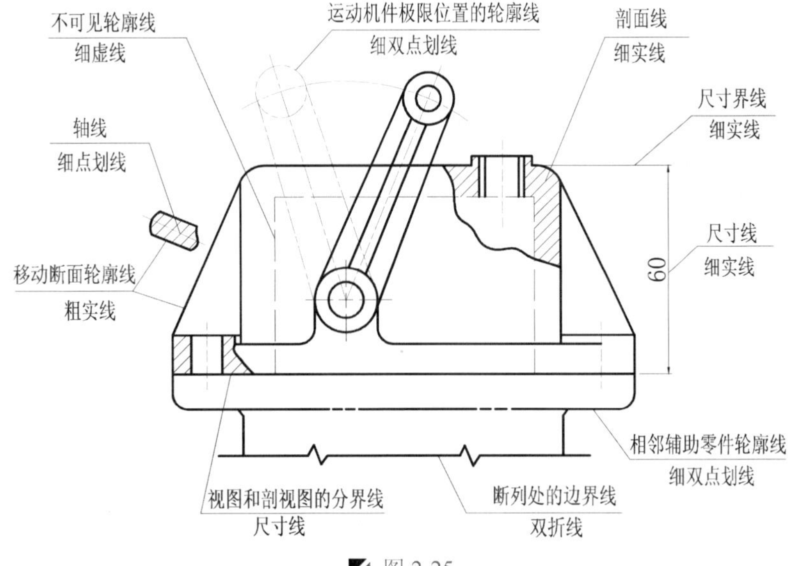

图 2-25

② 粗虚线：用来画允许表面处理表示线。

③ 粗点划线：用来画限定范围表示线。

④ 细实线：用来画过渡线、尺寸线、尺寸界线、指引线和基准线、剖面线、重合断面的轮廓线、短中心线、螺纹牙底线、尺寸线的起止线、表示平面的对角线、零件成型前的弯折线、范围线、锥形结构的基面位置线、辅助线、不连续同一表面连线、成规律分布的相同要素连线、投影线、网格线。

⑤ 波浪线、双折线：用来画断裂处边界线、视图与剖视图的分界线。

⑥ 细虚线：用来画不可见轮廓线、不可见棱边线。

⑦ 细点画线：用来画轴线、对称中心线、分度圆线、孔系分布的中心线、剖切线。

⑧ 细双点划线：用来画相邻辅助零件的轮廓线、可动零件的极限位置的轮廓线、重心线、成型前轮廓线、轨迹线、毛坯图里的制成品轮廓线、中断线。

2.4.3 设置机械文字样式

设置机械文字样式的具体操作步骤如下。

Step 01 在“注释”选项卡的“文字”面板中，单击右下角的↘按钮，将弹出“文字样式”对话框，选择“Standard”样式，修改字体名为“宋体”，并单击“应用”按钮，如图 2-26 所示。

Step 02 在“文字样式”对话框中，单击“新建”按钮，然后按照如图 2-27 所示新建“标注”文字样式，其字体仍为“宋体”。

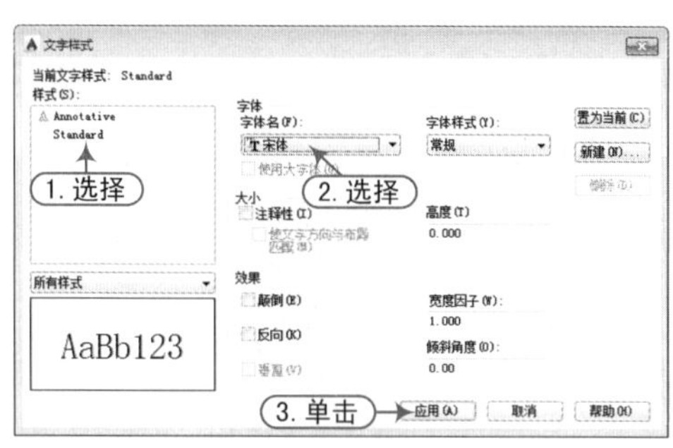

图 2-26

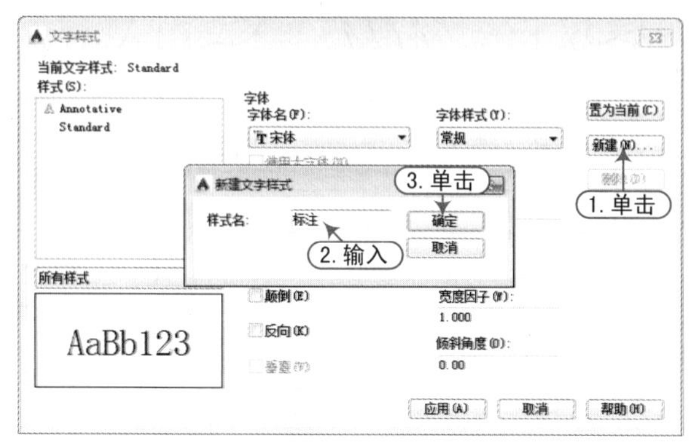

图 2-27

技巧：文字样式的设置技巧

在创建样板的文字样式时，尽量不要设置过多的文字样式。另外，最好不要设置字高，这样便于今后创建单行或多行文字对象时，能够更加灵活的设置，这是经验！

对于有一些工程图中的特殊字体，在需要的时候单独进行设置即可。

2.4.4 设置机械标注样式

设置机械标注样式的具体操作步骤如下。

Step 01 在“注释”选项卡的“标注”面板中，单击右下角的按钮，将弹出“标注样式管理器”对话框，按照如图 2-28 所示新建“机械”标注样式。

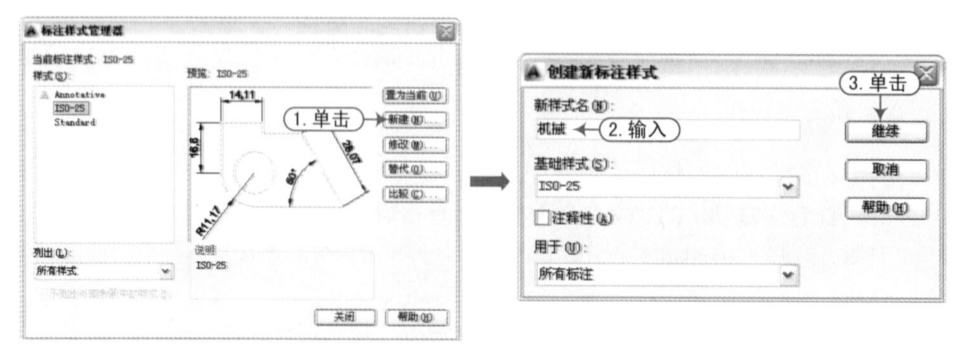

图 2-28

Step 02 单击“继续”按钮，将弹出“新建标注样式：机械”对话框，切换至“线”选项卡，在“颜色”、“线型”、和“线宽”下拉列表中分别选择“随层（ByLayer）”选项，在“基线间距”微调框中输入“2”，其他选项保持系统默认设置，如图 2-29 所示。

Step 03 切换至“符号和箭头”选项卡，设置“第一个”、“第二个”、“引线”均为“实心闭合”箭头符号，在“箭头大小”微调框中输入“2.5”，在“圆心标记”选项组中选择“标记”单选按钮，并在其后的文本框中输入标记大小“2.5”，其他选项保持系统默认设置，如图 2-30 所示。

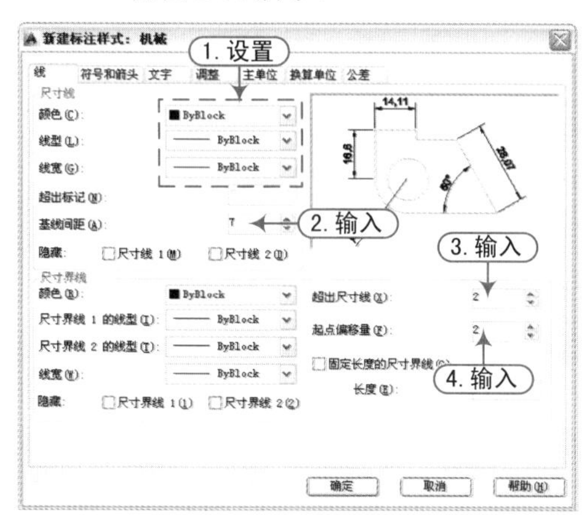

图 2-29

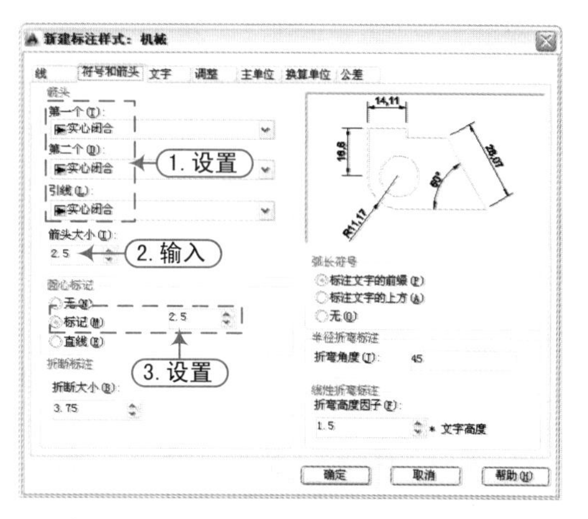

图 2-30

Step 04 切换至“文字”选项卡，在“文字样式”下拉列表中选择“标注”文字样式，在“文字高度”微调框中输入“3.5”，然后在“垂直”下拉列表中选择“外部”选项，在“水平”下拉列表中选择“居中”选项，在“文字对齐”选项组中选择“ISO 标准”单选按钮，其余选项保持系统默认设置，如图 2-31 所示。

Step 05 切换至“主单位”选项卡，在“精度”下拉列表中选择“0.0”选项，设置“小数分隔符”为“.（句点）”，其他选项保持系统默认设置，然后单击“确定”按钮，最后单击“标注样式管理器”对话框中的“关闭”按钮，完成对尺寸标注式样的设置，如图 2-32 所示。

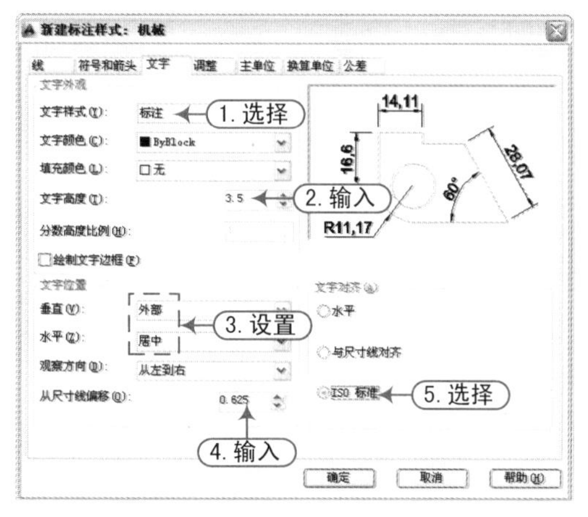

图 2-31

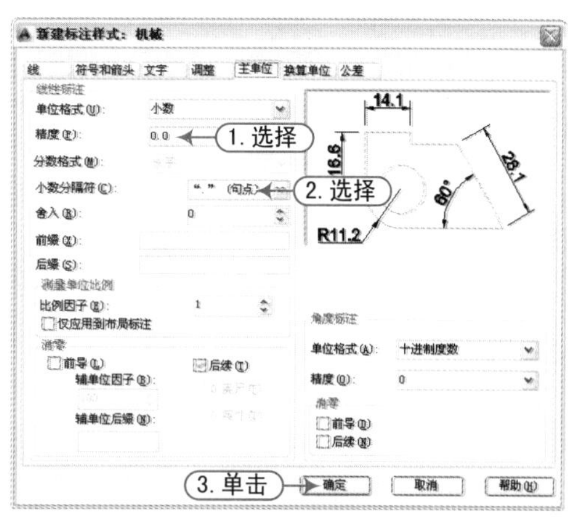

图 2-32

Step 06 由于某些尺寸是公差标注的，这时应在“机械”标注样式的基础上来创建“机械 – 公差”标注样式，并在“公差”选项卡中设置公差的样式和偏差值，如图 2-33 所示。

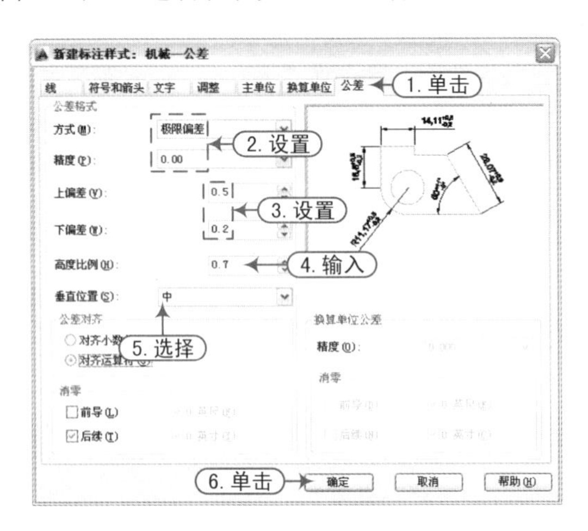

图 2-33

2.4.5 定义粗糙度图块

定义表面粗糙度图块的具体操作步骤如下。

Step 01 将“0”图层置为当前图层，将“Standard”文字样式置为当前。

Step 02 再执行“构造线”命令（XL），根据命令行提示，选择“水平（H）”选项，在视图中绘制一条水平构造线；再执行“偏移”命令（O），将水平构造线分别向上偏移 3.5mm 和 7mm，如图 2-34 所示。

Step 03 再执行“构造线”命令（XL），绘制三个夹角均为 60° 的两条构造线；再执行“修剪”命令（TR），将多余的线段进行修剪，如图 2-35 所示。

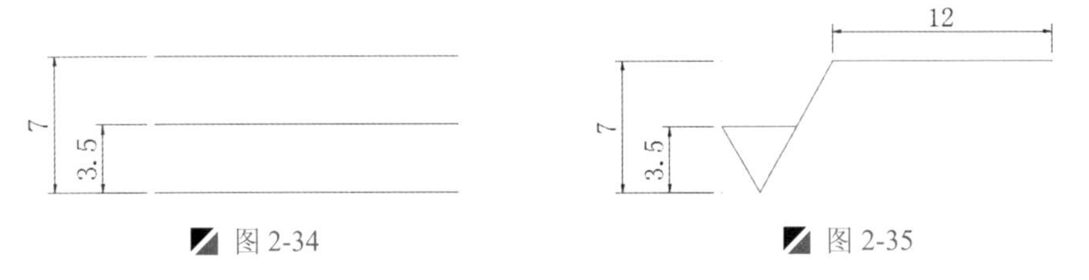

图 2-34　　图 2-35

技巧：粗糙度符号的画法及尺寸

粗糙度符号的画法如图 2-36 所示，表 8-1 列出了图形符号的尺寸。

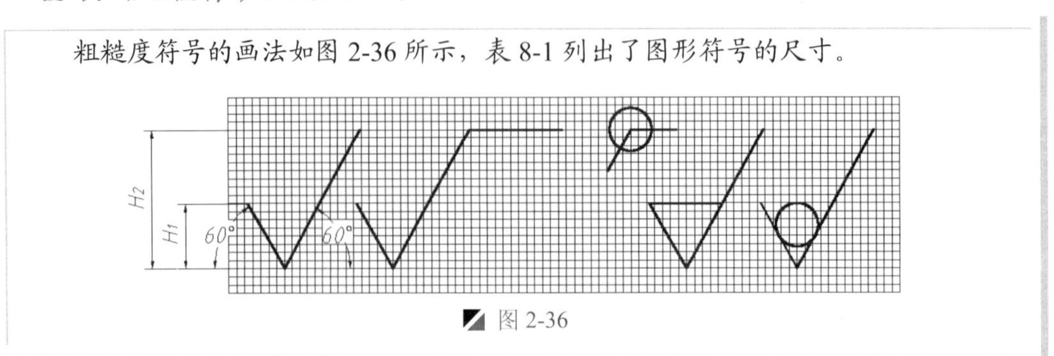

图 2-36

表 8-1 图形符号的尺寸 mm

数字与字母的高度 h	2.5	3.5	5	7	10	14	20
高度 H1	3.5	5	7	10	14	20	28
高度 H2（最小值）	7.5	10.5	15	21	30	42	60

注：H2 取决于标注内容。

Step 04 执行“多行文字”命令（MT），指定输入“轮廓算术平均偏差”符号 Ra，并设置字高为 2.5，斜体字，如图 2-37 所示。

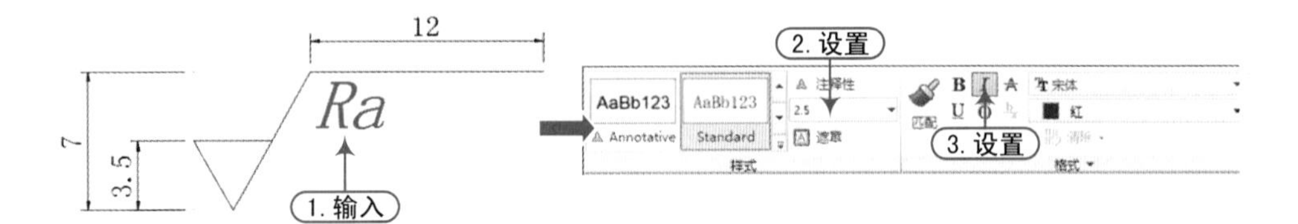

图 2-37

Step 05 在“常用”选项卡的“块”面板中，单击“定义属性”按钮，将弹出“属性定义”对话框，在“属性”选项区域中设置好相应的标记与提示，再设置“对正”方式为“右对齐”，“文字样式”为“Standard”，然后单击“确定”按钮，再指定插入点，如图 2-38 所示。

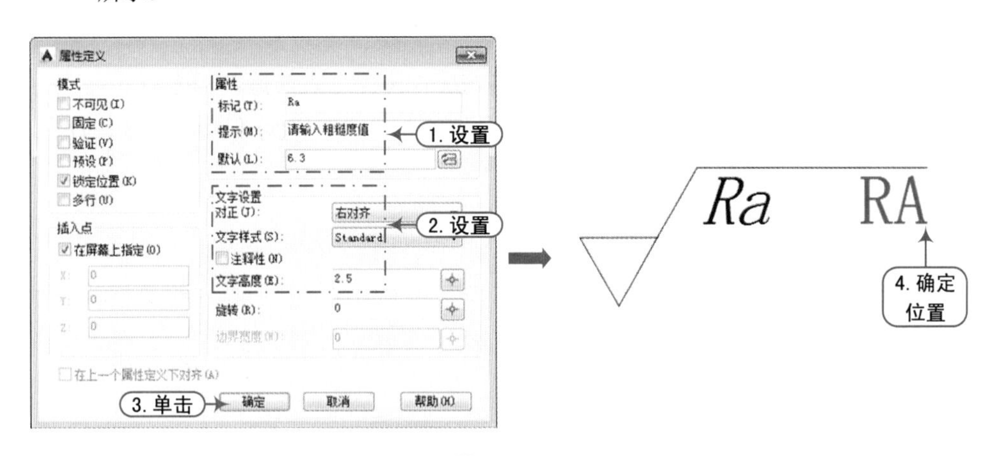

图 2-38

Step 06 在“默认”标签下的“块”面板中，单击“创建”按钮，在弹出的“块定义”对话框中设置好块的名称“粗糙度符号”，再选择块对象和基点位置，然后单击“确定”按钮，如图 2-39 所示。

Step 07 此时将弹出“编辑属性”对话框，并显示出当前的属性提示，输入新的值 6.3，然后单击“确定”按钮即可，此时视图中图块对象的参数值发生了变化，如图 2-40 所示。

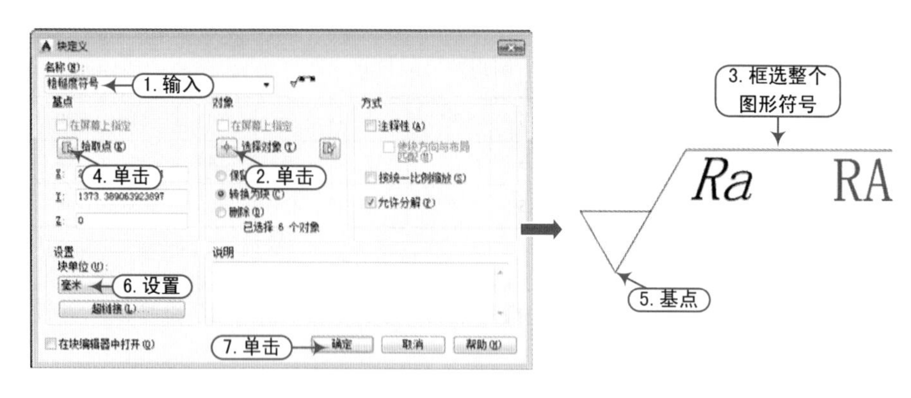

图 2-39

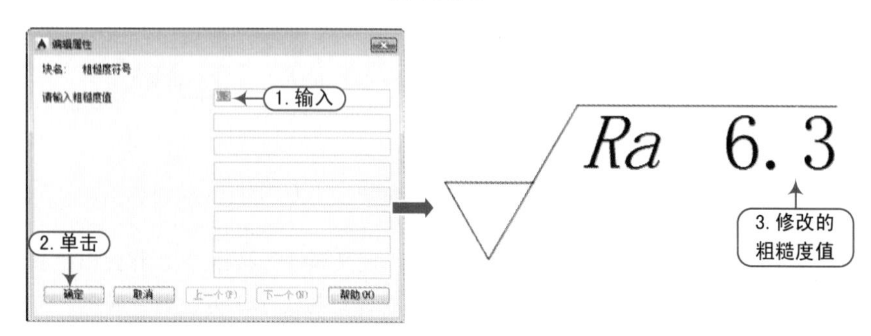

图 2-40

注意：粗糙度参数 Ra 和 Rz

机械图样中，常用表面粗糙度参数 *Ra* 和 *Rz* 作为评定表面结构的参数。

①廓算术平均偏差 *Ra*：它是在取样长度 *lr* 内，纵坐标 Z(*x*)（被测轮廓上的各点至基准线 x 的距离）绝对值的算术平均值，可用下式表示：

$$Ra = \frac{1}{lr}\int_0^{lr}|Z(x)|\mathrm{d}x$$

②廓最大高度 *Rz*：它是在一个取样长度内，最大轮廓峰高与最大轮廓谷深之和，如图 2-41。

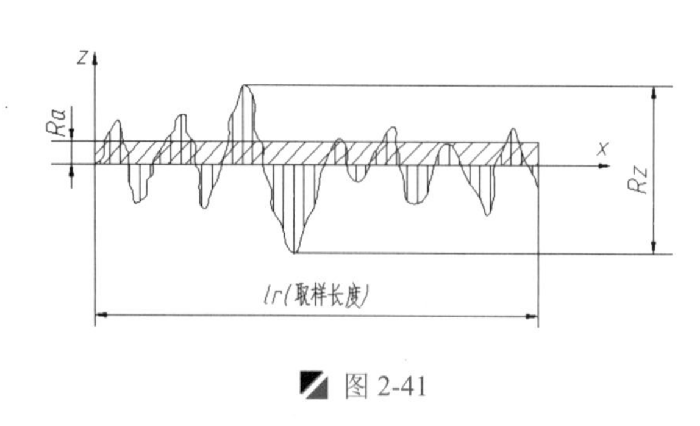

图 2-41

Step 08 使用“复制”命令，将当前的粗糙度符号复制一份在另一位置，并使用“分解”命令（X），将粗糙度符号打散，然后将“*Ra*”修改为“*Rz*”，如图 2-42 所示。

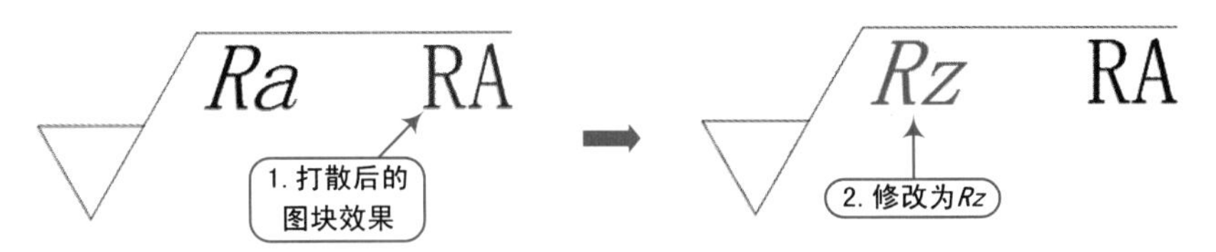

图 2-42

Step 09 双击“RA”属性对象，将弹出“编辑属性定义”对话框，在此修改标记为“RZ”，如图 2-43 所示。

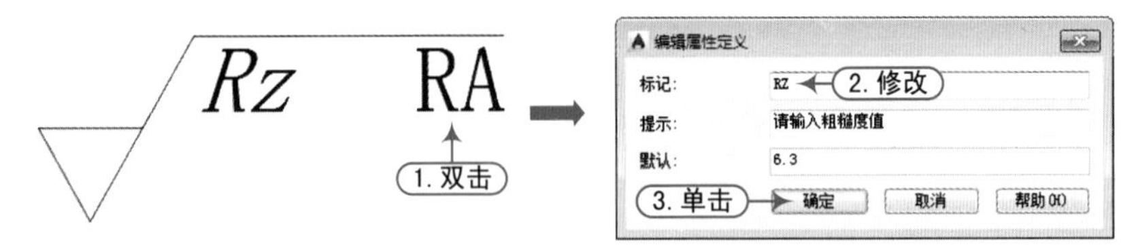

图 2-43

Step 10 在“默认”标签下的“块”面板中，单击“创建”按钮 创建，在弹出的“块定义”对话框中设置好块的名称“粗糙度符号 Rz”，再选择块对象和基点位置，然后单击“确定”按钮，如图 2-44 所示。

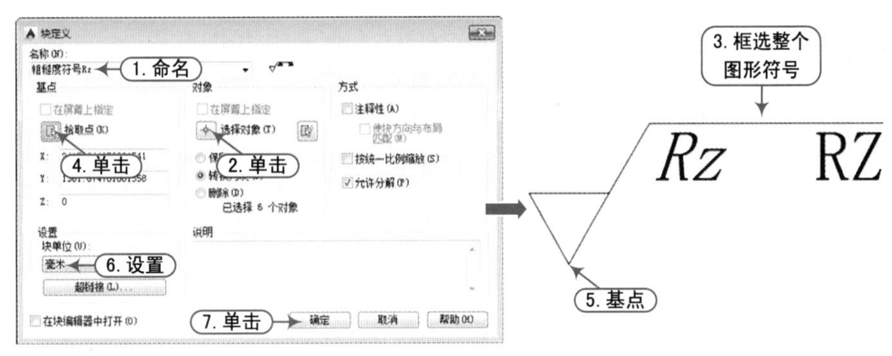

图 2-44

Step 11 同样，此时将弹出“编辑属性”对话框，输入新的值 6.3，然后单击“确定”按钮即可，如图 2-45 所示。

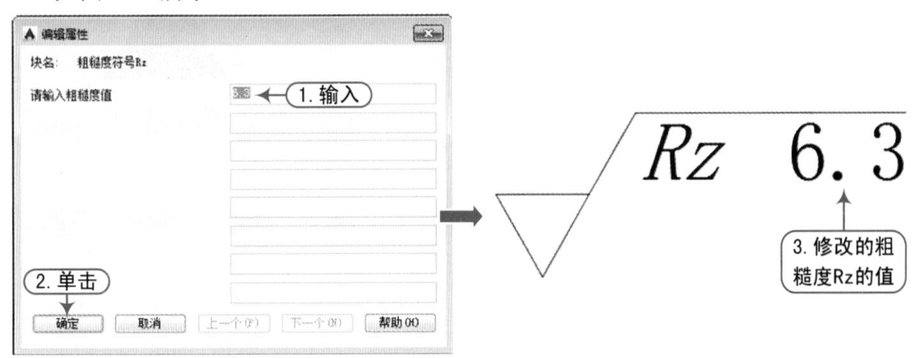

图 2-45

技巧：Ra 和 Rz 最新国标参数值

国家标准 GB/T1031-2009 给出的 Ra 和 Rz 系列值如表 8-2 所示。

表 8-2　Ra、Rz 系列值　μm

Ra	Rz	Ra	Rz
0.012		6.3	6.3
0.025	0.025	12.5	12.5
0.05	0.05	25	25
0.1	0.1	50	50
0.2	0.2	100	100
0.4	0.4		200
0.8	0.8		400
1.6	1.6		800
3.2	3.2		1600

2.4.6 定义基准符号图块

定义基准符号图块的具体操作步骤如下。

Step 01 在“绘图”面板中单击“多边形”按钮，根据命令行提示，设置 3 边，并选择“边(E)”项，绘制一个边长为 3.5mm 的正三角形对象，如图 2-46 所示。

Step 02 执行“直线”命令（L），在正三角形的上侧绘制 5mm 的垂直线段；执行“矩形”命令（REC），在垂线段的上侧绘制一个 5×5mm 的矩形，如图 2-47 所示。

Step 03 执行“图案填充”命令（H），对下侧的三角形填充为“SOLID”图案，如图 2-48 所示。

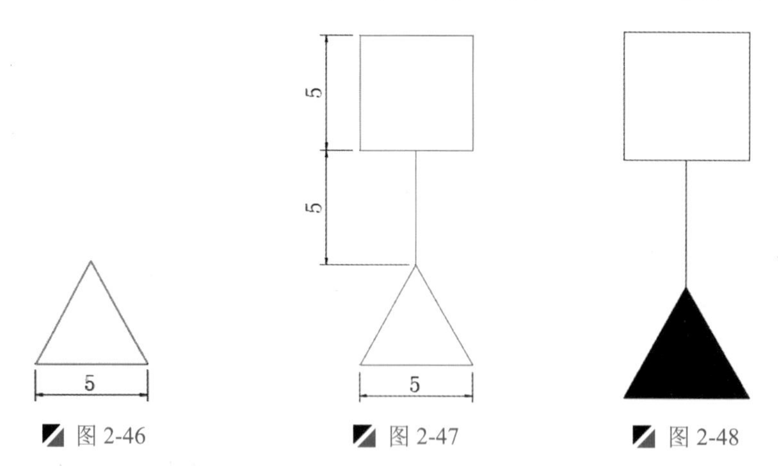

图 2-46　图 2-47　图 2-48

Step 04 在“常用”选项卡的“块”面板中，单击“定义属性”按钮，将弹出“属性定义”对话框，在“属性”选项区域中设置好相应的标记与提示，再设置“对正”方式为“正中”，“文字样式”为“Standard”，然后单击“确定”按钮，再指定插入点为矩形的“中心点”，如图 2-49 所示。

Step 05 在“默认”标签下的“块”面板中，单击“创建”按钮创建，在弹出的“块定义”对话框中设置好块的名称“基准符号”，再选择块对象和基点位置，然后单击“确定”按钮，如图 2-50 所示。

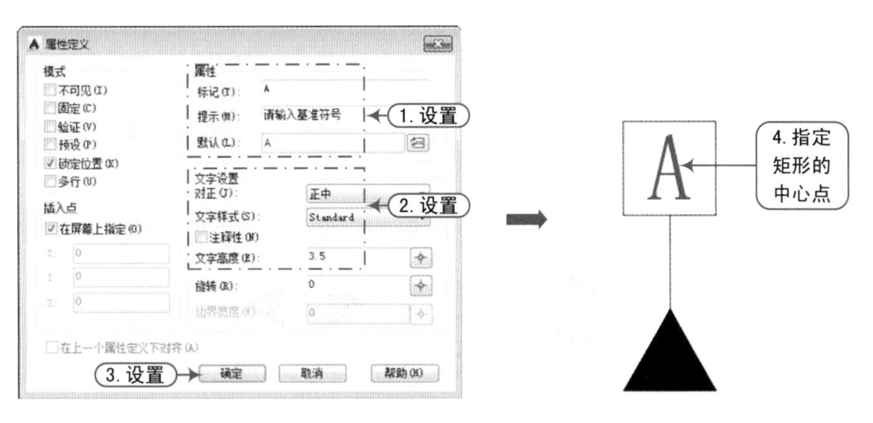

图 2-49

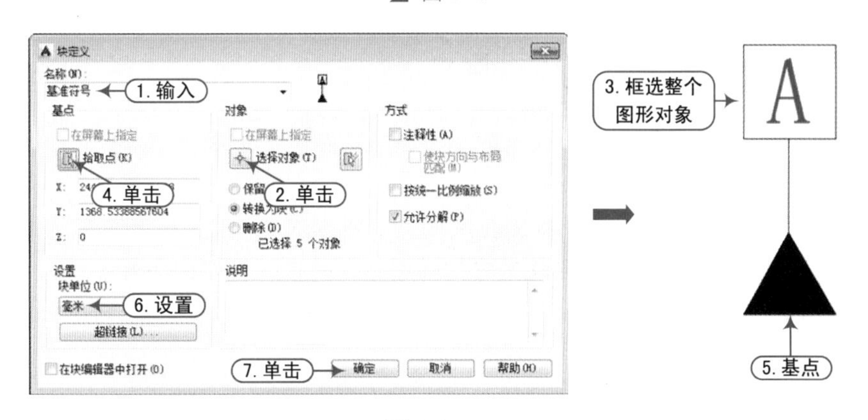

图 2-50

技巧：基准符号方向的改变

在工程图中，由于基准符号的位置不同，基准符号的方向也会发生相应的变化，但文字的方向始终没有变化，所以可将该“基准符”图块复制一份并打散操作，然后将其除文字“A”以外的对象旋转 90°，然后再保存为“基准符号-横向”图块，如图 2-51 所示。

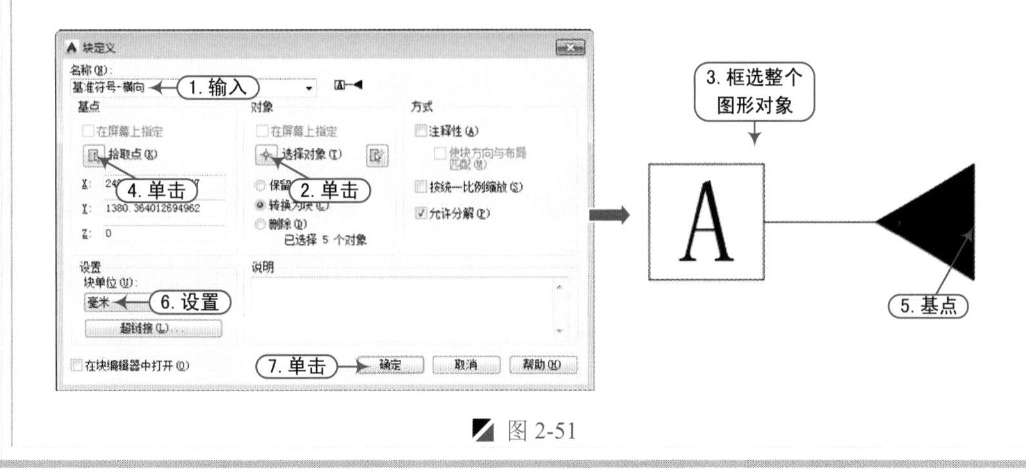

图 2-51

而针对前面所创建的基准符号图块，其方向是向下和向右的；如果将其分别进行水平和垂直镜像，则该基准符号即可向上和向左了，如图 2-52 所示。

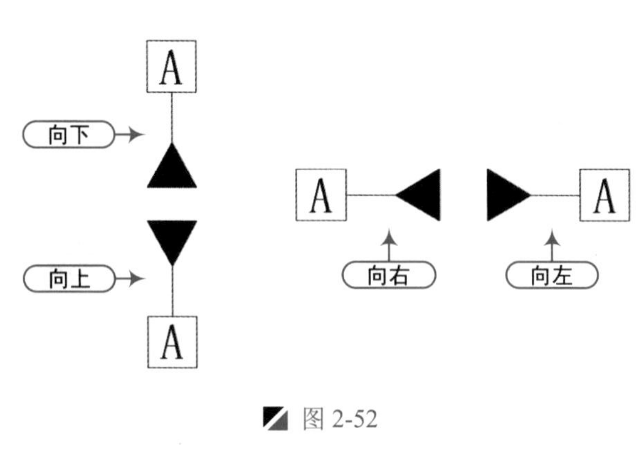

图 2-52

技巧：其他机械符号的输入

在机械工程图中，还涉及一些沉孔深度 ⊽、锥形沉孔 ∨、柱形沉孔与锪平面孔 ⌴ 等符号的输入，用户只需要改变它们的字体，并输入特定的字母 x、w、v(小写)即可，如图 2-53 所示。

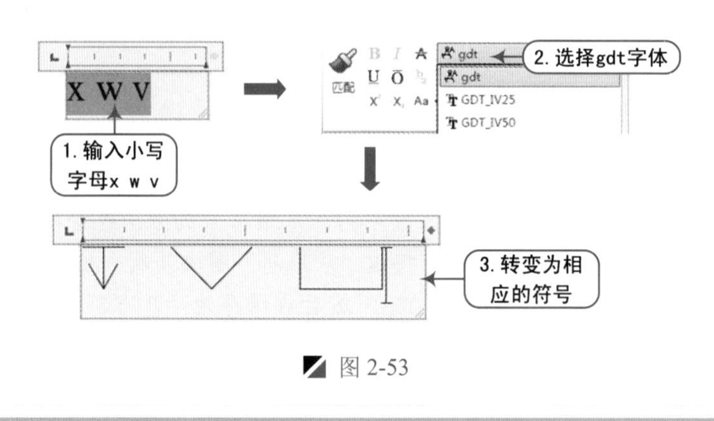

图 2-53

2.4.7 定义机械标题栏

定义机械标题栏的具体操作步骤如下。

Step 01 将“0”图层置为当前图层，使用矩形、分解、偏移、修剪等命令，按照如图 2-54 所示来绘制标题栏。

Step 02 将“Standard”文字样式置为当前，执行“单行文字”命令（DT），设置文字高度为 3.5，对齐方式为“正中”，且设置外框轮廓粗细为 0.3mm，然后按照如图 2-55 所示输入相应的文字内容。

Step 03 执行“定义属性”命令（ATT），弹出“属性定义”对话框，按照如图 2-56 所示设置属性，并作为“设计”的属性值。

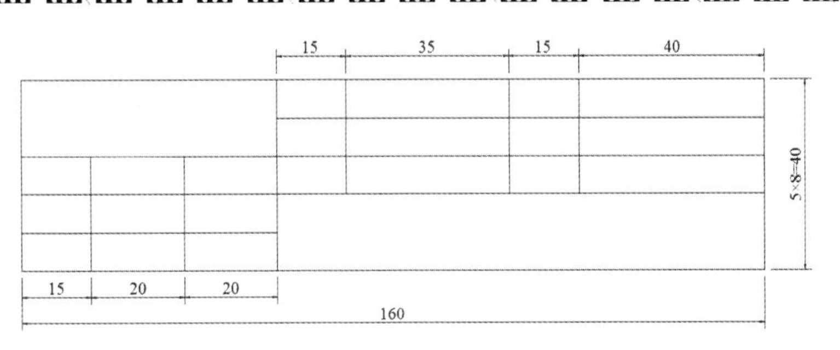

图 2-54

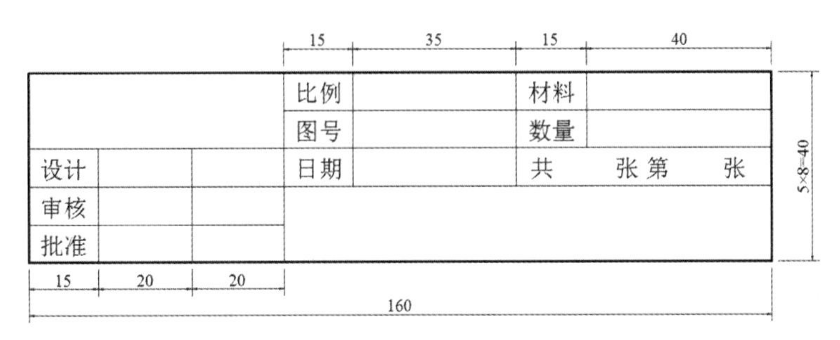

图 2-55

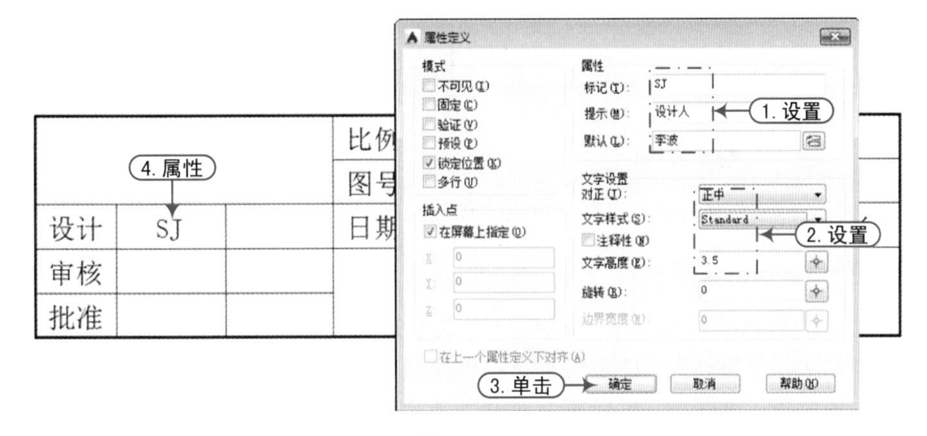

图 2-56

Step 04 将上一步所定义的属性复制到其他表格中，并修改属性值，如图 2-57 所示。

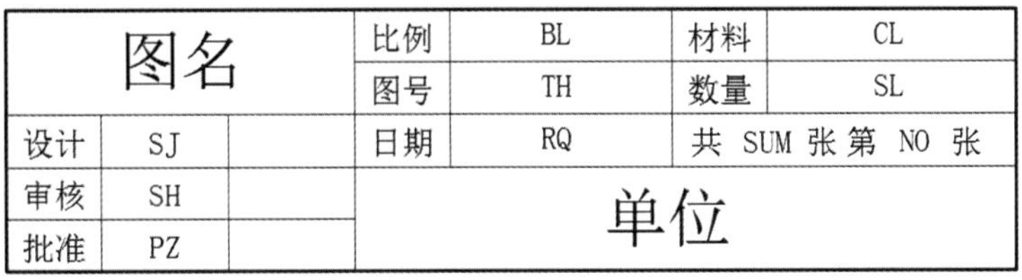

图名			比例	BL	材料	CL
			图号	TH	数量	SL
设计	SJ		日期	RQ	共 SUM 张 第 NO 张	
审核	SH		单位			
批准	PZ					

图 2-57

Step 05 执行“定义块”命令（B），将前面所创建的对象保存为“标题栏”图块对象，其基点为右下角点。

2.4.8 定义 A4 图框

定义 A4 图框的具体操作步骤如下。

Step 01 执行“矩形”命令（REC），在视图中绘制 297×210mm 的矩形对象，并按照如图 2-58 所示的尺寸进行偏移操作，且将内框的线宽设置为 0.3mm。

Step 02 执行“定义块”命令（B），将上一步所创建的图框保存为“A4-横向”图块对象，其基点为左下角点。

Step 03 再按照前面的方法，绘制如图 2-59 所示的图框，并保存为“A4-纵向”图块对象。

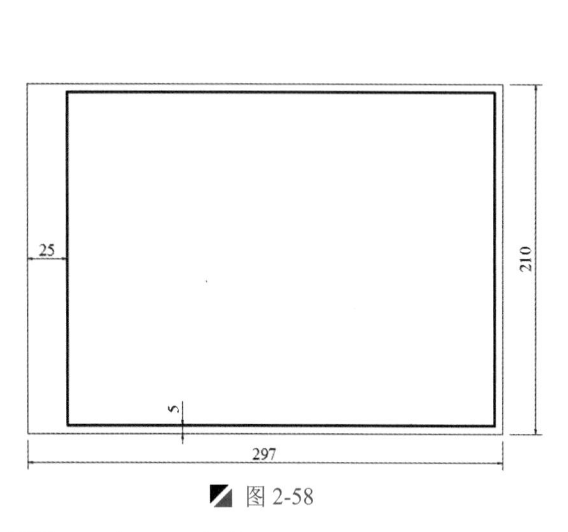

图 2-58

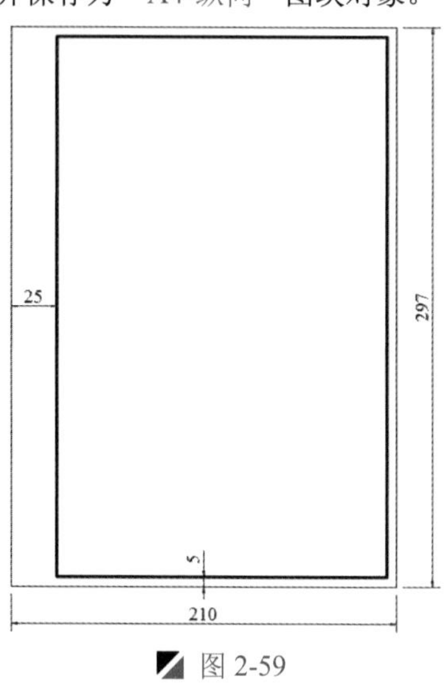

图 2-59

Step 04 至此，该“机械样板”文件已经基本创建完成，按<Ctrl+S>组合键进行保存即可。

技巧：机械样板文件的巧用

通过前面的操作，已经将机械设计中最常用的一些参数设置及图块对象制作完成，包括文字与标题样式、图层规划、粗糙度符号、基准符号、沉孔符号与锥度符号、标题栏与图框等，如图 2-60 所示，用户在下次调用该样板文件时，直接采用“插入块”命令（I）进行调用即可。

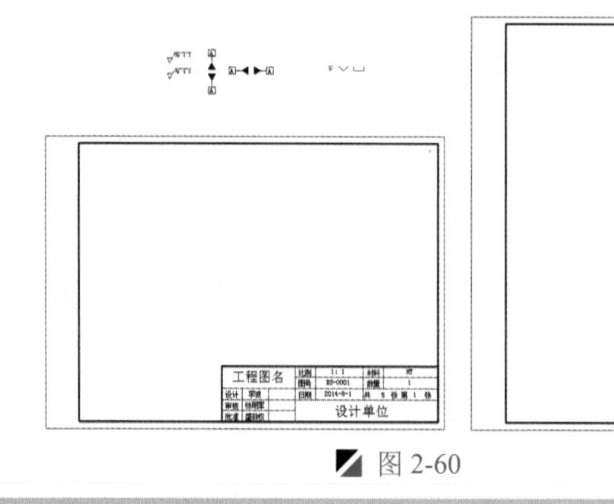

图 2-60

3

机械零件二维视图的绘制

本章导读

本章以绘制机械零件二维图为基础，通过 AutoCAD 软件所提供的点、直线、圆、构造线、矩形、多边形等命令，以及系统提供的一些编辑命令，如移动、复制、偏移、旋转、阵列、延伸等，以此绘制各种机械零件二维视图，为后面绘制其他复杂的机械零件工程图作好准备。

本章内容

- 三角板、薄板、球的绘制
- 齿轮、带动轮、转轮的绘制
- 吊钩、锁钩、锁扣的绘制
- 杠杆、板手、间歇轮的绘制
- 转动架、挂轮架、轴架的绘制
- 泵盖、阀门、托架的绘制
- 冲压垫片、花盘、手柄的绘制
- 沟槽连接器的绘制

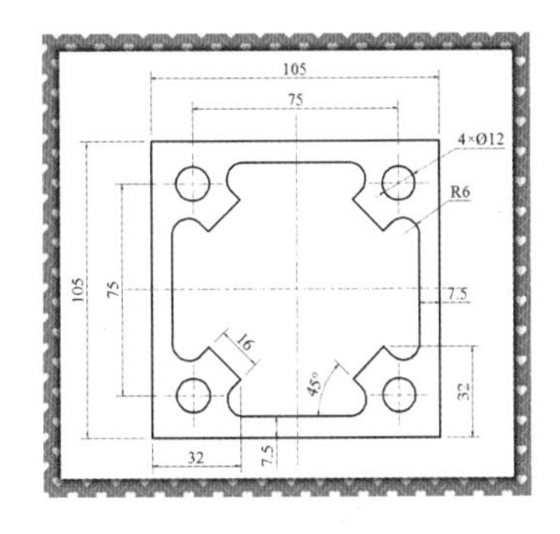

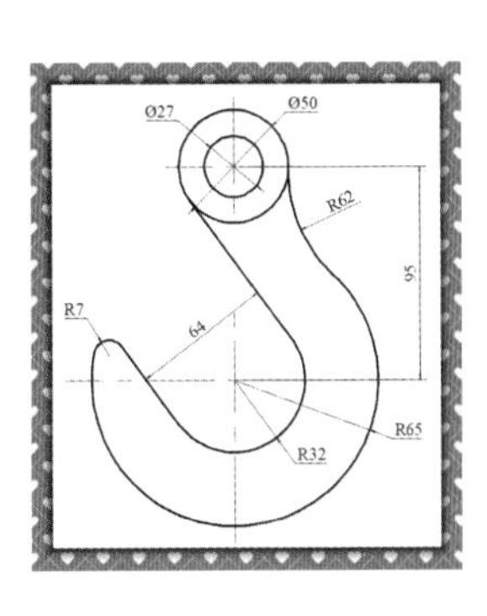

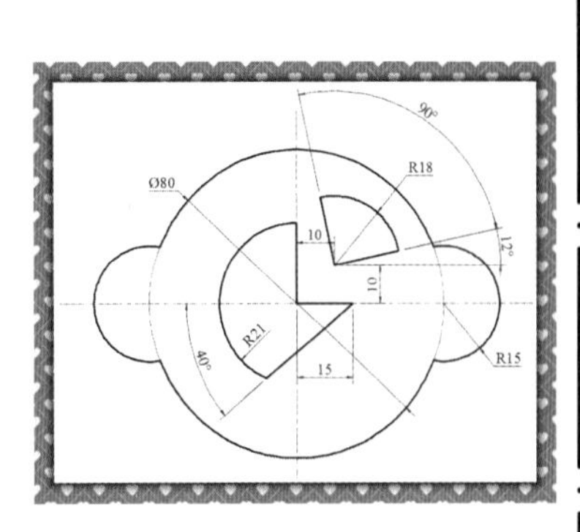

3.1 三角板的绘制

案例 三角板.dwg　　视频 三角板的绘制.avi　　时长 02'10"

在绘制如图 3-1 所示的三角板图形对象时，首先绘制一条水平构造线和斜构造线，再使用圆命令绘制圆对象，从而确定其中一条斜构造线的长度，再使用构造线的“角度(A)”和“参照(R)”选项绘制第三条构造线，最后将多余的构造线和圆删除。

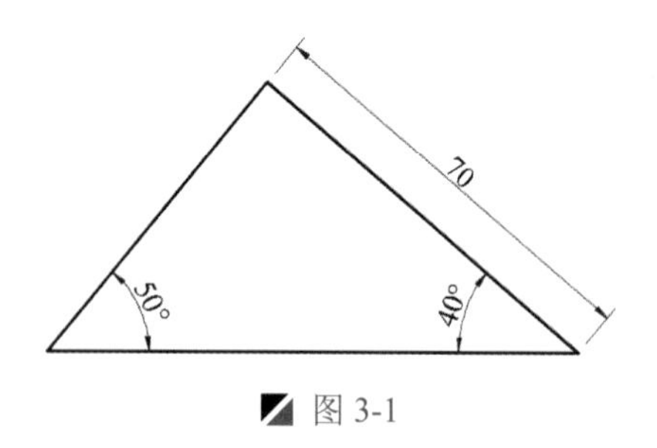

图 3-1

Step 01 启动 AutoCAD 2015 软件，按<Ctrl+O>组合键，打开“机械样板.dwt”文件。

Step 02 按<Ctrl+Shift+S>组合键，将该样板文件另存为“三角板.dwg”文件。

Step 03 在“图层”面板的“图层控制”下拉列表中，选择“粗实线”图层作为当前图层，如图 3-2 所示。

Step 04 在“绘图”面板中单击“构造线”按钮，根据命令行提示，选择“水平（H）”项，然后在视图中绘制一条水平构造线，如图 3-3 所示。

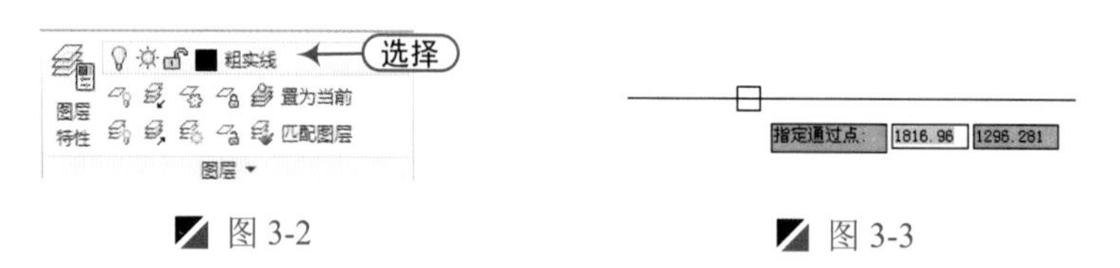

图 3-2　　图 3-3

Step 05 按<空格键>重复执行上一步的命令，根据命令行提示，选择“角度（A）”项，输入角度为 140°，然后在视图中指定一点绘制一条斜构造段，如图 3-4 所示。

Step 06 在“绘图”面板中单击“圆”按钮，捕捉前面两条构造线的交点作为圆心点，然后输入圆的半径为 70mm，以此绘制半径为 70mm 的圆对象，如图 3-5 所示。

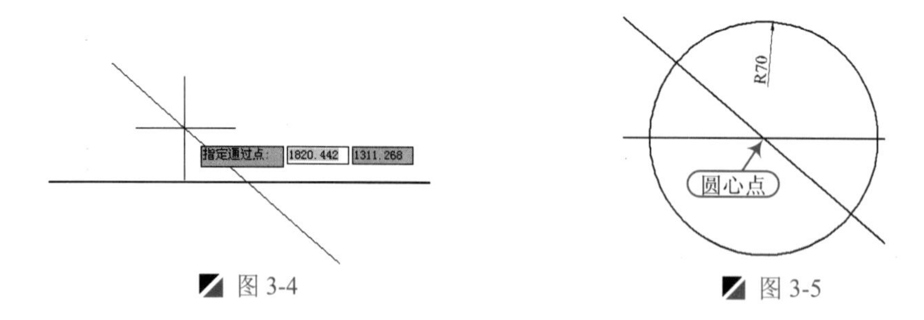

图 3-4　　图 3-5

提示：捕捉功能

用户在捕捉对象时，应首先设置捕捉功能，在状态栏中单击“对象捕捉”右侧倒三角按钮，在弹出快捷菜单中选择“对象捕捉设置”选项，即可弹出“草图设置”对话框，并自动切换到“对象捕捉”选项卡，勾选“启动对象捕捉”复选框，在对象捕捉模式单击“全部选择”按钮，即可勾选左侧所有捕捉对象，如图 3-6 所示。

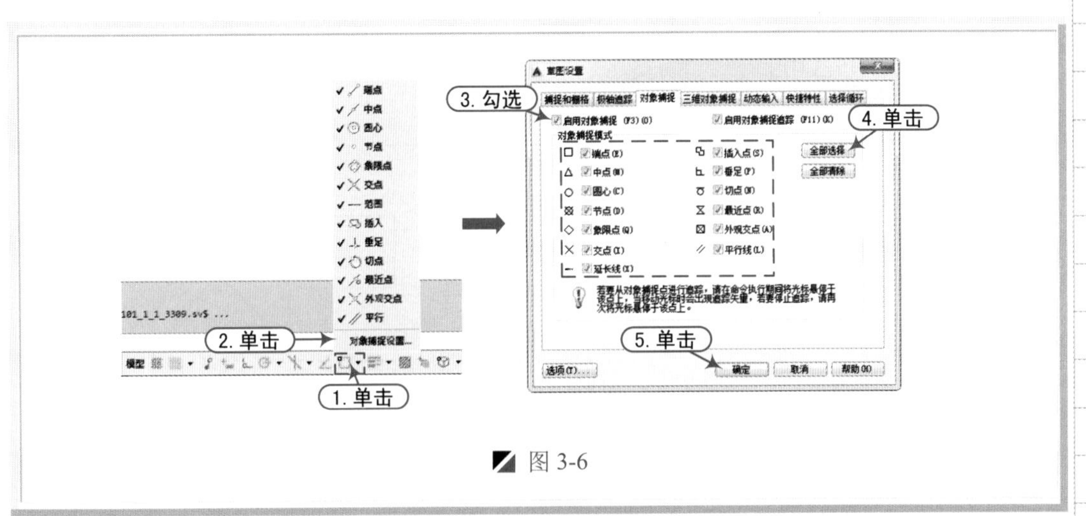

图 3-6

Step 07 在“绘图”面板中单击“构造线”按钮，根据命令行提示，选择“角度（A）”选项，再选择“参照（R）”选项，然后按照如图 3-7 所示绘制另一条构造线。

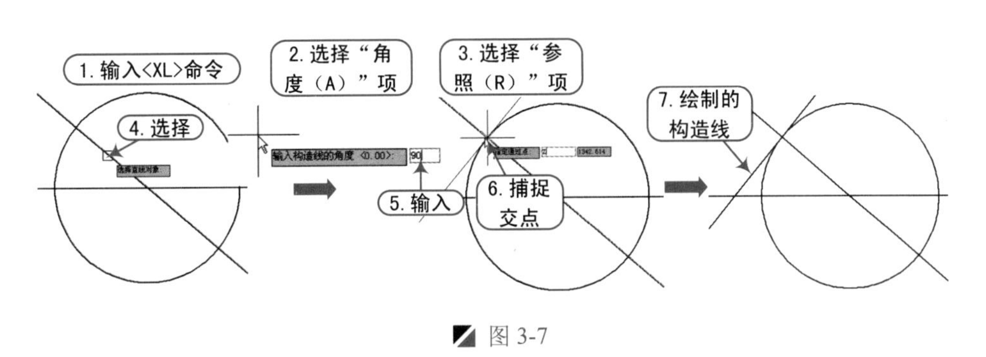

图 3-7

Step 08 执行“删除”命令（E），将圆对象删除；再执行“修剪”命令（TR），将多余的线段进行修剪操作，从而得到三角板效果，如图 3-8 所示。

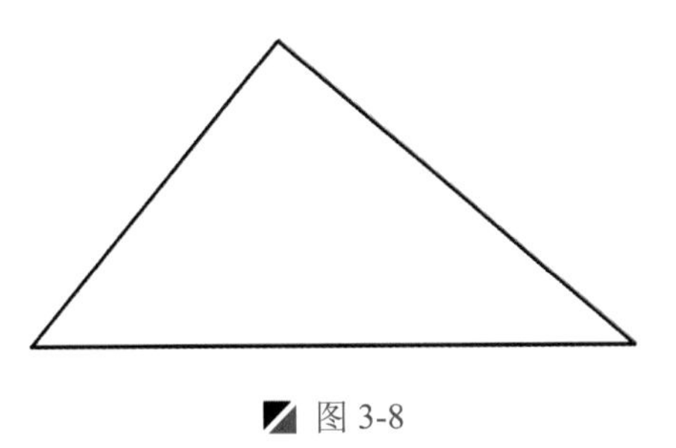

图 3-8

技巧：修剪快捷

在修剪对像时，执行修剪命令后连续按二次〈空格键〉即可直接修剪多余的对像。

Step 09 至此，三角板的绘制已完成，按<Ctrl+S>组合键将该文件保存。

3.2 薄板的绘制

案例	薄板.dwg	视频	薄板的绘制.avi	时长	04'38"

在绘制如图 3-9 所示的薄板图形对象时，首先绘制矩形和中心线对象，再绘制矩形并旋转，将其放置在薄板中心位置，再通过偏移、直线等命令，绘制右侧轮廓。

图 3-9

Step 01 启动 AutoCAD 2015 软件，按<Ctrl+O>组合键，打开“机械样板.dwt”文件。

Step 02 按<Ctrl+Shift+S>组合键，将该样板文件另存为“薄板.dwg”文件。

Step 03 在“图层”面板的“图层控制”下拉列表中，选择“粗实线”图层作为当前图层。

Step 04 在“绘图”面板中单击“矩形”按钮，在视图中指定任意一点作为矩形的第一角点，然后输入“@100，60”作为对角点，从而绘制 100×60mm 的矩形对象，如图 3-10 所示。

Step 05 在“绘图”面板中单击“构造线”按钮，根据命令行提示，分别过矩形的中点绘制一条水平和垂直构造线，然后将其转换为“中心线”图层，如图 3-11 所示。

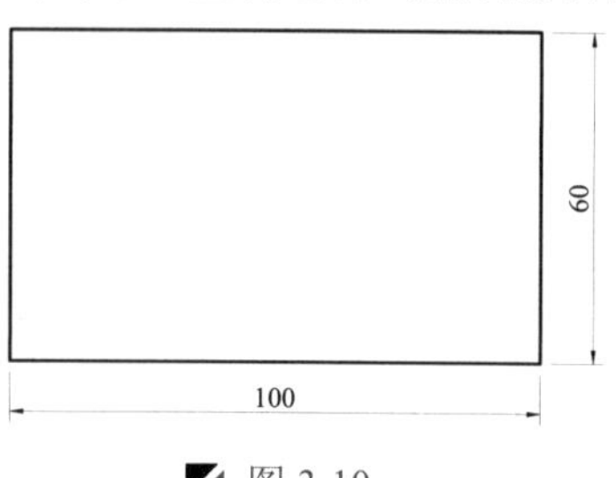

图 3-10

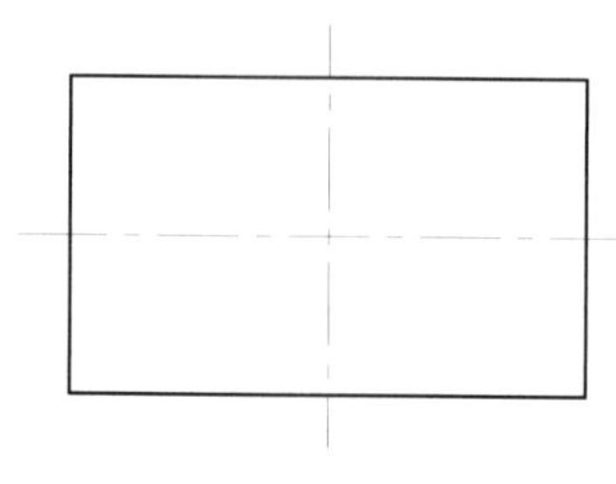

图 3-11

提示：激活对象捕捉

用户在设置捕捉选项后，在状态栏激活“对象捕捉”按钮，或按 F3 键，或按<Ctrl+F>组合键都可在绘图过程中启用捕捉选项。

Step 06 在“绘图”面板中单击“多段线”按钮，按照如下命令行提示，绘制左侧的“⊐”型状图形效果，如图 3-12 所示。

```
命令: PL                                          \\ 执行“多段线”命令
指定起点: from                                    \\ 执行“捕捉自”命令“from”
基点:                                             \\ 捕捉基点 A
<偏移>: @0,10                                     \\ 输入偏移距离来确定点 B
当前线宽为 0.000                                  \\ 显示当前线宽
指定下一个点或 [圆弧(A)/半宽(H)/长度(L)/放弃(U)/宽度(W)]: 30        \\ 水平向右，输入 30，确定点 C
指定下一点或 [圆弧(A)/闭合(C)/半宽(H)/长度(L)/放弃(U)/宽度(W)]: 20 \\ 垂直向下，输入 20，确定点 D
指定下一点或 [圆弧(A)/闭合(C)/半宽(H)/长度(L)/放弃(U)/宽度(W)]: 30 \\ 水平向左，输入 30，确定点 E
指定下一点或 [圆弧(A)/闭合(C)/半宽(H)/长度(L)/放弃(U)/宽度(W)]:    \\ 按回车键结束
```

Step 07 在“绘图”面板中单击“矩形”按钮，在视图中指定任意一点作为矩形的第一角点，然后输入“@20，20”作为对角点，从而绘制20×20mm的矩形对象；执行“直线”命令（L），连接矩形的对角点绘制两条对角线。

Step 08 再执行“旋转”命令（RO），将该矩形和对角线旋转45°。

提示：旋转中心点

在旋转矩形对象时，应捕捉对角线的交点作为旋转的中心点。

Step 09 再执行“移动”命令（M），以对角线交点作为基点，将小矩形移至大矩形的中心点位置，如图3-13所示。

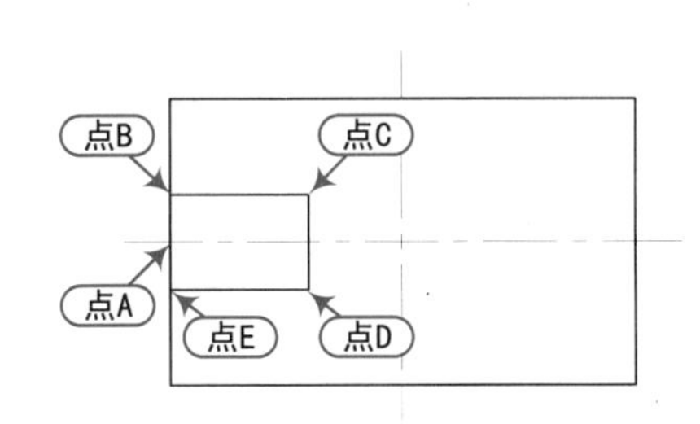

图3-12

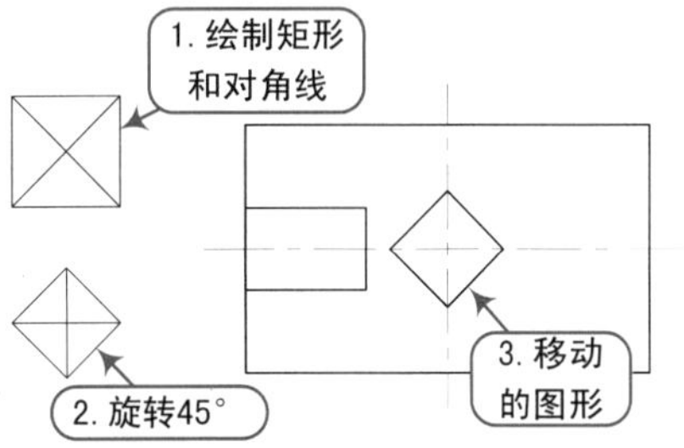

图3-13

Step 10 执行“偏移”命令（O），将垂直中心线向右偏移35mm，将水平中心线向上向下各偏移10和20mm，如图3-14所示。

Step 11 执行“直线”命令（L），捕捉相应的交点进行直线连接，如图3-15所示。

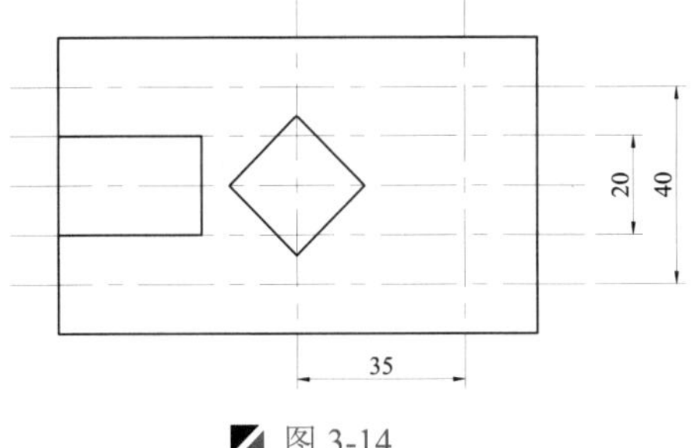

图3-14

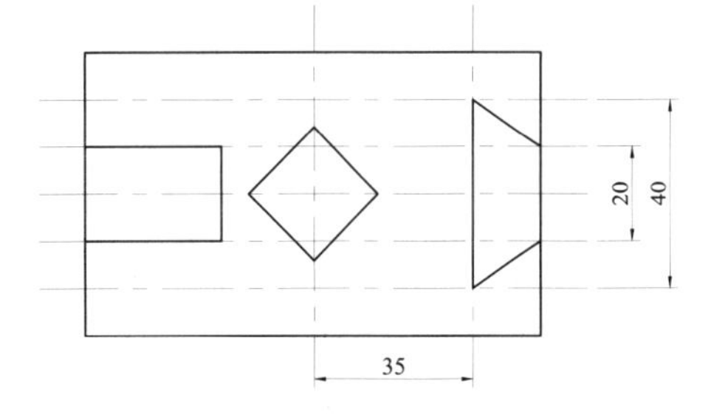

图3-15

Step 12 执行“删除”命令（E），将多余的轴线删除；再执行“修剪”命令（TR），将多余的实线进行修剪，从而完成薄板的绘制，如图3-16所示。

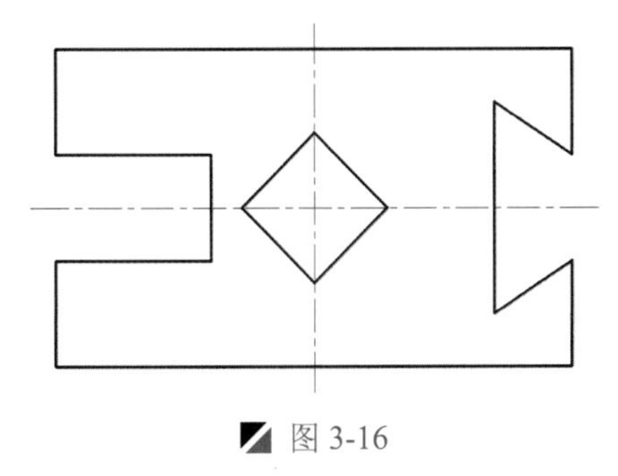

图3-16

注意：细实线的绘制

> 右侧长度为20mm的垂直线段为“细实线”对象。

Step 13 至此，板的绘制已完成，按<Ctrl+S>组合键将该文件保存。

3.3 机械零件的绘制

案例	机械零件.dwg	视频	机械零件的绘制.avi	时长	05'13"

在绘制如图3-17所示的图形对象时，首先绘制十字中心线对象和两条斜构造线，再绘制多个圆对象，以及进行直线连接，再对其进行倒角操作，然后将多余的圆弧进行修剪。

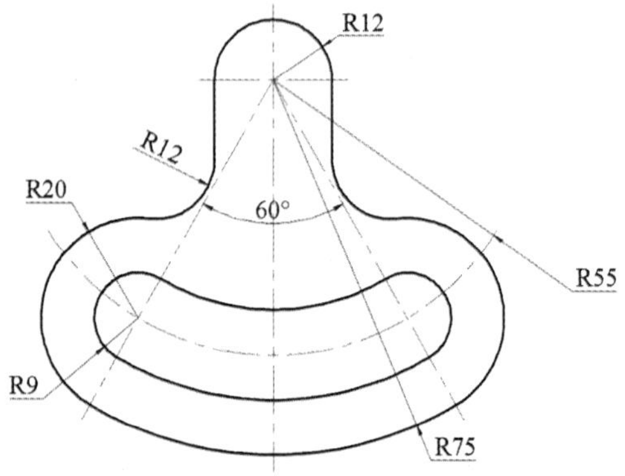

图 3-17

Step 01 启动AutoCAD 2015软件，按<Ctrl+O>组合键，打开“机械样板.dwt”文件。

Step 02 按<Ctrl+Shift+S>组合键，将该样板文件另存为“机械零件.dwg”文件。

Step 03 在“图层”面板的“图层控制”下拉列表中，选择“中心线”图层作为当前图层。

Step 04 执行“构造线”命令（XL），绘制一条水平和垂直构造线，再绘制2条与垂直构造线为夹角30°的构造线，如图3-18所示。

Step 05 切换至“粗实线”图层作为当前图层；执行“圆”命令（C），捕捉中心线的交点作为圆心，绘制半径为12mm和55mm的同心圆，并将半径为55mm的圆对象转为“辅助线”图层，如图3-19所示。

Step 06 执行“圆”命令（C），捕捉夹角为30°的中心线与半径为55mm的辅助圆的交点作为圆心，绘制半径为9mm和20mm的同心圆，如图3-20所示。

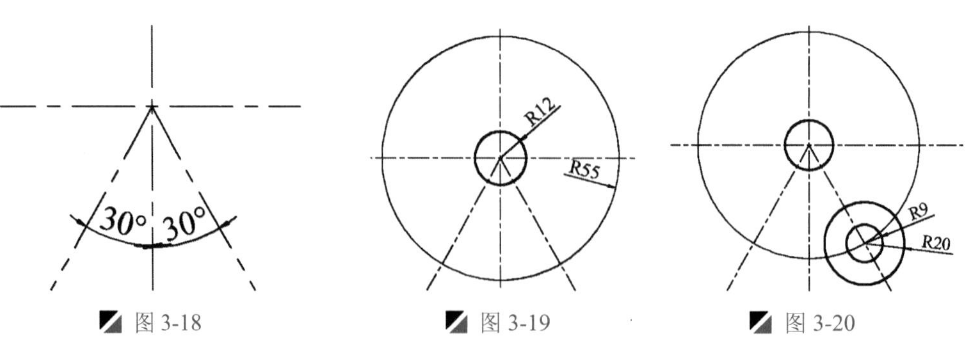

图 3-18　　图 3-19　　图 3-20

Step 07 执行“复制”命令（CO），将上一步绘制的同心圆复制到另一个斜中心线与辅助圆的交点上，如图3-21所示。

Step 08 执行“圆”命令（C），捕捉中心线的交点作为圆心，绘制半径为75mm的圆；再执行“修剪”命令（TR），对多余的圆弧对象进行修剪操作，如图3-22所示。

Step 09 执行“偏移”命令（O），根据命令行提示，选择“通过（T）”选项，将半径为 75mm 的圆弧对象进行偏移到相应的点位置处，如图 3-23 所示。

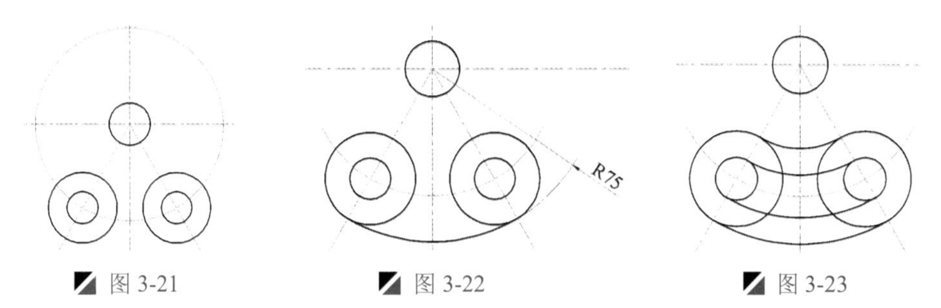

图 3-21　图 3-22　图 3-23

Step 10 执行“修剪”命令（TR），将多余的圆弧对象进行修剪操作，如图 3-24 所示。

Step 11 执行“直线”命令（L），过上侧圆的左右象限点绘制两条垂直的线段，如图 3-25 所示。

Step 12 执行“圆”命令（C），根据命令行提示，选择“切点、切点、半径（T）”选项，绘制两个半径为 12mm 的相切圆对象，如图 3-26 所示。

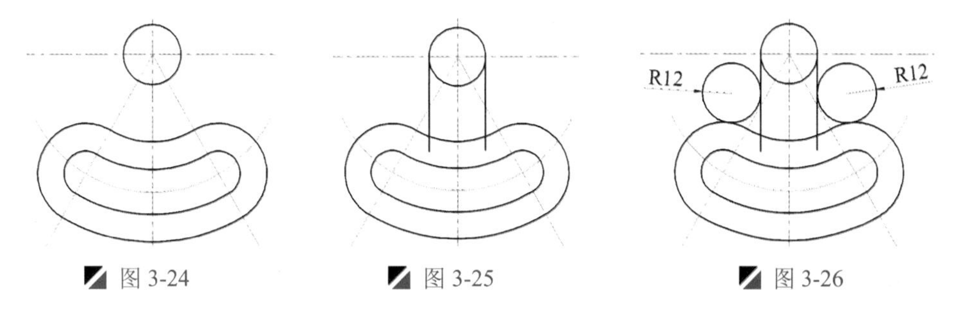

图 3-24　图 3-25　图 3-26

Step 13 执行“修剪”命令（TR），将多余的圆弧和线段进行修剪操作，如图 3-27 所示。

Step 14 至此，该图形绘制已完成，按<Ctrl+S>组合键将文件进行保存。

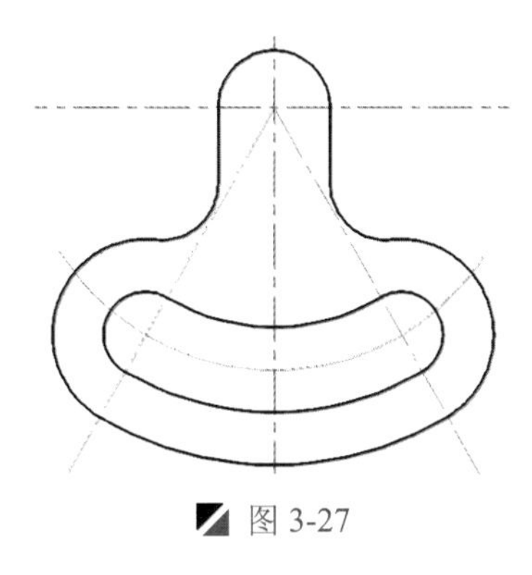

图 3-27

3.4 手柄的绘制

案例	.手柄 dwg	视频	手柄的绘制.avi	时长	04'37"

在绘制如图 3-28 所示的图形对象时，首先绘制十字中心线，再将该中心线进行偏移，然后捕捉中心线的交点来绘制直线段和圆对象，以及进行圆角操作，然后将多余的线段和圆弧进行修剪。

读书破万卷

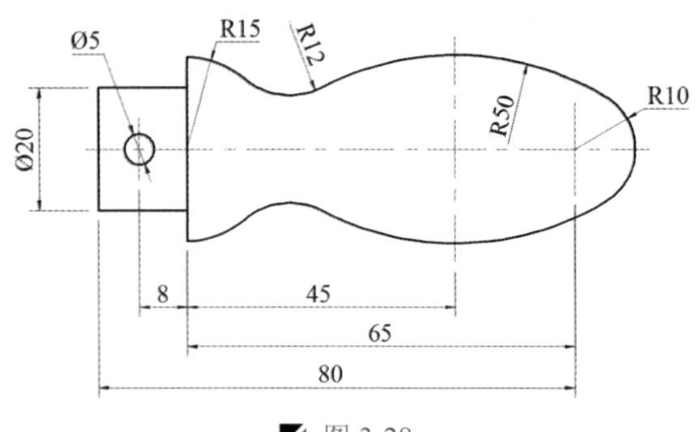

图 3-28

Step 01 启动 AutoCAD 2015 软件，按<Ctrl+O>组合键，打开“机械样板.dwt”文件。

Step 02 按<Ctrl+Shift+S>组合键，将该样板文件另存为“手柄.dwg”文件。

Step 03 在“图层”面板的“图层控制”下拉列表中，选择“中心线”图层作为当前图层。

Step 04 执行“构造线”命令（XL），绘制一条水平和垂直的构造线，如图 3-29 所示。

Step 05 执行“偏移”命令（O），按照如图 3-30 所示进行偏移。

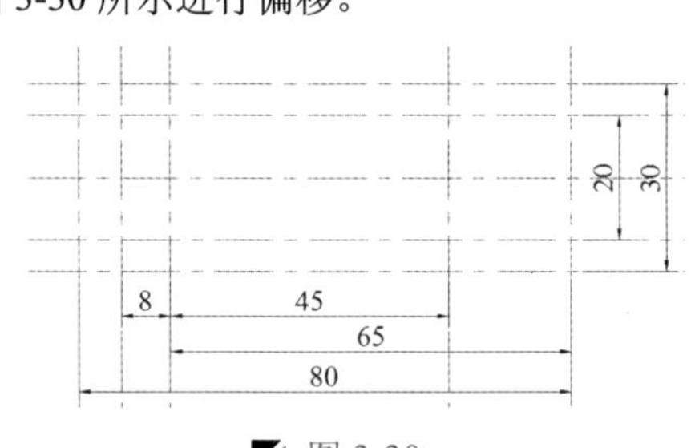

图 3-29 图 3-30

Step 06 切换至“粗实线”图层；执行“直线”命令（L），捕捉相应的点进行直线连接；再执行“删除”命令（E），将多余的对象删除，如图 3-31 所示。

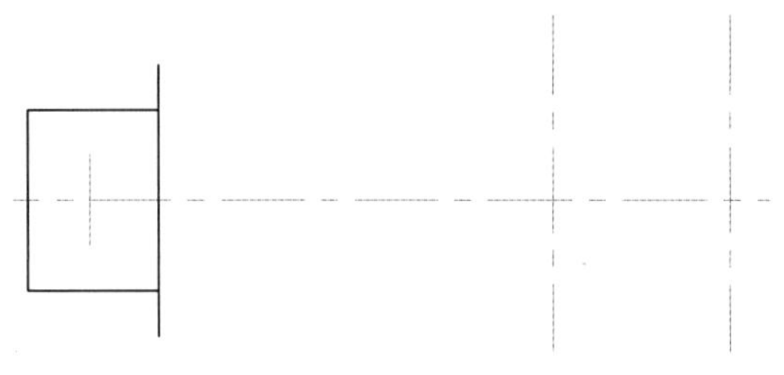

图 3-31

Step 07 执行“圆”命令（C），捕捉相应的交点作为圆心，绘制半径 2.5mm、15mm、10mm 的圆对象，如图 3-32 所示。

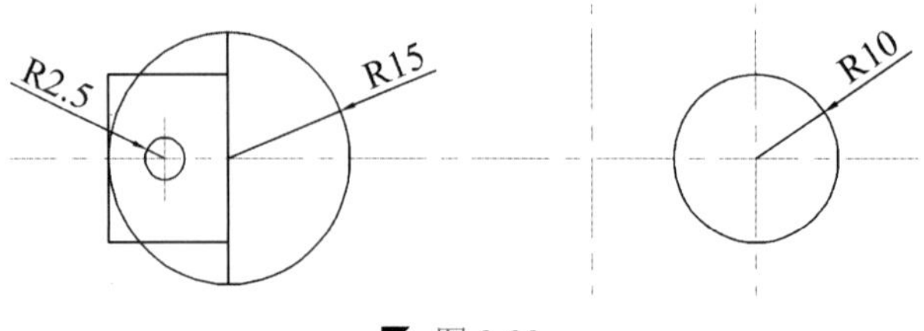

图 3-32

Step 08 执行“圆”命令（C），捕捉右侧中心线的交点作为圆心，绘制半径 40mm 的圆对象，并将绘制的圆转为“辅助线”图层，如图 3-33 所示。

Step 09 执行“圆”命令（C），捕捉左侧中心线与辅助圆的交点作为圆心，绘制半径为 50mm 的两个圆对象，如图 3-34 所示。

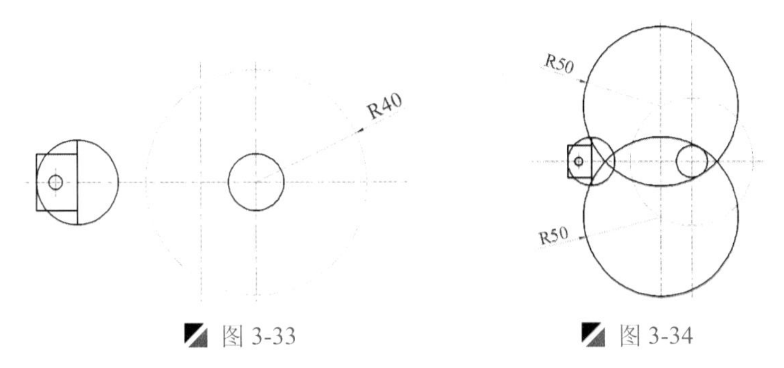

图 3-33　　图 3-34

Step 10 执行“圆”命令（C），根据命令行提示，选择“切点、切点、半径（T）”选项，绘制两个半径为 12mm 的相切圆对象，如图 3-35 所示。

Step 11 执行“修剪”命令（TR），将多余的圆弧对象进行修剪操作，如图 3-36 所示。

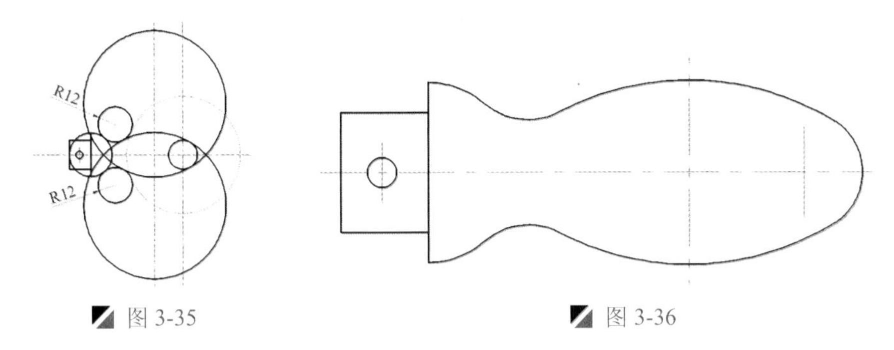

图 3-35　　图 3-36

Step 12 至此，该图形绘制已完成，按<Ctrl+S>组合键将文件进行保存。

3.5 球的绘制

案例	球.dwg	视频	球的绘制.avi	时长	04'47"

在绘制如图 3-37 所示的图形对象时，首先绘制十字中心线和直径为 70mm 的圆对象；再过左右两侧象限点绘制一条直线段，并对其进行 6 等分，然后捕捉相交的等分点，使用“两点”方式绘制多个圆对象，再修剪多余的圆弧，最后标注文字注释。

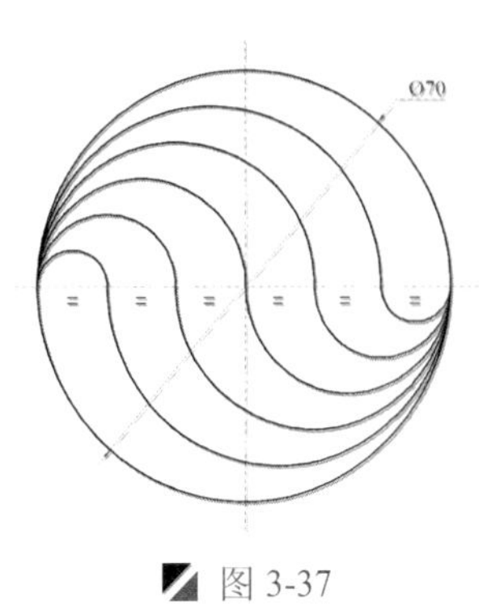

图 3-37

Step 01 启动 AutoCAD 2015 软件，按<Ctrl+O>组合键，打开“机械样板.dwt”文件。

Step 02 按<Ctrl+Shift+S>组合键，将该样板文件另存为“球.dwg”文件。

Step 03 在“图层”面板的“图层控制”下拉列表中，选择“粗实线”图层作为当前图层。

Step 04 执行“构造线”命令（XL），绘制互相垂直的两条构造线，并将其转换为“中心线”图层，如图 3-38 所示。

Step 05 执行“圆”命令（C），捕捉中心线的交点作为圆心，绘制直径为 70mm 的圆对象，如图 3-39 所示。

Step 06 执行“直线”命令（L），捕捉圆的左、右两侧象限点，绘制一条水平线段。

Step 07 执行“定数等分”命令（DIV），将圆内的水平线段等分为 6 段，如图 3-40 所示。

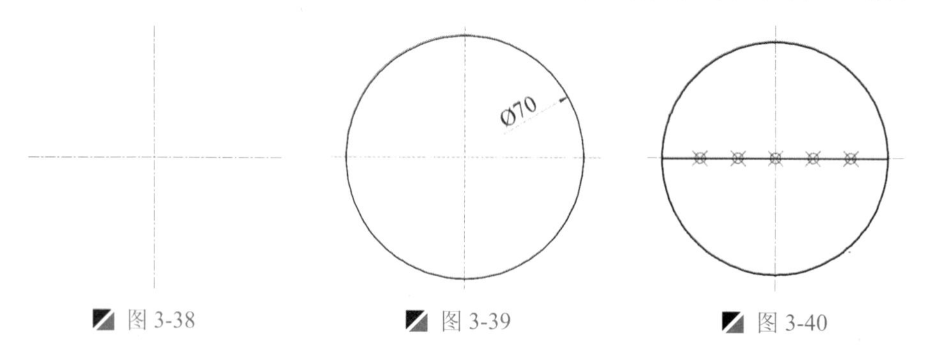

图 3-38　　图 3-39　　图 3-40

软件知识：点的样式设置

在绘制点时，用户可在“点样式”对话框中进行设置，选择菜单栏中的“格式”|“点样式”弹出点样式对话框，从而进行点样式的设置，如图 3-41 所示。

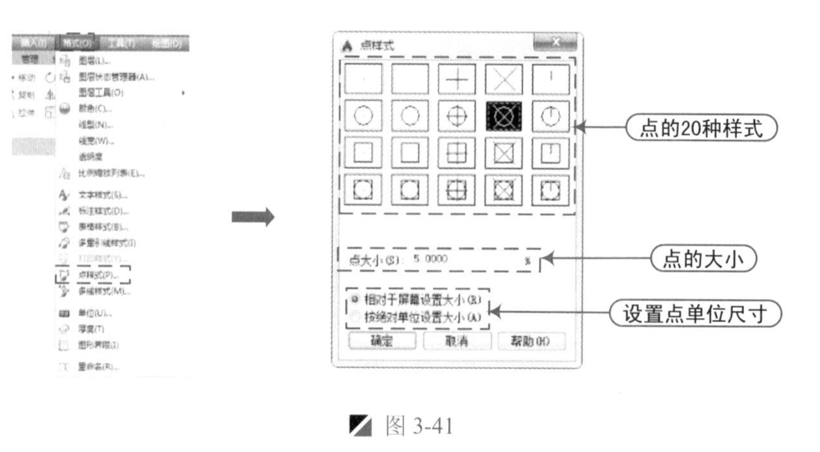

图 3-41

Step 08 执行“圆”命令（C），根据命令行提示，选择“两点（2P）”选项，捕捉外圆的左象限点作为圆的第一端点，捕捉 6 等分点左侧第 1 个点作为圆的另一个端点，从而绘制圆对象，如图 3-42 所示。

Step 09 按同样的方法，绘制另外 4 个圆对象，使圆的另一个端点在另外几个点上，如图 3-43 所示。

Step 10 执行“圆”命令（C），根据命令行提示，选择“两点（2P）”选项，捕捉外圆的右象限点作为圆的第一端点，捕捉 6 等分点最右侧点作为圆的另一个端点，从而绘制圆对象，如图 3-44 所示。

Step 11 按同样的方法，绘制另外 4 个圆对象，使圆的另一个端点在另外几个点上，如图 3-45 所示。

Step 12 执行“修剪”命令（TR），将多余的圆弧进行修剪操作，如图 3-46 所示。

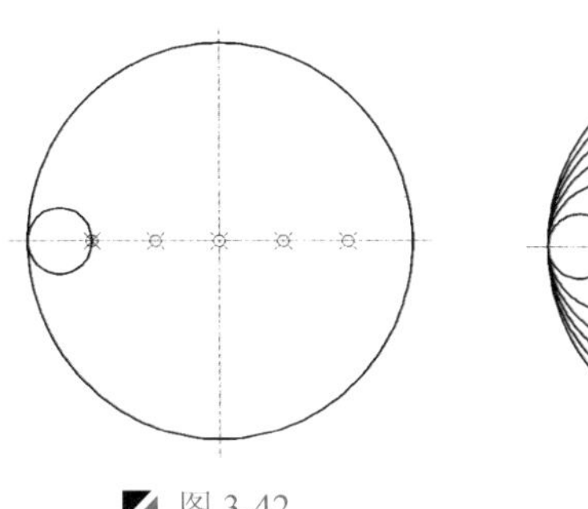

图 3-42

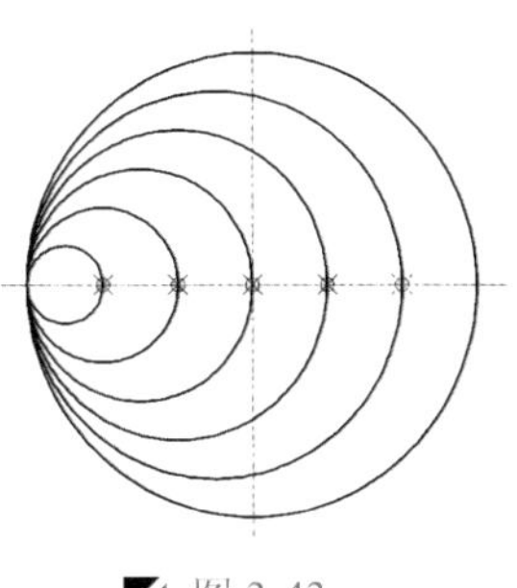

图 3-43

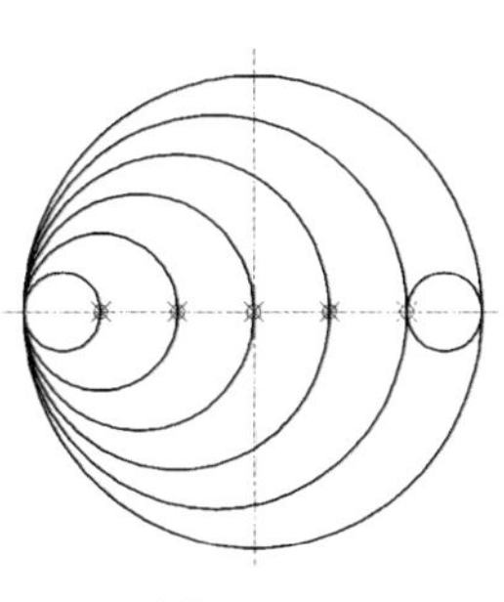

图 3-44

Step 13 执行“单行文字”命令（DT），输入“=”，放置于水平中心线与圆弧中的下侧；再执行“复制”命令（CO），将绘制的“=”复制到相应的地方，并将点进行删除操作，如图 3-47 所示。

图 3-45

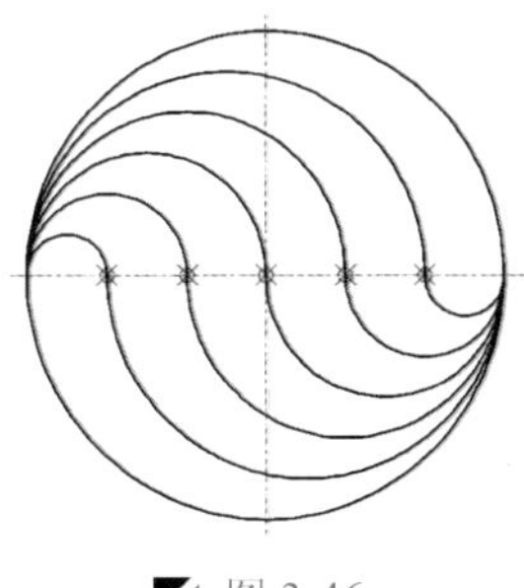

图 3-46

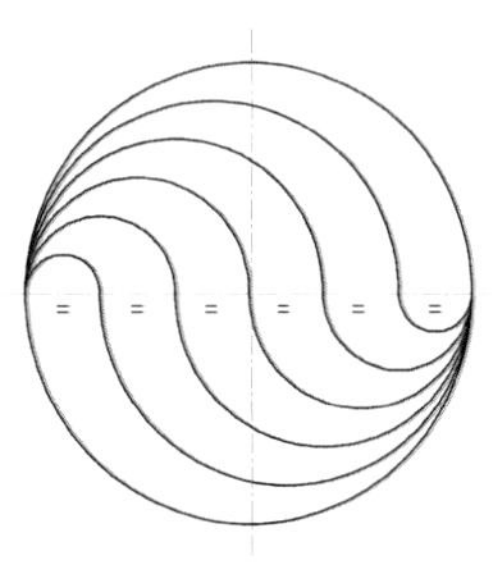

图 3-47

Step 14 至此，该图形绘制已完成，按<Ctrl+S>组合键将文件进行保存。

3.6 固定零件的绘制

案例	固定零件.dwg	视频	固定零件的绘制.avi	时长	03'45"

在绘制如图 3-48 所示的图形对象时，首先绘制十字中心线和直径为 80mm、30mm 的圆对象，以及将多余的圆弧进行修剪；再偏移和旋转中心线，使用圆弧和直线命令，绘制另外两个轮廓效果。

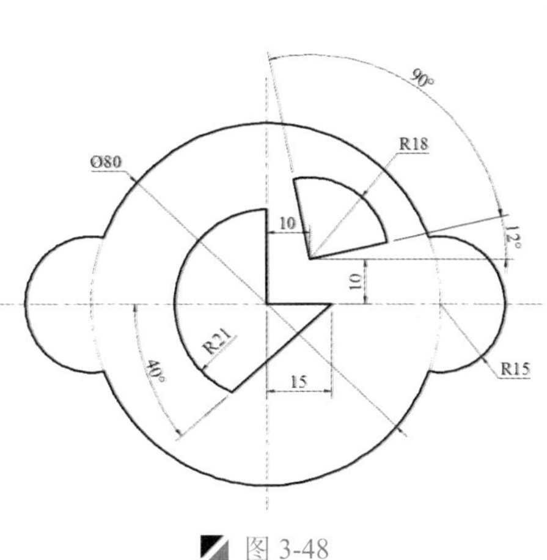

图 3-48

Step 01 启动 AutoCAD 2015 软件，按<Ctrl+O>组合键，打开“机械样板.dwt”文件。

Step 02 按<Ctrl+Shift+S>组合键，将该样板文件另存为“固定零件.dwg”文件。

Step 03 在“图层”面板的“图层控制”下拉列表中，选择“粗实线”图层作为当前图层。

Step 04 执行“构造线”命令（XL），绘制一条水平和垂直的构造线，且将其构造线转换为“中心线”图层，如图 3-49 所示。

Step 05 执行“圆”命令（C），捕捉交点来绘制直径为 80mm 的圆对象；再捕捉左右两侧象限点，来绘制半径为 15mm 的两个圆对象，如图 3-50 所示。

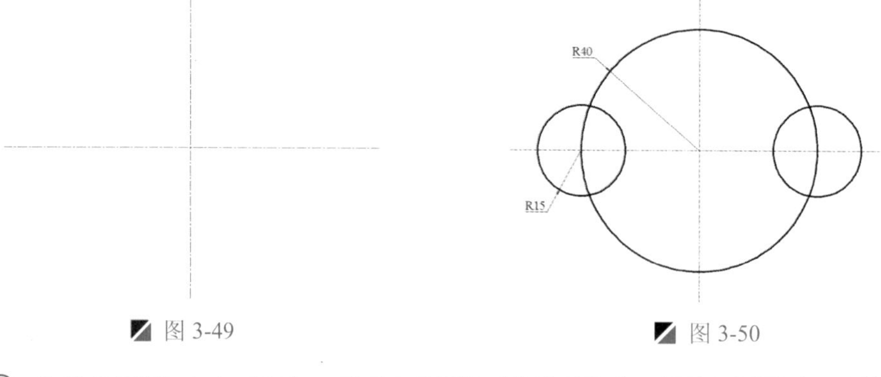

图 3-49　　图 3-50

Step 06 执行“修剪”命令（TR），将多余的圆弧对象进行修剪，以及打断圆弧，且将打断后的两圆弧转换为“中心线”图层，如图 3-51 所示。

Step 07 执行“偏移”命令（O），将中心线按照如图 3-52 所示进行偏移，并将多余的中心线进行修剪。

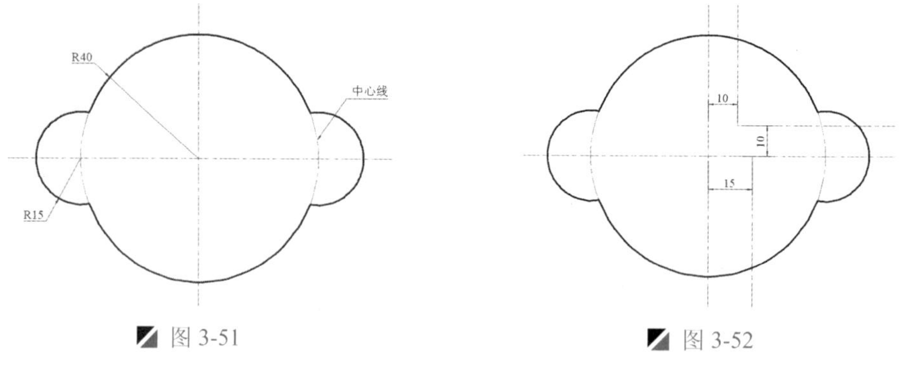

图 3-51　　图 3-52

Step 08 执行“旋转”命令（RO），将指定的中心线按照如图 3-53 所示进行旋转。

Step 09 执行“圆”命令（C），捕捉指定的中心点来绘制半径为 18mm 的圆弧，再连接直线段，如图 3-54 所示。

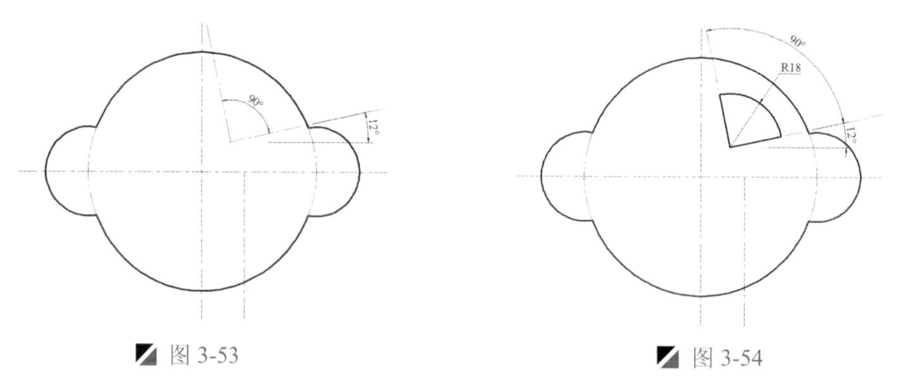

图 3-53　　图 3-54

Step 10 同样，再按照前面的方法，绘制另一轮廓效果，如图 3-55 所示

Step 11 至此，该图形绘制已完成，按<Ctrl+S>组合键将文件进行保存

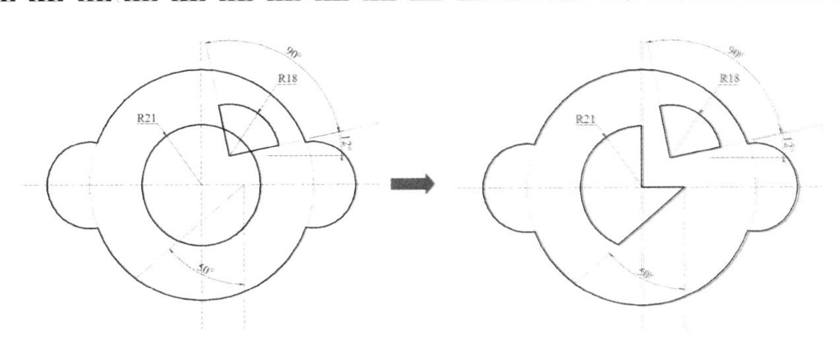

图 3-55

3.7 锁扣的绘制

案例	锁扣.dwg	视频	锁扣的绘制.avi	时长	03'47"

在绘制如图 3-56 所示的图形对象时，首先绘制十字中心线、圆和正六边形对象，再偏移中心线，捕捉中点来绘制其他圆对象，再进行直线连接，然后将多余的圆弧和直线段进行修剪。

图 3-56

Step 01 启动 AutoCAD 2015 软件，按<Ctrl+O>组合键，打开“机械样板.dwt”文件。

Step 02 按<Ctrl+Shift+S>组合键，将该样板文件另存为“锁扣.dwg”文件。

Step 03 在“图层”面板的“图层控制”下拉列表中，选择“中心线”图层作为当前图层。

Step 04 执行“构造线”命令（XL），绘制一条水平和垂直的构造线，如图 3-57 所示。

Step 05 执行“圆”命令（C），捕捉中心线的交点作为圆心，绘制直径为 30mm 和 50mm 的同心圆，并将直径为 30mm 的圆对象转为“辅助线”图层，如图 3-58 所示。

Step 06 执行“正多边形”命令（POL），绘制外切于圆的正六边形，如图 3-59 所示。

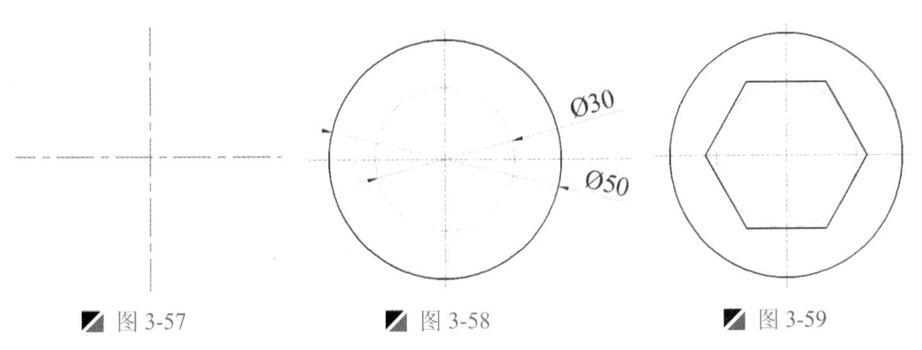

图 3-57　　图 3-58　　图 3-59

Step 07 执行“偏移”命令（O），将水平中心线向下偏移 6mm、2.5mm、40mm 距离，将垂直中心线向右偏移 25mm，并将偏移为 2.5mm 的中心线转为“粗实线”图层，如图 3-60 所示。

Step 08 执行“圆”命令（C），捕捉右下侧中心线的交点作为圆心，绘制半径为 60mm 的圆，如图 3-61 所示。

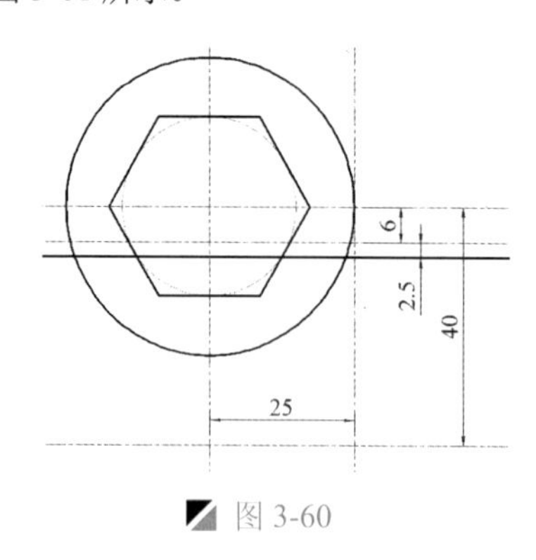

图 3-60

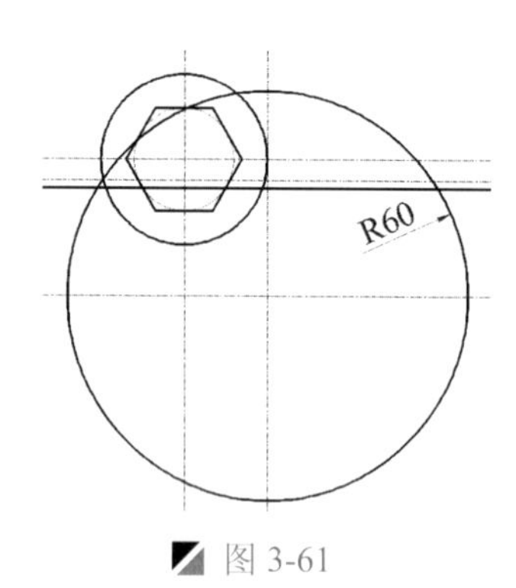

图 3-61

Step 09 执行“直线”命令（L），捕捉上一步绘制的圆与从上向下第二条水平中心线的交点作为直线的起点，绘制与下侧水平线相垂直的直线段，进行直线连接。

Step 10 执行“修剪”命令（TR），对多余的对象进行修剪操作，如图 3-62 所示。

Step 11 执行“圆”命令（C），根据命令行提示，选择“两点（2P）”选项，绘制半径为 6mm 的圆，使两圆相切并且圆的圆心在偏移 6mm 的中心线上，如图 3-63 所示。

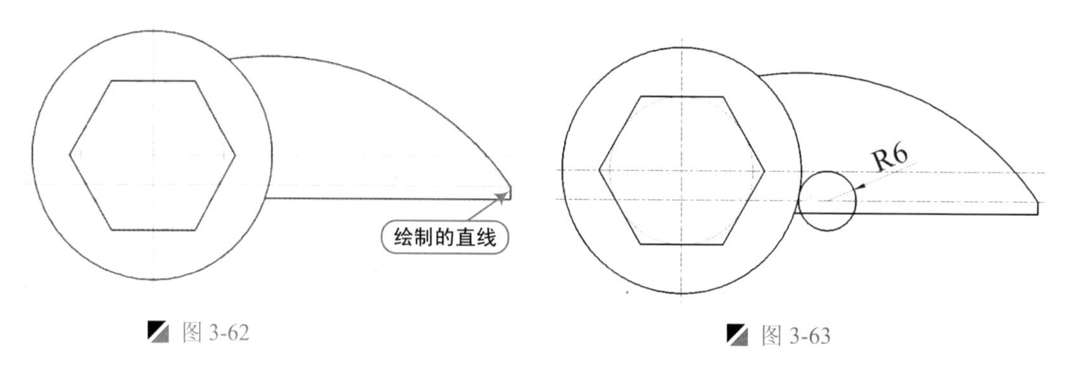

图 3-62

图 3-63

Step 12 执行“修剪”命令（TR），对多余的对象进行修剪操作，如图 3-64 所示。

Step 13 执行“直线”命令（L），捕捉相应的点进行直线连接；再执行“修剪”命令（TR），对多余的线段进行修剪操作，如图 3-65 所示。

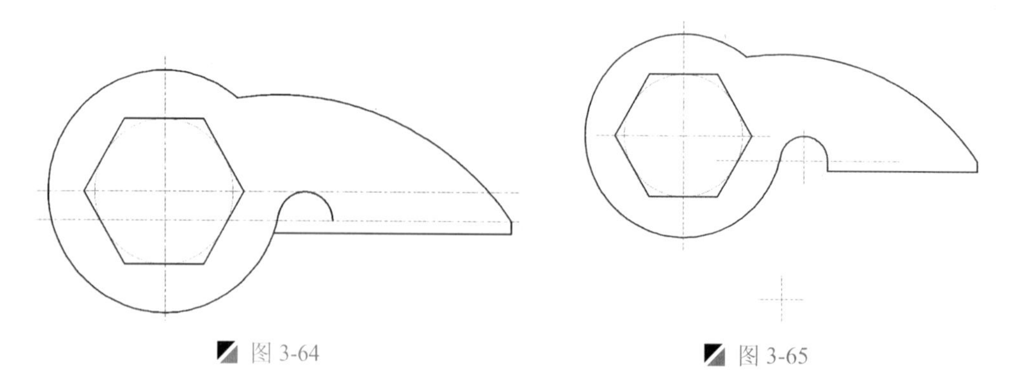

图 3-64

图 3-65

Step 14 至此，该图形绘制已完成，按<Ctrl+S>组合键将文件进行保存。

3.8 齿轮的绘制

案例	齿轮.dwg	视频	齿轮的绘制.avi	时长	02'34"

在绘制如图 3-66 所示的图形对象时，首先绘制圆和内接的正八边形对象，再绘制内切圆半径为 30mm 的正八边形对象，且将该正八边形向内偏移 5mm，再执行直线命令，连接相应的拐角点来进行直线连接，然后将其直线段绕中心点阵列复制 8 份。

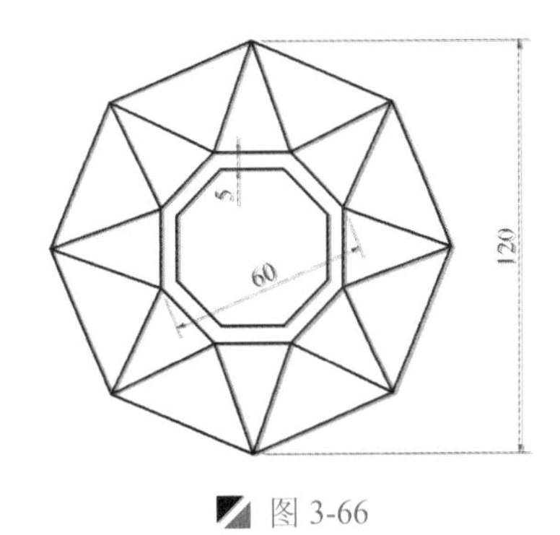

图 3-66

Step 01 启动 AutoCAD 2015 软件，按<Ctrl+O>组合键，打开“机械样板.dwt”文件。

Step 02 按<Ctrl+Shift+S>组合键，将该样板文件另存为“齿轮.dwg”文件。

Step 03 在“图层”面板的“图层控制”下拉列表中，选择“粗实线”图层作为当前图层。

Step 04 执行“圆”命令（C），按照如下命令行提示，绘制半径为 60mm 的圆，将其转为“辅助线”图层，如图 3-67 所示。

```
命令: CIRCLE                                              \\ 执行“圆”命令
指定圆的圆心或 [三点(3P)/两点(2P)/切点、切点、半径(T)]:      \\ 任意单击确定圆心
指定圆的半径或 [直径(D)] <60.000>: 60                      \\ 输入半径 60mm
```

Step 05 执行“正多边形”命令（POL），绘制内接圆半径为 60mm 的正八边形，如图 3-68 所示。

```
命令: POLYGON                                   \\ 执行“正多边形”命令
输入侧面数 <8>:8                                 \\ 输入正多边形的面数
指定正多边形的中心点或 [边(E)]:                   \\ 以圆心作为中点
输入选项 [内接于圆(I)/外切于圆(C)] <I>: I         \\ 选择“内接于圆”项（I）
指定圆的半径:                                    \\ 指定圆上的一点
```

Step 06 执行“正多边形”命令（POL），绘制外切圆半径为 30mm 的正八边形，如图 3-69 所示。

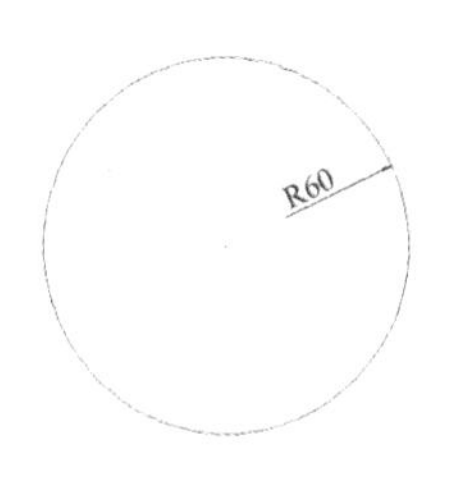

图 3-67

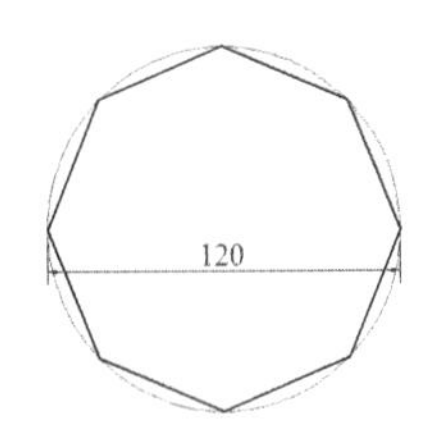

图 3-68

图 3-69

Step 07 执行“偏移”命令（O），将内切圆半径为 30mm 的正多边形向内偏移 5mm，如图 3-70 所示。

Step 08 执行“直线”命令（L），捕捉相应的交点来进行直线连接，如图 3-71 所示。

Step 09 执行“阵列”命令（AR），按照如下命令行提示将选择的对象进行阵列；再执行“删除”命令（E），将其辅助圆删除，如图 3-72 所示。

命令： ARRAY \\ 执行“阵列”命令
选择对象：指定对角点：找到 2 个 \\ 选择两线段对象
选择对象： 输入阵列类型 [矩形(R)/路径(PA)/极轴(PO)] <矩形>: po\\ 选择“极轴（PO）”选项
类型 = 极轴 关联 = 是
指定阵列的中心点或 [基点(B)/旋转轴(A)]: \\ 确定圆心为阵列的中心点
选择夹点以编辑阵列或 [关联(AS)/基点(B)/项目(I)/项目间角度(A)/填充角度(F)/行(ROW)/层(L)/旋转项目(ROT)/退出(X)] <退出>: I \\ 选择“项目（I）”选项
输入阵列中的项目数或 [表达式(E)] <6>: 8 \\ 输入阵列数“8”
选择夹点以编辑阵列或 [关联(AS)/基点(B)/项目(I)/项目间角度(A)/填充角度(F)/行(ROW)/层(L)/旋转项目(ROT)/退出(X)] <退出>: \\ 空格键退出

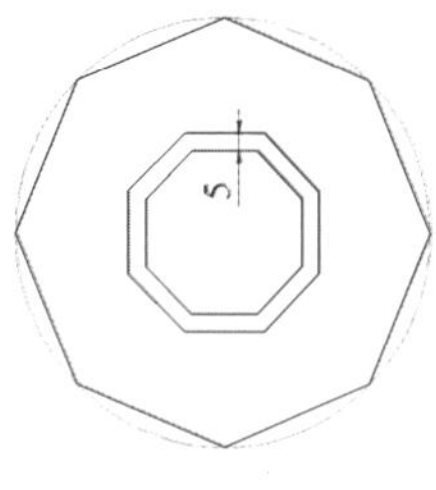

图 3-70

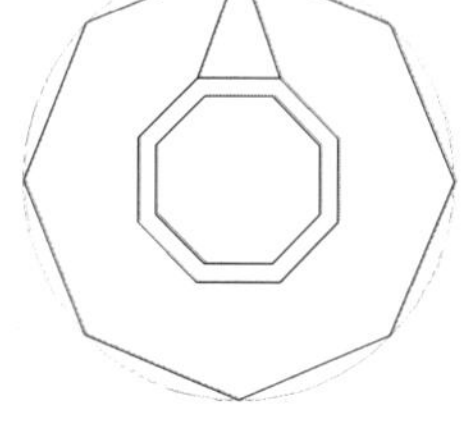
图 3-71

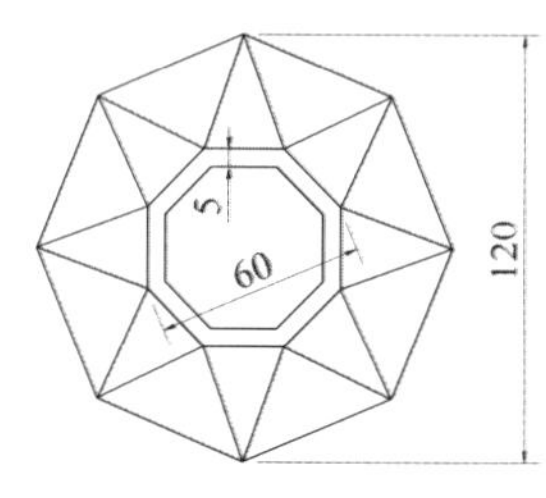

图 3-72

Step 10 至此，齿轮的绘制已完成，按<Ctrl+S>组合键将该文件保存。

技巧：删除命令

在进行“删除”命令过程中，可以先选择对象，然后在命令行中输入“E”快捷键，也可以直接按“Delete”键进行删除。

3.9 带动轮的绘制

案例	带动轮.dwg	视频	带动轮的绘制.avi	时长	01'51"

在绘制如图 3-73 所示的图形对象时，首先绘制十字中心线和圆，再使用直线命令，捕捉两圆的“外切点”，从而绘制上下两侧的外切线段。

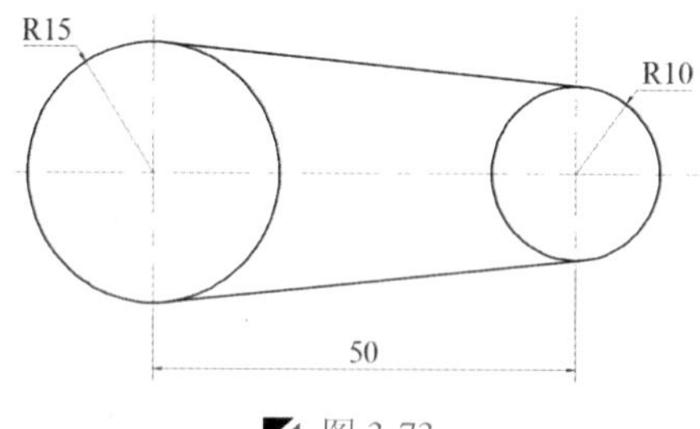

图 3-73

Step 01 启动 AutoCAD 2015 软件，按<Ctrl+O>组合键，打开“机械样板.dwt”文件。

Step 02 按<Ctrl+Shift+S>组合键，将该样板文件另存为“带动轮.dwg”文件。

Step 03 在“图层”面板的“图层控制”下拉列表中，选择“中心线”图层作为当前图层。

Step 04 执行“构造线”命令（XL），根据命令行提示，分别绘制一条水平和垂直构造线；再执行“偏移”命令（O），将其垂直构造线向左或向右偏移 50mm，如图 3-74 所示。

Step 05 在“图层”面板的“图层控制”下拉列表中，选择“粗实线”图层作为当前图层。

Step 06 执行“圆”命令（C），捕捉左侧构造线的交点来绘制半径为15mm的圆，再在右侧构造线的交点位置绘制半径为10mm的圆对象，如图3-75所示。

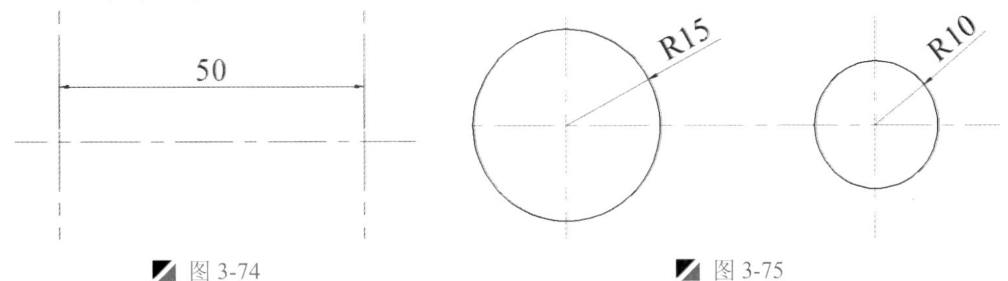

图3-74　　图3-75

Step 07 执行“直线”命令（L），命令行提示“指定第一点：”时输入“切点”命令“TAN”，这时使用鼠标靠近左侧大圆的右上位置，将出现“切点”标记，如图3-76所示，然后单击，从而确定直线的起点。

Step 08 在命令行提示“指定下一点：”时输入“切点”的命令“TAN”，这时使用鼠标靠近右侧圆的右上位置，将出现“切点”标记，如图3-77所示，然后单击，从而确定直线的终点，并按回车键绘制好该切线段。

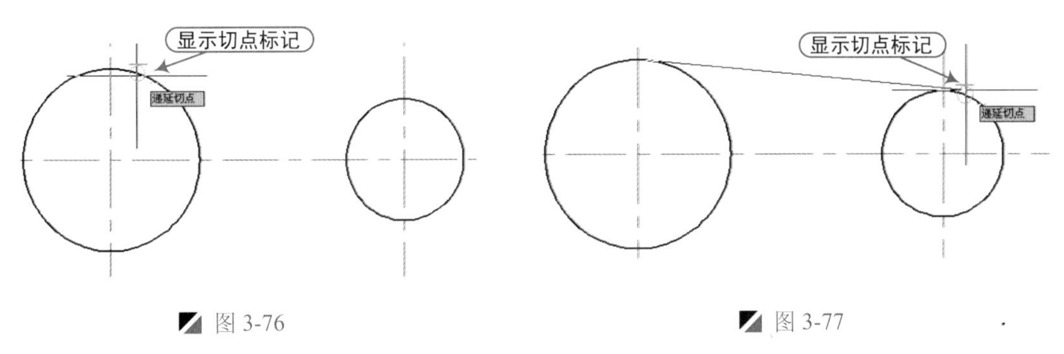

图3-76　　图3-77

提示：捕捉圆的切点

值得用户注意的是，用户在捕捉圆的切点时，应输入“切点”命令“tan”，这样，用户将鼠标靠近圆对象时，将出现相应的“切点”标记，然后单击，从而确定切点位置。

Step 09 再按照前面两步的方法，绘制好下侧的切线段，如图3-78所示。

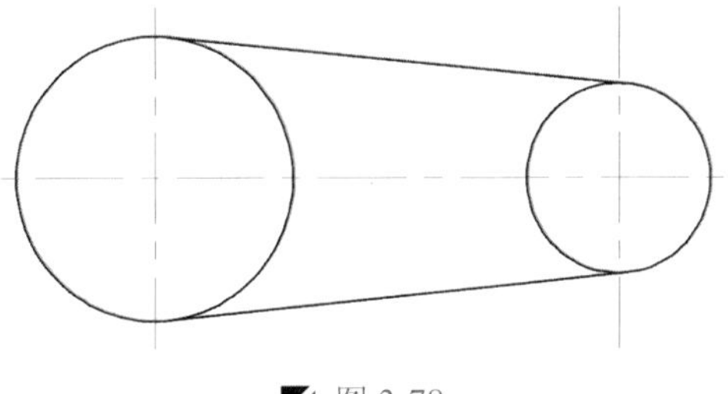

图3-78

Step 10 至此，带动轮的绘制已完成，按<Ctrl+S>组合键将该文件保存。

读书破万卷

3.10 花盘的绘制

案例 花盘.dwg　　视频 花盘的绘制.avi　　时长 02'31"

在绘制如图 3-79 所示的图形对象时，首先绘制三条中心线和圆，再捕捉相应的交点来绘制其他多余同等大小的圆对象，最后修剪多余的圆弧。

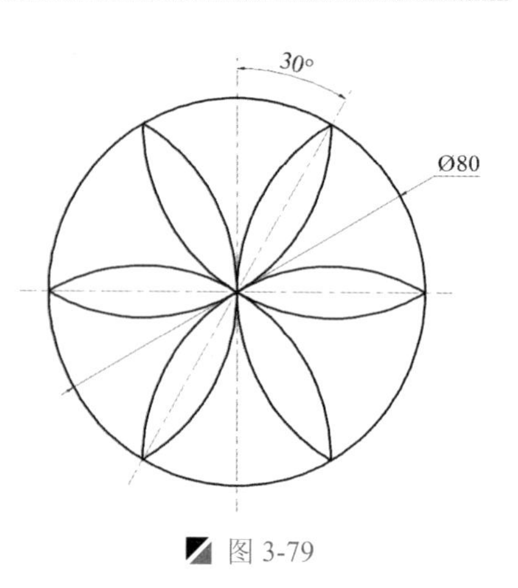

图 3-79

Step 01 启动 AutoCAD 2015 软件，按<Ctrl+O>组合键，打开“机械样板.dwt”文件。

Step 02 按<Ctrl+Shift+S>组合键，将该样板文件另存为“花盘.dwg”文件。

Step 03 在“图层”面板的“图层控制”下拉列表中，选择“粗实线”图层作为当前图层。

Step 04 执行“构造线”命令（XL），根据命令行提示，分别绘制一条水平、垂直和角度构造线。角度值为 60°，然后将其转换为“中心线”图层，如图 3-80 所示。

Step 05 执行“圆”命令（C），捕捉中心线的交点作为圆心，绘制直径为 80mm 的圆对象，如图 3-81 所示。

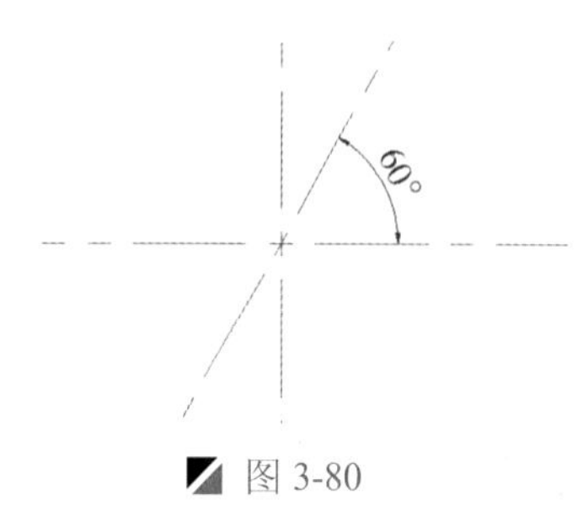

图 3-80

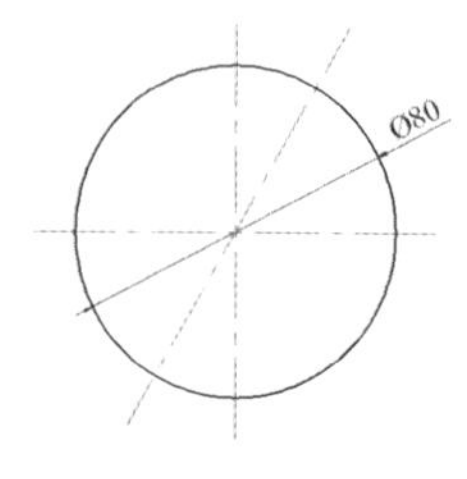

图 3-81

技巧：临时捕捉

用户在进行临时捕捉时，可直接输入对象捕捉的快捷键来进行捕捉指定的点，例如，要捕捉交点，输入快捷键“INT”，移动就可以捕捉到对象的交点。AutoCAD 对象捕捉快捷键，如表 3-1 所示。

表 3-1

捕捉自：from	交点：INT	中点：MID	切点：TAN
端点：END	圆心点：CEN	象限点：QUA	最近点：NEA
插入点：INS	平行线：PAR	节点：NOD	外观交点：AP
延长线：EXT	垂足点：PER		

Step 06 执行“圆”命令（C），捕捉圆与 60 度构造线交点作为圆心，绘制直径为 80mm 的圆，如图 3-82 所示。

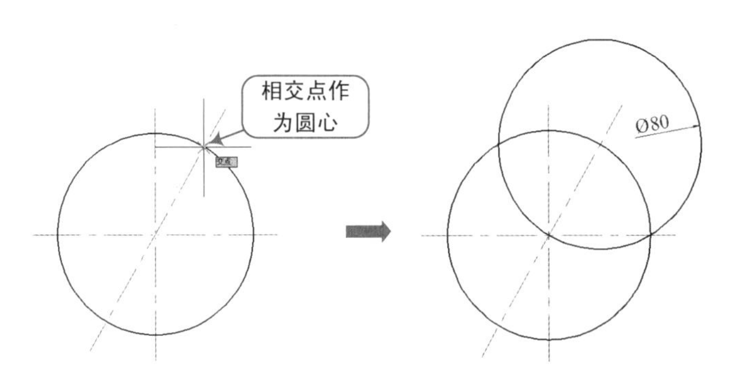

图 3-82

Step 07 执行“圆”命令（C），捕捉两个圆的交点作为圆心，绘制直径为 80mm 的圆；再按“空格键”执行上一步的“圆”命令，再绘制 4 个直径为 80mm 的圆对象，如图 3-83 所示。

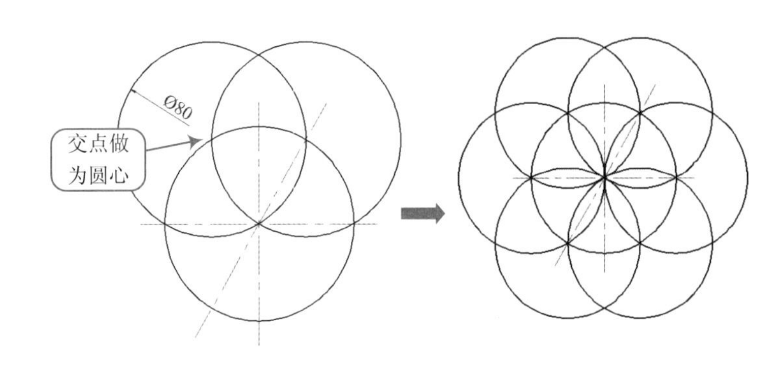

图 3-83

提示：执行阵列命令

在这里执行“阵列”命令，也可绘制同样的效果。

Step 08 执行“修剪”命令（TR），对多余的圆弧进行修剪操作，如图 3-84 所示。

Step 09 至此，花盘的绘制已完成，按<Ctrl+S>组合键将该文件保存。

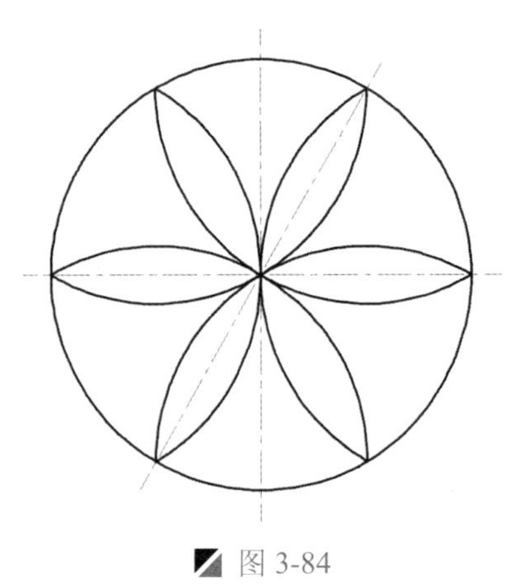

图 3-84

读书破万卷

3.11 吊钩的绘制

案例	吊钩.dwg	视频	吊钩的绘制.avi	时长	03'17"

在绘制如图3-85所示的图形对象时，首先绘制中心线并进行偏移，再捕捉交点来绘制圆对象，再绘制切线段，以及将该切线段进行偏移，然后进行圆角修剪操作。

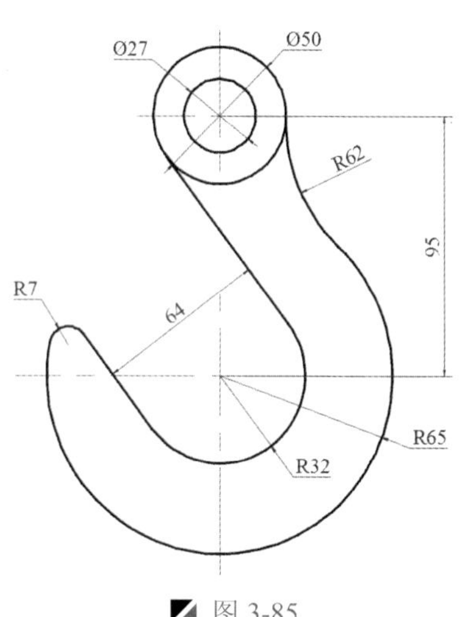

图 3-85

Step 01 启动 AutoCAD 2015 软件，按<Ctrl+O>组合键，打开“机械样板.dwt”文件。

Step 02 按<Ctrl+Shift+S>组合键，将该样板文件另存为“吊钩.dwg”文件。

Step 03 在“图层”面板的“图层控制”下拉列表中，选择“粗实线”图层作为当前图层。

Step 04 在“绘图”面板中单击“构造线”按钮，根据命令行提示，绘制一条水平和垂直构造线；再执行“偏移”命令（O），将水平构造线向上或向下偏移 95mm，然后将所有的构造线转换为“中心线”图层，如图3-86所示。

Step 05 执行“圆”命令（C），捕捉上侧的交点作为圆心点，绘制直径为 27mm 和 50mm 的同心圆，捕捉下侧的交点作为圆心点，绘制半径为 32mm 和 65mm 的同心圆，如图3-87所示。

Step 06 执行“直线”命令（L），根据命令行提示，在“指定第一个点：”提示下，在键盘上输入切点“TAN”，这时移动光标至上侧外圆的左下角位置，待出现“切点”时单击，如图3-88所示。

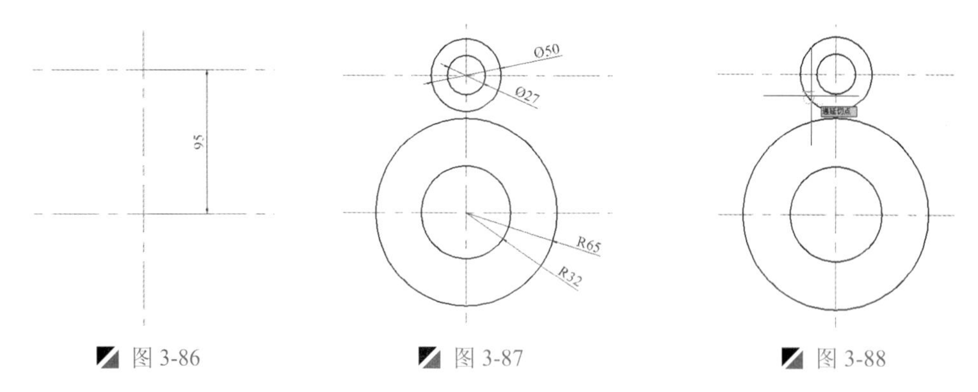

图 3-86　　图 3-87　　图 3-88

Step 07 在“指定第一个点：”提示下，在键盘上输入“切点”命令“TAN”，这时移动光标至下侧内圆的右上角位置，待出现“切点”时单击，如图3-89所示。

Step 08 再按 Enter 键，从而绘制好一条切线段对象，如图3-90所示。

Step 09 执行“偏移”命令（O），将绘制好的斜线段向一侧偏移距离值为 64mm，如图3-91所示。

Step 10 执行“圆”命令（C），按照如下命令行提示，绘制半径为 62mm 的圆对象，如图3-92所示。

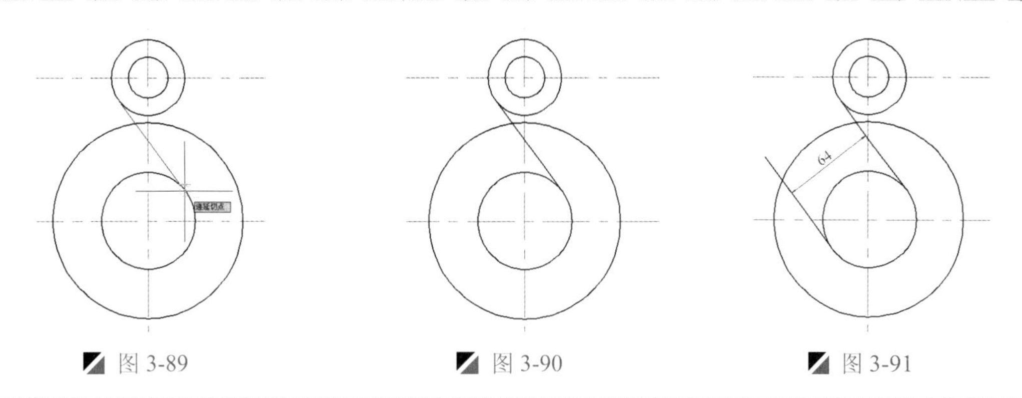

图 3-89　　图 3-90　　图 3-91

```
命令: CIRCLE                                                   \\ 执行“圆”命令
指定圆的圆心或 [三点(3P)/两点(2P)/切点、切点、半径(T)]: t    \\ 选择“切点、切点、半径”选项
指定对象与圆的第一个切点:                                     \\ 捕捉第一个切点
指定对象与圆的第二个切点:                                     \\ 捕捉第二个切点
指定圆的半径 <65.000>: 62                                     \\ 输入圆的半径值 62mm
```

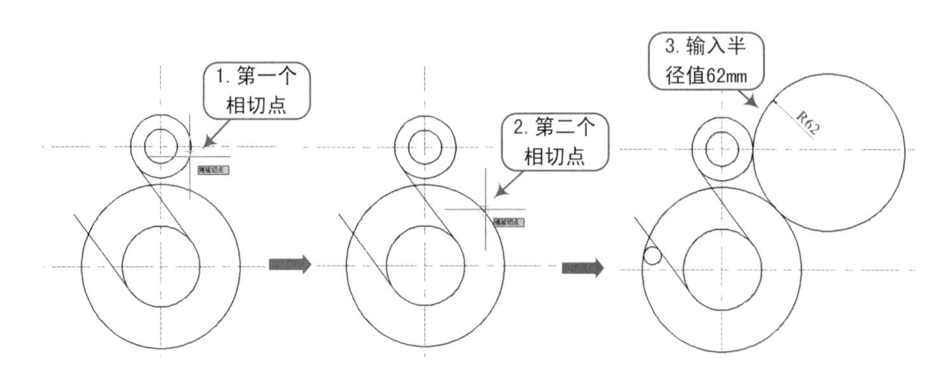

图 3-92

Step 11　再按照前面相同的方法，绘制半径为 7mm 的圆对象，如图 3-93 所示。

Step 12　执行“修剪”命令（TR），修剪并删除掉多余的圆弧和线段，从而完成吊钩的绘制，如图 3-94 所示。

Step 13　至此，吊钩的绘制已完成，按<Ctrl+S>组合键将该文件保存。

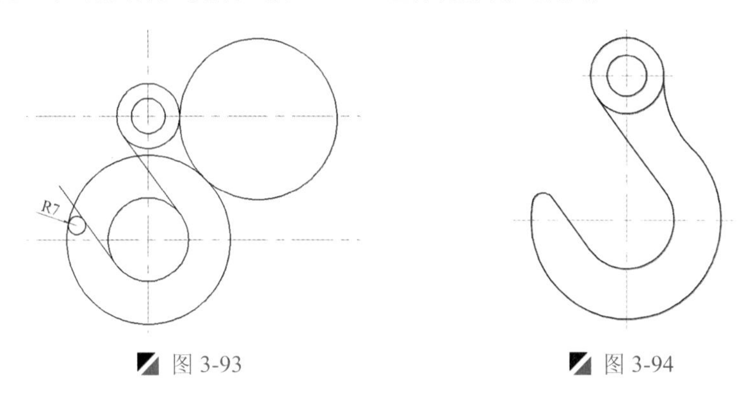

图 3-93　　图 3-94

3.12 冲压垫片的绘制

案例	冲压垫片.dwg	视频	冲压垫片的绘制.avi	时长	05'52"

在绘制如图 3-95 所示的图形对象时，首先绘制矩形和中心线，并将中心线上下、左右对称偏移，然后捕捉交点绘制多个小圆对象，再通过构造线、偏移、直线、修剪等命令，绘制轮廓，然后将该轮廓对象绕中心交点极轴阵列 4 个。

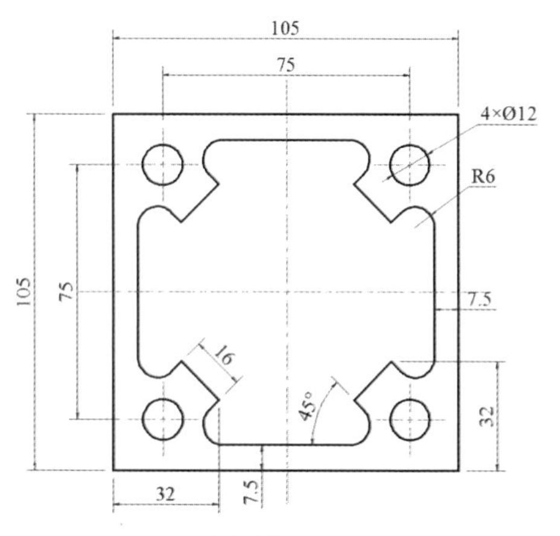

图 3-95

Step 01 启动 AutoCAD 2015 软件，按<Ctrl+O>组合键，打开“机械样板.dwt”文件。

Step 02 按<Ctrl+Shift+S>组合键，将该样板文件另存为“冲压垫片.dwg”文件。

Step 03 在“图层”面板的“图层控制”下拉列表中，选择“粗实线”图层作为当前图层。

Step 04 执行“矩形”命令（REC），按照如下命令行提示，绘制 105×105 的矩形，如图 3-95 所示。

```
命令: RECTANG                                                        \\ 执行“矩形”命令
指定第一个角点或 [倒角(C)/标高(E)/圆角(F)/厚度(T)/宽度(W)]:          \\ 随意指定矩形的第一角点
指定另一个角点或 [面积(A)/尺寸(D)/旋转(R)]: @105,105                 \\ 输入坐标值确定另一角点
```

Step 05 执行“构造线”命令（XL），分别过矩形的中点绘制一条水平和垂直构造线，然后将其转换为“中心线”图层，如图 3-97 所示。

Step 06 执行“偏移”命令（O），将水平中心线向上和向下各偏移 37.5mm，将垂直中心线向左和向右各偏移 37.5mm，如图 3-98 所示。

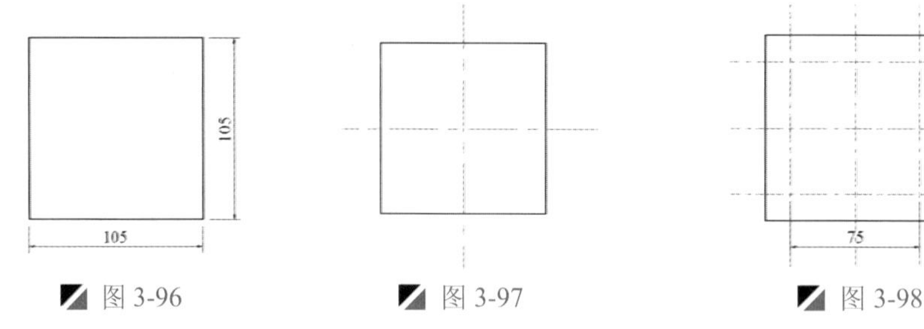

图 3-96　　图 3-97　　图 3-98

Step 07 执行“圆”命令（C），捕捉相应中心线的交点作为圆心点，绘制直径为 12mm 的 4 个圆对象，如图 3-99 所示。

Step 08 执行“偏移”命令（O），将矩形对象向内偏移 7.5mm，如图 3-100 所示。

Step 09 在选择外矩形对象时，可看到该矩形对象是一个整体，此时在命令行中执行“分解”命令（X），即可将所选择的外矩形对象进行分解操作。

技巧：对象的选择与命令的执行

在一般情况下用户是先执行相关的命令，再选择对象；同样，用户可先选择对象，再执行相关的命令，也能达到一样的效果。

Step 10 执行“偏移”命令（O），将下方线段向上偏移 32mm，将右侧线段向左偏移 32mm，然后将其偏移的对象转换为“辅助线”图层，如图 3-101 所示。

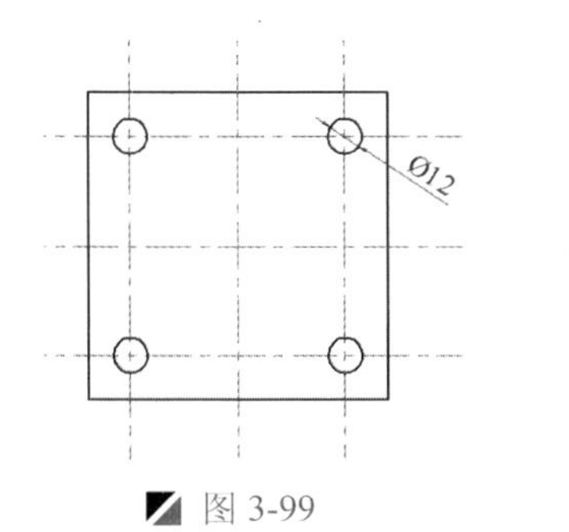

图 3-99

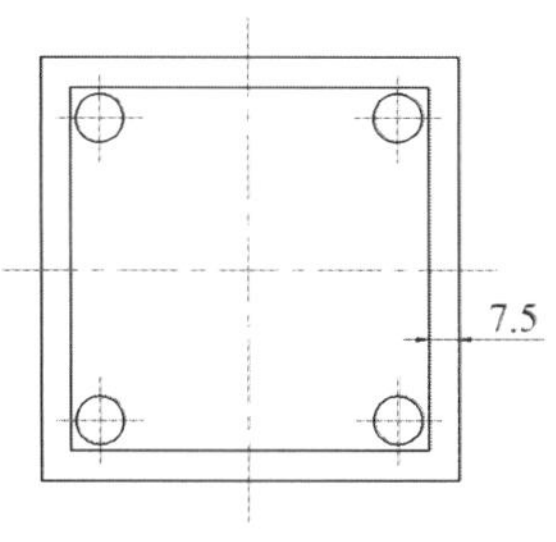

图 3-100

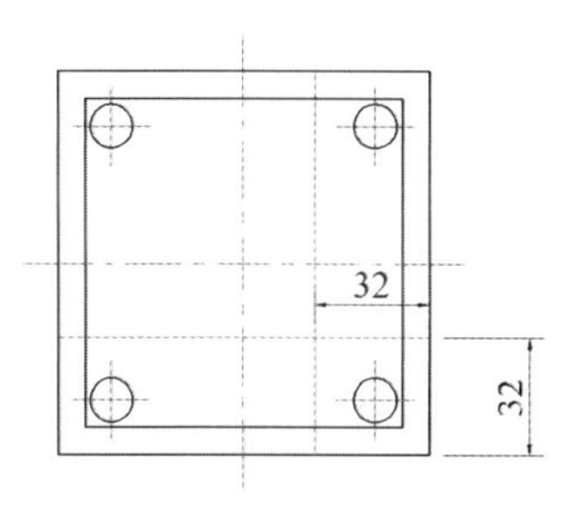

图 3-101

Step 11 执行“构造线”命令（XL），过矩形的左上方与右下面角点绘制一条构造线，然后将其转换为“辅助线”图层，如图 3-102 所示。

命令: XLINE	\\ 执行“构造线”命令
指定点或 [水平(H)/垂直(V)/角度(A)/二等分(B)/偏移(O)]: A	\\ 选择“角度（A）”选项
输入构造线的角度 (0.00) 或 [参照(R)]: 135	\\ 输入角度值 135°
指定通过点:	\\ 单击圆心
指定通过点:	\\ 回车键

Step 12 执行“偏移”命令（O），将上一步绘制的辅助线向两侧各偏移 8mm，如图 3-103 所示。

Step 13 执行“直线”命令（L），捕捉相应的交点来进行直线连接，如图 3-104 所示。

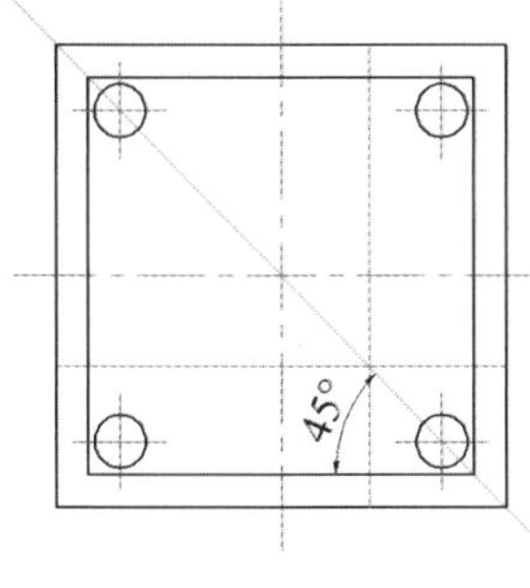

图 3-102

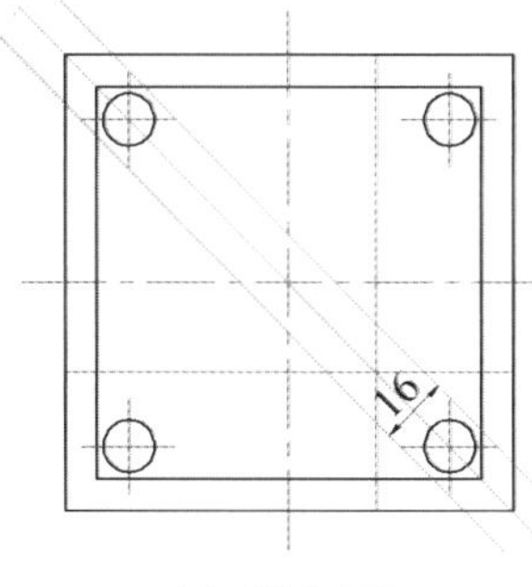

图 3-103

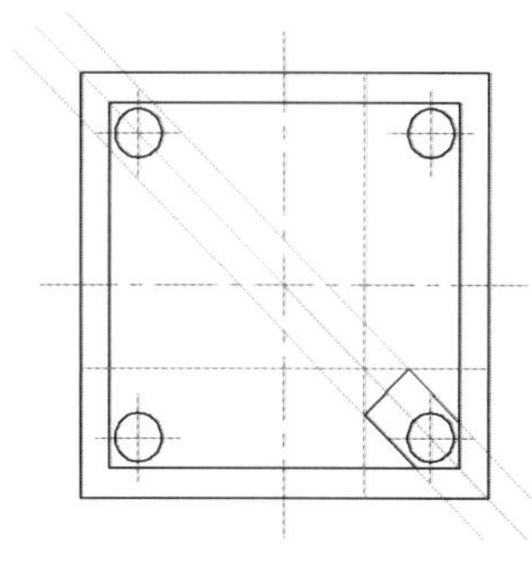

图 3-104

Step 14 执行“删除”命令（E），将多余的辅助线删除；再执行“修剪”命令（TR），将多余的实线进行修剪，如图 3-105 所示。

Step 15 执行“圆”命令（C），根据命令行提示，选择“切点、切点、半径（T）”选项，绘制两个半径为 6mm 的相切圆，如图 3-106 所示。

Step 16 执行“修剪”命令（TR），将多余的圆弧和线段进行修剪，如图 3-107 所示。

Step 17 执 Y“镜像”命令（MI），按照如下命令行提示，将对象进行镜像操作，如图 3-108 所示。

命令: MIRROR	\\ 执行“镜像”命令
选择对象: 找到 5 个	\\ 选择修剪后的对象
指定镜像线的第一点:	\\ 指定矩形左侧边中点
指定镜像线的第二点:	\\ 指定矩形右侧边中点
要删除源对象吗？[是(Y)/否(N)] <N>:	\\ 按回车键表示不删除源对象

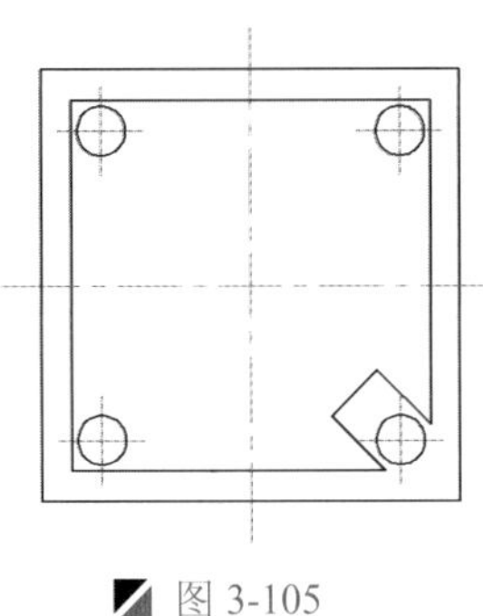

图 3-105

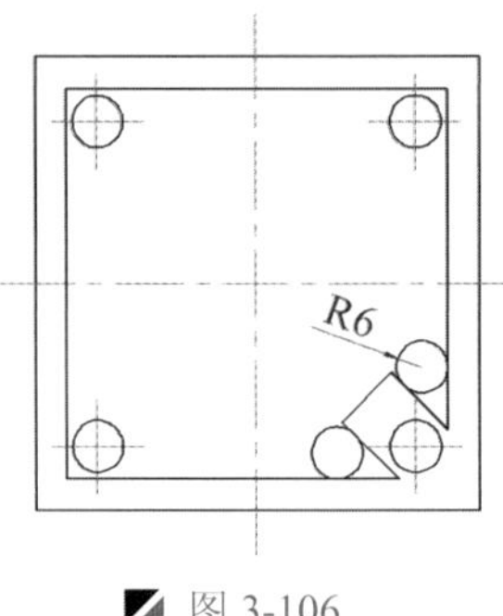

图 3-106

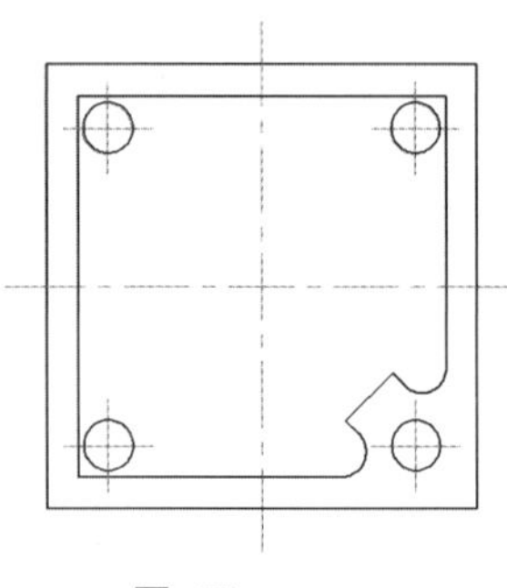

图 3-107

注意：镜像对象

在镜像过程中，系统出现“要删除源对象吗？[是（Y）/否（N）]”提示，在默认情况下保留源对象设置。如果要保留源对象，直接按<空格键>进行确定即可，要删除源对象则选择“是（Y）”选项或直接输入“Y”。

Step 18　按行“照相同方法，将右侧的对象镜像到左侧，如图 3-109 所示。

Step 19　执修剪”命令（TR），根据命令行提示，修剪多余的对象，如图 3-110 所示。

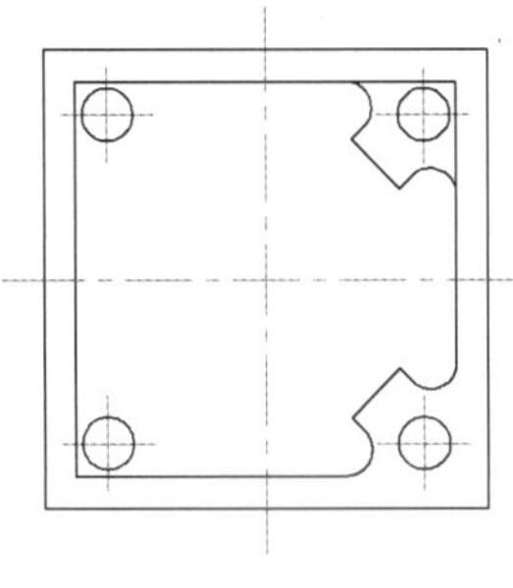

图 3-108

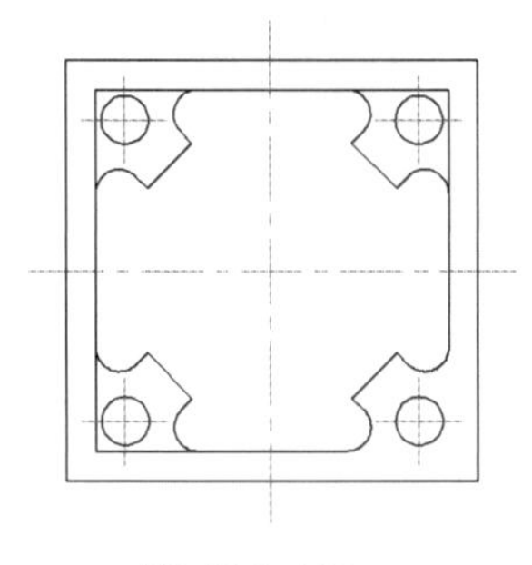

图 3-109

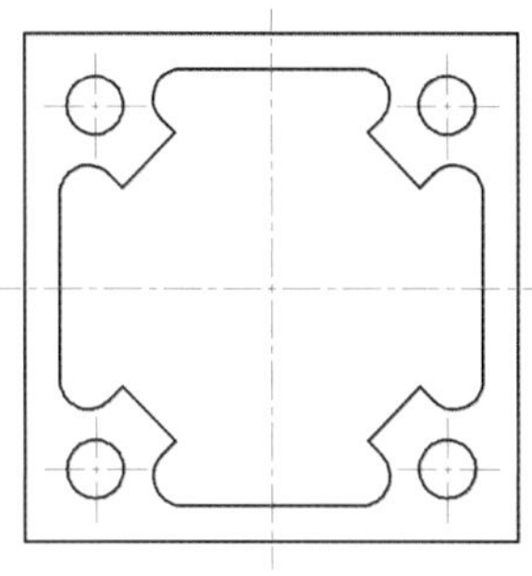

图 3-110

Step 20　至此，冲压垫片的绘制已完成，按<Ctrl+S>组合键将该文件保存。

3.13　杠杆的绘制

案例	杠杆.dwg	视频	杠杆的绘制.avi	时长	04'15"

在绘制如图 3-111 所示的图形对象时，首先绘制中心线，并捕捉中心线的交点来绘制圆对象，再绘制切线段和直线段，然后进行圆角修剪操作。

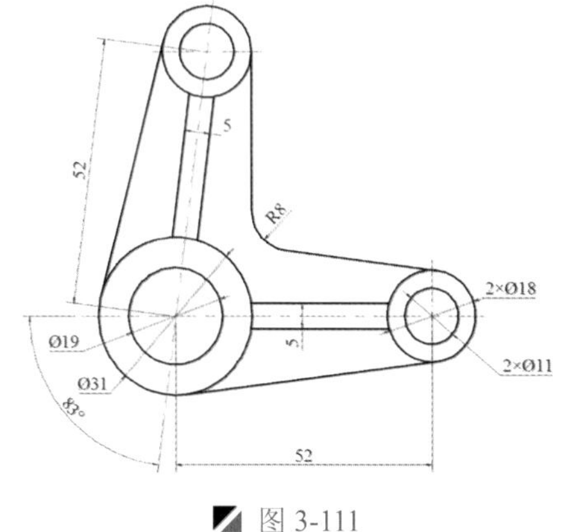

图 3-111

Step 01　启动 AutoCAD 2015 软件，按<Ctrl+O>组合键，打开“机械样板.dwt”文件。

Step 02　按<Ctrl+Shift+S>组合键，将该样板文件另存为“杠杆.dwg”文件。

Step 03　在“图层”面板的“图层控制”下拉列表中，选择“粗实线”图层作为当前图层。

Step 04　在“绘图”面板中单击“构造线”按钮，根据命令行提示，分别绘制水平、垂直和角度为 83° 的构造线；再执行“移动”命令（M），将角度为 83° 的构造线向左移动 52mm，然后将其转换为“中心线”图层，如图 3-112 所示。

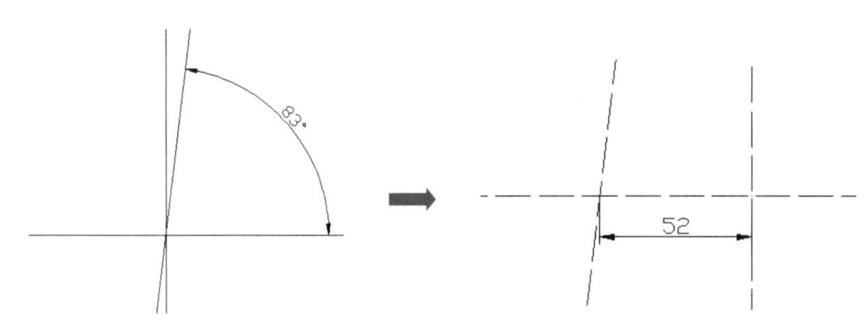

图 3-112

注意：移动对象

移动命令是由指定的基点及确定的距离和方向来移动对象，还可以通过输入相对距离来移动对象。

Step 05 执行“圆”命令（C），捕捉右侧中心线的交点绘制一个直径为 11mm 和 18mm 的同心圆，捕捉左侧中心线的交点绘制一个直径为 19mm 和 31mm 的同心圆，如图 3-113 所示。

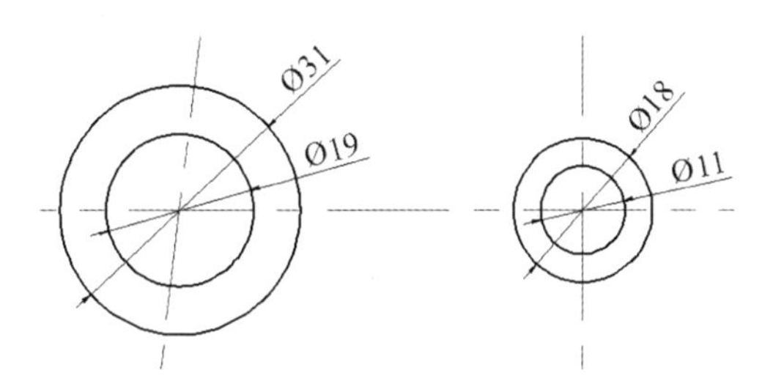

图 3-113

Step 06 执行“偏移”命令（O），将水平中心线向上偏移 52mm，如图 3-114 所示。

Step 07 执行“复制”命令（CO），将右侧的两个同心圆复制到左侧上方中心线的交点，如图 3-115 所示。

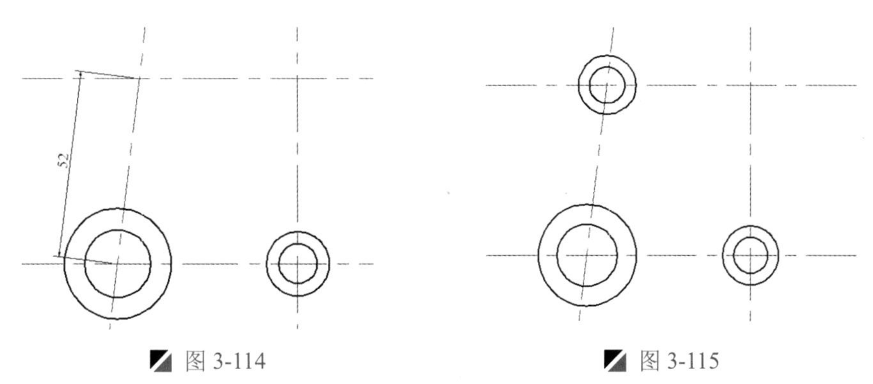

图 3-114 图 3-115

Step 08 执行“偏移”命令（O），将下侧的水平中心线向上向下各偏移 2.5mm，将角度中心线向两侧各偏移 2.5mm，如图 3-116 所示。

读书破万卷

Step 09 执行“直线”命令（L），捕捉相应的交点来进行直线连接；执行“删除”命令（E），将多余的中心线进行删除掉，如图 3-117 所示。

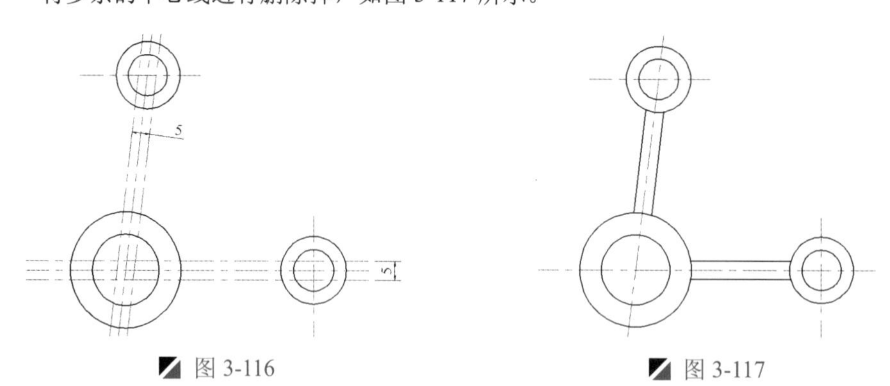

图 3-116　　图 3-117

Step 10 执行“直线”命令（L），捕捉圆的切点来绘制 4 条斜线段，如图 3-118 所示。

Step 11 执行“圆”命令（C），按命令行提示，选择“切点、切点、半径（T）”选项，绘制半径为 8mm 的相切圆；执行“修剪”命令（TR），将多余的圆弧及线段进行修剪操作，如图 3-119 所示。

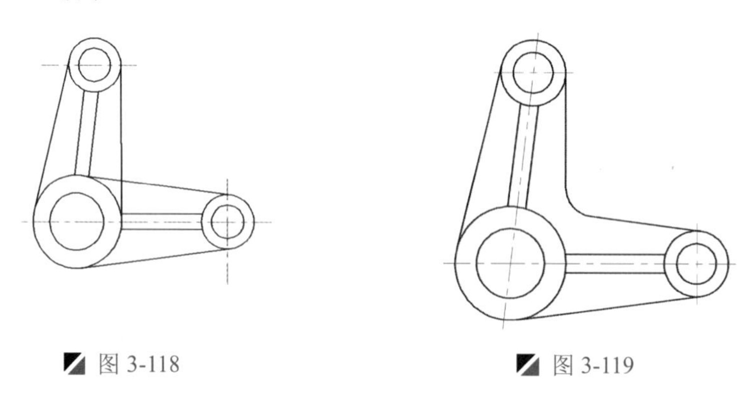

图 3-118　　图 3-119

Step 12 至此，杠杆的绘制已完成，按<Ctrl+S>组合键将该文件保存。

3.14 转动架的绘制

案例	转动架.dwg	视频	转动架的绘制.avi	时长	04'10"

在绘制如图 3-120 所示的图形对象时，首先绘制等边三角形，再以三角点分别绘制 3 组同心圆对象，然后进行圆角修剪处理。

Step 01 启动 AutoCAD 2015 软件，按<Ctrl+O>组合键，打开“机械样板.dwt”文件。

Step 02 按<Ctrl+Shift+S>组合键，将该样板文件另存为“转动架.dwg”文件。

Step 03 在“图层”面板的“图层控制”下拉列表中，选择“粗实线”图层作为当前图层。

Step 04 执行“构造线”命令（XL），绘制一条水平和垂直构造线；执行“偏移”命令（O），将其垂直构造线向左或向右偏移 100mm，然后将其转为“中心线”图层，如图 3-121 所示。

Step 05 在状态栏中右击“捕捉模式”按钮，从弹出的快捷菜单中选择“设置”选项，即可弹出“草图设置”对话框，并自动切换至“捕捉和栅格”选项卡，从而可进行相应的设置，如图 3-122 所示。

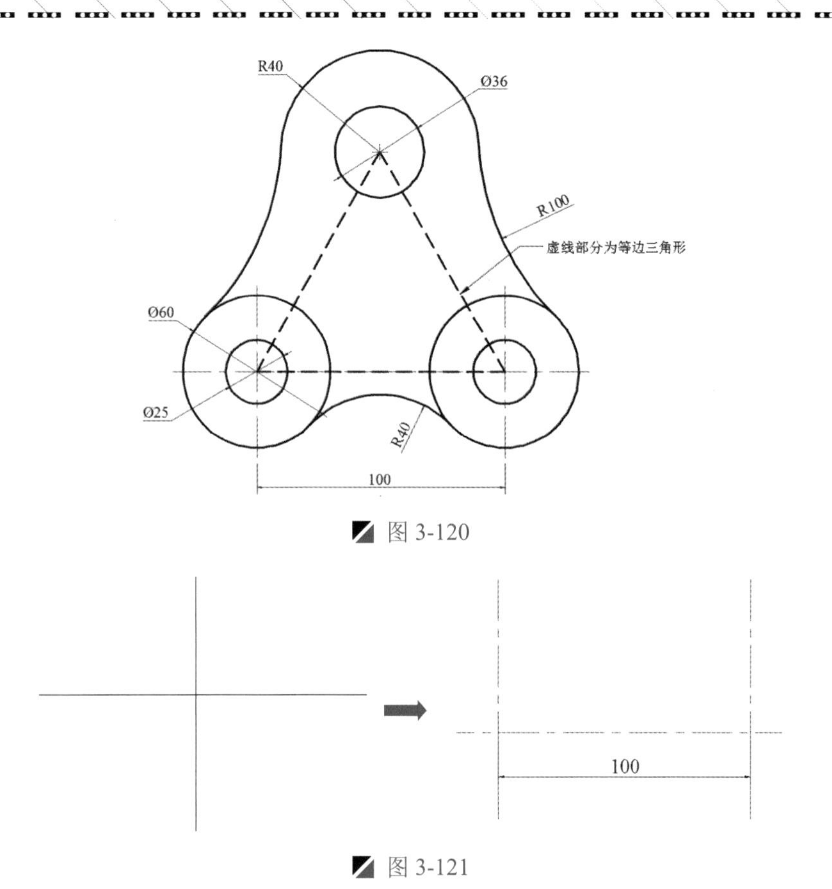

图 3-120

图 3-121

Step 06 切换到“极轴追踪”选项卡，勾选“启用极轴追踪”和“附加角”复选框，再单击“新建”按钮并输入 60，从而设置极轴角度，单击“确定”按钮退出，如图 3-123 所示。

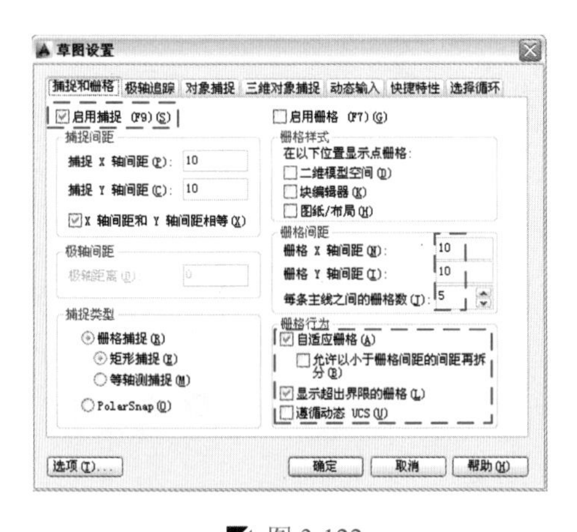

图 3-122　　　　图 3-123

Step 07 执行“直线”命令（L），根据命令行提示，捕捉左侧中心线的交点作为直线的起点，采用极轴追踪的方式，将光标向右上侧移动，待“角度值”文本框中出现 60°，且出现极轴追踪虚线时，用键盘上“Tab”键跳至“距离值”文本框并输入 100，如图 3-124 所示。

Step 08 按<空格键>绘制好一条线段，根据命令行提示"指定下一点或【放弃（U）】"，捕捉右侧中心线的交点单击，"指定下一点或【闭合（C）放弃（U）】"，输入"C"，完成等边三角形的绘制，然后将其转为"粗虚线"图层。如图 3-125 所示。

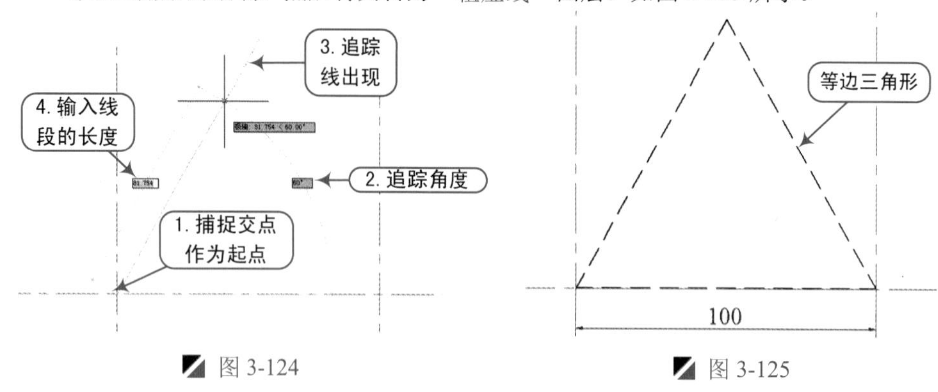

图 3-124　　图 3-125

技巧：对象捕捉追踪快捷键

用户在执行"对象捕捉追踪"功能时，可在键盘上直接按 F11 键。

Step 09 执行"圆"命令（C），根据命令行提示，捕捉左侧交点作为圆心绘制直径为 25mm 和 60mm 的同心圆，执行"复制"命令（CO），将左侧的两个同心圆复制到右侧交点位置处，如图 3-126 所示。

Step 10 执行"圆"命令（C），根据命令行提示，捕捉上侧交点作为圆心，绘制直径为 36mm 和 80mm 的同心圆，如图 3-127 所示。

Step 11 执行"圆"命令（C），根据命令行提示，选择"切点、切点、半径（T）"项，绘制一个半径为 40mm 和两个半径 100mm 的圆，执行"修剪"命令（TR），修剪多余的圆弧，如图 3-128 所示。

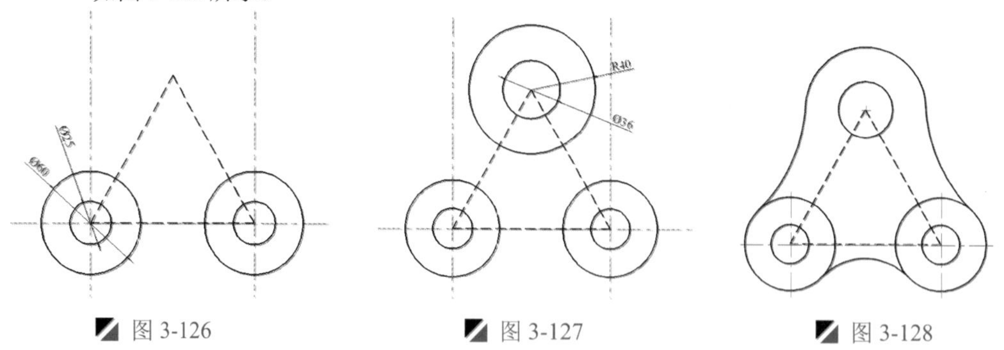

图 3-126　　图 3-127　　图 3-128

Step 12 至此，转动架的绘制已完成，按<Ctrl+S>组合键将该文件保存。

3.15 锁钩的绘制

案例	锁钩.dwg	视频	锁钩的绘制.avi	时长	07'07"

在绘制如图 3-129 所示的图形对象时，首先绘制多条中心线，再绘制多组同心圆对象，然后通过圆角、直线、修剪等命令，绘制外轮廓对象，再偏移中心线，确定圆心点，然后使用圆、圆角、修剪等命令绘制内轮廓。

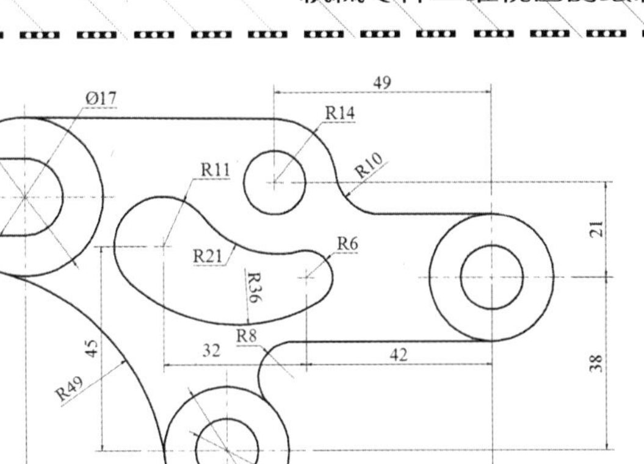

图 3-129

Step 01 启动 AutoCAD 2015 软件，按<Ctrl+O>组合键，打开“机械样板.dwt”文件。

Step 02 按<Ctrl+Shift+S>组合键，将该样板文件另存为“锁钩.dwg”文件。

Step 03 在“图层”面板的“图层控制”下拉列表中，选择“粗实线”图层作为当前图层。

Step 04 执行“构造线”命令（XL），根据命令行提示，按照如图 3-130 所示绘制多条构造线，并且将其转换为“中心线”图层。

Step 05 执行“圆”命令（C），捕捉中心线的交点作为圆心点，分别绘制多组同心圆对象，如图 3-131 所示。

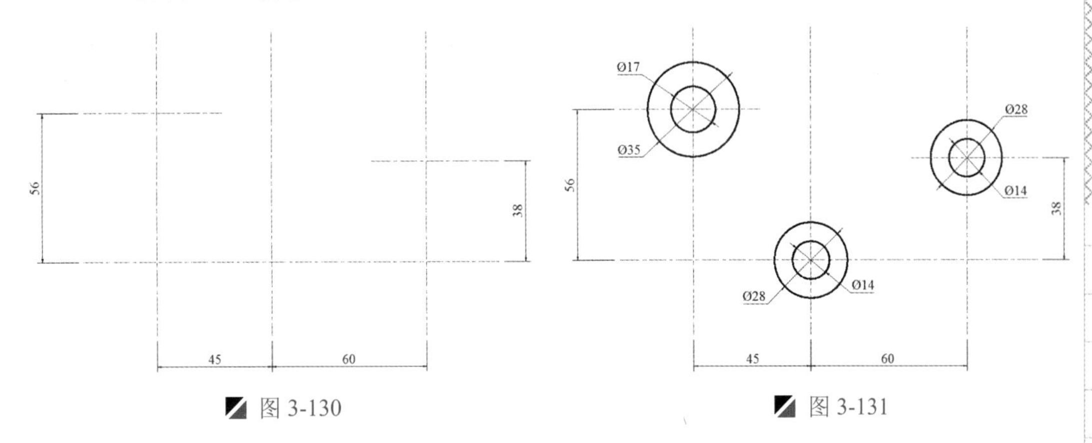

图 3-130　　图 3-131

Step 06 同样，再执行“偏移”命令（O），将指定的轴线进行偏移操作，如图 3-132 所示。

Step 07 执行“圆”命令（C），捕捉偏移中心线的交点作为圆心点，绘制直径为 14 和 28mm 的两个同心圆对象，如图 3-133 所示。

Step 08 执行直线、圆等命令，按照如图 3-134 所示来绘制直线段、圆等轮廓对象。

Step 09 同样，执行直线、修剪等命令，对左上侧的轮廓进行修剪，如图 3-135 所示。

Step 10 再执行“偏移”命令（O），将中心线按照如图 3-136 所示进行偏移，形成两个交点。

Step 11 再执行“圆”命令（C），分别捕捉两交点来绘制半径为 11 和 6mm 的两个圆对象，如图 3-137 所示。

Step 12 再执行圆、修剪等命令，将上一步所绘制的两个圆对象按照如图 3-138 所示进行绘制。

Step 13 至此，锁钩的绘制已完成，按<Ctrl+S>组合键将该文件保存。

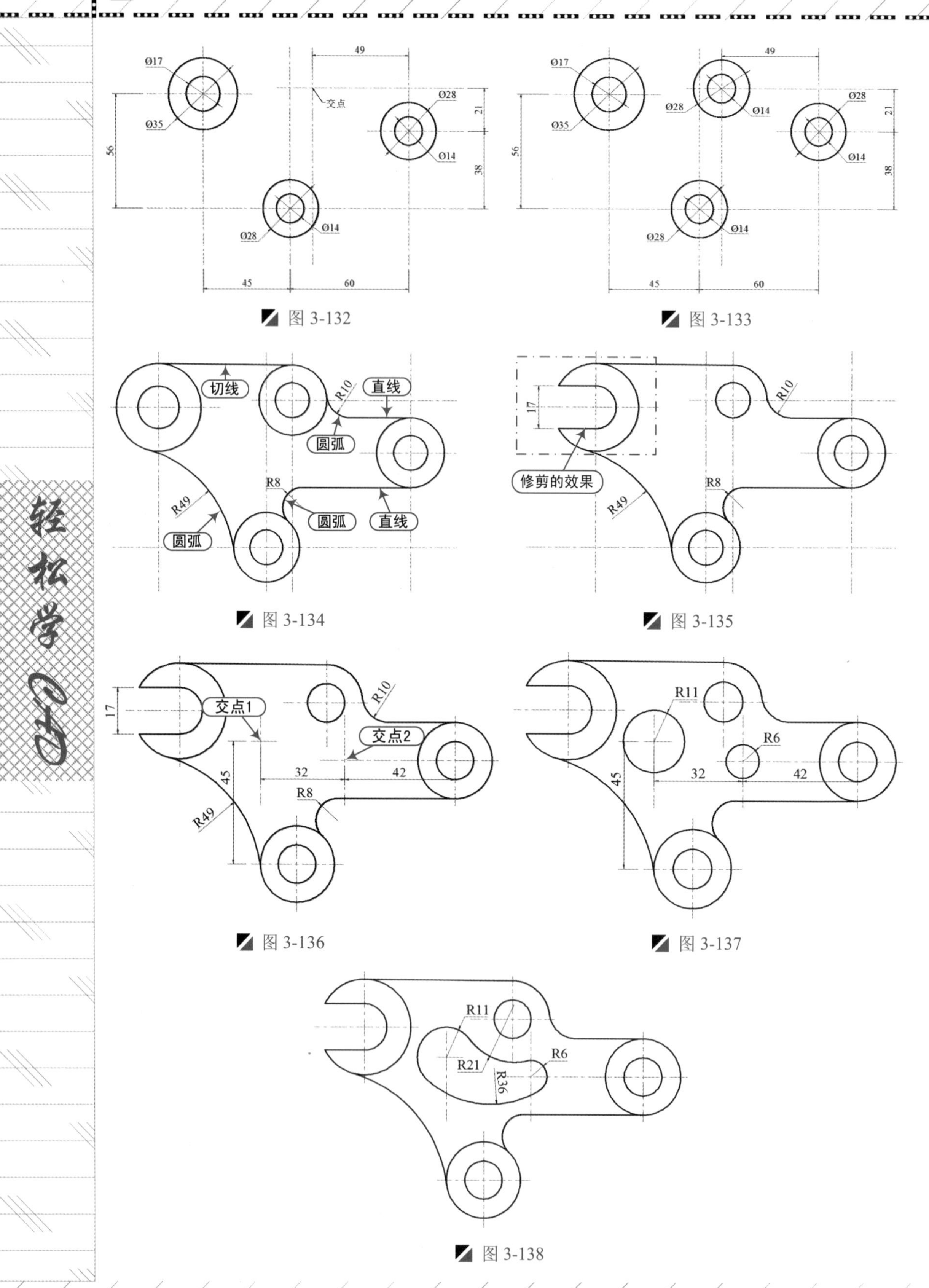

图 3-132

图 3-133

图 3-134

图 3-135

图 3-136

图 3-137

图 3-138

3.16 间歇轮的绘制

案例	间歇轮.dwg	视频	间歇轮的绘制.avi	时长	05'22"

在绘制如图 3-139 所示的图形对象时，首先绘制中心线和多个同心圆对象，再使用圆、直线、修剪等命令绘制轮廓；然后通过极轴阵列命令，将该轮廓绕中心点复制 6 份。

图 3-139

Step 01 启动 AutoCAD 2015 软件，按<Ctrl+O>组合键，打开“机械样板.dwt”文件。

Step 02 按<Ctrl+Shift+S>组合键，将该样板文件另存为“间歇轮.dwg”文件。

Step 03 在“图层”面板的“图层控制”下拉列表中，选择“粗实线”图层作为当前图层。

Step 04 执行“构造线”命令（XL），根据命令行提示，绘制一条水平和垂直构造线。

Step 05 执行“圆”命令（C），根据命令行提示，捕捉交点作为圆心绘制直径为 77mm 和 120mm 的同心圆，然后将其转为“中心线”图层，如图 3-140 所示。

Step 06 执行“圆”命令（C），根据命令行提示，绘制直径为 25mm、45mm 和 146mm 的同心圆，如图 3-141 所示。

Step 07 执行“圆”命令（C），根据命令行提示，捕捉直径为 77mm 圆右侧的交点作为圆心绘制直径为 13mm 的圆，如图 3-142 所示。

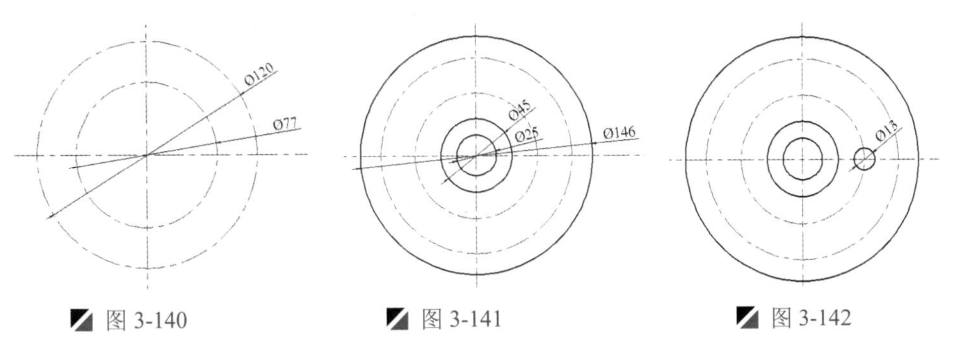

图 3-140　　图 3-141　　图 3-142

Step 08 执行“偏移”命令（O），将水平中心线向上下各偏移 6.5mm，如图 3-143 所示。

Step 09 执行“直线”命令（L），捕捉相应的交点进行直线连接；再执行“删除”命令（E），将偏移的中心线删除，如图 3-144 所示。

Step 10 执行“阵列”命令（AR），根据命令行提示，选择“极轴(PO)”选项，捕捉圆心点作为阵列的中心点，设置阵列总数为 6，进行圆形阵列操作，如图 3-145 所示。

Step 11 执行“圆”命令（C），绘制半径为 32mm 的圆；再执行“移动”命令（M），将绘制的圆移动到圆的象限点，如图 3-146 所示。

Step 12 执行“阵列”命令（AR），根据命令行提示，选择“极轴(PO)”项，选择上一步绘制的圆，捕捉中心线的交点作为阵列的中心点，设置阵列总数为 6，进行阵列操作，如图 3-147 所示。

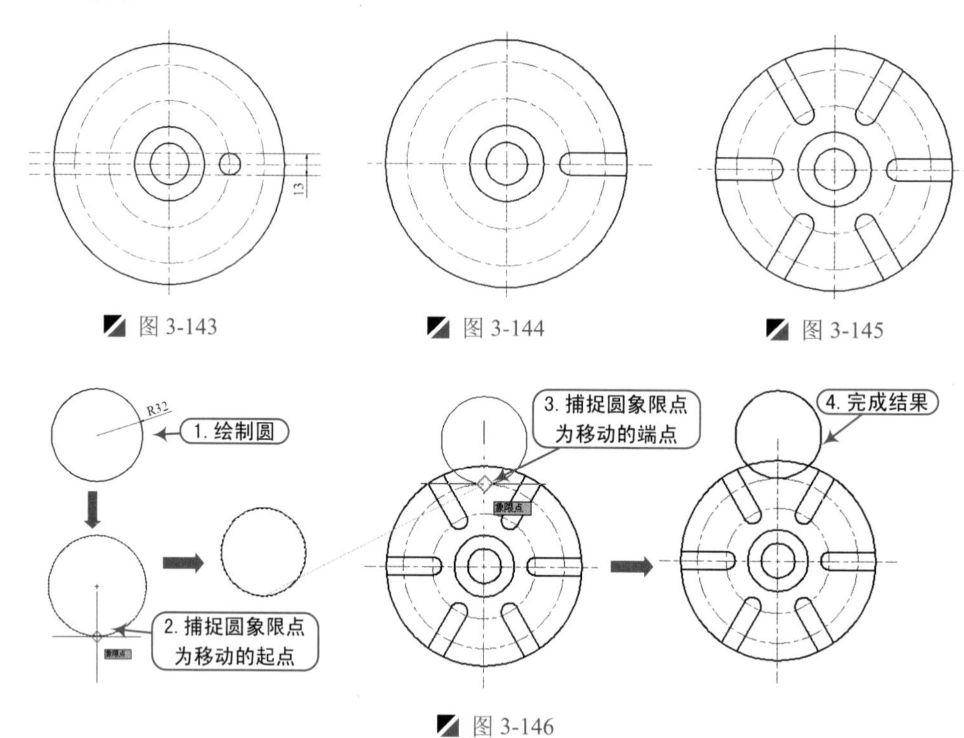

图 3-143　图 3-144　图 3-145

图 3-146

Step 13　执行“分解”命令（X），将上一步阵列的圆进行分解操作。

Step 14　执行“修剪”命令（TR），将多余的圆弧进行修剪并删除，如图 3-148 所示。

Step 15　执行“直线”命令（L），根据命令行提示，捕捉圆心点作为直线的起点，采用极轴追踪的方式将光标向左上侧移动，待“角度值”文本框中出现 120°，且出现极轴追踪虚线时，按键盘上“Tab”键跳至“距离值”文本框并输入 17.5mm，如图 3-149 所示。

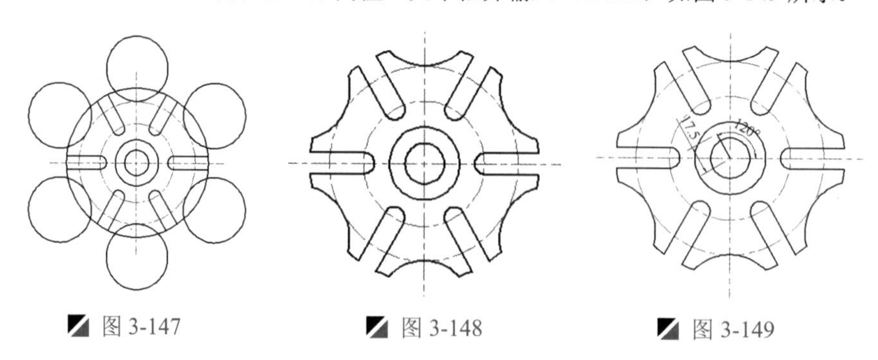

图 3-147　图 3-148　图 3-149

Step 16　执行“偏移”命令（O），将上一步绘制的线段向两侧各偏移 3mm，如图 3-150 所示。

Step 17　执行“直线”命令（L），捕捉相应的端点进行直线连接；再执行“修剪”命令（TR），修剪并删除多余的对象，如图 3-151 所示。

Step 18　至此，间歇轮的绘制已完成，按<Ctrl+S>组合键将该文件保存。

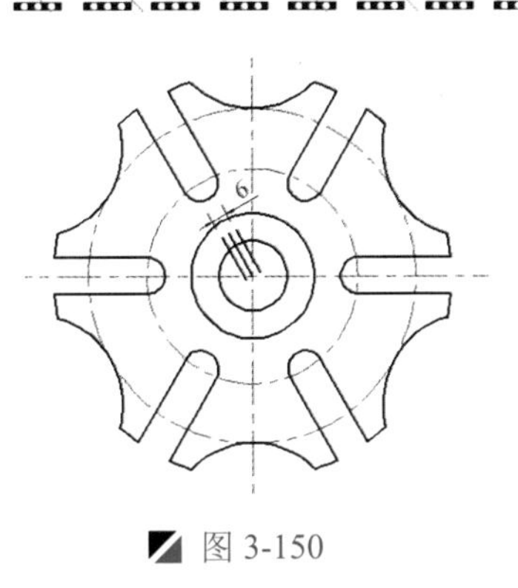

图 3-150

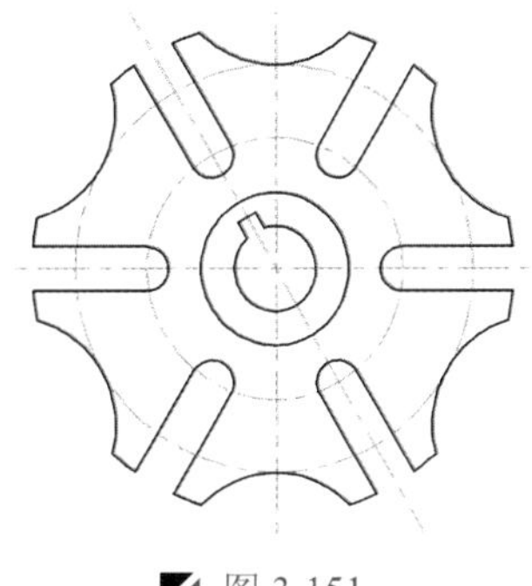

图 3-151

3.17 挂轮架的绘制

案例	挂轮架.dwg	视频	挂轮架的绘制.avi	时长	06'55"

在绘制如图 3-152 所示的图形对象时，首先绘制中心线和多个同心圆对象，绘制多条斜线段，并在此斜线段的交点上来绘制多个圆弧，然后执行直线、修剪、圆角等命令，绘制图形的外轮廓。

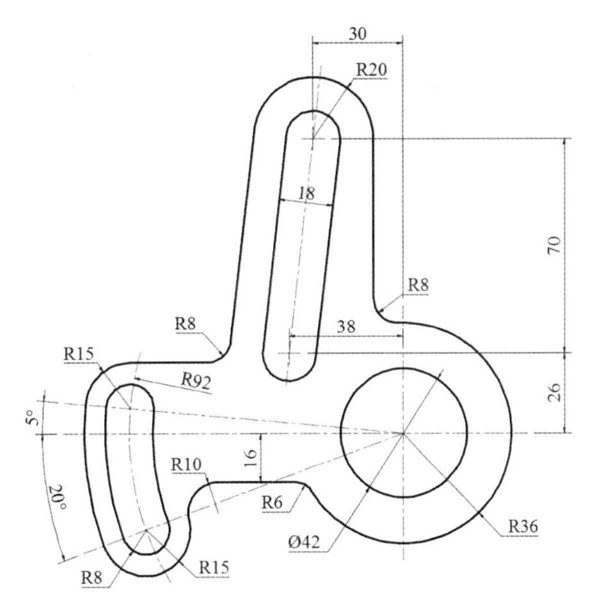

图 3-152

Step 01 启动 AutoCAD 2015 软件，按<Ctrl+O>组合键，打开“机械样板.dwt”文件。

Step 02 按<Ctrl+Shift+S>组合键，将该样板文件另存为“挂轮架.dwg”文件。

Step 03 在“图层”面板的“图层控制”下拉列表中，选择“粗实线”图层作为当前图层。

Step 04 执行“直线”命令（L），绘制一条水平和垂直的线段；再执行“构造线”命令（XL），根据命令行提示，选择“角度（A）”项，过直线的交点绘制一条 175° 和 200° 的构造线，并将构造线和直线转为“中心线”图层，如图 3-153 所示。

Step 05 执行“圆”命令（C），捕捉中心线的交点作为圆心，绘制半径为 92mm 的圆对象，然后将其转为“辅助线”图层，如图 3-154 所示。

Step 06 执行“圆”命令（C），捕捉中心线的交点作为圆心点，绘制半径为 21mm 和 36mm 的同心圆，如图 3-155 所示。

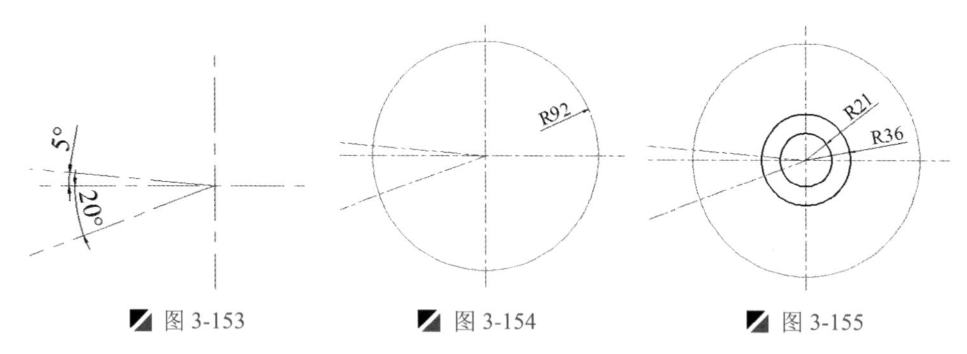

图 3-153　图 3-154　图 3-155

Step 07 执行“圆”命令（C），捕捉左上侧辅助圆与两角度值的中心线交点作为圆心点，绘制半径为 8mm 和 15mm 的 4 个圆对象，如图 3-156 所示。

Step 08 执行“偏移”命令（O），按如下命令行提示，将辅助圆向内和向外进行偏移，然后将其转为“粗实线”图层，如图 3-157 所示。

```
命令:  OFFSET                                                  \\ 执行“偏移”命令
当前设置: 删除源=否   图层=源   OFFSETGAPTYPE=0
指定偏移距离或 [通过(T)/删除(E)/图层(L)] <通过>:               \\ 按“空格键”
选择要偏移的对象，或 [退出(E)/放弃(U)] <退出>:                 \\ 选择辅助圆
指定通过点或 [退出(E)/多个(M)/放弃(U)] <退出>:                 \\ 捕捉“交点 1”
选择要偏移的对象，或 [退出(E)/放弃(U)] <退出>:                 \\ 选择辅助圆
指定通过点或 [退出(E)/多个(M)/放弃(U)] <退出>:                 \\ 捕捉“交点 2”
选择要偏移的对象，或 [退出(E)/放弃(U)] <退出>:                 \\ 选择辅助圆
指定通过点或 [退出(E)/多个(M)/放弃(U)] <退出>:                 \\ 捕捉“交点 3”
```

Step 09 执行“修剪”命令（TR），修剪多余的对象，如图 3-158 所示。

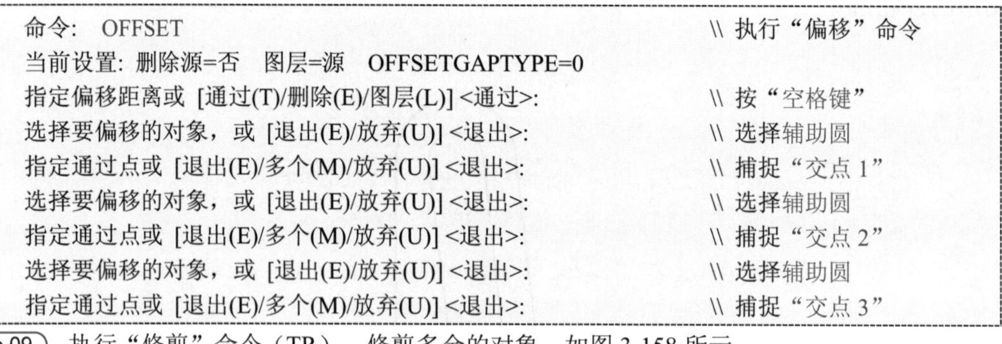

图 3-156　图 3-157　图 3-158

Step 10 执行“圆”命令（C），按如下命令行提示，以中心线的交点作为偏移的基点，绘制两个半径为 9 mm 的圆，如图 3-159 所示。

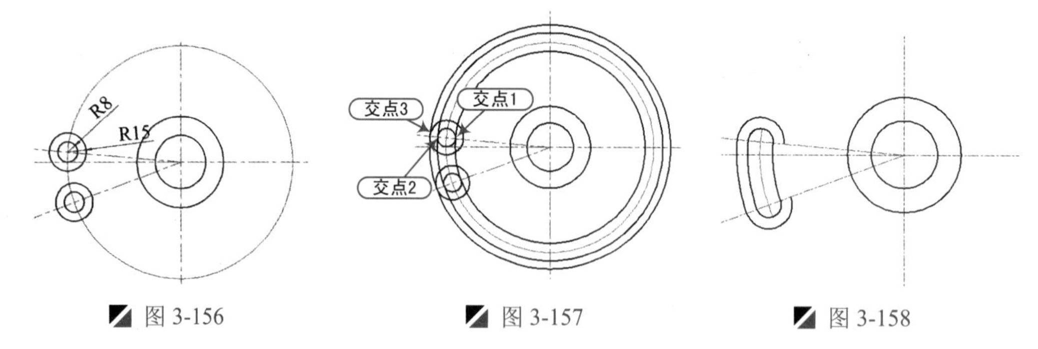

```
命令: CIRCLE                                                   \\ 执行“圆”命令
指定圆的圆心或 [三点(3P)/两点(2P)/切点、切点、半径(T)]: FROM   \\ “捕捉自”命令“from”
基点: <偏移>: @-38,26                                          \\ 输入偏移值确定圆心
指定圆的半径或 [直径(D)] <9.000>: 9                            \\ 输入圆的半径
命令:  CIRCLE                                                  \\ 空格键重复命令
```

```
指定圆的圆心或 [三点(3P)/两点(2P)/切点、切点、半径(T)]: FROM \\ "捕捉自"命令"from"
基点: <偏移>: @-30,96                              \\ 输入偏移值确定圆心
指定圆的半径或 [直径(D)] <9.000>: 9                 \\ 输入半径值
```

Step 11 执行"圆"命令（C），捕捉上一步绘制的两个圆对象的圆心点，绘制另外两个半径为 20mm 圆对象，如图 3-160 所示。

Step 12 执行"偏移"命令（O），将水平中心线向下偏移 16mm，然后将其转为"粗实线"图层，如图 3-161 所示。

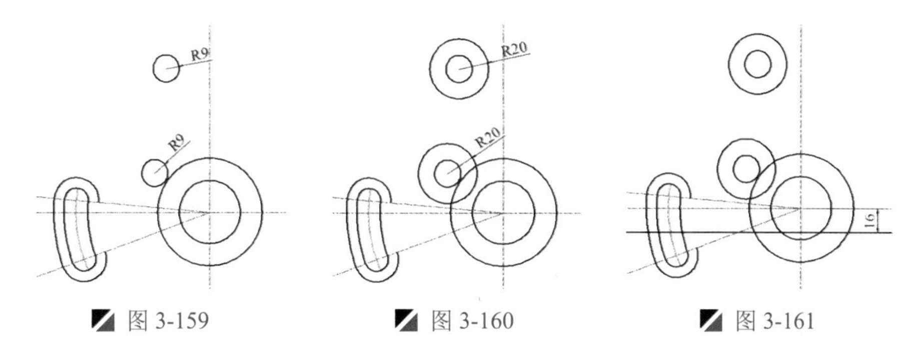

图 3-159　　图 3-160　　图 3-161

Step 13 执行"直线"命令（L），捕捉圆的切点和象限点进行直线连接；执行"修剪"命令（TR），修剪并删除多余的对象，如图 3-162 所示。

Step 14 执行"圆"命令（C），根据命令行提示，选择"切点、切点、半径（T）"选项，绘制半径为 6mm、8mm 和 10mm 的 4 个相切圆对象，如图 3-163 所示。

Step 15 执行"修剪"命令（TR），修剪并删除多余的对象，如图 3-164 所示。

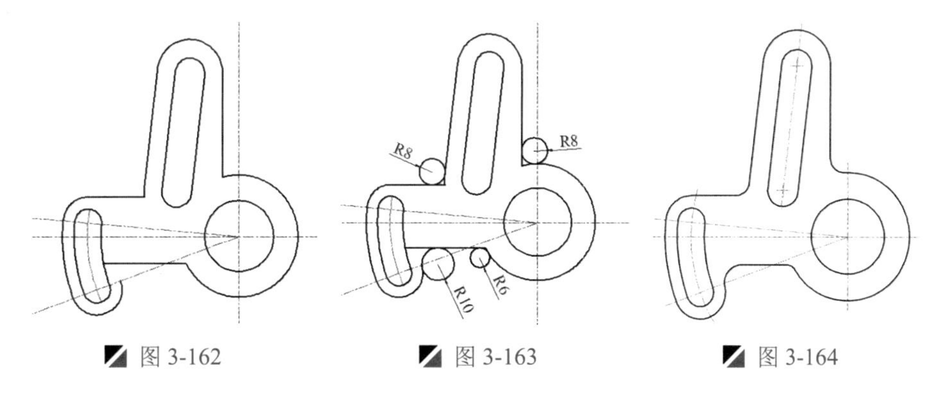

图 3-162　　图 3-163　　图 3-164

Step 16 至此，挂轮架的绘制已完成，按<Ctrl+S>组合键将该文件保存。

3.18 扳手的绘制

案例	扳手.dwg	视频	扳手的绘制.avi	时长	05'40"

在绘制如图 3-165 所示的图形对象时，首先绘制中心线和圆对象，再连接切线段，并将该切线段向外偏移，然后绘制两端的板手轮廓效果。

Step 01 启动 AutoCAD 2015 软件，按<Ctrl+O>组合键，打开"机械样板.dwt"文件。

Step 02 按<Ctrl+Shift+S>组合键，将该样板文件另存为"扳手.dwg"文件。

Step 03 在"图层"面板的"图层控制"下拉列表中，选择"粗实线"图层作为当前图层。

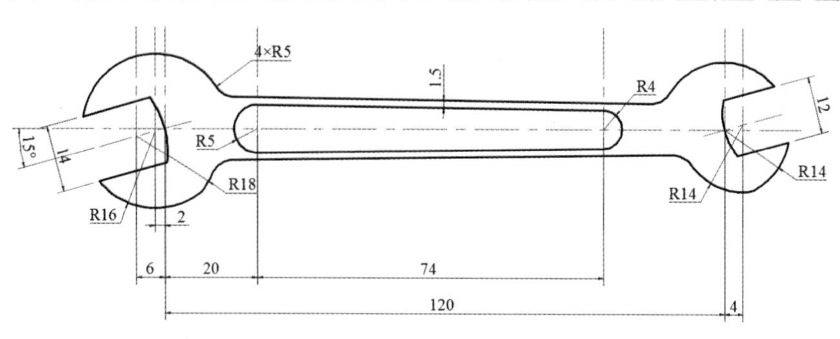

图 3-165

Step 04 执行“构造线”命令（XL），根据命令行提示，分别绘制水平和垂直构造线，然后将其转为“中心线”图层。

Step 05 执行“偏移”命令（O），将垂直中心线向右各偏移 6mm、20mm、74mm 、26mm、4mm 的距离，如图 3-166 所示。

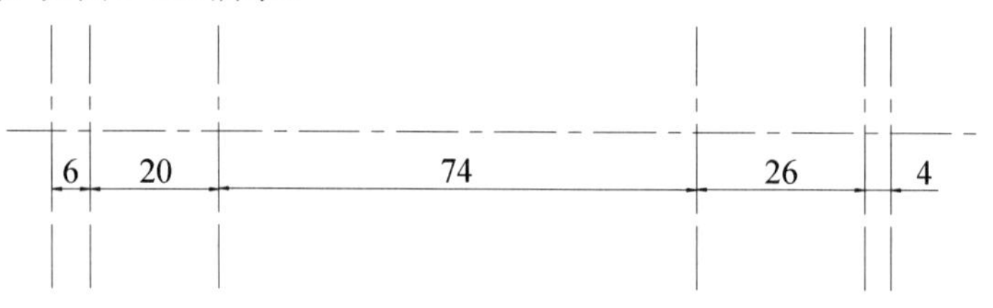

图 3-166

Step 06 执行“圆”命令（C），捕捉从左向右第 3 条和第 4 条的垂直中心线与水平中心线的交点作为圆心点，分别绘制半径为 5mm 和 4mm 的 2 个圆对象，如图 3-167 所示。

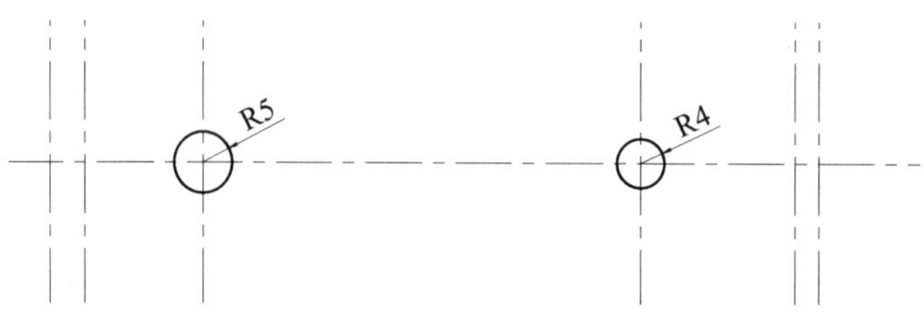

图 3-167

Step 07 执行“直线”命令（L），捕捉两圆的相切点来绘制线段；再执行“修剪”命令（TR），将多余的对象进行修剪，如图 3-168 所示。

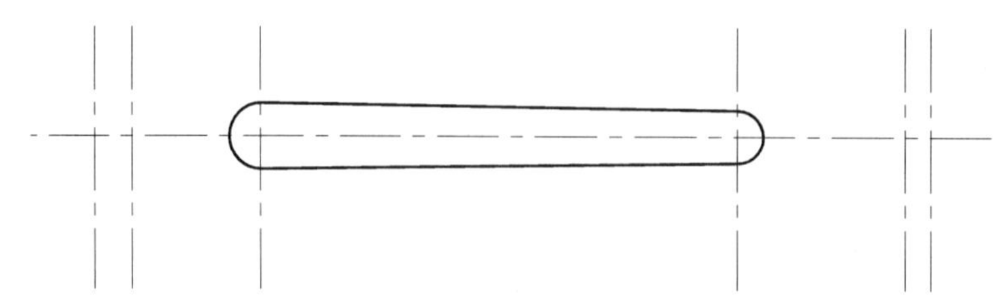

图 3-168

Step 08 执行“构造线”命令（XL），根据命令行提示，选择“角度（A）”项，绘制一条与水平中心线的夹角为 15° 的构造线，如图 3-169 所示。

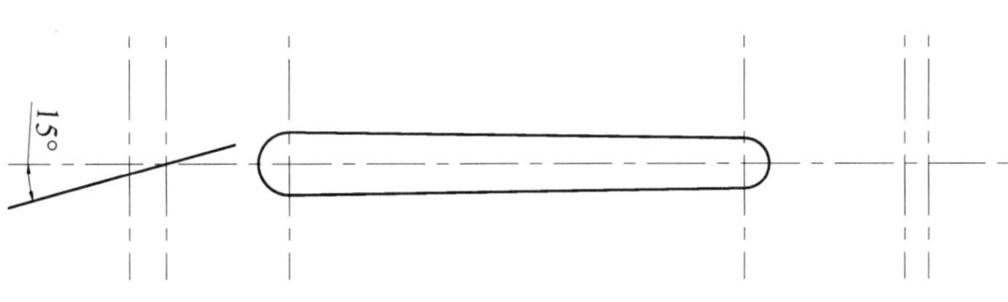

图 3-169

Step 09 执行“偏移”命令（O），将从左向右第二条垂直中心线向左偏移 2mm；再执行“圆”命令（C），捕捉中心线与构造线的交点作为圆心点，分别绘制半径为 16mm 和 18mm 的 2 个圆对象，捕捉半径为 16mm 的圆与构造线的交点作为圆心点，绘制半径为 18mm 的圆，如图 3-170 所示。

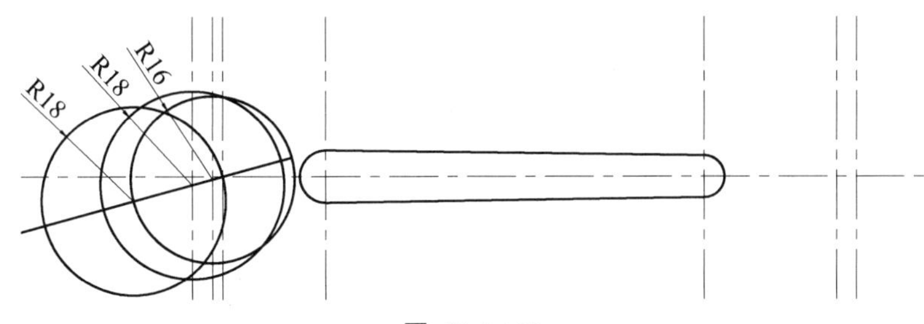

图 3-170

Step 10 执行“偏移”命令（O），将角度为 15° 的构造线向两侧各偏移 7mm；再执行“修剪”命令（TR），将多余的对象进行修剪并删除，如图 3-171 所示。

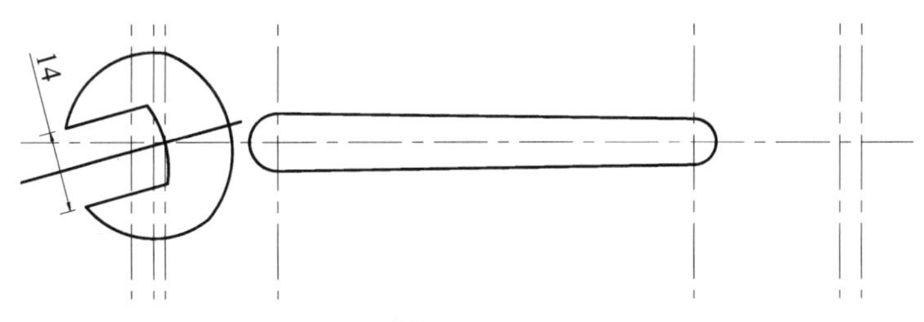

图 3-171

Step 11 执行“复制”命令（CO），将左侧角度为 15° 的构造线向右侧相交点进行复制；再执行“圆”命令（C），捕捉相应的交点绘制半径为 14mm 的 3 个圆对象，如图 3-172 所示。

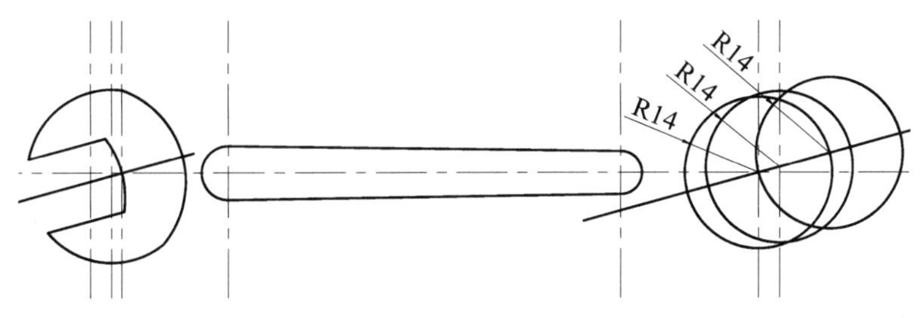

图 3-172

Step 12 执行“偏移”命令（O），将右侧构造线向两侧各偏移 6mm；再执行“修剪”命令（TR），将多余的对象进行修剪并删除，如图 3-173 所示。

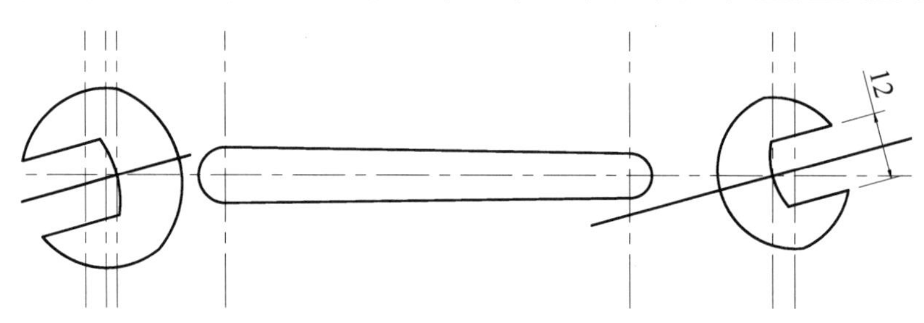

图 3-173

Step 13 执行“偏移”命令（O），将圆弧中间联接的两条线段向外各偏移 1.5mm，再执行“延伸”命令（EX），将偏移的直线向两边进行延伸操作，如图 3-174 所示。

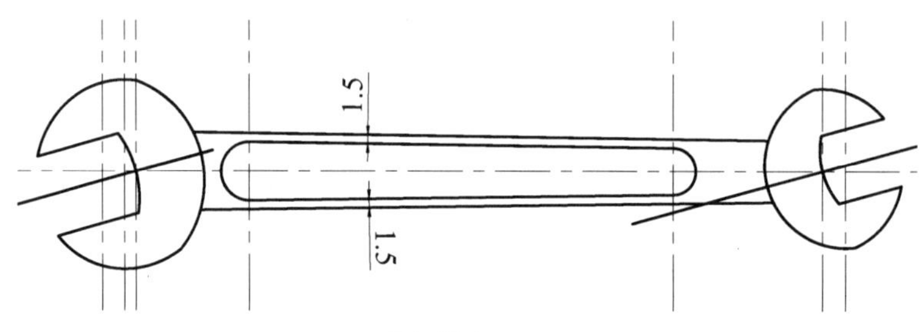

图 3-174

提示：延伸

在选择要延伸的对象时，一定要选择在靠近延伸端点的位置处进行单击。

Step 14 执行“倒圆角”命令（F），根据命令行提示，选择“半径（R）”项，输入半径值“5”，进行倒圆角操作，如图 3-175 所示。

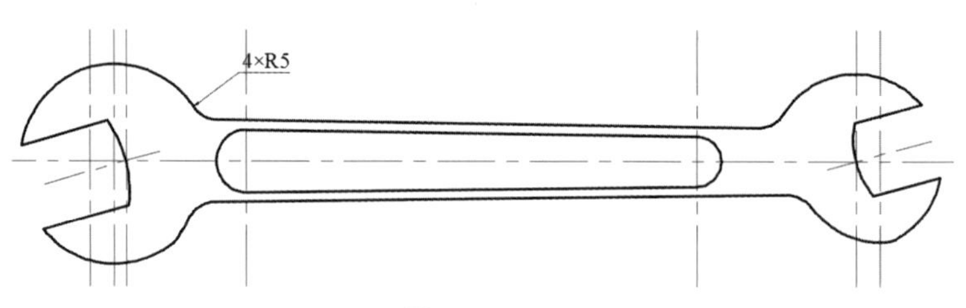

图 3-175

Step 15 至此，扳手的绘制已完成，按<Ctrl+S>组合键将该文件保存。

3.19 泵盖的绘制

案例	泵盖.dwg	视频	泵盖的绘制.avi	时长	03'46"

在绘制如图 3-176 所示的图形对象时，首先绘制中心线和圆对象，连接切线段，并进行修剪，从而形成一个椭圆形轮廓，再将该椭圆向内向外偏移，以及绘制斜线段，然后在指定的交点绘制多组同心圆，从而形成孔对象。

Step 01 启动 AutoCAD 2015 软件，按<Ctrl+O>组合键，打开“机械样板.dwt”文件。

Step 02 按<Ctrl+Shift+S>组合键，将该样板文件另存为“泵盖.dwg”文件。

(Step 03) 在“图层”面板的“图层控制”下拉列表中，选择“中心线”图层作为当前图层。

(Step 04) 执行“构造线”命令（XL），绘制一条水平和垂直构造线；再执行“偏移”命令（O），将水平构造线向上或向下偏移 32mm，如图 3-177 所示。

(Step 05) 在“图层”面板的“图层控制”下拉列表中，选择“粗实线”图层作为当前图层；执行“圆”命令（C），捕捉中心线的交点作为圆心点，绘制半径为 30mm 的 2 个圆对象，如图 3-178 所示。

(Step 06) 执行“直线”命令（L），捕捉圆的上下象限点进行直线连接操作；再执行“修剪”命令（TR），将多余的对象进行修剪并删除，如图 3-179 所示。

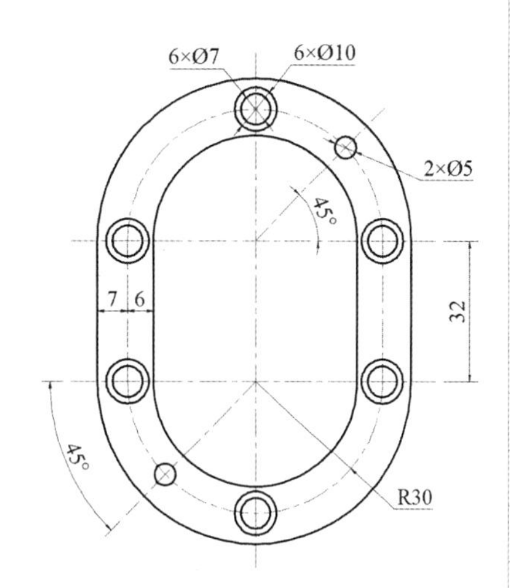

图 3-176

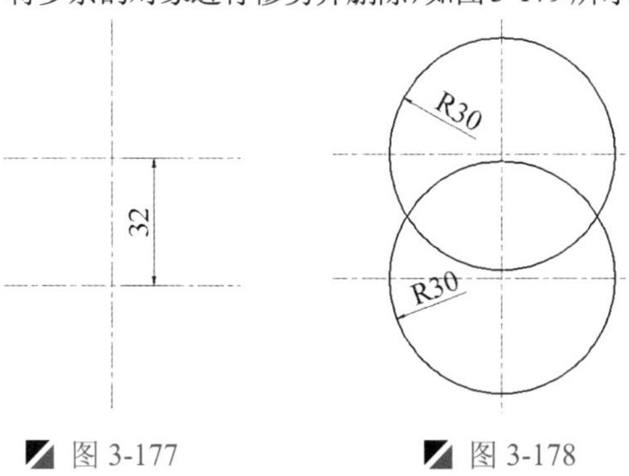

图 3-177

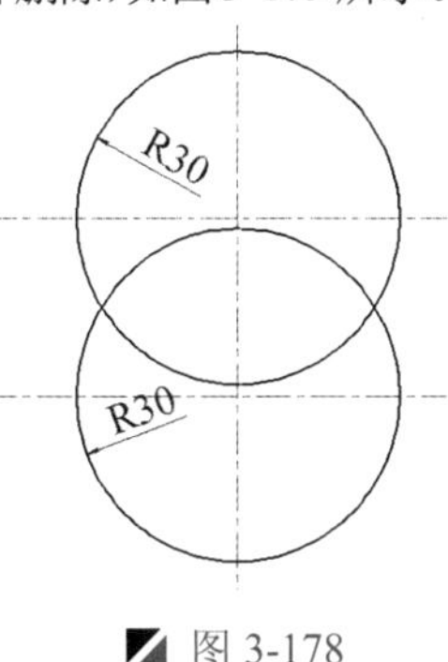

图 3-178

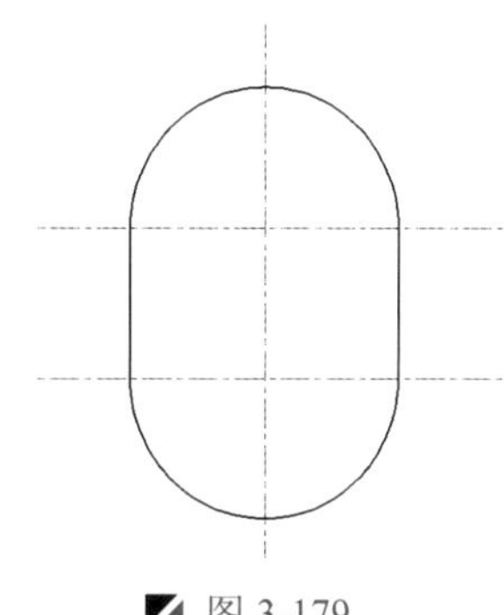

图 3-179

(Step 07) 选择上一步绘制的圆弧和线段，执行“合并”命令（J），将其进行合并操作，从而形成一个整体对象。

提示：形成整体对象

将多个对象形成一个整体对象时，可以执行“修改”|“对象”|“多段线”菜单命令进行操作。

(Step 08) 执行“偏移”命令（O），将该轮廓对象向内偏移 6mm，向外偏移 7mm，并将源对象转为“辅助线”图层，如图 3-180 所示。

(Step 09) 执行“圆”命令（C），捕捉椭圆辅助线与垂直中心线的交点作为圆心，绘制直径为 7mm 和 10mm 的同心圆，如图 3-181 所示。

(Step 10) 执行“复制”命令（CO），将上一步绘制的同心圆对象复制到其他中心线与辅助线对象的交点位置处，如图 3-182 所示。

(Step 11) 执行“构造线”命令（XL），根据命令行提示，选择“角度（A）”项，绘制两条与水平中心线夹角为 45° 的构造线，然后将其转为“辅助线”图层，如图 3-183 所示。

(Step 12) 执行“圆”命令（C），捕捉相应的交点作为圆心，绘制两个直径为 5mm 的圆，从而完成泵盖的绘制，如图 3-184 所示。

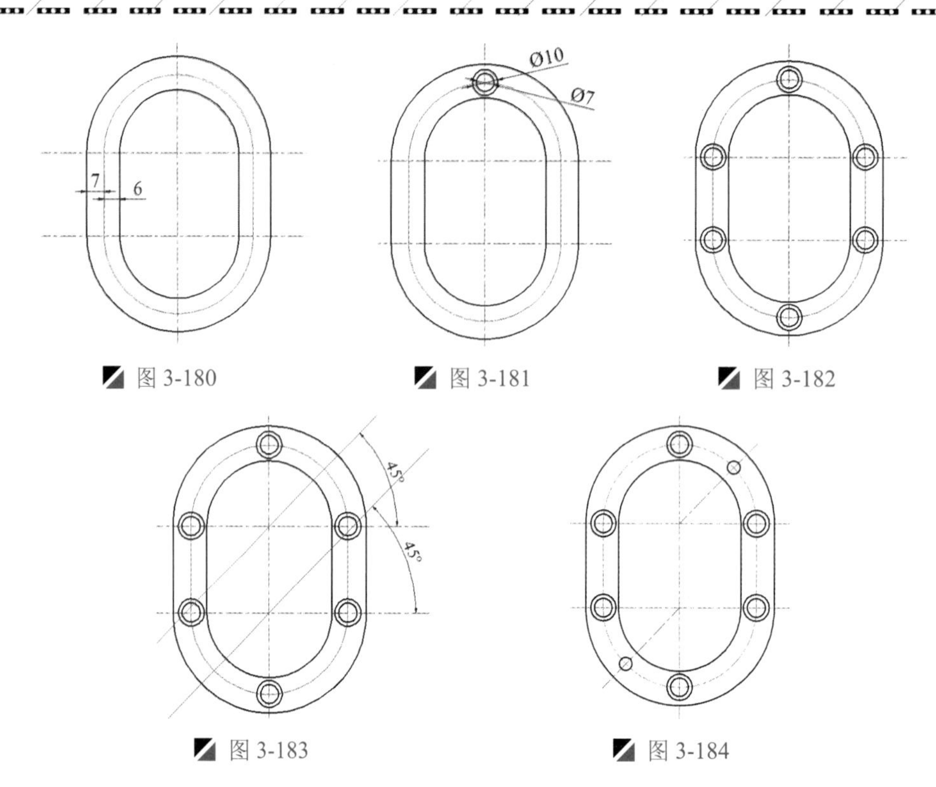

图 3-180　图 3-181　图 3-182

图 3-183　图 3-184

Step 13　至此，泵盖的绘制已完成，按<Ctrl+S>组合键将该文件保存。

3.20　转轮的绘制

案例	转轮.dwg	视频	转轮的绘制.avi	时长	04'01"

在绘制如图 3-185 所示的图形对象时，首先绘制中心线和多个同心圆对象，再绘制外侧的一组同心圆对象，然后将其绕中心点旋转复制 5 份，最后进行修剪，以此完成转轮的绘制。

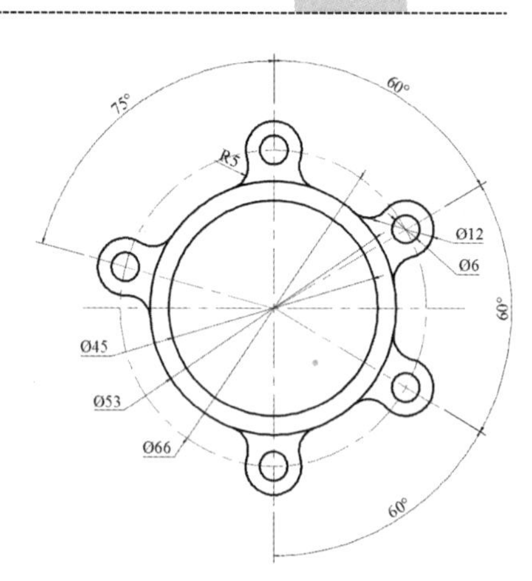

图 3-185

Step 01　启动 AutoCAD 2015 软件，按<Ctrl+O>组合键，打开“机械样板.dwt”文件。

Step 02　按<Ctrl+Shift+S>组合键，将该样板文件另存为“转轮.dwg”文件。

Step 03　在“图层”面板的“图层控制”下拉列表中，选择“粗实线”图层作为当前图层；执行“构造线”命令（XL），绘制一条水平和垂直的构造线。

Step 04　执行“圆”命令（C），捕捉构造线的交点作为圆心点，绘制直径为 66mm 的圆，然后将构造线和圆对象转为“中心线”图层，如图 3-186 所示。

Step 05　执行“圆”命令（C），捕捉中心线的交点作为圆心点，绘制直径为 45mm 和 53mm 的同心圆，如图 3-187 所示。

Step 06　执行“圆”命令（C），捕捉垂直中心线与外圆上侧交点作为圆心，绘制直径为 6mm 和 12mm 的同心圆，如图 3-188 所示。

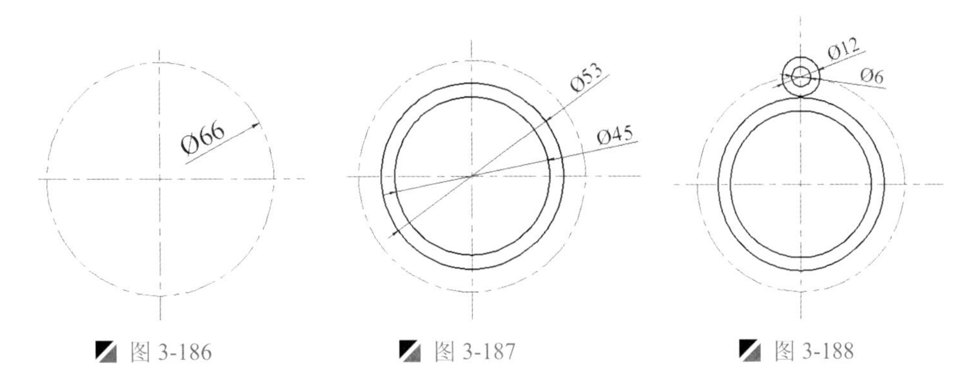

图 3-186　图 3-187　图 3-188

Step 07 按<空格键>执行上步“圆”命令（C），根据命令行提示，选择“切点、切点、半径(T)”选项，绘制两个半径为 5mm 的相切圆；再执行“修剪”命令（TR），修剪并删除多余的对象，如图 3-189 所示。

Step 08 执行“阵列”命令（AR），按如下命令行提示，对图形相应的对象进行阵列操作，如图 3-190 所示。

```
命令:  ARRAY                                                  \\ 执行“阵列”命令
选择对象:总计 4 个                                             \\ 选择两小圆和圆弧
选择对象:  输入阵列类型 [矩形(R)/路径(PA)/极轴(PO)] <极轴>: PO   \\ 选择“极轴(PO)”
类型 = 极轴  关联 = 是
指定阵列的中心点或 [基点(B)/旋转轴(A)]:                         \\ 捕捉圆心点
选择夹点以编辑阵列或 [关联(AS)/基点(B)/项目(I)/项目间角度(A)/填充角度(F)/行(ROW)/层(L)/旋转项目(ROT)/退出(X)] <退出>: I \\ 选择“项目(I)”
输入阵列中的项目数或 [表达式(E)] <6>: 4                          \\ 输入阵列数“4”
选择夹点以编辑阵列或 [关联(AS)/基点(B)/项目(I)/项目间角度(A)/填充角度(F)/行(ROW)/层(L)/旋转项目(ROT)/退出(X)] <退出>: F    \\ 选择“填充角度(F)”
指定填充角度(+=逆时针、-=顺时针)或 [表达式(EX)] <360>: -180      \\ 输入阵列角度“–180”
选择夹点以编辑阵列或 [关联(AS)/基点(B)/项目(I)/项目间角度(A)/填充角度(F)/行(ROW)/层(L)/旋转项目(ROT)/退出(X)] <退出>:
```

Step 09 执行“分解”命令（X），将阵列的对象进行分解。

Step 10 执行“阵列”命令（AR），按前两步的方法将对象进行阵列，如图 3-191 所示。

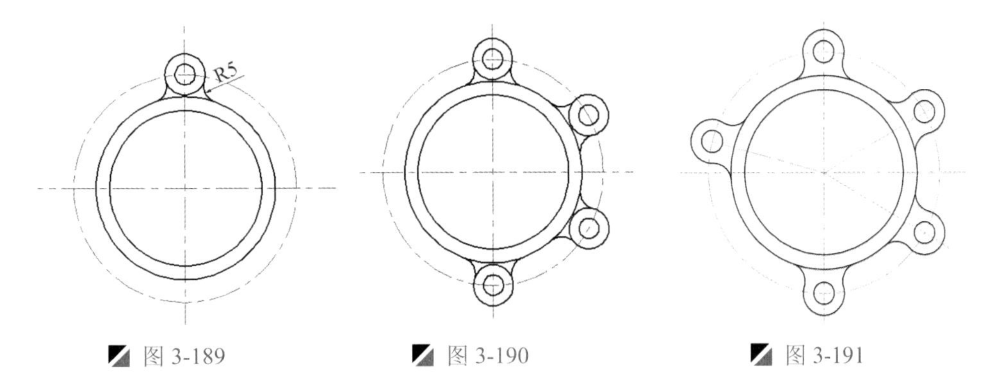

图 3-189　图 3-190　图 3-191

Step 11 至此，转轮的绘制已完成，按<Ctrl+S>组合键将该文件保存。

注意：整体对象的其他操作

一个整体对象如果要对单个对象执行其他命令时，要先将这个整体对象进行分解，方能执行其他命令。

3.21 沟槽连接器的绘制

案例	沟槽连接器.dwg	视频	沟槽连接器的绘制.avi	时长	04'14"

在绘制如图 3-192 所示的图形对象时，首先绘制中心线和多个同心圆对象，再绘制外切圆的切线段，并进行直线和圆角操作，最后对其进行修剪删除操作。

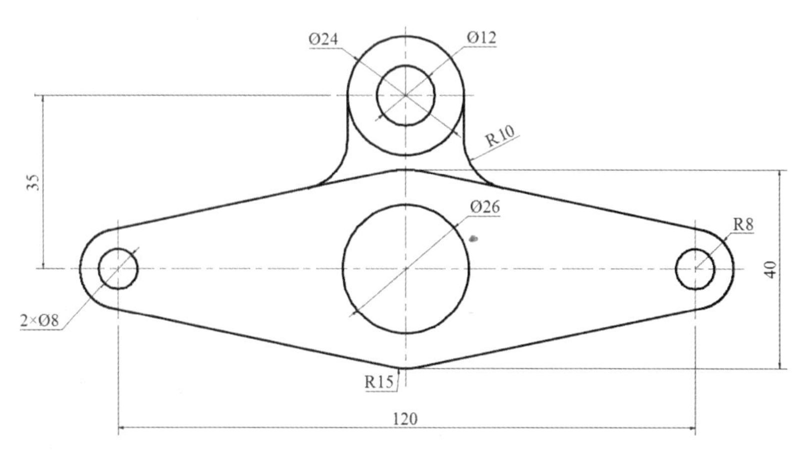

图 3-192

Step 01 启动 AutoCAD 2015 软件，按<Ctrl+O>组合键，打开“机械样板.dwt”文件。

Step 02 按<Ctrl+Shift+S>组合键，将该样板文件另存为“沟槽连接器.dwg”文件。

Step 03 在“图层”面板的“图层控制”下拉列表中，选择“粗实线”图层作为当前图层，

Step 04 执行“构造线”命令（XL），绘制一条水平和垂直构造线；再执行“偏移”命令（O），将垂直构造线向左右各偏移 60mm，将水平构造线向上或向下偏移 35mm，然后将构造线转为“中心线”图层，如图 3-193 所示。

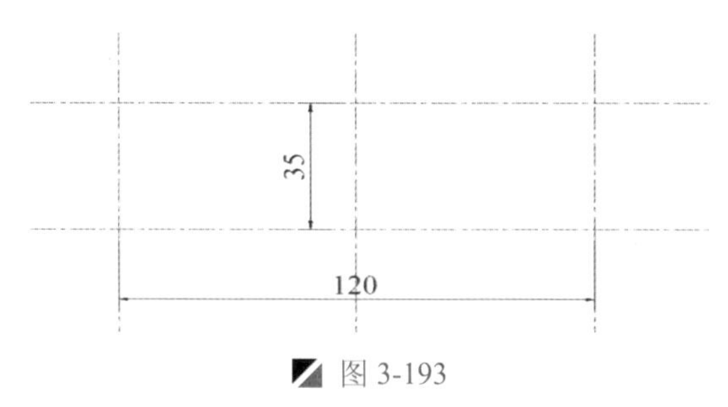

图 3-193

Step 05 执行“圆”命令（C），捕捉相应的交点作为圆心，绘制直径为 26mm 和 40mm 的同心圆，如图 3-194 所示。

Step 06 按<空格键>执行上一步“圆”命令（C），捕捉左右两侧中心线的交点作为圆心，绘制直径为 8mm 和 16mm 的 4 个圆对象，如图 3-195 所示。

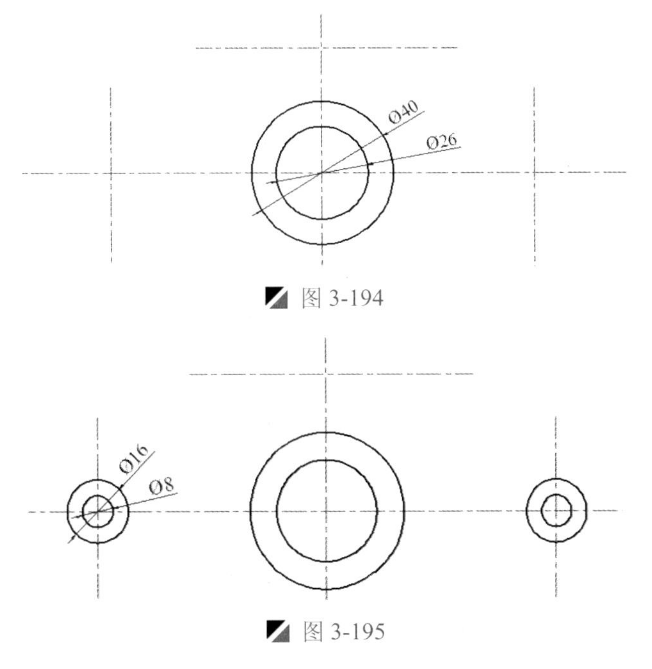

图 3-194

图 3-195

Step 07 按<空格键>执行上一步“圆”命令（C），捕捉上侧中心线的交点作为圆心，绘制直径为12mm和24mm的同心圆，如图 3-196 所示。

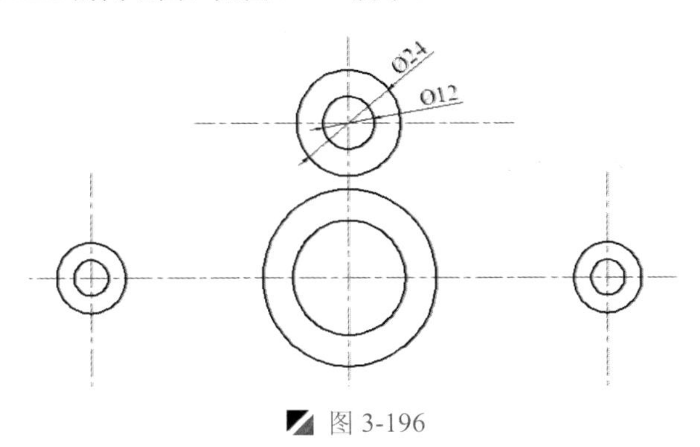

图 3-196

Step 08 执行“直线”命令（L），捕捉圆的切点来进行直线连接操作；再执行“修剪”命令（TR），修剪多余的对象，如图 3-197 所示。

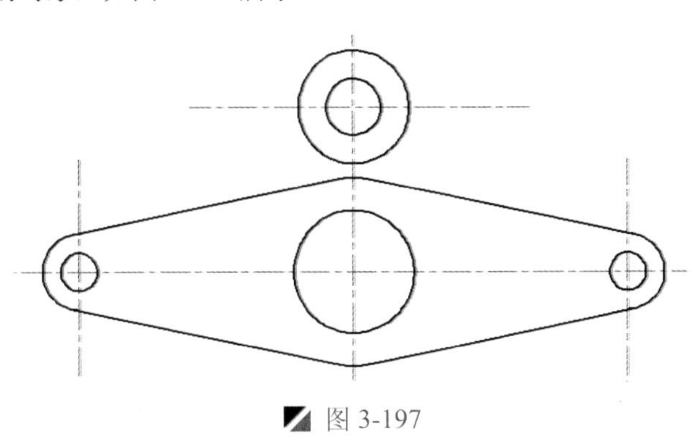

图 3-197

Step 09 执行“直线”命令（L），捕捉圆的象限点绘制线段。

Step 10 执行“圆”命令（C），根据命令行提示，选择“切点、切点、半径(T)”选项，绘制半径为 10mm 的 2 个相切圆对象，再执行“修剪”命令（TR），修剪多余的圆弧和线段，如图 3-198 所示。

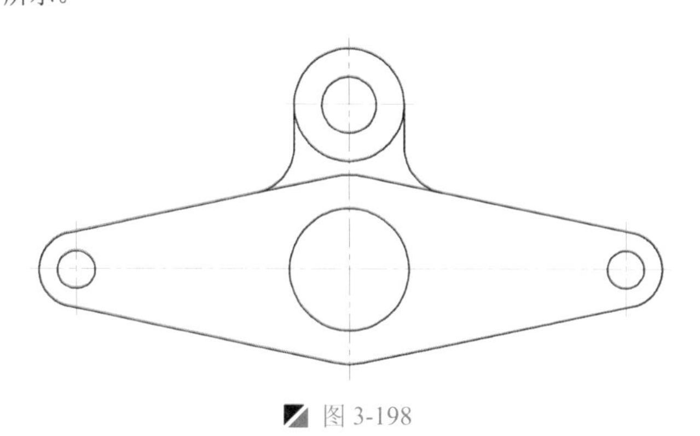

图 3-198

Step 11 至此，沟槽连接器的绘制已完成，按<Ctrl+S>组合键将该文件保存。

3.22 托架的绘制

案例	托架.dwg	视频	托架的绘制.avi	时长	06'29"

在绘制如图 3-199 所示的图形对象时，首先绘制中心线和多条斜线段、绘制圆，再偏移中心线，捕捉相应交点绘制直线段，再绘制圆弧对象，最后对其进行修剪操作。

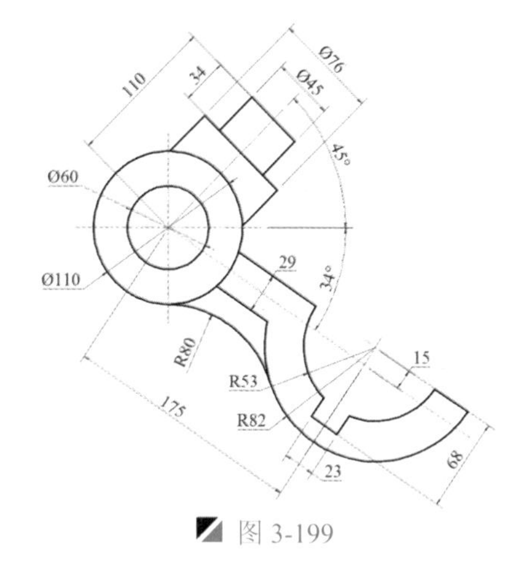

图 3-199

Step 01 启动 AutoCAD 2015 软件，按<Ctrl+O>组合键，打开“机械样板.dwt”文件。

Step 02 按<Ctrl+Shift+S>组合键，将该样板文件另存为“托架.dwg”文件。

Step 03 在“图层”面板的“图层控制”下拉列表中，选择“中心线”图层作为当前图层。

Step 04 执行“构造线”命令（XL），绘制水平、垂直和两条角度为 45° 和 34° 的构造线，如图 3-200 所示。

Step 05 切换至“粗实线”图层，执行“构造线”命令（XL），按如下命令行提示，绘制一条与中心线夹角为 34° 相垂直的构造线，如图 3-201 所示。

```
命令: XLINE                                              \\ 执行“构造线”命令
指定点或 [水平(H)/垂直(V)/角度(A)/二等分(B)/偏移(O)]: A   \\ 选择“角度(A)”项
输入构造线的角度 (0.00) 或 [参照(R)]:  R                  \\ 选择“参照(R)”项
选择直线对象:                                             \\ 选择 34° 参照线对象
输入构造线的角度 <0.00>: 90                               \\ 输入参照角度值
```

Step 06 执行“偏移”命令（O），按如下命令行提示，将实线构造线向一边偏移 175mm，且删除源对象，如图 3-202 所示。

```
命令: OFFSET                                                    \\ 执行“偏移”命令
当前设置: 删除源=否  图层=源  OFFSETGAPTYPE=0
指定偏移距离或 [通过(T)/删除(E)/图层(L)] <通过>: E                  \\ 选择“删除(E)”项
要在偏移后删除源对象吗? [是(Y)/否(N)] <否>: Y                       \\ 确定是否删除源对象
指定偏移距离或 [通过(T)/删除(E)/图层(L)] <通过>: 175                \\ 输入偏移距离
选择要偏移的对象，或 [退出(E)/放弃(U)] <退出>:                      \\ 选择粗实线对象
指定要偏移的那一侧上的点，或 [退出(E)/多个(M)/放弃(U)] <退出>:      \\ 在右下侧单击以偏移
```

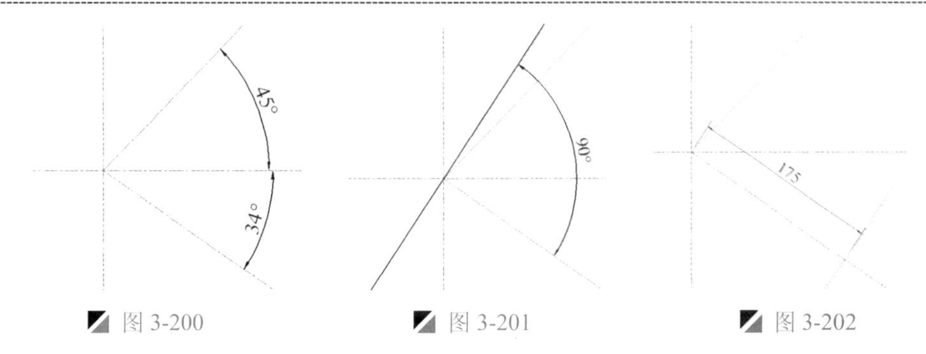

图 3-200　　图 3-201　　图 3-202

Step 07 按前两个步骤，绘制一条与中心线成 45° 夹角相垂直的构造线，并将构造线向一边偏移 110mm 且删除源对象，然后将两条新绘的构造线转为“辅助线”图层，如图 3-203 所示。

Step 08 执行“圆”命令（C），捕捉中心线的交点作为圆心，绘制直径为 60mm 和 110mm 的同心圆，如图 3-204 所示。

Step 09 执行“偏移”命令（O），将 34° 夹角的构造线向右上侧偏移 15mm，如图 3-205 所示。

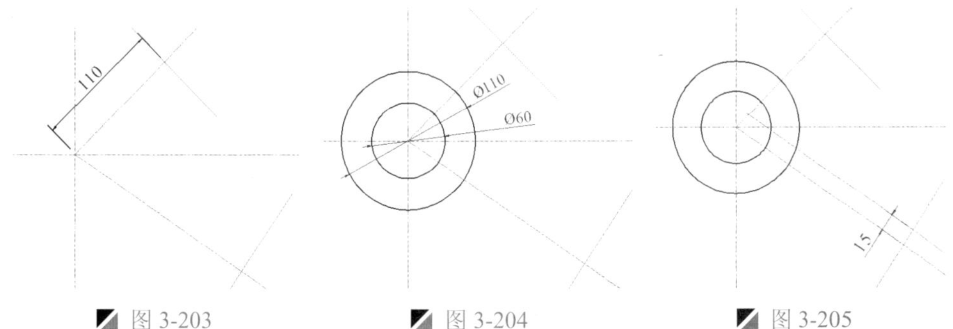

图 3-203　　图 3-204　　图 3-205

Step 10 执行“圆”命令（C），捕捉相应的交点作为圆心，绘制半径为 82mm 和 53mm 的同心圆，如图 3-206 所示。

Step 11 执行“偏移”命令（O），将与 34° 夹角构造线相垂直的辅助线向左右两边偏移 11.5mm，将前二步偏移后的对象向左下侧偏移 68mm，如图 3-207 所示。

Step 12 执行“直线”命令（L），捕捉相应的交点进行直线连接；再执行“修剪”命令（TR），将多余的对象进行修剪并删除，如图 3-208 所示。

Step 13 执行“偏移”命令（O），将 34° 夹角构造线的中心线向左右两边偏移 14.5mm 距离，如图 3-209 所示。

Step 14 执行“直线”命令（L），捕捉相应的交点进行直线连接；再执行“修剪”命令（TR），将多余的对象进行修剪并删除，如图 3-210 所示。

读书破万卷

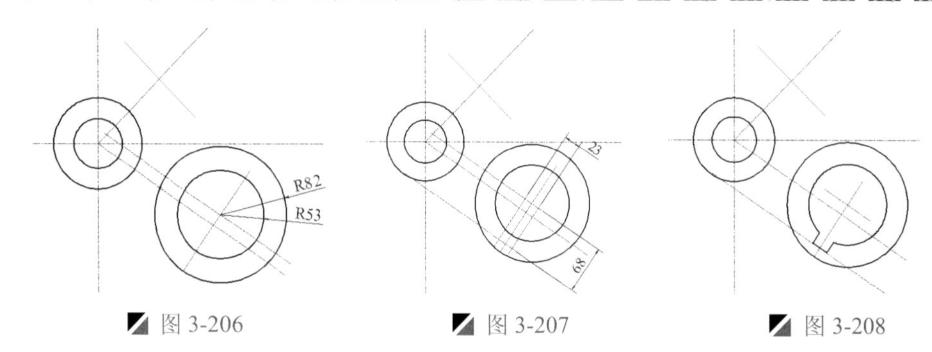

图 3-206　　图 3-207　　图 3-208

Step 15 执行“圆”命令（C），根据命令行提示，选择“切点、切点、半径（T）”选项，绘制半径为 8mm 的相切圆；再执行“修剪”命令（TR），修剪多余的圆弧对象，如图 3-211 所示。

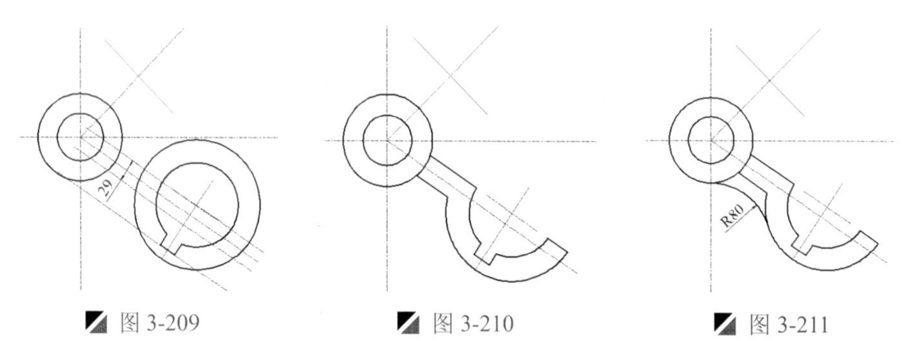

图 3-209　　图 3-210　　图 3-211

Step 16 执行“偏移”命令（O），将 45°夹角的构造线向两侧各偏移 22.5mm、38mm，并将其相垂直的辅助线向左下侧偏移 34mm，如图 3-212 所示。

Step 17 执行“直线”命令（L），捕捉相应的交点进行直线连接；再执行“删除”命令（E），将多余的对象进行删除，如图 3-213 所示。

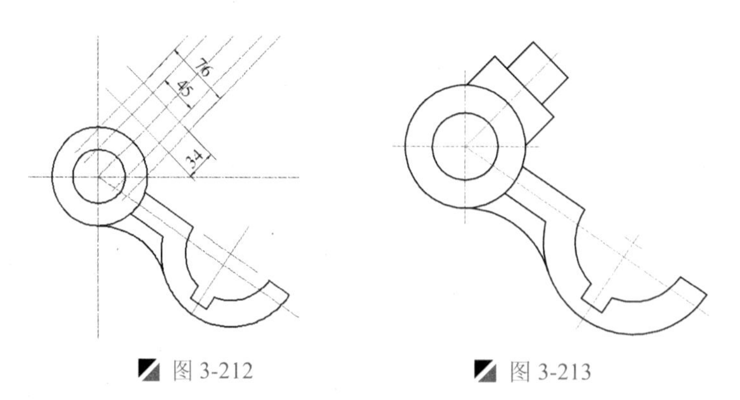

图 3-212　　图 3-213

Step 18 至此，托架的绘制已完成，按<Ctrl+S>组合键将该文件保存。

3.23 轴架的绘制

案例	轴架.dwg	视频	轴架的绘制.avi	时长	09'44"

在绘制如图 3-214 所示的图形对象时，首先绘制多条中心线和圆对象，再绘制斜线段，以此形成轴线交点，再绘制圆对象，最后对其进行直线、圆角、修剪等操作。

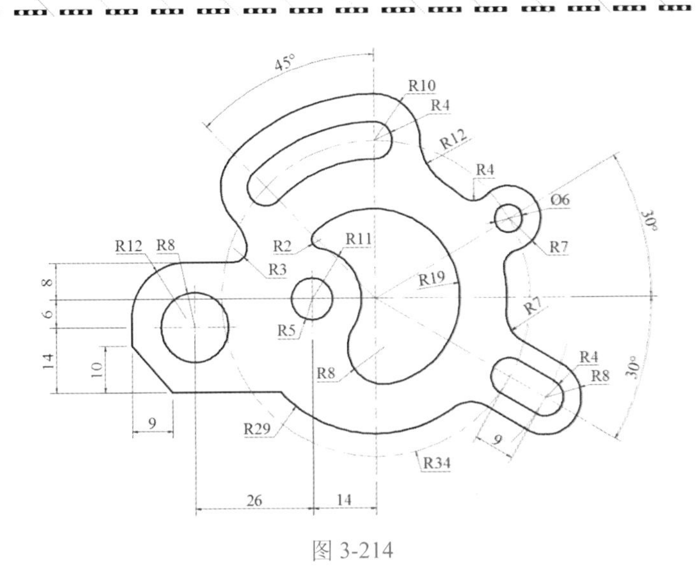

图 3-214

Step 01 启动 AutoCAD 2015 软件，按<Ctrl+O>组合键，打开“机械样板.dwt”文件。

Step 02 按<Ctrl+Shift+S>组合键，将该样板文件另存为“轴架.dwg”文件。

Step 03 在“图层”面板的“图层控制”下拉列表中，选择“中心线”图层作为当前图层，

Step 04 执行“构造线”命令（XL），绘制水平、垂直和角度为 30° 和 45° 构造线，如图 3-215 所示。

Step 05 执行“偏移”命令（O），将水平中心线向下偏移 6mm，将垂直中心线向左偏移 14mm 和 40mm，如图 3-216 所示。

Step 06 执行“圆”命令（C），捕捉相应的交点作为圆心，绘制半径为 34mm 的圆，如图 3-217 所示。

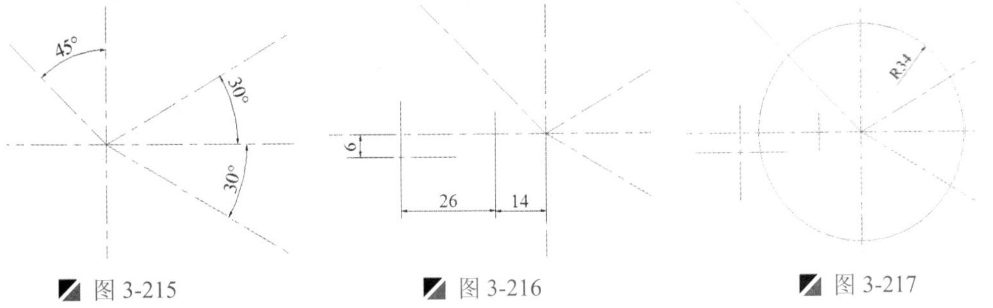

图 3-215　　图 3-216　　图 3-217

Step 07 执行“偏移”命令（O），将圆向外偏移 9mm，然后将其作为“辅助线”图层，并修剪掉多余的圆弧对象，如图 3-218 所示。

Step 08 执行“圆”命令（C），捕捉相应的交点作为圆心，绘制半径为 19mm、11mm、4.5mm、7.5mm、4mm、10mm、3mm、7mm、8mm 的 14 个圆对象，如图 3-219 所示。

Step 09 执行“圆”命令（C），根据命令行提示，选择“切点、切点、半径（T）”选项，绘制半径为 12mm 、8mm、4mm、2mm 的 6 个相切圆对象。

Step 10 执行“修剪”命令（TR），将多余的对象进行修剪并删除，如图 3-220 所示。

Step 11 执行“偏移”命令（O），根据命令行提示，选择“通过（T）”选项，捕捉移动通过的点进行偏移操作。

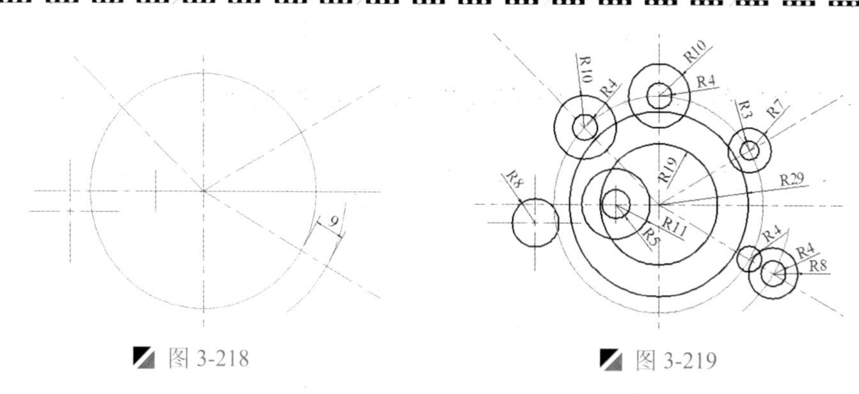

图 3-218　　图 3-219

Step 12　执行“修剪”命令（TR），将多余的对象进行修剪并删除，如图 3-221 所示。

Step 13　执行“偏移”命令（O），将左下角的水平中心线向上向下各偏移 14mm，将垂直中心线向左偏移 14mm，然后将其转为“粗实线”图层，如图 3-222 所示。

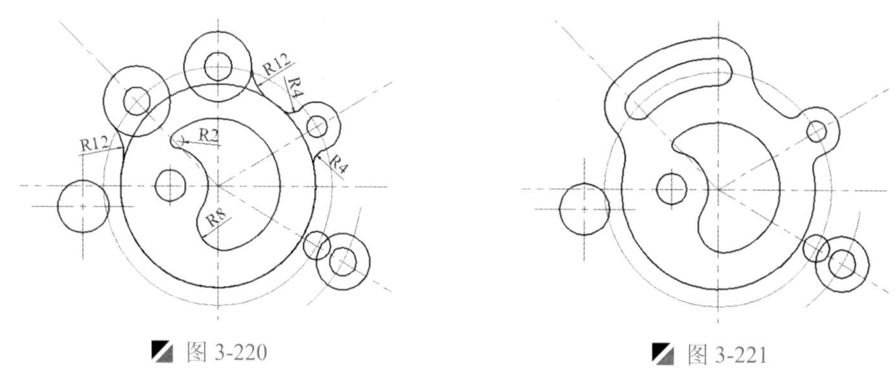

图 3-220　　图 3-221

Step 14　执行“圆角”命令（F），根据命令行提示，选择“半径（R）”项，绘制圆角半径为 12mm。

Step 15　执行“倒角”命令（CHA），选择“距离（D）”项，对相应的角对象进行倒角操作；再执行“修剪”命令（TR），将多余的对象进行修剪，如图 3-223 所示。

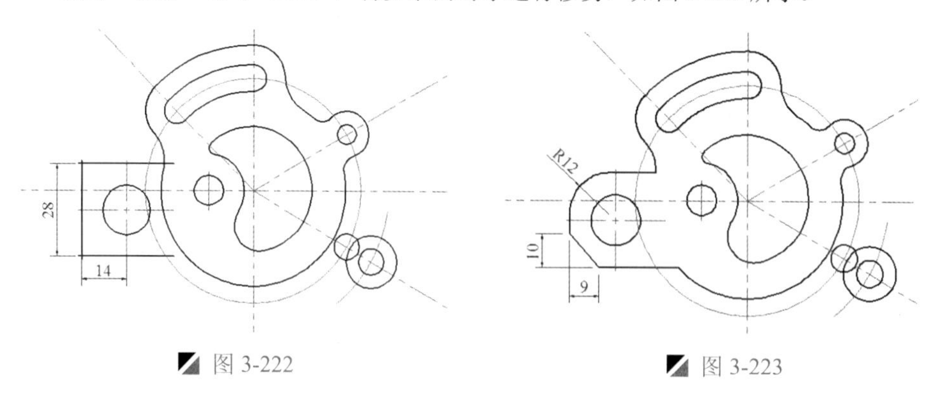

图 3-222　　图 3-223

提示：修剪命令转延伸命令。

在执行“修剪”命令时，当选择要修剪的对象时，若某条线段未与修剪边界相交，则按住 Shift 键可转换执行“延伸”命令，然后单击该线段，可延伸到最近的边界。松开 Shift 键继续执行“修剪”命令。

Step 16　执行“偏移”命令（O），将中下角角度为30° 的中心线向两侧各偏移4mm和8mm，并将偏移后的对象转为“粗实线”图层，如图3-224所示。

Step 17　执行“修剪”命令（TR），将多余的对象进行修剪，如图3-225所示。

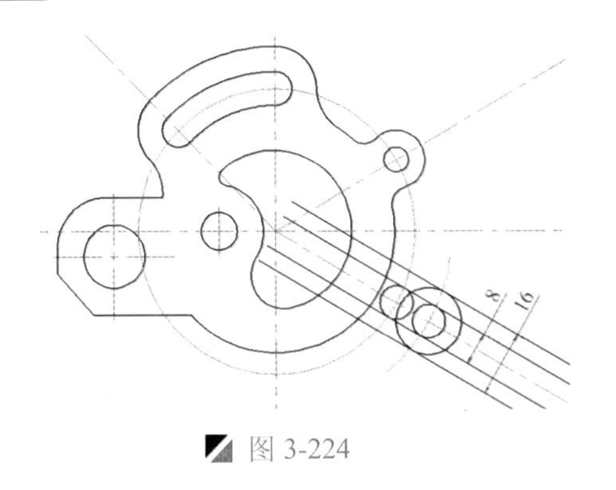

图3-224

图3-225

Step 18　执行“圆”命令（C），根据命令行提示，选择“切点、切点、半径（T）”选项，捕捉相应的切点绘制相切圆，其半径为7mm、3mm，如图3-226所示。

Step 19　执行“修剪”命令（TR），将多余的对象进行修剪，如图3-227所示。

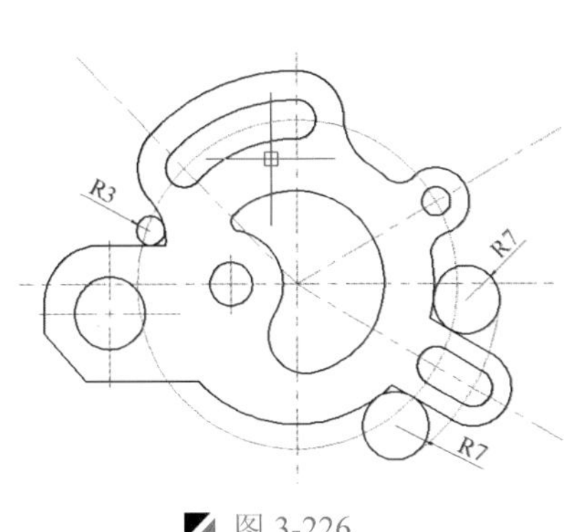

图3-226

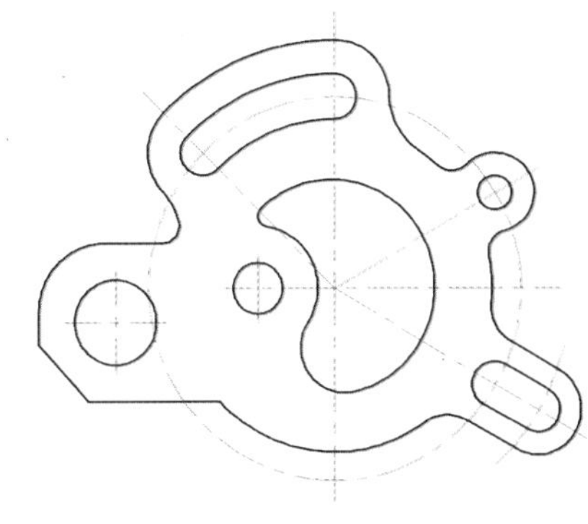

图3-227

Step 20　至此，轴架的绘制已完成，按<Ctrl+S>组合键将该文件保存。

3.24　阀门的绘制

案例	阀门.dwg	视频	阀门的绘制.avi	时长	05'50"

在绘制如图3-228所示的图形对象时，首先绘制多条中心线和圆对象，再绘制斜线段，以此形成轴线交点，再绘制圆对象，最后对其进行直线、圆角、修剪等操作。

Step 01　启动AutoCAD 2015软件，按<Ctrl+O>组合键，打开“机械样板.dwt”文件。

Step 02　按<Ctrl+Shift+S>组合键，将该样板文件另存为“阀门.dwg”文件。

Step 03　在“图层”面板的“图层控制”下拉列表中，选择“粗实线”图层作为当前图层，

Step 04　执行“矩形”命令（REC），指定任意一点作为矩形的第一角点，然后输入“@240，40”作为对角点，从而绘制240×40mm的矩形对象，如图3-229所示。

Step 05　执行“构造线”命令（XL），分别过矩形的中点和端点绘制水平和垂直构造线，然后将其转换为“中心线”图层，如图3-230所示。

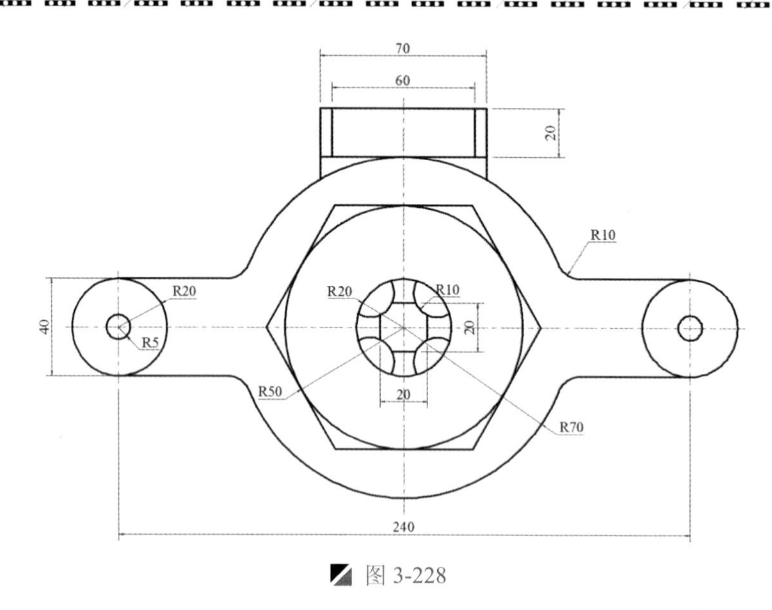

图 3-228

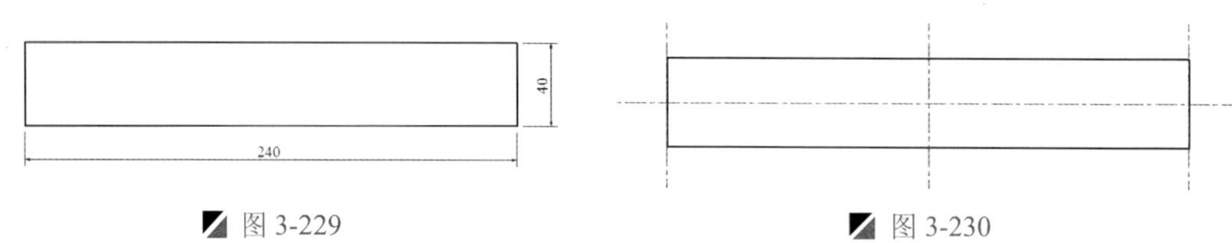

图 3-229　　图 3-230

Step 06　执行“圆”命令（C），捕捉相应的交点作为圆心，绘制半径 5mm 和 20mm 的同心圆。

Step 07　执行“镜像”命令（MI），将上一步绘制的同心圆镜像复制到另一侧，如图 3-231 所示。

Step 08　执行“圆”命令（C），捕捉中侧中心线的交点作为圆心，绘制半径 20mm、50mm、70mm 的同心圆，如图 3-232 所示。

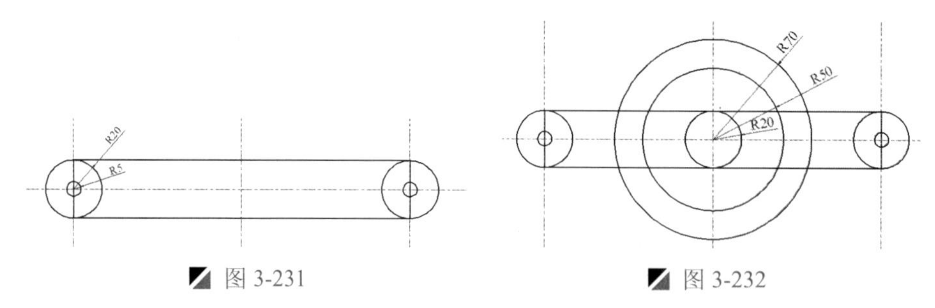

图 3-231　　图 3-232

Step 09　执行“正多边形”命令（POL），按如下命令行提示，绘制外切圆半径 50mm 正多边形，如图 3-233 所示。

命令: POLYGON	\\ 执行“正多边形”命令
输入侧面数 <4>: 6	\\ 输入正多边形的边数
指定正多边形的中心点或 [边(E)]:	\\ 捕捉正多边形的中心点
输入选项 [内接于圆(I)/外切于圆(C)] <I>: C	\\ 选择“外切于圆（C）”项
指定圆的半径:50	\\ 输入半径

Step 10　执行“直线”命令（L），按如下命令行提示，绘制 3 条直线，如图 3-234 所示。

```
命令: LINE                                        \\ 执行“直线”命令
指定第一个点:                                      \\ 捕捉交点作为起点
指定下一点或 [放弃(U)]: @35,0                      \\ 输入下一点的位置
指定下一点或 [放弃(U)]: @0,20                      \\ 输入下一点的位置
指定下一点或 [闭合(C)/放弃(U)]: @-35,0             \\ 输入下一点的位置
指定下一点或 [闭合(C)/放弃(U)]:                    \\ 空格键退出
```

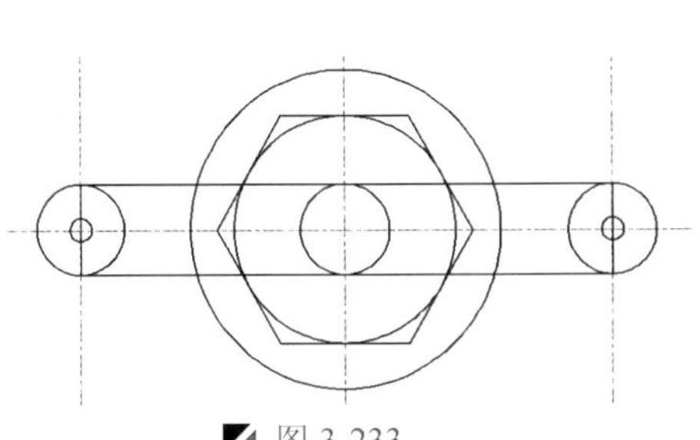

图 3-233

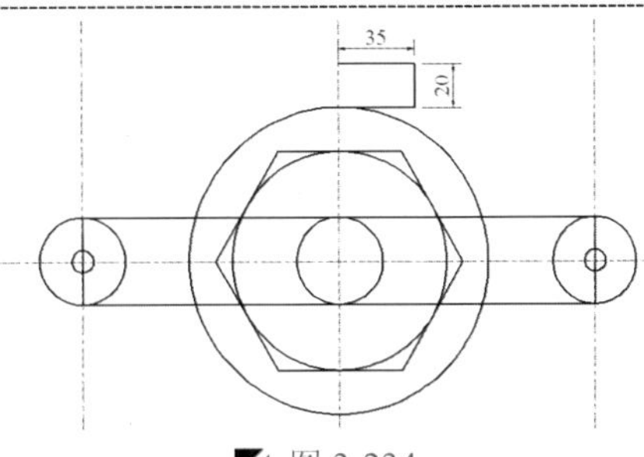

图 3-234

Step 11 执行“偏移”命令（O），将右侧的线段向左偏移 5mm；再执行“镜像”命令（MI），将 4 条直线进行镜像复制到另一侧，如图 3-235 所示。

Step 12 执行“直线”命令（L），分别在矩形左右两侧绘制两条连接矩形和圆的垂直直线。

Step 13 执行“正多边形”命令（POL），按如下命令行提示，绘制外切圆半径 10mm 正多边形，如图 3-236 所示。

```
命令: POLYGON                                     \\ 执行“正多边形”命令
输入侧面数 <4>: 4                                  \\ 输入正多边形的边数
指定正多边形的中心点或 [边(E)]:                     \\ 捕捉正多边形的中心点
输入选项 [内接于圆(I)/外切于圆(C)] <I>: C           \\ 选择地“外切于圆 (C)”项
指定圆的半径:10                                    \\ 输入半径“10”
```

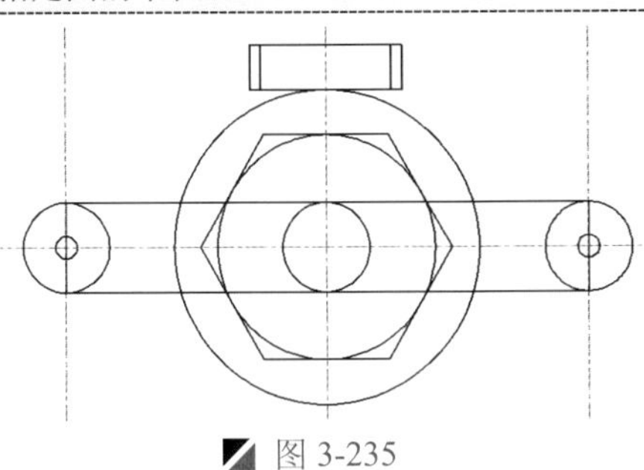

图 3-235

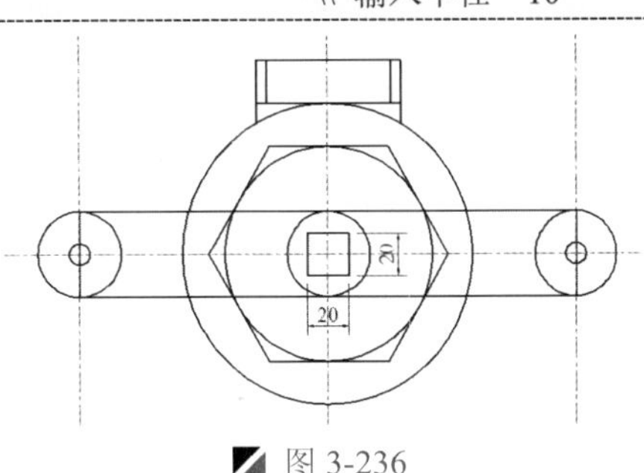

图 3-236

Step 14 执行“圆”命令（C），捕捉内圆与水平中心线左侧的交点作为圆心，绘制半径为 10mm 的圆对象。

Step 15 执行“旋转”命令（RO），捕捉上一步绘制的圆，将其进行旋转 45°，从而完成旋转命令操作，如图 3-237 所示。

提示：旋转角度

“旋转”命令可以输入“0° ～360° ”任意角度值，旋转对象，以逆时针为正，顺时针为负。

读书破万卷

Step 16 执行“阵列”命令（AR），环形阵列上一步旋转的圆，捕捉中间中心线的交点作为阵列中心点，设置项目总数为 4，如图 3-238 所示。

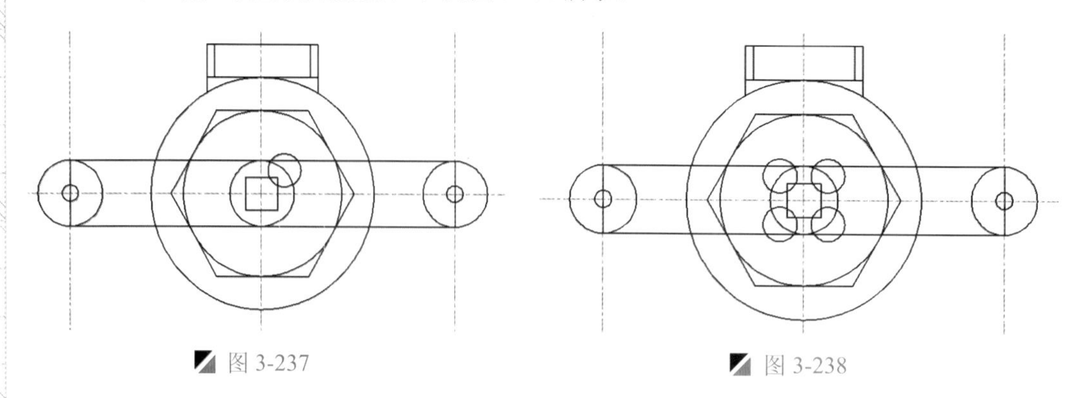

图 3-237　　图 3-238

Step 17 执行“分解”命令（X），将上一步阵列的圆进行分解；再执行“修剪”命令（TR），修剪并删除多余的对象，如图 3-239 所示。

Step 18 执行“分解”命令（X），将两边的矩形进行分解；执行“圆角”命令（F），绘制圆角为 10mm，如图 3-240 所示。

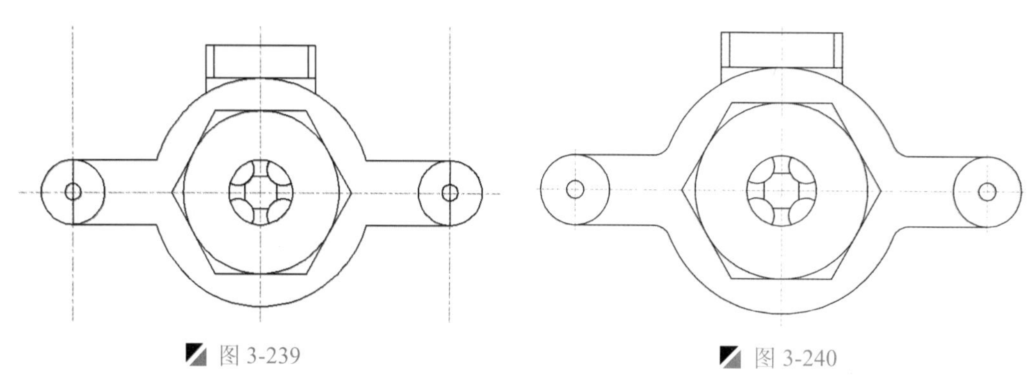

图 3-239　　图 3-240

Step 19 至此，阀门的绘制已完成，按<Ctrl+S>组合键将该文件保存。

机械零件三视图的绘制

本章导读

三视图是观测者从三个不同位置观察同一个空间几何体而画出的图形，能够正确反映物体长、宽、高尺寸的正投影工程图（主视图、俯视图、左视图三个基本视图）为三视图，这是工程界一种对物体几何形状约定俗成的抽象表达方式。

本章主要学习如何绘制零件的三视图。

本章内容

- 固定座、支撑座的绘制
- 支撑座、模板的绘制
- 压盖、轴承盖的绘制
- 踏脚座、柱塞泵的绘制
- 转接管、T型机座的绘制
- 轴承座、机座的绘制

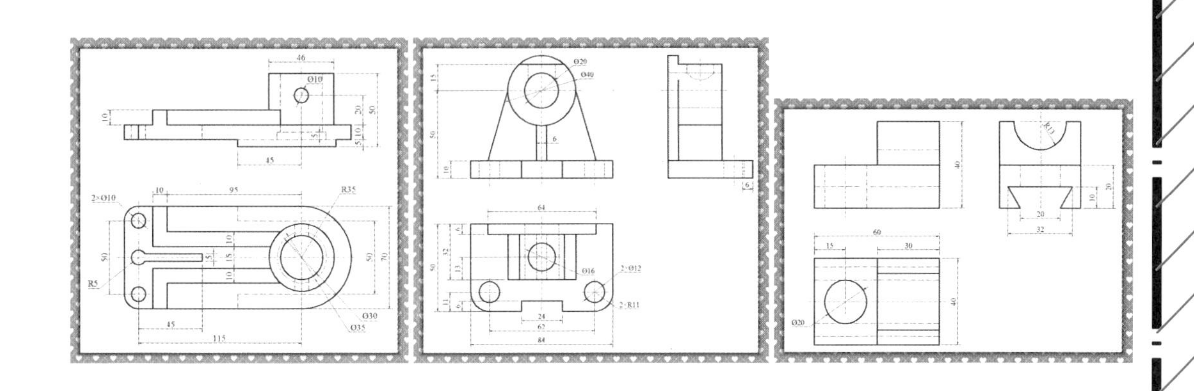

4.1 固定座的绘制

案例	固定座.dwg	视频	固定座的绘制.avi	时长	08'02"

从如图 4-1 所示的三视图可以看出，它由主视图、前视图和左视图三部分组成，在绘制的时候，综合三视图的相关尺寸来进行绘制，先绘制主视图，再以此绘制前视图，然后绘制左视图。

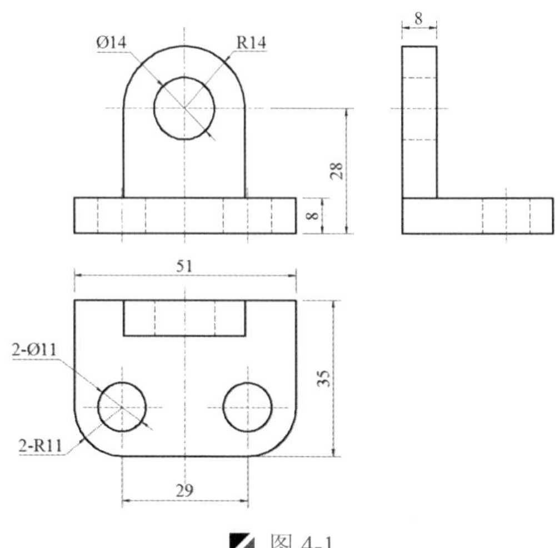

图 4-1

4.1.1 绘制主视图

Step 01 启动 AutoCAD 2015 软件，按<Ctrl+O>组合键，打开“机械样板.dwt”文件。

Step 02 按<Ctrl+Shift+S>组合键，将该样板文件另存为“固定座.dwg”文件。

Step 03 在“图层”面板的“图层控制”下拉列表中，选择“中心线”图层作为当前图层。

Step 04 执行“构造线”命令（XL），绘制互相垂直的两条构造线作为基准线。

Step 05 在“图层”面板的“图层控制”下拉列表中，选择“粗实线”图层作为当前图层。

Step 06 执行“矩形”命令（REC），绘制 51×35 的矩形对象，且将该矩形对象的上侧中点对准基准线的交点，如图 4-2 所示。

Step 07 执行“偏移”命令（O），将垂直中心线向左右两侧各偏移 14.5mm，将水平中线向下偏移 8mm 和 24mm，如图 4-3 所示。

Step 08 执行“圆”命令（C），捕捉中心线的交点来绘制直径为 11mm 的两个圆对象，如图 4-4 所示。

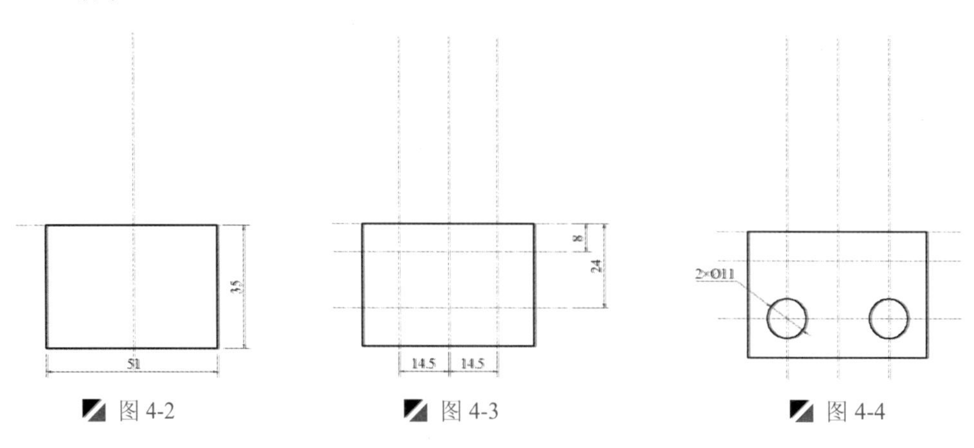

图 4-2　图 4-3　图 4-4

Step 09 执行“圆角”命令（F），设置圆角的半径为 11mm，对矩形的左、右下角进行圆角修剪，如图 4-5 所示。

Step 10 执行“偏移”命令（O），将垂直中心线向左右两侧各偏移 7mm、7mm，如图 4-6 所示。

(Step 11) 执行“直线”命令（L），捕捉中心线的交点来绘制多条直线段，且将两侧的两条垂直线段转换为“细虚线”，如图 4-7 所示。

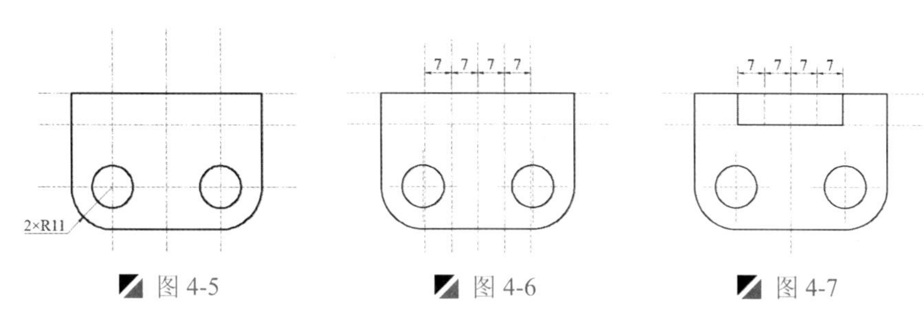

图 4-5　　图 4-6　　图 4-7

注意：虚线表示法

> 在机械图样中，无论是哪个方向上的视图，在人眼观看不到的地方，都要用虚线进行表示。

4.1.2 绘制前视图

(Step 01) 执行“偏移”命令（O），将水平中心线向上偏移 15mm、8mm 和 20mm，如图 4-8 所示。

(Step 02) 执行“构造线”命令（XL），选择“垂直（V）”选项，再捕捉主视图的相应点绘制多条垂直构造线，如图 4-9 所示。

(Step 03) 执行“直线”命令（L），绘制两条水平线段；再执行“修剪”命令（TR），将多余的线段进行修剪，如图 4-10 所示。

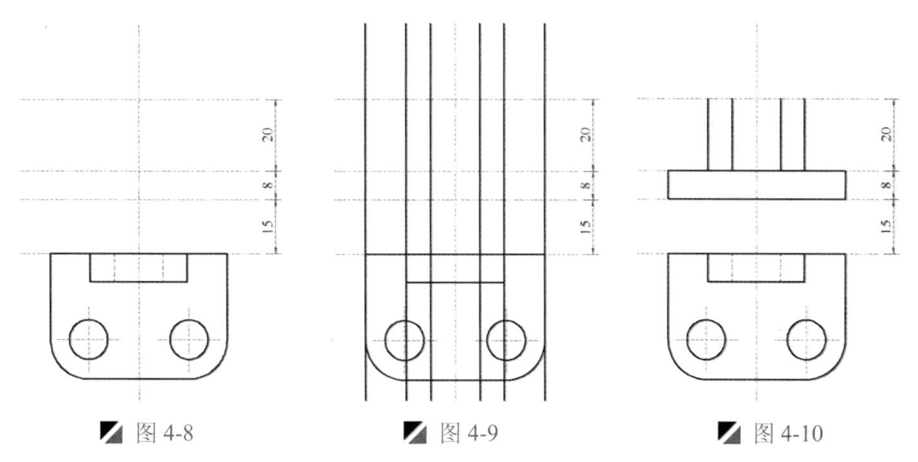

图 4-8　　图 4-9　　图 4-10

(Step 04) 执行“圆”命令（C），捕捉上侧中心线的交点作为圆心点，再捕捉垂直线段的端点，以此绘制两组同心圆对象，如图 4-11 所示。

(Step 05) 执行“修剪”命令（TR），将多余的线段进行修剪，如图 4-12 所示。

(Step 06) 再执行“构造线”命令（XL），过下侧主视图的圆心、象限点绘制 6 条垂直构造线，如图 4-13 所示。

(Step 07) 执行直线和修剪命令，将多余的线段进行修剪，且将线段转换为细虚线和中心线，从而完成前视的绘制，如图 4-14 所示。

读书破万卷

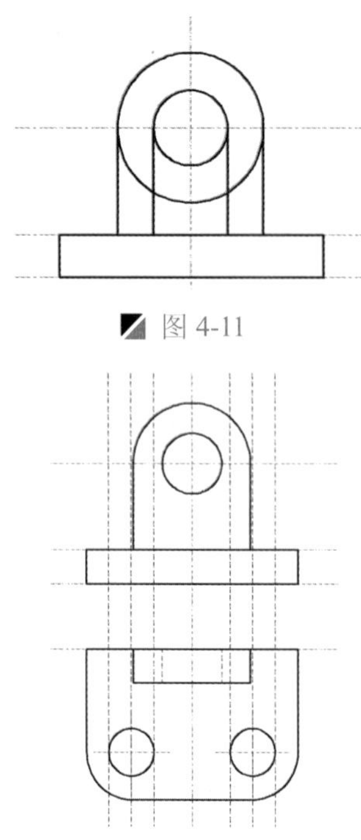

图 4-11

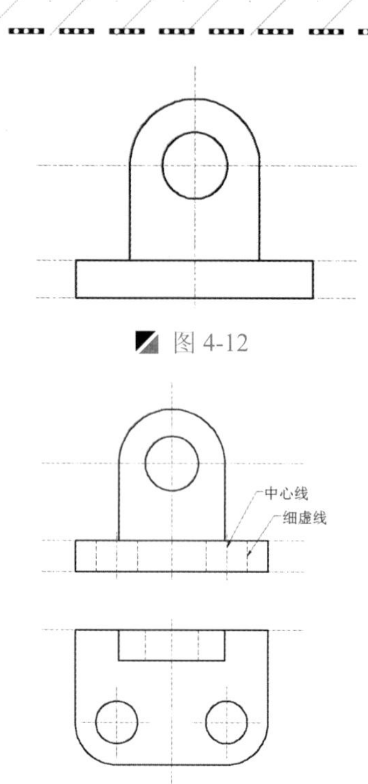

图 4-12

图 4-13

图 4-14

4.1.3 绘制左视图

Step 01 执行“偏移”命令（O），将前视图的垂直中心线向右侧进行偏移，偏移距离为 50mm、8mm 和 27mm。

Step 02 将“中心线”图层转换为当前图层。执行“构造线”命令（XL），选择“水平（H）”选项，捕捉前视图的相应交点绘制多条水平中心线，如图 4-15 所示。

Step 03 将“粗实线”图层转换为当前图层。执行“直线”命令（L），在右侧捕捉中心线的交点绘制多条直线段，如图 4-16 所示。

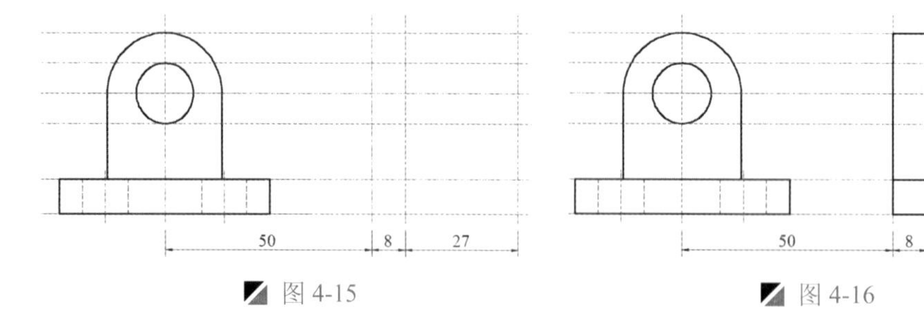

图 4-15　　图 4-16

Step 04 再执行“直线”命令（L），绘制圆孔轮廓线，并将其转换为中心线和细虚线图层，然后将多余的中心线进行修剪，如图 4-17 所示。

Step 05 执行“复制”命令（CO），将前视图的圆孔轮廓线复制到右侧的相应位置，如图 4-18 所示。

Step 06 至此，固定座的三视图已经绘制完成，最后对其进行尺寸标注，再按<Ctrl+S>键进行保存。

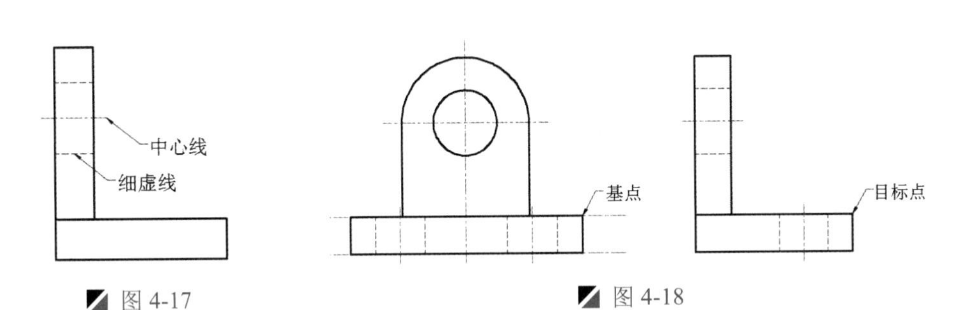

图 4-17　　图 4-18

提示：零件图的视图选择

零件图的视图选择，是指选用适当的视图、剖视、断面等表达方法，将零件的结构形状完整、清晰地表达出来。

选择视图的总原则是：在便于看图的前提下，力求画图简便。要达到这个要求首先必须选好主视图，然后选配其他视图。

（1）选择主视图的一般原则

① 形状特征原则。视图应较好地反映零件的形状特征，即能较好地将零件各功能部分的形状及相对位置表达出来。

② 加工位置原则。主视图与零件在机床上加工时的装夹位置一致，以便于工人看图加工。

③ 工作位置原则。主视图与零件在机器（或部件）中的工作位置一致，以便对照装配图进行作业。

选择主视图时，上述三个原则并不是总能同时满足，还需要根据零件的类型等情况来确定按哪个原则选择主视图。

（2）选择其他视图

为了表达清楚该零件的每个组成部分的形状和它们的相对位置，除主视图外，一般还需要其他视图。

选择其他视图时，要考虑需要哪些视图（包括断面），还要考虑到用尺寸注法可以表达形状，如图 4-19 所示尺寸的符号为“ϕ”，即可表示零件为柱体结构等。

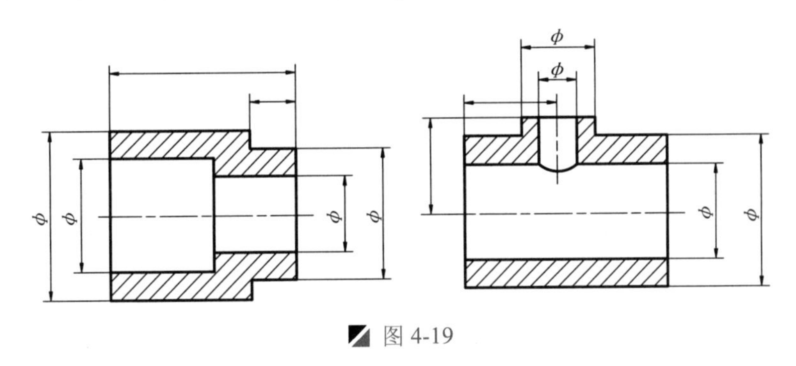

图 4-19

读书破万卷

4.2 卡座的绘制

案例	卡座.dwg	视频	卡座的绘制.avi	时长	05'17"

从如图 4-20 所示的三视图可以看出，它由前视图、俯视图和左视图三个部分组成，在绘制的时候，综合三视图的相关尺寸来进行绘制，先绘制前视图，再以此绘制俯视图，然后绘制左视图。

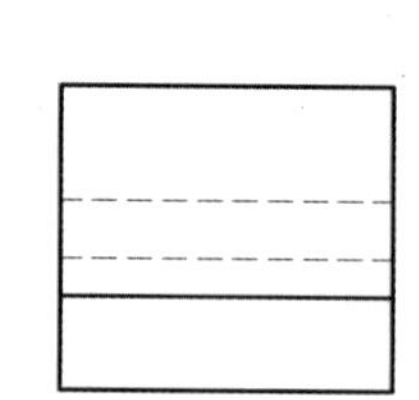

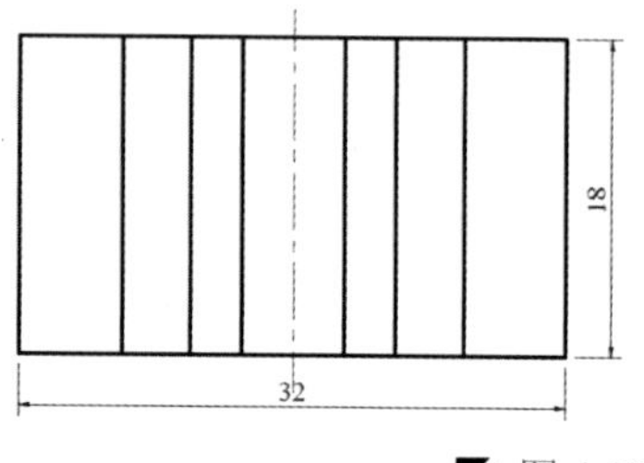

图 4-20

4.2.1 绘制前视图

Step 01 启动 AutoCAD 2015 软件，按<Ctrl+O>组合键，打开“机械样板.dwt”文件。

Step 02 按<Ctrl+Shift+S>组合键，将该样板文件另存为“卡座.dwg”文件。

Step 03 在“图层”面板的“图层控制”下拉列表中，选择“中心线”图层作为当前图层。

Step 04 执行“构造线”命令（XL），绘制互相垂直的两条构造线作为基准线。

Step 05 在“图层”面板的“图层控制”下拉列表中，选择“粗实线”图层作为当前图层。

Step 06 执行“矩形”命令（REC），绘制 32×5mm、20×11mm、6×9mm 三个矩形对象，然后将其按照如图 4-21 所示进行对齐放置。

提示：三个矩形中点对齐

用户在绘制的三个矩形过后，打开“中点”对象捕捉模式，然后将其三个矩形按照中点的方式对齐。

Step 07 执行“偏移”命令（O），将垂直中心线向左右两侧各偏移 6mm，将水平中心线向上偏移 10mm，如图 4-22 所示。

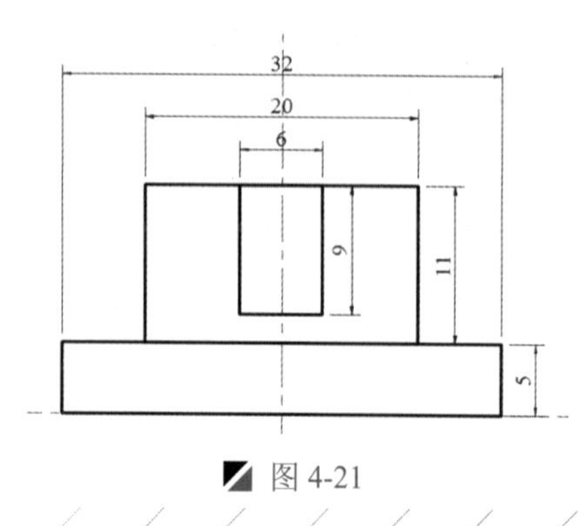

图 4-21

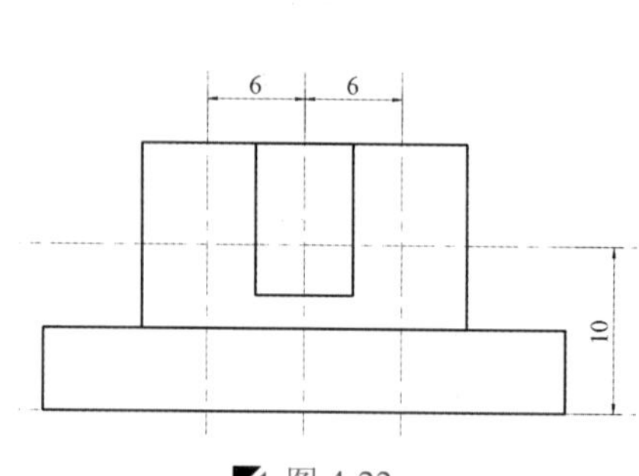

图 4-22

Step 08 执行“直线”命令（L），捕捉相应的交点进行直线连接，如图 4-23 所示。

Step 09 执行“分解”命令（X），将多个矩形进行打散操作；再执行“修剪”命令（TR），将多余的线段进行修剪，从而完成前视图的绘制，如图 4-24 所示。

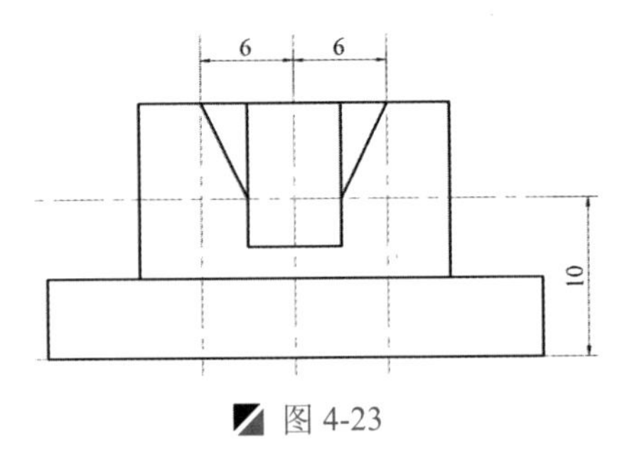

图 4-23

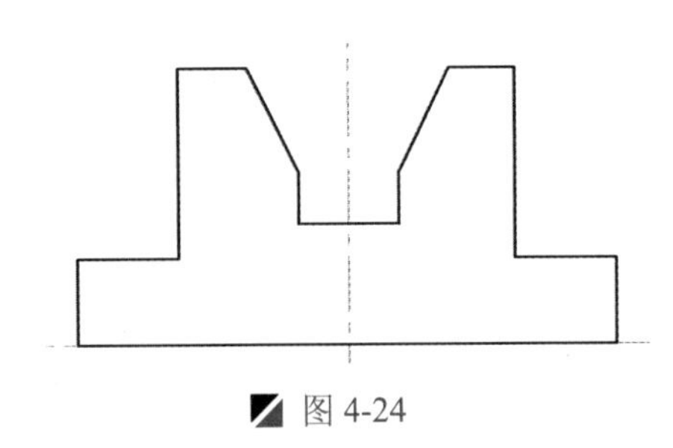

图 4-24

4.2.1 绘制俯视图

Step 01 执行“构造线”命令（XL），选择“垂直（V）”选项，捕捉前视图的相应轮廓来绘制多条垂直构造线，如图 4-25 所示。

Step 02 执行“直线”命令（L），在前视图的下侧绘制一条水平线段；再使用“偏移”命令（O），将绘制的水平线段向下偏移 18mm；然后执行“修剪”命令（TR），将多余的构造线进行修剪，从而完成俯视图的绘制，如图 4-26 所示。

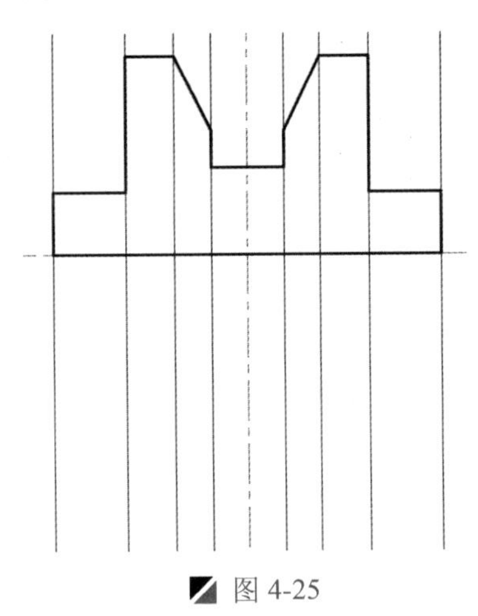

图 4-25

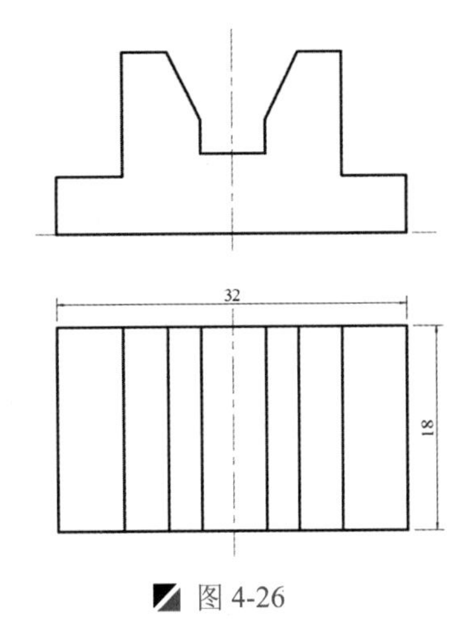

图 4-26

4.2.3 绘制左视图

Step 01 执行“偏移”命令（O），将前视图的垂直中心线向右侧偏移 30mm 和 18mm。

Step 02 执行“构造线”命令（XL），捕捉前视图的相应轮廓点来绘制多条水平中心线，如图 4-27 所示。

Step 03 执行“直线”命令（L），捕捉右侧的相应交点，绘制多条直线段，如图 4-28 所示。

Step 04 执行“删除”命令（E），将右侧的多条水平和垂直中心线对象删除；再选择另外两条水平线段，将其转换为“细虚线”对象，从而完成左视图的绘制，如图 4-29 所示。

读书破万卷

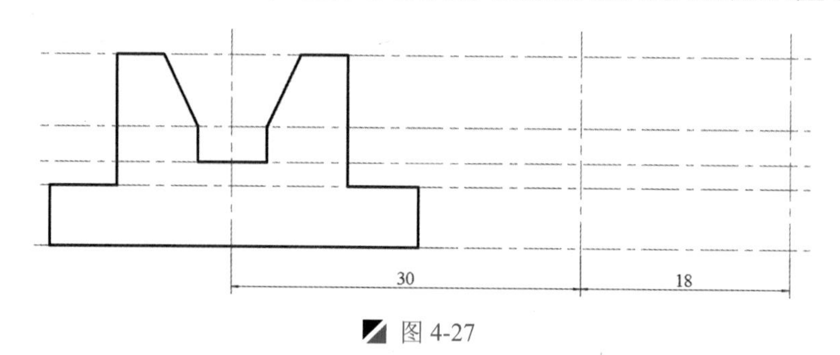

图 4-27

Step 05 至此，该卡轮的三视图已经绘制完成，最后对其进行尺寸标注，再按<Ctrl+S>键进行保存。

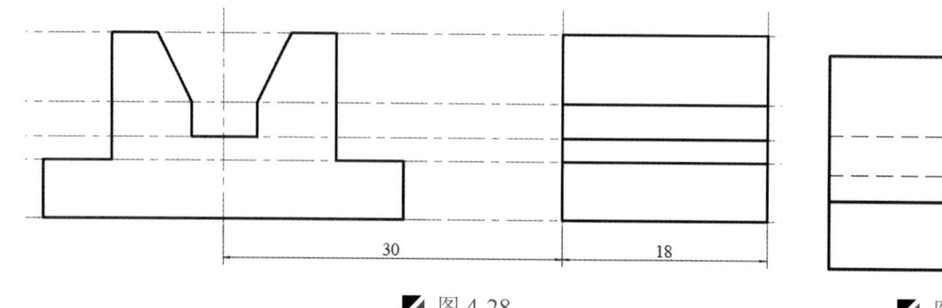

图 4-28　　图 4-29

提示：机械零件的类型

零件的形状繁多，但按其结构形状大体可归纳为四大类：轴套类零件、盘盖类零件、叉架类零件和箱体类零件。每一类零件应根据其自身的结构特点确定其表达方案。

4.3 支撑座的绘制

案例	支撑座.dwg	视频	支撑座的绘制.avi	时长	06'20"

从如图 4-30 所示的三视图可以看出，它由前视图、俯视图和右视图三个部分组成，在绘制的时候，综合三视图的相关尺寸进行绘制，先绘制俯视图，再以此绘制前视图，然后绘制左视图。

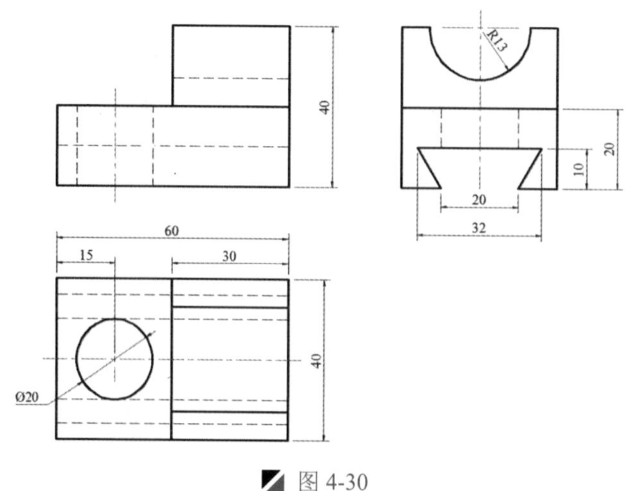

图 4-30

4.3.1 绘制俯视图

Step 01 启动 AutoCAD 2015 软件，按<Ctrl+O>组合键，打开“机械样板.dwt”文件。

Step 02 按<Ctrl+Shift+S>组合键，将该样板文件另存为“支撑座.dwg”文件。

Step 03 在“图层”面板的“图层控制”下拉列表中，选择“粗实线”图层作为当前图层。

Step 04 执行“矩形”命令（REC），在视图中指定任意一点作为矩形的第一角点，然后输入“@60，40”作为对角点，从而绘制 60×40mm 的矩形对象，如图 4-31 所示。

Step 05 执行“构造线”命令（XL），过矩形的中点绘制一条水平构造线，过矩形左侧端点绘制一条垂直构造线，并将垂直构造线向右移动 15mm，然后将两条构造线转为“中心线”图层，如图 4-32 所示。

Step 06 执行“圆”命令（C），捕捉中心线的交点作为圆心。绘制直径为 20mm 的圆对象，如图 4-33 所示。

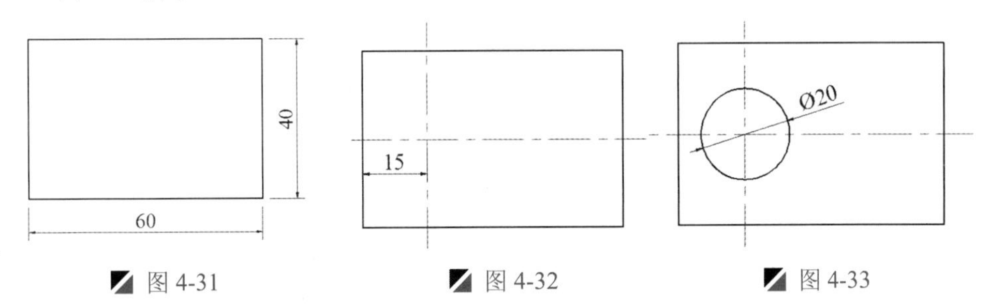

图 4-31　图 4-32　图 4-33

Step 07 执行“分解”命令（X），将矩形对象进行分解；再执行“偏移”命令（O），将水平中心线向上向下各偏移 10mm、13mm、16mm 的距离。

Step 08 执行“偏移”命令（O），将右侧的垂直线段向左偏移 30mm，如图 4-34 所示。

Step 09 执行“修剪”命令（TR），将多余的对象进行修剪并删除，然后将偏移为 26mm 的两条中心线转为“粗实线”图层，将另外 4 条偏移的中心线转为“细虚线”图层，从而形成俯视图效果，如图 4-35 所示。

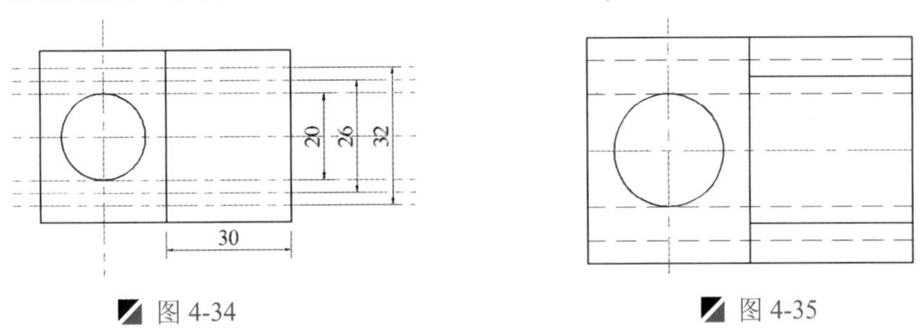

图 4-34　图 4-35

4.3.2 绘制前视图

Step 01 执行“直线”命令（L），过俯视图轮廓的相应交点向上引申直线段，并在引出的线段上绘制一条与其相垂直的线段，如图 4-36 所示。

Step 02 执行“偏移”命令（O），将绘制的水平线段向上依次偏移 10mm、20mm、27mm 和 40mm 的距离，如图 4-37 所示。

Step 03 执行“修剪”命令（TR），将多余的对象进行修剪并删除，并将相应的 4 条直线转为“细虚线”图层，从而形成前视图效果，如图 4-38 所示。

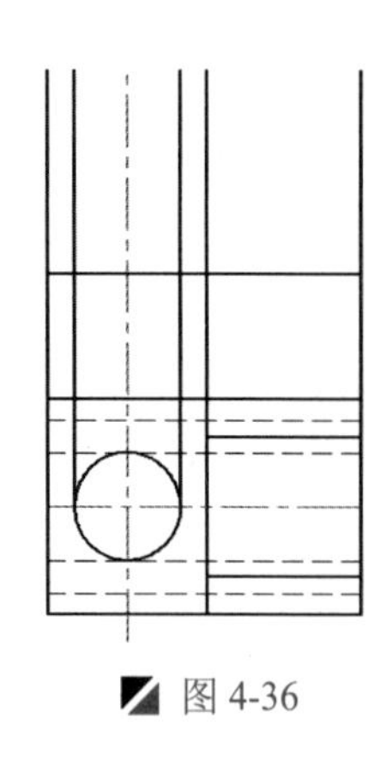

图 4-36

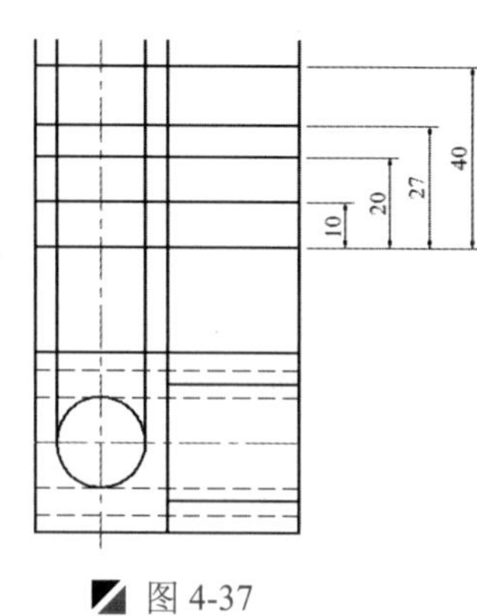

图 4-37

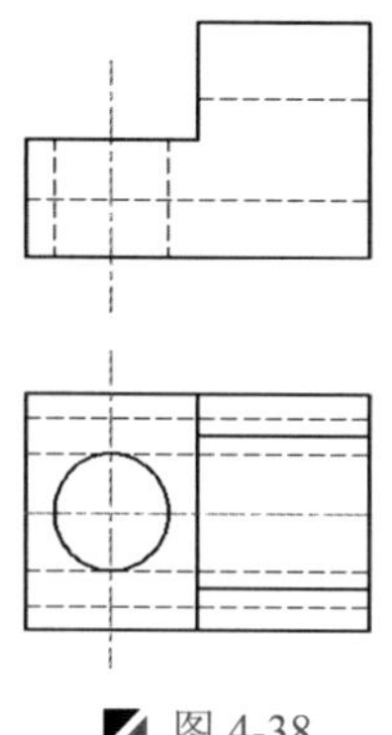

图 4-38

4.3.3 绘制左视图

Step 01 执行“直线”命令（L），过前视图轮廓的相应交点向上引申直线段，并在引出的线段上绘制一条与之相垂直的线段，如图 4-39 所示。

Step 02 执行“偏移”命令（O），将绘制的垂直线段向左依次偏移 10mm、16mm、20mm，再向右依次偏移 10mm、16mm、20mm；执行“直线”命令（L），捕捉相应的交点来进行直线连接，如图 4-40 所示。

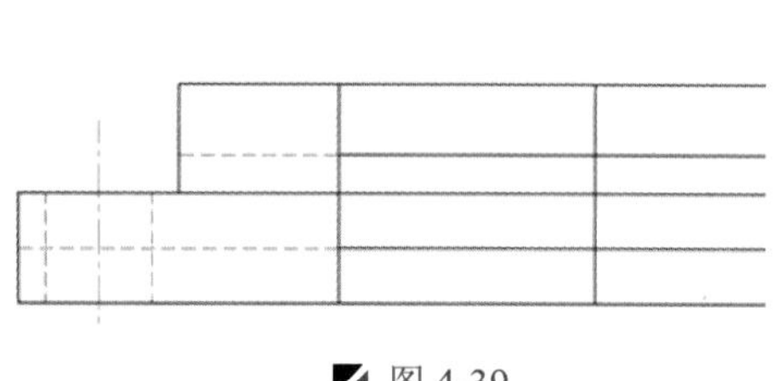

图 4-39

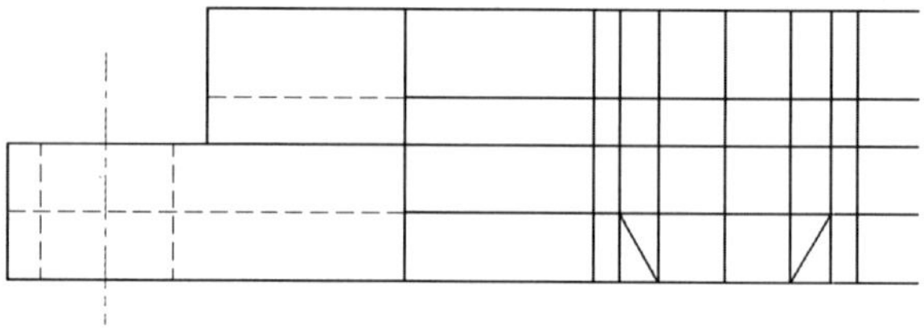

图 4-40

注意：偏移后的修剪

> 在执行偏移后的对象较多时，可在偏移的同时立刻进行修剪，以免在后面出现较多的线条时出错。

Step 03 执行“圆”命令（C），捕捉最上侧的引申直线与绘制的垂直直线的交点作为圆心点，再捕捉从上向下第 2 条引申直线与绘制的垂直直线的交点作为圆的半径，绘制圆对象，如图 4-41 所示。

Step 04 执行“修剪”命令（TR），修剪并删除多余的对象，且将指定的线段转换为“细虚线”图层，从而形成侧视图效果，如图 4-42 所示。

Step 05 至此，该支撑座三视图已经绘制完成，最后对其进行尺寸标注，再按<Ctrl+S>键进行保存。

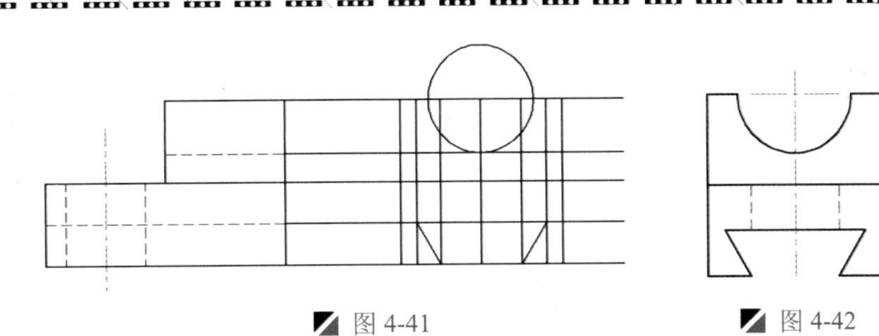

图 4-41　　图 4-42

提示：轴、套类零件视图的选择

轴、套类零件结构的主体部分大多是同轴回转体，它们一般起支承转动零件、传递动力的作用，因此，常带有键槽、轴肩、螺蚊及退刀槽或砂轮越程槽等结构。常见轴、套类零件，如图 4-43 所示。

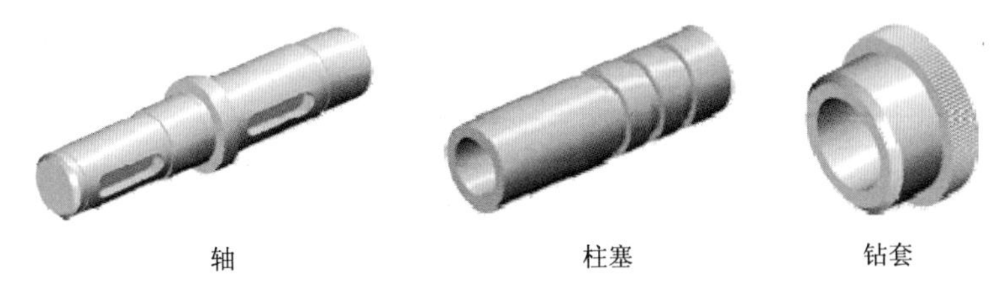

图 4-43

轴是用来支承传动零件，并使之绕其轴线作转动的零件。这类零件的主要加工过程是在卧式车床上完成的。

轴、套类零件主视图应按加工位置原则选择，即应将轴线水平放置画图，它们一般采用主视图附加一些剖面图等来表达，如图 4-44 所示。

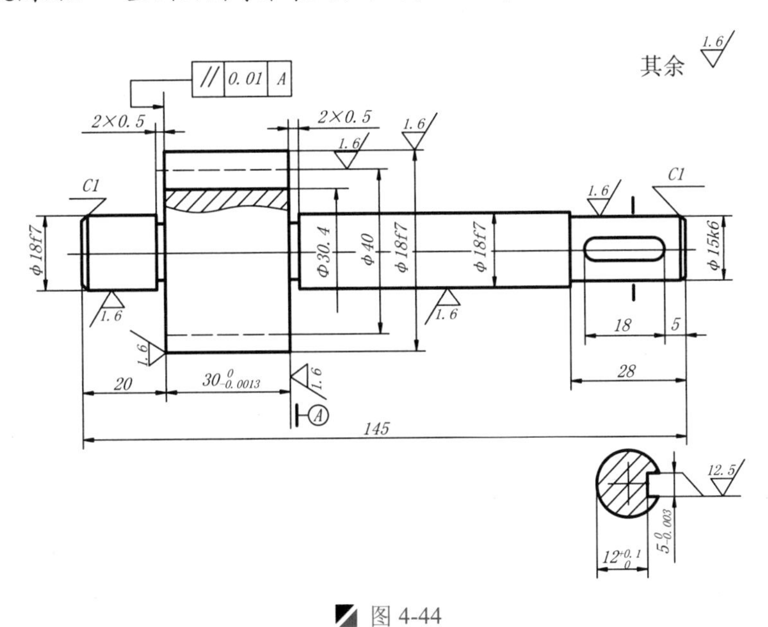

图 4-44

读书破万卷

4.4 模板的绘制

案例 模板.dwg　　视频 模板的绘制.avi　　时长 05'54"

从如图 4-45 所示的三视图可以看出，它由前视图、俯视图和左视图三个部分组成，在绘制的时候，综合三视图的相关尺寸来进行绘制，先绘制前视图，再以此绘制俯视图，然后绘制左视图。

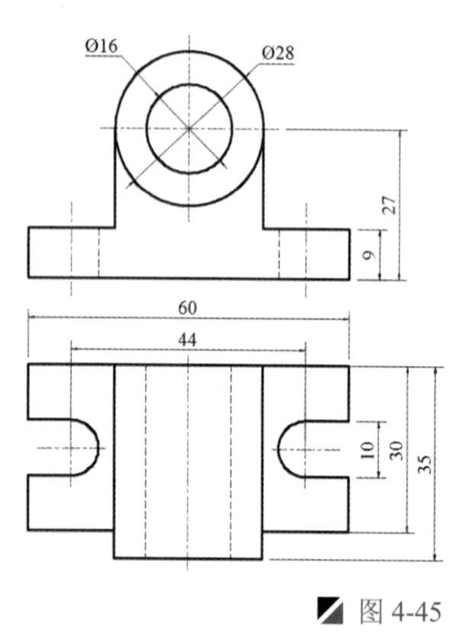

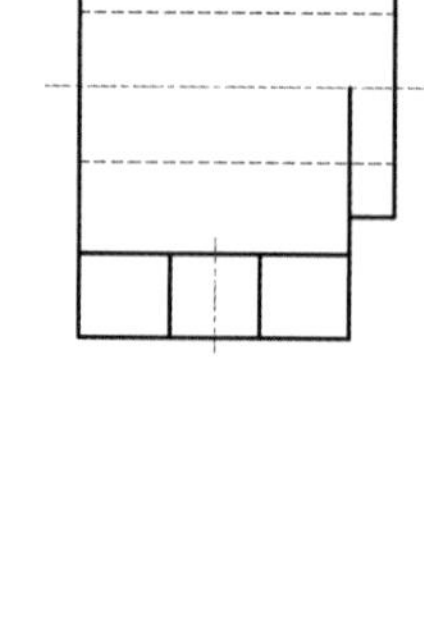

图 4-45

4.4.1 绘制前视图

Step 01 启动 AutoCAD 2015 软件，按<Ctrl+O>组合键，打开“机械样板.dwt”文件。

Step 02 按<Ctrl+Shift+S>组合键，将该样板文件另存为“模板.dwg”文件。

Step 03 在“图层”面板的“图层控制”下拉列表中，选择“粗实线”图层作为当前图层。

Step 04 执行“矩形”命令（REC），在视图中指定任意一点作为矩形的第一角点，然后输入“@60，9”作为对角点，从而绘制 60×9mm 的矩形对象.。

Step 05 执行“构造线”命令（XL），捕捉矩形的中点绘制一条垂直构造线，再捕捉矩形下侧端点绘制一条水平构造线，并将水平构造线向上移动 27mm，然后将两条构造线转为“中心线”图层，如图 4-46 所示。

Step 06 执行“圆”命令（C），捕捉中心线的交点作为圆心，绘制直径为 16mm、28mm 的同心圆，如图 4-47 所示。

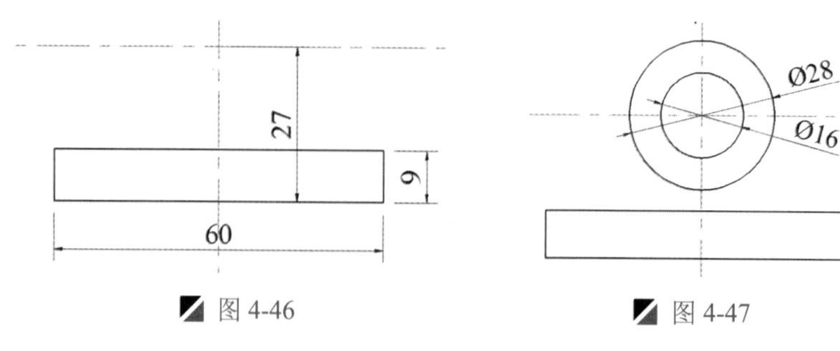

图 4-46　　图 4-47

Step 07 执行“偏移”命令（O），将垂直中心线向左右两侧各偏移 22mm、17mm，如图 4-48 所示。

Step 08 执行“直线”命令（L），捕捉外圆的左右象限点绘制两条与矩形上侧相垂直的直线段；执行“修剪”命令（TR），将多余的对象进行修剪并删除，并将偏移为 17mm 的中心线转为“细虚线”图层，如图 4-49 所示。

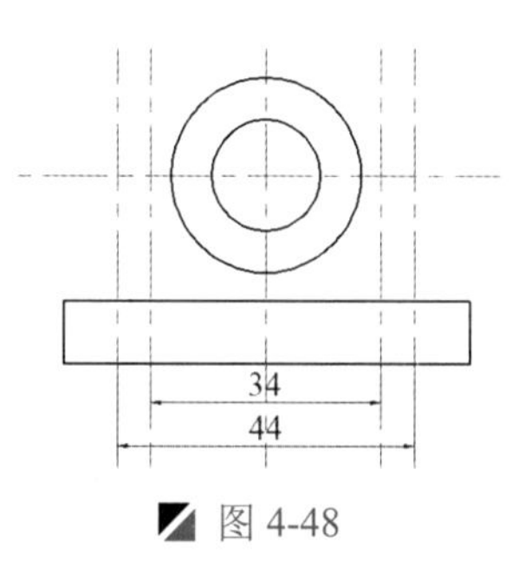

图 4-48

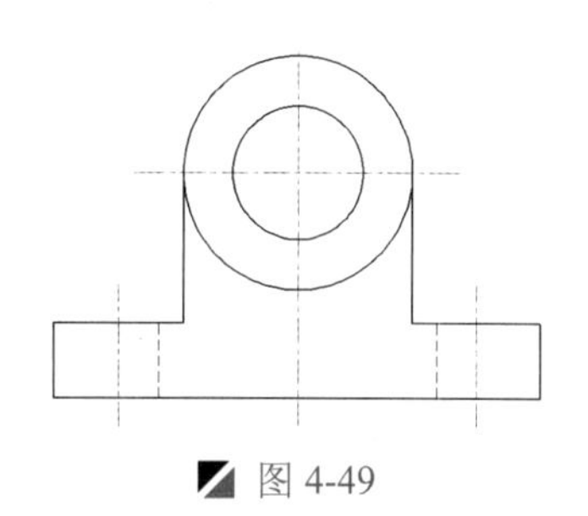

图 4-49

4.4.2 绘制俯视图

Step 01 执行“直线”命令（L），过前视图轮廓的相应交点向下引申直线段，并在引出的线段绘制一条与其相垂直的线段，如图 4-50 所示。

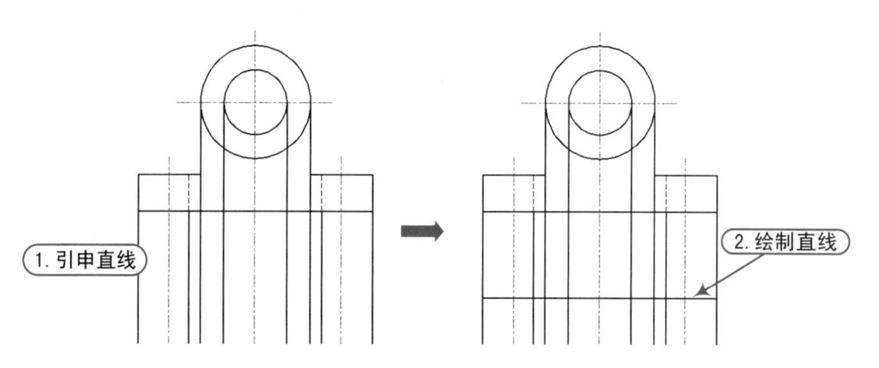

图 4-50

Step 02 执行“偏移”命令（O），将绘制的水平线段向上依次偏移 5mm、15mm 的距离，再向下依次偏移 5mm、15mm、20mm 的距离；再执行“修剪”命令（TR），修剪并删除多余的对象，如图 4-51 所示。

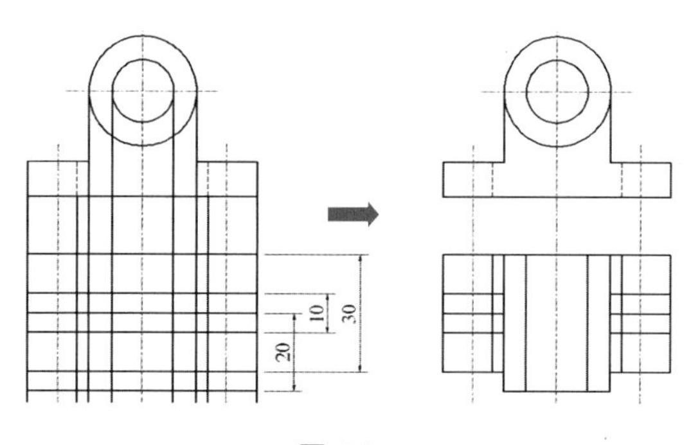

图 4-51

Step 03 执行“圆”命令（C），捕捉绘制的垂直直线与两侧的垂直中心线的交点作为圆心，绘制两个半径为 5mm 的圆。

Step 04 再执行“修剪”命令（TR），修剪并删除多余的对象，并将圆弧处的两水平线转为“中心线”图层，将垂直中心线两侧的引申线转为“细虚线”图层，从而形成俯视图效果，如图 4-52 所示。

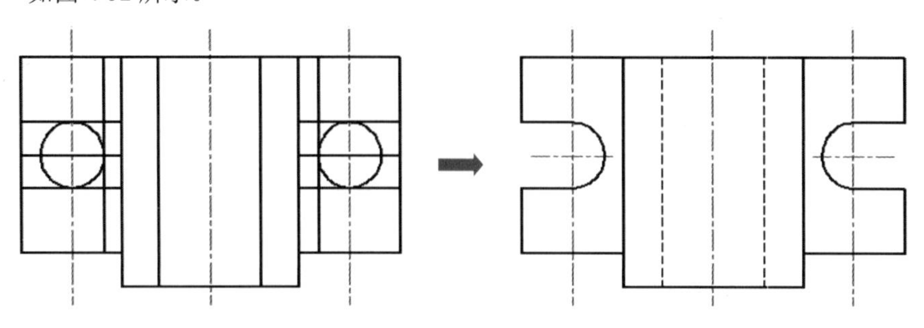

图 4-52

提示：显示线宽对象

在机械图样中的线条有明确说明，轮廓线与其他线型的粗细不一致，因此，在绘制中用户可单击状态栏中的“显示/隐藏线宽”按钮，此时，图中的轮廓线将变成明显的粗实线效果，如图 4-53 所示。

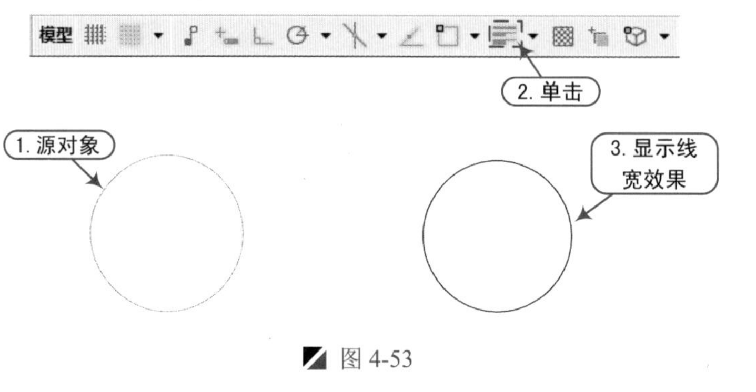

图 4-53

4.4.3 绘制左视图

Step 01 执行“直线”命令（L），过前视图轮廓的相应交点向右引申直线段，并在引出的线段绘制一条与之相垂直的线段，如图 4-54 所示。

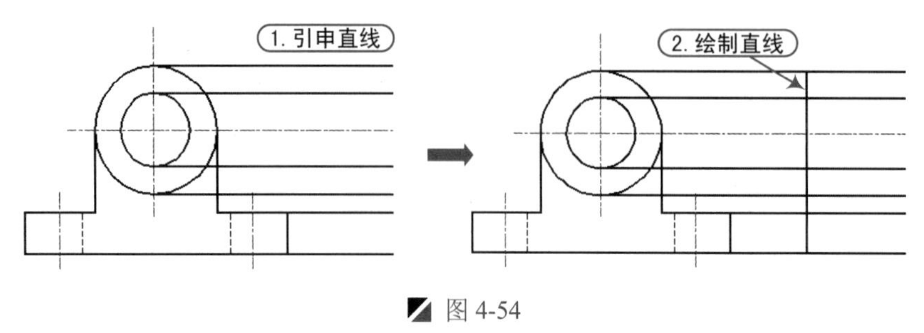

图 4-54

Step 02 执行“偏移”命令（O），将绘制的垂直线段向右依次偏移 10mm、15mm、20mm，30mm、35mm。

Step 03 再执行“修剪”命令（TR），将多余的对象进行修剪并删除，然后将水平中心线两侧的引申线段转为“细虚线”图层，将偏移为 15mm 的直线转为“中心线”图层，从而形成左视图的绘制，如图 4-55 所示。

Step 04 至此，该模板三视图已经绘制完成，最后对其进行尺寸标注，再按<Ctrl+S>键进行保存。

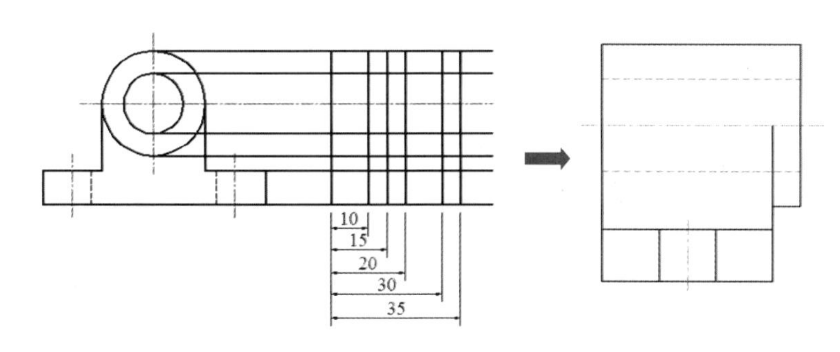

图 4-55

4.5 压盖的绘制

案例	压盖.dwg	视频	压盖的绘制.avi	时长	05'12"

从如图 4-56 所示的视图可以看出，它由俯视图和剖面图两个部分组成，在绘制的时候，先绘制俯视图，再以此绘制剖面图。

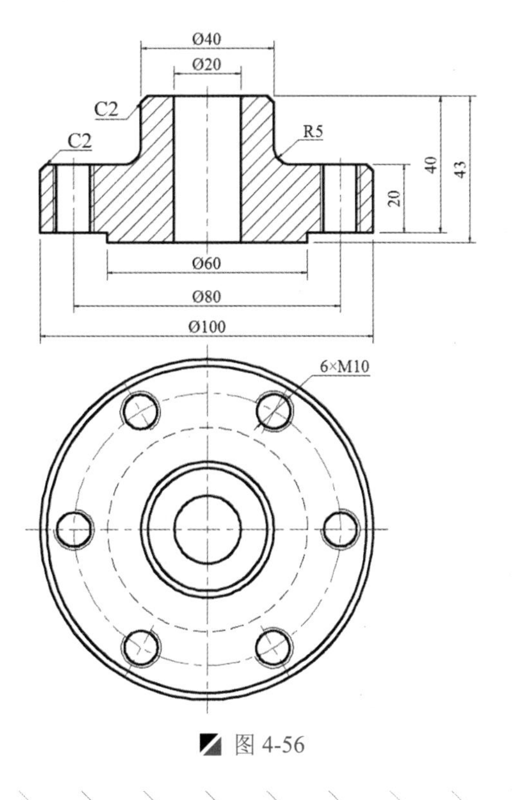

图 4-56

提示：盘、盖类零件视图的选择

盘、盖类零件的主体结构是同轴线的回转体或其他平板形，常见盘、盖类零件，如图 4-57 所示。

齿轮

尾架端盖

电机端盖

图 4-57

盘类零件一般是用来传递运动或动力的，如齿轮、带轮等；盖类零件一般是盖住轴承孔等的圆形端盖。

这类零件的基本形状是扁平的盘状，通常需用两个基本视图进行表达，如图 4-58（b）所示。主视图常取剖视，以表达零件的内部结构，另一基本视图主要表达其外轮廓以及零件上各种孔的分布。

盘、盖类零件也是装夹在卧式车床的卡盘上加工的。与轴、套类零件相似，其主视图主要遵循加工位置原则，即应将轴线水平放置画图，如图 4-58（a）所示。

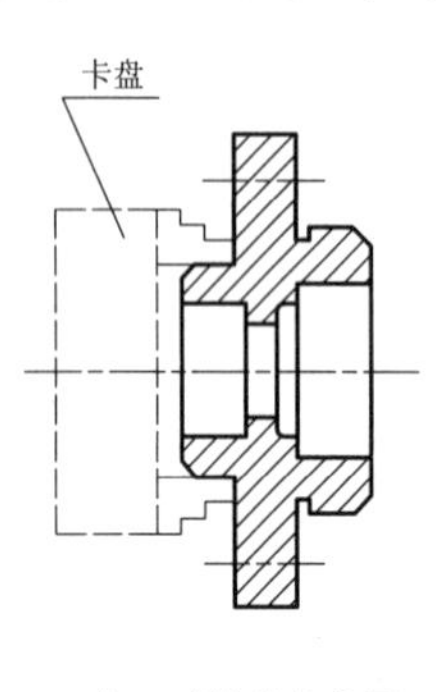

(a) 加工时的装夹位置

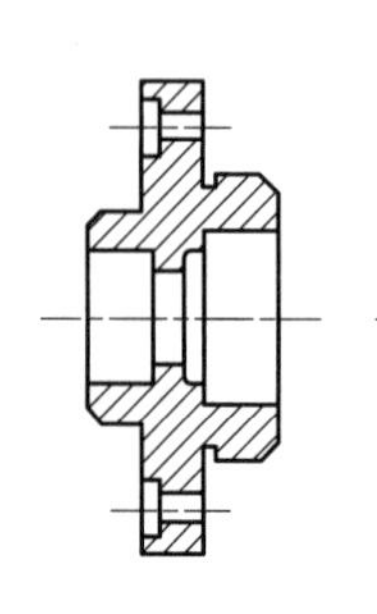
(b) 视图的表达方案

图 4-58

4.5.1 绘制俯视图

Step 01 启动 AutoCAD 2015 软件，按<Ctrl+O>组合键，打开“机械样板.dwt”文件。

Step 02 按<Ctrl+Shift+S>组合键，将该样板文件另存为“压盖.dwg”文件。

Step 03 在“图层”面板的“图层控制”下拉列表中，选择“粗实线”图层作为当前图层。

Step 04 执行“构造线”命令（XL），绘制一条水平和垂直构造线，然后将其转为“中心线”图层。

Step 05 执行“圆”命令（C），捕捉中心线的交点作为圆心点，绘制直径为 20mm、36mm、40mm、96mm、100mm 的 5 个同心圆，如图 4-59 所示。

Step 06 执行“圆”命令（C），捕捉中心线的交点作为圆心点绘制直径为 60mm、80mm 的同心圆，将直径为 60mm 的圆转为“细虚线”图层，将直径为 80mm 的圆转为“中心线”图层，如图 4-60 所示。

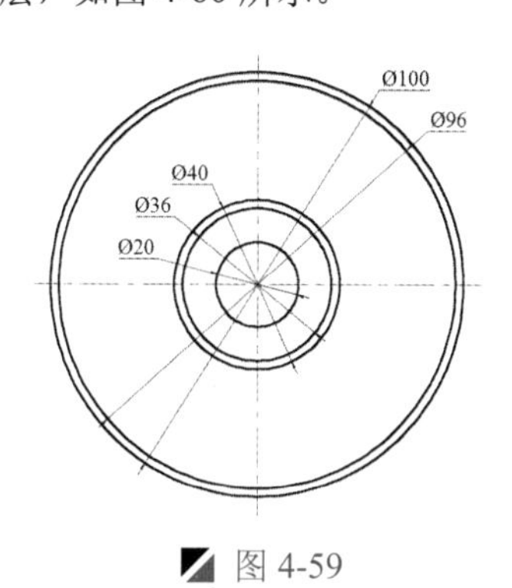

图 4-59

图 4-60

Step 07 执行“圆”命令（C），在直径为 80mm 的圆的右象限点上绘制直径为 10mm 和 12mm 的同心圆对象；再执行“修剪”命令（TR），将直径为 12mm 圆对象进行修剪，然后将修剪后的圆弧转换为“细实线”图层，如图 4-60 所示。

Step 08 执行“阵列”命令（AR），选择上一步所绘制的圆孔对象，再选择“极轴（PO）”选项，然后捕捉大圆中心点，然后输入阵列项目数为 6，如图 4-62 所示。

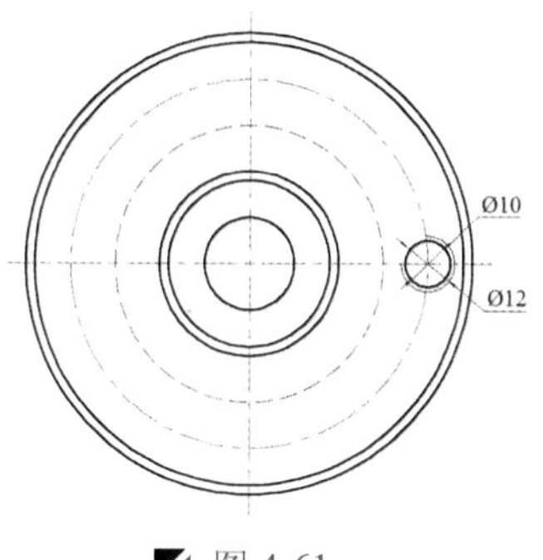

图 4-61

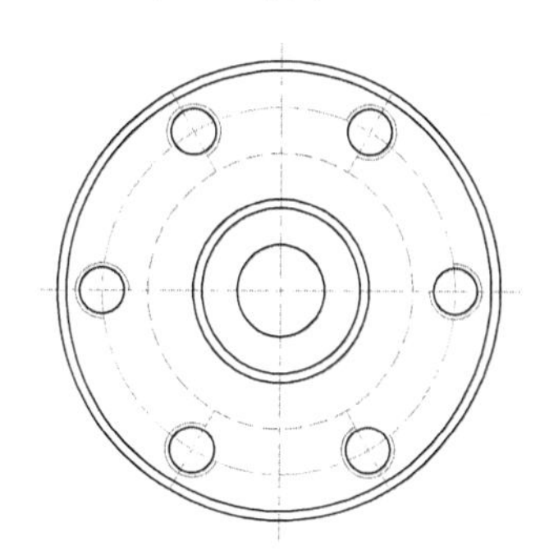

图 4-62

提示：阵列选项卡

在“草图与注释”工作空间下，启动极轴阵列命令后，将弹出“阵列创建”选项卡，用户可以在此设置阵列的项目数，如图 4-63 所示。

图 4-63

4.5.2 绘制剖视图

Step 01 执行“构造线”命令（XL），选择“垂直（V）”选项，过俯视图轮廓的相应交点绘制多条垂直构造线；然后在图形的上侧绘制一条水平线段，如图 4-64 所示。

Step 02 执行“偏移”命令（O），将绘制的水平线段向上依次偏移 3mm、20mm、20mm，如图 4-65 所示。

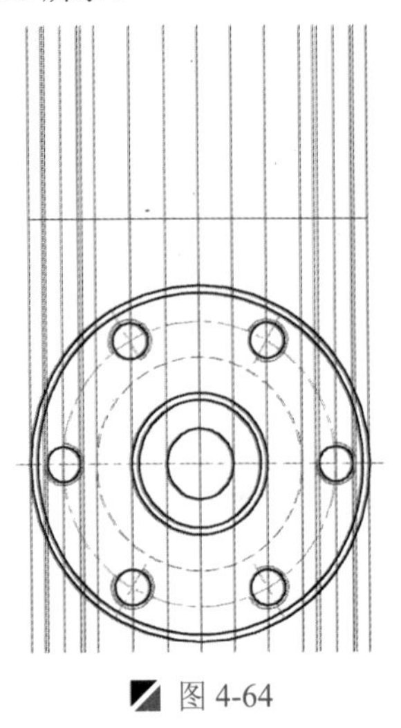

图 4-64

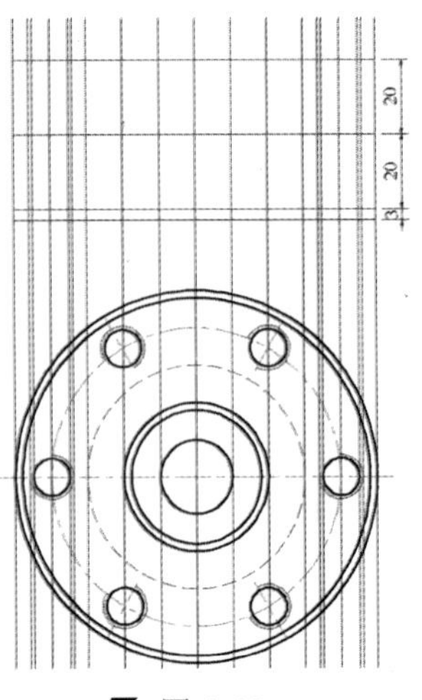

图 4-65

Step 03 再执行“修剪”命令（TR），将多余的对象按照如图 4-66 所示进行修剪。

Step 04 根据图形的要求，将指定的线段分别转换为“粗实线”、“细实线”和“中心线”图层，其转换后的效果如图 4-67 所示。

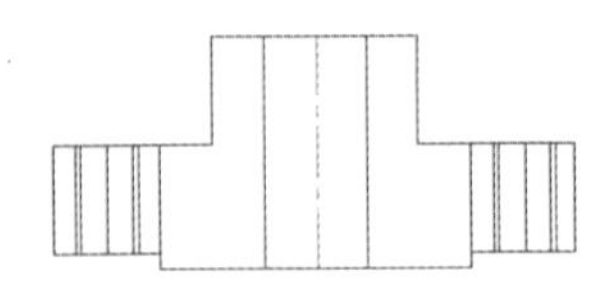

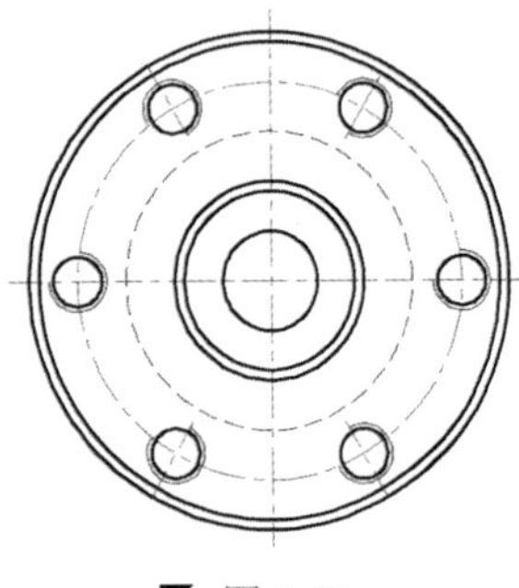

图 4-66

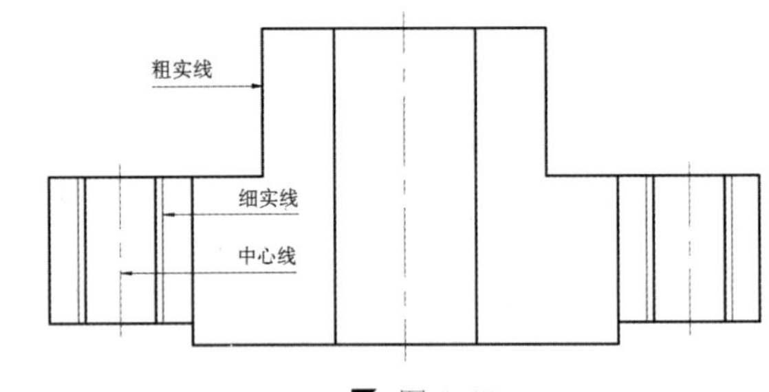

图 4-67

Step 05 执行“倒角”命令（CHA），将图形指定角点进行倒角处理，倒角的距离均为 2；再执行“圆角”命令（F），设置圆角半径为 5，再对指定的角点进行圆角处理，如图 4-68 所示。

Step 06 切换到“剖面线”图层，执行“图案填充”命令（H），对前视图的内部进行图案填充，设置填充图案为“ANSI-31”，填充比例为“1”，即可完成剖面图形的绘制，如图 4-69 所示。

注意：剖面填充

由于机械零件图大部分是金属材料，因此在对剖面材料进行填充时，基本上都是用线型图案，也就是填充材料里面的“ANSI-31”，然后调整相应的比例即可。

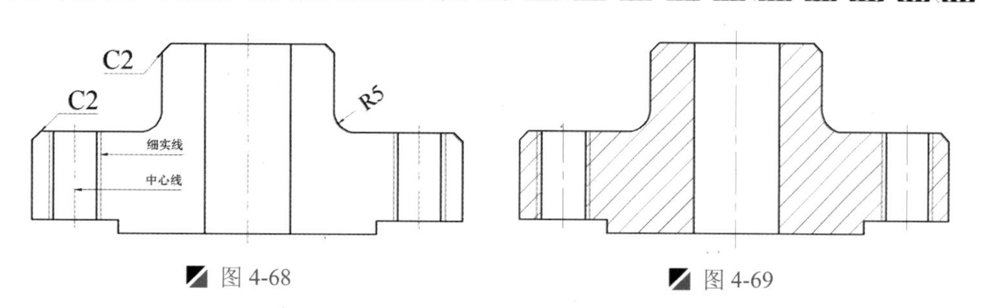

图 4-68　　图 4-69

Step 07 至此，该压盖视图已经绘制完成，最后对其进行尺寸标注，再按<Ctrl+S>键进行保存。

提示：图案填充方法

对封闭的区域进行图案填充时，首先应对其进行设置，在“默认”选项卡的“绘图”面板中单击“图案填充”按钮或在命令行中输入快捷键“H”。

执行“图案填充”命令（H），选择“设置（T）”选项，将弹出“图案填充和渐变色”对话框。根据要求选择一封闭的图形区域，并设置填充的图案、比例、颜色等，即可对其进行图案填充操作，如图 4-70 所示。

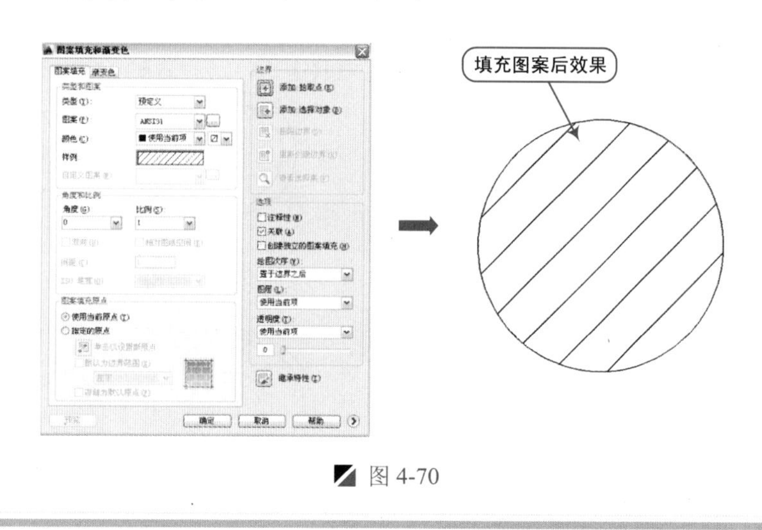

图 4-70

4.6 轴承盖的绘制

案例　轴承盖.dwg　　视频　轴承盖的绘制.avi　　时长　07'02"

从图 4-71 所示的视图可以看出，它由俯视图和剖面图两个部分组成，在绘制的时候，先绘制俯视图，再以此绘制剖面图。

4.6.1 绘制俯视图

Step 01 启动 AutoCAD 2015 软件，按<Ctrl+O>组合键，打开“机械样板.dwt”文件。

Step 02 按<Ctrl+Shift+S>组合键，将该样板文件另存为“轴承盖.dwg”文件。

Step 03 在“图层”面板的“图层控制”下拉列表中，选择“中心线”图层作为当前图层。

Step 04 执行“构造线”命令（XL），绘制一条水平和垂直构造线；执行“偏移”命令（O），将垂直构造线向左或向右偏移 36mm，如图 4-72 所示。

Step 05 切换至“粗实线”图层，执行“圆”命令（C），捕捉左侧中心线的交点作为圆心点，绘制半径为 7mm 和 9mm 的两个同心圆；再执行“复制”命令（CO），将所绘制的两个同心圆对象复制到右侧的轴线交点位置，如图 4-73 所示。

Step 06 再执行“圆”命令（C），捕捉左侧中心线的交点作为圆心点，绘制半径为 16mm 和 18mm 的两个同心圆；再执行“复制”命令（CO），将半径为 18mm 的圆对象复制到右侧的轴线交点位置，如图 4-74 所示。

Step 07 执行“直线”命令（L），捕捉左、右两侧半径为 18mm 两圆的上下象限点进行直线连接，如图 4-75 所示。

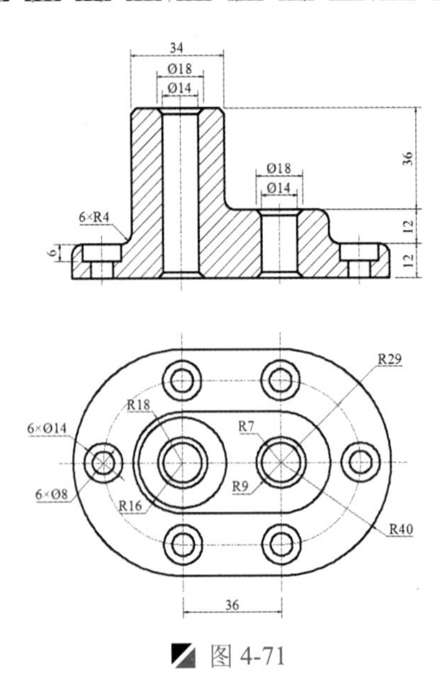

图 4-71

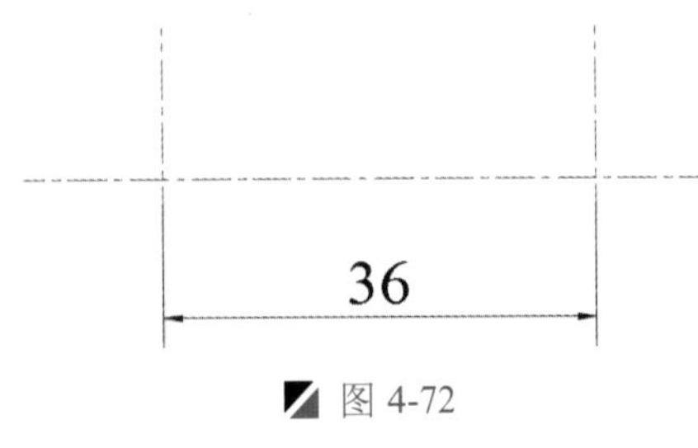

图 4-72

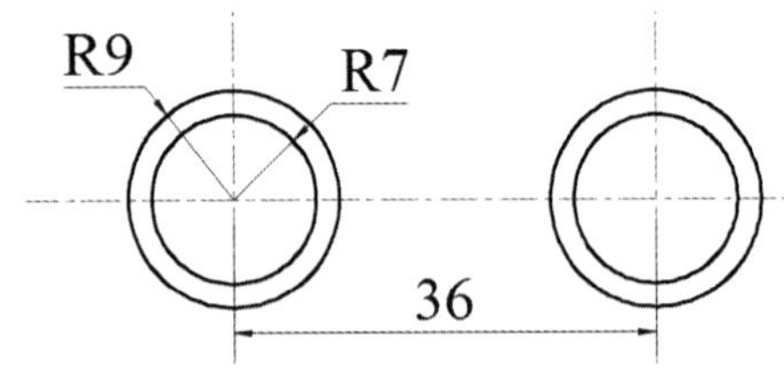

图 4-73

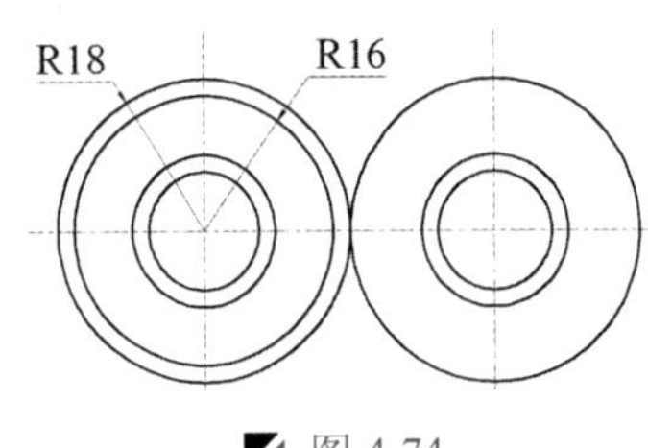

图 4-74

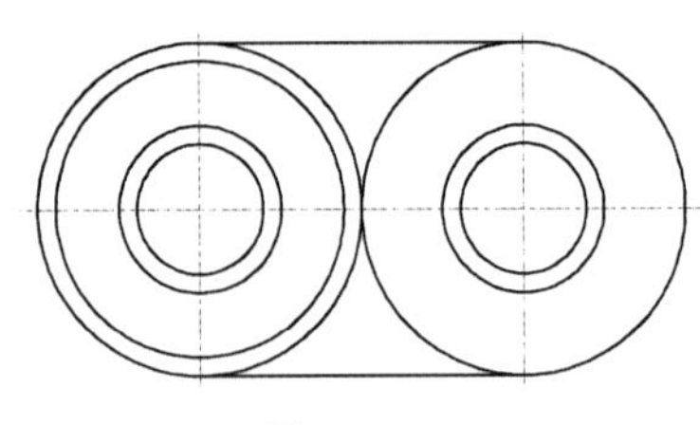

图 4-75

Step 08 执行“修剪”命令（TR），将内侧的两圆弧进行修剪，如图 4-76 所示。

Step 09 执行“合并”命令（J），将外侧的圆弧和两条直线段进行连接，使之成为一条多段线，如图 4-77 所示。

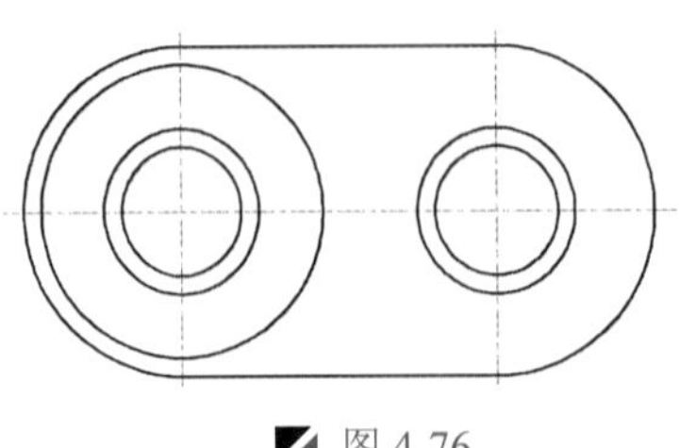

图 4-76

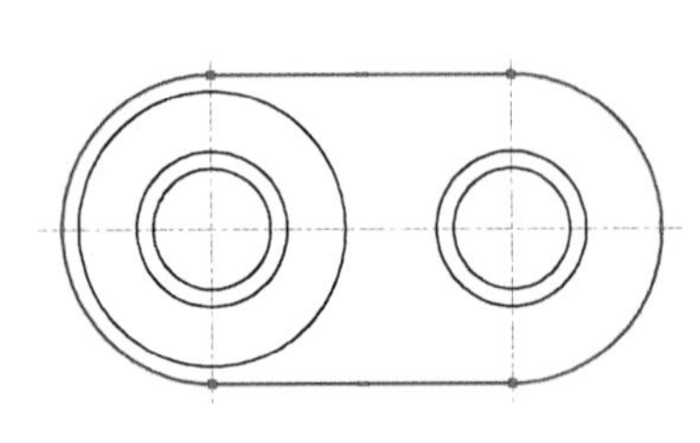

图 4-77

Step 10 执行“偏移”命令（O），将上一步所合并的多段线向外偏移 11mm、11mm，并将中间那条多段线转换为“中心线”图层，如图 4-78 所示。

Step 11 执行“圆”命令（C），在“中心线”对象的交点上绘制直径为 8mm 和 14mm 的两个同心圆对象，如图 4-79 所示。

Step 12 执行“复制”命令（CO），将上一步所绘制的两个同心圆对象复制到其他轴网的交点上，如图 4-80 所示。

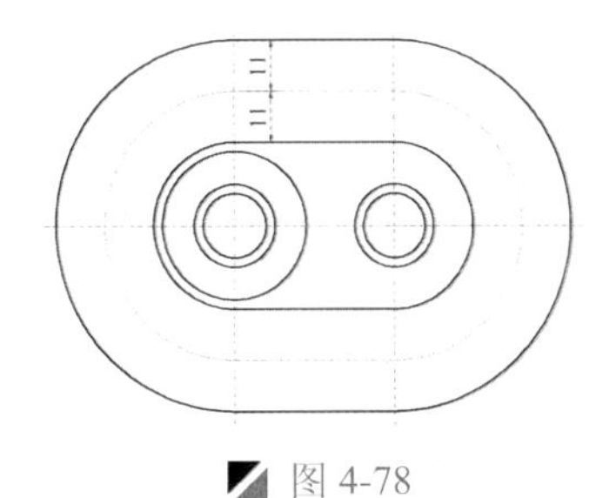

图 4-78

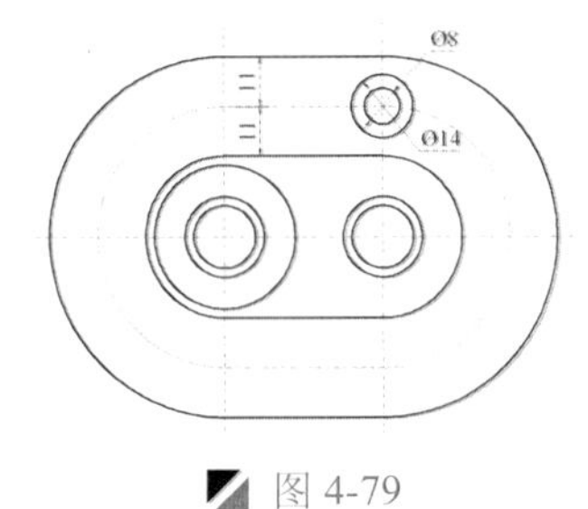

图 4-79

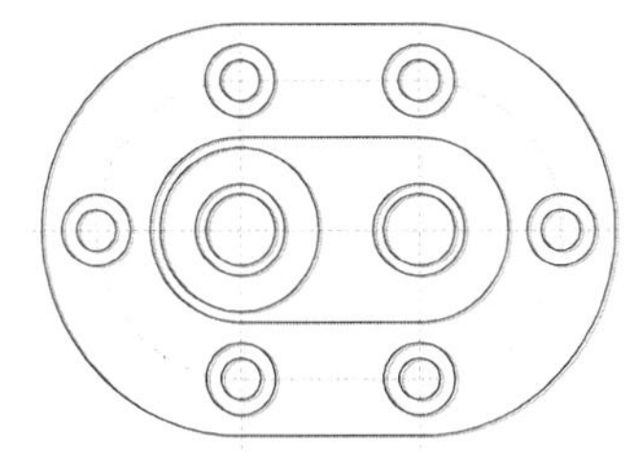

图 4-80

4.6.2 绘制剖视图

Step 01 执行“构造线”命令（XL），选择“垂直（V）”选项，捕捉俯视图相应的交点来绘制多条垂直构造线，如图 4-81 所示。

Step 02 执行“直线”命令（L），绘制一条水平线段；再执行“偏移”命令（O），将该水平线段向上偏移 12mm、12mm 和 36mm，如图 4-82 所示。

Step 03 执行“修剪”命令（TR），按照如图 4-83 所示对图形进行修剪。

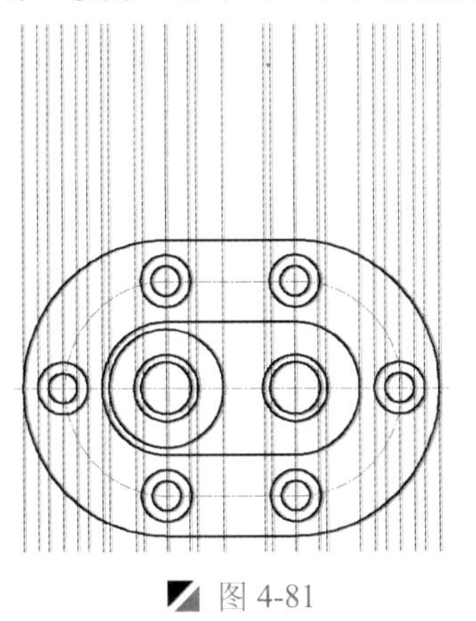

图 4-81

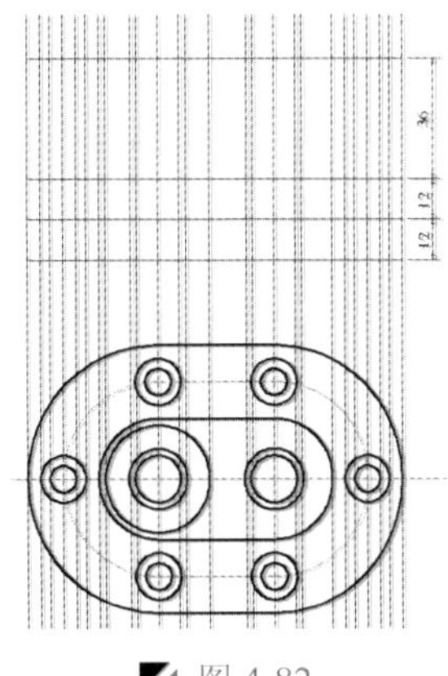

图 4-82

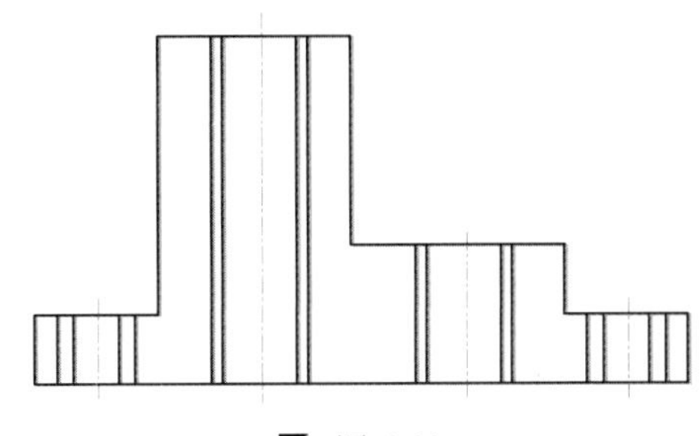

图 4-83

读书破万卷

注意：构造线采用粗实线

在绘制垂直构造线时，应使用“粗实线”来进行绘制，待修剪过后，将指定的线段转换为“中心线”图层。

Step 04 执行“构造线”命令（XL），选择“角度(A)”选项，输入角度为 45 和 135 度，捕捉相应的交点来绘制两条斜构造线，如图 4-84 所示。

Step 05 执行修剪、直线和删除命令，将图形按照如图 4-85 所示进行修剪操作。

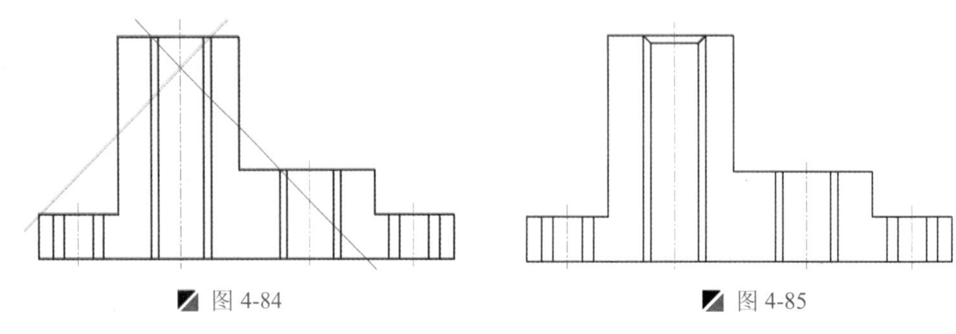

图 4-84　　图 4-85

Step 06 同样，再对该图形的其他区域也进行倒角操作，倒角 45 度，如图 4-86 所示。

Step 07 执行“偏移”命令（O），将指定的线段向下偏移 6mm，然后通过修剪命令将多余的线段进行修剪，如图 4-87 所示。

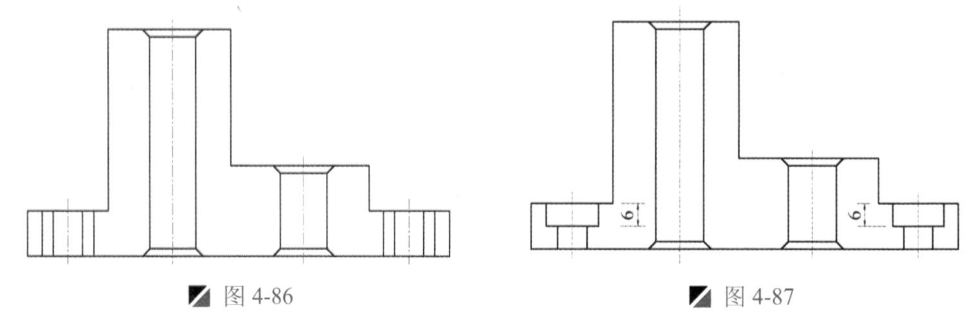

图 4-86　　图 4-87

Step 08 执行“圆角”命令（F），设置圆角半径为 4mm，对图形的六处位置进行圆角处理；再执行“倒角”命令（CHA），对图形上侧两处进行倒角，倒角距离为 2mm，如图 4-88 所示。

Step 09 切换到“剖面线”图层，执行“图案填充”命令（H），对剖视图内部进行填充操作，设置填充图案为“ANSI-31”，填充比例为“1”，即可完成剖面图形的绘制，如图 4-89 所示。

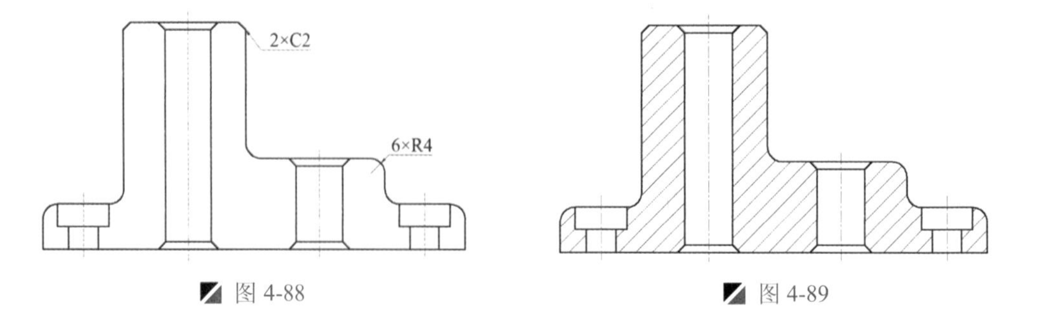

图 4-88　　图 4-89

(Step 10) 至此，该轴承盖视图已经绘制完成，最后对其进行尺寸标注，再按<Ctrl+S>键进行保存。

技巧：倒角的延伸技巧

> 在设置倒角的两段距离均为0，这样可将两条未相交的不平行线进行延伸，如图4-90所示。
>
> 1. 倒角两段距离均为0
>
> 2. 倒角效果
>
> 图 4-90

4.7 踏脚座的绘制

案例	踏脚座.dwg	视频	踏脚座的绘制.avi	时长	08'56"

从图4-91所示的三视图可以看出，它由俯视图、前视图和左视图三个部分组成，在绘制的时候，综合三视图的相关尺寸来进行绘制，先绘制俯视图，再以此绘制前视图，然后绘制左视图。

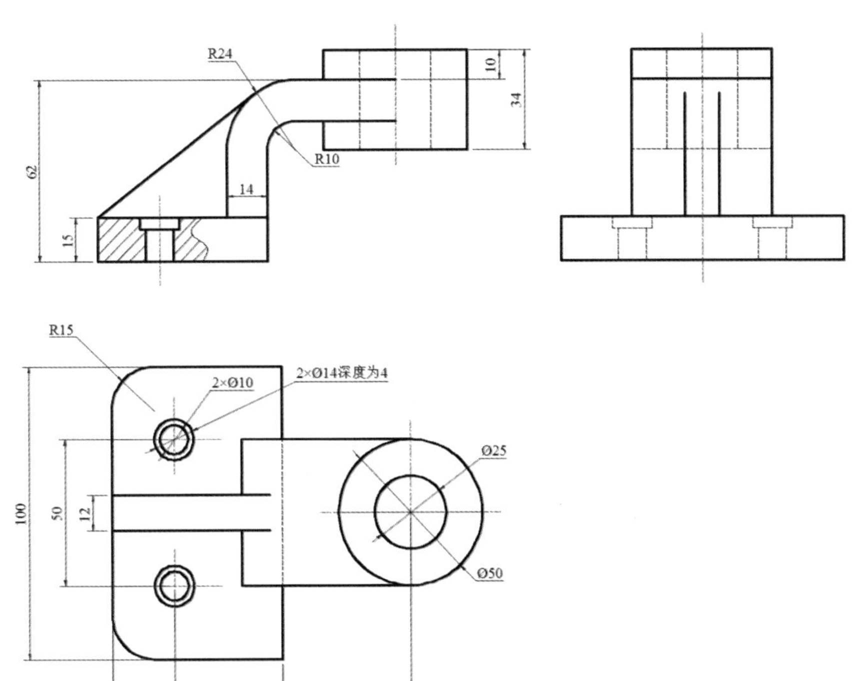

图 4-91

技巧：叉架类零件视图的选择

这类零件结构形状一般比较复杂，很不规则，常见叉架类零件如图 4-92 所示。

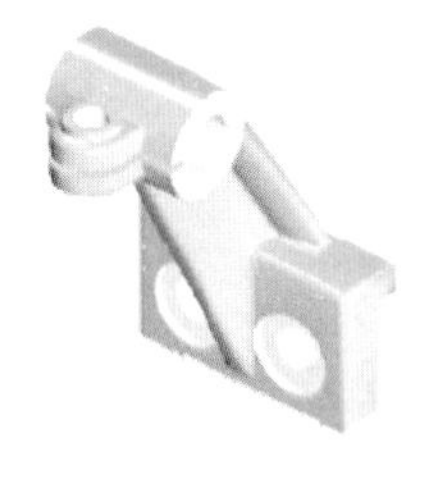

图 4-92

叉架类零件在机器中主要用于支撑或夹持零件等，其结构形状随工件需要而定，故一般不很规则。

叉架类零件在制造时，所使用的加工方法并不一致，所以，主要依据它们的结构形状特征和工作位置来选择主视图。如图 4-93（a）所示的拨叉，其一端卡在齿轮右边的槽中，并可沿轴向移动以拨动齿轮沿轴向移动，其工作位置既倾斜又不固定，故其主视图只能以反映零件的形状特征为主，并应将零件放正，以利于画图，如图 4-94（b）所示。

（a）拨叉的工作位置

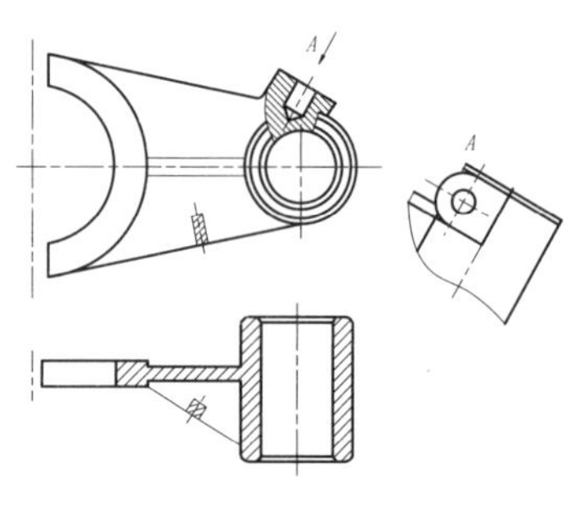

（b）视图表达方案

图 4-93

4.7.1 绘制俯视图

Step 01 启动 AutoCAD 2015 软件，按<Ctrl+O>组合键，打开“机械样板.dwt”文件。

Step 02 按<Ctrl+Shift+S>组合键，将该样板文件另存为“踏脚座.dwg”文件。

Step 03 在“图层”面板的“图层控制”下拉列表中，选择“粗实线”图层作为当前图层。

Step 04 执行“矩形”命令（REC），绘制一个 60mm×100mm 的矩形对象；再执行“构造线”命令（XL），过矩形的中点绘制一条水平构造线，过矩形的左侧端点绘制一条垂直构造线，然后将绘制的构造线转为“中心线”图层，如图 4-94 所示。

Step 05 执行“偏移”命令（O），将水平中心线向上下各偏移 25mm、6mm，将垂直中心线向右偏移 22mm 和 105mm，并将源垂直中心线删除掉，如图 4-95 所示。

Step 06 执行“圆”命令（C），捕捉相应中心线的交点作为圆心，绘制直径为 10mm、14mm、25mm、50mm 的 6 个圆对象，如图 4-96 所示。

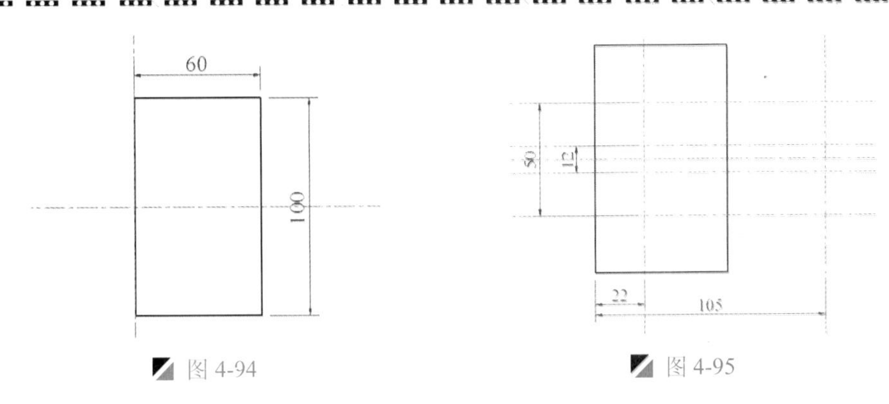

图 4-94　　图 4-95

Step 07 执行“分解”命令（X），将矩形对象进行分解操作。

Step 08 执行“偏移”命令（O），将矩形右侧垂直线段向左偏移 14mm；再执行“直线”命令（L），过右边外圆上下侧的象限点绘制直线段与偏移的对象相垂直，如图 4-97 所示。

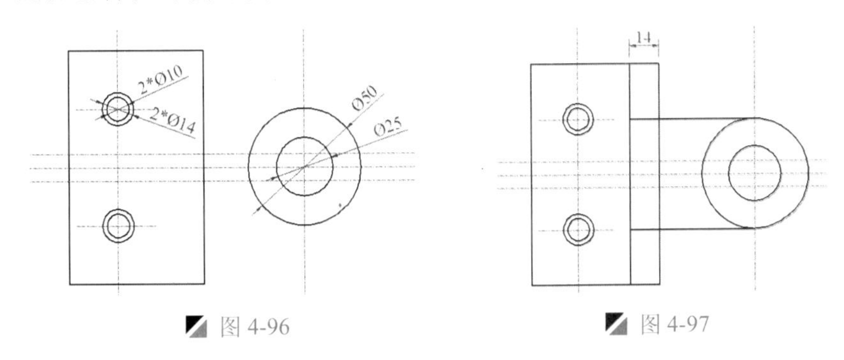

图 4-96　　图 4-97

Step 09 在“修改”面板中单击“打断于点”按钮，将矩形右侧的线段对象打断成三个部分，再将其中间段转为“细虚线”图层，将偏移为 6mm 的两个中心线转为“粗实线”图层，并将多余的对象进行修剪并删除，如图 4-98 所示。

Step 10 执行“圆”命令（C），根据命令行提示，选择“切点、切点、半径（T）”项，绘制两个半径为 15mm 的相切圆；再 Step 01 执行“修剪”命令（TR），将多余的对象进行修剪并删除，完成俯视图效果，如图 4-99 所示。

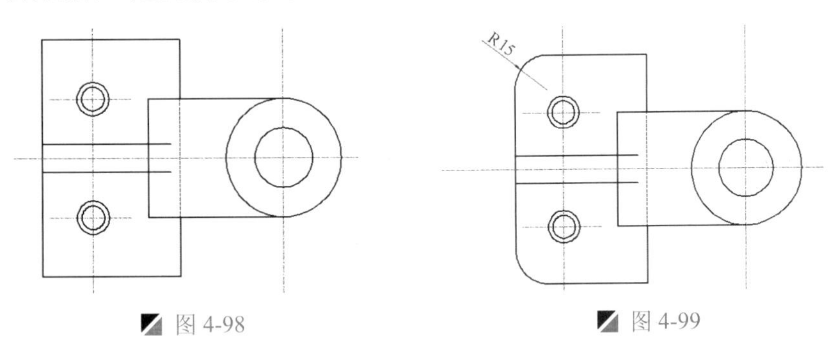

图 4-98　　图 4-99

提示：将对象打断为几段

AutoCAD 中提供的“打断于点”命令，可以将指定的对象打断成多个对象，如图 4-100 所示。

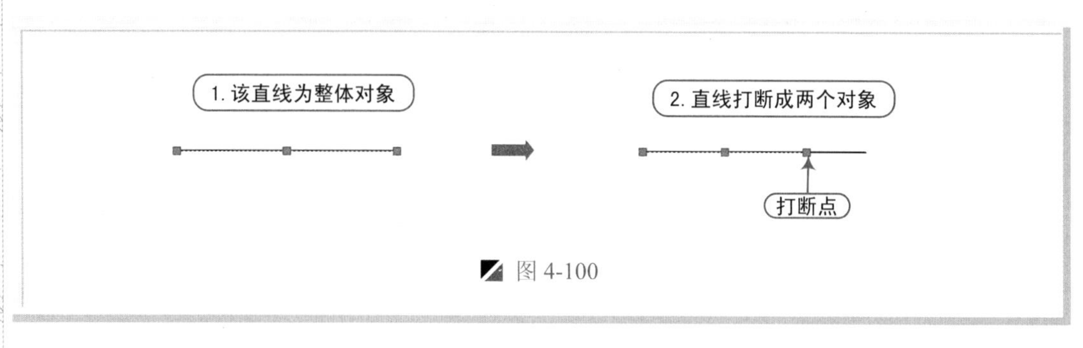

图 4-100

4.7.2 绘制前视图

Step 01 执行"直线"命令（L），过俯视图轮廓的相应交点向上引申直线段，并绘制一条与引出的线段相垂直的线段，如图 4-101 所示。

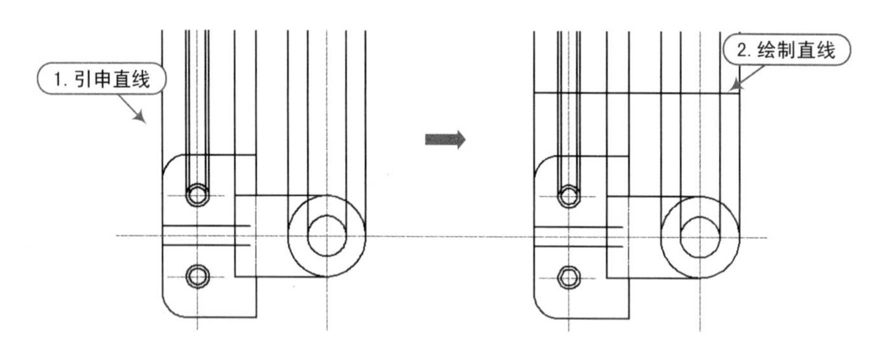

图 4-101

Step 02 执行"偏移"命令（O），将绘制的水平直线向上各偏移 11mm、4mm、33mm、14mm、10mm；再执行"修剪"命令（TR），将多余的对象进行修剪并删除，如图 4-102 所示。

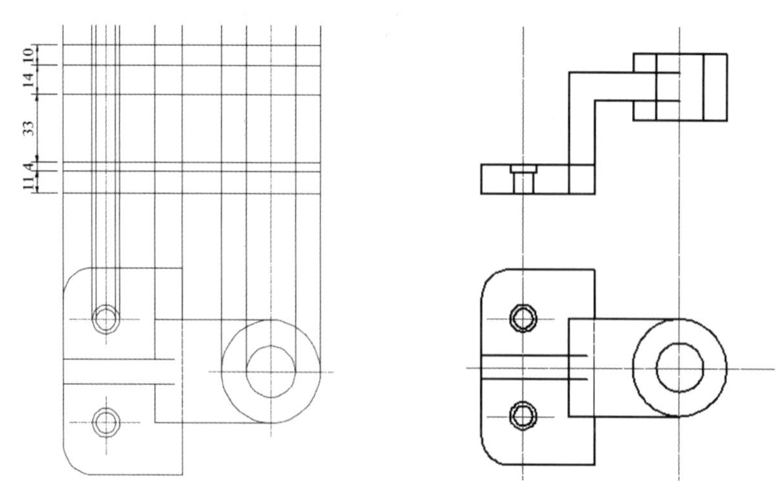

图 4-102

Step 03 执行"圆"命令（C），选择"切点、切点、半径（T）"选项，绘制两个半径为 10mm、24mm 相切圆；再执行"修剪"命令（TR），将多余的对象进行修剪并删除，如图 4-103 所示。

Step 04 执行“直线”命令（L），捕捉左上侧的端点作为直线的起点位置，捕捉外圆的切点作为终点进行直线连接，将右侧垂直中心线两侧的线段转为“细虚线”图层，完成前视图效果，如图4-104所示。

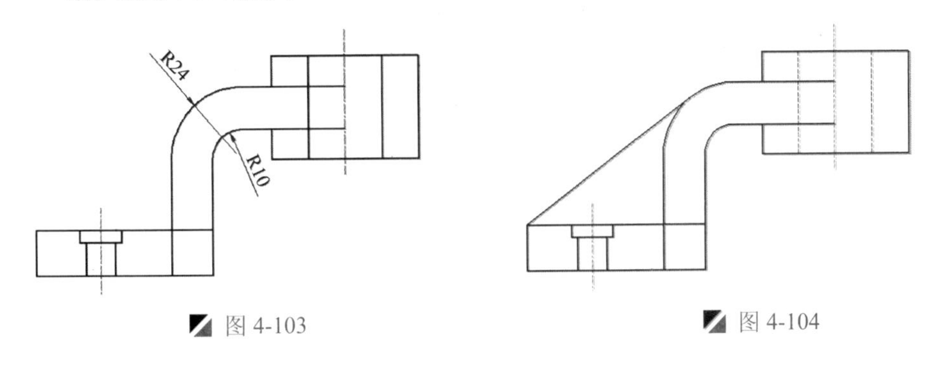

图4-103

图4-104

技巧：切点捕捉

在拾取圆切点时，按住Ctrl或Shift键的同时右击鼠标，在弹出捕捉的快捷菜单中，选择“切点”选项，即可捕捉到圆的切点。

Step 05 在“绘制”面板中单击“样条曲线”按钮，在下侧内部进行样条曲线操作。再切换到“剖面线”图层，执行“图案填充”命令（H），对前视图内部进行填充操作，设置填充图案为“ANSI-31”，填充比例为“1”，即可完成剖面图形的绘制，如图4-105所示。

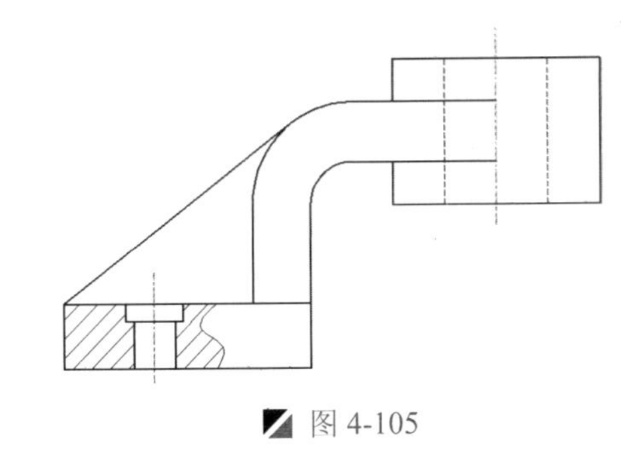

图4-105

注意：样条曲线的编辑

在绘制样条曲线时，需关掉“正交”模式。如果用户对所绘制的样条曲线不满意或需要编辑，则可用鼠标选中该曲线，在出现的夹点上进行拖动、修改等操作，可改变当前样条曲线的形状。

4.7.3 绘制左视图

Step 01 执行“直线”命令（L），过前视图轮廓的相应交点向左引申直线段，并在引出的线段绘制一条与之相垂直的线段，如图4-106所示。

Step 02 执行“偏移”命令（O），将绘制的垂直直线向左右各偏移6mm、12.5mm、25mm、50mm，并将中间垂直直线转为“中心线”图层；再执行“修剪”命令（TR），将多余的对象进行修剪并删除，完成侧视图的外轮廓，如图4-107所示。

读书破万卷

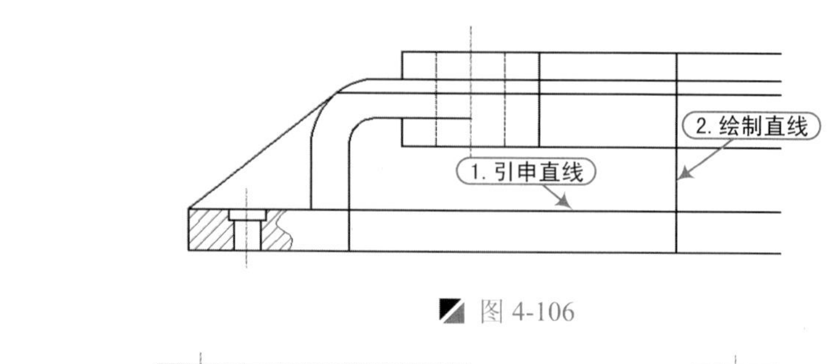

图 4-106

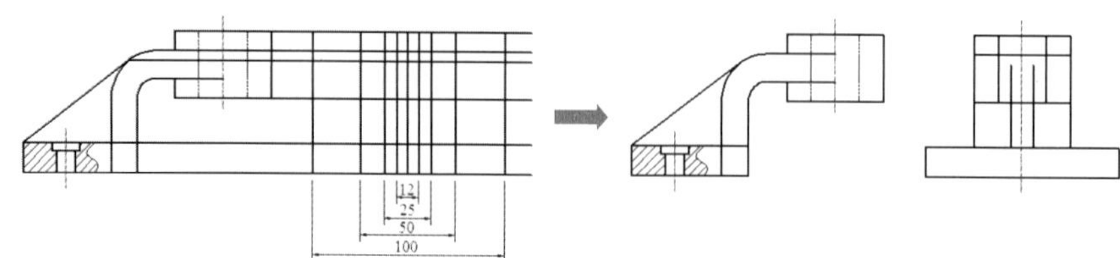

图 4-107

Step 03 执行“复制”命令（CO），将前视图的下内侧的对象复制到侧视图的内部，并将侧视图的内部对象转为“细虚线”图层，如图 4-108 所示。

Step 04 至此，踏脚座的绘制已完成，按<Ctrl+S>组合键将该文件保存。

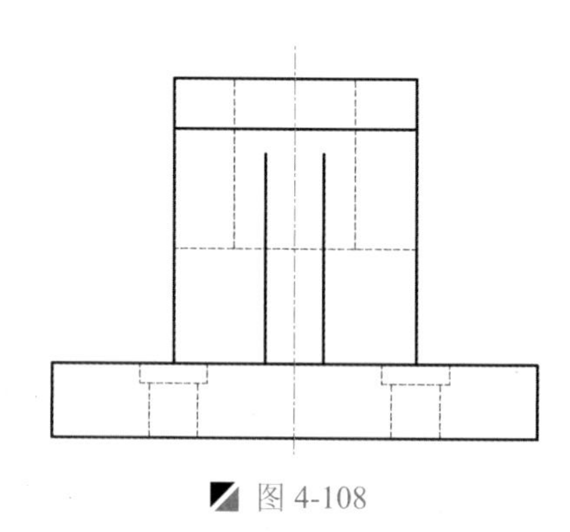

图 4-108

软件知识：填充图案选项卡的设置

在进行图案填充时，其填充的类型、图案、填充角度、填充比例等选项设置较为频繁，下面就针对这几个选项进行详细讲解。

◆ “类型”下拉列表：可以选择图案的类型，如预定义、用户定义、自定义 3 个选项。

◆ “图案”下拉列表：设置填充的图案，若单击右侧的按钮[...]，将打开“填充图案选项板”对话框，从中选择相应的图案即可，如图 4-109 所示。

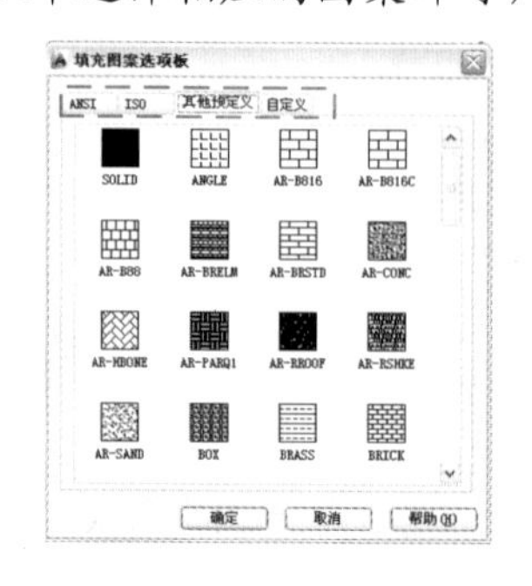

图 4-109

◆ “角度”下拉列表：设置填充图案的旋转角度，如图 4-110 所示。

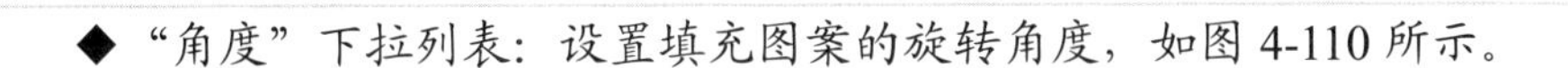

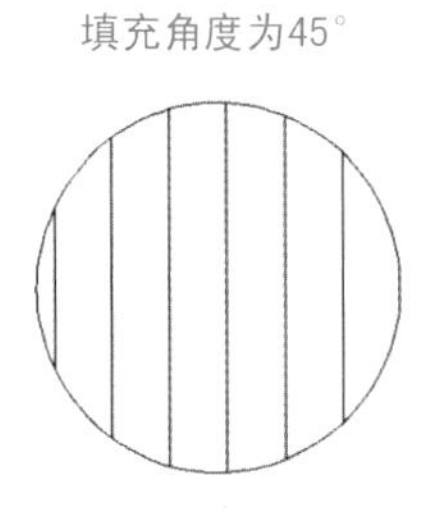

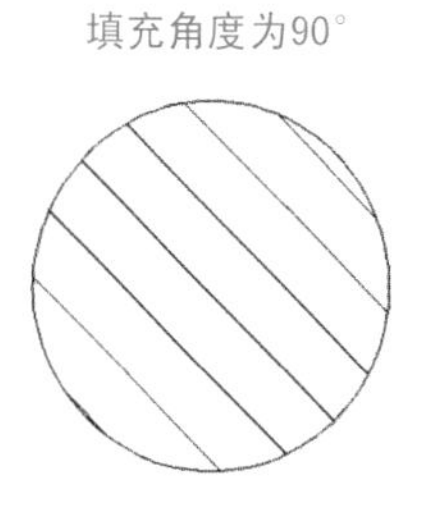

图 4-110

◆ “比例”下拉列表：可设置图案填充的比例，如图 4-111 所示。

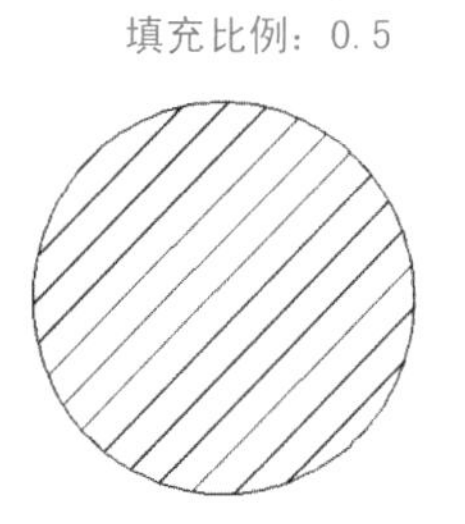

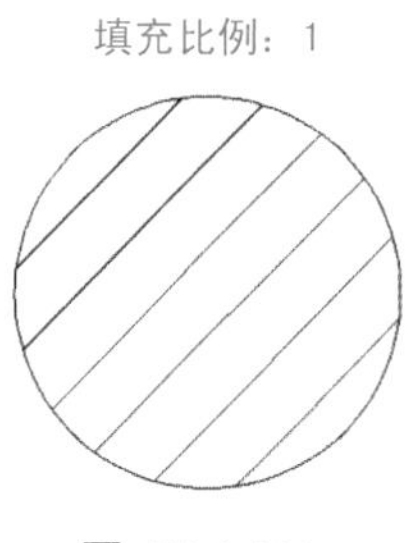

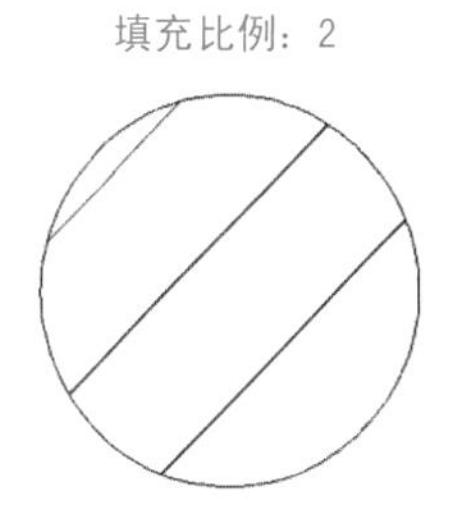

图 4-111

4.8 柱塞泵的绘制

案例	柱塞泵.dwg	视频	柱塞泵的绘制.avi	时长	08'22"

从如图 4-112 所示的三视图可以看出，它由俯视图、半剖图和左视图三个部分组成，在绘制的时候，综合三视图的相关尺寸来进行绘制，先绘制俯视图，再以此绘制半剖图，然后绘制左视图。

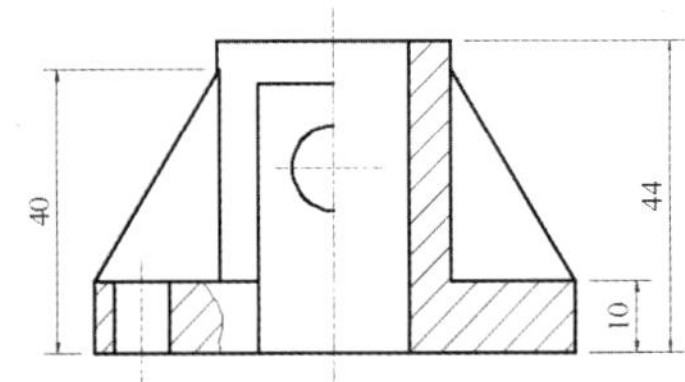

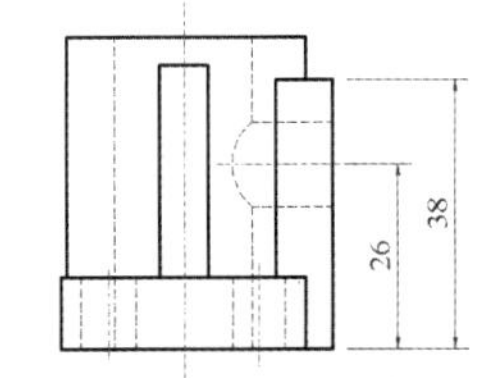

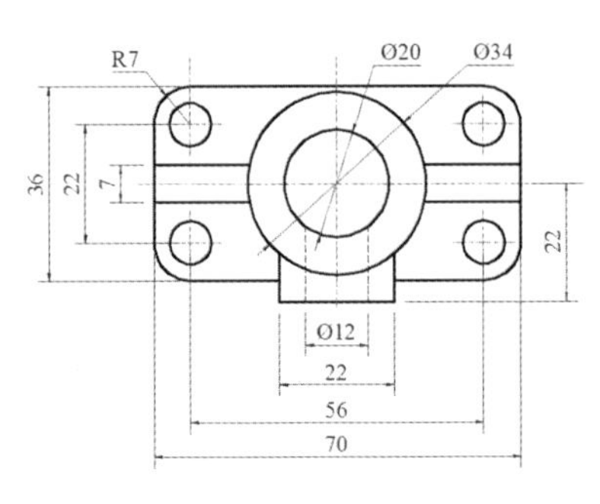

图 4-112

4.8.1 绘制俯视图

Step 01 启动 AutoCAD 2015 软件，按<Ctrl+O>组合键，打开“机械样板.dwt”文件。

Step 02 按<Ctrl+Shift+S>组合键，将该样板文件另存为“柱塞泵.dwg”文件。

Step 03 在“图层”面板的“图层控制”下拉列表中，选择“粗实线”图层作为当前图层。

Step 04 执行“矩形”命令（REC），绘制一个 70mm×36mm 的矩形对象；再执行“构造线”命令（XL），过矩形的中点绘制一条水平和垂直构造线，将绘制的构造线转为“中心线”图层，如图 4-113 所示。

Step 05 执行“圆”命令（C），捕捉中心线的交点作为圆心，绘制直径为 20mm、34mm 的同心圆，如图 4-114 所示。

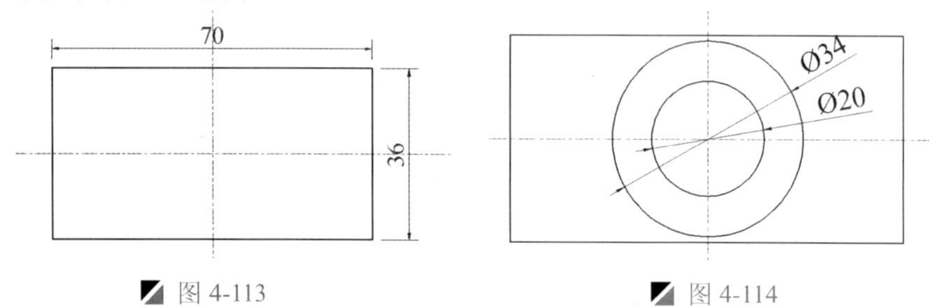

图 4-113　　图 4-114

Step 06 执行“偏移”命令（O），将垂直中心线向左右各偏移 6mm、11mm、28mm，将水平中心线向上偏移 3.5mm、11mm，再向下各偏移 3.5、11 和 22mm；再执行“修剪”命令（TR），将多余的对象进行修剪并删除，再进行图层转换操作，如图 4-115 所示。

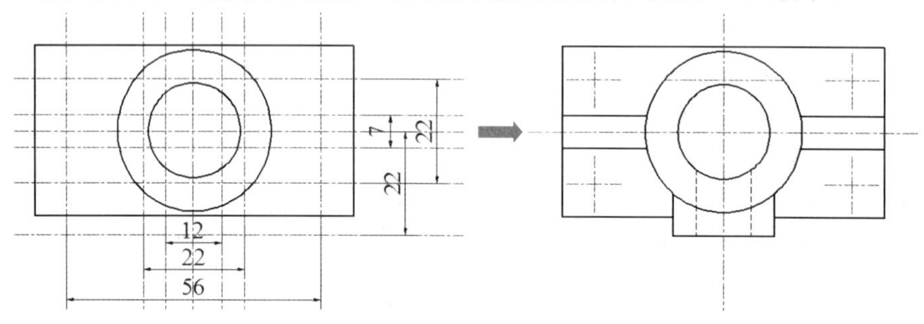

图 4-115

Step 07 执行“圆”命令（C），捕捉相交的交点作为圆心绘制 4 个直径为 8mm 的圆；再执行“圆角”命令（F），将矩形的 4 个角进行圆角操作，圆角的半径为 7mm，从而完成俯视图效果，如图 4-116 所示。

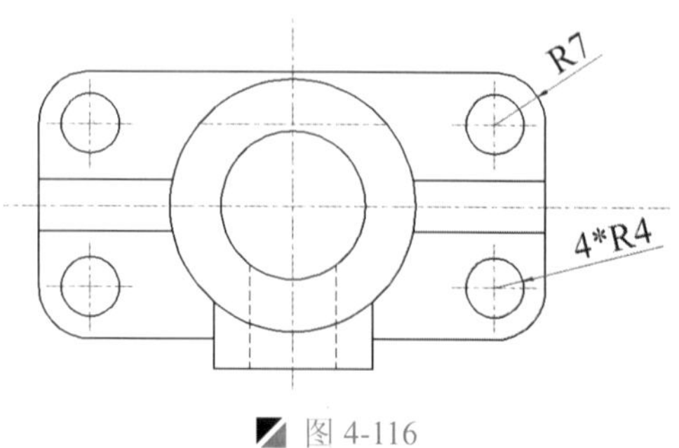

图 4-116

4.8.2 绘制半剖图

Step 01 执行“直线”命令（L），过前视图轮廓的相应交点向上引申直线段，并绘制一条与引出的线段相垂直的线段，如图 4-117 所示。

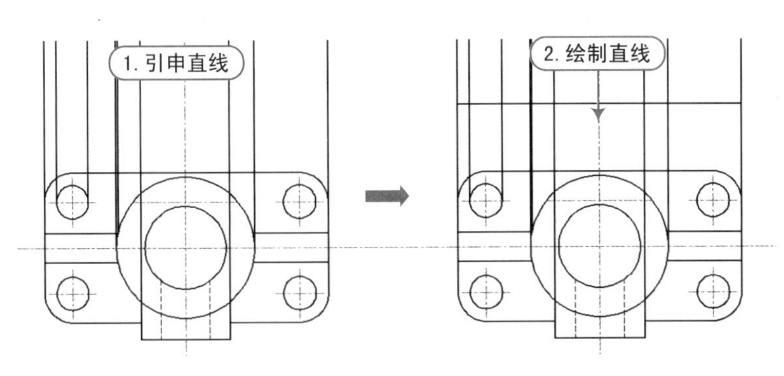

图 4-117

Step 02 执行"偏移"命令（O），将绘制的水平直线段向上依次偏移 10mm、26mm、38mm、40mm、44mm；再执行"直线"命令（L），将相应的交点进行直线连接，并将多余的对象进行修剪删除操作，如图 4-118 所示。

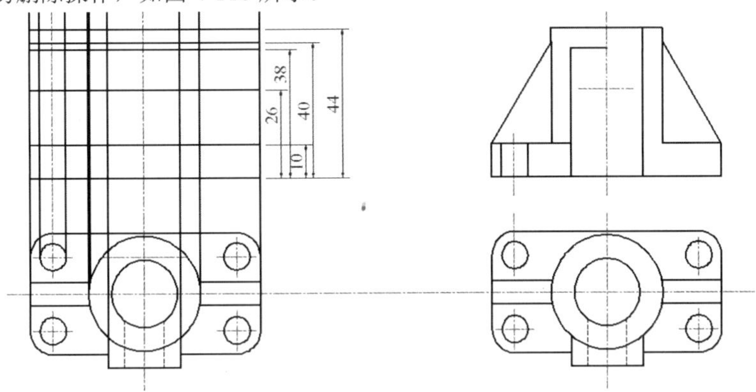

图 4-118

Step 03 执行"圆"命令（C），捕捉中心线的交点作为圆心，绘制直径为 12mm 的圆，再将多余的圆弧进行修剪操作，从而完成前视图效果，如图 4-119 所示。

Step 04 在"绘制"面板中单击"样条曲线"按钮，在下侧内部进行样条曲线操作；再切换到"剖面线"图层，执行"图案填充"命令（H），对前视图内部进行填充操作，设置填充图案为"ANSI-31"，填充比例为"1"，即可完成剖面图形的绘制，如图 4-120 所示。

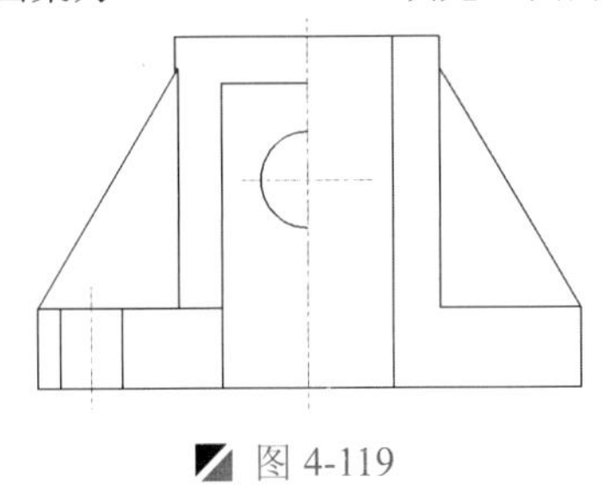

图 4-119

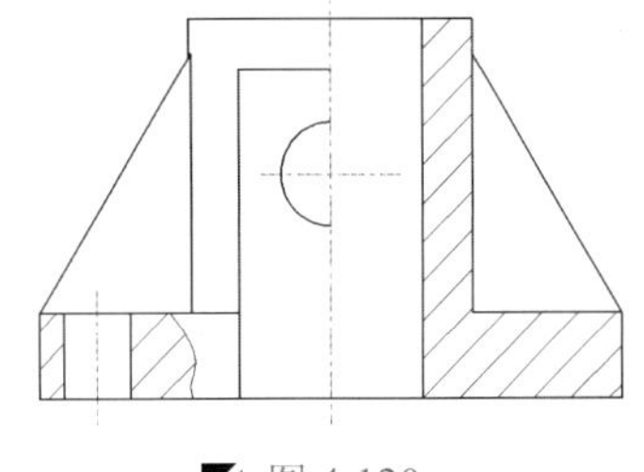

图 4-120

4.8.3 绘制左视图

Step 01 切换到"粗实线"图层，执行"直线"命令（L），过半剖图轮廓的相应交点向右引申直线段，并绘制一条与引出的线段相垂直的线段，且将垂直线段转换为“中心线”图层，将由圆弧引申的水平线转换为“细虚线”图层，如图 4-121 所示。

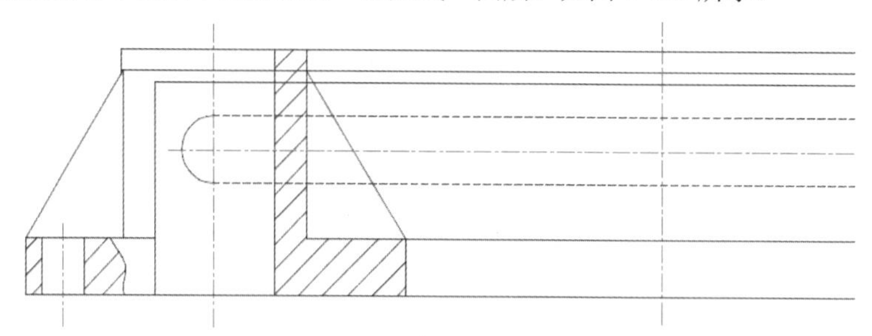

图 4-121

Step 02 执行“偏移”命令（O），将绘制的垂直中心线向左右两边各偏移 3.5mm、7mm、10mm、11mm、15mm、17mm、18mm；然后再将垂直中心线向右偏移 13.5mm 和 22mm 距离，并将相应的线段转换为相应的图层，如图 4-122 所示。

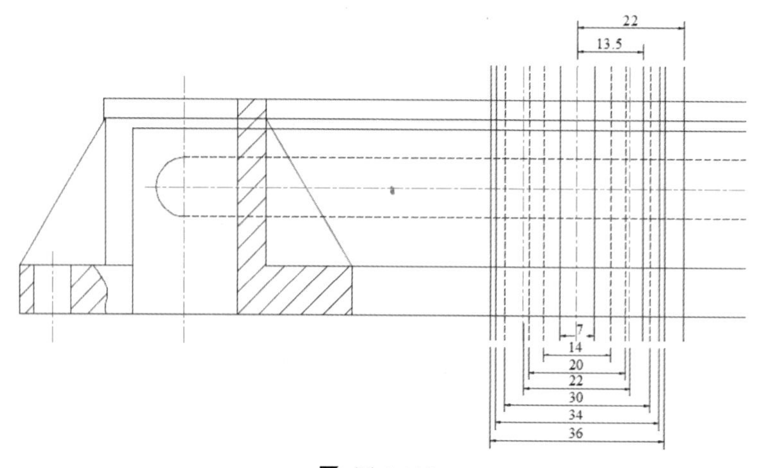

图 4-122

Step 03 执行“修剪”命令（TR），将多余的对象进行修剪并删除，从而完成前视图效果，如图 4-123 所示。

Step 04 再执行“圆”命令（C），以三点方法绘制圆对象，并将多余的对象进行修剪，并作转换图层操作，如图 4-124 所示。

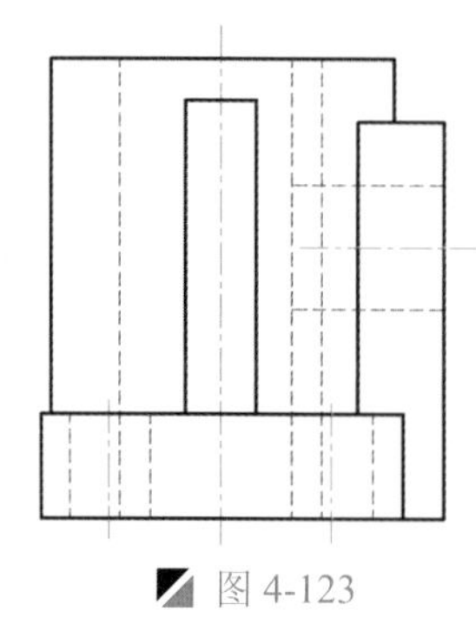

图 4-123

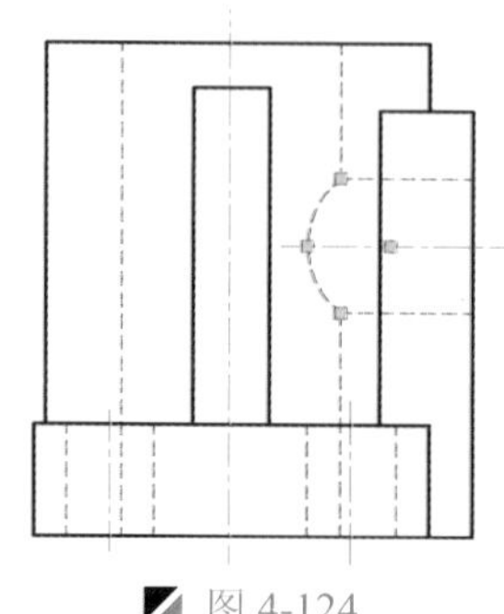

图 4-124

Step 05 至此，柱塞泵的绘制已完成，按<Ctrl+S>组合键将该文件保存。

技巧：引申方法

用户在创建侧视图时，可根据三视图的关系和性质，对其俯视图和前视图的轮廓进行相应的引申创建，不需要输入任何尺寸，也可形成侧视图效果，具体操作方法如下，如图 4-125 所示。

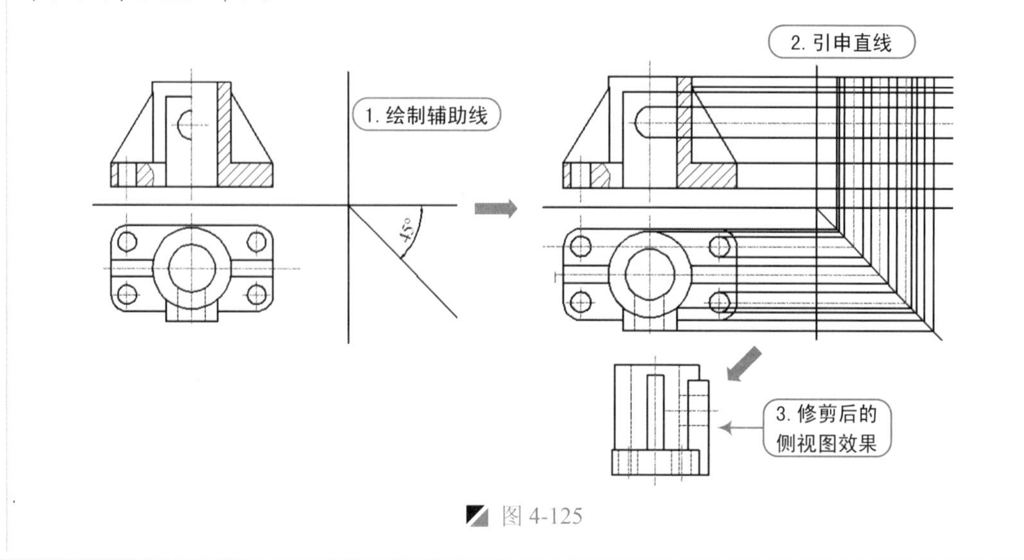

图 4-125

4.9 转接管的绘制

案例	转接管.dwg	视频	转接管的绘制.avi	时长	08'17"

从如图 4-126 所示的三视图可以看出，它由俯视图、前视图和左视图三个部分组成，在绘制的时候，综合三视图的相关尺寸来进行绘制，先绘制俯视图，再以此绘制前视图，然后绘制左视图。

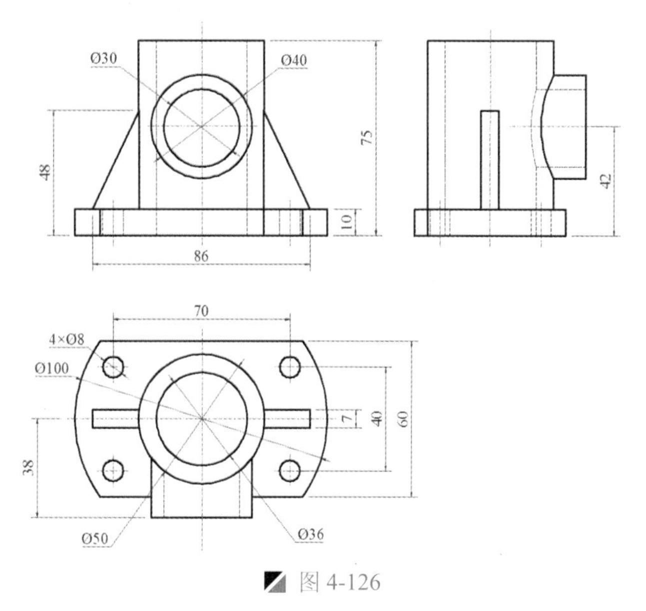

图 4-126

4.9.1 绘制俯视图

Step 01 启动 AutoCAD 2015 软件，按<Ctrl+O>组合键，打开“机械样板.dwt”文件。

Step 02 按<Ctrl+Shift+S>组合键，将该样板文件另存为“转接管.dwg”文件。

Step 03 在“图层”面板的“图层控制”下拉列表中，选择“粗实线”图层作为当前图层。

Step 04 执行“结构线”命令（XL），绘制一条水平和垂直的结构线，将其转为“中心线”图层。

Step 05 执行“圆”命令（C），捕捉中心线的交点作为圆心，绘制直径为 36mm、50mm、100mm 的 3 个同心圆，如图 4-127 所示。

Step 06 执行“偏移”命令（O），将水平中心线向上下各偏移 3.5mm、20mm、30mm，再将水平中心线向下偏移 38mm；然后将垂直中心线向左右各偏移 15mm、20mm、35mm、43mm，如图 4-128 所示。

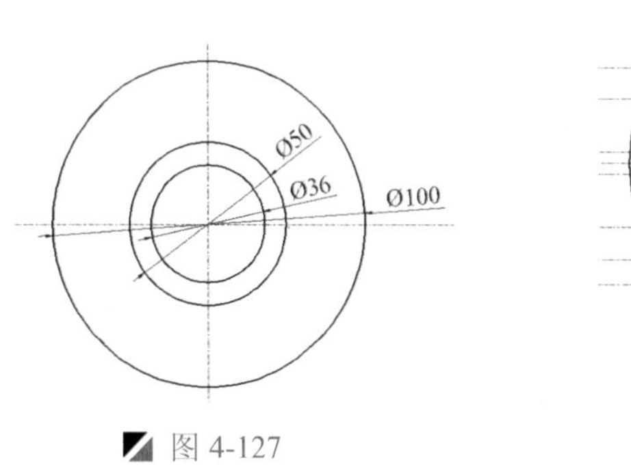

图 4-127

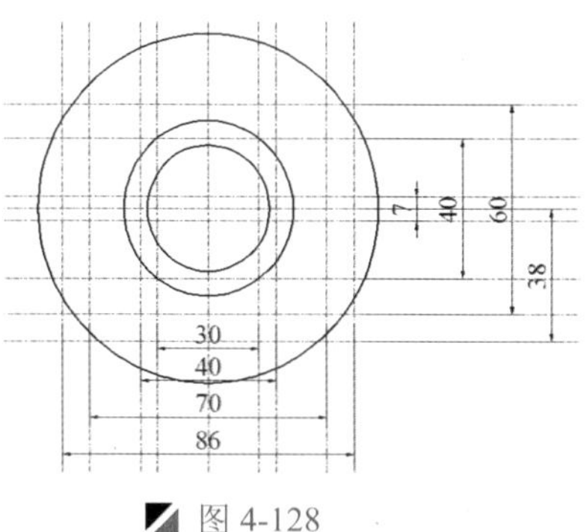

图 4-128

Step 07 执行“修剪”命令（TR），将多余的圆弧和线段进行修剪，并进行图层转换操作，如图 4-129 所示。

Step 08 执行“圆”命令（C），捕捉相应的交点绘制 4 个直径为 8mm 的圆，完成俯视图效果，如图 4-130 所示。

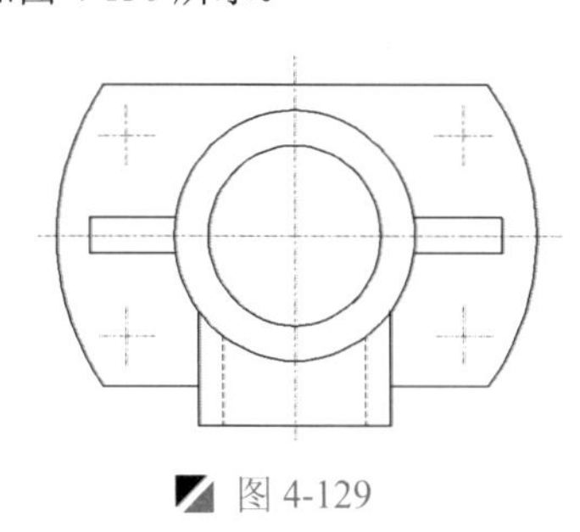

图 4-129

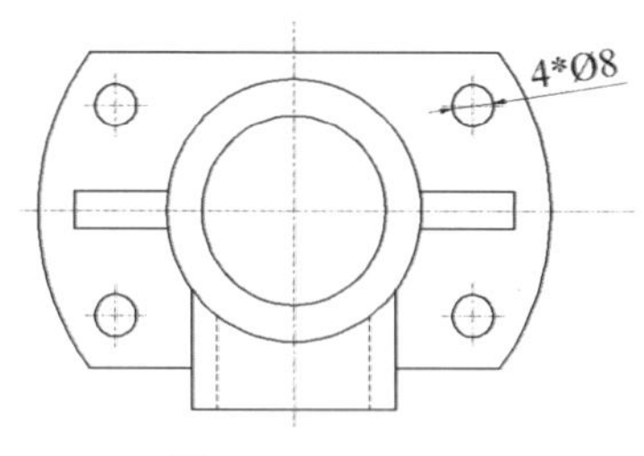

图 4-130

4.9.3 绘制前视图

Step 01 执行“直线”命令（L），过俯视图轮廓的相应交点向上引申直线段，并绘制一条与引出的线段相垂直的线段，如图 4-131 所示。

Step 02 执行“偏移”命令（O），将绘制的水平直线向上偏移 10mm、42mm、48mm、75mm，再执行“修剪”命令（TR），将多余的对象进行修剪，并进行图层转换操作，如图 4-132 所示。

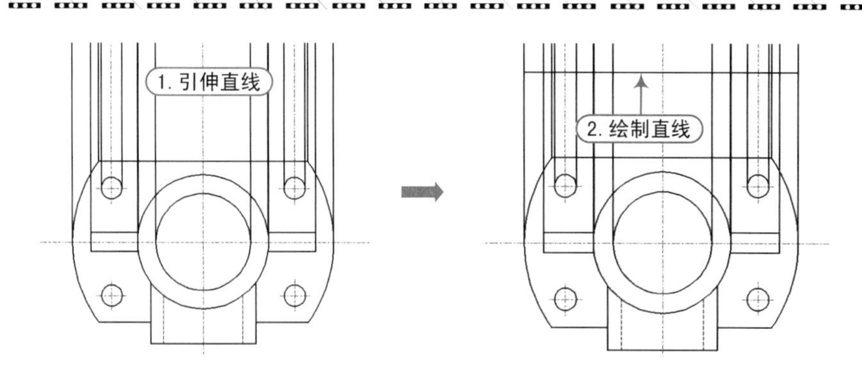

图 4-131

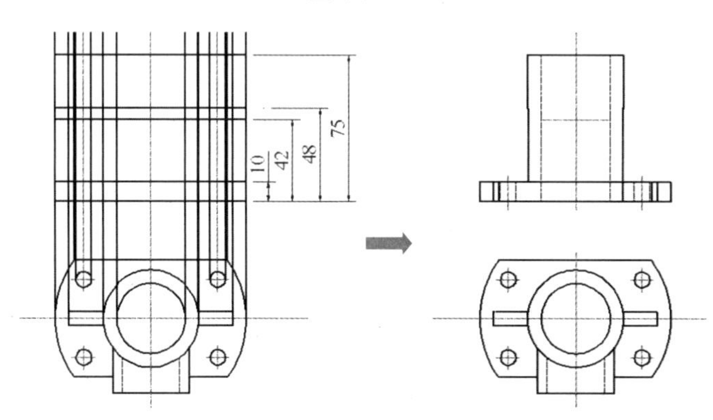

图 4-132

Step 03 执行“直线”命令（L），将相应的点进行直线连接；再执行“圆”命令（C），捕捉中心线的交点作为圆心绘制直径为 30mm、40mm 的同心圆，此时完成前视图效果，如图 4-133 所示。

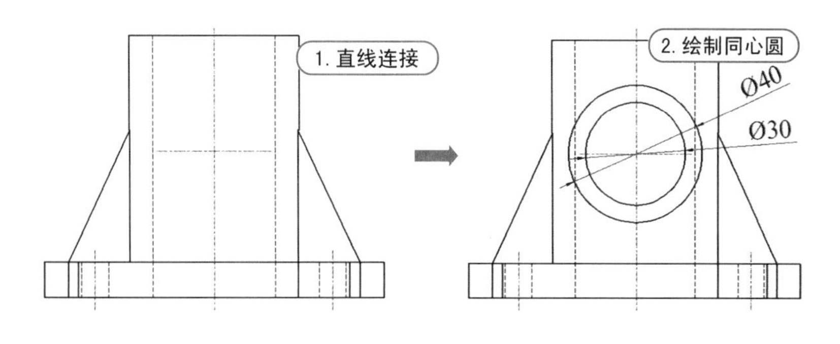

图 4-133

4.9.3 绘制左视图

Step 01 执行“直线”命令（L），根据三视图的关系和性质，对其俯视图和前视图的轮廓进行相应的引申创建；再执行“修剪”命令（TR），将多余的对象进行修剪，并进行图层转换操作，从而完成侧视图的外轮廓，如图 4-134 所示。

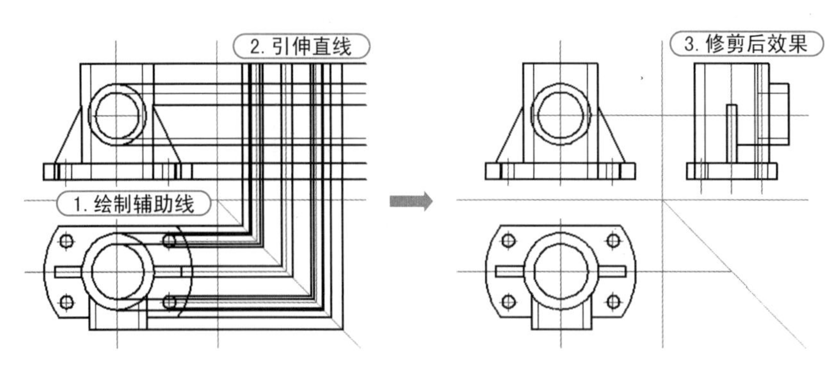

图 4-134

Step 02 执行“圆弧”命令（A），用三点方法绘制两圆弧对象；再执行“修剪”命令（TR），将多余的对象进行修剪，并进行图层转换操作，如图 4-135 所示。

Step 03 至此，转接管的绘制已完成，按<Ctrl+S>组合键将该文件保存。

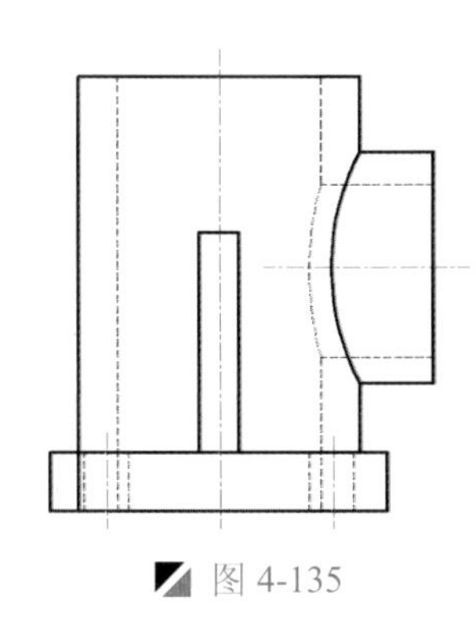

图 4-135

4.10 T 型机座的绘制

案例	T 型机座.dwg	视频	T 型机座的绘制.avi	时长	08'13"

从如图 4-136 所示的视图可以看出，它俯视图和前视图两部分组成，在绘制的时候，综合视图的相关尺寸来进行绘制，先绘制俯视图，再绘制前视图。

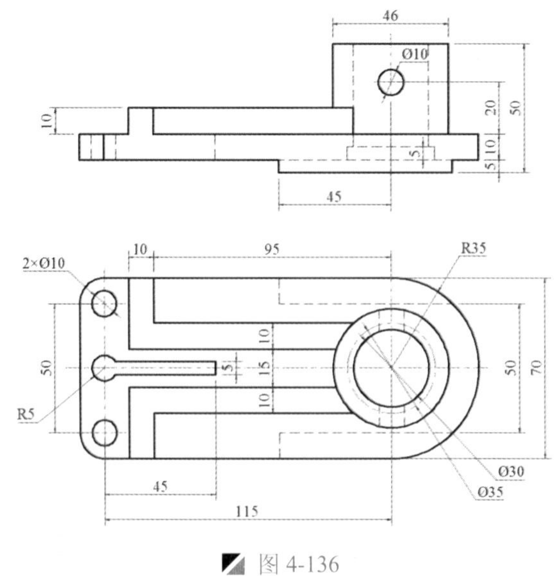

图 4-136

4.10.1　绘制俯视图

Step 01　启动 AutoCAD 2015 软件，按<Ctrl+O>组合键，打开“机械样板.dwt”文件。

Step 02　按<Ctrl+Shift+S>组合键，将该样板文件另存为“T 型机座.dwg”文件。

Step 03　在“图层”面板的“图层控制”下拉列表中，选择“粗实线”图层作为当前图层。

Step 04　执行“矩形”命令（REC），绘制一个 125mm×70mm 的矩形对象，如图 4-137 所示。

Step 05　执行“构造线（Step 01）”命令（XL），过矩形的中点绘制一条水平构造线，过矩形的右侧端点绘制一条垂直构造线；再执行“偏移”命令（O），将垂直构造线向左偏移 115mm，将水平构造线向上下各偏移 25mm，将其转为“中心线”图层，如图 4-138 所示。

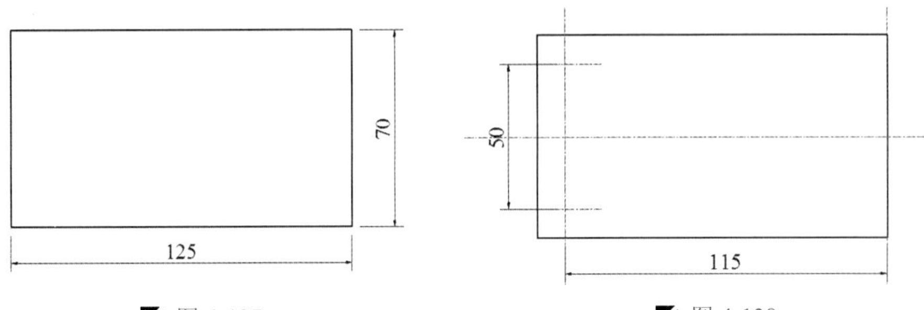

图 4-137　　图 4-138

Step 06　执行“圆”命令（C），捕捉右侧中心线的交点作为圆心绘制直径为 30mm、35mm、46mm、70mm 的同心圆，捕捉左侧中心线相应交点作为圆心绘制直径为 10mm、20mm 的圆，将直径为 35mm 的圆转为“细虚线”图层，并将多余的圆弧进行修剪操作，如图 4-139 所示。

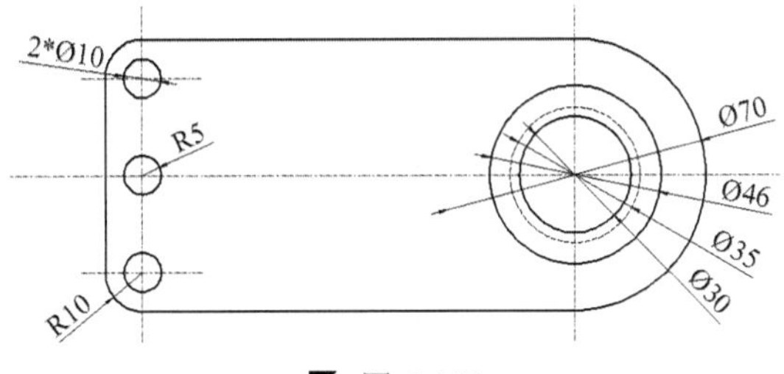

图 4-139

Step 07　执行“偏移”命令（O），将水平中心线向上下两侧各偏移 2.5mm、7.5mm、17.5mm，然后将上侧偏移 17.5 的线段向下偏移 10mm，将右侧的垂直中心线向左偏移 95mm、10mm，再将左侧的垂直中心线向右偏移 45mm，如图 4-140 所示。

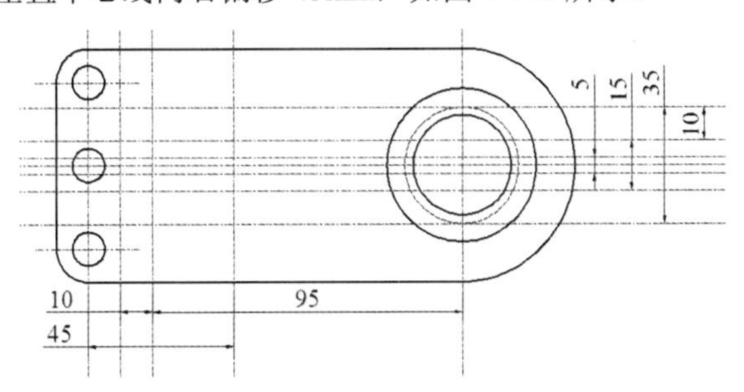

图 4-140

Step 08 将上一步偏移的对象转为“粗实线”图层，再执行“修剪”命令（TR），将多余的对象进行修剪并删除操作，如图 4-141 所示。

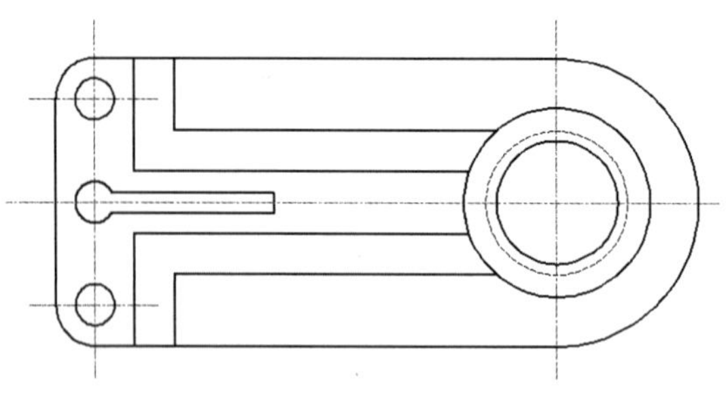

图 4-141

Step 09 执行“偏移”命令（O），将水平中心线向上下两侧各偏移 25mm，将右侧的垂直中心线向左偏移 45mm；执行“修剪”命令（TR），将多余的对象进行修剪并将偏移的对象转为“细虚线”图层，如图 4-142 所示。

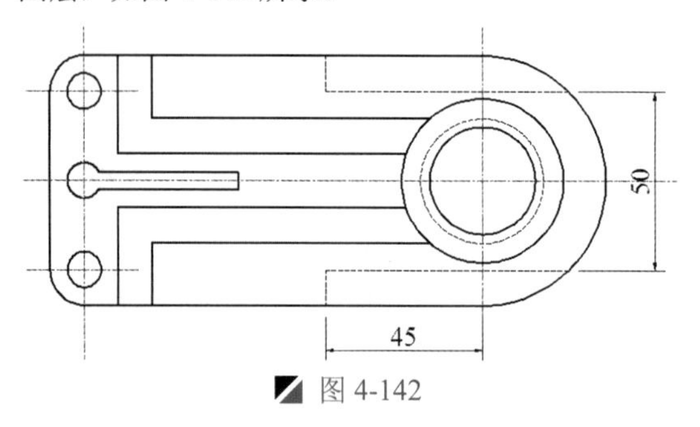

图 4-142

4.10.2 绘制前视图

Step 01 执行“直线”命令（L），过俯视图轮廓的相应交点向上引申直线段，并绘制一条与在引出的线段相垂直的线段，如图 4-143 所示。

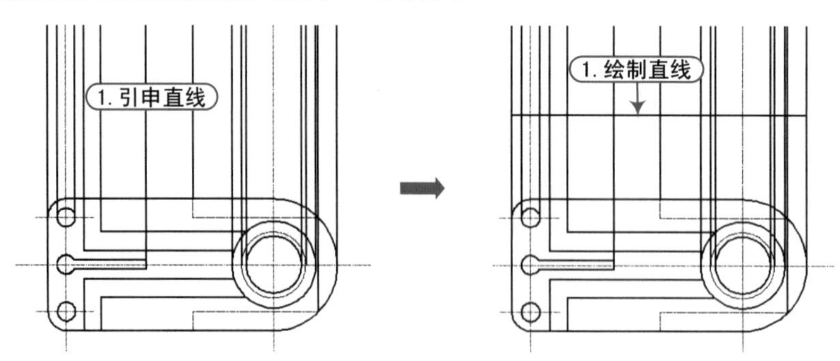

图 4-143

提示：引申直线

在此俯视图大致轮廓创建完成，还有两个轮廓线必须在前视图创建好后，向下引申直线，从而完成俯视图效果。

Step 02 执行“偏移”命令（O），将绘制的水平直线段向上各偏移5mm、5mm、5mm、10mm、10mm、15mm；再执行“修剪”命令（TR），将多余的对象进行修剪，并进行图层转换操作，进而完成侧视图的外轮廓，如图4-144所示。

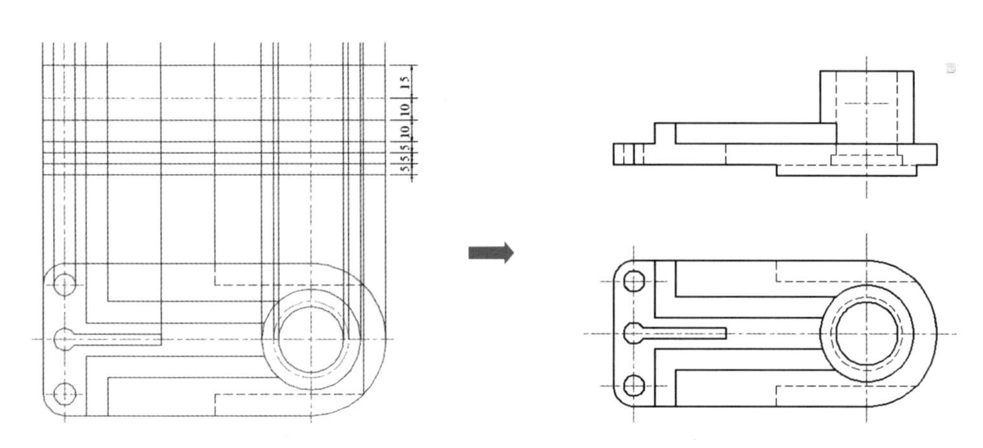

图 4-144

Step 03 执行“圆”命令（C），捕捉上侧中心线的交点作为圆心绘制直径为10mm的圆，过圆的两侧象限点向下引申直线段；执行“修剪”命令（TR），将多余的对象进行修剪，并进行图层转换操作，将如图4-145所示。

Step 04 至此，T型机座的绘制已完成，按<Ctrl+S>组合键将该文件保存。

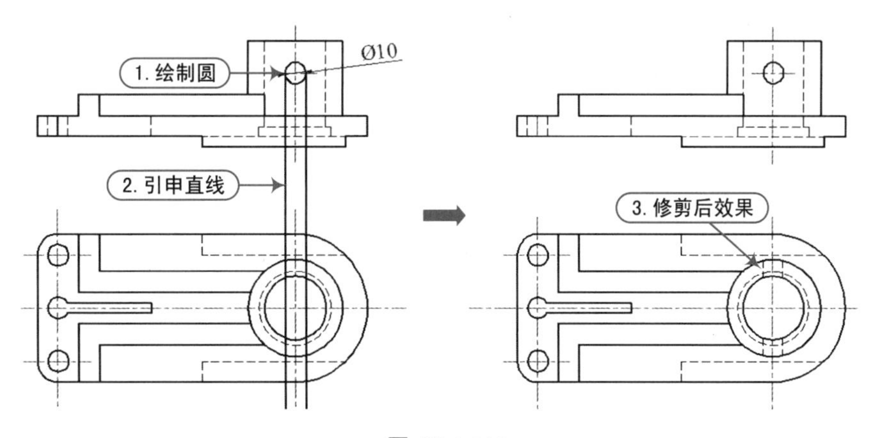

图 4-145

4.11 轴承座的绘制

案例	轴承座.dwg	视频	轴承座的绘制.avi	时长	10'07"

从如图4-146所示的三视图可以看出，它由俯视图、前视图和左视图三个部分组成，在绘制的时候，综合三视图的相关尺寸来进行绘制，先绘制俯视图，再以此绘制前视图，然后绘制左视图。

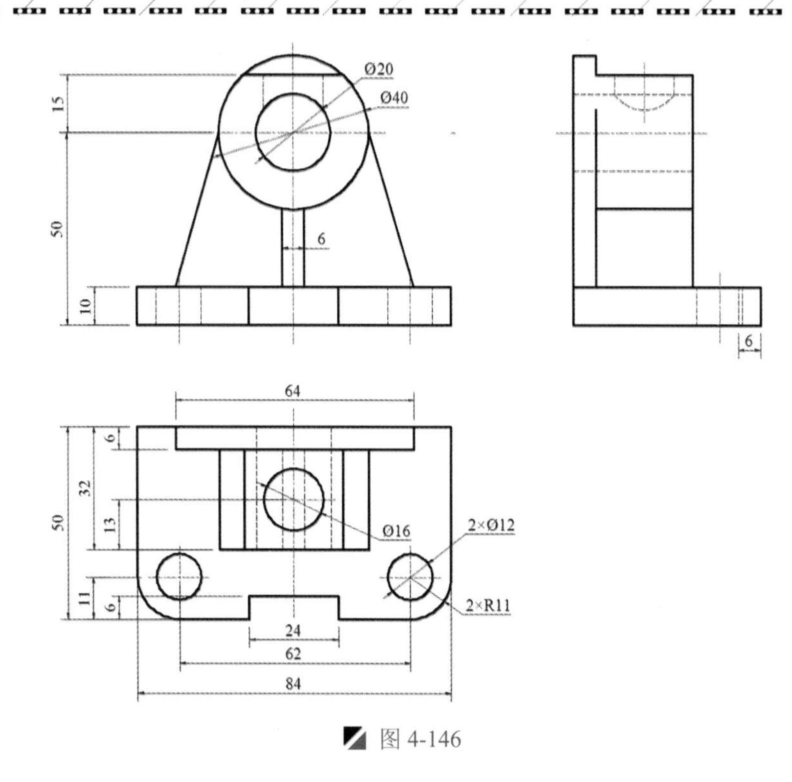

图 4-146

4.11.1 绘制俯视图

Step 01 启动 AutoCAD 2015 软件，按<Ctrl+O>组合键，打开“机械样板.dwt”文件。

Step 02 按<Ctrl+Shift+S>组合键，将该样板文件另存为“轴承座.dwg”文件。

Step 03 在“图层”面板的“图层控制”下拉列表中，选择“粗实线”图层作为当前图层。

Step 04 执行“矩形”命令（REC），绘制一个 84mm×50mm 的矩形对象；再执行“构造线”命令（XL），过矩形的中点绘制一条垂直构造线，过矩形的下侧端点绘制一条水平构造线，并将水平构造线向上移动 11mm，并将构造线转为“中心线”图层，如图 4-147 所示。

Step 05 执行“偏移”命令（O），将水平中心线向上偏移 20mm，将垂直构造线向左右两侧各偏移 31mm，如图 4-148 所示。

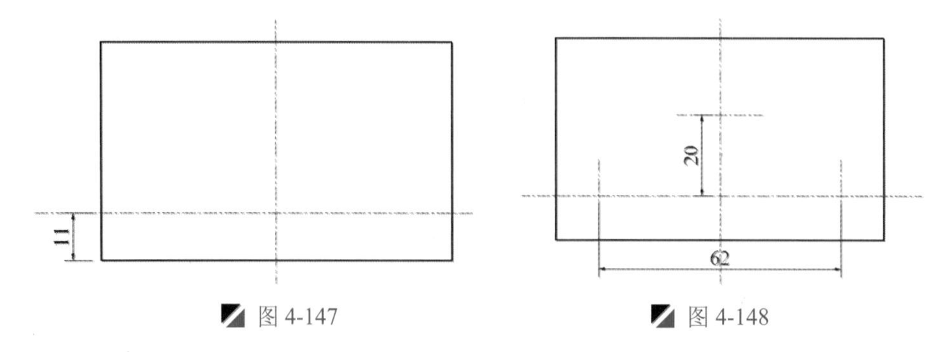

图 4-147　　图 4-148

Step 06 执行“圆”命令（C），捕捉中心线相应的交点作为圆心，绘制直径为 12mm、22mm、16mm 的 3 个圆对象；再执行“修剪”命令（TR），将多余的对象进行修剪，如图 4-149 所示。

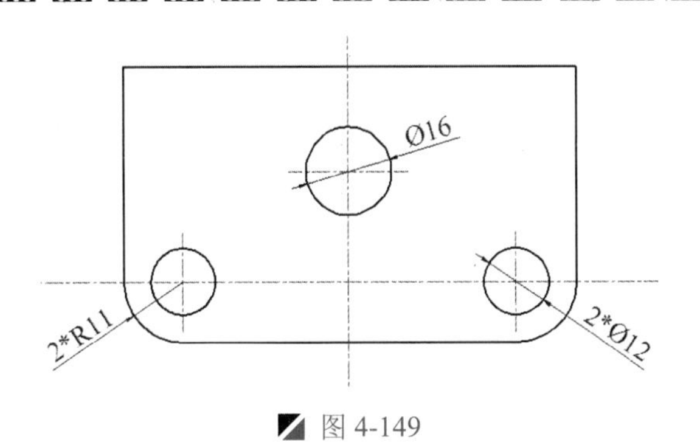

图 4-149

Step 07 执行“分解”命令（X），将矩形对象进行分解；再执行“偏移”命令（O），将矩形上侧的线段向下偏移 6mm 和 32mm，将矩形下侧的线段向上偏移 6mm，将垂直中心线向左右两侧分别偏移 3mm、10mm、12mm、20mm、32mm。

Step 08 执行“修剪”命令（TR），将多余的对象进行修剪并进行图层转换操作，从而完成俯视图外轮廓效果，如图 4-150 所示。

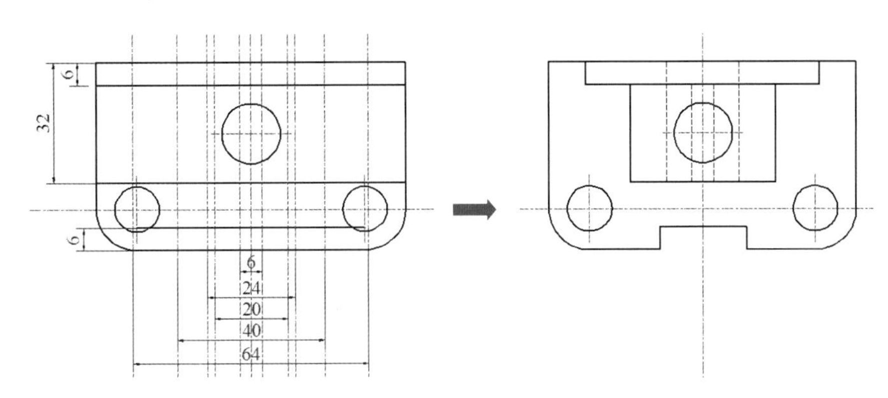

图 4-150

4.11.2 绘制前视图

Step 01 执行“直线”命令（L），过俯视图轮廓的相应交点向上引申直线段，并绘制一条与引出的线段相垂直的线段，如图 4-151 所示。

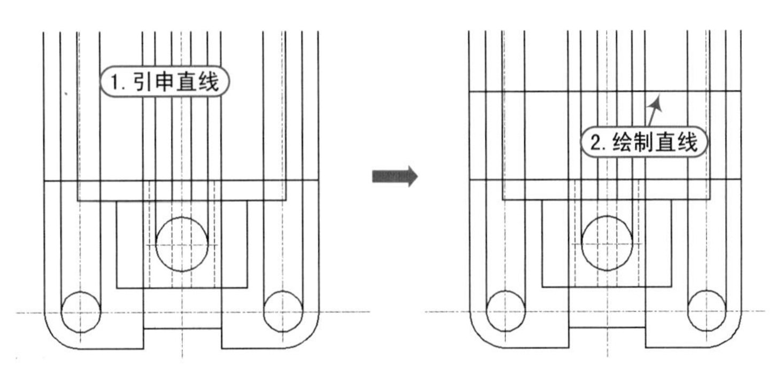

图 4-151

Step 02　执行“偏移”命令（O），向绘制的水平直线段依次向上偏移 10mm、50mm、65mm；再执行“修剪”命令（TR），将多余的对象进行修剪，并进行图层转换操作，进而完成侧视图的外轮廓，如图 4-152 所示。

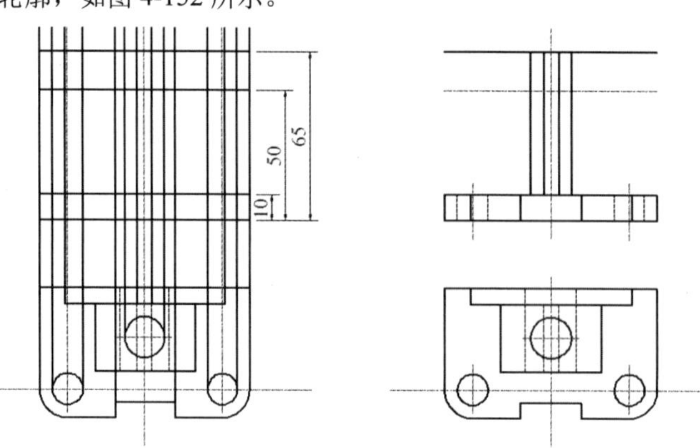

图 4-152

Step 03　执行“圆”命令（C），捕捉上侧中心线的交点作为圆心绘制直径为 20mm、40mm 的同心圆；再执行“修剪”命令（TR），将多余的对象进行修剪，并进行图层转换操作，如图 4-153 所示。

Step 04　执行“直线”命令（L），将相应的端点与外圆的切点进行直线连接，删除多余的对象，从而完成前视图效果，如图 4-154 所示。

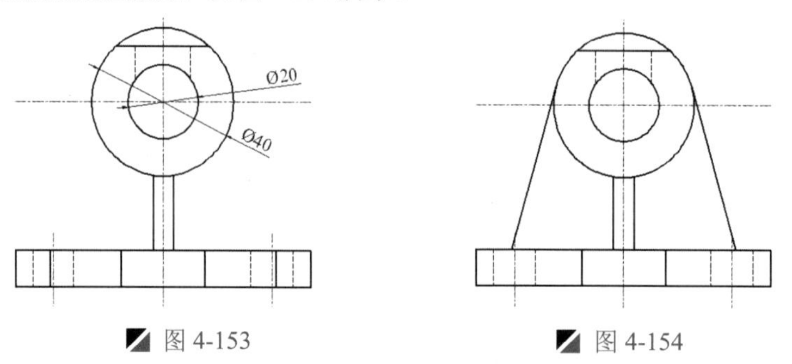

图 4-153　　图 4-154

Step 05　执行“直线”命令（L），过前视图轮廓的相应交点向下引申直线段，并将多余的对象进行修剪操作，从而完成俯视图效果，如图 4-155 所示。

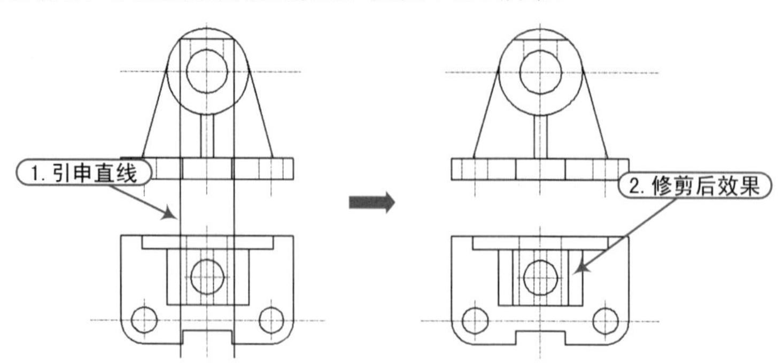

图 4-155

4.11.3 绘制左视图

Step 01 执行“直线”命令（L），根据三视图的关系和性质，对其俯视图和前视图的轮廓进行相应的引申创建。

Step 02 执行“修剪”命令（TR），将多余的对象进行修剪，并进行图层转换操作，从而形成侧视图的外轮廓，如图 4-156 所示。

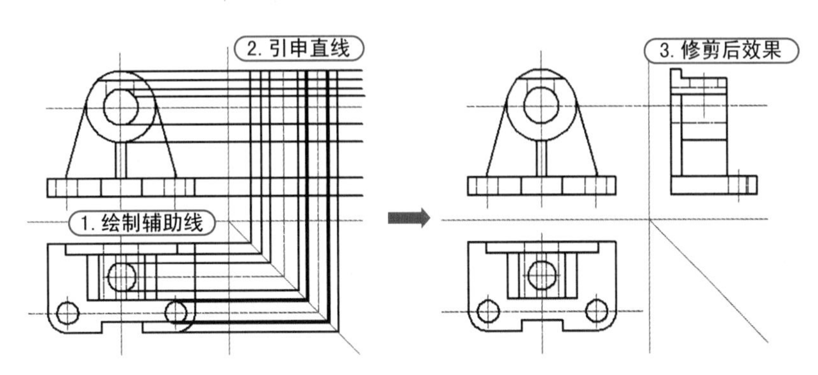

图 4-156

Step 03 执行“圆”命令（C），根据命令行提示，选择“3 点（3P）”选项，绘制圆对象；执行“修剪”命令（TR），将多余的对象进行修剪，并进行图层转换操作，完成侧视图效果，如图 4-157 所示。

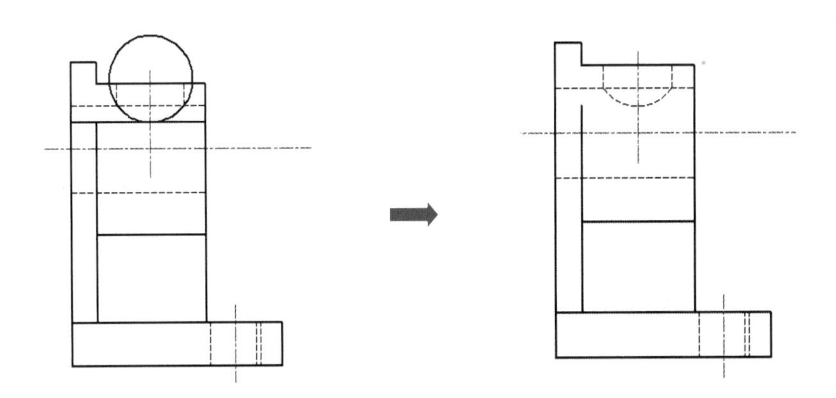

图 4-157

Step 04 至此，轴承座的绘制已完成，按<Ctrl+S>组合键将该文件保存。

4.12 机座的绘制

案例	机座.dwg	视频	机座的绘制.avi	时长	10'09"

从如图 4-158 所示的三视图可以看出，它由俯视图、前视图和左视图三个部分组成，在绘制的时候，综合三视图的相关尺寸来进行绘制，先绘制俯视图，再以此绘制前视图，然后绘制左视图。

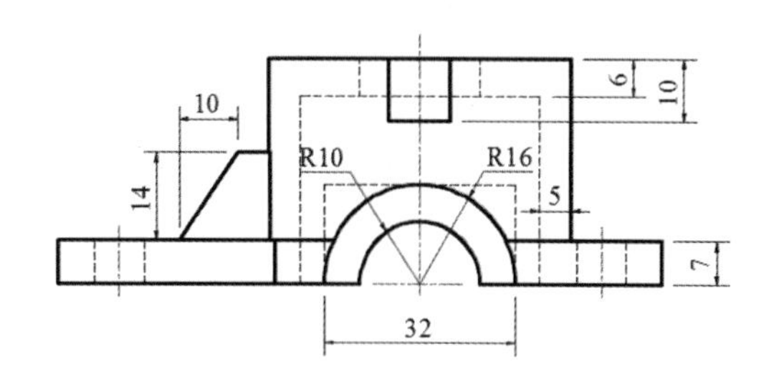

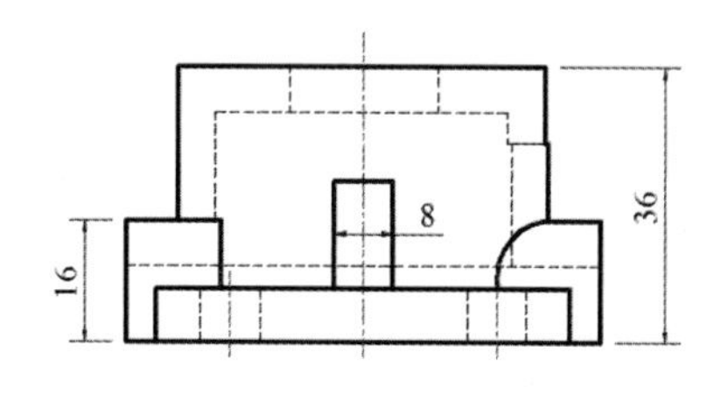

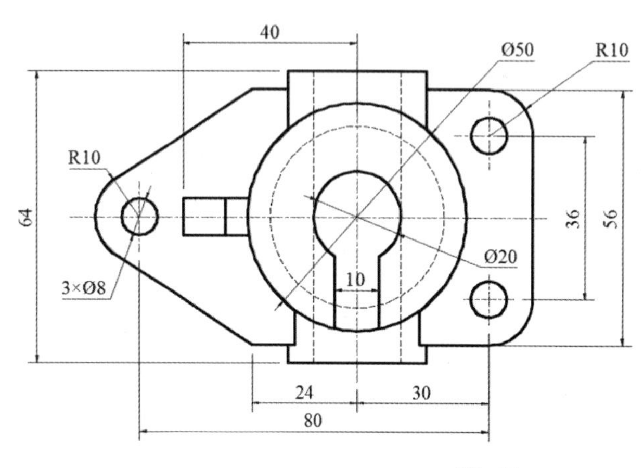

图 4-158

提示：箱体类零件视图的选择

箱体类零件主要用来支承、包容和保护运动零件或其他零件，其内部有空腔、孔等结构，形状比较复杂，常见箱体类零件，如图 4-159 所示。

阀体

支座

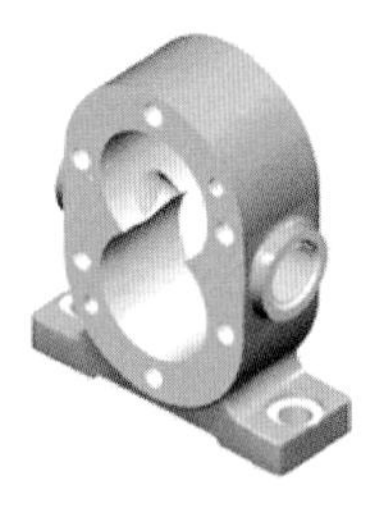

泵体

图 4-159

箱体类零件通常是起支承机器运动部件作用的机架。

因箱体内部具有空腔、孔等结构，形状一般较复杂，表达时至少需要三个基本视图，并配以剖视、断面等表达方法才能完整、清晰地表达它们的结构，如图 4-160 所示。

由于制造这类零件时，既要加工起定位、连接作用的底面，又要加工侧面和顶面以及孔和凸台等表面，需要多次装夹，所以选择其主视图时，主要遵循工作位置原则，以便于对照装配图进行作业。

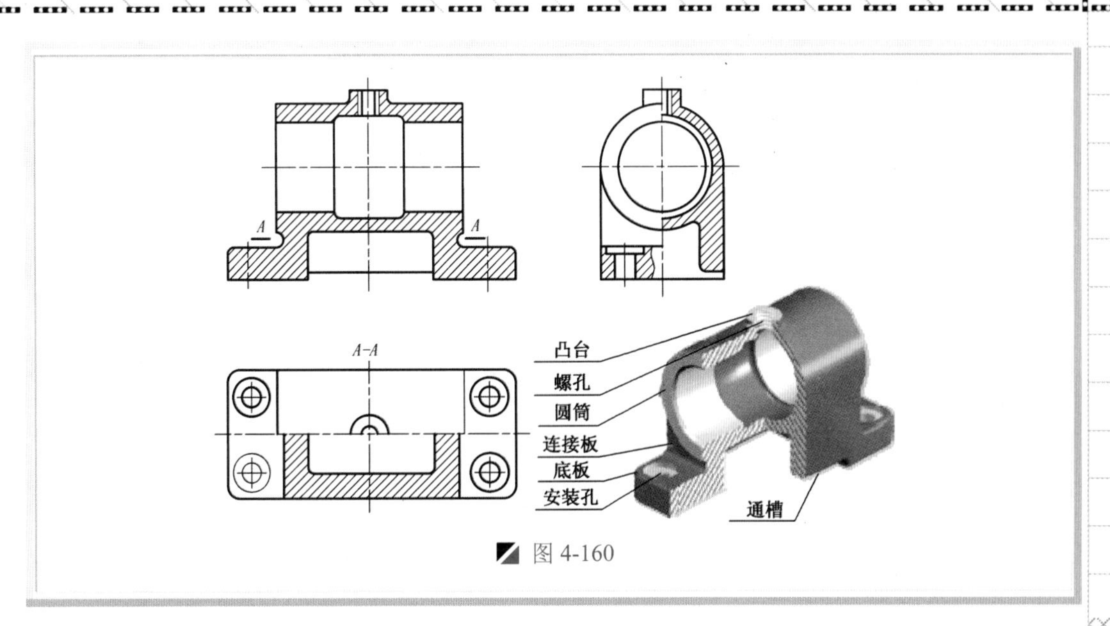

图 4-160

4.12.1 绘制俯视图

Step 01 启动 AutoCAD 2015 软件，按<Ctrl+O>组合键，打开“机械样板.dwt”文件。

Step 02 按<Ctrl+Shift+S>组合键，将该样板文件另存为“机座.dwg”文件。

Step 03 在“图层”面板的“图层控制”下拉列表中，选择“粗实线”图层作为当前图层。

Step 04 执行“构造线”命令（XL），绘制一条水平与垂直的构造线，将其转为“中心线”图层。

Step 05 执行“圆”命令（C），捕捉中心线的交点作为圆心点，绘制直径为 20mm、50mm 的同心圆；再执行“偏移”命令（O），将外圆向内偏移 5mm，并将偏移后的对象转为“细虚线”图层，如图 4-161 所示。

Step 06 执行“偏移”命令（O），将水平中心线向上向下各偏移 4mm 、18mm、28mm、32mm，将垂直中心线向右偏移 5mm、10mm、16mm、30mm，将垂直中心线向左偏移 5mm、10mm、16mm 、24mm、40mm、50mm，如图 4-162 所示。

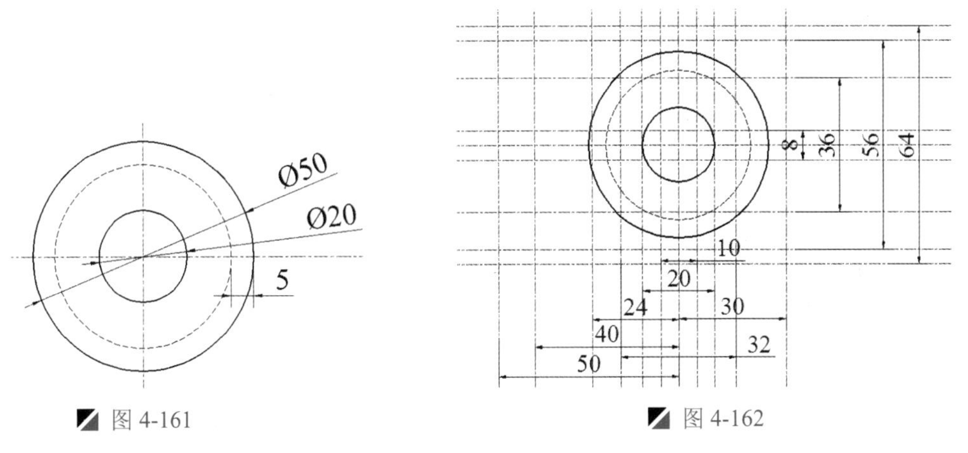

图 4-161　　图 4-162

Step 07 执行“圆”命令（C），捕捉相应的交点作为圆心绘制 3 个半径为 4mm、10mm 的同心圆，再执行“直线”命令（L），将相应的交点进行直线连接，如图 4-163 所示。

Step 08 执行"修剪"命令（TR），将多余的对象进行修剪和删除，并进行图层转换操作，如图 4-164 所示。

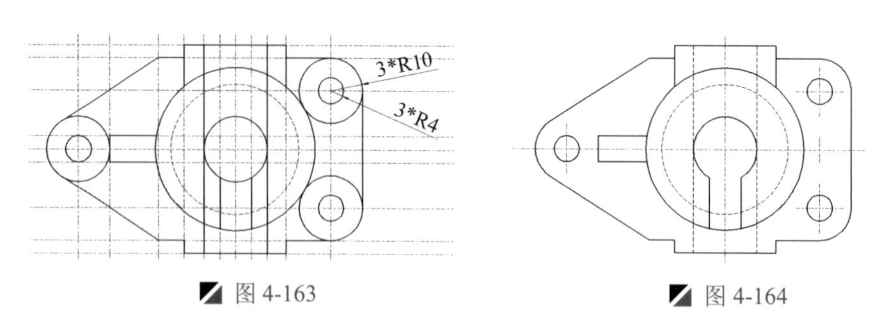

图 4-163　　图 4-164

4.12.2　绘制前视图

Step 01 执行"直线"命令（L），过俯视图轮廓的相应交点向上引申直线段，并绘制一条与引出的线段相垂直的线段，如图 4-165 所示。

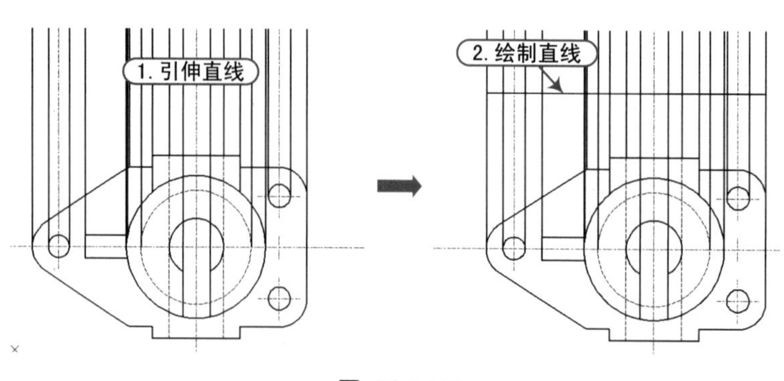

图 4-165

Step 02 执行"偏移"命令（O），将绘制的水平直线各向上偏移 7mm、9mm、5mm、5mm、4mm、6mm；再执行"修剪"命令（TR），将多余的对象进行修剪，并进行图层转换操作，完成前视图外轮廓，如图 4-166 所示。

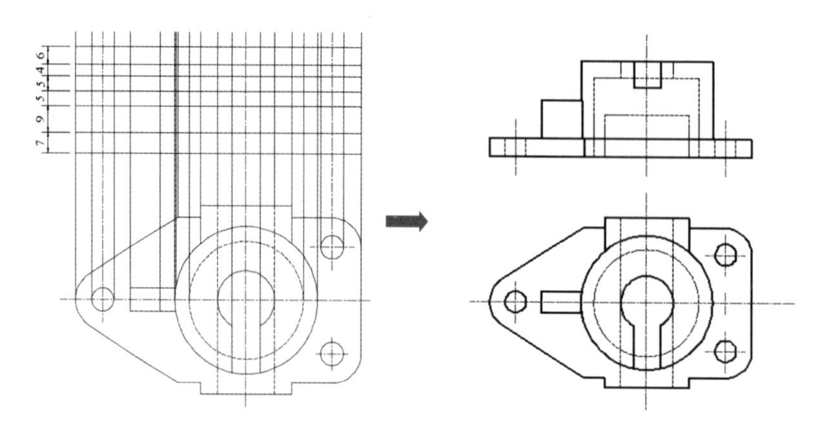

图 4-166

(Step 03) 执行“圆”命令（C），捕捉相应的交点作为圆心，绘制半径为10mm、16mm的同心圆。

(Step 04) 执行“倒角”命令（CHA），设置倒角的距离为10mm和14mm，完成倒角操作，再并将多余的对象进行修剪操作，从而完成前视图效果，如图4-167所示。

(Step 05) 执行“直线”命令（L），过前视图轮廓的相应交点向下引申直线段到俯视图，并将多余的对象进行修剪操作，从而完成俯视图效果，如图4-168所示。

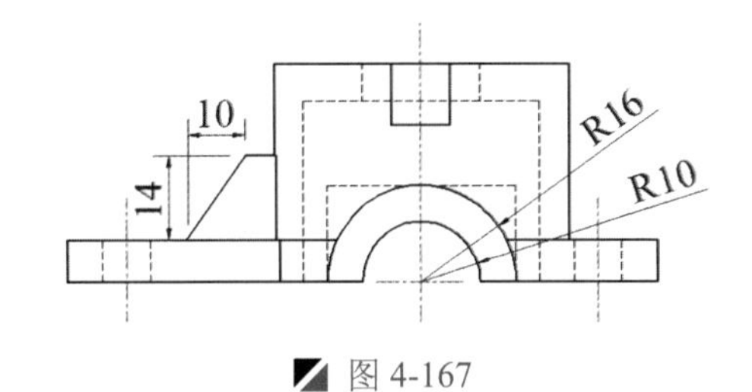

图4-167

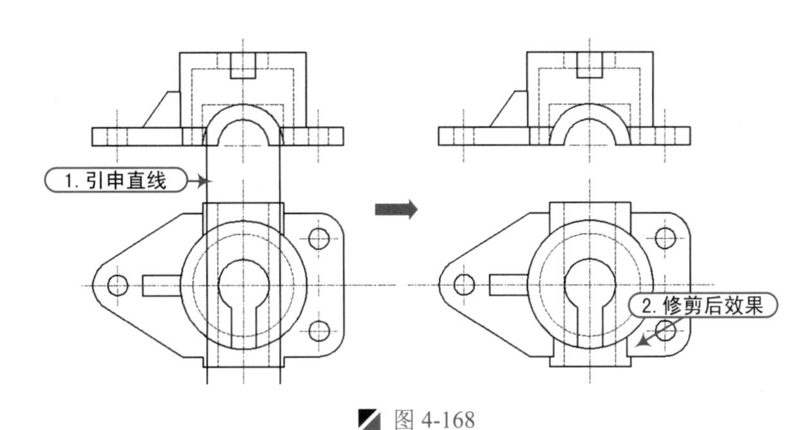

图4-168

4.12.3 绘制左视图

(Step 01) 执行“直线”命令（L），根据三视图的关系和性质，对其俯视图和前视图的轮廓进行相应的引申创建；再执行“修剪”命令（TR），将多余的对象进行修剪，并进行图层转换操作，从而形成侧视图的外轮廓，如图4-169所示。

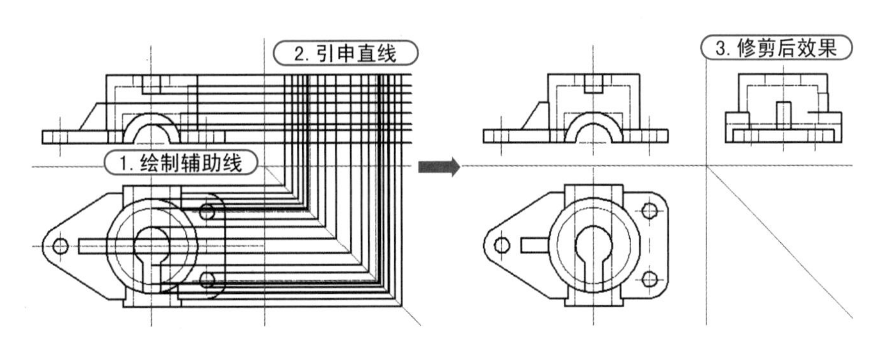

图4-169

Step 02 执行“圆弧”命令（A），绘制一条圆弧对象，并将多余的对象修剪掉，从而完成侧视图的效果，如图 4-170 所示。

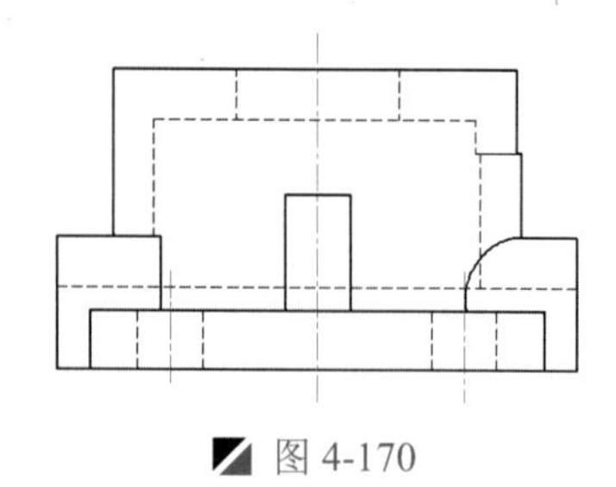

图 4-170

Step 03 至此，该机座的绘制已完成，按<Ctrl+S>组合键将该文件保存。

5

机械标准及常用件的绘制

本章导读

在机器工件设备中，有些零件经常被大量使用，如起连接作用的螺纹紧固件、用于定位的销、支承轴用的滚动轴承等。将它们的结构、尺寸画法等方面全部标准化，称为标准件。而有些零件，如齿轮、弹簧等，它们的部分主要参数已经标准化、系列化，称为常用件。

本章内容

- 沉头螺栓的绘制
- 双头、焊接螺柱的绘制
- 滚花、六角开槽螺母的绘制
- 自攻、圆头十字槽螺钉的绘制
- 微调螺杆的绘制
- 推力球轴承的绘制
- 圆锥销的绘制
- 平焊法兰的绘制

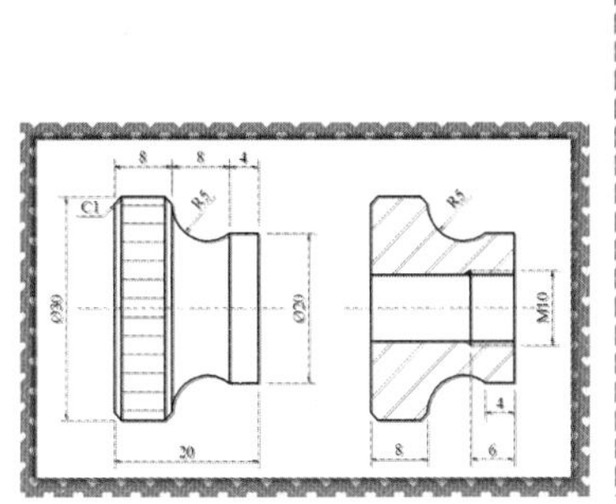

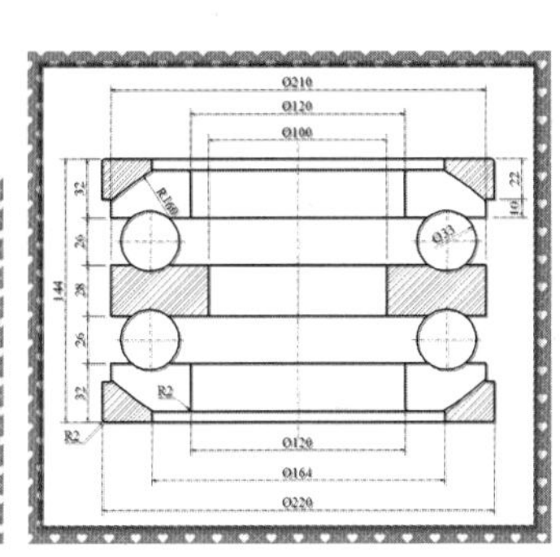

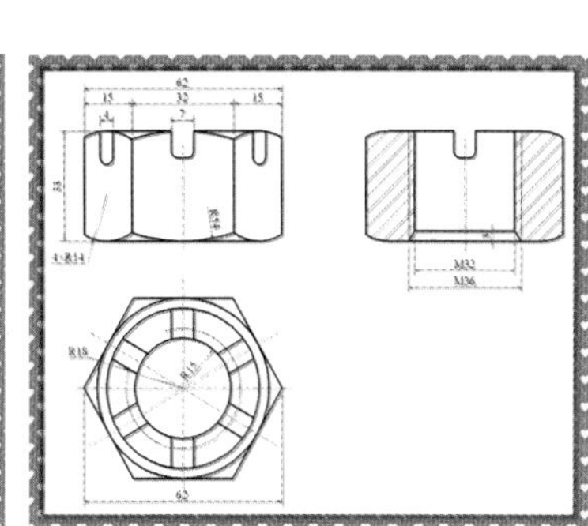

5.1 沉头螺栓的绘制

案例	沉头螺栓.dwg	视频	沉头螺栓的绘制.avi	时长	07'00"

从如图 5-1 所示的视图可以看出，该沉头螺栓由主视图、K-K 剖视图两个部分组成，在绘制的时候，需综合视图的相关尺寸来进行绘制，先绘制主视图，再绘制 K-K 剖视图。

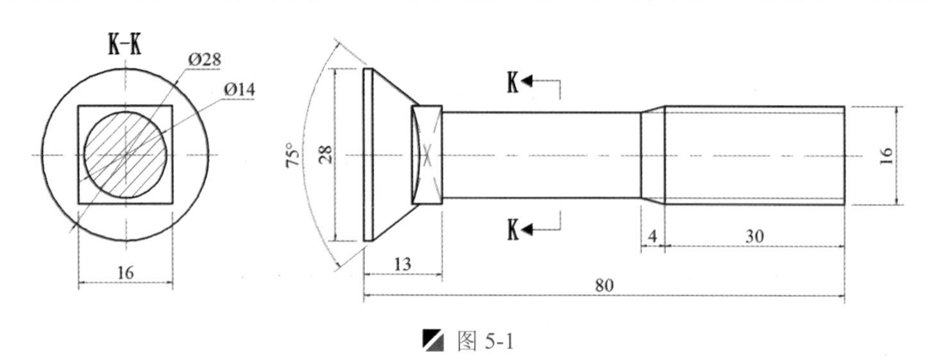

图 5-1

5.1.1 绘制主视图

Step 01 启动 AutoCAD 2015软件，按<Ctrl+O>组合键，打开“机械样板.dwt”文件。

Step 02 按<Ctrl+Shift+S>组合键，将该样板文件另存为“沉头螺栓.dwg”文件。

Step 03 在“图层”面板的“图层控制”下拉列表中，选择“中心线”图层作为当前图层；按“F8”键打开“正交”模式；执行“直线”命令（L），绘制一条长100mm 的水平中心线段；再执行“偏移”命令（O），将此水平中心线向上偏移7mm 和8mm，如图5-2所示。

Step 04 切换到“粗实线”图层，执行“直线”命令（L），以下侧水平中心线上的一点作为起点，向上绘制一条长度为 14mm 的垂直线段；再执行“偏移”命令（O），将垂直线段向右依次偏移 1.5mm、13mm、46mm、50mm、80mm，如图 5-3 所示。

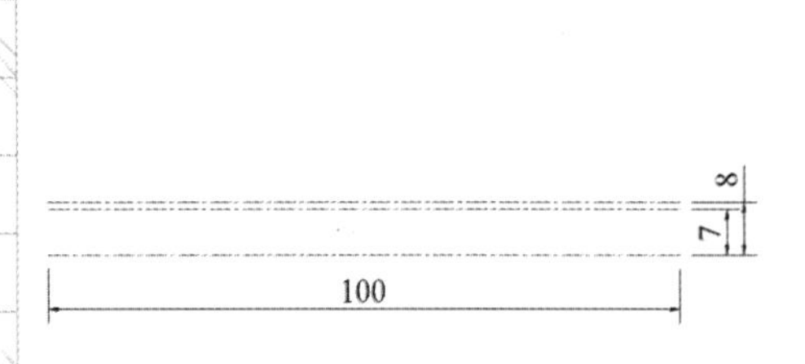

图 5-2

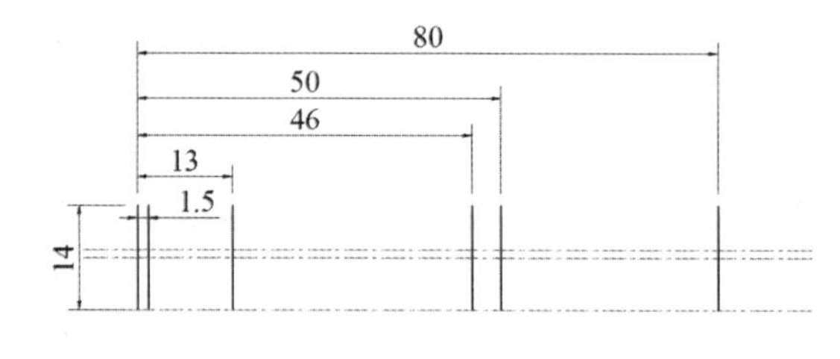

图 5-3

Step 05 执行“直线”命令（L），将相应的交点进行直线连接；再执行“修剪”命令（TR），将多余的对象进行修剪并删除操作，如图 5-4 所示。

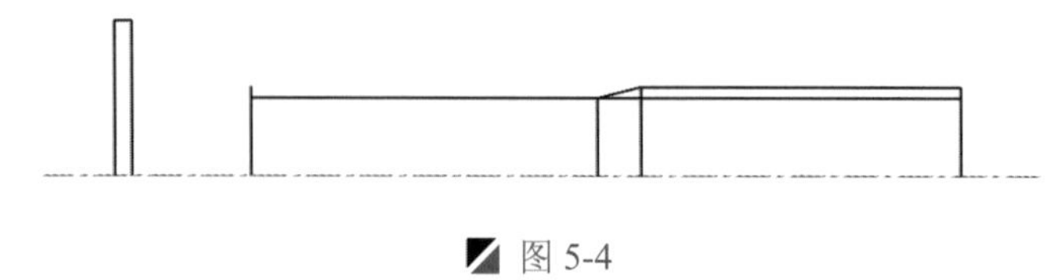

图 5-4

Step 06 执行“镜像”命令（MI），将水平中心线上侧的直线对象进行垂直镜像，如图 5-5 所示。

Step 07 执行“偏移”命令（O），从左向右的第 3 条垂直线段向左偏移 5mm；再执行“直线”命令（L），将其进行直线连接，如图 5-6 所示。

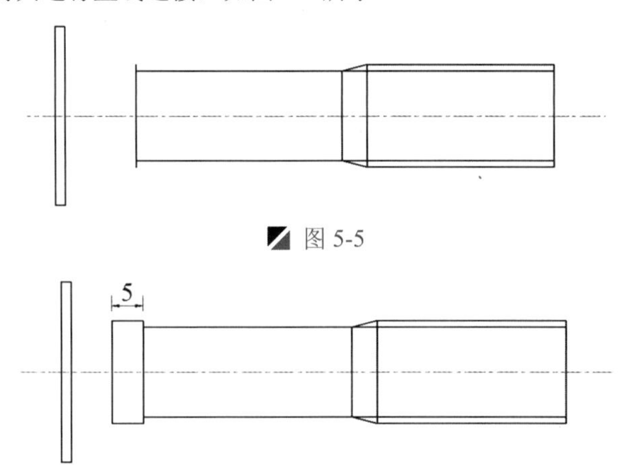

图 5-5

图 5-6

Step 08 执行“直线”命令（L），在上一步所形成的矩形内捕捉相应端点绘制两条斜线段，并将其转为“细虚线”图层，如图 5-7 所示。

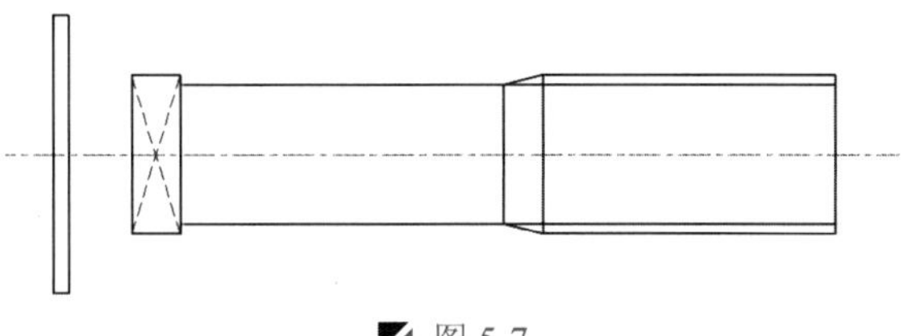

图 5-7

提示：斜线绘制法

在连接矩形对角点时，用户可以按“F8”键切换到“非正交”模式。

Step 09 执行“圆弧”命令（ARC），按如下命令行提示，绘制一条圆弧对象，如图 5-8 所示。

命令: ARC	\\ 执行“圆弧”命令
指定圆弧的起点或 [圆心(C)]:	\\ 指定“点 A”
指定圆弧的第二个点或 [圆心(C)/端点(E)]: E	\\ 选择“端点（E）”选项
指定圆弧的端点:	\\ 指定“点 B”
指定圆弧的圆心或 [角度(A)/方向(D)/半径(R)]: D	\\ 选择“方向（D）”选项
指定圆弧的起点切向:	\\ 指定“点 C”

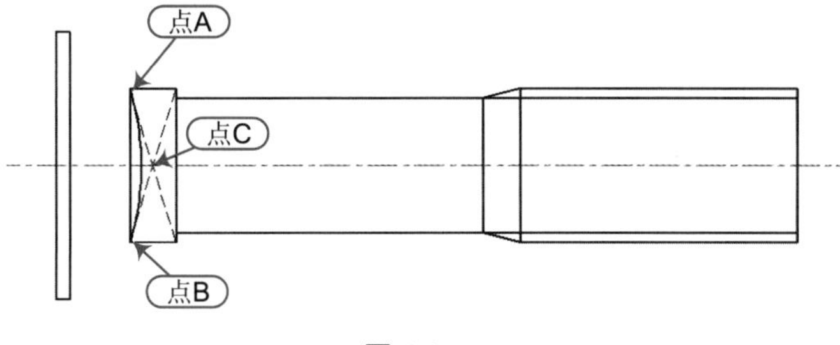

图 5-8

Step 10 执行“直线”命令（L），按如下命令行提示，绘制斜线段对象，如图5-9所示。

```
命令: LINE                                   \\ 执行“直线”命令
指定第一个点:                                 \\ 指定点D
指定下一点或 [放弃(U)]: @40<322.5             \\ 确定点E
指定下一点或 [放弃(U)]:                       \\ 按<空格键>结束上一步命令
命令:  LINE                                  \\ 再次<空格键>重复直线命令
指定第一个点:                                 \\ 指定点F
指定下一点或 [放弃(U)]:                       \\ 指定交点G
指定下一点或 [放弃(U)]:                       \\ 按<Enter>键结束
```

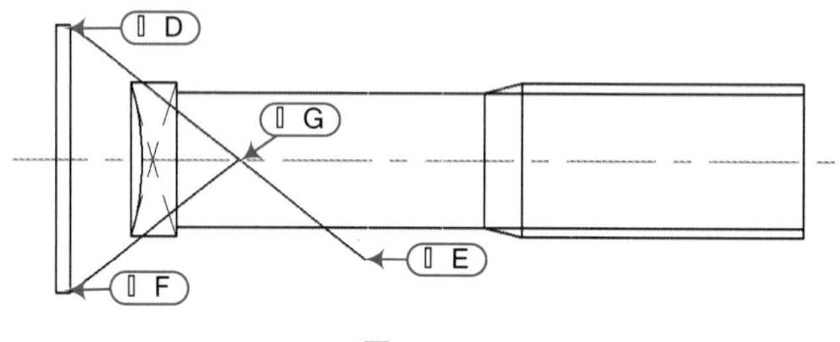

图 5-9

Step 11 执行“修剪”命令（TR），将多余的对象进行修剪并删除，并将中间的两条线段转为“细实线”图层，如图5-10所示。

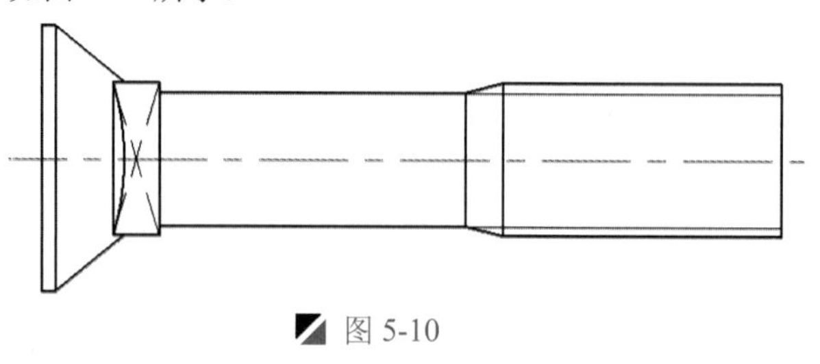

图 5-10

注意：螺纹为细实线

由于该螺栓右侧为螺纹效果，因此在绘制线型时，螺纹内侧线为细实线。

Step 12 执行“多段线”命令（PL），按照命令行提示，绘制多段线箭头符号，并输入单行文字“K”，并将其转为“文本”图层；再执行“镜像”命令（MI），将绘制的多段线和文字“K”进行垂直镜像，如图5-11所示。

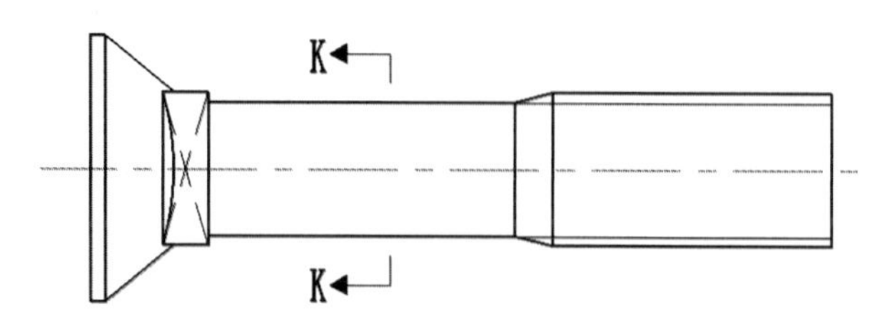

图 5-11

提示：箭头符号的绘制

绘制箭头符号的具体操作步骤如下:

① 设置多段线的起点宽度为 0，终点宽度为 2。

② 水平向右拖动鼠标，并输入长度为 2。

③ 设置起点与终宽度为 0，再水平向右拖动鼠标，且输入长度为 5。

④ 垂直向下拖动鼠标，且输入长度为 3，从而完成箭头的绘制。

5.1.2 绘制 K-K 剖视图

Step 01 选择水平中心线，再选择其左侧的夹点将其水平向左拉长。

Step 02 执行“圆”命令（C），在中心线左侧位置捕捉任意一点作为圆心点，绘制直径为 14mm、28mm 的两同心圆。

Step 03 再执行“矩形”命令（REC），绘制 16×16mm 的矩形对象，且将其中点与圆心点对齐，如图 5-12 所示。

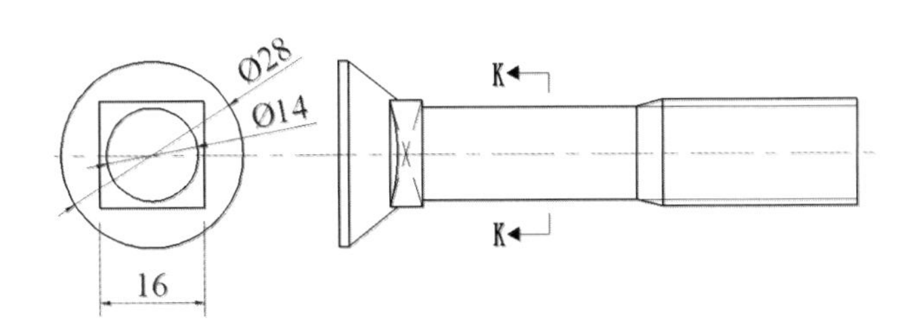

图 5-12

Step 04 切换到“剖面线”图层，执行“图案填充”命令（H），对左侧中的小圆进行图案填充，其设置填充样例为“ANSI-31”，填充比例为 0.5。

Step 05 再执行“单行文字”命令（TE），在左侧图形的上侧输入文字“K-K”，如图 5- 1 所示。

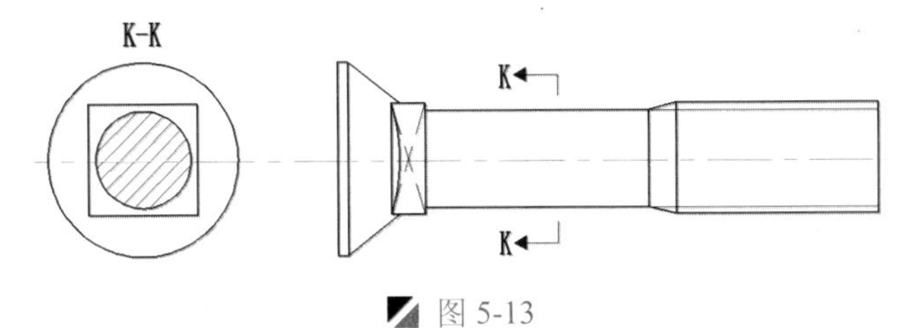

图 5-13

Step 06 至此，该沉头螺栓视图已经绘制完成，最后对其进行尺寸标注，再按<Ctrl+S>键进行保存。

专业技能：螺栓的作用

螺栓，它配合螺母作紧固连接两个带通孔的连接零件、构件之用。六角头螺栓是应用最广的一类螺栓。A 极和 B 极螺栓用于重要的、装配精度要求高，以及承受较大冲击、振动或交互载荷的场合。C 极螺栓用于表面比较粗糙、装配精度要求不高的场合。

螺栓上的螺纹，一般为粗牙普通螺纹与细牙普通螺纹，螺栓自锁性较好，主要用于薄壁零件上或承受冲击、振动或交变载荷的场合，一般螺栓上都是制成部分螺纹，全螺纹螺栓主要用于要求较长螺纹的场合。

带孔螺栓用于需要螺栓锁定的场合。带铰制孔螺栓能精确地固定被连接零件的相互位置，并能承受由横向力产生的剪切和挤压。

5.2 双头螺柱的绘制

案例	双头螺柱.dwg	视频	双头螺柱的绘制.avi	时长	03'02"

从如图 5-14 所示的视图可以看出，在绘制双头螺柱的时候，需综合视图的相关尺寸来进行绘制，涉及的相关命令有直线、偏移、修剪、镜像和删除等。

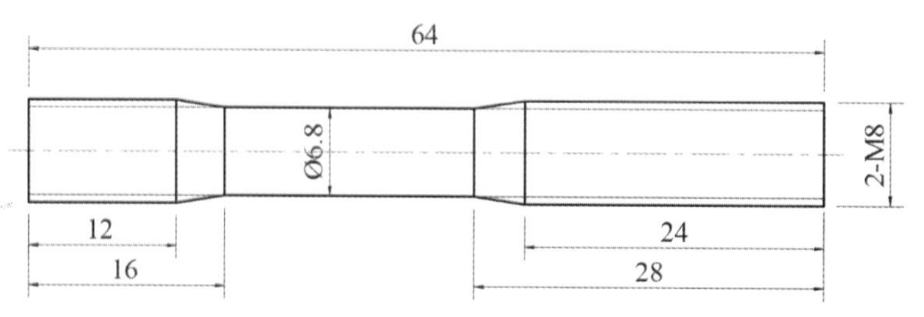

图 5-14

Step 01 启动 AutoCAD 2015 软件，按<Ctrl+O>组合键，打开“机械样板.dwt”文件。

Step 02 按<Ctrl+Shift+S>组合键，将该样板文件另存为“双头螺柱.dwg”文件。

Step 03 在“图层”面板的“图层控制”下拉列表中，选择“中心线”图层作为当前图层。

Step 04 执行“直线”命令（L），分别绘制长为 64mm 和 8mm 的互相垂直的线段，如图 5-15 所示。

图 5-15

注意：点重合

用户在绘制这两条线段时，注意垂直线段的中点与水平线段的端点相重合。

Step 05 切换到“粗实线”图层，执行“偏移”命令（O），将垂直中心线向右依次偏移 12mm、16mm 和 64mm，再将最右侧的中心线向左依次偏移 24mm 和 28mm，再将水平中心线向下分别偏移 3.4mm 和 4mm，并将垂直中心线和偏移的水平中心线转为“粗实线”图层，如图 5-16 所示。

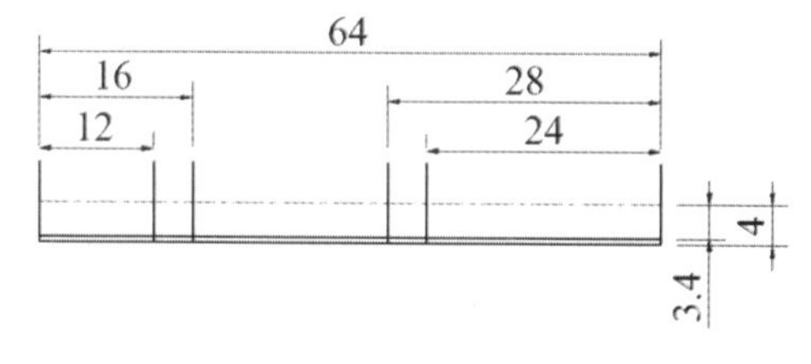

图 5-16

Step 06 执行“直线”命令（L），捕捉相应的交点绘制两条斜线段；再执行“修剪”命令，将多余的对象进行修剪，如图 5-17 所示。

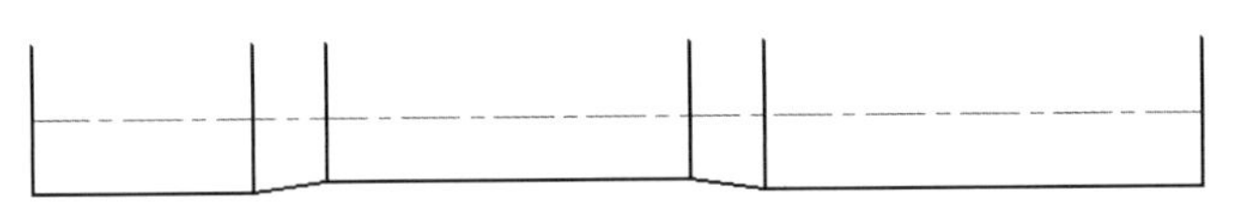

图 5-17

Step 07 执行“直线”命令（L），捕捉相应的交点绘制两条线段，并将这两条线段转换为“细实线”图层，如图 5-18 所示。

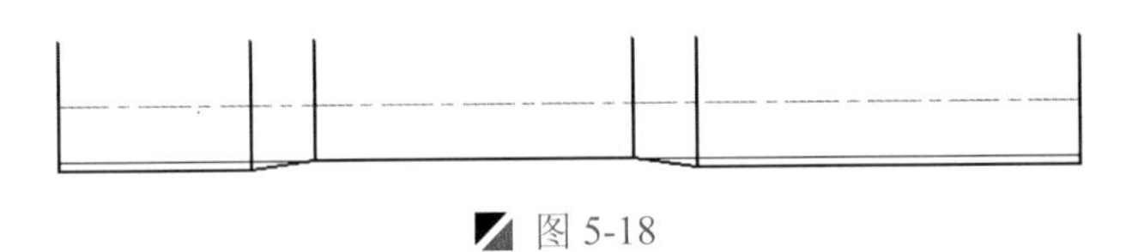

图 5-18

Step 08 执行“镜像”命令（MI），框选中心线下侧的所有水平线段和斜线段，以中心线为镜像轴线，将对象进行垂直镜像操作；再执行“修剪”命令（TR），修剪掉多余的对象，如图 5-19 所示。

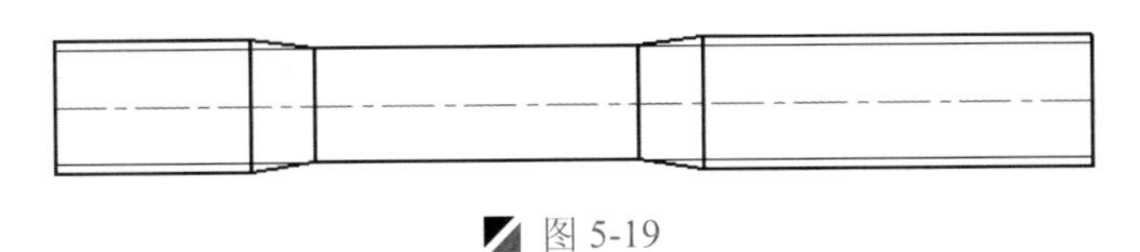

图 5-19

Step 09 至此，该双头螺柱视图已经绘制完成，最后对其进行尺寸标注，再按<Ctrl+S>键进行保存。

专业技能：螺柱的概述

螺柱是没有头部的，仅是两端均外带螺纹的一类紧固件。连接时，螺柱的一端必须旋入带有内螺纹孔的零件中，另一端穿过带有通孔的零件，然后旋上螺母，使这两个零件坚固连接成一个整体。这种连接形式称为螺柱连接，也是属于可拆卸连接的。主要用于被连接零件之一厚度较大、要求结构紧凑，或因拆卸频繁，不宜采用螺栓连接的场合。

双头螺栓的直径、长度和数量应符合要求，双头螺栓的种类和材质由等级确定。常用双头螺栓（又称全螺纹螺柱）有两种，螺纹分粗牙和细牙两种，粗牙普通螺纹用 M 及公称直径表示，细牙普通螺纹用 M 及公称直径 × 螺距表示。紧固件标准规定 M36 的螺栓用粗牙螺纹，M36 及其以上直径可采用细牙螺纹，螺距均为 3。

bm=1d 双头螺柱一般用于两个钢制连接件之间的连接；

bm=1.25d 和 bm=1.5d 双头螺柱一般用于铸铁制连接件与钢制连接件之间的连接; bm = 2d 双头螺柱一般用于铝合金制连接件与钢制连接件之间的连接。

上述前一种连接件带有内螺纹孔，后一种连接件带有通孔。等长双头螺柱两端螺纹均需与螺母、垫圈配合，用于两个带有通孔的连接件。

焊接螺柱一端焊接于连接件表面上，另一端（螺纹端）穿过带通孔的连接件，然后套上垫圈，拧上螺母，使两个连接件连接成为一件整体。

读书破万卷

5.3 焊接螺柱的绘制

案例	焊接螺柱.dwg	视频	焊接螺柱的绘制.avi	时长	03'14"

从如图 5-20 所示的视图可以看出，焊接螺柱在绘制的时候，需综合视图的相关尺寸来进行绘制，涉及的相关命令有直线、拉伸、偏移、修剪、镜像和删除等。

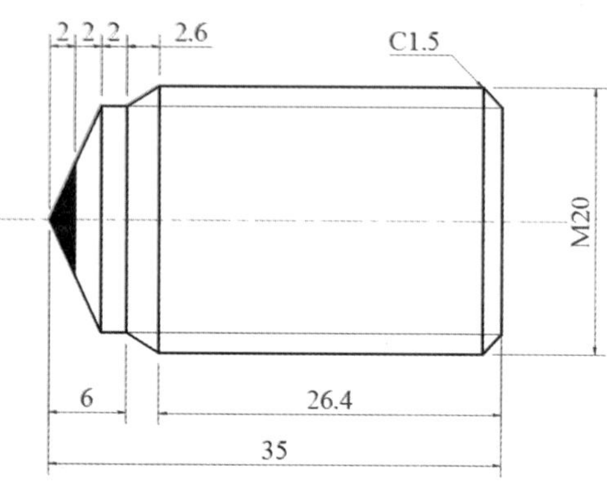

图 5-20

Step 01 启动 AutoCAD 2015 软件，按<Ctrl+O>组合键，打开“机械样板.dwt”文件。

Step 02 按<Ctrl+Shift+S>组合键，将该样板文件另存为“焊接螺柱.dwg”文件。

Step 03 切换到“粗实线”图层。使用“矩形”命令（REC），绘制 29×20mm 的矩形对象；再执行“构造线”命令（XL），过矩形的垂直线段的中点来绘制一条水平构造线，然后将该水平构造段转换为“中心线”图层，如图 5-21 所示。

Step 04 执行“倒角”命令（CHA），根据命令行提示，选择“距离（D）”选项，分别设置第一、第二倒角的距离为 1.5，然后对矩形的右侧进行倒角处理，如图 5-22 所示。

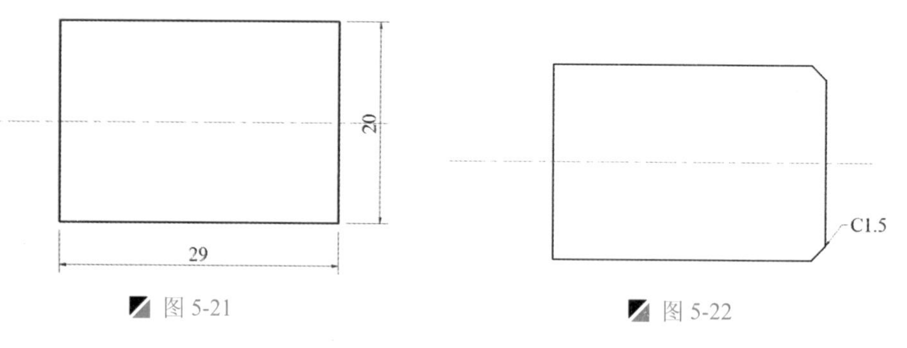

图 5-21　　图 5-22

Step 05 同样，再执行“倒角”命令（CHA），根据命令行提示，选择“距离（D）”选项，分别设置第一、二倒角的距离分别为 1.5、2.6，然后对矩形的左侧进行倒角处理，如图 5-23 所示。

Step 06 执行“直线”命令（L），分别连接 4 条倒角线，将原来的两条水平线倒角线转换为“细实线”图层，如图 5-24 所示。

Step 07 执行“分解”命令（X），将该倒角矩形进行打散操作。

Step 08 执行“偏移”命令（O），将左侧的垂直线段向左侧偏移 3 次，且偏移的距离均为 2mm，如图 5-25 所示。

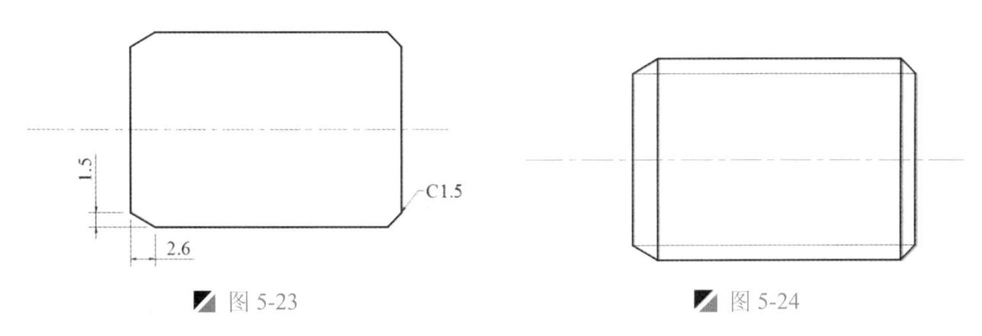

图 5-23　　图 5-24

Step 09　执行“直线”命令（L），按照如图 5-26 所示来绘制相应的交点进行直线连接。

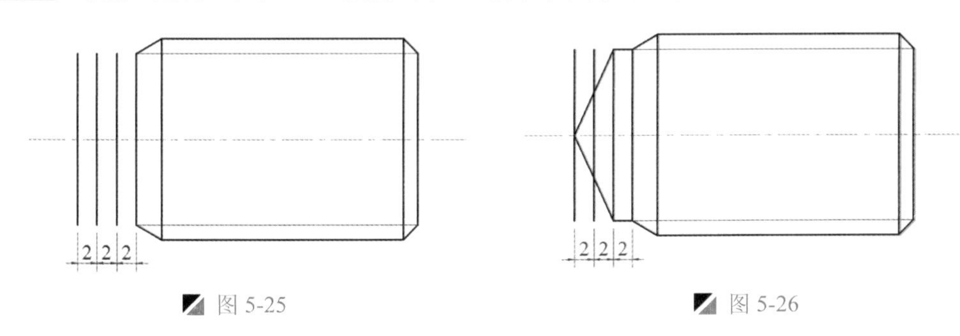

图 5-25　　图 5-26

Step 10　再执行修剪、删除命令，将多余的线段进行修剪和删除操作，如图 5-27 所示。

Step 11　执行“图案填充”命令（H），将左侧的三角形进行“SOLID”图案填充，如图 5-28 所示。

Step 12　至此，该焊接螺柱视图已经绘制完成，最后对其进行尺寸标注，再按<Ctrl+S>键进行保存。

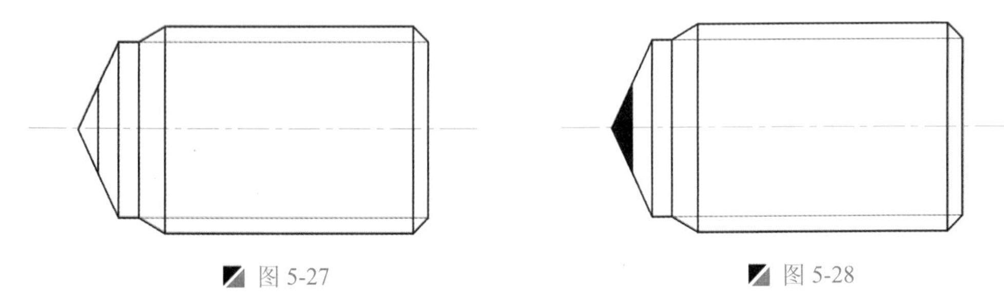

图 5-27　　图 5-28

注意：螺栓、螺柱和螺钉的区别

螺柱、螺栓和螺钉都是起连接作用的有螺纹杆状机械零件，其主要区别如下：

① 螺柱和螺栓、螺钉的主要区别是螺柱无 T 型头，且双头均是螺纹；螺栓、螺钉都有 T 型头，只有一头是螺纹。

② 螺栓与螺钉的主要区别是螺钉可将螺纹直接拧入连接件之一的螺纹孔中，不需使用螺母；而螺栓的螺纹并不往连接件上拧，而是通过与螺母配合将连接件夹紧。

③ 螺栓连接、双头螺柱连接、螺钉连接是螺纹连接紧固件的基本类型。它们在结构、应用上有所区别。结构上：螺栓有多种式样的“头”；螺柱无“头”；螺钉也有多种式样的“头”，但“头”结构有区别，螺钉的“头”上一般带有紧固用的槽、内六角等，用手可以拧紧的螺钉会在“头”上滚花纹，这使得螺钉的尺寸较小。应用上，螺

读书破万卷

栓一般和螺母成对使用，用于通孔，损坏后容易更换；螺柱也一般和螺母配合使用，多用于盲孔，且连接件需要经常拆卸时；螺钉也多用于盲孔，被连接件很少拆卸。

④ 螺栓的单位是“套”；螺钉的单位是“个”。

5.4 滚花螺母的绘制

案例	滚花螺母.dwg	视频	滚花螺母的绘制.avi	时长	05'44"

从如图 5-29 所示的视图可以看出，该滚花螺母在绘制的时候，需综合视图的相关尺寸来进行绘制，涉及到的相关命令有矩形、分解、构造线、直线，倒角、镜像、复制、修剪和删除等。

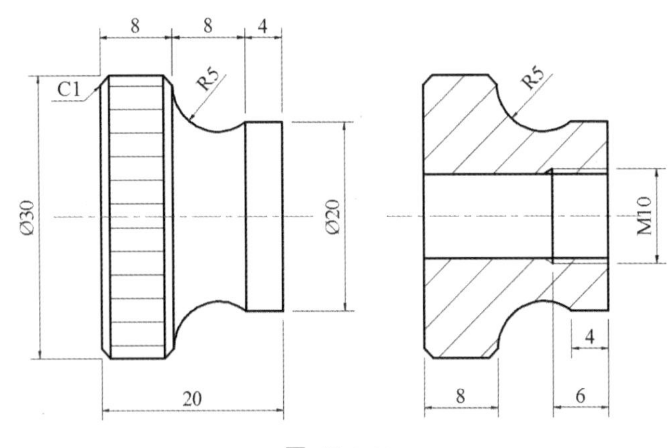

图 5-29

Step 01 启动 AutoCAD 2015 软件，按<Ctrl+O>组合键，打开“机械样板.dwt”文件。

Step 02 按<Ctrl+Shift+S>组合键，将该样板文件另存为“滚花螺母.dwg”文件。

Step 03 在“图层”面板的“图层控制”下拉列表中，选择“粗实线”图层作为当前图层。

Step 04 执行“矩形”命令（REC），绘制一个 8mm×30mm 的矩形对象；再执行“分解”命令，将绘制的矩形对象进行分解操作，如图 5-30 所示。

Step 05 执行“偏移”命令（O），将左右两侧的垂直线段向内各偏移 1mm，如图 5-31 所示。

Step 06 执行“倒角”命令（CHA），设置倒角距离为 1，将其进行倒角操作，如图 5-32 所示。

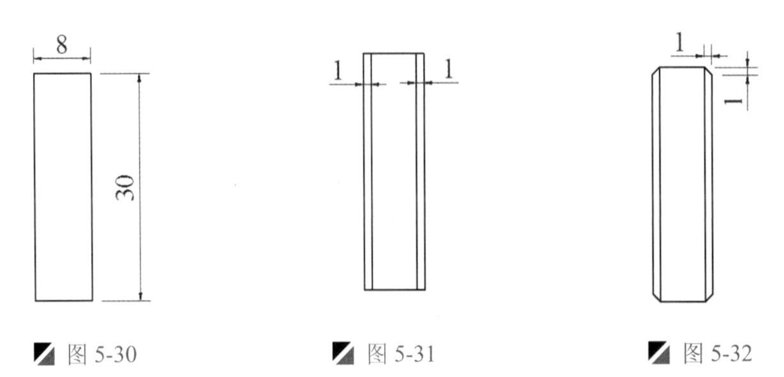

图 5-30　　图 5-31　　图 5-32

Step 07 执行"偏移"命令（O），将最右侧的垂直线段向右各偏移 8mm 和 4mm 的距离，如图 5-33 所示。

Step 08 执行"构造线"命令（XL），过垂直线段的中点绘制一条水平构造线，并将其转为"中心线"图层，如图 5-34 所示。

Step 09 执行"偏移"命令（O），将水平中心线向上下各偏移 10mm 的距离，图 5-35 所示。

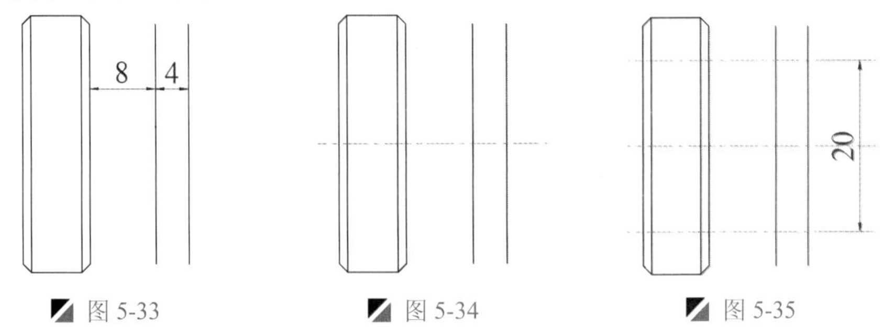

图 5-33　图 5-34　图 5-35

Step 10 执行"直线"命令（L），捕捉相应的交点进行直线连接；再执行"修剪"命令（TR），将多余的对象进行修剪并删除操作，如图 5-36 所示。

Step 11 执行"圆"命令（C），绘制半径为 5mm 的圆，使圆的左象限点与垂直线段重合，如图 5-37 所示。

Step 12 执行"镜像"命令（MI），将上一步绘制的圆进行垂直镜像；再执行"修剪"命令（TR），将多余的对象进行修剪，如图 5-38 所示。

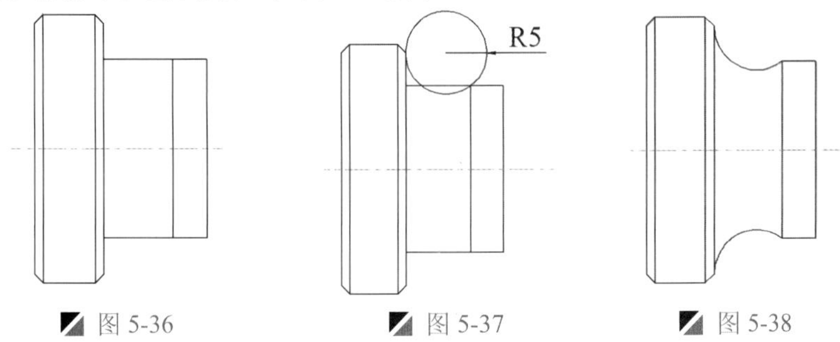

图 5-36　图 5-37　图 5-38

技巧：重合（几何约束）

绘制圆的左象限点与垂直线段重合，先绘制一个圆，再执行"移动"命令（M），选择绘制的圆，捕捉圆的左象限点移动到垂直线段的上侧端点，从而完成该步骤，如图 5-39 所示。

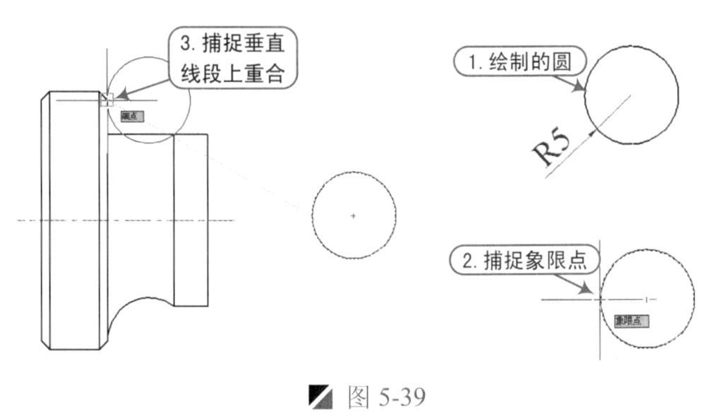

图 5-39

Step 13 执行“复制”命令（CO），将绘制的所有对象进行水平复制，并将多余的对象进行删除操作，如图 5-40 所示。

Step 14 执行“偏移”命令（O），将从右至左第二条垂直线段向左偏移 2mm 和 1mm，再将水平中心线向上下各偏移 4.5mm、5mm，并将偏移的对象转为“粗实线”图层，如图 5-41 所示。

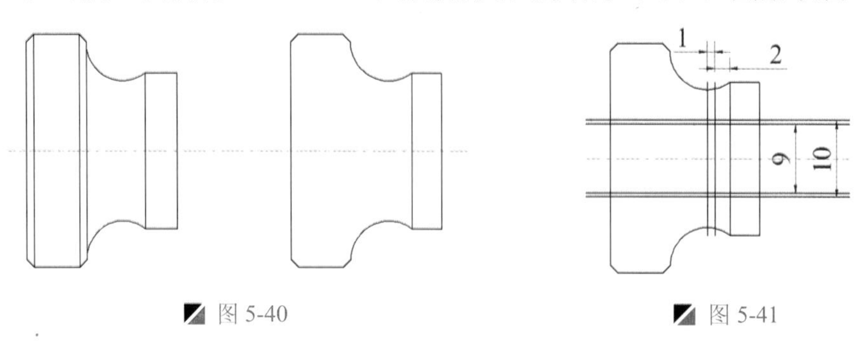

图 5-40　　图 5-41

Step 15 执行“直线”命令（L），将相应的交点进行直线连接；再执行“修剪”命令（TR），修剪掉多余的对象，并进行图层转换操作，如图 5-42 所示。

Step 16 切换到“剖面线”图层，执行“图案填充”命令（H），将左侧的对象设置填充样例“ISO05W100”，比例为 0.5，将右侧的对象设置填充样例“ANSI-31”，比例为 1，进行图案填充操作，如图 5-43 所示。

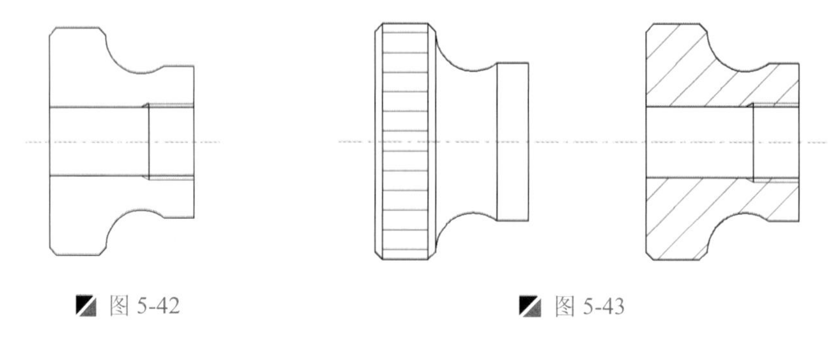

图 5-42　　图 5-43

Step 17 至此，该滚花螺母视图已经绘制完成，最后对其进行尺寸标注，再按<Ctrl+S>键进行保存。

专业技能：螺母的介绍

螺母就是螺帽，是将机械设备紧密连接起来的零件。通过内侧的螺纹，同等规格螺母和螺丝，才能连接在一起，所有生产制造机械必须用的一种原件。

螺母的种类繁多，常见的有国标、英标、美标、日标的螺母。螺母根据材质的不同，分为碳钢、高强度、不锈钢、塑钢等几大类型，根据产品属性，对应国家不同的标准号。

5.5 六角开槽螺母的绘制

案例	六角开槽螺母.dwg	视频	六角开槽螺母的绘制.avi	时长	08'35"

从如图 5-44 所示的三视图可以看出，它由前视图、俯视图和剖面图三个部分组成，在绘制的时候，需综合三视图的相关尺寸来进行绘制，先绘制前视图，再以此绘制剖面图，然后绘制俯视图。

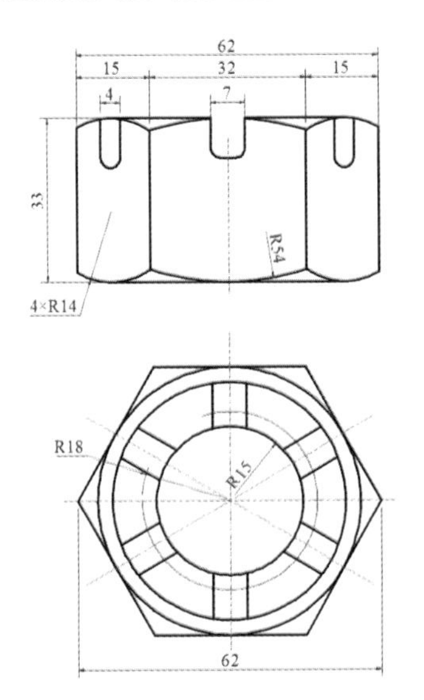

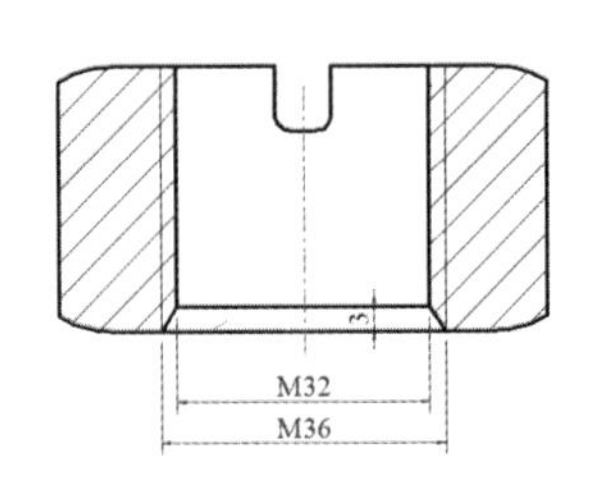

图 5-44

5.5.1 绘制前视图

Step 01 启动 AutoCAD 2015 软件，按<Ctrl+O>组合键，打开“机械样板.dwt”文件。

Step 02 按<Ctrl+Shift+S>组合键，将该样板文件另存为“六角开槽螺母.dwg”文件。

Step 03 在“图层”面板的“图层控制”下拉列表中，选择“粗实线”图层作为当前图层。

Step 04 执行“矩形”命令（REC），绘制一个 62mm×33mm 的矩形对象，如图 5-45 所示。

Step 05 执行“构造线”命令（XL），过矩形的中点绘制一条垂直构造线，并将这条垂直构造线转为“中心线”图层，如图 5-46 所示。

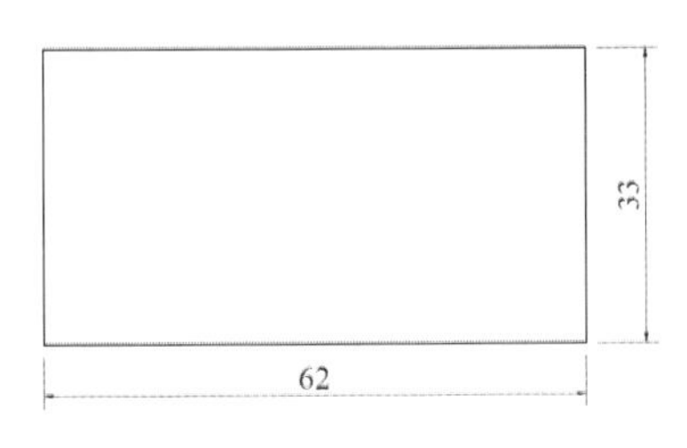

图 5-45

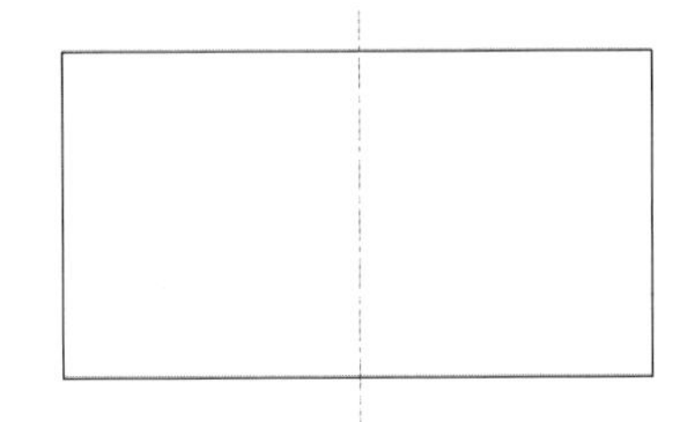

图 5-46

Step 06 执行“分解”命令（X），将矩形对象进行分解操作；再执行“偏移”命令（O），将垂直中心线向左右各偏移 3.5mm、16mm、22mm、26mm，将矩形下侧的水平线段向上偏移 25mm，并将偏移的对象转为“粗实线”图层，如图 5-47 所示。

Step 07 执行“修剪”命令（TR），将多余的对象进行修剪，如图 5-48 所示。

Step 08 执行“圆弧”命令（A），捕捉相应的交点绘制两个半径为 2mm 的圆弧，如图 5-49 所示。

Step 09 执行“圆角”命令（F），将垂直中心线位置的图形对象进行半径为 2mm 的圆角操作，并将多余的对象进行删除操作，如图 5-50 所示。

Step 10 执行“圆”命令（C），分别绘制半径为 14mm 和 54mm 的 3 个圆，使圆的上象限点与矩形上侧的水平线段重合，如图 5-51 所示。

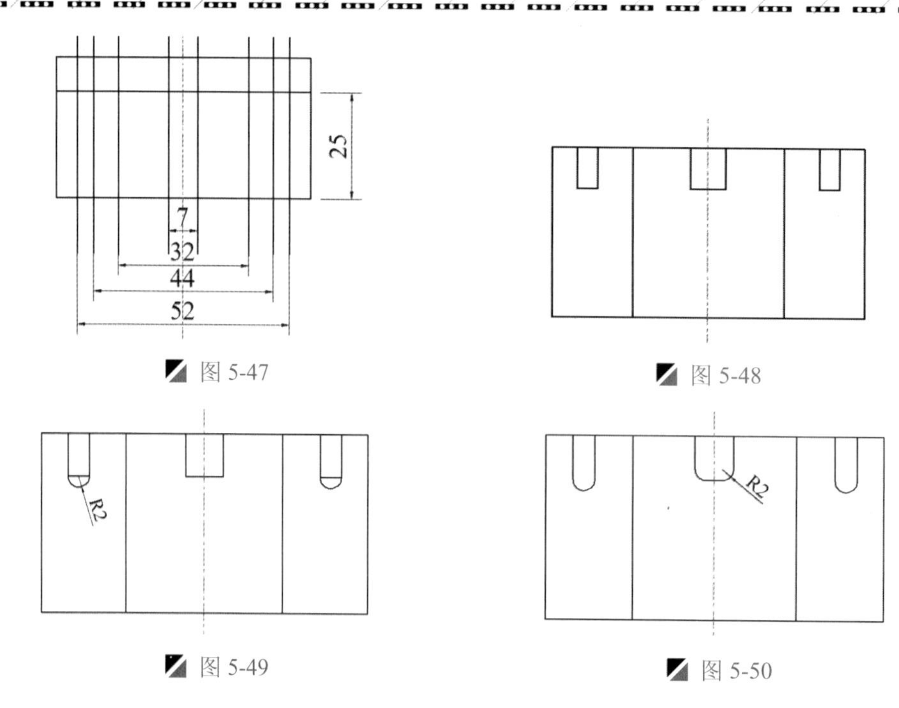

图 5-47

图 5-48

图 5-49

图 5-50

Step 11 执行“修剪”命令（TR），将多余的对象进行修剪操作，如图 5-52 所示。

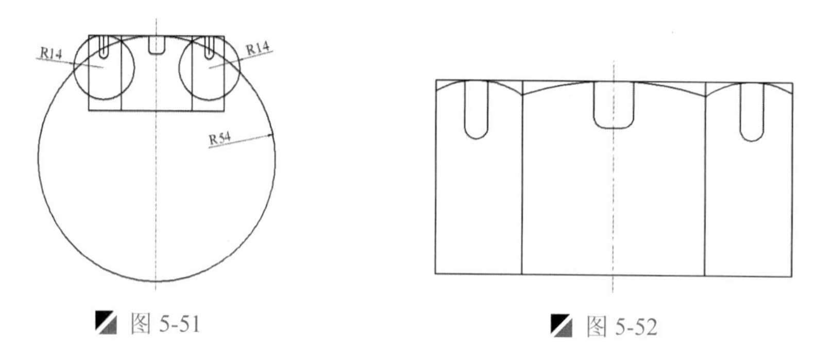

图 5-51

图 5-52

Step 12 执行“镜像”命令（MI），将修剪的圆弧对象镜像复制到矩形的底部；再执行“修剪”命令（TR），将多余的对象进行修剪，如图 5-53 所示。

5.5.2 绘制剖视图

Step 01 执行“复制”命令（CO），将绘制好的所有图形对象水平向右复制；再执行“修剪”命令（TR）和“删除”命令（E），将多余的对象进行修剪并删除，如图 5-54 所示。

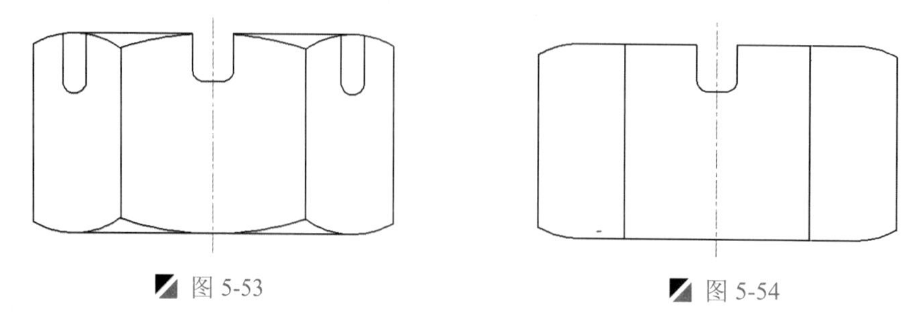

图 5-53

图 5-54

Step 02 执行“偏移”命令（O），将下侧的水平线段向上偏移 3mm，将图形中间的两条垂直线段向外侧各偏移 2mm，并将偏移出的线段转换为“细实线”图层 ，如图 5-55 所示。

Step 03 执行“直线”命令（L），捕捉相应的交点进行直线段连接；再执行“修剪”命令（TR），将多余的对象进行修剪，如图 5-56 所示。

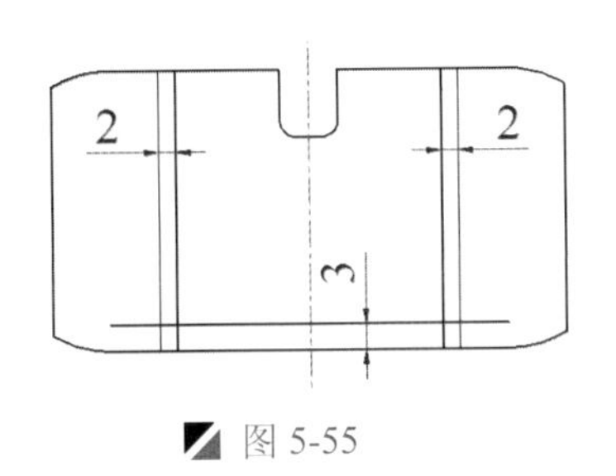

图 5-55

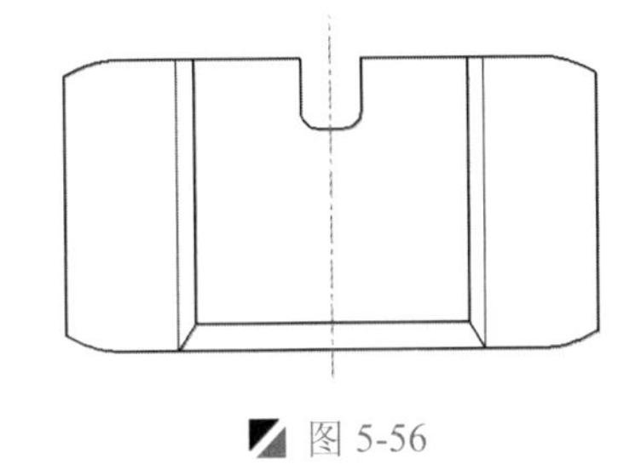

图 5-56

5.5.3 绘制俯视图

Step 01 执行“构造线”命令（XL），在图形的下侧绘制一条水平构造线，然后将其转为“中心线”图层，如图 5-57 所示。

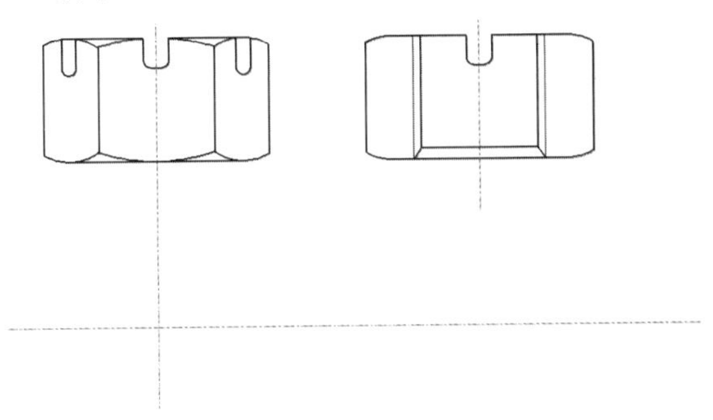

图 5-57

Step 02 执行“圆”命令（C），捕捉中心线的交点作为圆心绘制半径为 15mm、18mm、24mm、27mm 的同心圆，并将半径为 18mm 的圆转换为“细实线”图层，如图 5-58 所示。

Step 03 执行“正多边形”命令（POL），捕捉圆心点，绘制外切于圆半径为 27mm 的正六边形，如图 5-59 所示。

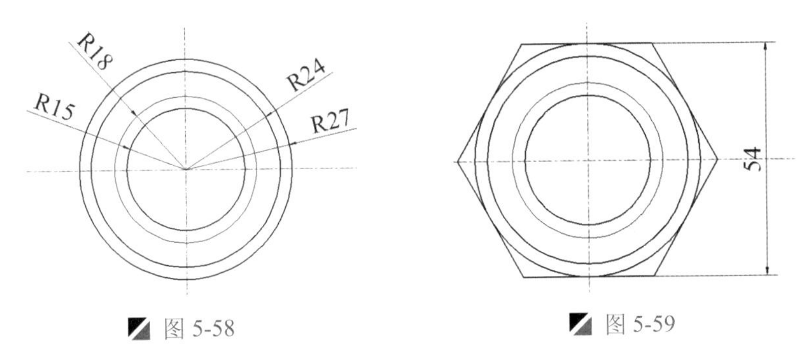

图 5-58　　图 5-59

Step 04 执行“偏移”命令（O），将垂直中心线向左右两侧各偏移 3.5mm；再执行“直线”命令（L），捕捉相应的交点进行直线连接，并删除偏移的对象，如图 5-60 所示。

Step 05 执行“阵列”命令（AR），根据命令行提示，捕捉上一步绘制的直线段和垂直中心线，选择“极轴(PO)”选项，项目个数为 6 个，进行环形阵列操作，如图 5-61 所示。

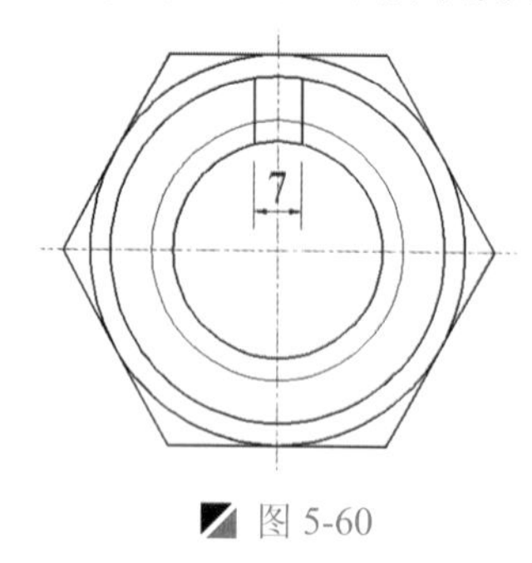

图 5-60

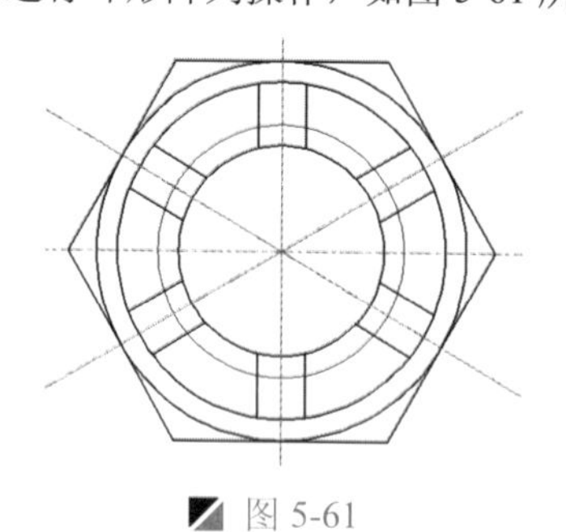

图 5-61

Step 06 执行“打断”命令（BR），将半径为 18mm 的圆进行左上侧打断操作，如图 5-62 所示。

Step 07 切换到“剖面线”图层，执行“图案填充”命令（H），设置图案样例为“ANSI-31”，比例为 1，在指定的位置进行图案填充操作，如图 5-63 所示。

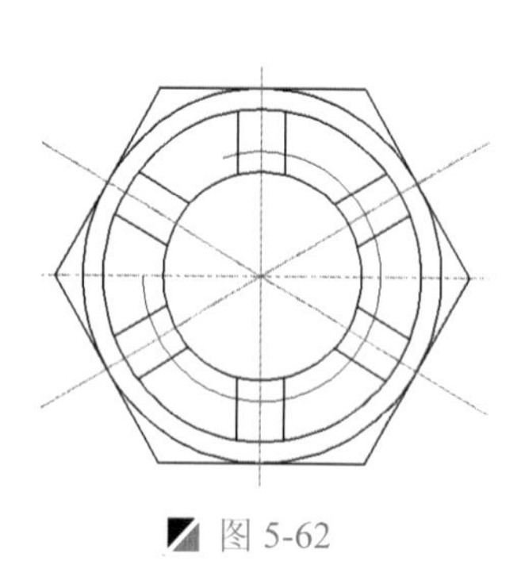

图 5-62

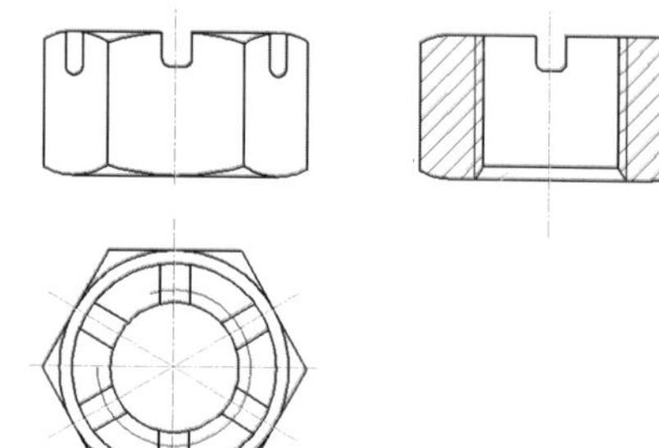

图 5-63

Step 08 至此，该六角开槽螺母已经绘制完成，最后对其进行尺寸标注，再按<Ctrl+S>键进行保存。

5.6 自攻螺钉的绘制

案例	自攻螺钉.dwg	视频	自攻螺钉的绘制.avi	时长	08'16"

从如图 5-64 所示的视图可以看出，它由主视图和左视图两个部分组成，在绘制的时候，需综合视图的相关尺寸来进行绘制，先绘制左视图，再以此绘制主视图。

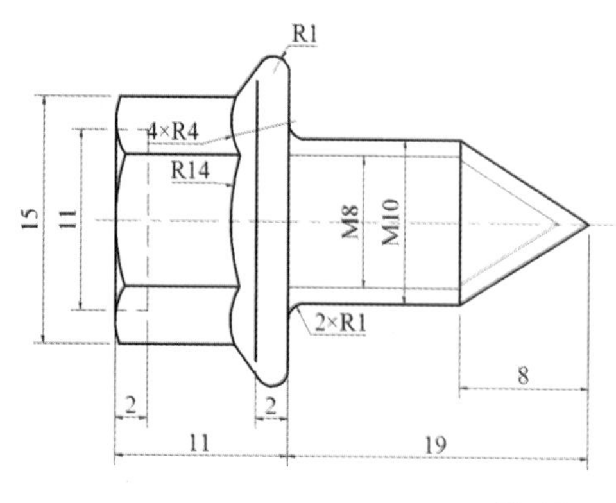

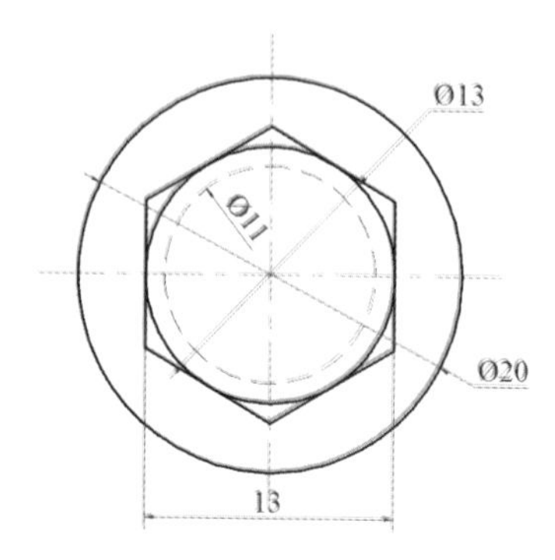

图 5-64

5.6.1　绘制左视图

Step 01　启动 AutoCAD 2015 软件，按<Ctrl+O>组合键，打开“机械样板.dwt”文件。

Step 02　按<Ctrl+Shift+S>组合键，将该样板文件另存为“自攻螺钉.dwg”文件。

Step 03　在“图层”面板的“图层控制”下拉列表中，选择“粗实线”图层作为当前图层。

Step 04　执行“构造线”命令（XL），绘制一条水平和垂直的构造线，并转为“中心线”图层，如图 5-65 所示。

Step 05　执行“圆”命令（C），捕捉中心线的交点作为圆心，绘制直径为 11mm、13mm、20mm 的同心圆，并将直径为 11mm 的圆转为“细虚线”，如图 5-66 所示。

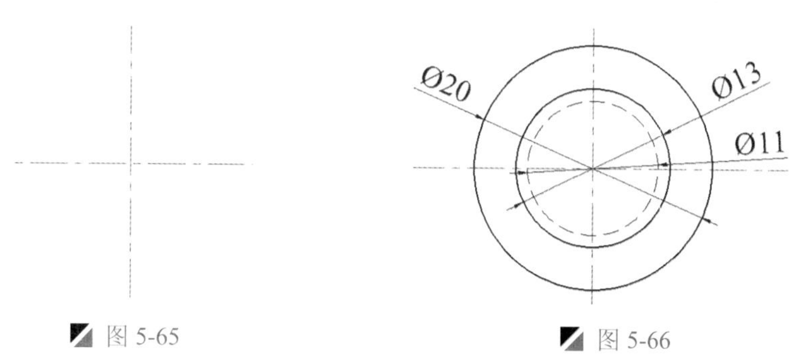

图 5-65　　图 5-66

Step 06　执行“正多边形”命令（POL），绘制外切于圆的正六边形对象，其圆的直径为 13mm，如图 5-67 所示。

Step 07　执行“偏移”命令（O），将垂直中心线向左偏移 50mm，并将偏移后的对象转为“粗实线”图层，如图 5-68 所示。

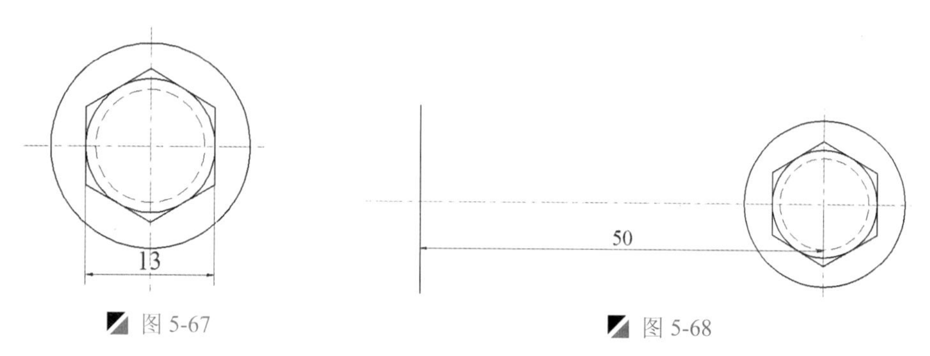

图 5-67　　图 5-68

5.6.2　绘制主视图

Step 01　执行“偏移”命令（O），将左侧的垂直线段向右各偏移 8mm、3mm、11mm 和 8mm，将水平中心线向上向下各偏移 5mm、7.5mm、10mm，并将偏移后的对象转为“粗实线”图层，如图 5-69 所示。

Step 02　执行“修剪”命令（TR），将多余的对象进行修剪并删除操作，如图 5-70 所示。

Step 03　执行“偏移”命令（O），将左侧的垂直线段向右偏移 2mm，将中间矩形的左垂直边向右偏移 1mm，将水平中心线向上向下各偏移 4mm、5.5mm、8.5mm，并偏移后的对象转为“粗实线”图层，如图 5-71 所示。

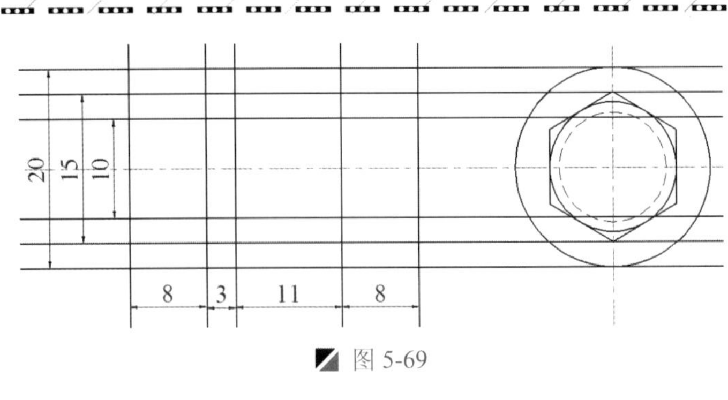

图 5-69

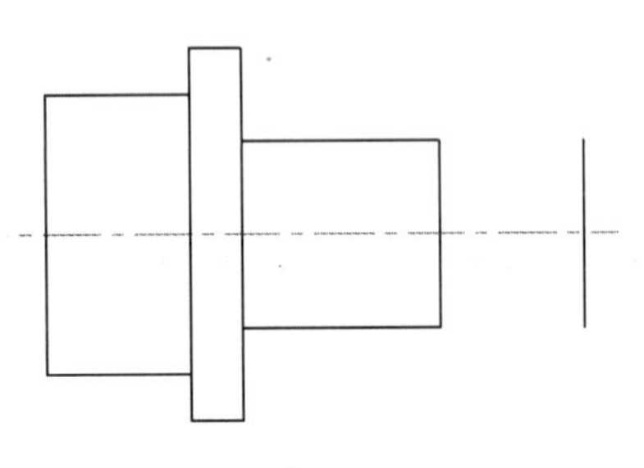

图 5-70

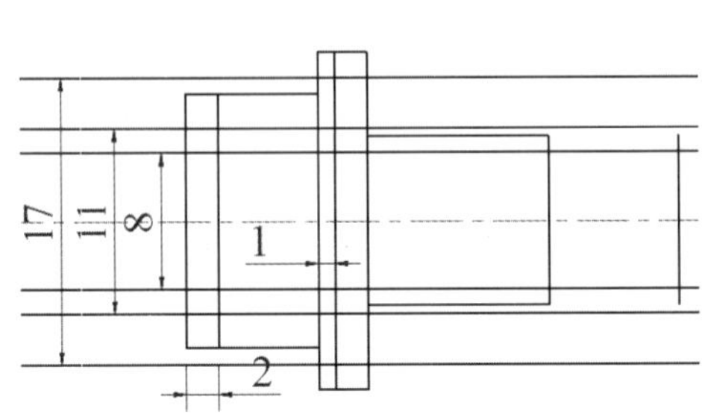

图 5-71

Step 04 执行“修剪”命令（TR），将多余的对象进行修剪并删除操作，并将其进行图层转换操作，如图 5-72 所示。

Step 05 执行“直线”命令（L），捕捉相应的点进行直线连接，如图 5-73 所示。

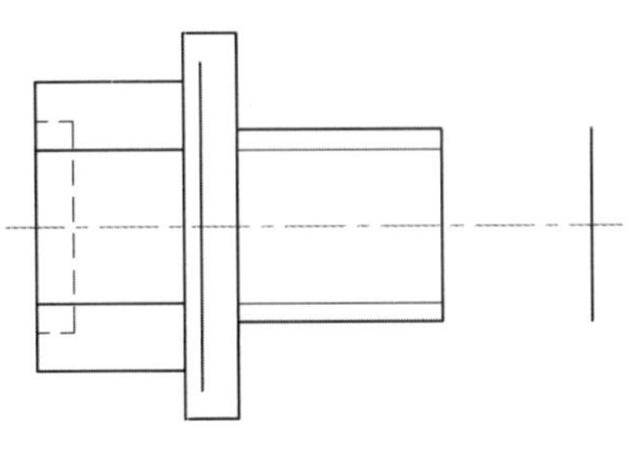

图 5-72

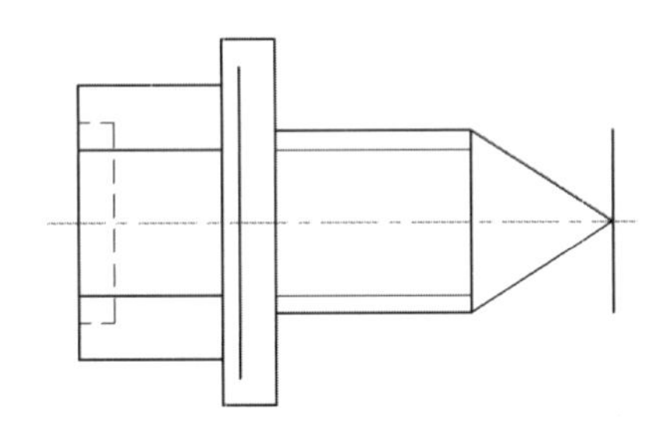

图 5-73

Step 06 执行“偏移”命令（O），将上一步绘制的两条斜线段向内各偏移 1mm；再执行“修剪”命令（TR），将多余的对象进行修剪，如图 5-74 所示。

Step 07 执行“圆”命令（C），分别绘制半径为 4mm 和 14mm 的 3 个圆对象，使圆的左象限点与左边垂直对齐，如图 5-75 所示。

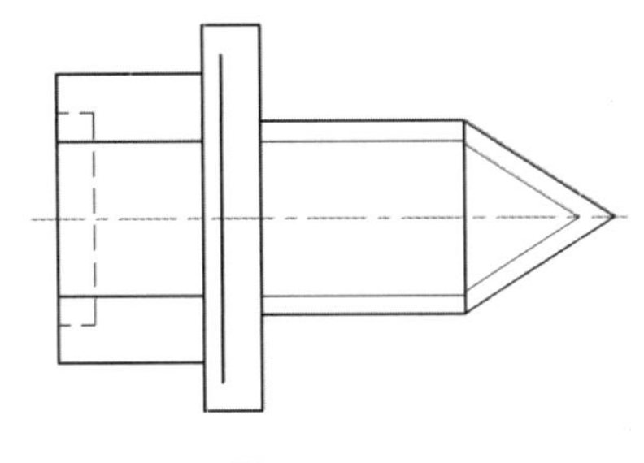

图 5-74

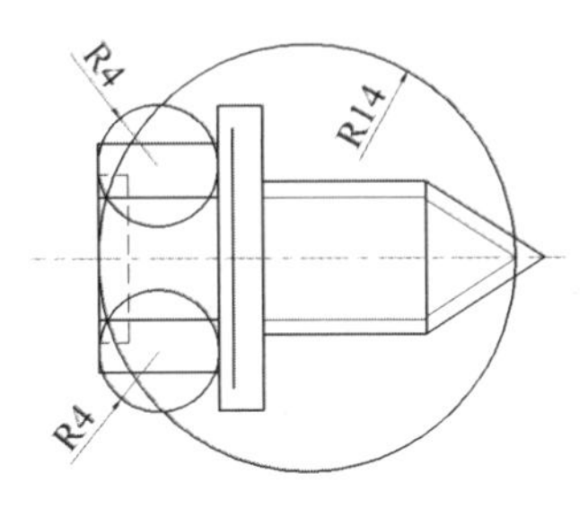

图 5-75

Step 08 执行“修剪”命令（TR），将多余的对象进行修剪操作，如图 5-76 所示。

Step 09 执行“复制”命令（CO），将上一步形成的圆弧对象向右复制 7mm，如图 5-77 所示。

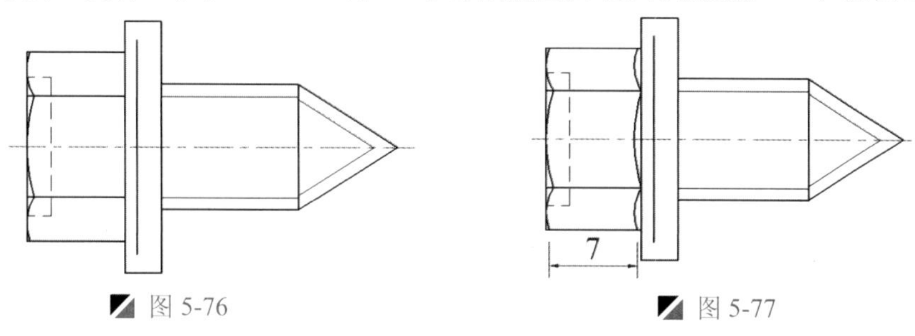

图 5-76　　图 5-77

技巧：圆的移动

在第 7 步绘制这三个圆时，先绘制一个大圆和一个小圆，使两圆的左象限点与垂直线中点重合，过大圆与上侧第 2 条水平线交点绘制一条垂直辅助线，再以小圆下侧与辅助线的交点作为基点，将小圆图形移动到大圆、水平线和辅助线的交点，从而完成圆的移动效果，以同样的方法绘制下侧小圆，如图 5-78 所示。

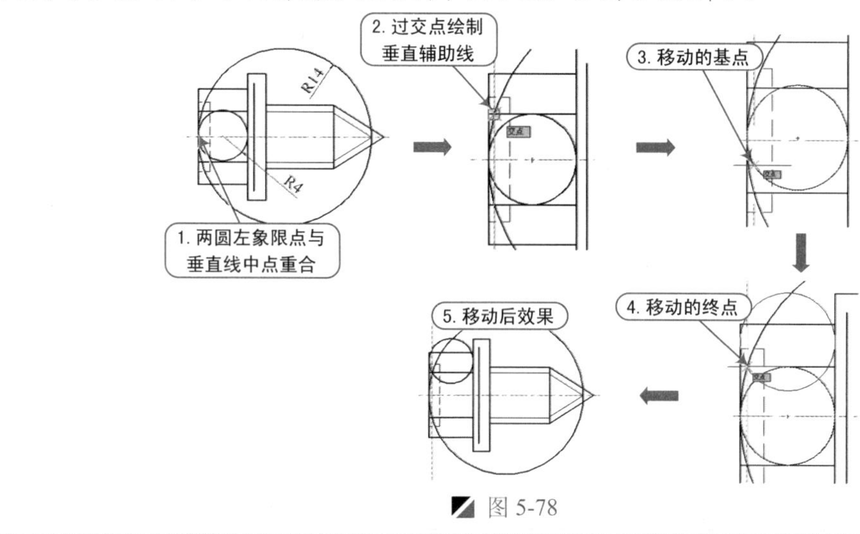

图 5-78

Step 10 执行“圆”命令（C），根据命令行提示，选择“切点、切点、半径（T）”选项，绘制半径为 1mm 的两个相切圆对象，如图 5-79 所示。

Step 11 执行“直线”命令（L），捕捉相应的交点做为直线的起点，再捕捉圆的切点作为直线终点，绘制直线段，如图 5-80 所示。

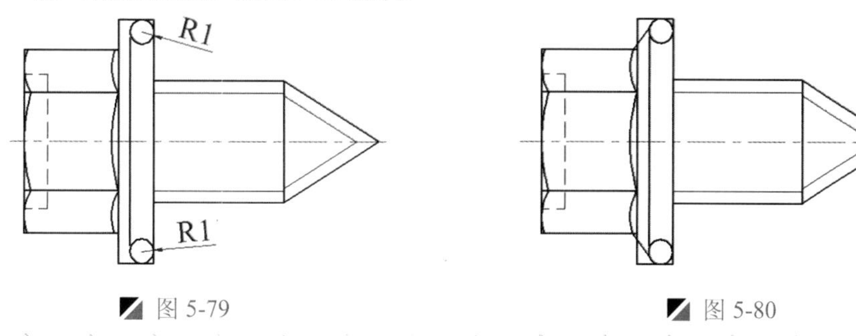

图 5-79　　图 5-80

读书破万卷

技巧：捕捉圆的切点

捕捉圆的切点时，可以直接在命令行中输入“TAN”。

Step 12 执行“修剪”命令（TR），将多余的对象进行修剪，如图 5-81 所示。

Step 13 执行“圆角”命令（F），进行半径为 1mm 的圆角操作，如图 5-82 所示。

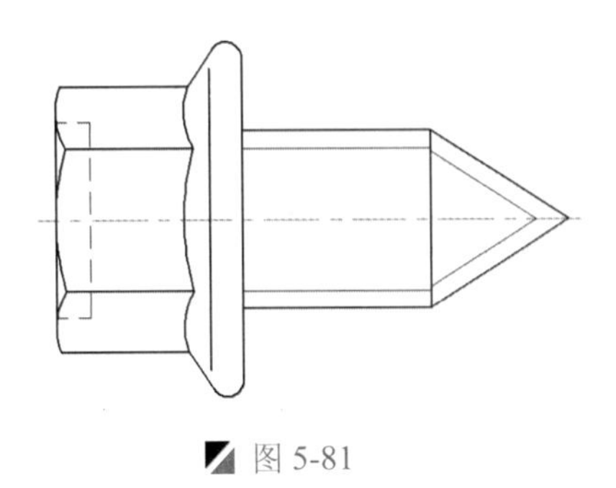

图 5-81

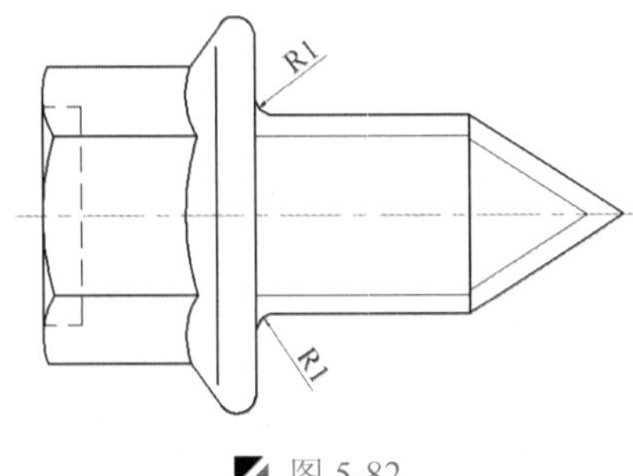

图 5-82

Step 14 至此，该自攻螺钉已经绘制完成，最后对其进行尺寸标注，再按<Ctrl+S>键进行保存。

专业技能：螺钉的作用

螺钉按用途可以分为三类：机器螺钉、紧定螺钉和特殊用途螺钉。

① 机器螺钉主要用于一个紧定螺纹孔的零件，与一个带有通孔的零件之间的紧固连接，不需要螺母配合（这种连接形式称为螺钉连接，也属于可拆卸连接）；也可以与螺母配合，用于两个带有通孔的零件之间的紧固连接，也就是最常见的螺钉。

② 紧定螺钉主要用于固定两个零件之间的相对位置。俗称“止头螺丝”，相当于定位销的作用。

③ 特殊用途螺钉，例如有吊环螺钉等，供吊装零件用。

5.7 圆头十字槽螺钉的绘制

案例	圆头十字槽螺钉.dwg	视频	圆头十字槽螺钉的绘制.avi	时长	08'42"

从如图 5-83 所示的视图可以看出，它由主视图和左视图两个部分组成，在绘制的时候，需综合视图的相关尺寸来进行绘制，先绘制左视图，再以此绘制主视图。

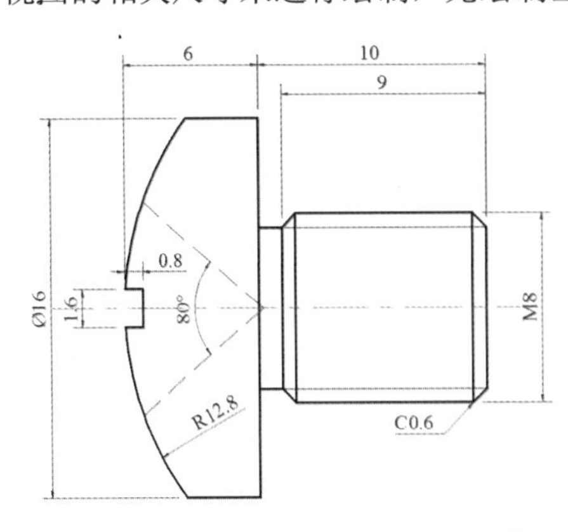

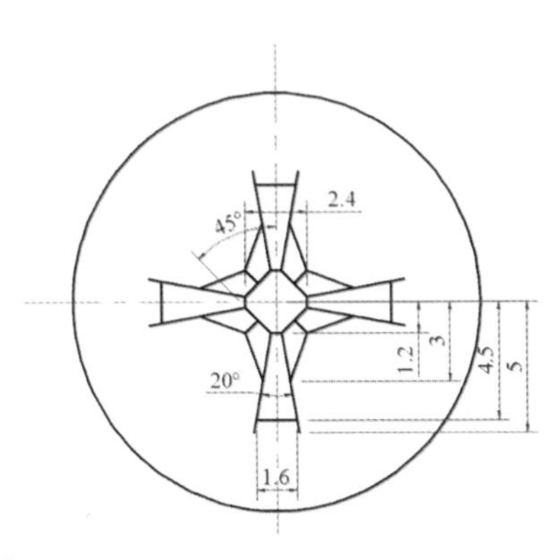

图 5-83

5.7.1 绘制左视图

Step 01 启动 AutoCAD 2015 软件，按<Ctrl+O>组合键，打开“机械样板.dwt”文件。

Step 02 按<Ctrl+Shift+S>组合键，将该样板文件另存为“内六角圆柱头螺钉.dwg”文件。

Step 03 在“图层”面板的“图层控制”下拉列表中，选择“粗实线”图层作为当前图层。

Step 04 执行“构造线”命令（XL），绘制一条水平和垂直的构造线，并将构造线转为“中心线”图层；再执行“圆”命令（C），捕捉中心线的交点作为圆心点，绘制直径为 16mm 的圆，如图 5-84 所示。

Step 05 执行“构造线”命令（XL），以圆心为放置点，分别绘制角度为 45°、–45°、80°的三条构造线，如图 5-85 所示。

Step 06 执行“偏移”命令（O），将水平中心线向下偏移 1.2mm、4.5mm、5mm，如图 5-86 所示。

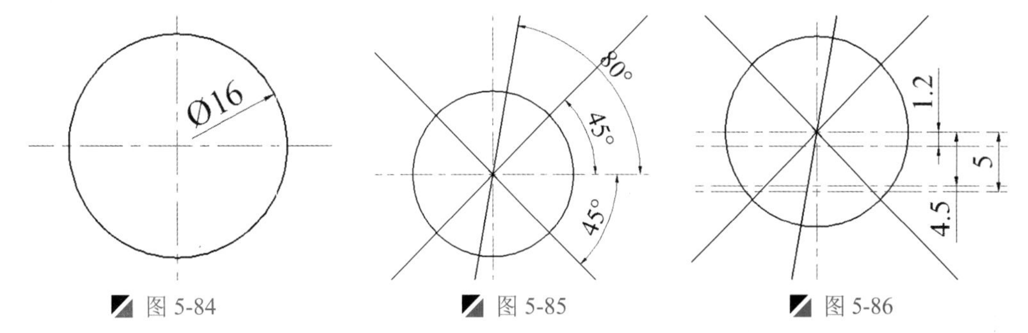

图 5-84　　图 5-85　　图 5-86

Step 07 执行“偏移”命令（O），将–45°的构造线向左下角偏移 1mm，如图 5-87 所示。

Step 08 执行“构造线”命令（XL），以偏移 4.5mm 的水平中心线和垂直中心线的交点为构造线的放置点，绘制一条角度为–70°的构造线，如图 5-88 所示。

Step 09 将水平偏移的中心线转为“粗实线”图层；再执行“修剪”命令（TR），将多余的对象进行修剪并删除操作，如图 5-89 所示。

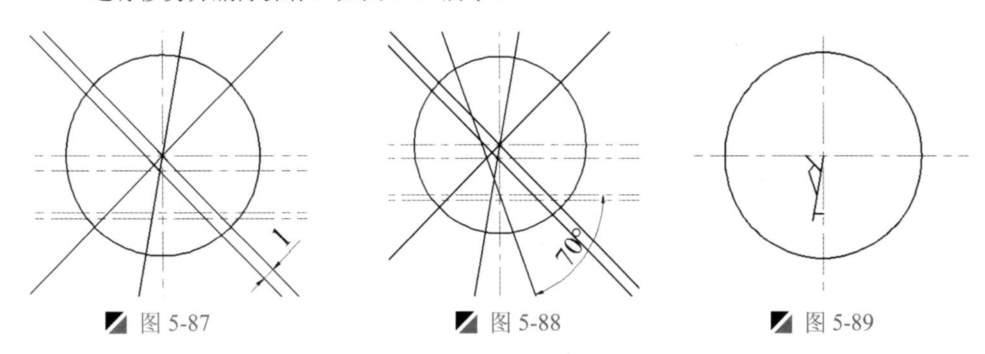

图 5-87　　图 5-88　　图 5-89

Step 10 执行“镜像”命令（MI），将上一步修剪后得出的结果对象以垂直中心线进行镜像操作，如图 5-90 所示。

Step 11 执行“阵列”命令（AR），选择圆内的所有对象，根据命令行提示，选择“极轴（PO）”选项，以圆心点为阵列中心点，再选择“项目（I）”选项，输入项目数为 4，将图形进行环形阵列，如图 5-91 所示。

Step 12 执行“分解”命令（TR），将阵列的对其进行分解操作；再执行“修剪”命令（TR），将多余的对象进行修剪，如图 5-92 所示。

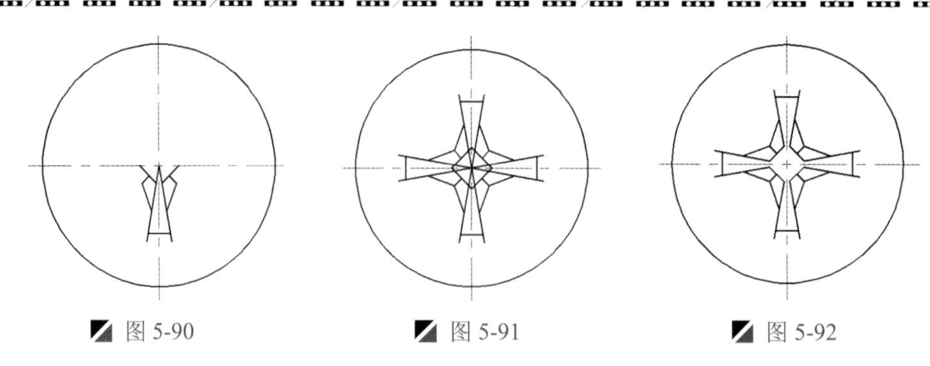

图 5-90　　图 5-91　　图 5-92

Step 13　执行“直线”命令（L），捕捉相应的交点进行直线连接，如图 5-93 所示。

5.7.2　绘制主视图

Step 01　执行“直线”命令（L），在图形的左侧绘制一条长 20mm 的垂直线段，使该线段的中点与水平中心线相重合，如图 5-94 所示。

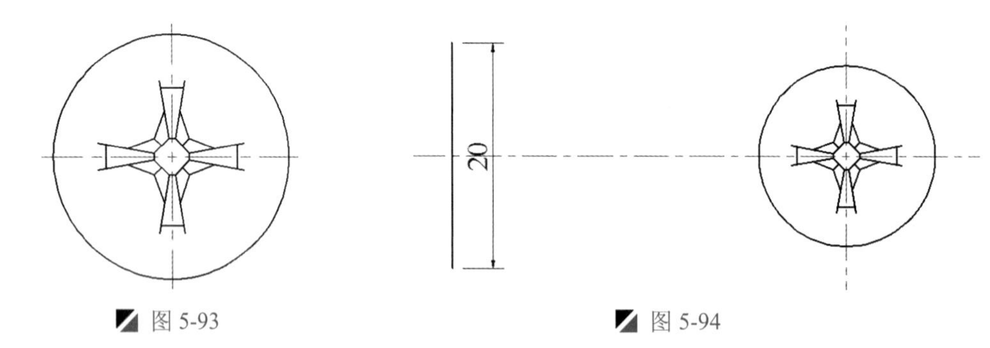

图 5-93　　图 5-94

Step 02　执行“偏移”命令（O），将上一步绘制的垂直线段向右各偏移 0.8mm、5.2mm、1mm、9mm，将水平中心线向下偏移 0.8mm，向上偏移 0.8mm、3.4mm 和 4mm，并将偏移后的对象转为“粗实线”图层，如图 5-95 所示。

Step 03　执行“直线”命令（L），以右侧图形的相应点向左绘制引申线，如图 4-96 所示。

Step 04　执行“修剪”命令（TR），将多余的对象进行修剪，如图 4-97 所示。

Step 05　执行“例角”命令（CHA），将相应的对象进行倒角操作，设置倒角距离为 0.6mm，如图 4-98 所示。

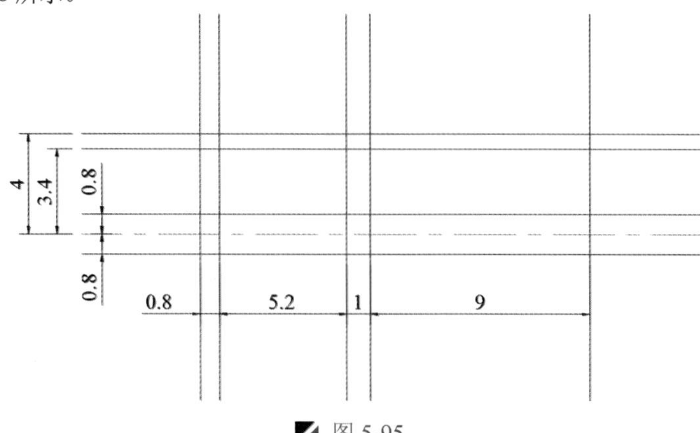

图 5-95

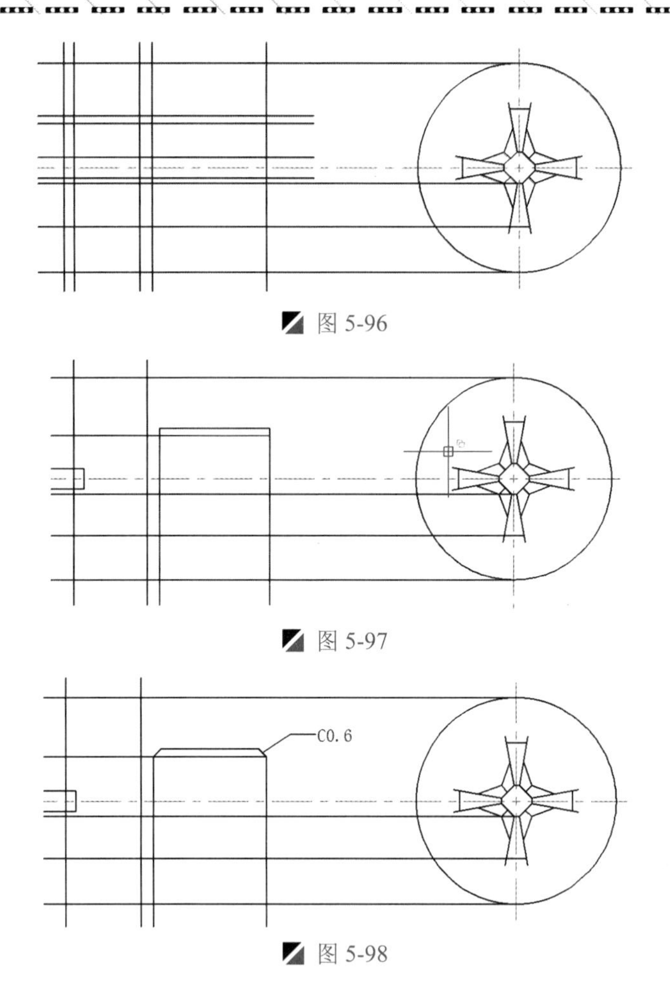

图 5-96

图 5-97

图 5-98

Step 06 执行“圆”命令（C），绘制直径为25.6mm的圆，使圆的左象限点与最左侧的垂直线段和水平中心线的交点相重合，如图4-99所示。

技巧：圆的绘制法

在这里可以用“圆”命令中的“2点（2P）”选项，捕捉最左侧的垂直线段与水平中心线的交点作为圆的第一点，然后根据命令行提示，输入圆的直径“25.5”，从而形成该对象（打开“正交”模式）。

Step 07 执行“镜像”命令（MI），将倒角的相应线段以水平中心线向下进行镜像操作，如图4-100所示。

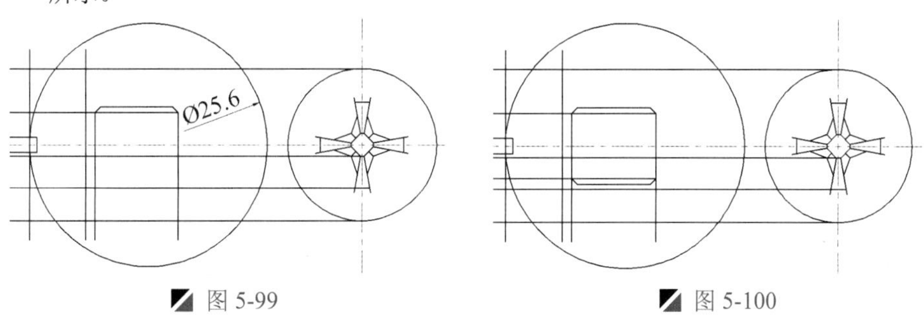

图 5-99　　图 5-100

Step 08 执行“修剪”命令（TR），将多余的对象进行修剪并删除，再进行图层转换操作，如图 5-101 所示。

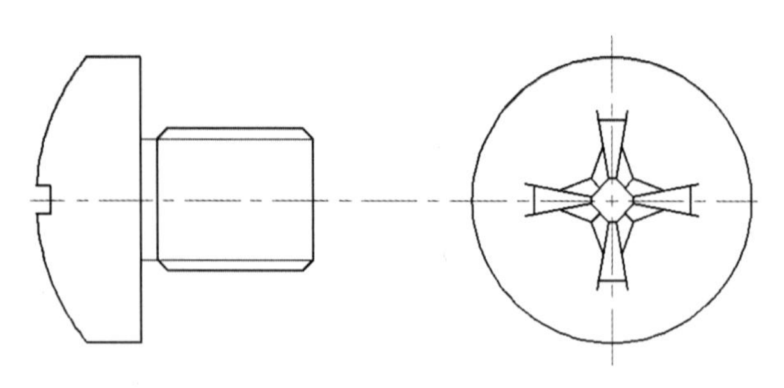

图 5-101

Step 09 执行“直线”命令（L），捕捉相应的交点进行直线连接，如图 5-102 所示。

Step 10 执行“偏移”命令（O），将垂直线段向右偏移 0.2mm；再执行“构造线”命令（XL），以此线段与中心线的交点分别绘制 40° 和–40° 的构造线，并将绘制的构造线转为“细虚线”图层，如图 5-103 所示。

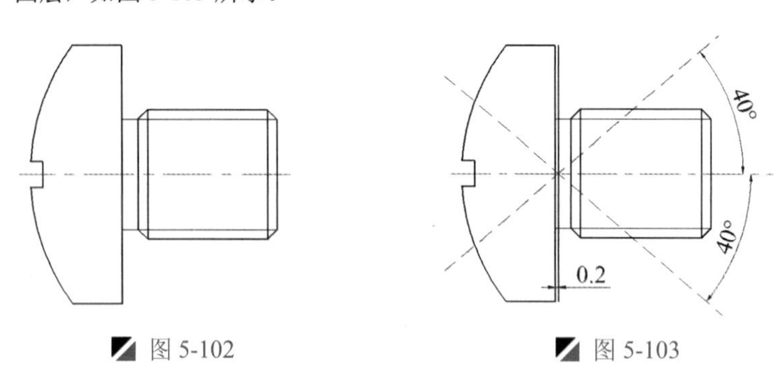

图 5-102　　图 5-103

Step 11 至此，该圆头十字槽螺钉已经绘制完成，最后对其进行尺寸标注，再按<Ctrl+S>键进行保存。

5.8 微调螺杆的绘制

案例	微调螺杆.dwg	视频	微调螺杆的绘制.avi	时长	06'23"

从如图 5-104 所示的视图可以看出，它由主视图和剖面图两个部分组成，在绘制的时候，需综合视图的相关尺寸来进行绘制，先绘制主视图，再以此绘制剖面图。

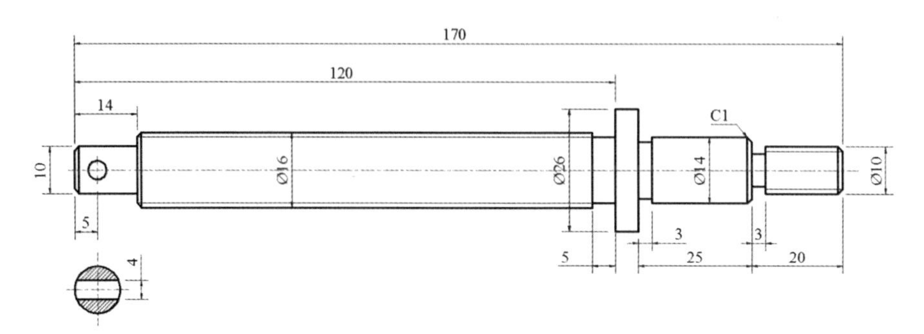

图 5-104

5.8.1 绘制主视图

Step 01 启动 AutoCAD 2015 软件，按<Ctrl+O>组合键，打开“机械样板.dwt”文件。

Step 02 按<Ctrl+Shift+S>组合键，将该样板文件另存为“微调螺杆.dwg”文件。

Step 03 在“图层”面板的“图层控制”下拉列表中，选择“粗实线”图层作为当前图层。

Step 04 按“F8”键，打开“正交”模式；执行“直线”命令（L），绘制一条长 200mm 的水平线段，过水平线段的左侧绘制一条长度 26mm 的垂直线段，且将水平线段转为“中心线”图层，如图 5-105 所示。

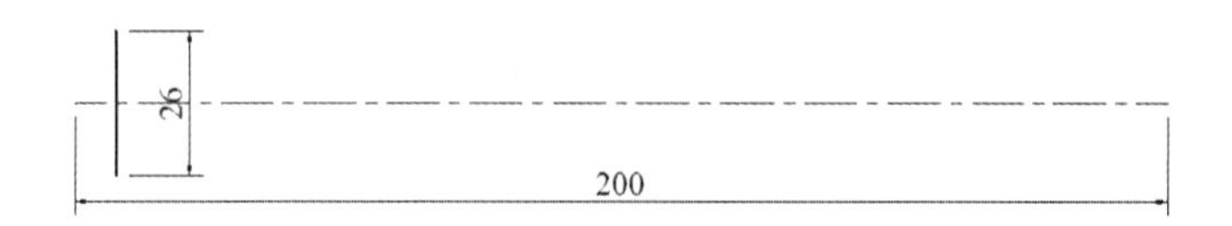

图 5-105

提示：点的重合

在绘制左侧垂直线段的时候，应将其线段的中点与水平线段左侧上的点重合。

Step 05 执行“偏移”命令（O），将垂直线段向右各偏移 14mm、101mm、5mm、5mm、3mm、22mm、3mm、17mm，如图 5-106 所示。

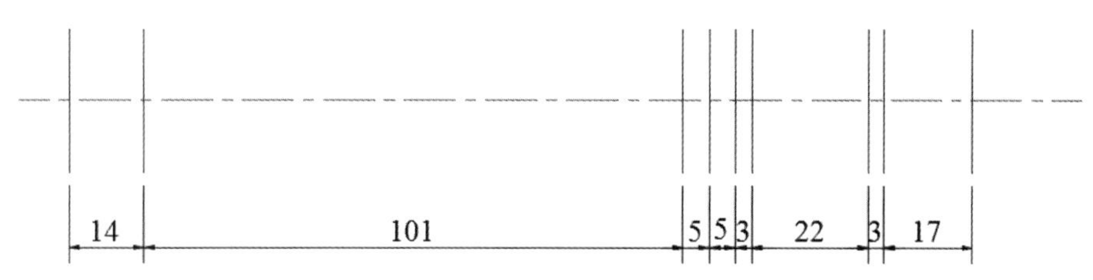

图 5-106

Step 06 执行“偏移”命令（O），将水平中心线向上向下各偏移 3.5mm、5mm、6mm、7mm、8mm、13mm，并将偏移后的线段转为“粗实线”图层，如图 5-107 所示。

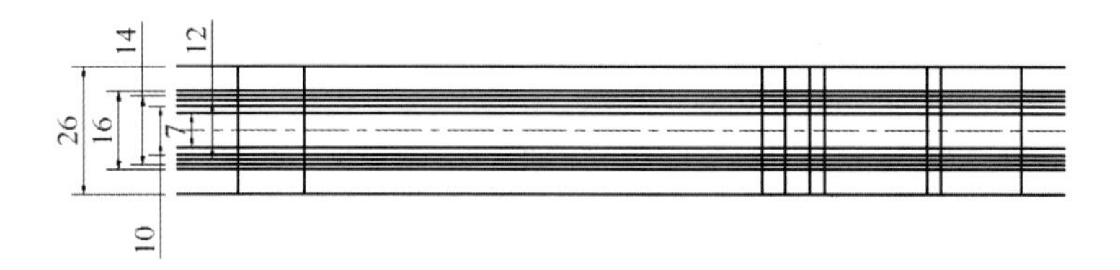

图 5-107

Step 07 执行“修剪”命令（TR），将多余的对象进行修剪并删除，如图 5-108 所示。

Step 08 执行“倒角”命令（CHA），将相应处进行倒角操作，其距离为 1mm，如图 5-109 所示。

Step 09 执行“直线”命令（L），捕捉相应的交点进行直线连接，并进行图层转换操作，如图 5-110 所示。

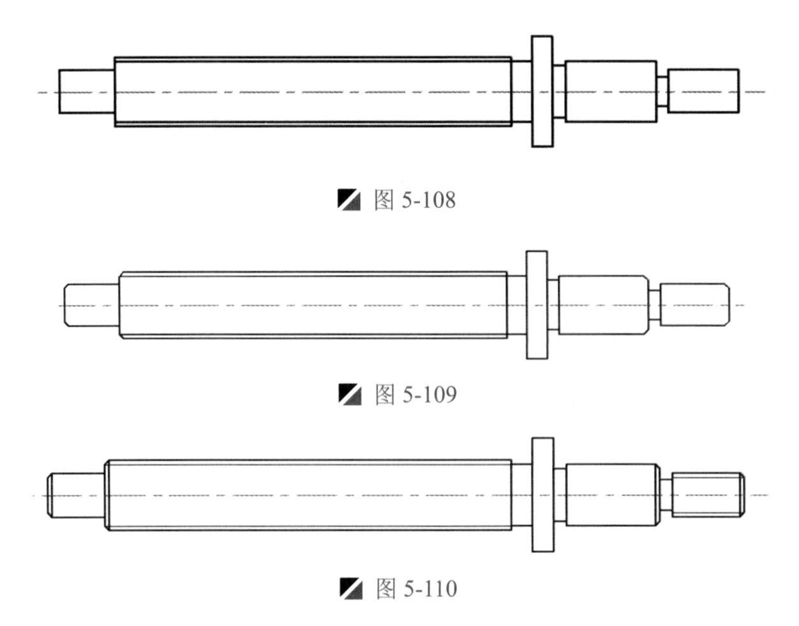

图 5-108

图 5-109

图 5-110

Step 10 执行“偏移”命令（O），将图形最左侧的垂直线段向右偏移 5mm，并将偏移后的对象转为“中心线”图层；再执行“圆”命令（C），捕捉中心线的交点作为圆心，绘制直径为 4mm 的圆，如图 5-111 所示。

图 5-111

5.8.2 绘制剖视图

Step 01 选择上步图形的垂直中心线，再选择其下侧的端点将其垂直向下拉长；执行“直线”命令（L），绘制一条长 14mm 的水平线段，使绘制的水平线段的中点在垂直线上，并转为“中心线”图层，如图 5-112 所示。

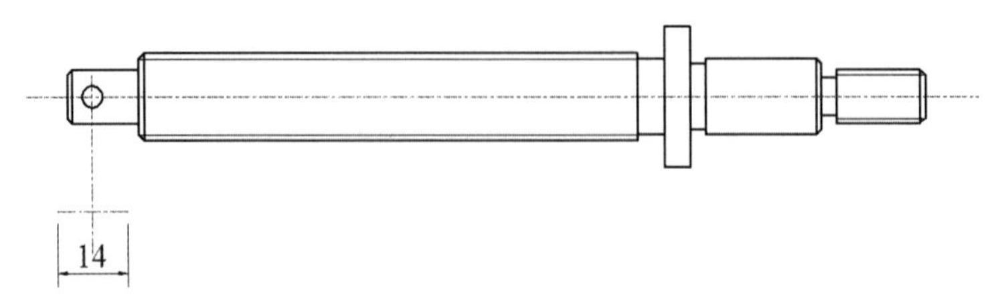

图 5-112

Step 02 执行“圆”命令（C），捕捉下侧中心线的交点作为圆心，绘制直径为 10mm 的圆；再执行“偏移”命令（O），将下侧水平线向上向下各偏移 2mm，并将偏移的对象转为“粗实线”图层，如图 5-113 所示。

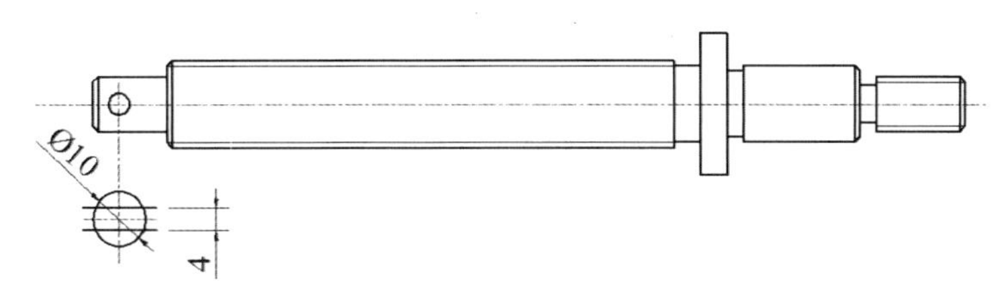

图 5-113

Step 03 执行“修剪”命令（TR），将多余的对象进行修剪操作；切换到“剖面线”图层，执行“图案填充”命令（H），设置图案样例为“ANSI-31”，比例为 0.2，在指定的位置进行图案填充操作，如图 5-114 所示。

Step 04 至此，该微调螺杆已经绘制完成，最后对其进行尺寸标注，再按<Ctrl+S>键进行保存。

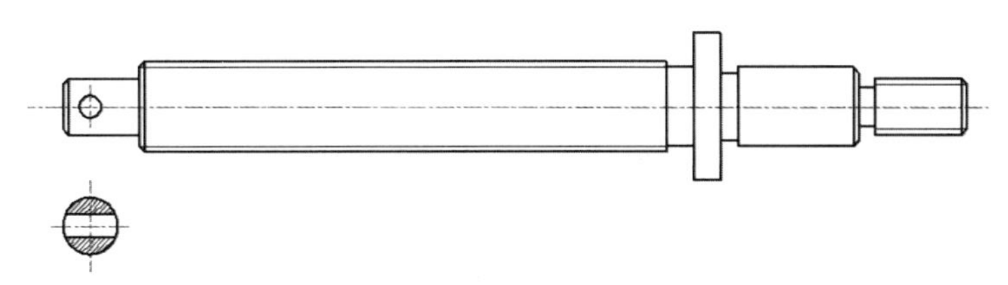

图 5-114

5.9 推力球轴承的绘制

案例	推力球轴承.dwg	视频	推力球轴承的绘制.avi	时长	05'20"

从如图 5-115 所示的视图可以看出，该推力球轴承在绘制的时候，需综合视图的相关尺寸来进行绘制，涉及到的相关命令有矩形、分解、圆、直线、镜像，修剪和删除等。

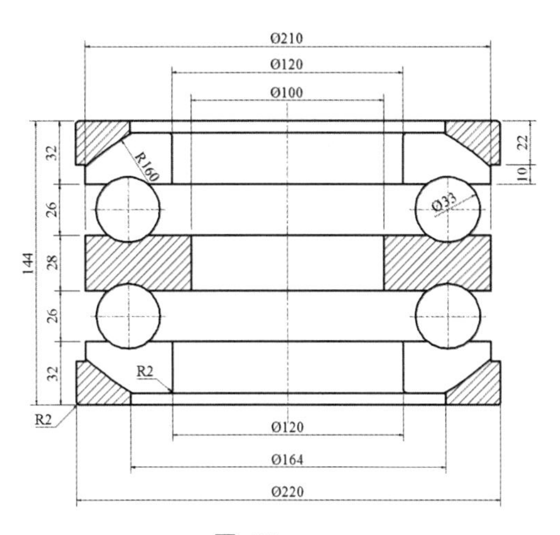

图 5-115

Step 01 启动 AutoCAD 2015 软件，按<Ctrl+O>组合键，打开“机械样板.dwt”文件。

Step 02 按<Ctrl+Shift+S>组合键，将该样板文件另存为“推力球轴承.dwg”文件。

Step 03 在“图层”面板的“图层控制”下拉列表中，选择“粗实线”图层作为当前图层。

读书破万卷

Step 04 执行“矩形”命令（REC），绘制 220mm×22m、210mm×26mm、210mm×14mm 的三个矩形对象，使其中点垂直对齐，如图 5-116 所示。

Step 05 执行“直线”命令（L），过矩形的中心绘制一条长 100mm 的垂直线段，然后将其转为“中心线”图层，如图 5-117 所示。

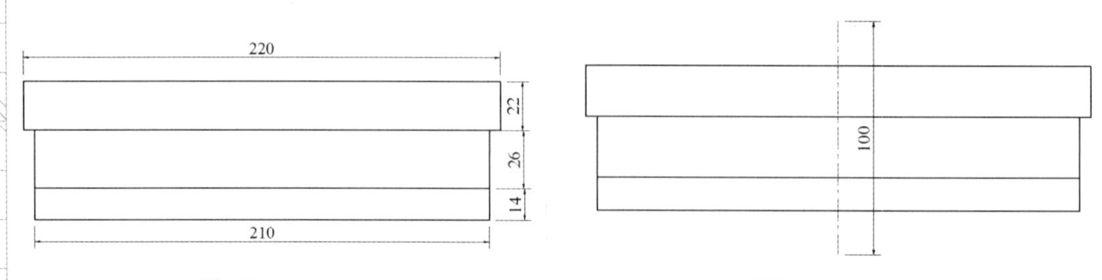

图 5-116　　图 5-117

提示：矩形中点垂直对齐

在绘制多个矩形对象中点垂直对齐时，用户可以在任意位置绘制多个矩形对象，然后使用“移动”命令（M），捕捉要移动的矩形对象上侧中点作为移动的基点，再捕捉移动到另一个矩形对象下侧中点作为移动终点，从而完成矩形中点垂直对齐效果。

Step 06 执行“构造线”命令（XL），过中间矩形对象的中心绘制一条水平构造线，并将其转为“中心线”图层；再执行“偏移”命令（O），将垂直中心线向左右两侧各偏移 50mm、60mm、82mm、83mm，如图 5-118 所示。

Step 07 执行“修剪”命令（TR），将多余的对象进行修剪并进行图层转换操作，如图 5-119 所示。

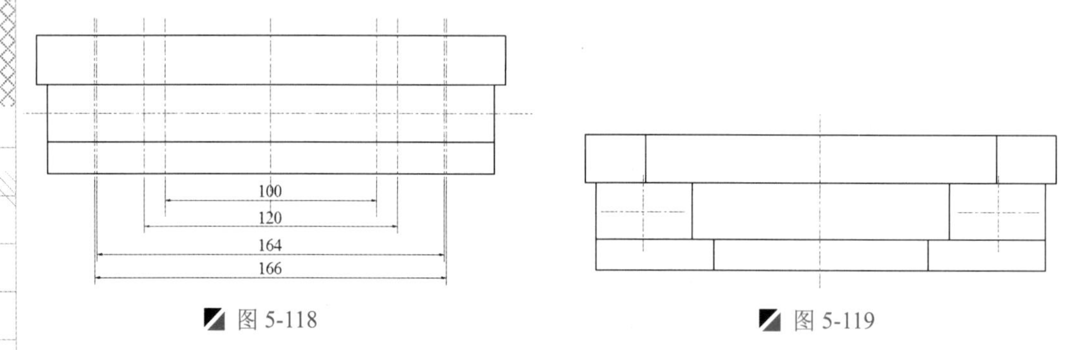

图 5-118　　图 5-119

Step 08 执行“分解”命令（X），将矩形对象进行分解操作；再执行“偏移”命令（O），将最上侧的水平线段向下偏移 6mm，如图 5-120 所示。

Step 09 执行“移动”命令（M），将图中最上侧的矩形对象全部向上移动 10mm，如图 5-121 所示。

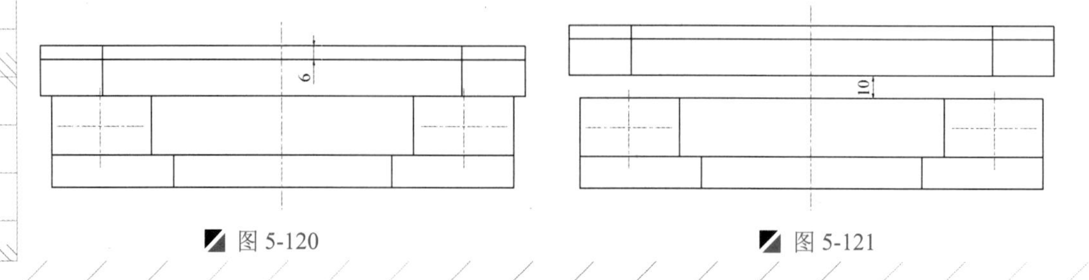

图 5-120　　图 5-121

Step 10 执行“延伸”命令（EX），捕捉相应的端点进行延伸操作，如图 5-122 所示。

Step 11 执行“圆”命令（C），捕捉两侧中心线的交点作为圆心，绘制两个直径为 33mm 的圆，如图 5-123 所示。

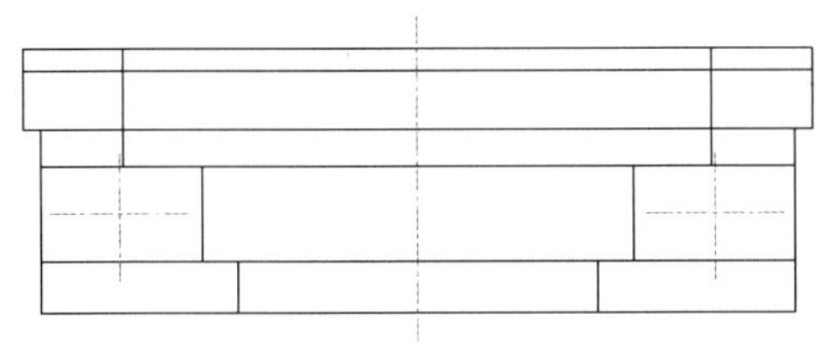

图 5-122

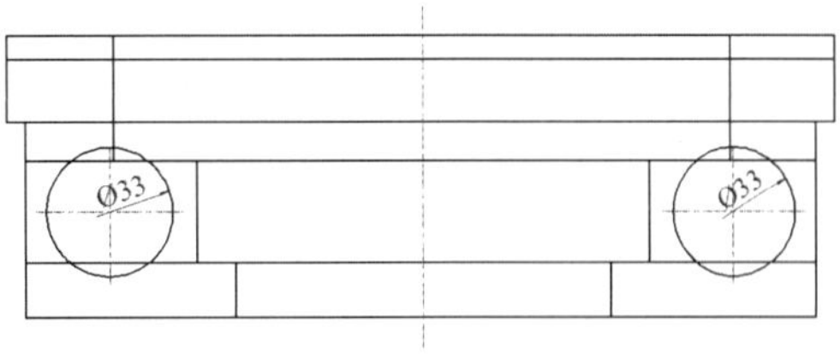

图 5-123

Step 12 执行“修剪”命令（TR），将多余的对象进行修剪操作，如图 5-124 所示。

Step 13 执行“圆角”命令（F），设置圆角半径为 2mm，对其进行圆角操作，如图 5- 2 所示。

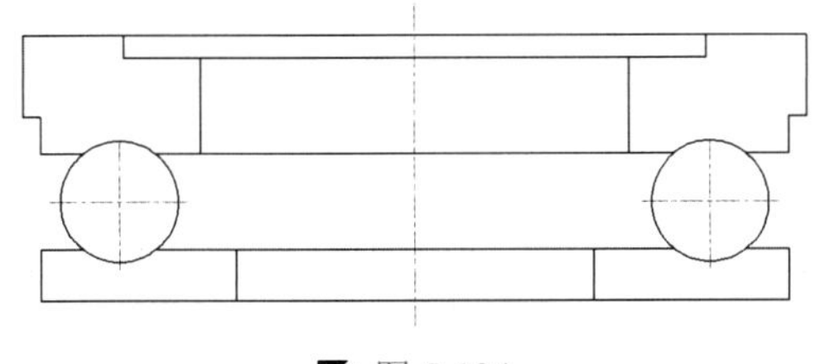

图 5-124

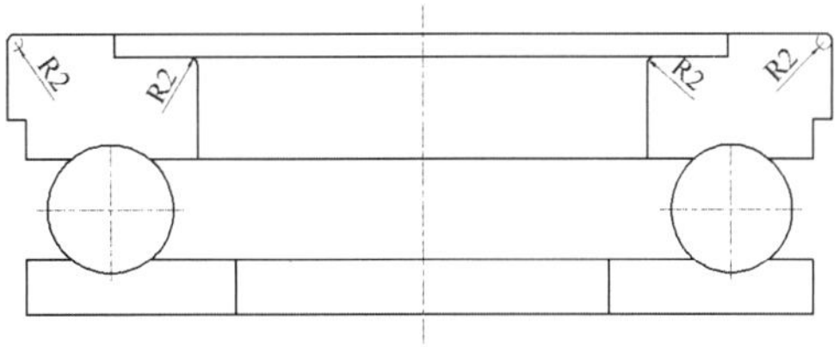

图 5-125

Step 14 执行“镜像”命令（MI），将绘制的所有对象进行垂直镜像操作，如图 5-126 所示。

Step 15 执行“圆”命令（C），捕捉最上侧和最下侧水平线段与垂直中心线的交点作为圆的圆心点，分别绘制两个半径为 160mm 的圆，如图 5-127 所示。

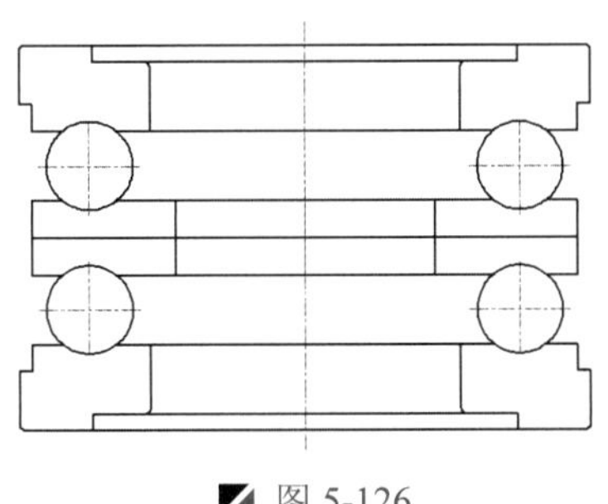

图 5-126

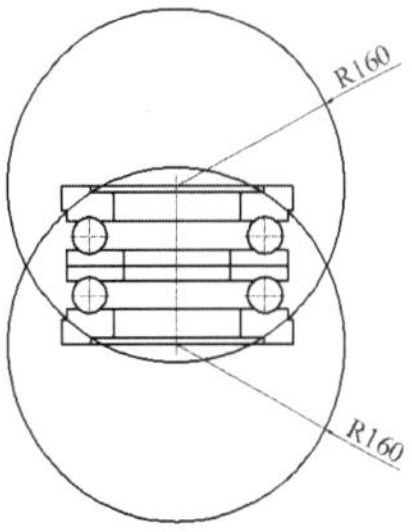

图 5-127

Step 16 执行“修剪”命令（TR），将多余的对象进行修剪并删除操作，如图 5-128 所示。

Step 17 切换到“剖面线”图层，执行“图案填充”命令（H），设置图案样例为“ANSI-31”，比例为 1，在指定的位置进行图案填充操作，如图 5-129 所示。

Step 18 至此，该推力球轴承已经绘制完成，最后对其进行尺寸标注，再按<Ctrl+S>键进行保存。

专业技能：轴承的作用

轴承，是在机械传动过程中起固定和减小载荷摩擦系数的部件。也可以说，当其他机件在轴上彼此产生相对运动时，轴承是用来降低动力传递过程中的摩擦系数和保

读书破万卷

持轴中心位置固定的机件。轴承是当代机械设备中一种举足轻重的零部件。它的主要功能是支撑机械旋转体，用以降低设备在传动过程中的机械载荷摩擦系数。按运动元件摩擦性质的不同，轴承可分为滚动轴承和滑动轴承两类。

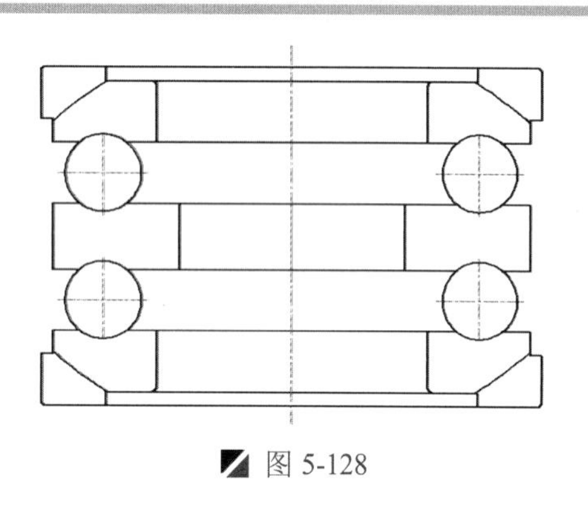
图 5-128

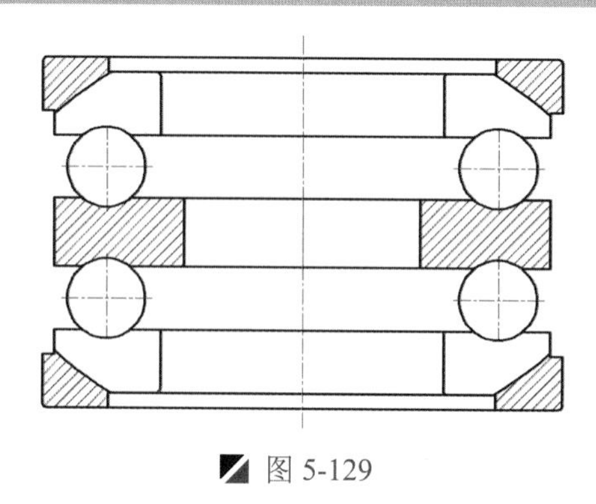
图 5-129

5.10 圆锥销的绘制

案例	圆锥销.dwg	视频	圆锥销的绘制.avi	时长	04'09"

从如图 5-130 所示的视图可以看出，该圆锥销在绘制的时候，需综合视图的相关尺寸来进行绘制，涉及到的相关命令有矩形、构造线、偏移、直线、分解、倒角、修剪、删除和填充等命令。

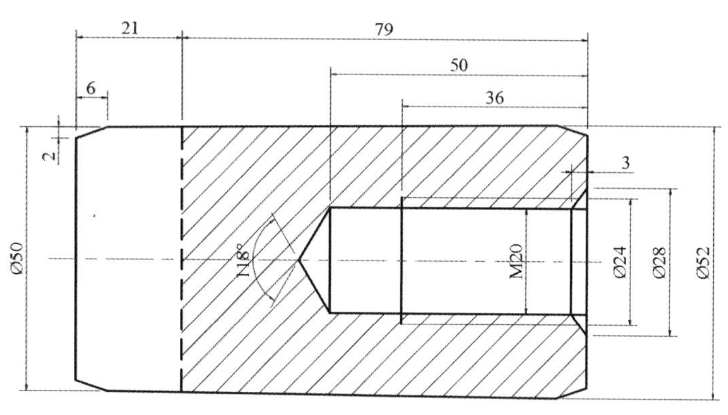

图 5-130

Step 01 启动 AutoCAD 2015 软件，按<Ctrl+O>组合键，打开“机械样板.dwt”文件。

Step 02 按<Ctrl+Shift+S>组合键，将该样板文件另存为“圆锥销.dwg”文件。

Step 03 在“图层”面板的“图层控制”下拉列表中，选择“粗实线”图层作为当前图层。

Step 04 执行“矩形”命令（REC），绘制 100mm×52mm 的矩形对象，如图 5-131 所示。

Step 05 执行“构造线”命令（XL），过矩形的中点绘制一条水平构造线，然后将构造线转为“中心线”图层，如图 5-132 所示。

Step 06 执行“分解”命令（X），将矩形对象进行分解操作；再执行“偏移”命令（O），将水平中心线向上向下各偏移 10mm、12mm、14mm，将矩形上下水平线段向内各偏移 1mm，将矩形右侧的垂直线段向左偏移 3mm、36mm、50mm、56mm 和 79mm，如图 5-133 所示。

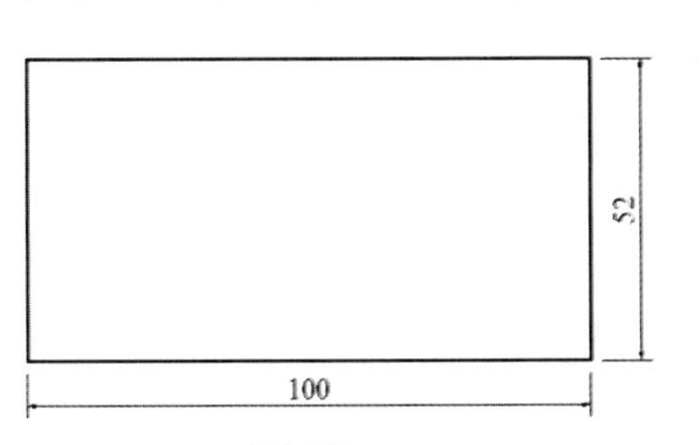

图 5-131

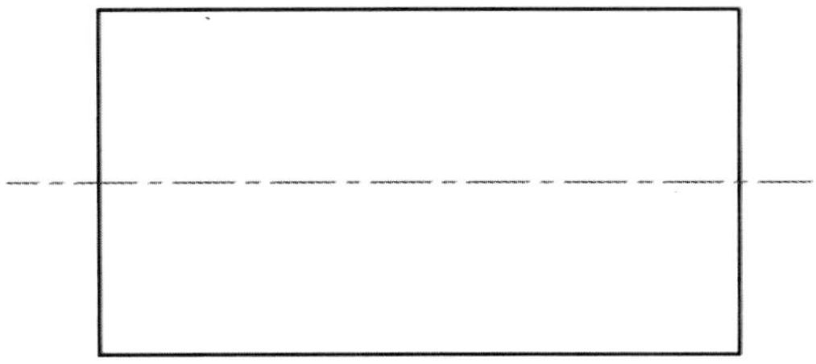

图 5-132

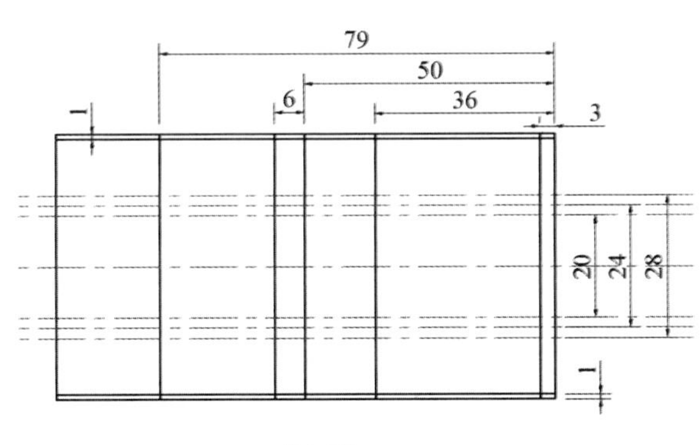

图 5-133

Step 07 将上一步水平中心线偏移的对象转为“粗实线”图层；执行“直线”命令（L），捕捉相应的交点进行直线连接，如图 5-134 所示。

Step 08 执行“修剪”命令（TR），将多余的对象进行修剪操作，并进行图层转换操作，如图 5-135 所示。

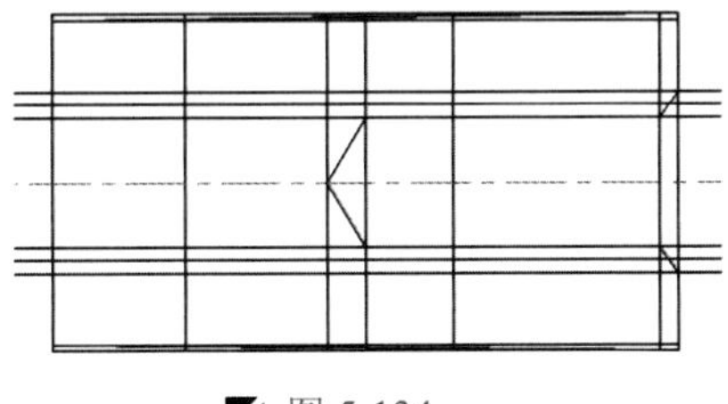

图 5-134

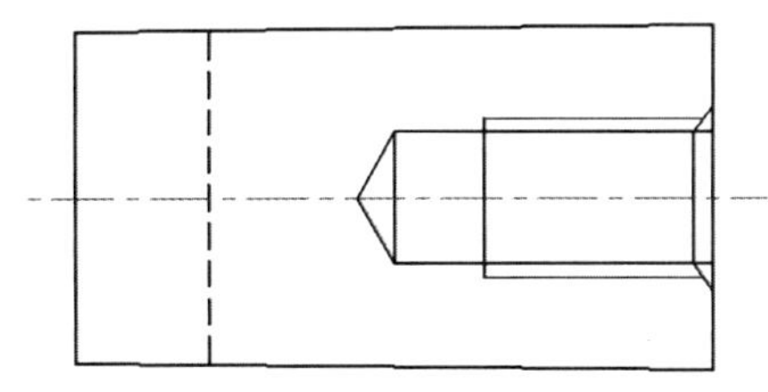

图 5-135

Step 09 执行“倒角”命令（CHA），将图形最外侧四角进行倒角操作，如图 5-136 所示。

Step 10 切换到“剖面线”图层，执行“图案填充”命令（H），设置图案样例为“ANSI-31”，比例为 1，在指定的位置进行图案填充操作，如图 5-137 所示。

Step 11 至此，该圆锥销已经绘制完成，最后对其进行尺寸标注，再按<Ctrl+S>键进行保存。

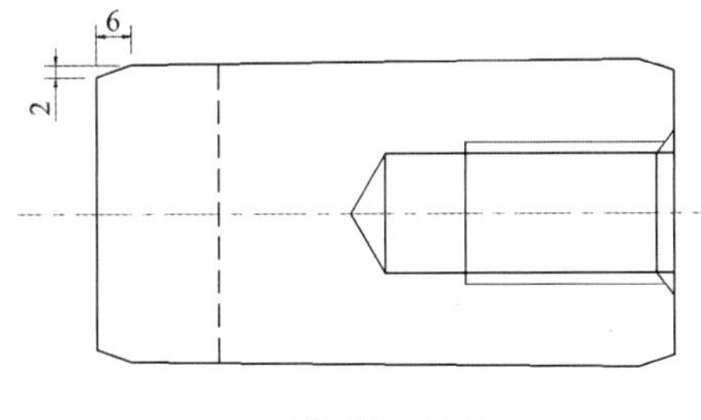

图 5-136

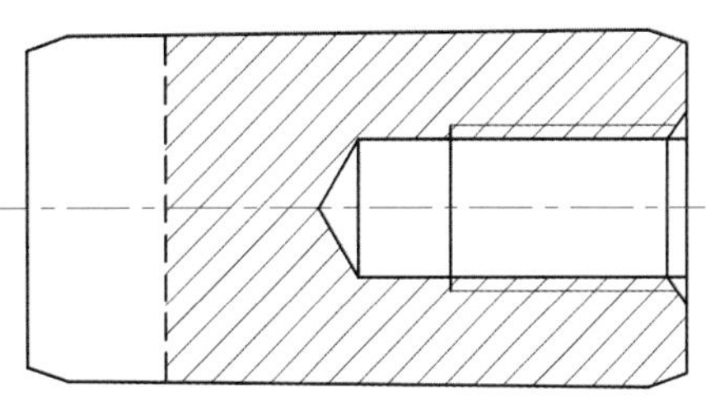

图 5-137

专业技能：销的作用

销一般为分圆柱销、圆锥销和其他销。销通常贯穿于两个零件孔之中，主要用于装配定位，也可以用于连接零件，或作为安全装置中过载易剪断元件。

销一般起连接作用，有时也可以起定位作用。就是把两个东西连起来，连接有刚性和弹性之分，刚性指连上之后就不能动了，弹性指连上之后还能有一定范围的相对运动。

要注意，销在起连接作用时，因为销的截面比较小，而工作又是承受剪切应力，承载能力比较弱，如果传动较大的载荷时，不可使用销，而应改用其他零件。而且安装销要开孔，会进一步削弱传动件的强度。

5.11 平焊法兰的绘制

案例 平焊法兰.dwg 视频 平焊法兰的绘制.avi 时长 04'17"

从如图 5-138 所示的视图可以看出，该平焊法兰在绘制的时候，需综合视图的相关尺寸来进行绘制，涉及到的相关命令有矩形、构造线、偏移、直线、分解、倒角、修剪、删除和填充等。

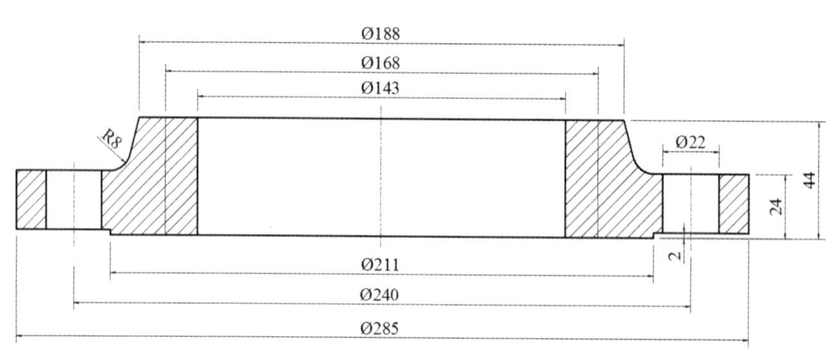

图 5-138

Step 01 启动 AutoCAD 2015 软件，按<Ctrl+O>组合键，打开“机械样板.dwt”文件。

Step 02 按<Ctrl+Shift+S>组合键，将该样板文件另存为“平焊法兰.dwg”文件。

Step 03 在“图层”面板的“图层控制”下拉列表中，选择“粗实线”图层作为当前图层。

Step 04 执行“矩形”命令（REC），绘制 37mm×22mm 和 34mm×44mm 的 2 个矩形对象，使其底端水平对齐，如图 5-139 所示。

Step 05 执行“移动”命令（M），将左侧的矩形对象向上移动 2mm，如图 5-140 所示。

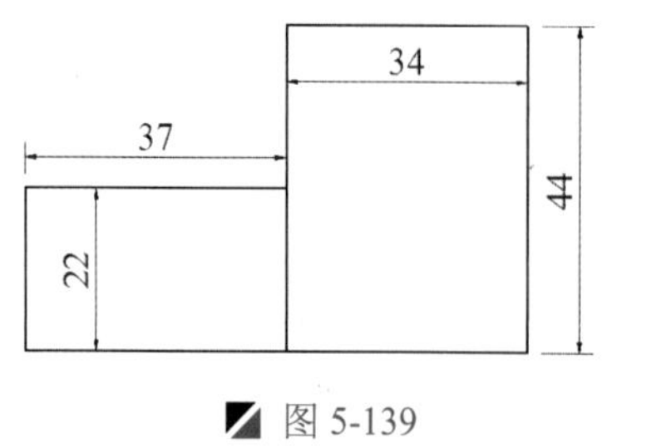

图 5-139

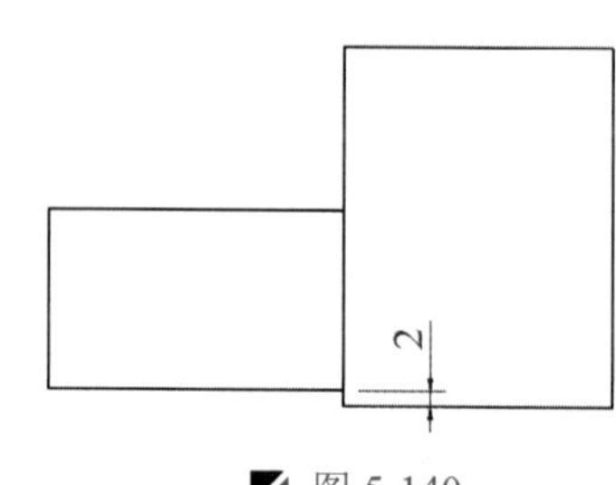

图 5-140

Step 06 执行“分解”命令（X），将矩形对象进行分解操作；再执行“偏移”命令（O），将最左侧的垂直线段向右偏移 11.5mm、11mm、11mm，将最右侧的垂直线段向左偏移 12.5mm、10mm，如图 5-141 所示。

Step 07 执行“圆”命令（C），绘制半径为 8mm 的圆，使圆的下象限点与两个矩形对象的上侧交点相重合，如图 5-142 所示。

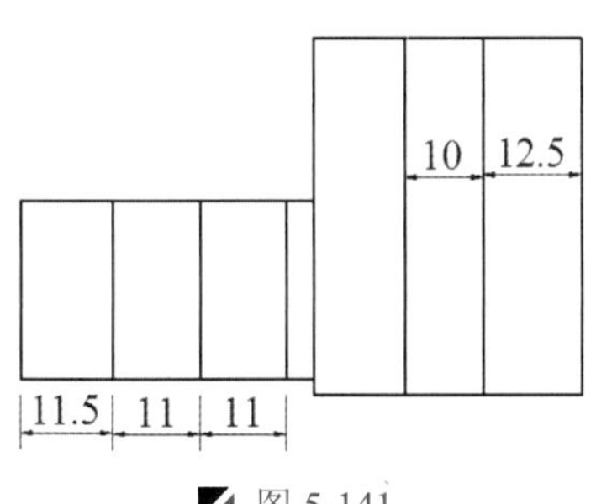

图 5-141

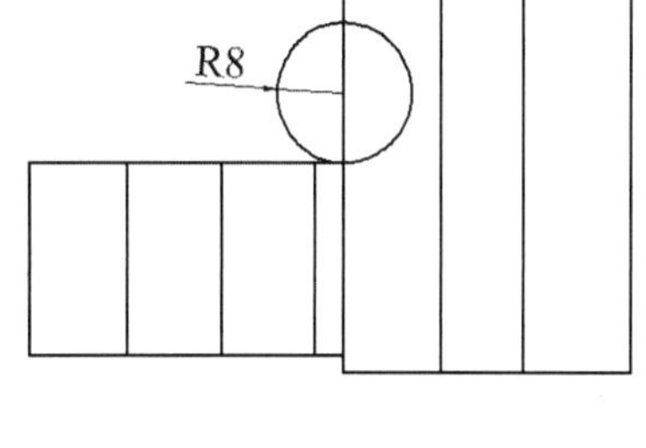

图 5-142

Step 08 执行“直线”命令（L），捕捉相应的交点作为直线的起点，再捕捉圆的切点作为直线的终点来进行直线连接，如图 5-143 所示。

Step 09 执行“修剪”修剪（TR），将多余的对象进行修剪并删除操作，如图 5-144 所示。

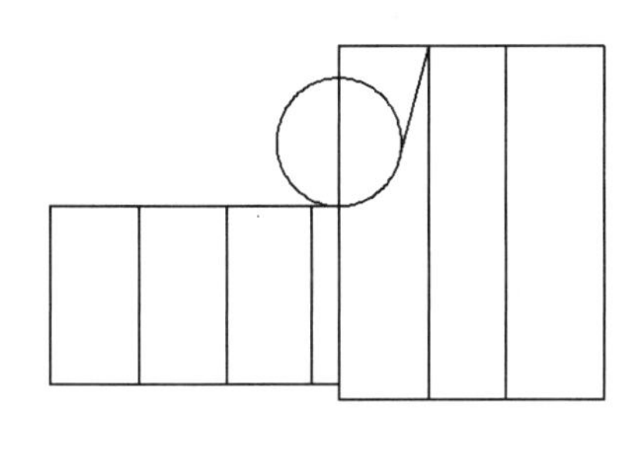

图 5-143

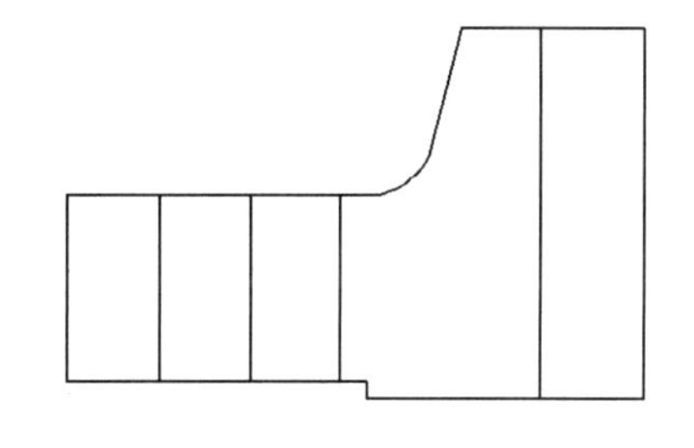

图 5-144

Step 10 执行“偏移”命令（O），将最右侧的垂直线段向右偏移 71.5mm；再执行“直线”命令（L），将相应的端点进行直线连接，如图 5-145 所示。

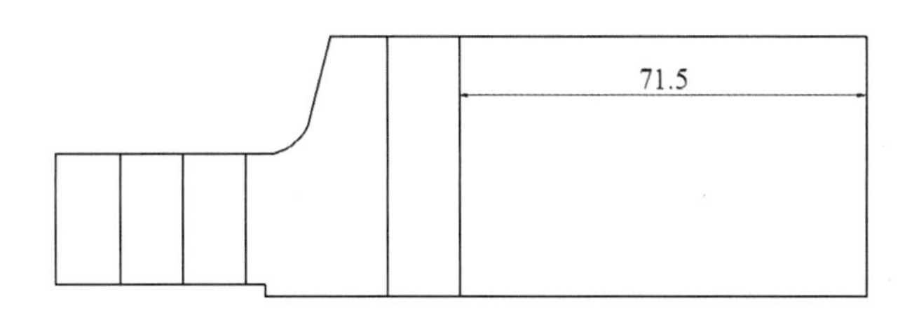

图 5-145

Step 11 将左侧第三条和最右侧垂直线转换为“中心线”图层，再执行“拉伸”命令（S），将垂直中心线段向上、下两侧各拉伸 5mm，如图 5-146 所示。

Step 12 执行“镜像”命令（MI），将图形对象以右侧中心线向右进行镜像复制操作，如图 5-147 所示。

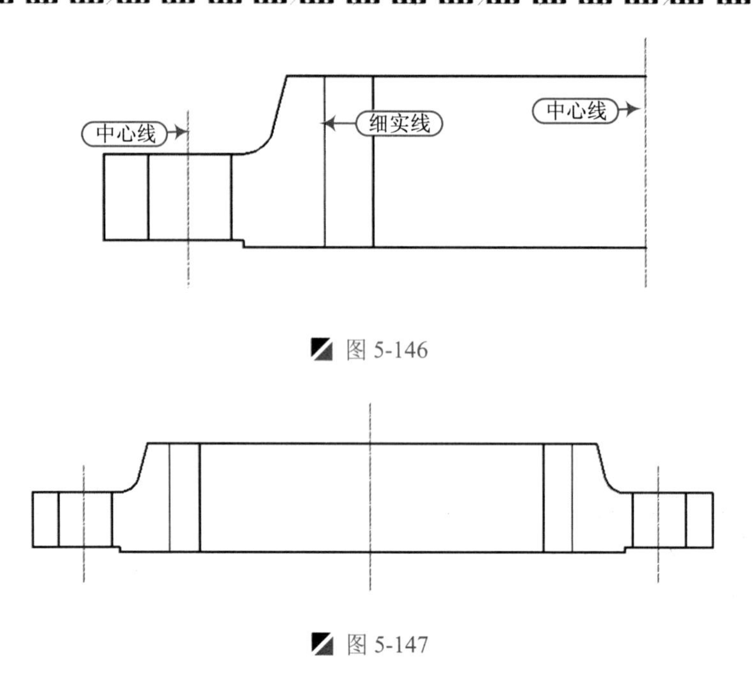

图 5-146

图 5-147

Step 13 切换到“剖面线”图层。执行“图案填充”命令（H），设置图案样例为“ANSI-31”，比例为 1，在指定的位置进行图案填充操作，如图 5-148 所示。

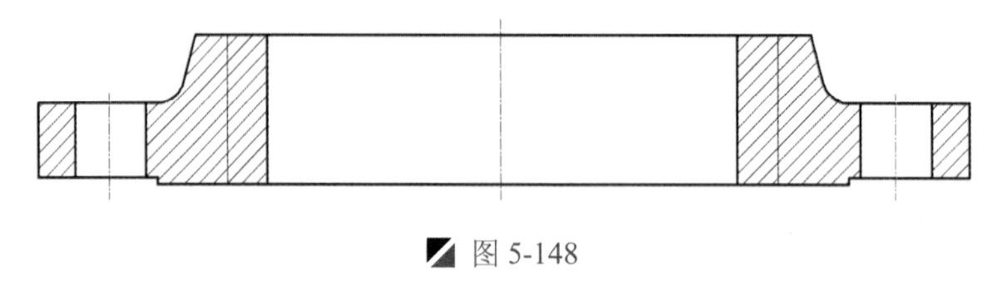

图 5-148

Step 14 至此，该平焊法兰已经绘制完成，最后对其进行尺寸标注，再按<Ctrl+S>键进行保存。

专业技能：法兰介绍

法兰（Flange），又叫法兰盘或凸缘盘。法兰是使管子与管子相互连接的零件，连接于管端；也有用在设备进出口上的法兰，用于两个设备之间的连接，如减速机法兰。法兰连接或法兰接头，是指由法兰、垫片及螺栓三者相互连接作为一组组合密封结构的可拆连接，管道法兰是指管道装置中作配管用的法兰，用在设备上是指设备的进出口法兰。法兰上有孔眼，螺栓使两法兰紧连。法兰间用衬垫密封。法兰分螺纹连接（丝扣连接）法兰、焊接法兰和卡夹法兰。

6

机械零件工程图的绘制

本章导读

在机械设计工程图中牵涉公差设计，它是机械产品设计和制造的重要技术指标，是机械装置的使用要求与制造经济性之间协调的产物。公差主要包括尺寸公差、形位公差、尺寸链、表面粗糙度、精度联合设计等内容，分别对零件特征表面进行尺寸、形状、位置和表面质量进行控制。

本章内容

- 槽座、模板工程图的绘制
- 箱座、传动轴工程图的绘制
- 底座、连接底板工程图的绘制
- 箱座板、盖板工程图的绘制

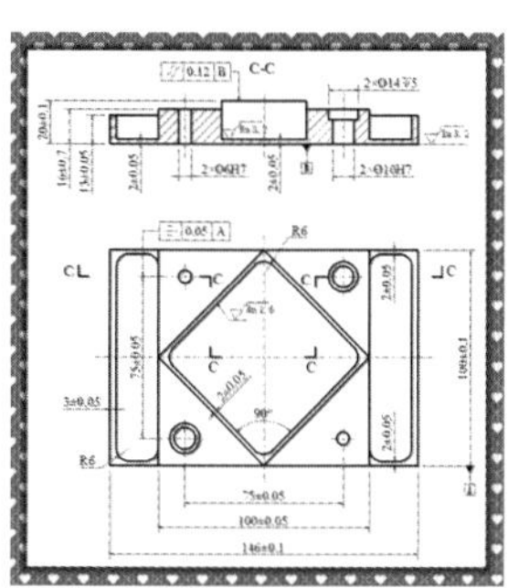

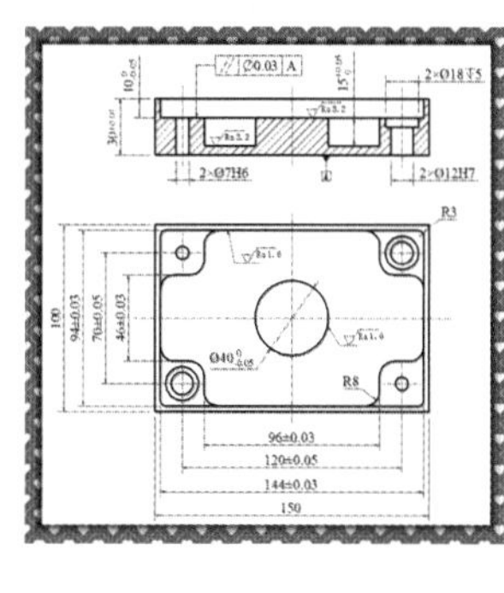

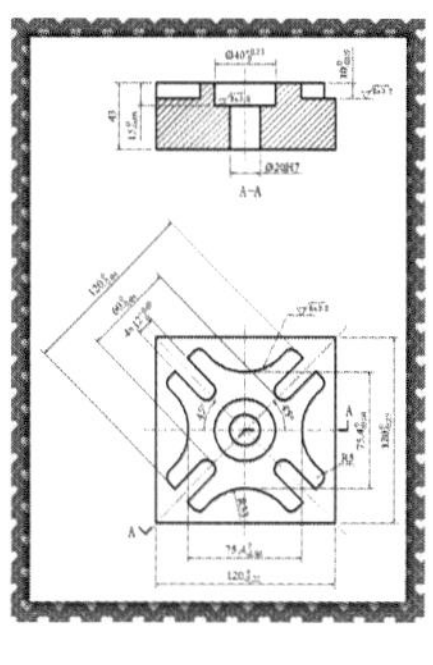

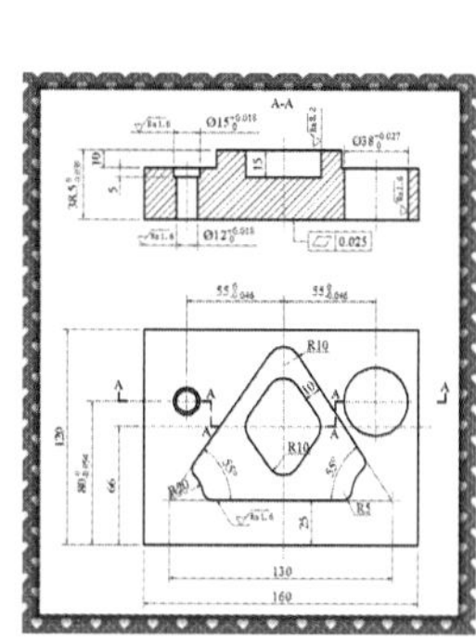

6.1 槽座的绘制

案例	槽座.dwg	视频	槽座的绘制.avi	时长	17'00"

从如图 6-1 所示的零件工程图可以看出，该槽座由主视图和剖视图两个部分组成，在绘制的时候，需综合零件工程图的相关尺寸来进行绘制，先绘制主视图，再以此绘制剖面图，最后对其进行尺寸和公差的标注。

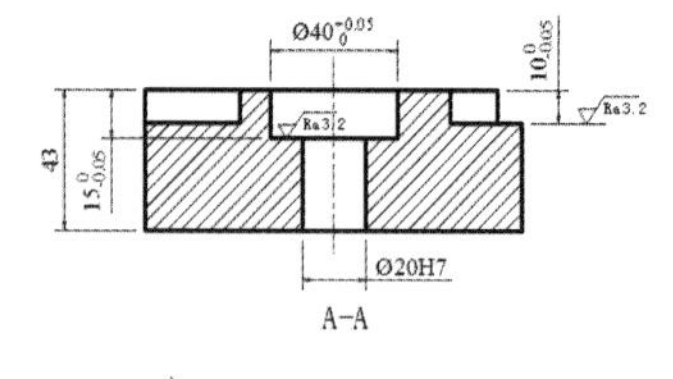

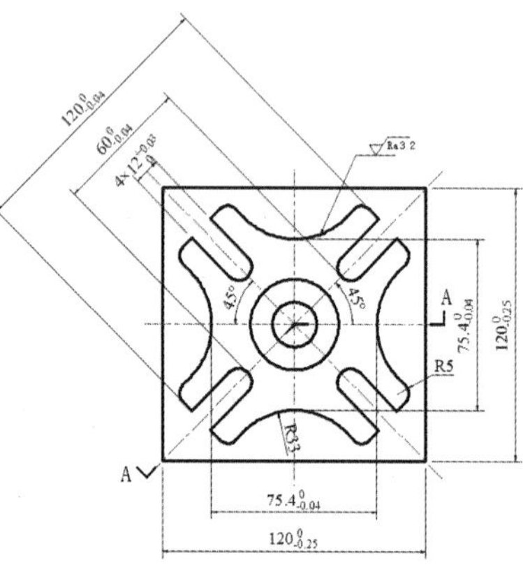

图 6-1

6.1.1 绘制主视图

Step 01 启动 AutoCAD 2015 软件，按<Ctrl+O>组合键，打开“机械样板.dwt”文件。

Step 02 按<Ctrl+Shift+S>组合键，将该样板文件另存为“槽座.dwg”文件。

Step 03 在“图层”面板的“图层控制”下拉列表中，选择“粗实线”图层作为当前图层。

Step 04 执行“矩形”命令（REC），绘制 120mm×120mm 的矩形对象；再执行“构造线”命令（XL），过矩形的中点绘制一条水平和垂直的构造线，并将构造线转为“中心线”图层，如图 6-2 所示。

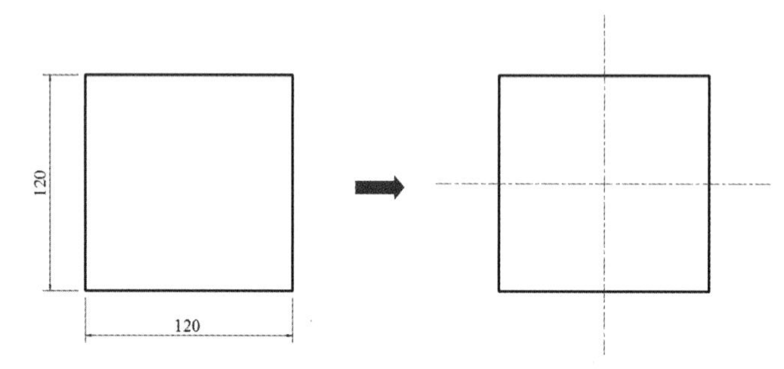

图 6-2

Step 05 执行“旋转”命令（RO），选择上一步所绘制的矩形和中心线对象，将该矩形绕中心点旋转复制 45°，如图 6-3 所示。

Step 06 执行“偏移”命令（O），将上一步所旋转的矩形对象向内偏移 24mm，如图 6-4 所示。

Step 07 再执行“偏移”命令（O），将两条倾斜的中心线向两侧各偏移 6mm，如图 6-5 所示。

Step 08 执行“直线”命令（L），捕捉交点来绘制多条直线段，如图 6-6 所示。

Step 09 将前面所偏移的中心线和最内侧的矩形对象进行删除，然后再通过“修剪”命令（TR），将多余的线段进行修剪，如图 6-7 所示。

Step 10 执行“圆弧”命令（ARC），绘制相应的多个半圆弧，且圆弧的半径值为 6mm，如图 6-8 所示。

Step 11 再执行“偏移”命令（O），将指定的斜线段向外偏移 11mm，如图 6-9 所示。

Step 12 执行“修剪”命令（TR），将多余的线段进行修剪操作，如图 6-10 所示。

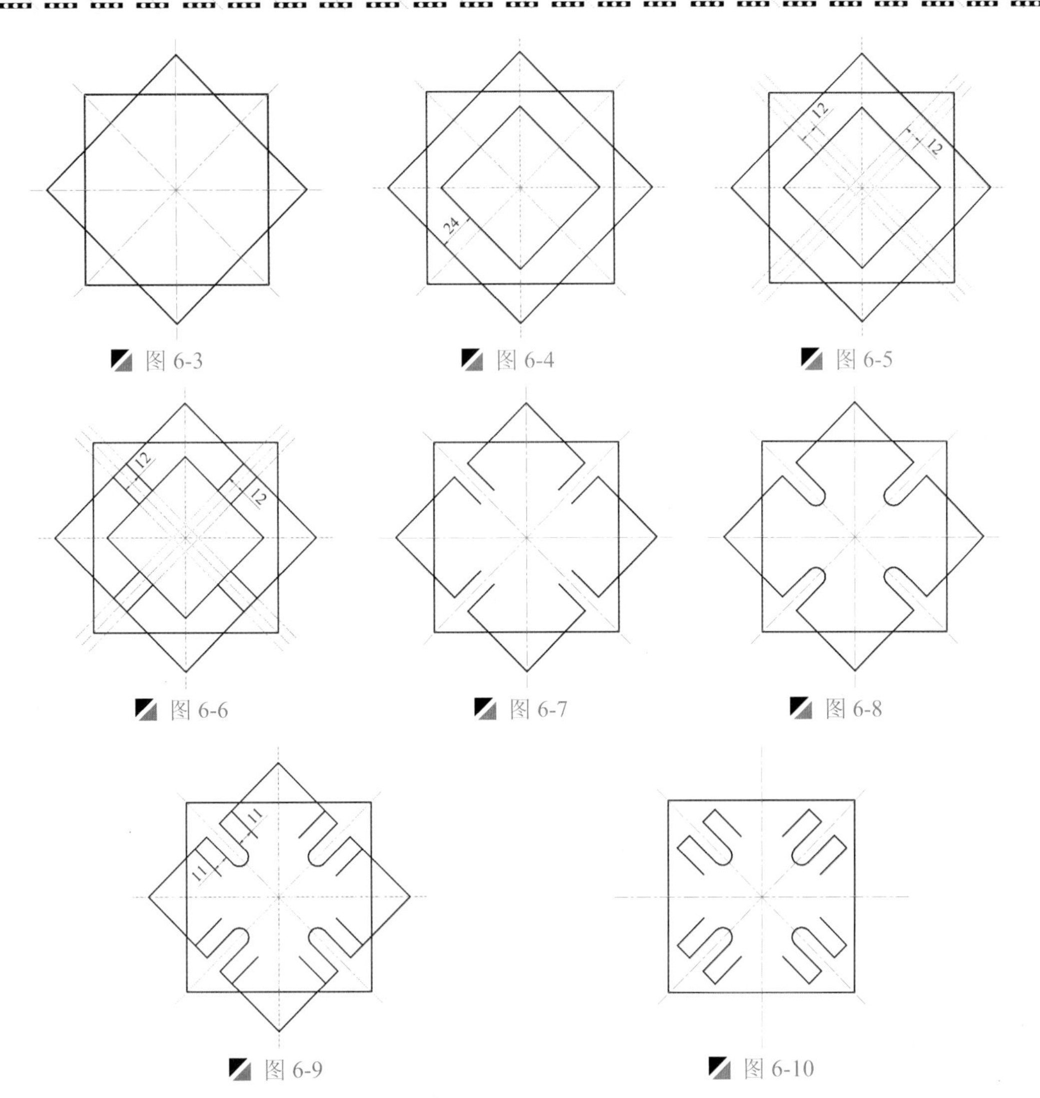

图 6-3

图 6-4

图 6-5

图 6-6

图 6-7

图 6-8

图 6-9

图 6-10

Step 13 执行“圆角”命令（F），设置圆角半径为 33mm，然后对其图形进行圆角修剪处理。

Step 14 同样，再对另一圆角按照半径为 5mm 进行圆角修剪处理，如图 6-11 所示。

Step 15 执行“圆”命令（C），捕捉中心线的交点作为圆心点，绘制半径为 10mm 和 20mm 的两个圆对象，如图 6-12 所示。

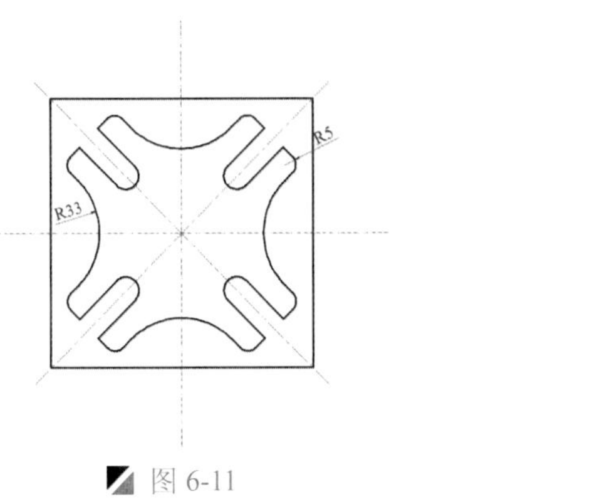

图 6-11

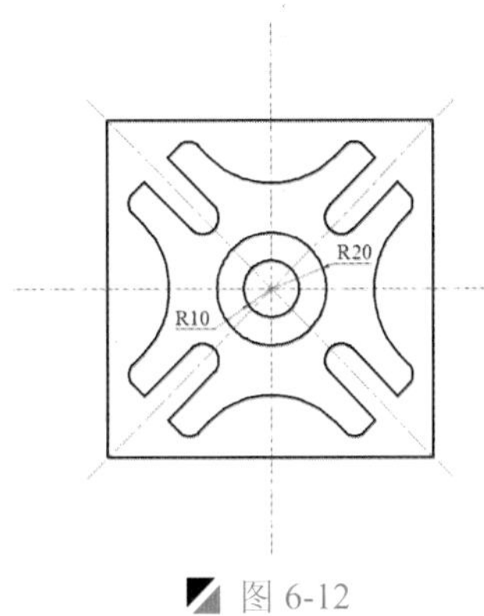

图 6-12

读书破万卷

6.1.2 绘制剖视图

Step 01 执行“直线”命令（L），过主视图的轮廓端点向上引申多条垂直线段，然后在适当位置绘制一条水平直线，如图 6-13 所示。

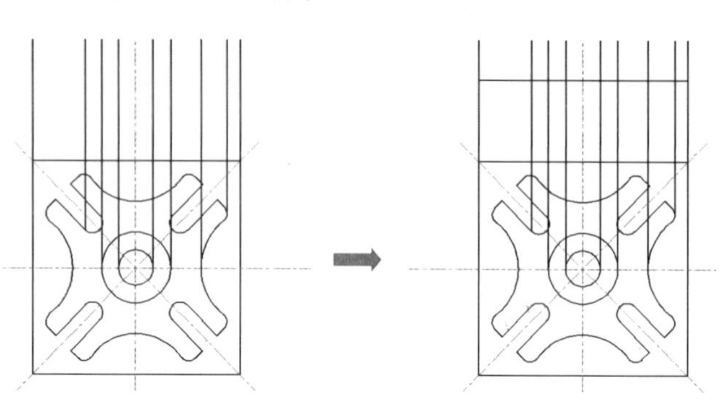

图 6-13

Step 02 执行“偏移”命令（O），将绘制的水平直线向上偏移 43mm，然后将偏移 43mm 的线段向下偏移 10mm 和 15mm；再执行“修剪”命令（TR），将多余的对象进行修剪删除操作，如图 6-14 所示。

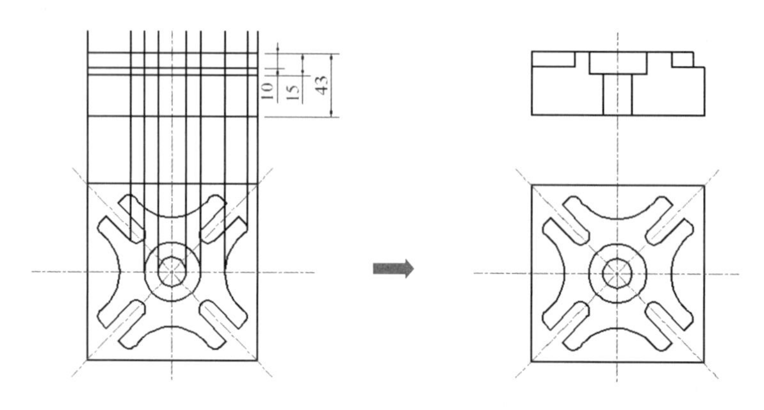

图 6-14

Step 03 切换到“剖面线”图层，执行“图案填充”命令（H），设置图案样例为“ANSI 31”，比例为 1，在指定的位置进行图案填充操作，如图 6-15 所示。

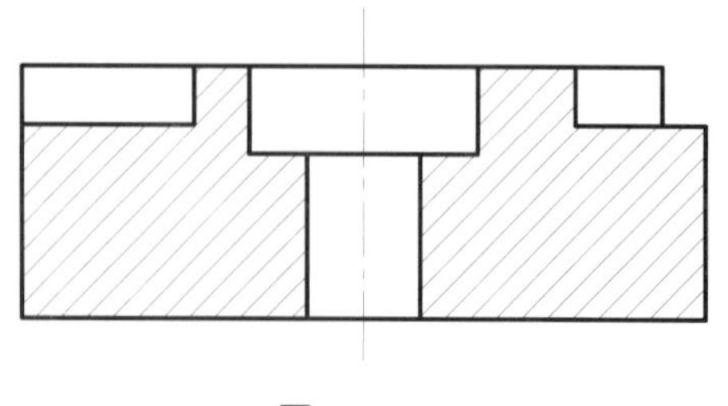

图 6-15

6.1.3 零件图的标注

技巧：零件图尺寸标注的基本要求

> 零件图的尺寸要求标注得完整、清晰和合理。而所谓合理标注尺寸，就要满足两个要求：①满足设计要求，以保证机器的质量；②满足工艺要求，以便于加工制造和检测。

Step 01 在“注释”选项卡的“标注”面板中，单击“标注样式”按钮，将弹出“标注样式管理器”对话框，如图 6-16 所示。

Step 02 选择“机械”标注样式，并单击“修改”按钮，将弹出“修改标注样式：机械”对话框，在“调整”选项卡中，修改“使用全局比例”值为 1.5，然后单击“确定”按钮，如图 6-17 所示。

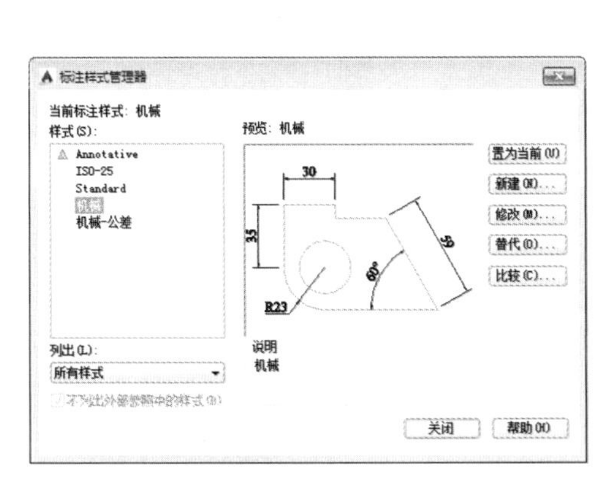

图 6-16

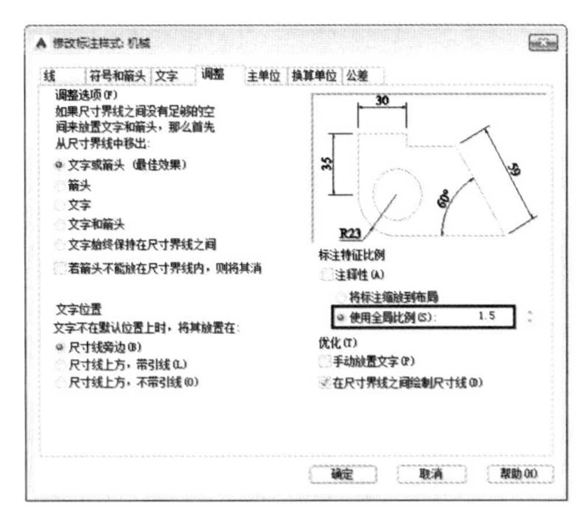

图 6-17

Step 03 同样，选择“机械-公差”标注样式进行修改，仍然修改“使用全局比例”值为 1.5，如图 6-18 所示。

Step 04 切换到“公差”选项卡中，设置公差方式为“极限偏差”，精度为 0.00，上偏差为 0，下偏差为 0.25，高度比例为 0.7，垂直位置为“中”，然后单击“确定”按钮，如图 6-19 所示。

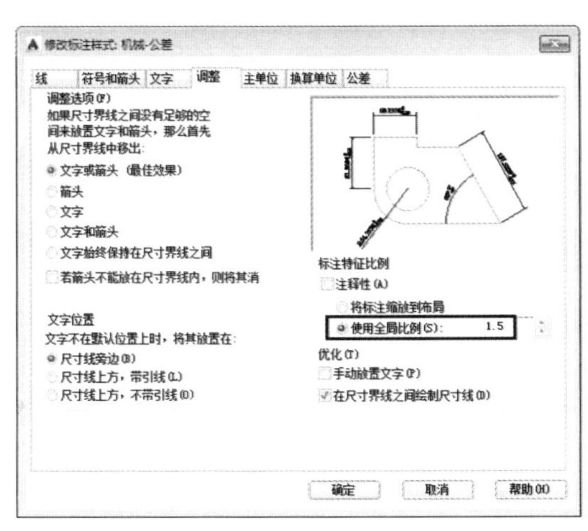

图 6-18

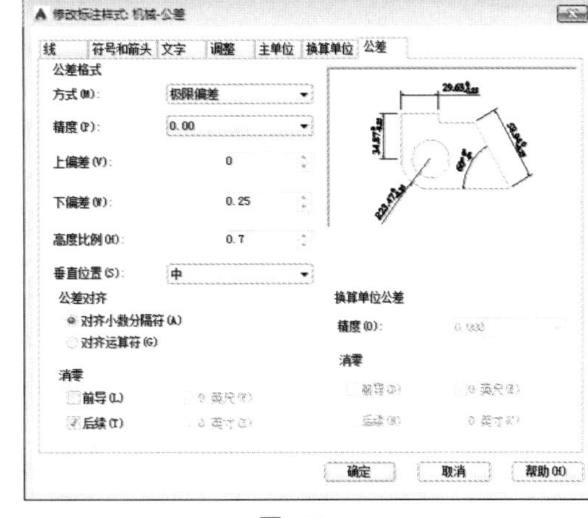

图 6-19

读书破万卷

Step 05 切换到“尺寸与公差”图层，选择“机械”标注样式作为当前样式，在“注释”选项卡的“标注”面板中，单击“线性标注”按钮，对主视图进行线性标注，如图 6-20 所示。

Step 06 再单击“对齐标注”按钮，对主视图进行对齐标注操作，如图 6-21 所示。

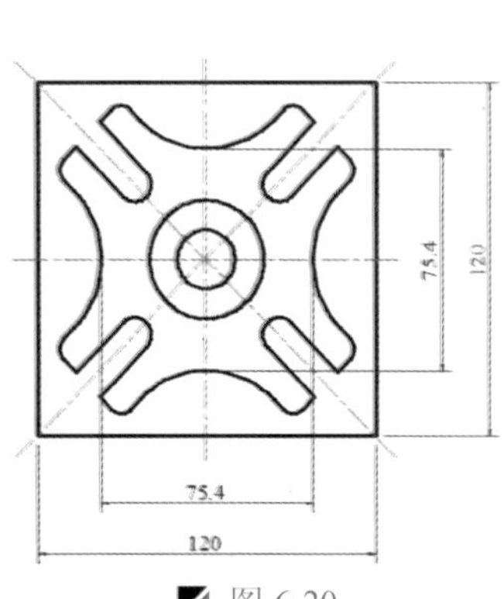

图 6-20

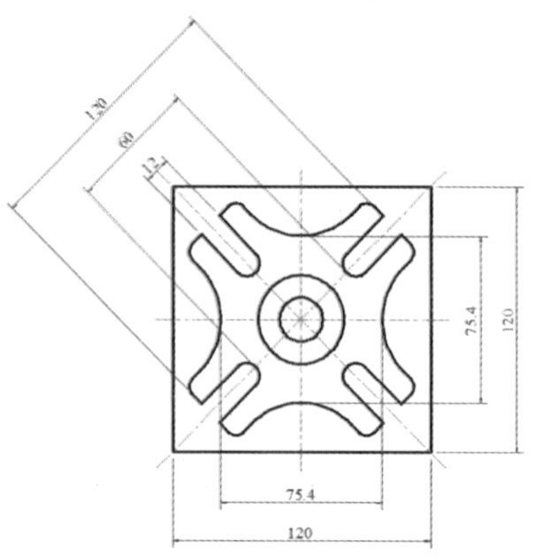

图 6-21

Step 07 再单击“角度标注”按钮，对主视图进行角度标注操作，如图 6-22 所示。

Step 08 再单击“半径标注”按钮，对主视图进行半径标注操作，如图 6-23 所示。

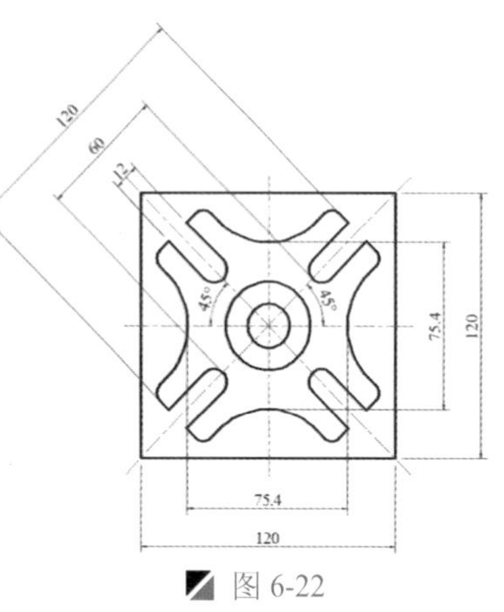

图 6-22

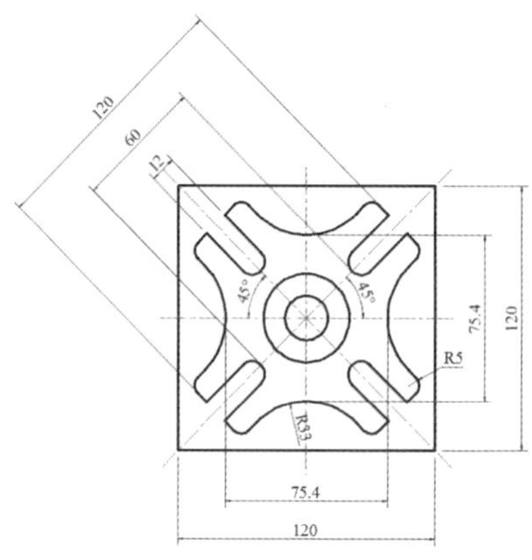

图 6-23

Step 09 使用鼠标选择主视图中的线性和对齐标注对象，将其转换为“机械-公差”标注样式，如图 6-24 所示。

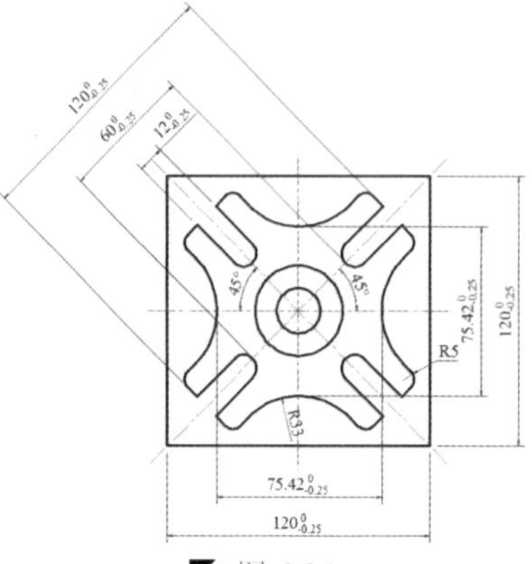

图 6-24

Step 10 这时用户会发现，所有的公差值都是一样的，这就需要对其进行修改。选择需要修改的公差标注对象，按<Ctrl+1>组合键打开“特性”面板，如图 6-25 所示修改公差值。

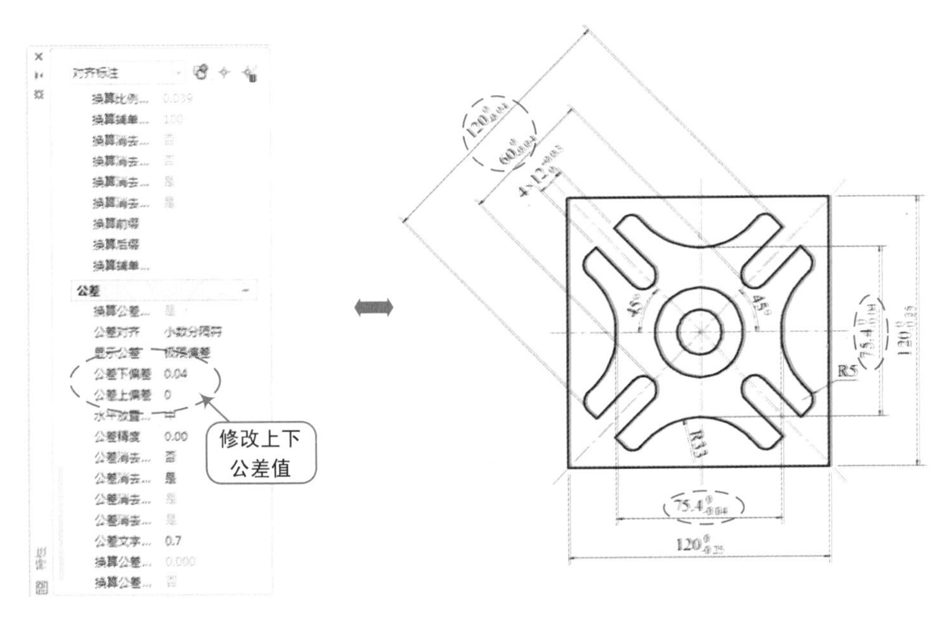

图 6-25

技巧：上下公差值的修改方法

用户在通过“特性”面板修改上下公差值时，若要使下公差值为–0.04，那么直接在“公差下偏差”荐中输入 0.04 即可，不要输入–0.04；如若输入–0.04，那么在公差下偏差值中将显示+0.04。

Step 11 执行“引线标注”命令（LE），过半径为 33mm 的圆弧上绘制一箭头引线，如图 6-26 所示。

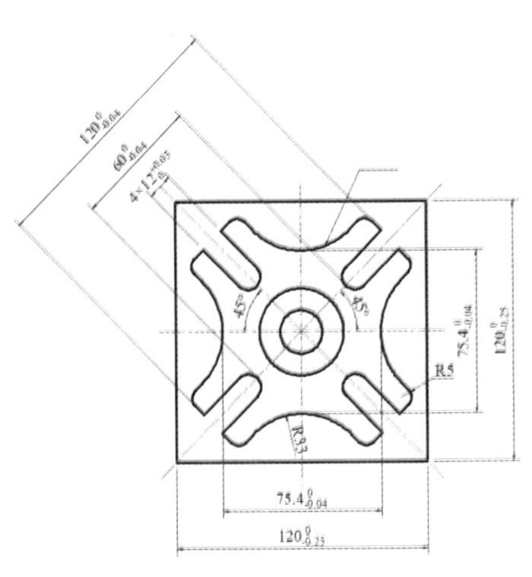

图 6-26

Step 12 执行“插入块”命令（I），将“案例\06\粗糙度.dwg”图块插入上一步箭头引线上，并输入粗糙度值为 3.2，如图 6-27 所示。

Step 13 执行“多段线”命令（PL），捕捉相应的点来绘制一多段线对象，且设置多段线的宽度为 0.5，如图 6-28 所示。

Step 14 执行“圆”命令（C），绘制三个半径为 6mm 的圆对象，如图 6-29 所示。

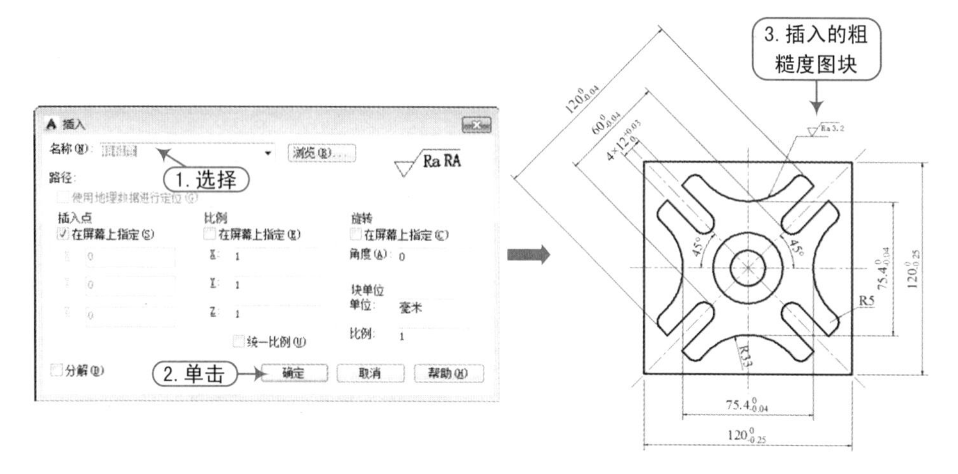

图 6-27

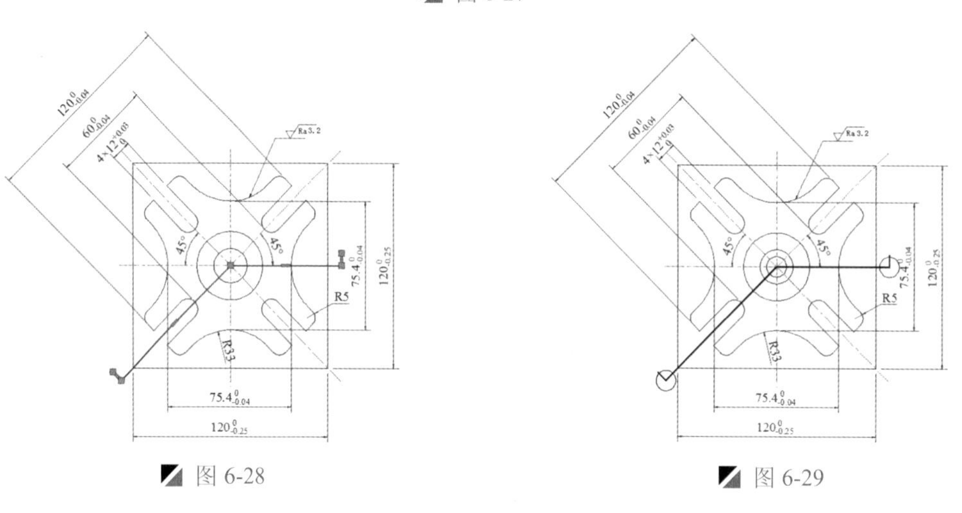

图 6-28

图 6-29

Step 15 执行“修剪”命令（TR），将上一步所绘制圆对象以外的多段线进行修剪，然后再删除三个小圆对象，得到剖切符号，如图 6-30 所示。

Step 16 执行“单行文字”命令（DT），在剖切符号的两端输入文字 A，从而完成主视图的标注，如图 6-31 所示。

技巧：图层的转换

对于机械工程图中的剖切符号对象，应将其转换为“文字”图层。

Step 17 同样，单击“线性标注”按钮，对图形上侧的剖视图进行线性标注，如图 6-32 所示。

Step 18 选择部分线性标注对象，将其转换为“机械-公差”标注样式，然后按照前面的方法修改公差值，如图 6-33 所示。

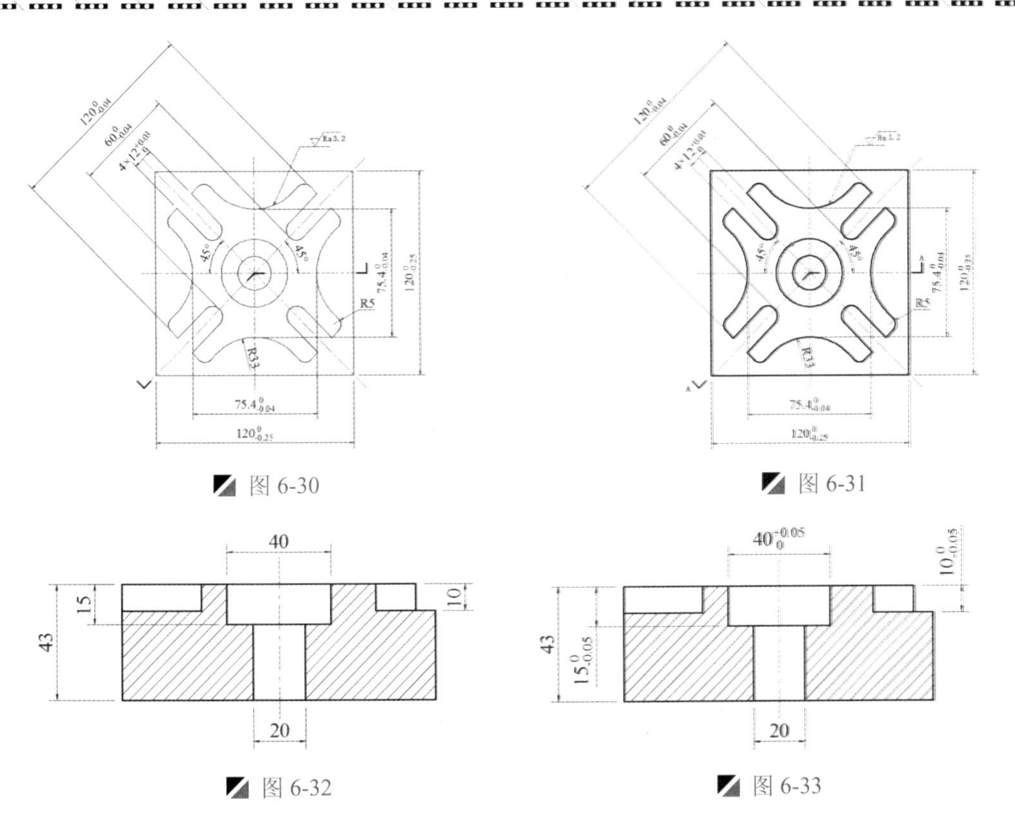

图 6-30 图 6-31

图 6-32 图 6-33

技巧：直径符号的添加

由于剖视图中线性标注为 20 和 40 的标注对象是作为圆孔的，所以应在前面添加直径符号 ϕ。

Step 19 双击线性标注为 20 的标注对象，使标注对象的文字呈在编辑状态，这时在“插入”面板的“符号”下选择“直径 %%C”项，从而在该标注对象前加上直径符号 ϕ，如图 6-34 所示。

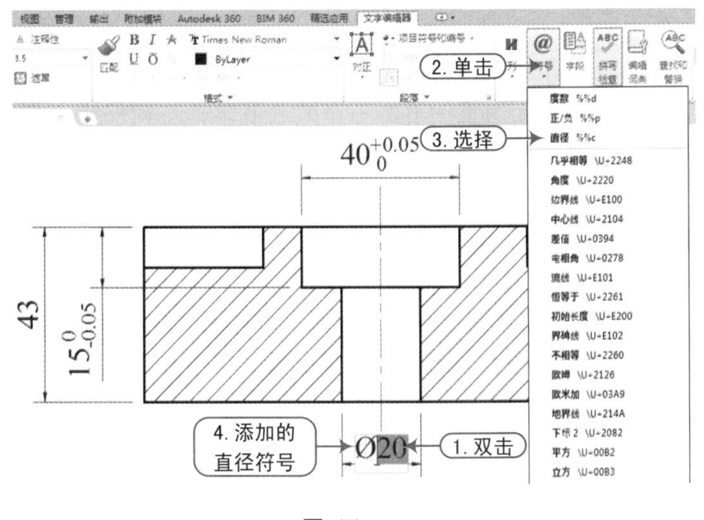

图 6-34

Step 20 继续上一步，在直径为 20 的后面，输入 H7，然后将鼠标在其他空白位置单击，完成该标注文字的修改，如图 6-35 所示。

Step 21 同样，修改直径为 40 的标注值。再执行“插入块”命令（I），将“粗糙度”图块插入剖视图中，并修改粗糙度值为 3.2，如图 6-36 所示。

Step 22 使用“单行文字”命令（DT），在剖视图的下方输入 A-A，从而完成剖视图的标注，如图 6-37 所示。

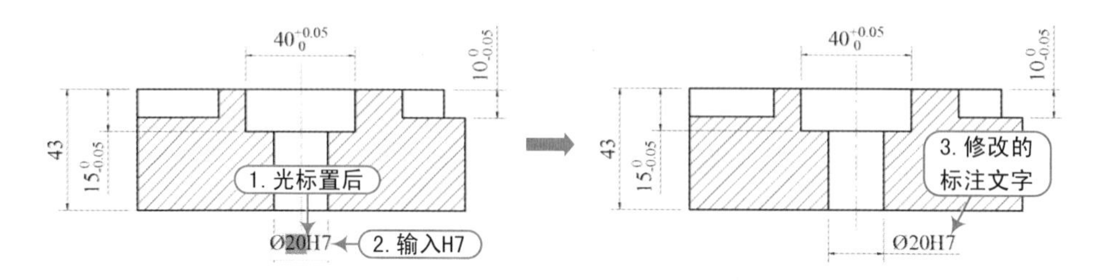

图 6-35

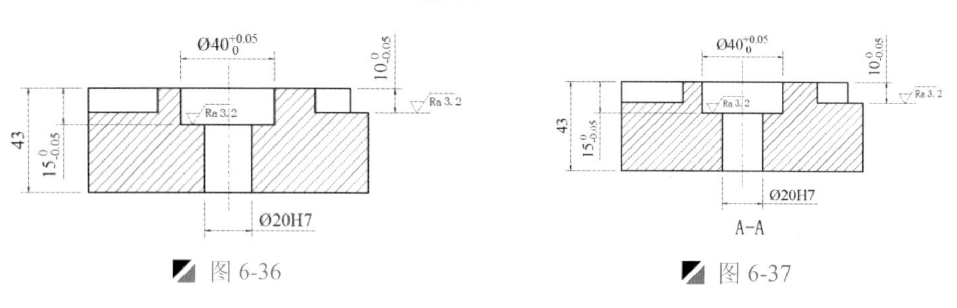

图 6-36　　图 6-37

技巧：文字注释的设置

用户在进行剖视图的文字注释时，选择 Standard 文字样式作为当前文字样式，且设置文字的高度为 3.5。

Step 23 至此，该槽座工程图已经绘制完成，再按<Ctrl+S>组合键进行保存。

技巧：尺寸基准的选择

尺寸基准，是指在零件的设计、制造和测量时，确定尺寸位置的几何元素。

零件的长、宽、高三个方向至少要有一个尺寸基准，当同一方向有几个基准时，其中之一为主要基准，其余为辅助基准。要合理标注尺寸，必须正确选择尺寸基准。基准有设计基准和工艺基准两种。

（1）设计基准。

设计基准是根据零件在机器中的作用和结构特点，为保证零件的设计要求而选定的一些基准。它一般是用来确定零件在机器中位置的接触面、对称面、回转面的轴线等。

图 6-38 所示为微动机构中的螺杆，其径向是通过螺杆与支座上的轴孔处于同一条轴线来定位的，而轴向是通过轴肩左端面 A 与轴套的右端面来定位的。所以，螺杆的回转轴线和轴肩 A 就是其在径向和轴向的设计基准。

图 6-39 所示为微动机构中的支座，它是微动机构中的主体，而其左右、前后结构

对称，因此，两个对称面就分别是长度和宽度方向的设计基准。微动机构在机器中的位置是通过支座的底面来定位的，所以，底面即为支座在高度方向的设计基准。

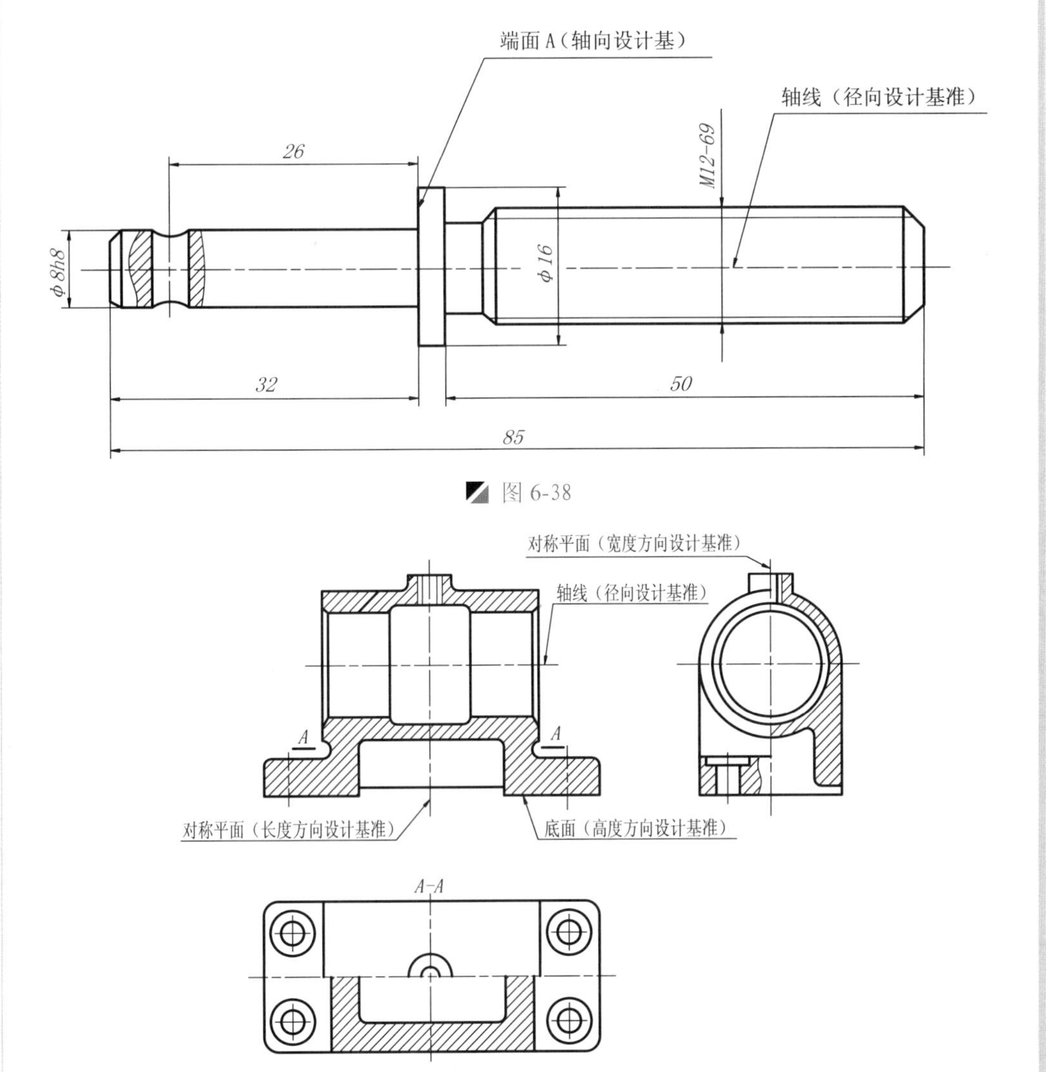

图 6-38

图 6-39

（2）工艺基准。

工艺基准是指零件在加工过程中，用于装夹定位、测量、检验零件已加工面时所选定的基准，主要是零件上的一些面、线或点。

如图 6-40 所示，在车床上加工螺杆上的螺纹时，夹具是以 φ8h8 的圆柱面定位的；车削加工及测量长度时以端面 B、C 为起点。因此，轴线和 B、C 端面分别是加工螺杆时的工艺基准。

从设计基准出发标注尺寸能保证设计要求；从工艺基准出发标注尺寸则便于加工和测量。因此，最好使工艺基准和设计基准重合。当设计基准和工艺基准不重合时，所注尺寸应在保证设计要求的前提下，满足工艺要求。

读书破万卷

端面C（轴向工艺基准）

端面B（轴向工艺基准）

26　M12-69　φ8h8　φ16　50　85

图 6-40

6.2 模板的绘制

案例	模板.dwg	视频	模板的绘制.avi	时长	12'16"

从如图 6-41 所示的零件工程图可以看出，该模板由主视图和剖视图两个部分组成，在绘制的时候，需综合零件工程图的相关尺寸来进行绘制，先绘制主视图，再以此绘制剖面图，最后对其进行尺寸和公差的标注。

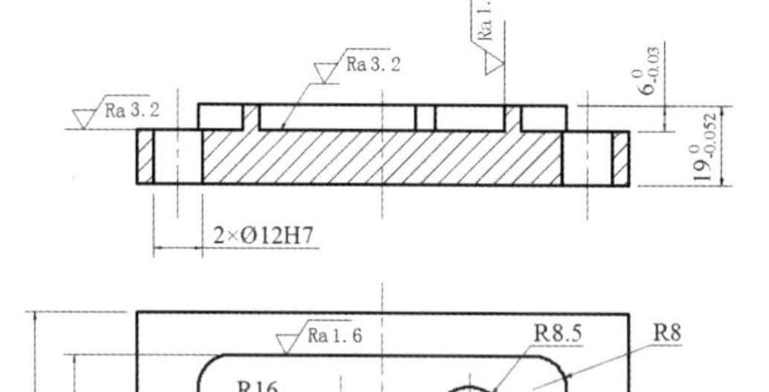

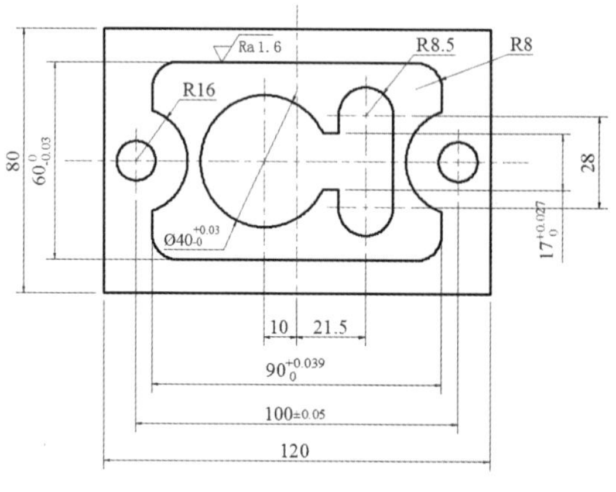

图 6-41

6.2.1 绘制主视图

Step 01 启动 AutoCAD 2015 软件，按<Ctrl+O>组合键，打开“机械样板.dwt”文件。

Step 02 按<Ctrl+Shift+S>组合键，将该样板文件另存为“模板.dwg”文件。

Step 03 在“图层”面板的“图层控制”下拉列表中，选择“粗实线”图层作为当前图层。

Step 04 执行“矩形”命令（REC），绘制120mm×80mm、90mm×60mm 的两个矩形对象，使两个矩形对象的中点重合，如图 6-42 所示。

Step 05 执行“构造线”命令（XL），过矩形的中点绘制一条水平和垂直的构造线，然后将其转为“中心线”图层，如图 6-43 所示。

Step 06 执行“偏移”命令（O），将垂直中心线向左偏移 10 和 50mm，向右偏移 21.5 和 50mm，将水平中心线向上下各偏移 8.5mm、14mm，如图 6-44 所示。

Step 07 执行“圆”命令（C），捕捉相应的交点绘制直径为 12mm、17mm、32mm、40mm 的 7 个圆对象，如图 6-45 所示。

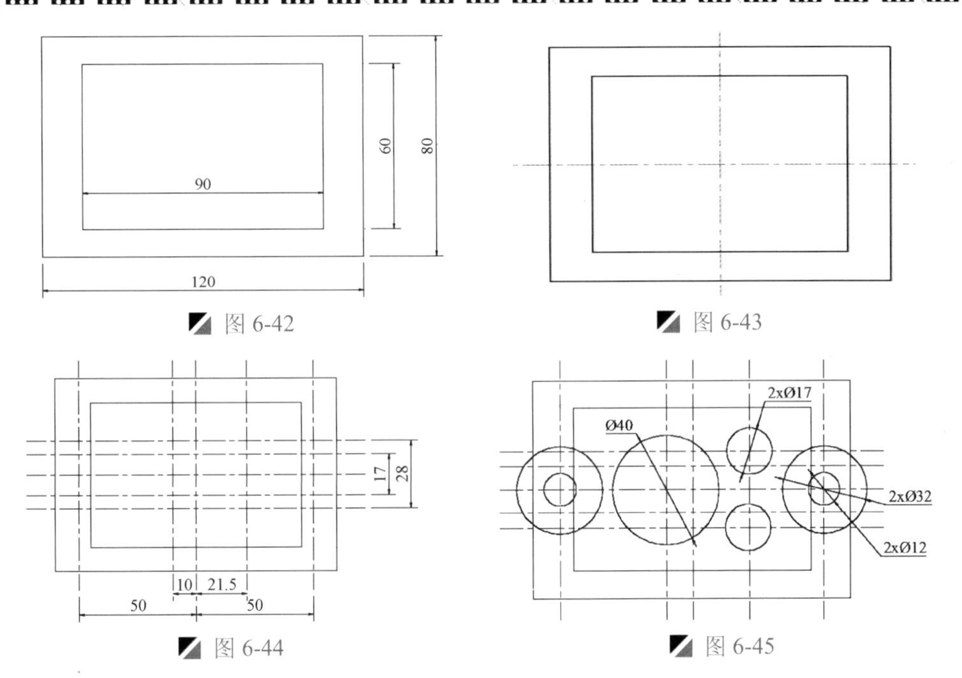

图 6-42 图 6-43

图 6-44 图 6-45

Step 08 执行“直线”命令（L），捕捉相应的点进行直线连接；再执行“修剪”命令（TR），将多余的对象进行修剪并删除操作，如图 6-46 所示。

Step 09 执行“圆角”命令（F），将内矩形对象的四角进行圆角操作，其设置半径为 8mm，如图 6-47 所示。

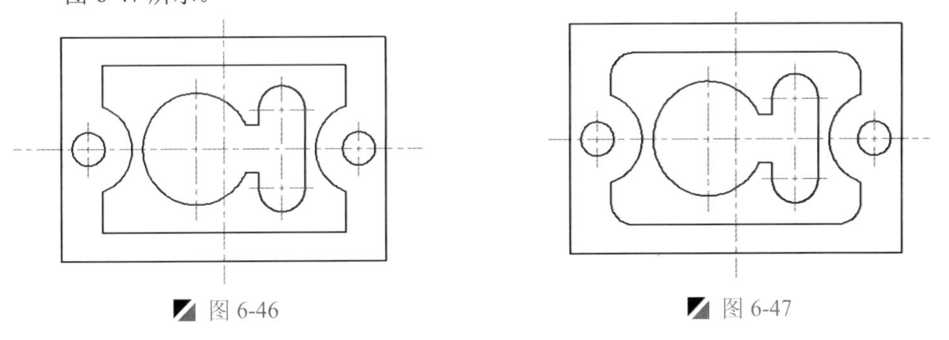

图 6-46 图 6-47

6.2.2 绘制剖视图

Step 01 执行“直线”命令（L），过俯视图的轮廓端点向上引申垂直直线，然后在适当位置绘制一条水平直线，如图 6-48 所示。

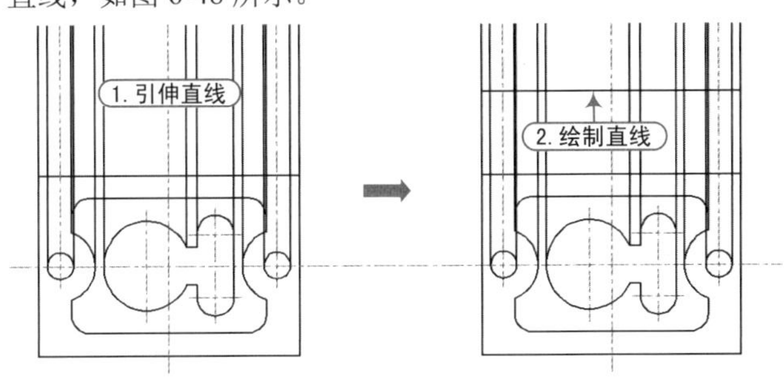

图 6-48

Step 02 执行“偏移”命令（O），将绘制的水平线段向上偏移 19mm，再将偏移 19mm 的线段向下偏移 6mm；再执行“修剪”命令（TR），将多余的对象进行修剪操作，如图 6-49 所示。

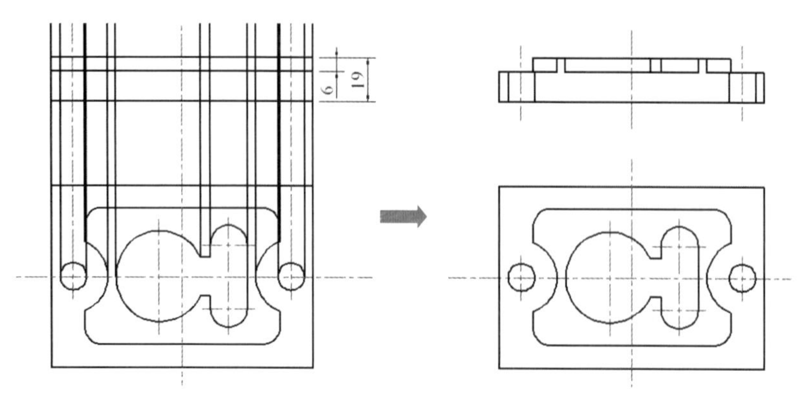

图 6-49

Step 03 切换到“剖面线”图层，执行“图案填充”命令（H），设置图案样例为“ANSI 31”，比例为 1，在指定的位置进行图案填充操作，如图 6-50 所示。

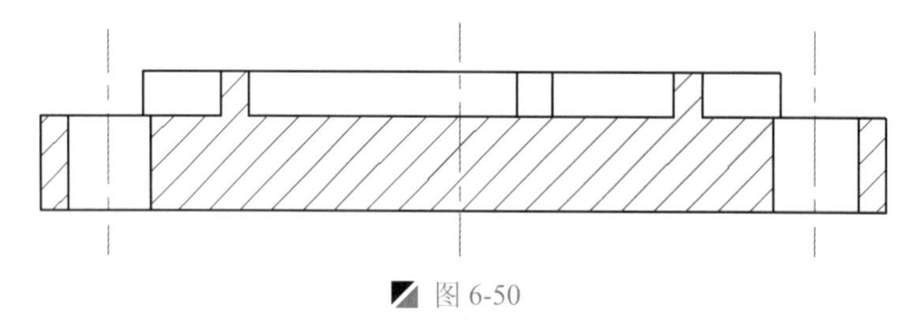

图 6-50

6.2.3 零件图的标注

技巧：尺寸的配置形式

零件尺寸通常有下列三种标注形式。

① 坐标式。坐标式是指零件上同一方向的一组尺寸，都是从同一基准出发进行标注的，如图 6-51 所示。

坐标式注法的优点在于尺寸中任一尺寸的加工精度只决定于那一段的加工误差，而并不受其他尺寸误差的影响。因此，当零件需要从一个基准决定一组精确尺寸时，常采用坐标式尺寸配置形式。

② 链式。链式是指零件上同一方向的一组尺寸，彼此首尾相接，各尺寸的基准都不相同，前一尺寸的终止处，即为后一尺寸的基准，如图 6-52 所示。

链式注法的优点在于前一尺寸的误差，并不影响后一尺寸，但缺点是各段尺寸的误差最终会累积到总尺寸上。因此，当零件上各段尺寸无特殊要求时，不宜采用这种形式。

③ 综合式。综合式是坐标式与链式的组合标注形式，如图 6-53 所示。这种尺寸配置形式兼有上述两种方式的长处，因而能更好地适应零件的设计和工艺要求。

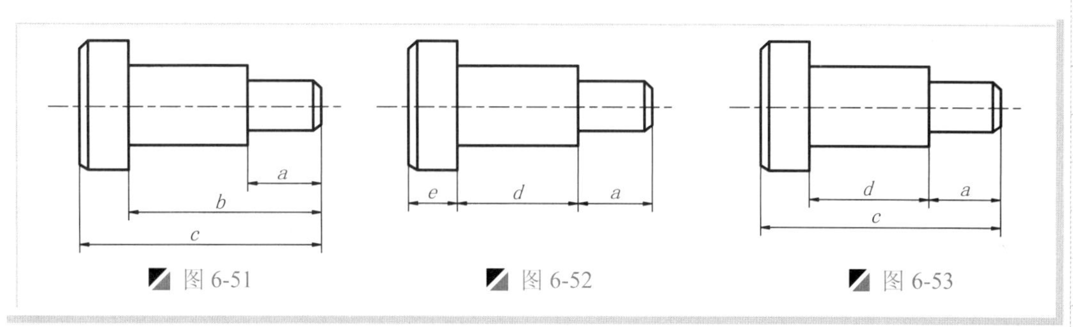

图 6-51　　图 6-52　　图 6-53

Step 01 按照与前面实例相同的方法，修改“机械”和“机械-公差”标注样式：“全局比例因子”均为 1.2，主单位的精度均为 0.0。

Step 02 切换到“尺寸与公差”图层，选择“机械”标注样式作为当前样式，在“注释”选项卡的“标注”面板中，单击“线性标注”按钮，对主视图多处进行线性标注，如图 6-54 所示。

Step 03 选择部分线性标注对象，将其转换为“机械-公差”标注样式，然后在“特性”面板中修改上下偏差值，如图 6-55 所示。

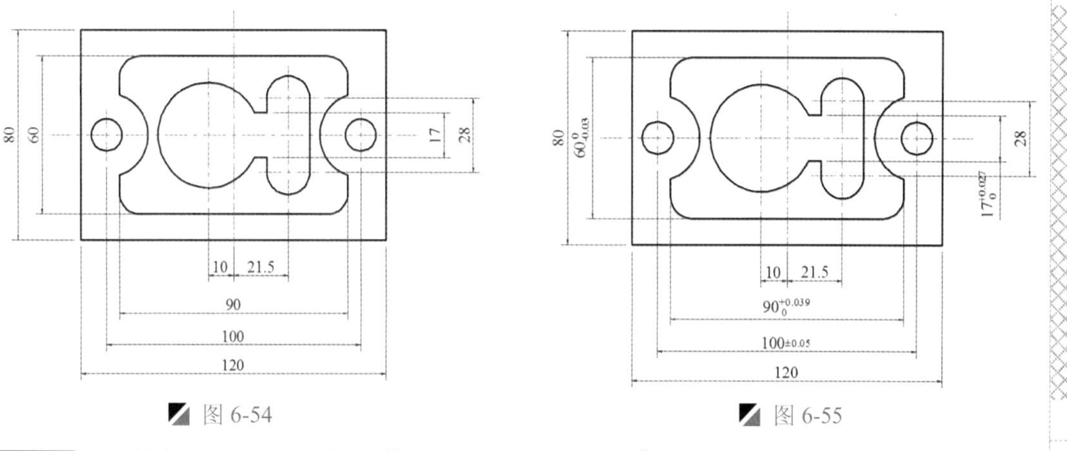

图 6-54　　图 6-55

Step 04 再单击“半径标注”按钮和“直径标注”按钮，对主视图进行半径和直径的标注操作，以及修改部分直径的公差值，如图 6-56 所示。

Step 05 执行“插入块”命令（I），将“案例\06\粗糙度.dwg”图块插入指定位置，并输入粗糙度值为 1.6，如图 6-57 所示。

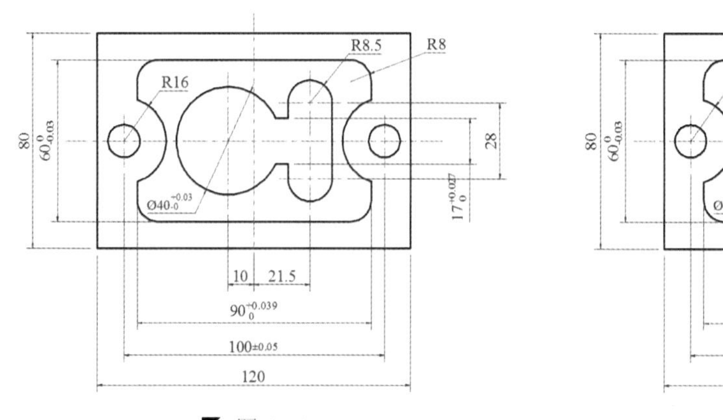

图 6-56

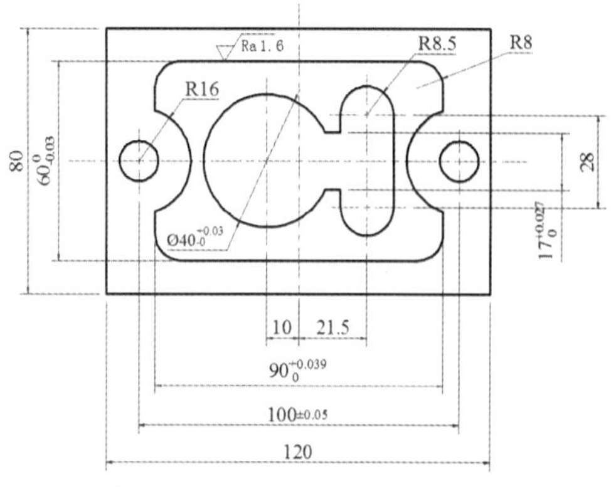

图 6-57

Step 06 同样，再对其上侧的剖视图进行公差标注，其标注的效果如图 6-58 所示。

Step 07 再执行“插入块”命令（I），将“案例\06\粗糙度.dwg”图块插入指定位置，并输入粗糙度值为 1.6 和 3.2，如图 6-59 所示。

Step 08 至此，该模板工程图已经绘制完成，再按<Ctrl+S>组合键进行保存。

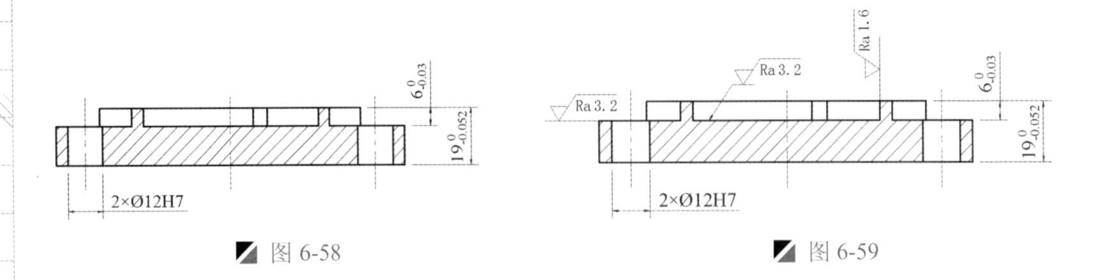

图 6-58　　图 6-59

6.3 箱座的绘制

案例	箱座.dwg	视频	箱座的绘制.avi	时长	17'46"

从如图 6-60 所示的零件工程图可以看出，该箱座由主视图和剖视图两个部分组成，在绘制的时候，需综合零件工程图的相关尺寸来进行绘制，先绘制主视图，再以此绘制剖面图，最后对其进行尺寸和公差的标注。

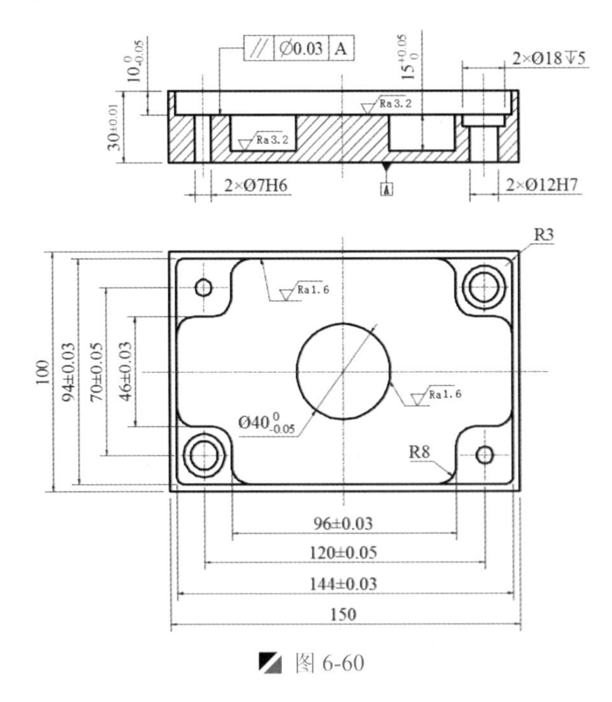

图 6-60

6.3.1 绘制主视图

Step 01 启动 AutoCAD 2015 软件，按<Ctrl+O>组合键，打开“机械样板.dwt”文件。

Step 02 按<Ctrl+Shift+S>组合键，将该样板文件另存为“箱座.dwg”文件。

Step 03 在“图层”面板的“图层控制”下拉列表中，选择“粗实线”图层作为当前图层。

Step 04 执行“矩形”命令（TRC），绘制 150mm×100mm 的矩形对象；再执行“偏移”命令（O），将绘制的矩形对象向内偏移 3mm，如图 6-61 所示。

Step 05 执行“构造线”命令（XL），过矩形的中点绘制一条水平和垂直的构造线，并将其转为“中心线”图层，如图 6-62 所示。

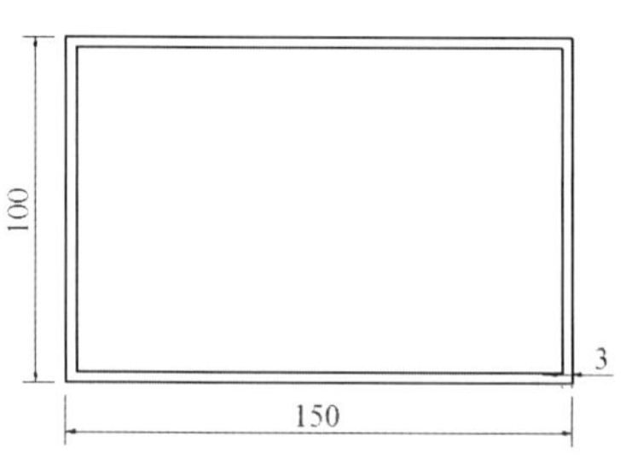

图 6-61

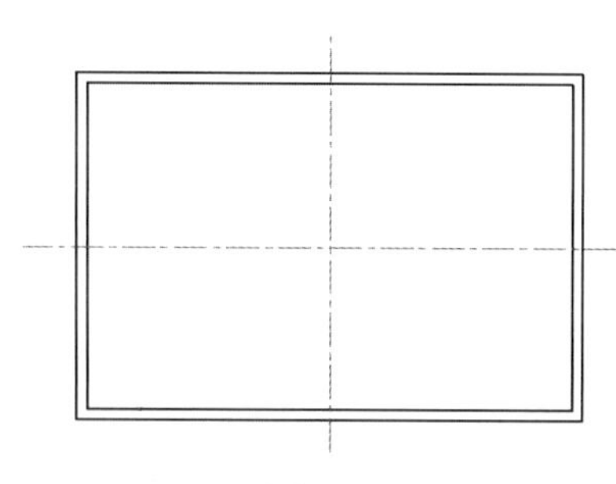
图 6-62

Step 06 执行“偏移”命令（O），将水平中心线向上下各偏移 23mm、35mm，将垂直中心线向左右各偏移 48mm、60mm，如图 6-63 所示。

Step 07 执行“圆”命令（C），捕捉相应的交点绘制直径为 40mm、7mm、12mm、18mm 的 7 个圆，如图 6-64 所示。

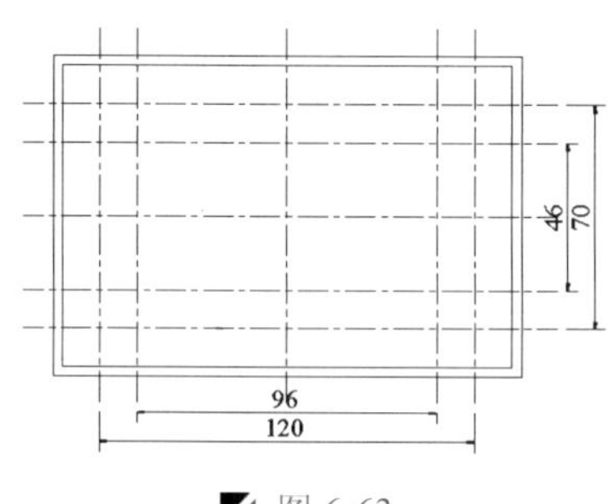

图 6-63

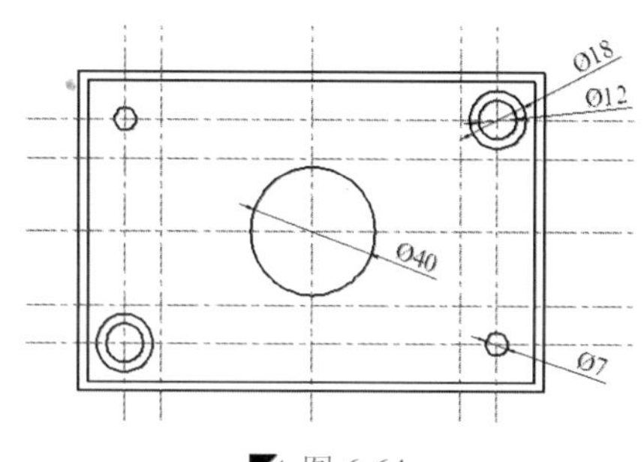

图 6-64

Step 08 执行“直线”命令（L），捕捉相应的点进行直线连接；再执行“删除”命令（E），将多余的中心线进行删除操作，如图 6-65 所示。

Step 09 执行“圆角”命令（F），设置圆角的半径为 8mm，进行圆角操作，如图 6-66 所示。

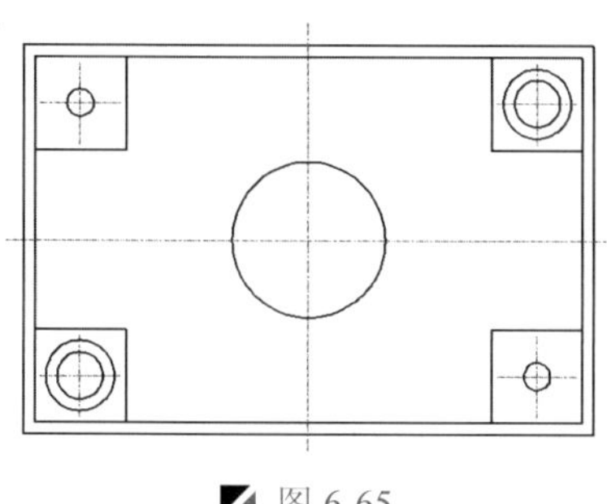

图 6-65

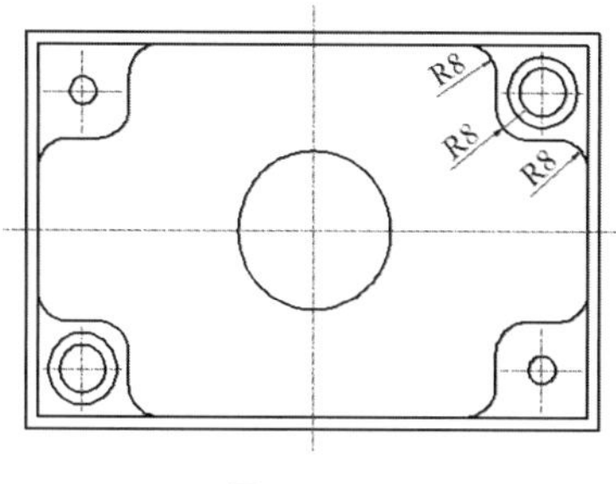

图 6-66

Step 10 执行“圆角”命令（F），设置圆角的半径为 3mm，对内矩形进行圆角操作，如图 6-67 所示。

读书破万卷

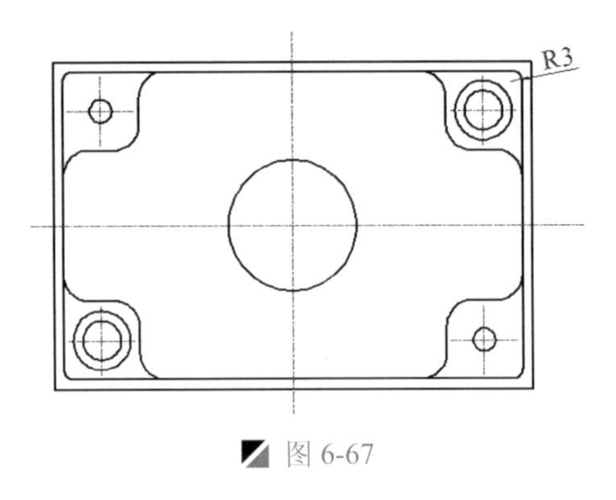

图 6-67

6.3.2 绘制剖视图

Step 01 执行“直线”命令（L），过俯视图的轮廓端点向上引申垂直直线，且转换与其对应的线型，然后在适当位置绘制一条水平直线，如图 6-68 所示。

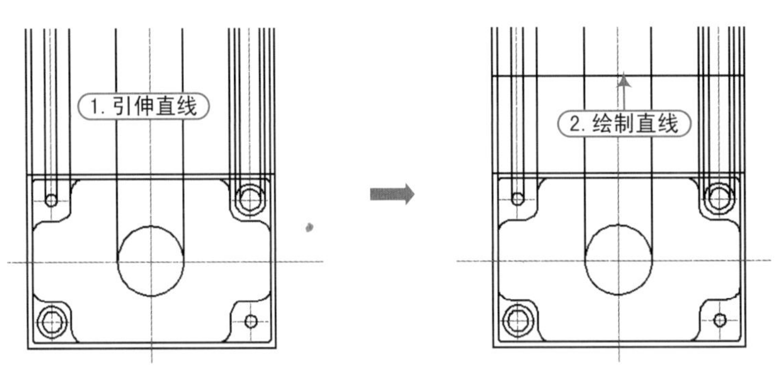

图 6-68

Step 02 执行“偏移”命令（O），将绘制的水平直线向上依次偏移 5mm、10mm、5mm、10mm；再执行“修剪”命令（TR），将多余的对象进行修剪，如图 6-69 所示。

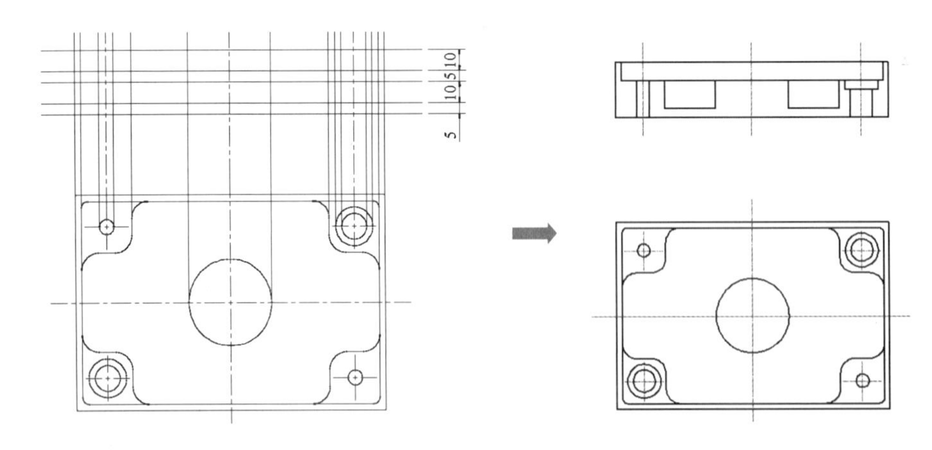

图 6-69

Step 03 切换到“剖面线”图层，执行“图案填充”命令（H），设置图案样例为“ANSI 31”，比例为 1，在指定的位置进行图案填充操作，如图 6-70 所示。

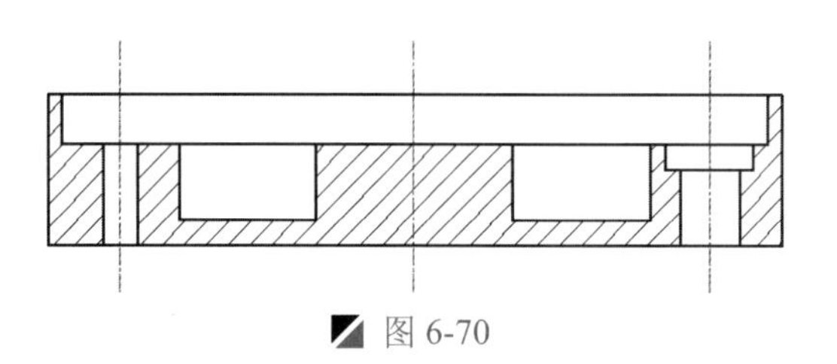

图 6-70

6.3.3 零件图的标注

Step 01 按照与前面实例相同的方法，修改“机械”和“机械-公差”标注样式：“全局比例因子”均为 1.5，主单位的精度均为 0.0，将文字对齐方式选择为“ISO 标准”。

Step 02 切换到“尺寸与公差”图层，选择“机械”标注样式作为当前样式，在“注释”选项卡的“标注”面板中，单击“线性标注”按钮、“半径标注”按钮和“直径标注”按钮，对主视图进行尺寸标注，如图 6-71 所示。

Step 03 选择上一步标注的部分对象，将其指定为“机械-公差”标注样式，如图 6-72 所示。

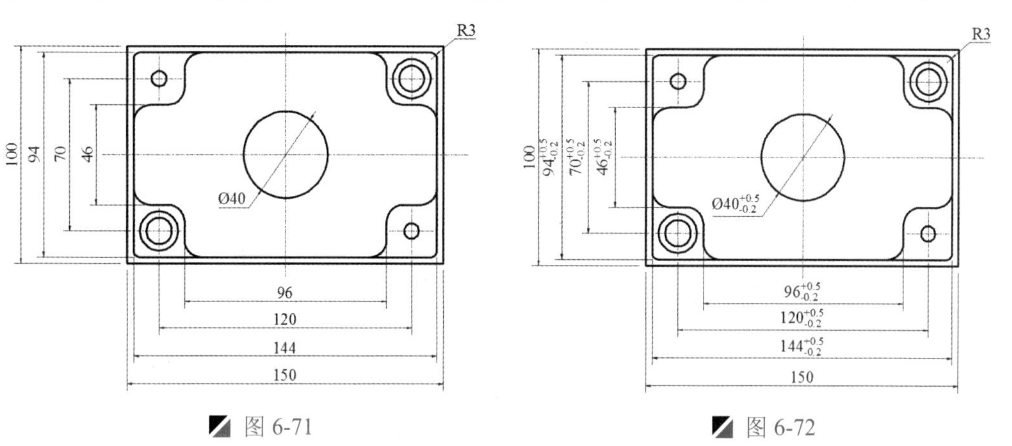

图 6-71　　　　图 6-72

Step 04 在“标注”面板中单击“标注样式”按钮，将弹出“标注样式管理器”对话框，选择“机械-公差”标注样式，并单击“替代”按钮。

Step 05 在弹出“替代当前样式：机械-公差”对话框中，切换到“公差”选项卡，设置公差方式为“对称”，精度为 0.00，高度比例 1，再单击“确定”按钮，如图 6-73 所示。

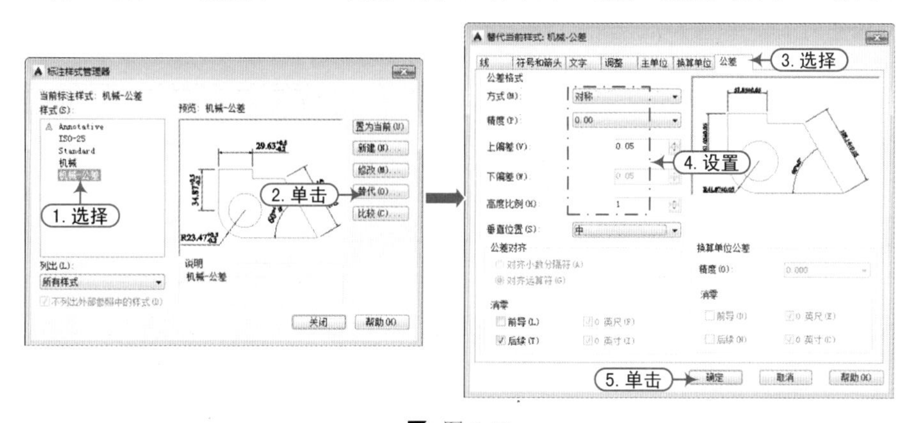

图 6-73

Step 06 此时返回到“标注样式管理器”对话框，即可看到在“机械-公差”样式的下侧显示有“样式替代”项，如图 6-74 所示。

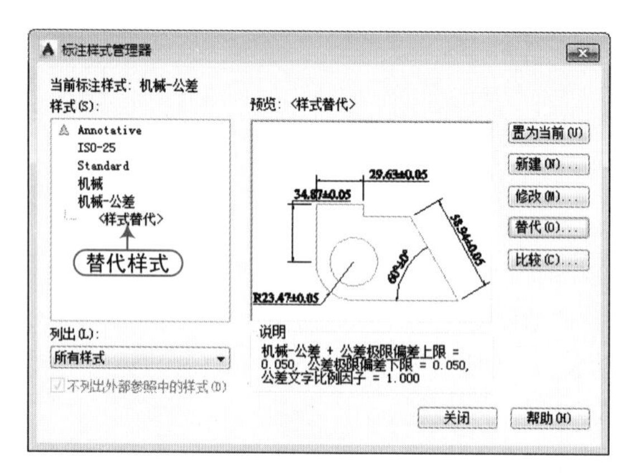

图 6-74

Step 07 为了使替代的标注样式生效，这时应在“标注”面板中单击“更新”按钮，然后在主视图中使用鼠标选择相应的线性标注对象，并按回车键结束，从而该标注样式进行了修改，如图 6-75 所示。

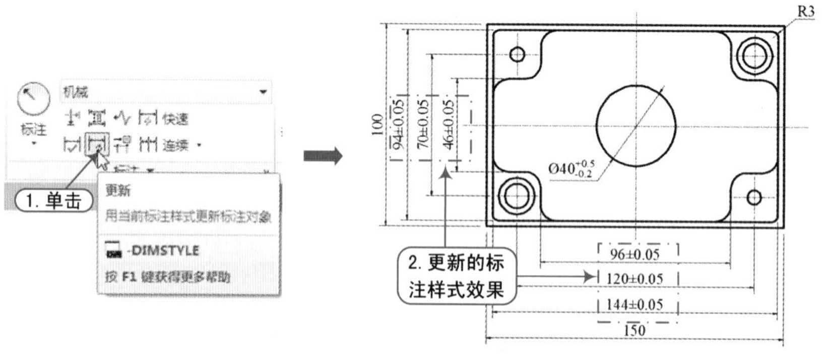

图 6-75

Step 08 按照前面的方法，通过“特性”面板，分别修改公差的值，如图 6-76 所示。

Step 09 通过“引线注释”和“插入块”命令，在主视图的指定位置插入“粗糙度”图块，并设置值为 1.6，如图 6-77 所示。

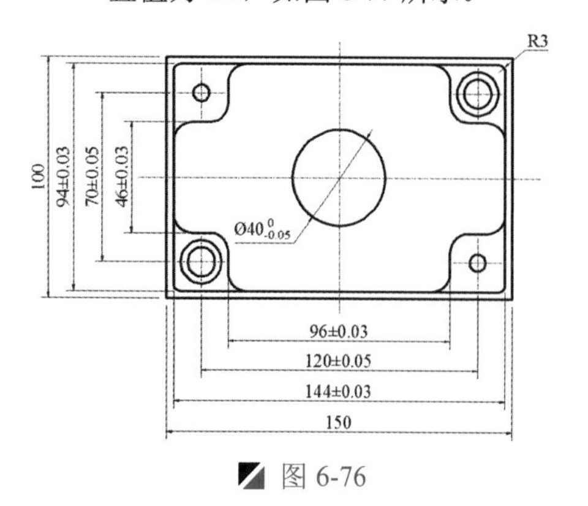

图 6-76

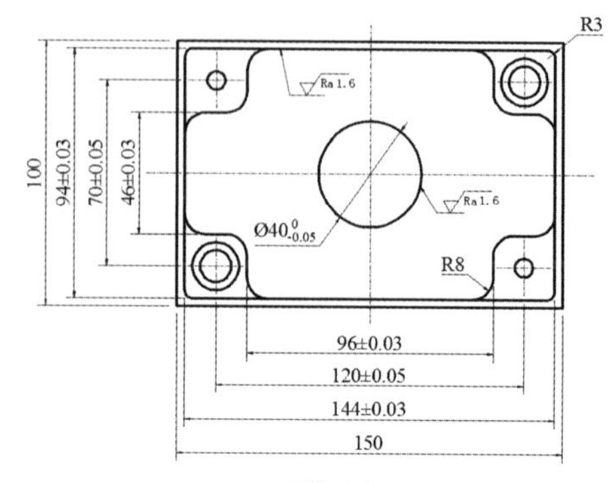

图 6-77

Step 10 针对图形上侧的剖面图，按照前面的方法，对剖视图进行尺寸标注，以及插入“粗糙度”图块，并修改值为 3.2，如图 6-78 所示。

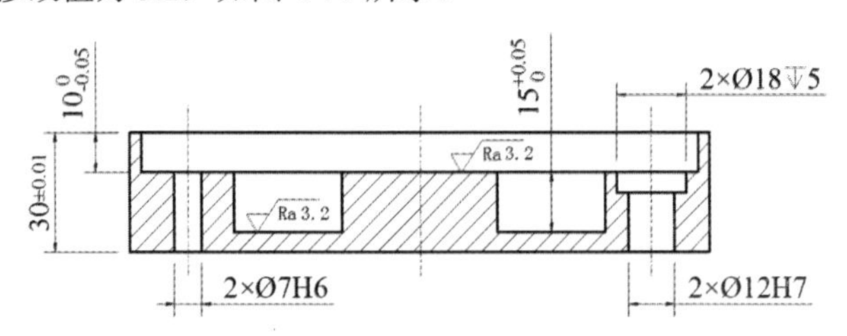

图 6-78

技巧：沉孔深度符号的输入

在输入沉孔深度符号↧时，先输入字母 x，然后选择该字母 x，选择字体为“GDT”，则该字母变为沉孔符号↧，如图 6-79 所示。

同样，当输入锥形沉孔╲╱、柱形沉孔与锪平面孔⊔时，分别输入小写字母 w、v，再将其设置为“GDT”字体即可。

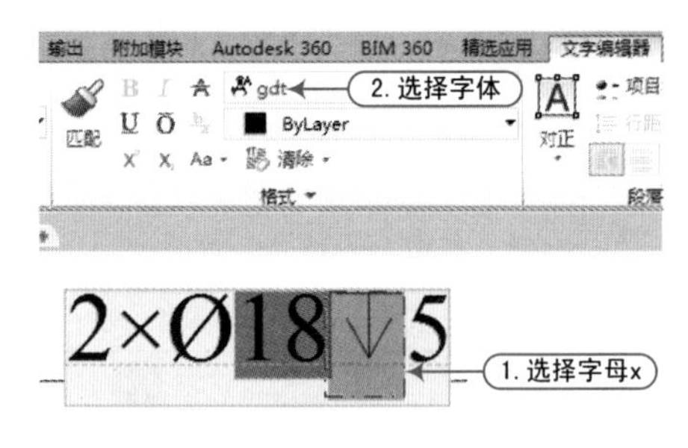

图 6-79

Step 11 在“标注”面板中单击“形位公差”按钮，将弹出“形位公差”对话框，在“符号”栏单击“黑色图样框”，随后在“特征符号”对话框中，从中选择平行度 //，在“公差 1”黑色图样框按钮处单击，显示直径符号Ø，再在其后输入 0.03，然后在“基准 1”文本框中输入 A，单击“确定”按钮，指定到视图中相应位置，如图 6-80 所示。

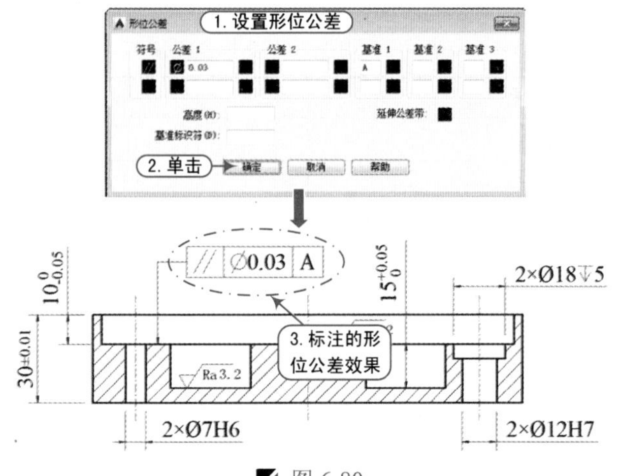

图 6-80

读书破万卷

提示：形位公差的介绍

在“形位公差”对话框中，各选项的含义如下。

◆ “符号”选项组：显示或设置所要标注形位公差的符号。单击该选项组中的图标框，将打开“特征符号”对话框，如图 6-81 所示。在该对话框中，用户可直接单击某个形位公差代号的图样框，以选择相应的形位公差几何特征符号。在表 6-1 中给出了特征符号的含义。

◆ “公差 1”和“公差 2”选项组：表示 AutoCAD 将在形位公差值前加注直径符号“ϕ”。在中间的文本框中可以输入公差值，单击该列后面的图样框，将打开“附加符号”对话框，如图 6-82 所示，从而可以为公差选择包容条件符号。在表 6-2 中给出了附加符号的含义。

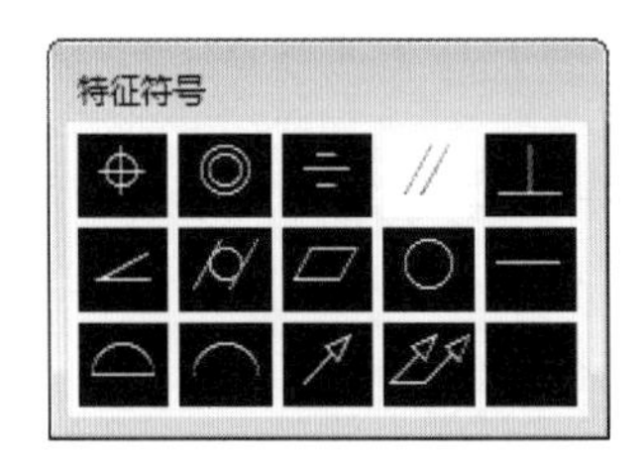

图 6-81

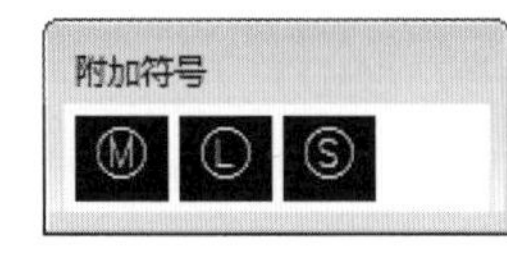

图 6-82

表 6-1　形位公差符号及其含义

符　号	含　义	符　号	含　义
⏤	直线度	○	圆度
⌒	线轮廓度	⌓	面轮廓度
∥	平行度	⊥	垂直度
⌯	对称度	◎	同轴度
⌭	圆柱度	∠	倾斜度
⏥	平面度	⌖	位置度
↗	圆跳度	⌰	全跳度

表 6-2　附加符号及其含义

符　号	含　义
Ⓜ	材料的一般状况
Ⓛ	材料的最大状况
Ⓢ	材料的最小状况

◆ “基准 1”、“基准 2”、“基准 3”选项组：设置基准的有关参数，用户可在相应的文本框中输入相应的基准代号。

◆ “高度”文本框：可以输入投影公差带的值。投影公差带控制固定垂直部分延伸区的高度变化，并以位置公差控制公差精度。

◆ “延伸公差带”：除指定位置公差外，还可以指定延伸公差（也被称为投影公

差），以使公差更加明确。例如，使用延伸公差控制嵌入零件的垂直公差带。延伸公差符号（Ⓟ）的前面是高度值，它指定最小的延伸公差带。延伸公差带的高度和符号出现在特征控制框下的边框中。

◆ “基准标识符”文本框：创建由参照字母组成的基准标识符号。

Step 12 这时，执行“插入块”命令（I），将弹出“插入”对话框，单击“浏览”按钮，找到图块中保存的“基准符号”图块，然后单击“确定”按钮，在绘图区单击，则弹出“编辑属性”对话框，输入基准代号为A，再单击“确定”按钮，如图6-83所示，以默认的值插入该符号。

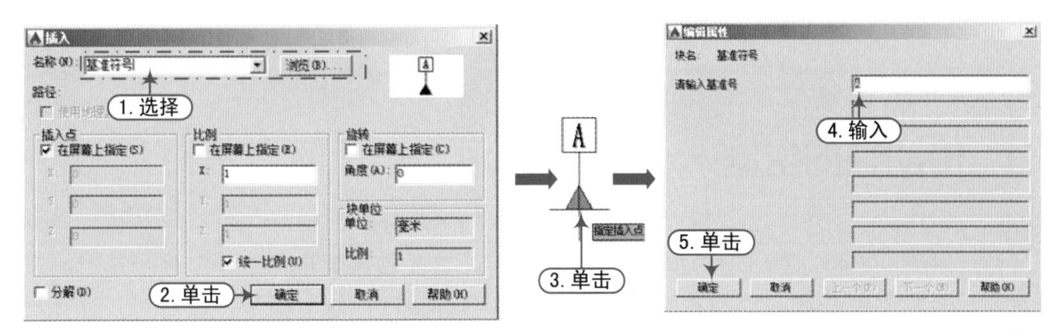

图 6-83

Step 13 为了图形的需要，使用“镜像”命令（MI），将该基准符号图块进行上下镜像且删除源对象，然后移至剖视图的相应位置，如图6-84所示。

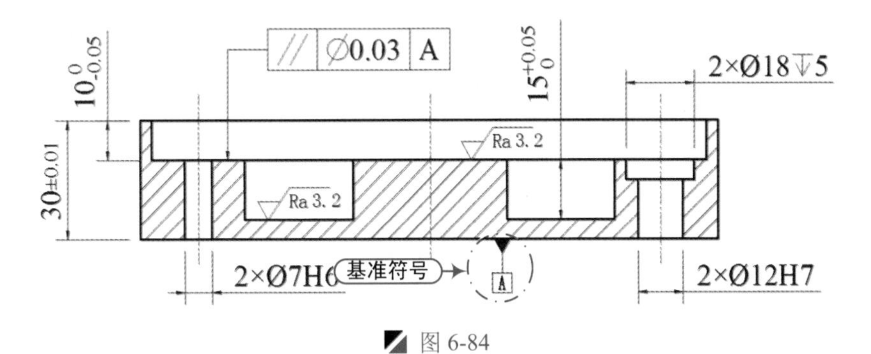

图 6-84

提示：基准符号的介绍

基准代号由基准符号（涂黑三角形）、方框、连线和字母组成，其方框和连接均用细实线，方框内填写的大写拉丁字母是基准字母，无论基准代号在图样中的方向如何，方框内的字母都应水平书写。涂黑三角形及中轴线可任意变换位置，方框外边的连线也只允许在水平或垂直两个方向画出，如图6-85所示。

基准代号的字母应与公差框格第三格及以后各格内填写的字母相同，如果图形中有基准符号，则在形位公差中要有基准标识符，这样才符合标注要求，如图6-86所示为基准符号的应用实例。基准代号的字母不得采用E、I、J、M、O和P。

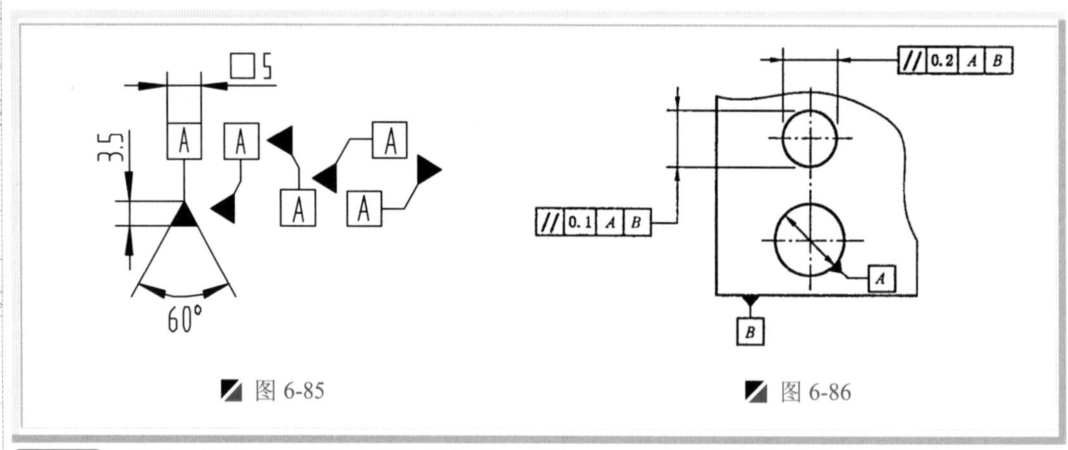

图 6-85　　图 6-86

Step 14　至此，该箱座工程图已经绘制完成，再按<Ctrl+S>组合键进行保存。

6.4　传动轴的绘制

案例	传动轴.dwg	视频	传动轴的绘制.avi	时长	10'39"

在绘制如图 6-87 所示的传动轴零件工程图时，首先使用矩形命令绘制多个矩形，且中线对齐，再绘制中心线和绘制右侧的圆对象，然后对其进行修剪操作，最后对其进行尺寸和公差标注。

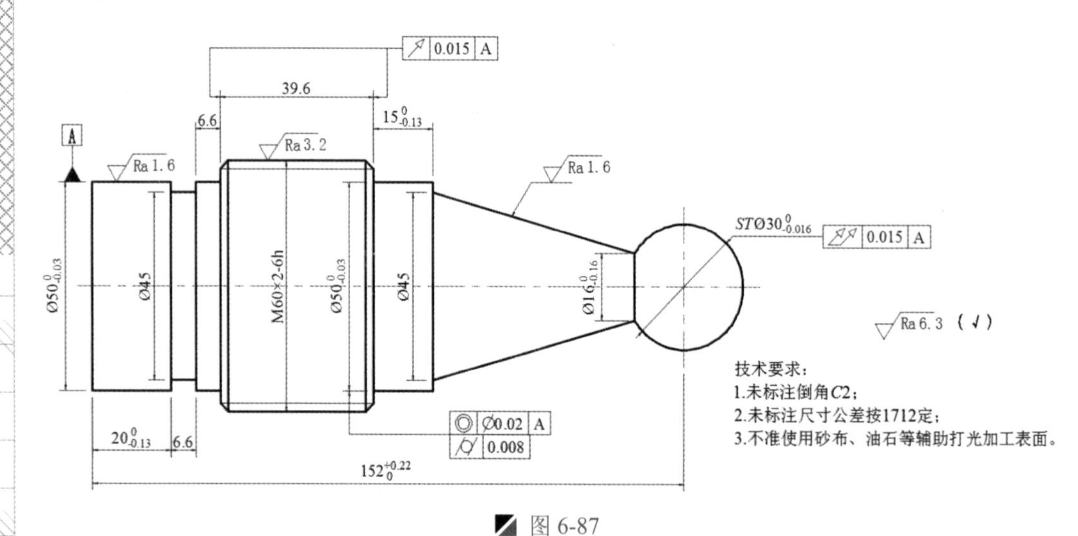

图 6-87

Step 01　启动 AutoCAD 2015 软件，按<Ctrl+O>组合键，打开“机械样板.dwt”文件。

Step 02　按<Ctrl+Shift+S>组合键，将该样板文件另存为“转动轴.dwg”文件。

Step 03　在“图层”面板的“图层控制”下拉列表中，选择“粗实线”图层作为当前图层。

Step 04　执行“矩形”命令（REC），依次绘制 20×50mm、6.6×45mm、6.6×50mm、39.6×60mm、15×50mm 的 5 个矩形对象，使矩形的中点在同一条线上，如图 6-88 所示。

Step 05　执行“分解”命令（X），将所有矩形进行打散操作，然后将多余的重叠线段删除。

Step 06　执行“构造线”命令（XL），过垂直线段的中点绘制一条水平中心线，再绘制一条垂直中心线，且该垂直中心线距最左侧垂直线段 152mm，如图 6-89 所示。

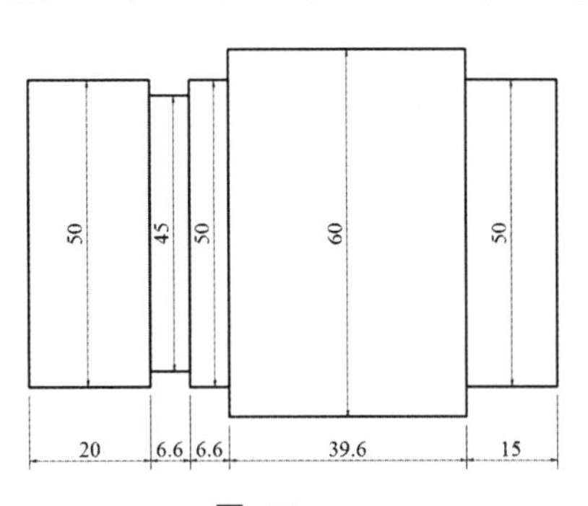

图 6-88

技巧：移动形成的效果

在这里用户可以在任意地方绘制这5个矩形对象，再使用“移动”命令，捕捉矩形的右侧中心点移动到另一个矩形的左侧中心线，从而形成5个矩形的中点在同一条线上。

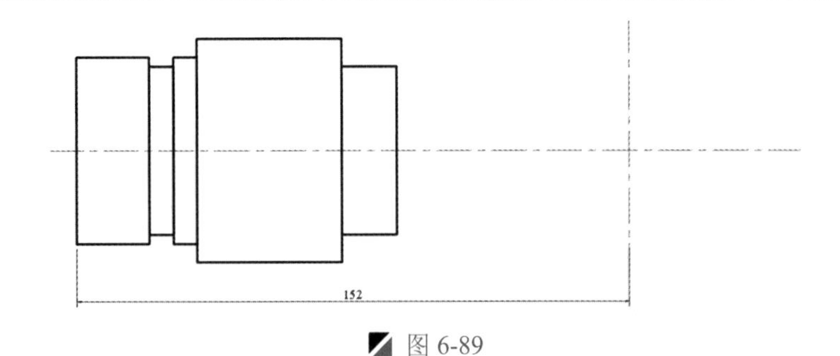

图 6-89

Step 07 执行“圆”命令（C），捕捉中心线的交点作为圆心，绘制直径为30mm的圆对象，如图6-90所示。

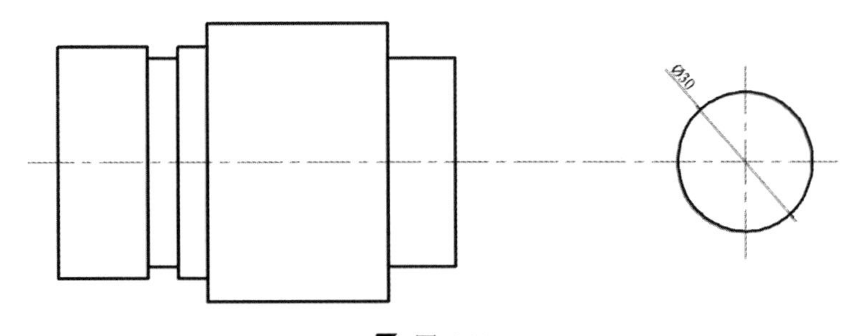

图 6-90

Step 08 执行“偏移”命令（O），将水平中心线向上下各偏移8mm、22.5mm，如图6-91所示。

Step 09 执行“直线”命令（L），捕捉相应的点进行直线连接；再执行“修剪”命令（TR），将多余的对象进行修剪并删除偏移的中心线，如图6-92所示。

Step 10 执行“倒角”命令（CHA），设置倒角距离为2mm，进行倒角操作，如图6-93所示。

Step 11 执行“直线”命令（L），将倒角后的角点进行直线连接，并将连接的两条水平线段转为“细实线”图层，如图6-94所示。

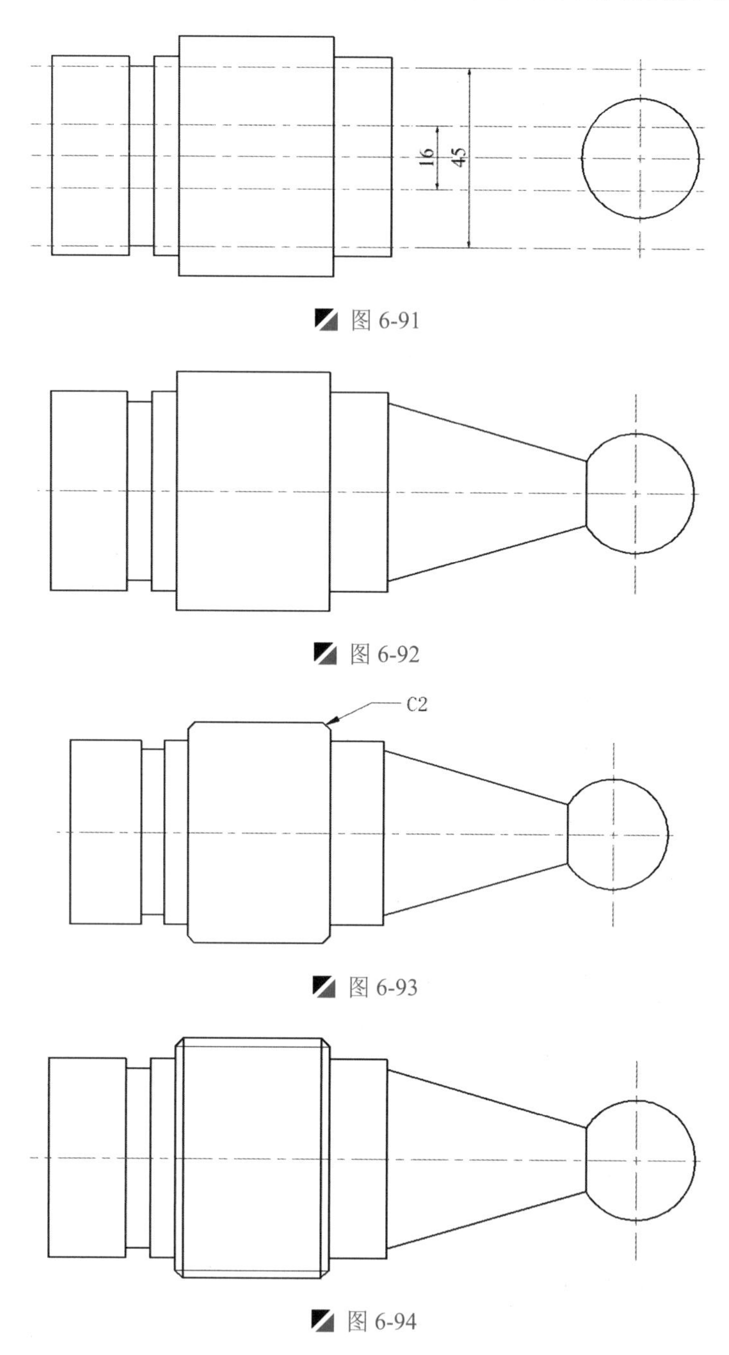

图 6-91

图 6-92

图 6-93

图 6-94

Step 12 按照前面相同的方法，修改“机械”和“机械-公差”标注样式：“全局比例因子”均为 0.8，主单位的精度均为 0.0。

Step 13 切换到“尺寸与公差”图层，选择“机械”标注样式作为当前样式，在“注释”选项卡的“标注”面板中，单击“线性标注”按钮、“半径标注”按钮和“直径标注”按钮，对主视图进行尺寸标注，如图 6-95 所示。

Step 14 同样，选择一些尺寸标注对象，将其转换为“机械-公差”标注样式，并通过“特性”面板来修改其上、下公差值，以及在其前面插入直径符号，如图 6-96 所示。

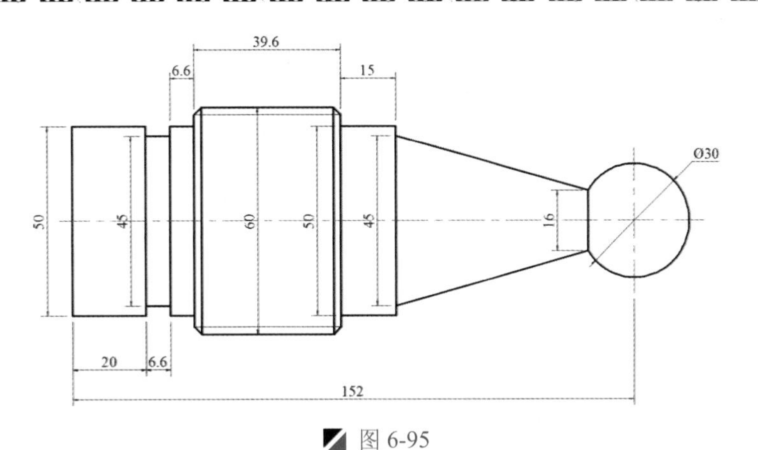

图 6-95

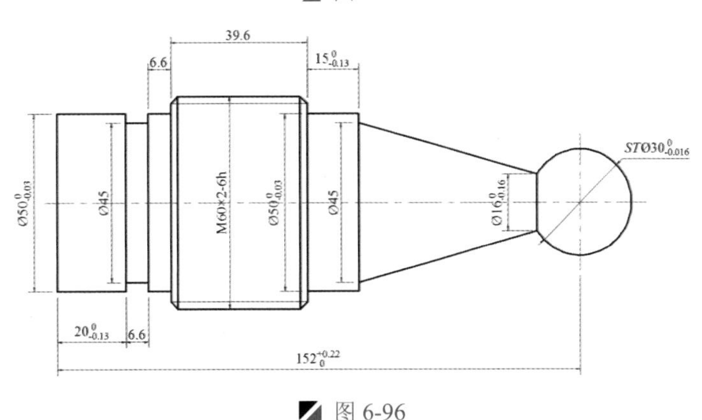

图 6-96

技巧：尺寸公差的概念

制造零件时，为了使零件具有互换性，要求零件的尺寸在一个合理范围之内，由此就规定了极限尺寸。制成后的实际尺寸应在规定的最大极限尺寸和最小极限尺寸范围内。允许尺寸的变动量称为尺寸公差，简称公差。有关公差的术语，以如图 6-97 所示圆柱孔尺寸 $\phi30\pm0.010$ 为例，说明如下。

① 基本尺寸：设计给定的尺寸，如 $\phi30$ 是根据计算和结构上的需要所决定的尺寸。

② 极限尺寸：允许尺寸变动的两个极限值，它是以基本尺寸为基数来确定的。如图 6-102 所示，孔的最大极限尺寸 $30+0.01=\phi30.01$；最小极限尺寸 $30-0.01=\phi29.99$。

③ 偏差：某一实际尺寸减其基本尺寸所得的代数差。

④ 极限偏差：即指上偏差和下偏差。最大极限尺寸减其基本尺寸所得的代数差就是上偏差；最小极限尺寸减其基本尺寸所得的代数差即为下偏差。

国标规定偏差代号：孔的上、下偏差分别用 ES 和 EI 表示;轴的上、下偏差分别用 es 和 ei 表示。

上偏差 ES=30.01−30=+0.010

下偏差 EI=29.99−30=−0.010

⑤ 尺寸公差（简称公差）允许尺寸的变动量：即最大极限尺寸与最小极限尺寸之差 30.01−29.99=0.02；也等于上偏差与下偏差之代数差的绝对值|0.01−(−0.01)|=0.02。

读书破万卷

⑥ 零线：在公差带图（极限与配合图解）中确定偏差的一条基准直线，即零偏差线。通常以零线表示基本尺寸。

⑦ 公差带：在公差带图中，由代表上、下偏差的两条直线所限定的区域。如图 6-98 所示就是如图 6-102 所示的公差带图。

⑧ 极限制：经标准化的公差与偏差制度。

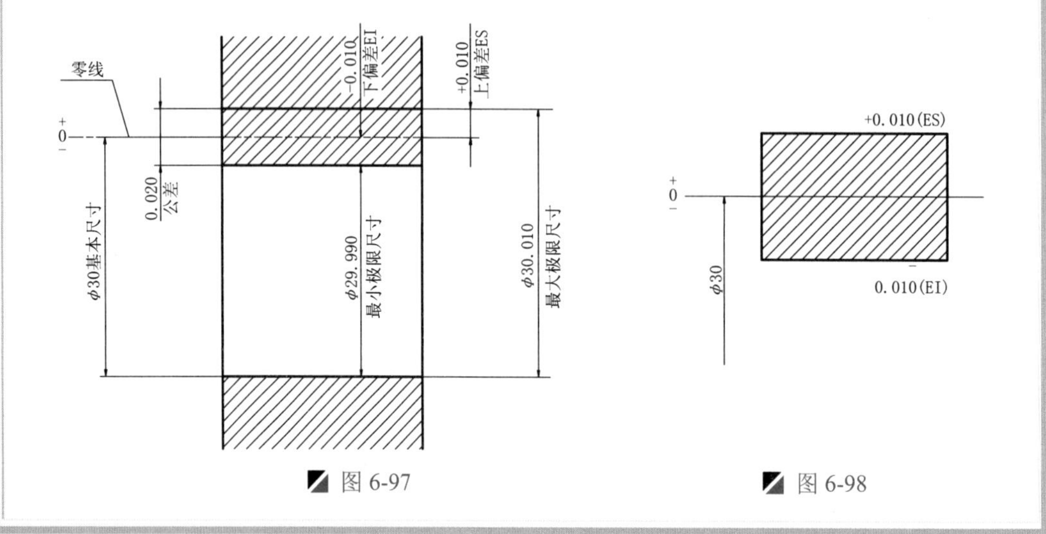

图 6-97　图 6-98

Step 15 同样，再插入“粗糙度”属性图块对象，并输入粗糙度值分别为 1.6 和 3.2，如图 6-99 所示。

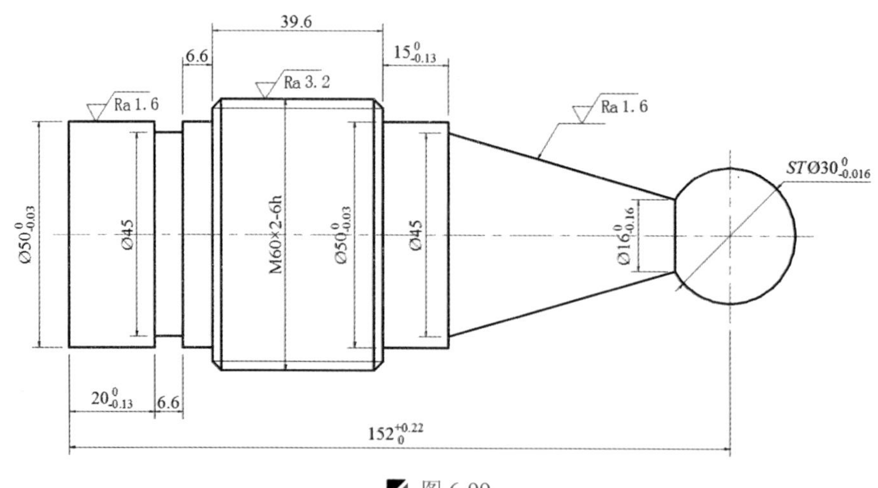

图 6-99

Step 16 在“标注”面板中单击“形位公差”按钮，将弹出“形位公差”对话框，按照如图 6-100 所示对其进行圆跳度的形位公差标注。

Step 17 同样，再对其他位置进行全跳度、同轴度与圆柱度的形位公差的标注，如图 6-101 所示。

Step 18 执行“插入块”命令（I），将“基准符号”图块插入工程图的左上角位置，并输入基准代号为 A，如图 6-102 所示。

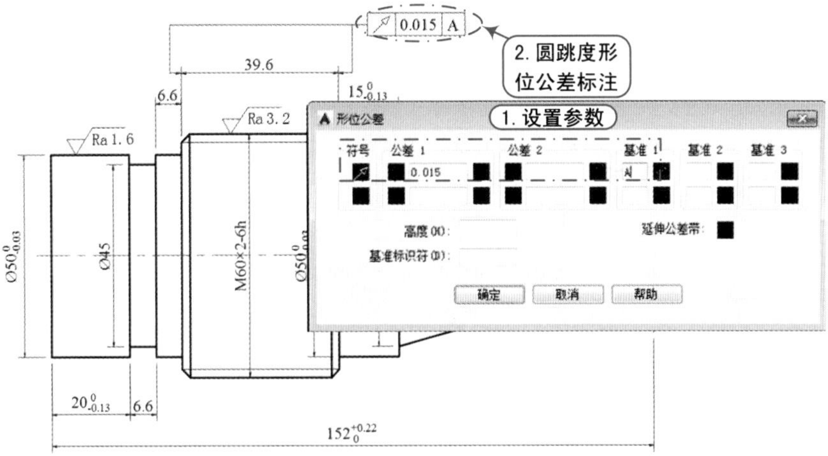

图 6-100

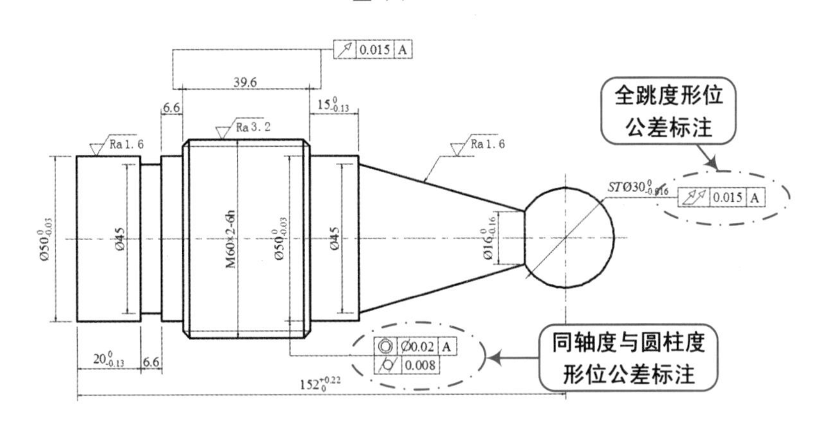

图 6-101

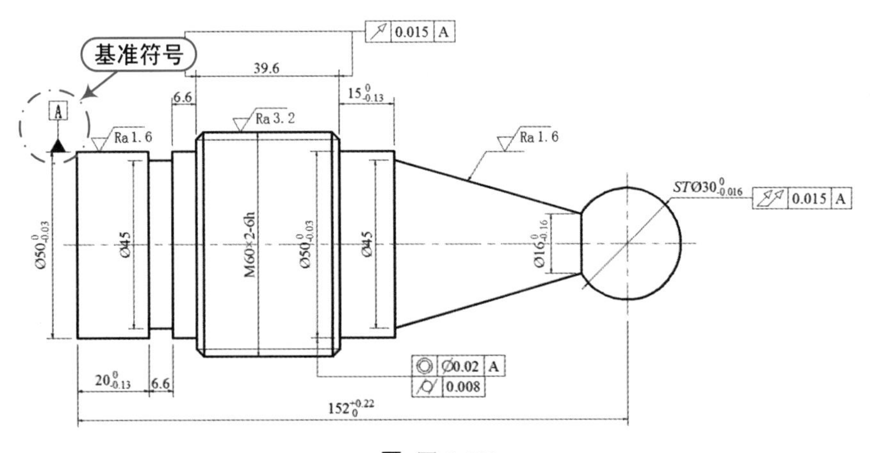

图 6-102

Step 19 执行“多行文字”命令（MT），在图形的右下角输入文字说明，文字大小为 3，并且将该文字转换为“文字”图层，如图 6-103 所示。

Step 20 至此，该传动轴工程图已经绘制完成，再按<Ctrl+S>组合键进行保存。

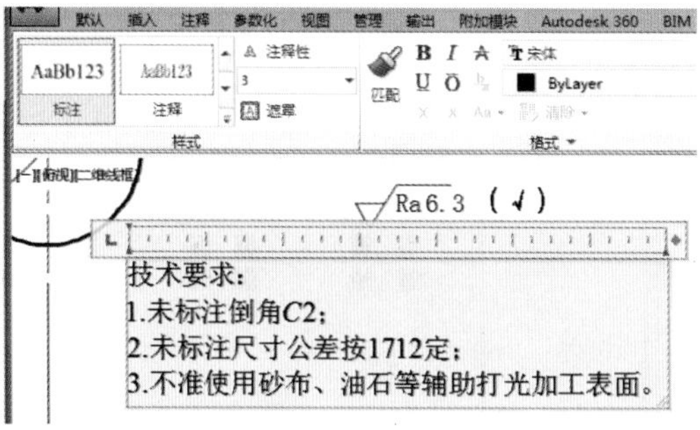

Ra 6.3 (✓)
技术要求:
1.未标注倒角C2;
2.未标注尺寸公差按1712定;
3.不准使用砂布、油石等辅助打光加工表面。

图 6-103

6.5 底座的绘制

案例	底座.dwg	视频	底座的绘制.avi	时长	10'41"

从如图 6-104 所示的零件工程图可以看出，该底座由主视图和剖视图两个部分组成，在绘制的时候，需综合零件工程图的相关尺寸进行绘制，先绘制主视图，再以此绘制剖面图，最后对其进行尺寸和公差的标注。

A-A
R10
R10
R20
R5
10
55°
55°
120
66
25
130
160

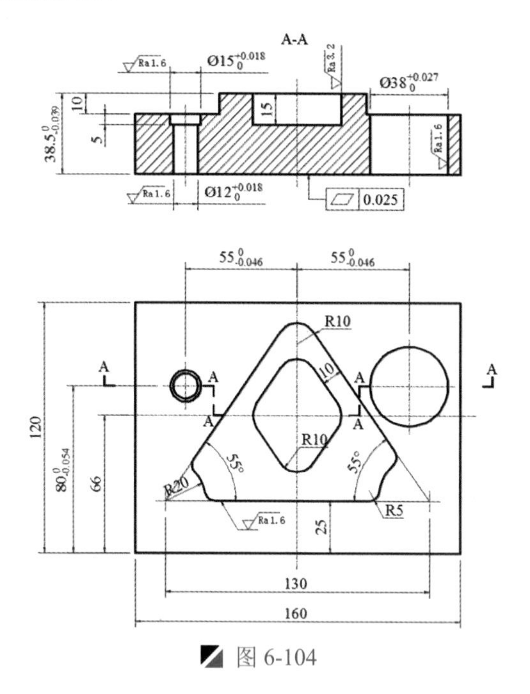

图 6-104

6.5.1 绘制主视图

Step 01 启动 AutoCAD 2015 软件，按<Ctrl+O>组合键，打开“机械样板.dwt”文件。

Step 02 按<Ctrl+Shift+S>组合键，将该样板文件另存为“底座.dwg”文件。

Step 03 在“图层”面板的“图层控制”下拉列表中，选择“粗实线”图层作为当前图层。

Step 04 执行“矩形”命令（REC），绘制一个 160mm×120mm 的矩形对象，如图 6-105 所示。

Step 05 执行“构造线”命令（XL），过矩形的中点绘制一条垂直构造线，并将构造线转为“中心线”图层，如图 6-106 所示。

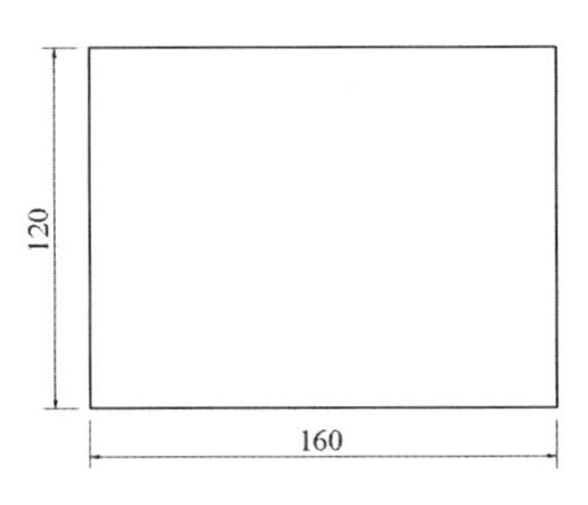

图 6-105

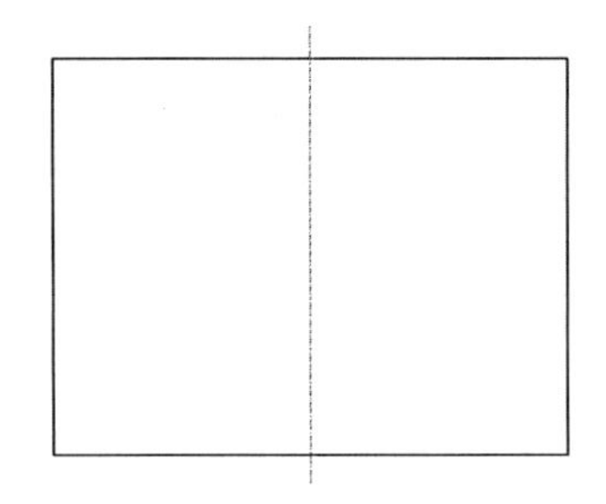

图 6-106

Step 06 执行“分解”命令（X），将矩形对象进行分解操作；再执行“偏移”命令（O），将矩形下侧的水平线段向上偏移 25mm、66mm、80mm，将中心线向左右各偏移 65mm 和 55mm，并转换相应的图层，如图 6-107 所示。

Step 07 执行“直线”命令（L），打开“极轴追踪”按钮 或按<F10>快捷键，捕捉角点绘制斜线段，使与水平线为 55° 的夹角，绘制两条斜线段，如图 6-108 所示。

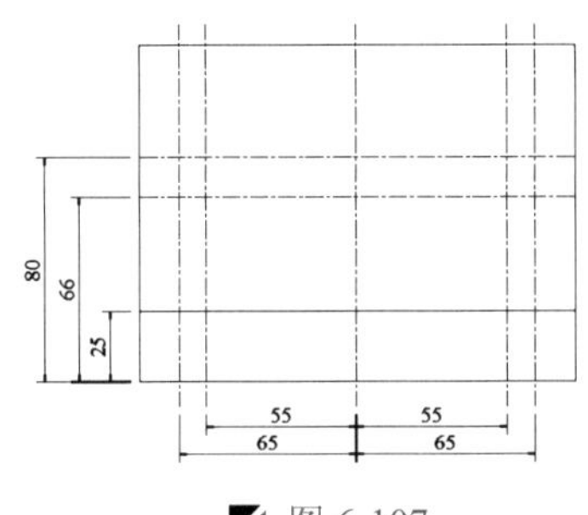

图 6-107

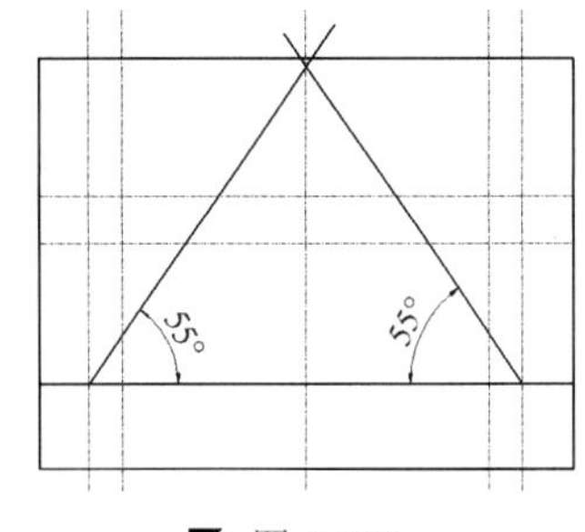

图 6-108

技巧：极轴追踪设置

在状态栏中单击“极轴追踪”右侧倒三角按钮 ▾，在弹出的快捷菜单中可直接选择增量角“55，110，165……”选项，或者选择“正在追踪设置”命令，打开“草图设置”对话框，系统自动切换至“极轴追踪”选项卡，再直接设置追踪角度为 55，如图 6-109 所示。

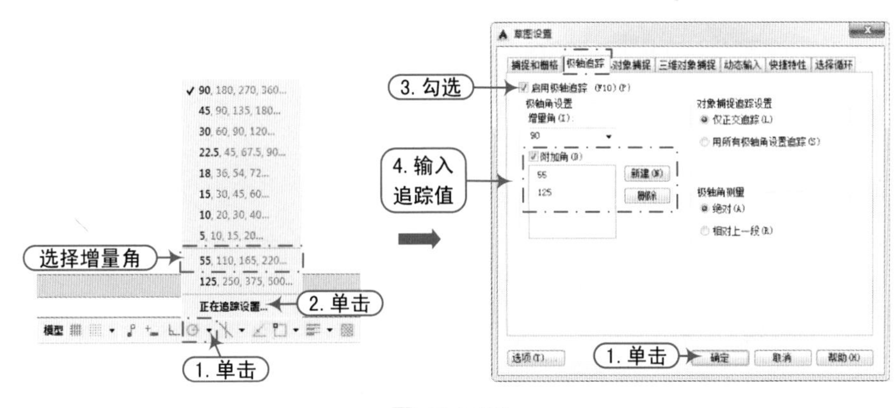

图 6-109

读书破万卷

Step 08 执行“圆”命令（C），捕捉相应的交点绘制直径为 12mm、15mm、38mm、40mm、50mm、20mm 的 6 个圆对象，如图 6-110 所示。

Step 09 执行“圆” 命令（C），绘制半径为 5mm 的 4 个相切圆，如图 6-111 所示。

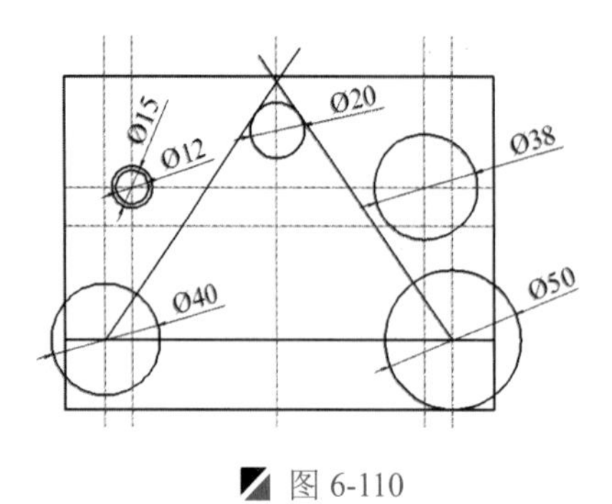

图 6-110

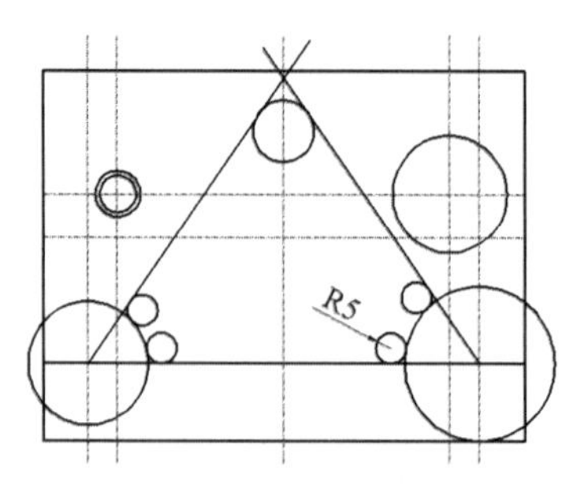

图 6-111

Step 10 执行“修剪”命令（TR），将多余的对象进行修剪并进行图层转换操作，如图 6-112 所示。

Step 11 执行“偏移”命令（O），将图形内侧的两条斜线段向内偏移 10mm，如图 6-113 所示。

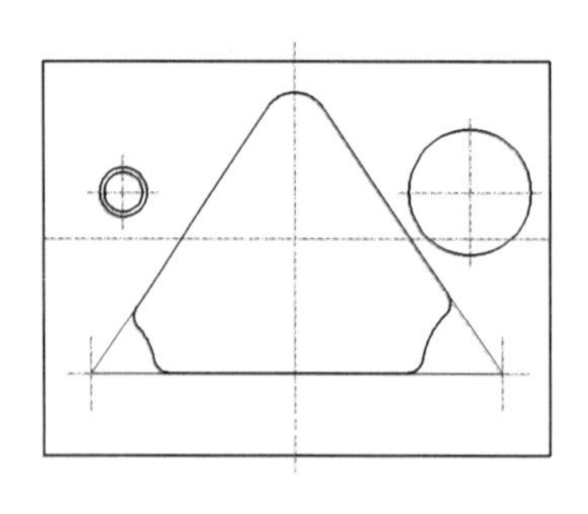

图 6-112

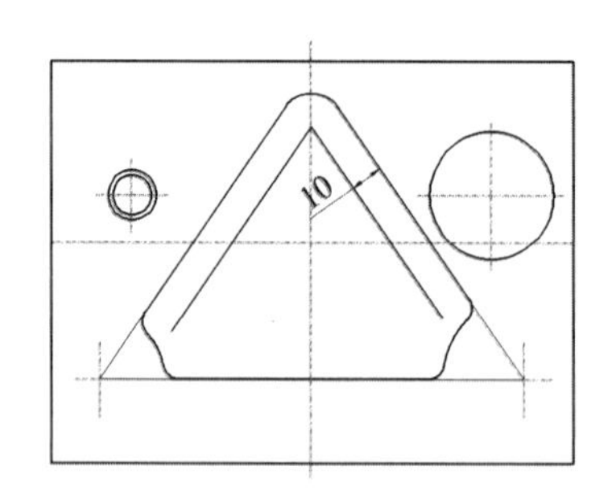

图 6-113

Step 12 执行“圆”命令（C），绘制半径为 10mm 的相切圆；再执行“修剪”命令（TR），将多余的对象进行修剪操作，如图 6-114 所示。

Step 13 执行“镜像”命令（MI），将上一步形成圆弧和斜线镜像到另一侧，如图 6-115 所示。

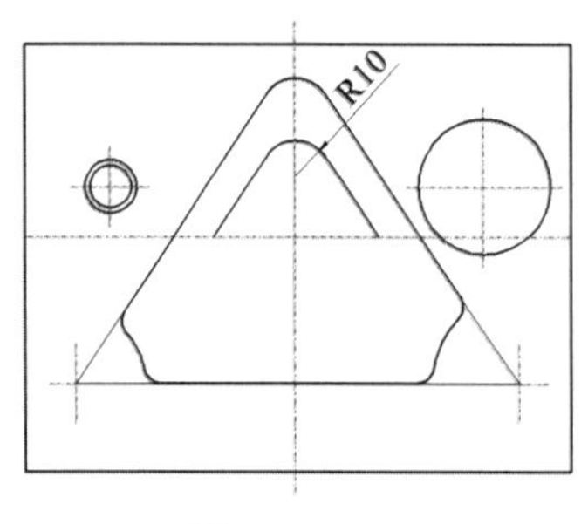

图 6-114

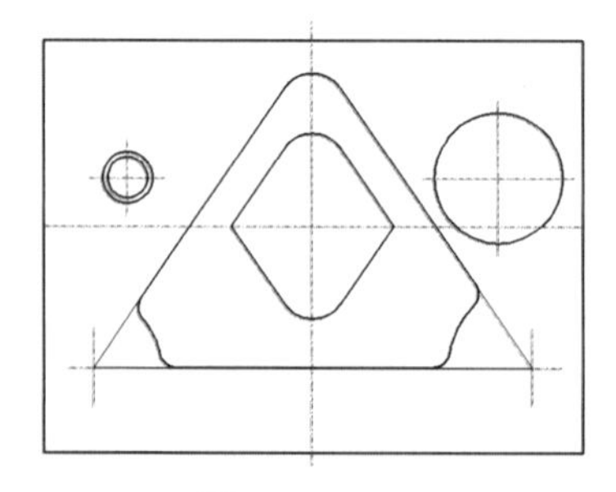

图 6-115

Step 14 执行“圆角”命令（F），设置圆角半径为 10mm，将其进行圆角操作，如图 6-116 所示。

Step 15 执行“多段线”命令（PL）和“单行文字”命令（DT），绘制转折剖切符号，然后将其剖切符号及文字转换为“文字”图层，如图 6-117 所示。

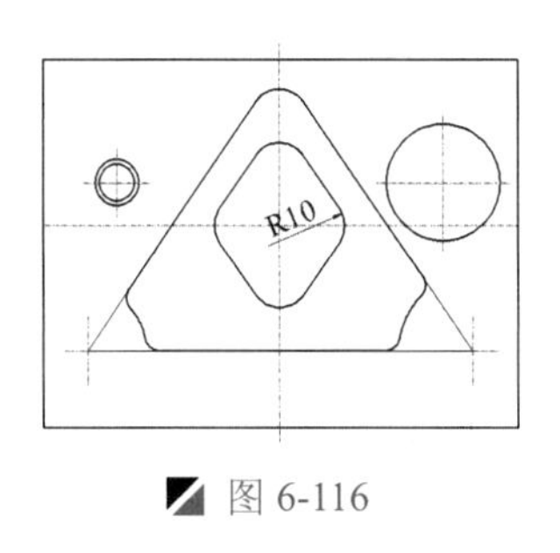

图 6-116

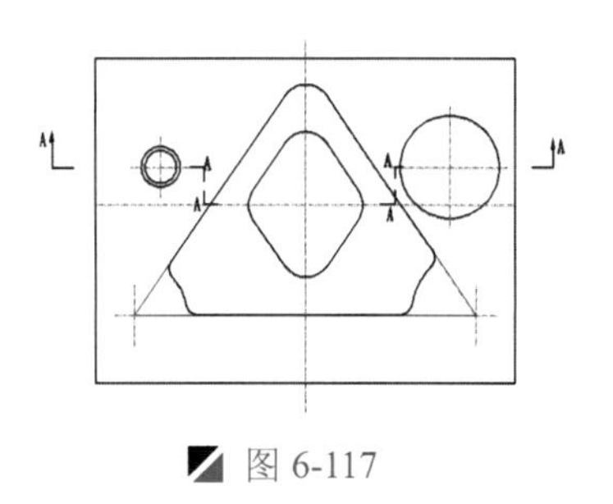

图 6-117

6.5.2 绘制剖视图

Step 01 执行“直线”命令（L），过俯视图的轮廓端点向上引申垂直直线，然后在适当位置绘制一条水平直线，如图 6-118 所示。

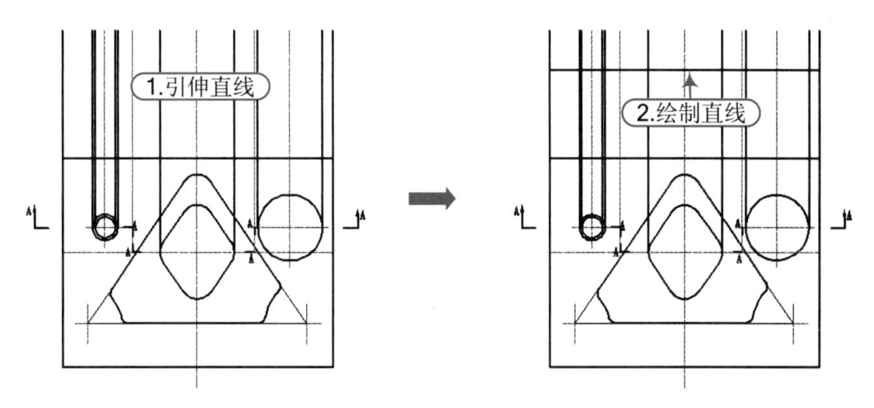

图 6-118

Step 02 执行“偏移”命令（O），将绘制的水平线段向上偏移 38.5mm，然后将偏移出的线段向下依次偏移 10mm、5mm；再执行“修剪”命令（TR），将多余的对象进行修剪操作，如图 6-119 所示。

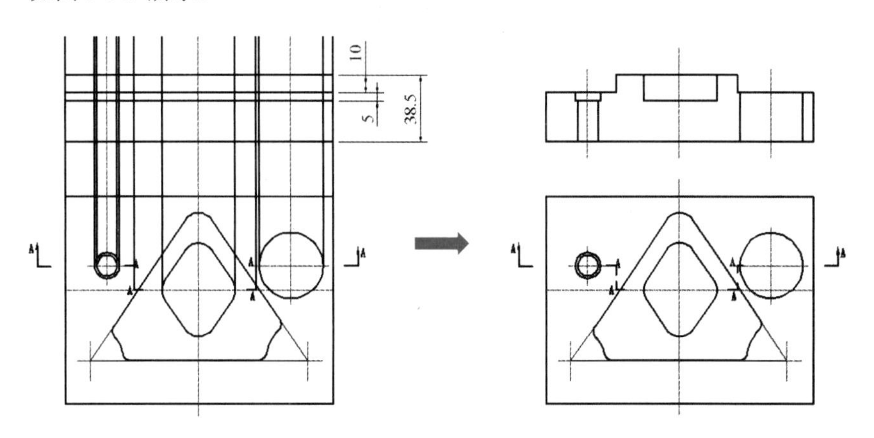

图 6-119

Step 03 切换到“剖面线”图层，执行“图案填充”命令（H），设置图案样例为“ANSI-31”，比例为 1，在指定的位置进行图案填充操作，如图 6-120 所示。

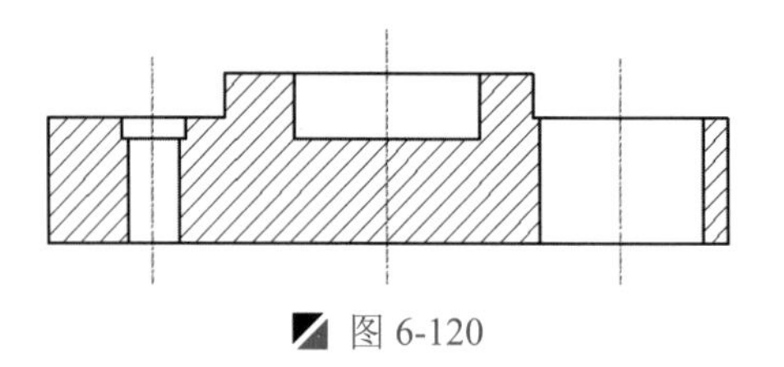

图 6-120

6.5.3 零件图的标注

Step 01 按照前面相同的方法，修改“机械”和“机械-公差”标注样式：“全局比例因子”均为1.5，主单位的精度均为0.0，公差精度为0.000。

Step 02 切换到“尺寸与公差”图层，选择“机械”标注样式作为当前样式，在“注释”选项卡的“标注”面板中，单击“线性标注”按钮、“半径标注”按钮、“直径标注”按钮、“角度标注”按钮和“对齐标注”按钮，对主视图进行尺寸标注，如图6-121所示。

Step 03 选择上一步标注的部分标注对象，将其指定为“机械-公差”标注样式，并进行公差值的修改，如图6-122所示。

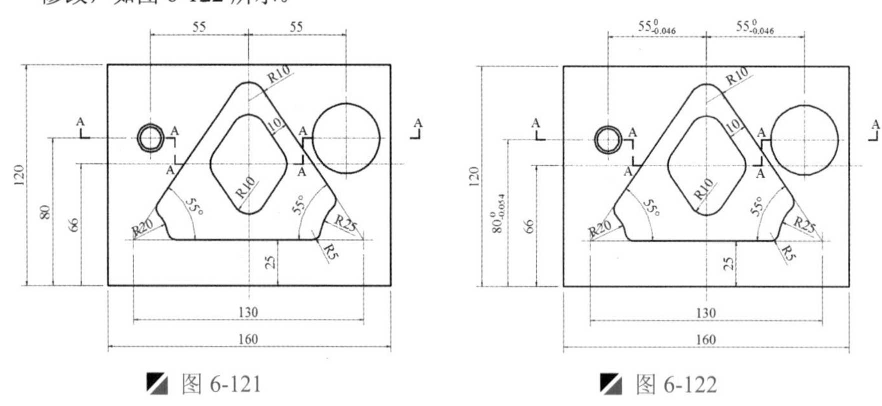

图 6-121　　图 6-122

Step 04 在“标注”面板中单击“标注样式”按钮，将弹出“标注样式管理器”对话框，选择“机械”标注样式，并单击“替代”按钮，选择文字对齐方式为“ISO标准”。

Step 05 在“标注”面板中单击“更新”按钮，对视图中的一些半径标注进行更新操作，如图6-123所示。

Step 06 通过“引线注释”和“插入块”命令，在主视图的指定位置插入“粗糙度”图块，并设置值为1.6，如图6-124所示。

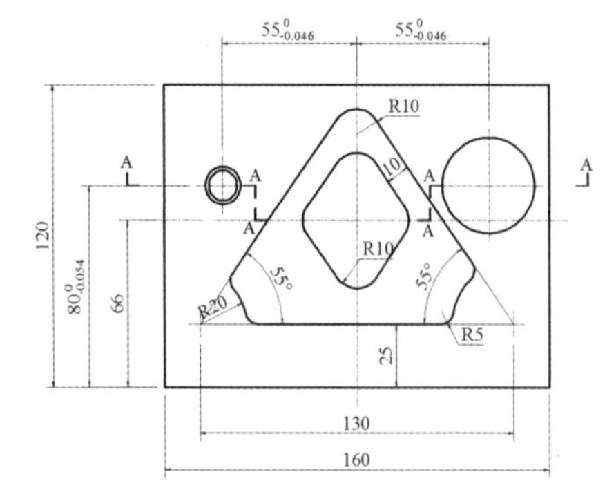

图 6-123

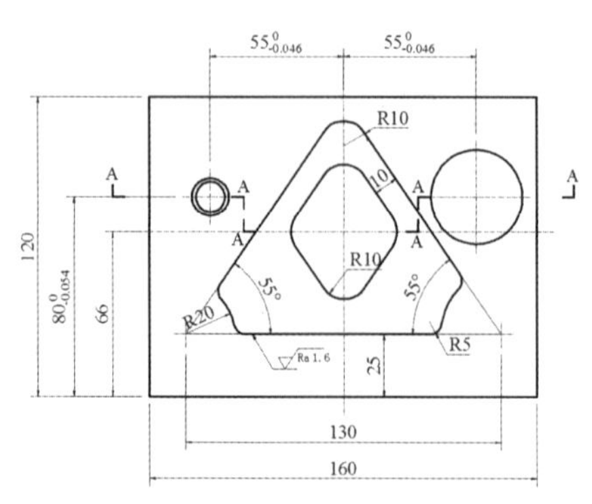

图 6-124

Step 07 同样，针对上侧的剖视图，也进行相应的尺寸标注，并对其进行公差值的编辑修改，插入粗糙度符号，如图 6-125 所示。

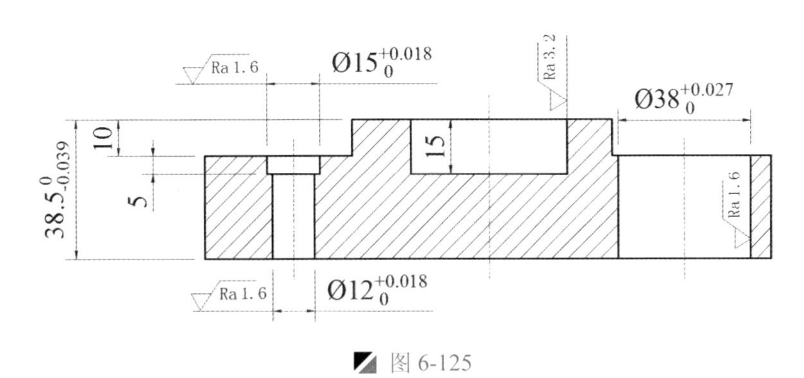

图 6-125

Step 08 在“标注”面板中单击“形位公差”按钮，按照如图 6-126 所示，对其进行平面度形位公差标注。

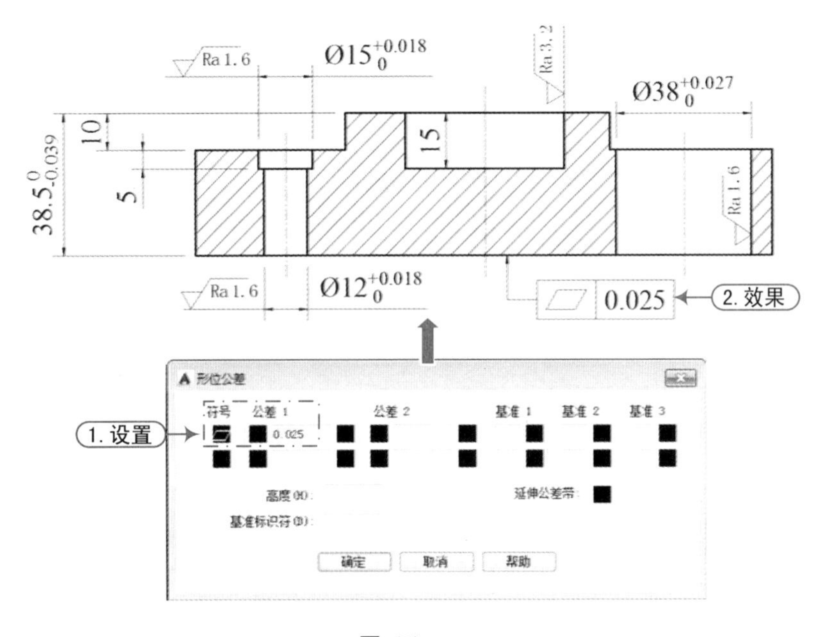

图 6-126

Step 09 至此，该底座的图形已经绘制完成，按<Ctrl+S>组合键对其进行保存。

6.6 连接底板的绘制

案例	连接底板.dwg	视频	连接底板的绘制.avi	时长	08'20"

从如图 6-127 所示的零件工程图可以看出，该连接底板由主视图和剖视图两个部分组成，在绘制的时候，需综合零件工程图的相关尺寸进行绘制，先绘制主视图，再以此绘制剖面图，最后对其进行尺寸和公差的标注。

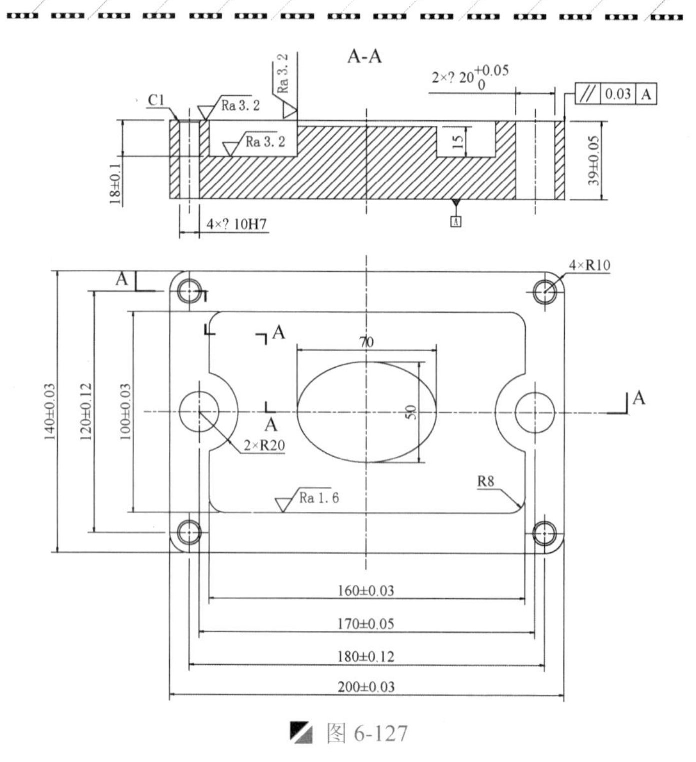

图 6-127

6.6.1 绘制主视图

Step 01 启动 AutoCAD 2015 软件，按<Ctrl+O>组合键，打开“机械样板.dwt”文件。

Step 02 按<Ctrl+Shift+S>组合键，将该样板文件另存为“连接底板.dwg”文件。

Step 03 在“图层”面板的“图层控制”下拉列表中，选择“粗实线”图层作为当前图层。

Step 04 执行“矩形”命令（REC），绘制 200mm×140mm 的矩形对象；再执行“偏移”命令（O），将矩形对象向内偏移 20mm，如图 6-128 所示。

Step 05 执行“构造线”命令（XL），过矩形的中点绘制一条水平和垂直构造线，并将其转为“中心线”图层，如图 6-129 所示。

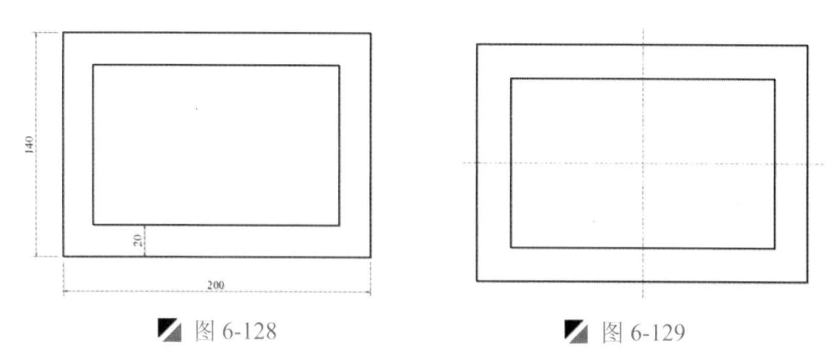

图 6-128　　图 6-129

Step 06 执行“偏移”命令（O），将水平中心线向上下各偏移 60mm，将垂直中心线向左右各偏移 85mm、90mm，如图 6-130 所示。

Step 07 执行“圆”命令（C），捕捉相应的交点绘制直径为 10mm、12mm、20mm、40mm 的 12 个圆对象，如图 6-131 所示。

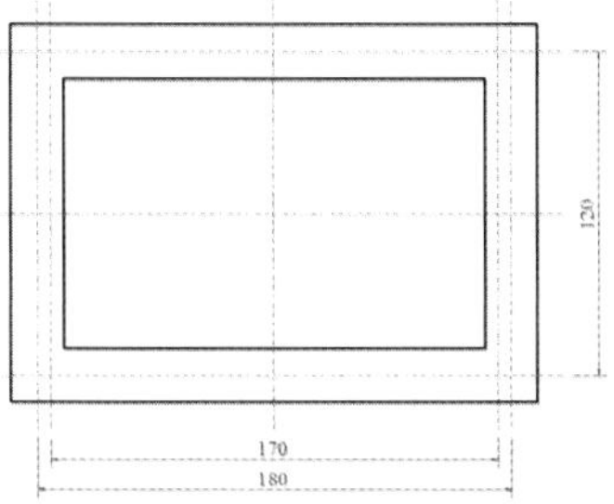

图 6-130

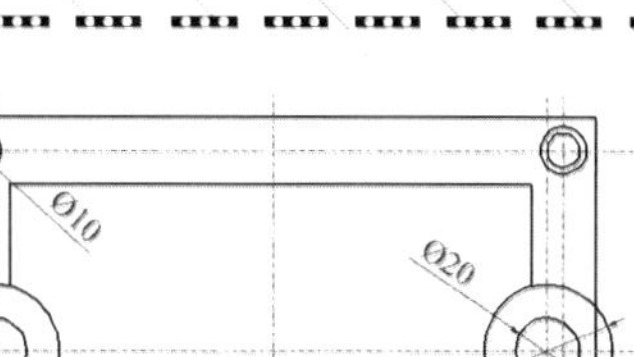
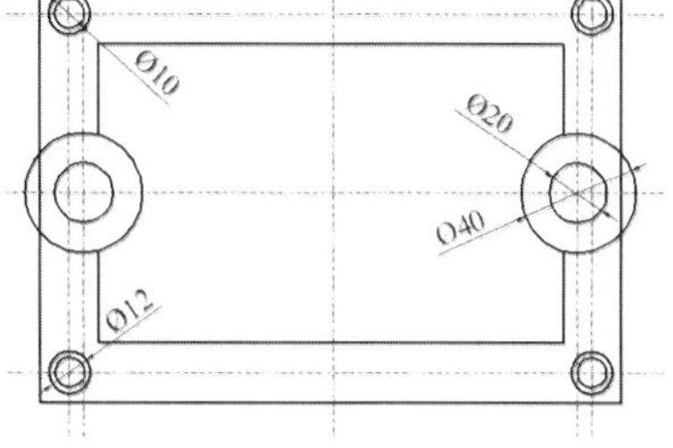

图 6-131

Step 08 执行“修剪”命令（TR），将多余的对象进行修剪并删除操作，如图 6-132 所示。

Step 09 执行“圆角”命令（F），将两个矩形对象的 4 个直角进行圆角操作，其设置外矩形圆角半径为 10mm，内矩形圆角半径为 8mm，如图 6-133 所示。

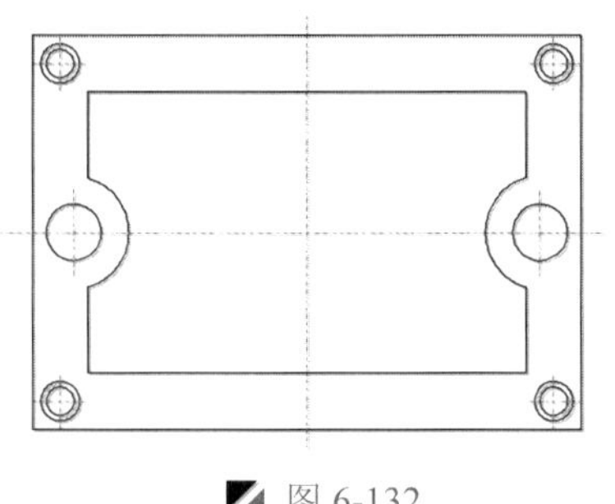

图 6-132

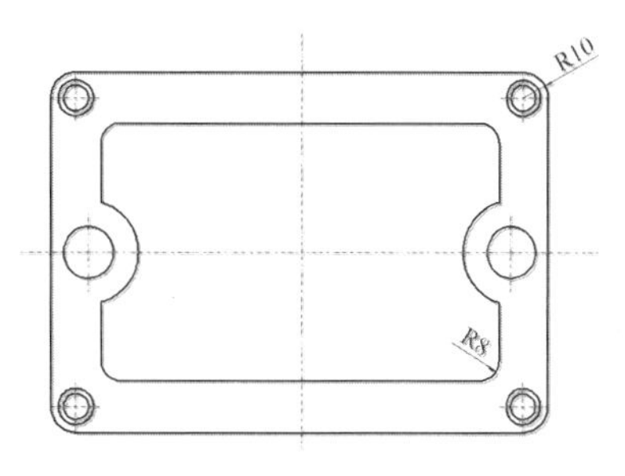

图 6-133

Step 10 执行“椭圆”命令（EL），按如下命令行提示，绘制椭圆对象，如图 6-134 所示。

```
命令: ELLIPSE                                  \\ 执行“椭圆”命令
指定椭圆的轴端点或 [圆弧(A)/中心点(C)]: C       \\ 选择“中心点（C）”选项
指定椭圆的中心点:                               \\ 捕捉十字中心点
指定轴的端点: 35                                \\ 水平确定半轴长
指定另一条半轴长度或 [旋转(R)]: 25              \\ 确定另一半轴的长
```

Step 11 执行“多段线”命令（PL）和“单行文字”命令（DT），绘制剖切符号，然后将其剖切符号及文字转换为“文字”图层，如图 6-135 所示。

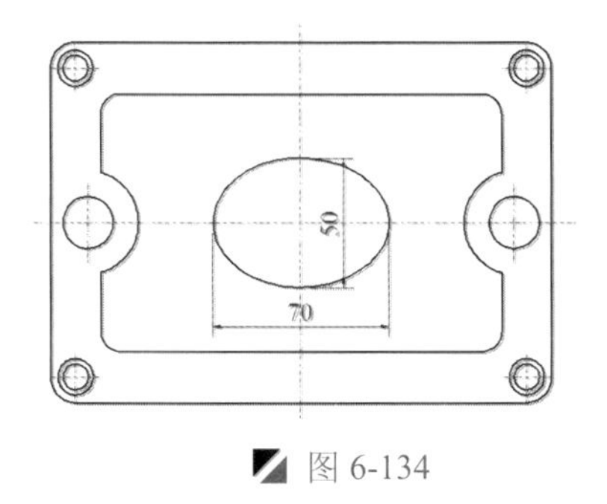

图 6-134

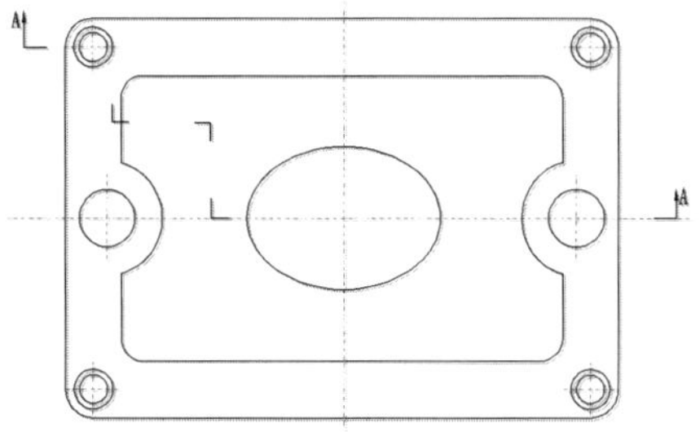

图 6-135

6.6.2 绘制剖视图

Step 01 执行“直线”命令（L），过俯视图的轮廓端点向上引申垂直直线，然后在适当位置绘制一条水平直线，如图 6-136 所示。

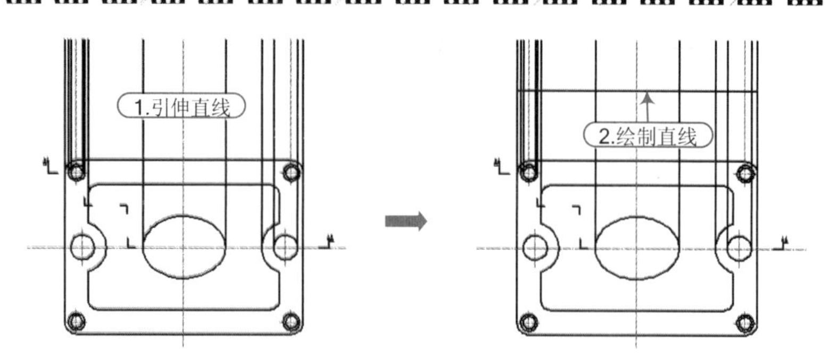

图 6-136

Step 02 执行“偏移”命令（O），将绘制的水平直线向上依次偏移 21mm、15mm、3mm 的距离；然后执行“修剪”命令（TR），修剪掉多余的线条，如图 6-137 所示。

Step 03 切换到“剖面线”图层，执行“图案填充”命令（H），设置图案样例为“ANSI 31”，比例为 1，在指定的位置进行图案填充操作，如图 6-138 所示。

技巧：填充时隐藏其他图层

在进行“图案填充”操作时，可以将“中心线”图层隐藏，从而可快速拾取填充的区域。

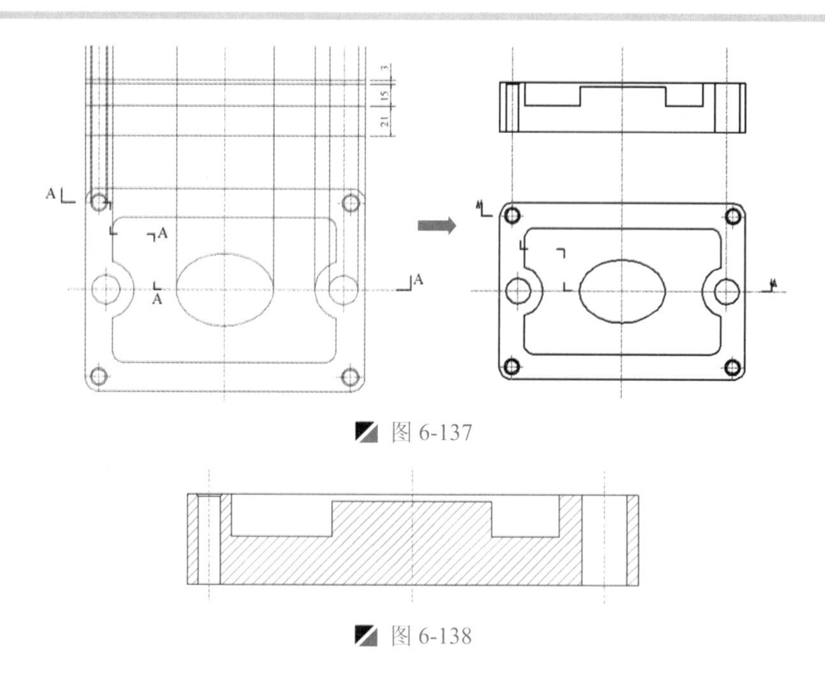

图 6-137

图 6-138

6.6.3 零件图的标注

技巧：重要尺寸必须直接标注

重要尺寸是指零件上对机器（或部件）的使用性能和装配质量有直接影响的尺寸，这些尺寸必须在图样上直接标出。

如图 6-139 所示，标注微动机构中支座的尺寸时，支座上部轴孔（轴套装在其内）的尺寸 ϕ30H8，轴线到底面的距离（中心高）36，底板安装孔之间的距离 82 及 22 等都是重要尺寸，必须在零件图上直接标注。

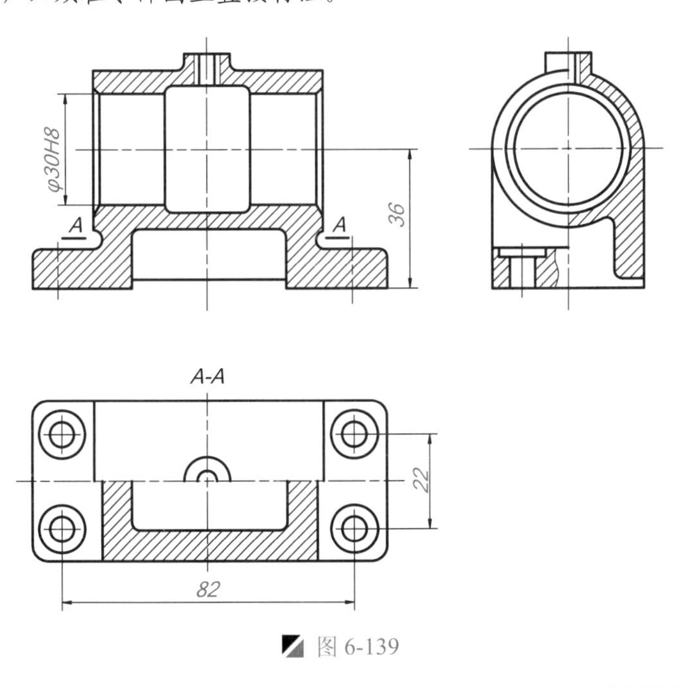

图 6-139

Step 01 按照前面相同的方法，修改“机械”和“机械-公差”标注样式：“全局比例因子”均为 1.5，主单位的精度均为 0.0，公差方式为“对称”，公差精度为 0.00。

Step 02 切换到“尺寸与公差”图层，选择“机械”标注样式作为当前样式，在“注释”选项卡的“标注”面板中，单击“线性标注”按钮、“半径标注”按钮，对主视图进行尺寸标注，如图 6-140 所示。

Step 03 选择上一步标注的部分标注对象，将其指定为“机械-公差”标注样式，并进行公差值的修改，以及插入“粗糙度”图块，如图 6-141 所示。

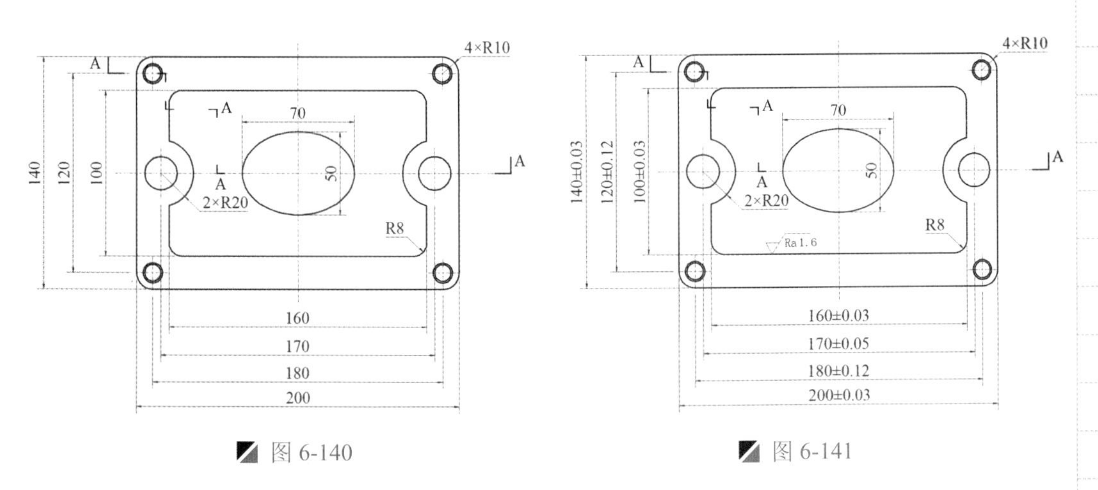

图 6-140　　图 6-141

Step 04 同样，针对主视图上侧的剖视图进行尺寸标注，并插入粗糙度符号，如图 6-142 所示。

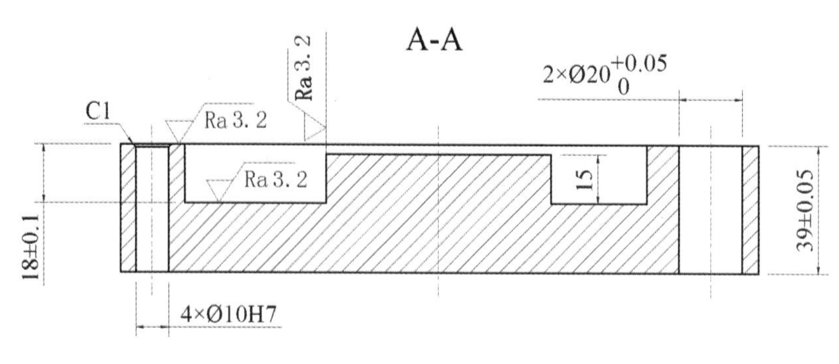

图 6-142

Step 05 在“标注”面板中单击“形位公差”按钮，按照如图 6-143 所示对其进行平行度形位公差标注，以及插入基准符号。

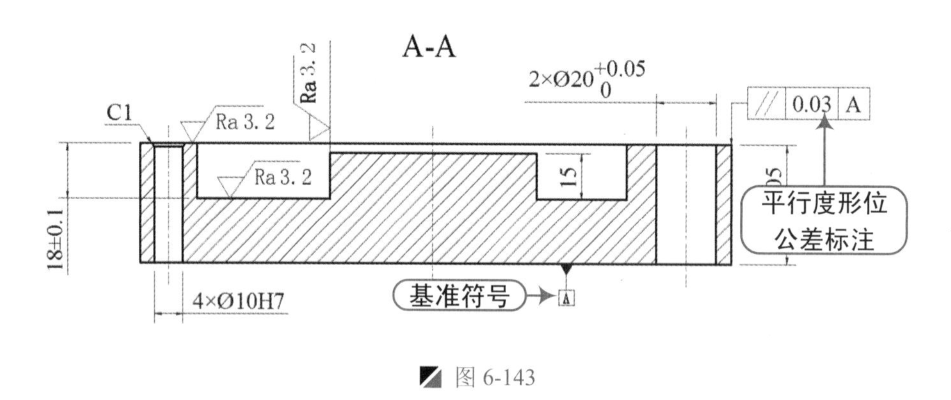

图 6-143

Step 06 至此，该连接底板的图形已经绘制完成，按<Ctrl+S>组合键对其进行保存。

技巧：修改插入块

用户在插入块后，要将其进行修改，如修改不了的图块将其进行炸开操作，改完后再合并，重定义成块，其操作如下：

在命令行中输入修改块命令“ARFEDIT”，将修改好的块再用命令“REFCLOSE”，确定保存，则原先的块就会按照修改后的块保存。

6.7 箱座板的绘制

案例	箱座板.dwg	视频	箱座板的绘制.avi	时长	09'09"

从如图 6-144 所示的零件工程图可以看出，该箱底板由主视图和剖视图两个部分组成，在绘制的时候，需综合零件工程图的相关尺寸进行绘制，先绘制主视图，再以此绘制剖面图，最后对其进行尺寸和公差的标注。

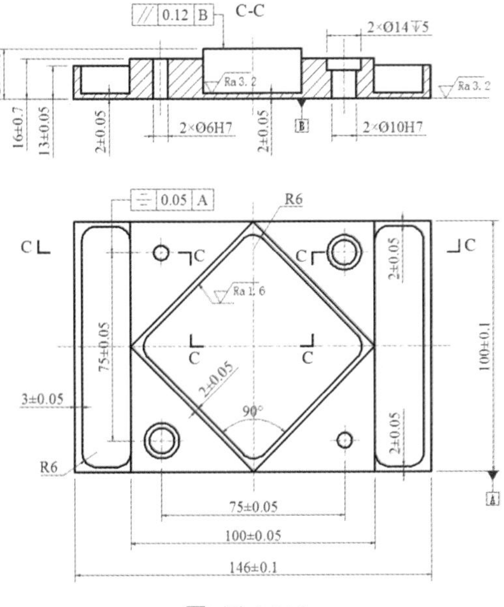

图 6-144

6.7.1 绘制主视图

Step 01　启动 AutoCAD 2015 软件，按<Ctrl+O>组合键，打开“机械样板.dwt”文件。

Step 02　按<Ctrl+Shift+S>组合键，将该样板文件另存为“箱座板.dwg”文件。

Step 03　在“图层”面板的“图层控制”下拉列表中，选择“粗实线”图层作为当前图层。

Step 04　执行“矩形”命令（REC），绘制 146mm×100mm 的矩形对象；再执行“构造线”命令（XL），过矩形的中点绘制一条水平和垂直的构造线，并将绘制的构造线转为“中心线”图层，如图 6-145 所示。

Step 05　执行“偏移”命令（O），将垂直中心线向左右各偏移 50mm，如图 6-146 所示。

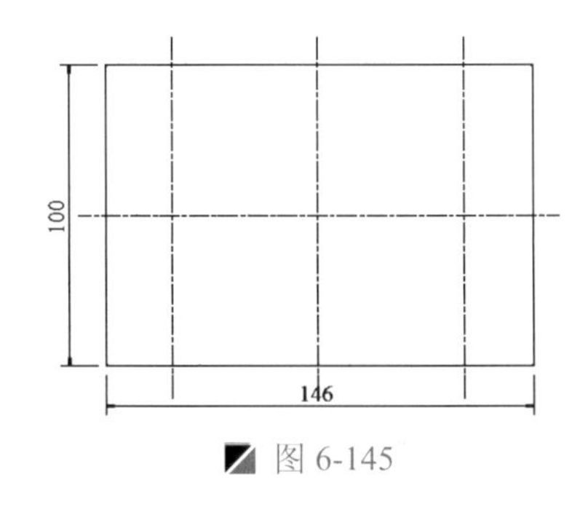

图 6-145

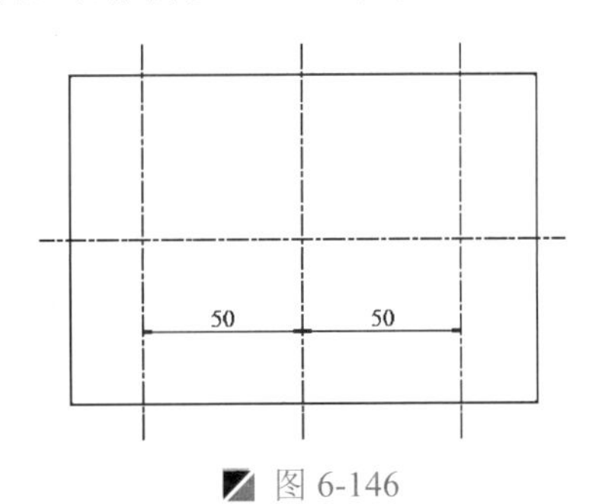

图 6-146

Step 06　执行“多段线”命令（PL），捕捉交点绘制一个斜四边形，如图 6-147 所示。

Step 07　执行“偏移”命令（O），将上一步绘制四边形对象向内偏移 2mm，如图 6-148 所示。

Step 08　执行“圆角”命令（F），将偏移后的正四边形对象的四角进行圆角操作，其圆角的半径为 6mm，如图 6-149 所示。

Step 09　执行“分解”命令（X），将矩形对象进行分解操作；再执行“偏移”命令（O），将矩形左右两侧垂直线段向内各偏移 3mm，将矩形上下两侧的水平线段向内各偏移 2mm，将十字中心线各向两边偏移 37.5mm，并将前面偏移的两条垂直中心线转为“粗实线”图层，如图 6-150 所示。

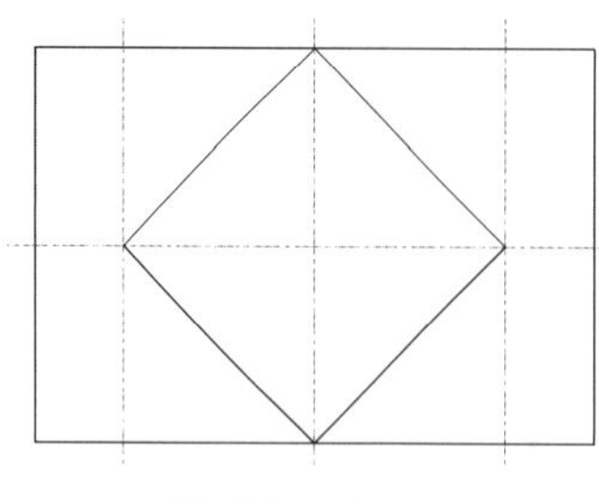

图 6-147

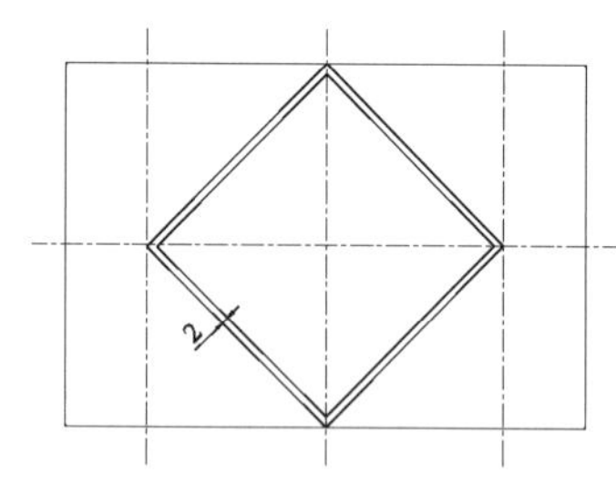

图 6-148

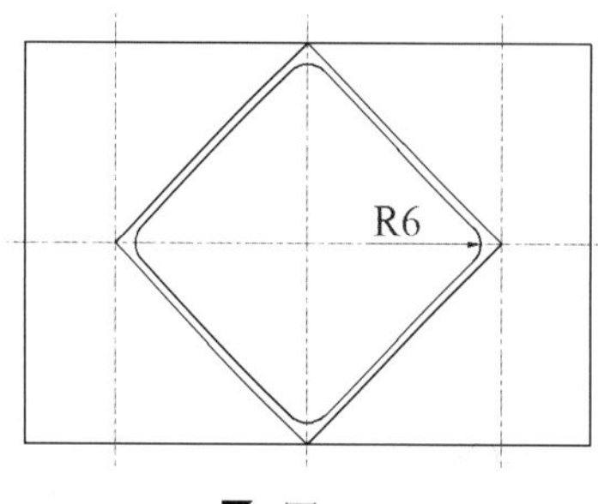

图 6-149

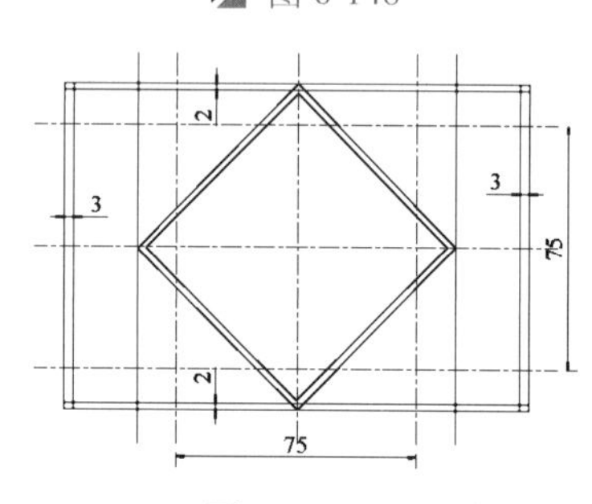

图 6-150

Step 10 执行“圆”命令（C），捕捉相应的交点作为圆心，绘制直径为 6mm、10mm、14mm 的 6 个圆对象，如图 6-151 所示。

Step 11 执行“修剪”命令（TR），将多余的对象进行修剪并删除操作，如图 6-152 所示。

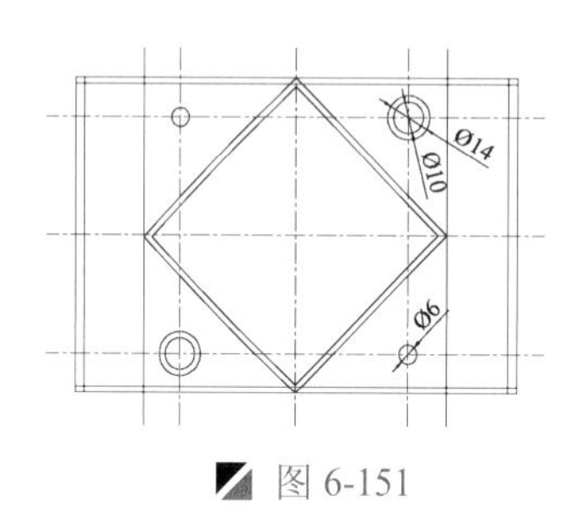

图 6-151

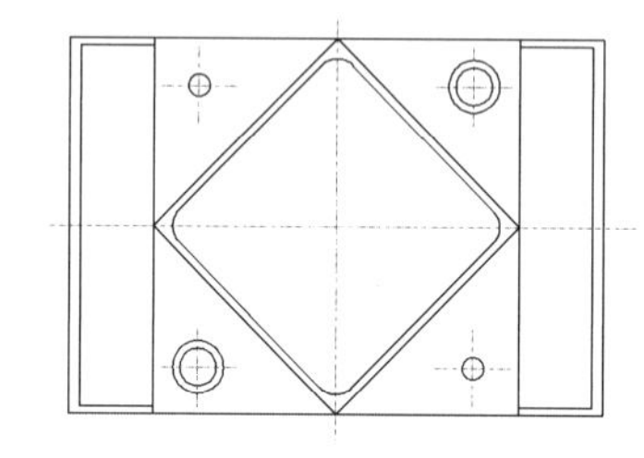

图 6-152

Step 12 执行“圆角”命令（F），设置圆角半径为 6mm，进行圆角操作，如图 6-153 所示。

Step 13 执行“多段线”命令（PL）和“单行文字”命令（DT），绘制剖切符号，然后将其剖切符号及文字转换为“文字”图层，如图 6-154 所示。

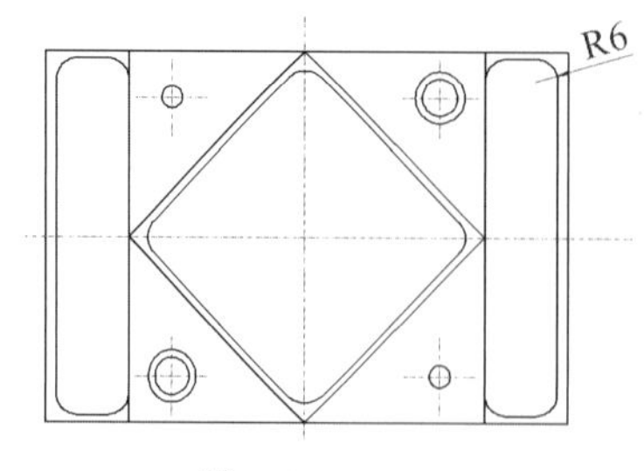

图 6-153

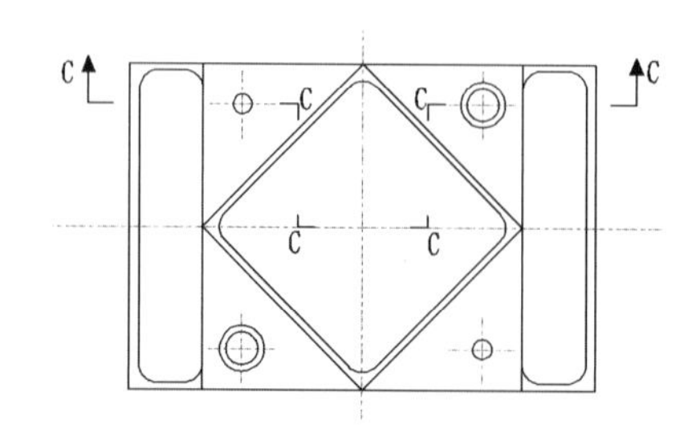

图 6-154

6.7.2　绘制剖视图

Step 01　执行“直线”命令（L），过俯视图的轮廓端点向上引申垂直直线，然后在适当位置绘制一条水平直线，如图 6-155 所示。

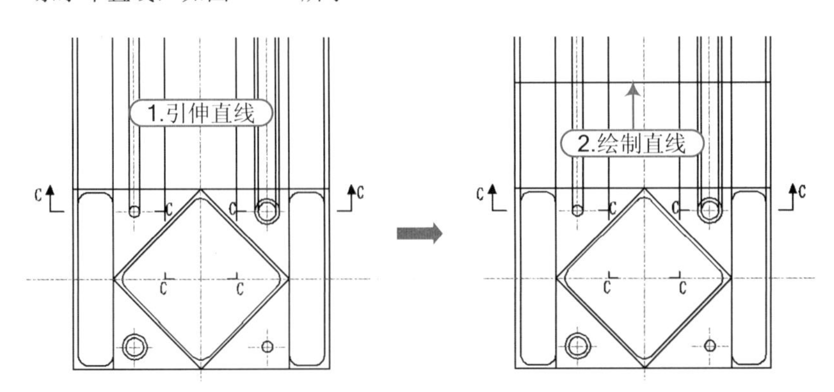

图 6-155

Step 02　执行“偏移”命令（O），将绘制的水平线段向上依次偏移 2mm、9mm、2mm、3mm、4mm；再执行“修剪”命令（TR），将多余的对象进行修剪操作，如图 6-156 所示。

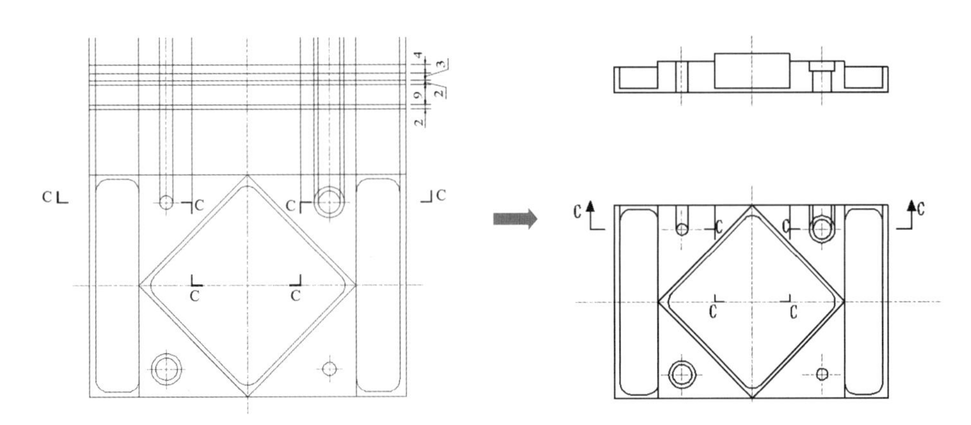

图 6-156

Step 03　切换到“剖面线”图层，执行“图案填充”命令（H），设置图案样例为“ANSI-31”，比例为 1，在指定的位置进行图案填充操作；执行“单行文字”命令（DT），在图形的上方输入“C-C”，将其转为“文本”图层，如图 6-157 所示。

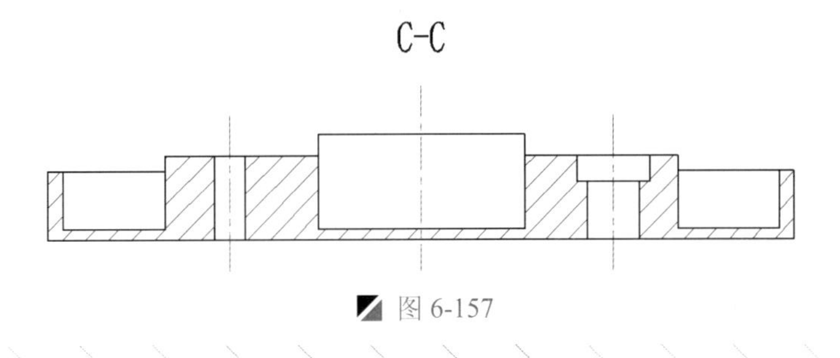

图 6-157

读书破万卷

技巧：字型高度不变

要使输入的文字高度无法改变，操作办法如下：

使用字型的高度值不为 0 时，用“DTEXT”命令书写文本时，都不提示输入高度，这样写出来的文本高度是不变的，包括使用该字型进行的尺寸标注。

6.7.3 零件图的标注

Step 01 按照前面相同的方法，修改“机械”和“机械-公差”标注样式：“全局比例因子”均为 1.2，主单位的精度均为 0.0，公差方式为“对称”，公差精度为 0.00。

Step 02 切换到“尺寸与公差”图层，选择“机械”和“机械-公差”标注样式作为当前样式，在“注释”选项卡的“标注”面板中，单击“线性标注”按钮、“半径标注”按钮、“角度标注”按钮，对主视图进行尺寸标注，以及修改公差值，如图 6-158 所示。

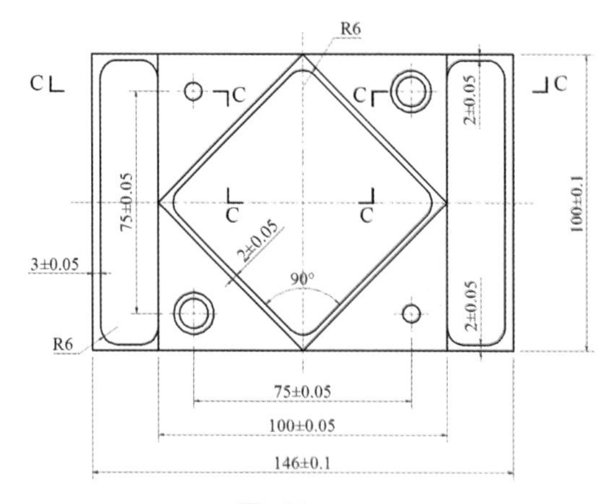

图 6-158

Step 03 同样，在主视图插入“粗糙度”图块，修改值为 1.6；再对其进行对称度形位公差的标注，以及插入基准符号 A，如图 6-159 所示。

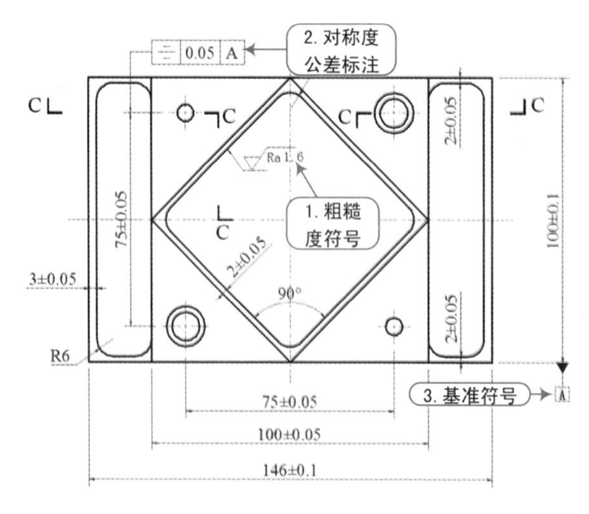

图 6-159

Step 04 同样，针对主视图上侧的剖视图进行尺寸标注，并插入粗糙度符号，如图 6-160 所示。

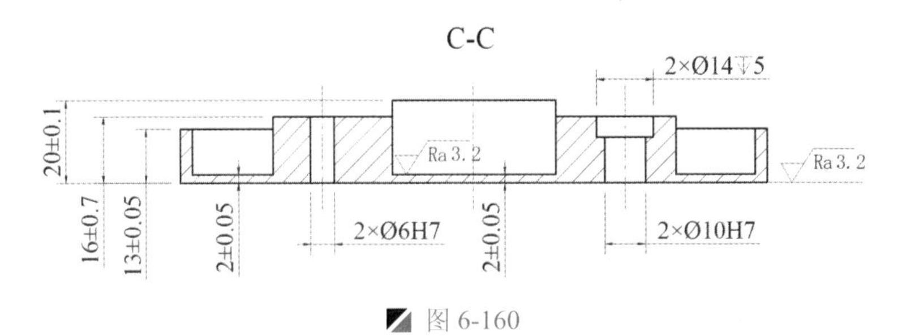

图 6-160

Step 05 在“标注”面板中单击“形位公差”按钮，按照如图 6-161 所示，对其进行平行度形位公差标注，以及插入基准符号 B。

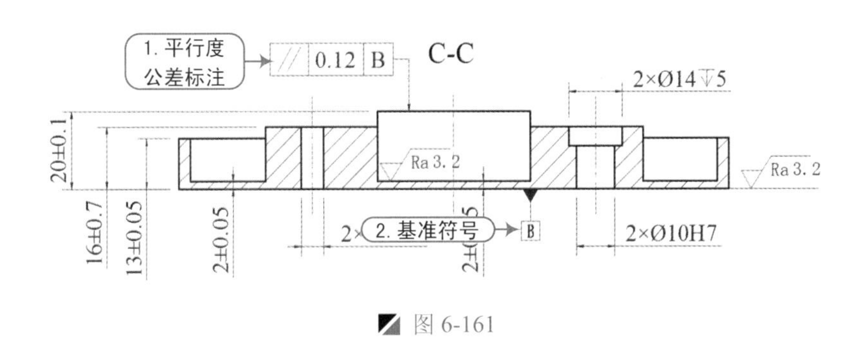

图 6-161

Step 06 至此，该箱座板的图形已经绘制完成，按<Ctrl+S>组合键对其进行保存。

提示：形位公差基础与应用实例

形状和位置公差简称形位公差，是指零件的实际形状和实际位置，对理想形状和理想位置所允许的最大变动量。由于形状和位置公差的误差过大，会影响机器的工作性能，因此对精度要求高的零件，除了应保证尺寸精度外，还应控制其形状和位置公差。

在零件加工过程中，不仅会产生尺寸误差，也会出现形状和相对位置的误差，如加工轴时可能会出现轴线弯曲或一头粗、一头细的现象，这种现象属于零件形状误差。如图 6-162 所示，为了保证滚柱工作质量，除了注出直径的尺寸公差（$\Phi 12^{-0.006}_{-0.017}$）外，还需要标注滚柱轴线的形状公差，这个代号表示滚柱实际轴线直线度误差必须控制在直径 Φ0.006mm 的圆柱面内。又如图 6-163 所示，箱体上两个孔是安装锥齿轮轴的孔，如果两孔轴线歪斜太大，就会影响锥齿轮的啮合传动。为了保证正常的啮合，应该使两孔轴线保持一定的垂直位置，所以要注上位置公差—垂直度要求，图中说明一个孔的轴线，必须位于距离为 0.05mm，且垂直于另一个孔的轴线的两平行平面之间。

（1）形状和位置公差的代号

形位公差代号包括：形位公差的各项目的符号、形位公差框格及指引线、形位公差值和其他有关符号、基准代号等，这些内容可参阅如图 6-164 所示中的说明。框格内字体的高度 h 与图样中的尺寸数字等高。

读书破万卷

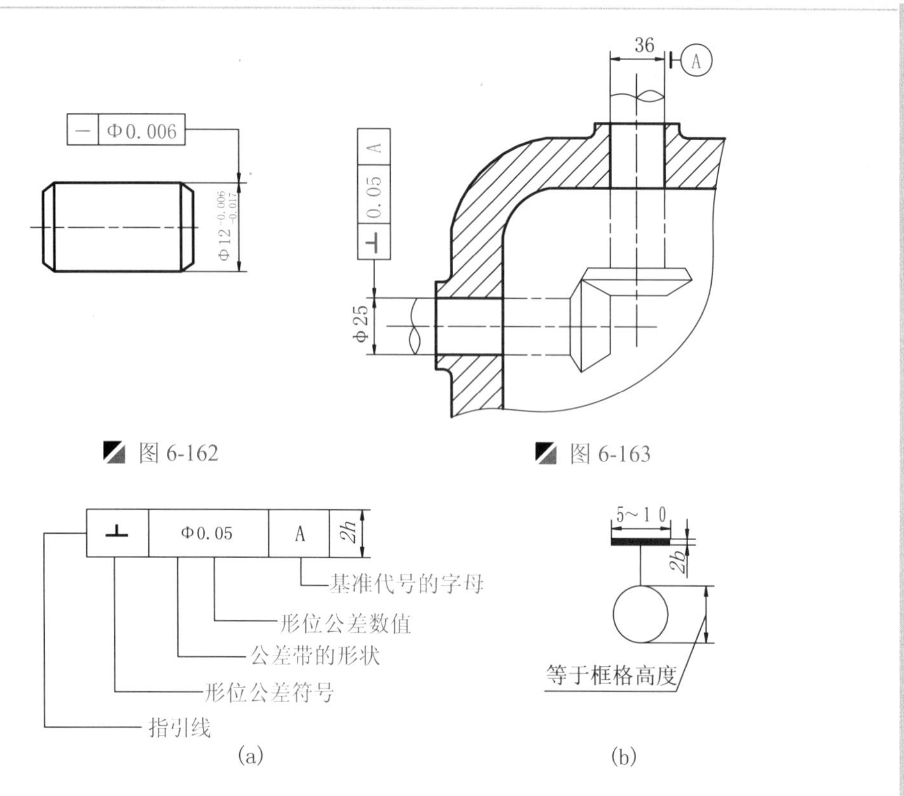

图 6-162

图 6-163

(a)

(b)

图 6-164

（2）形位公差标注示例

如图 6-165 所示是一根气门阀杆，从图中可以看到，当测定的要素为线或表面时，从框格引出的指引线箭头，应指在该要素的轮廓线或其延长线上。当被测要素是轴线时，应将箭头与该要素的尺寸线对齐，如 M8x1 轴线的同轴度注法。当基准要素是轴线时，应将基准符号与该要素的尺寸线对齐，如基准 A。

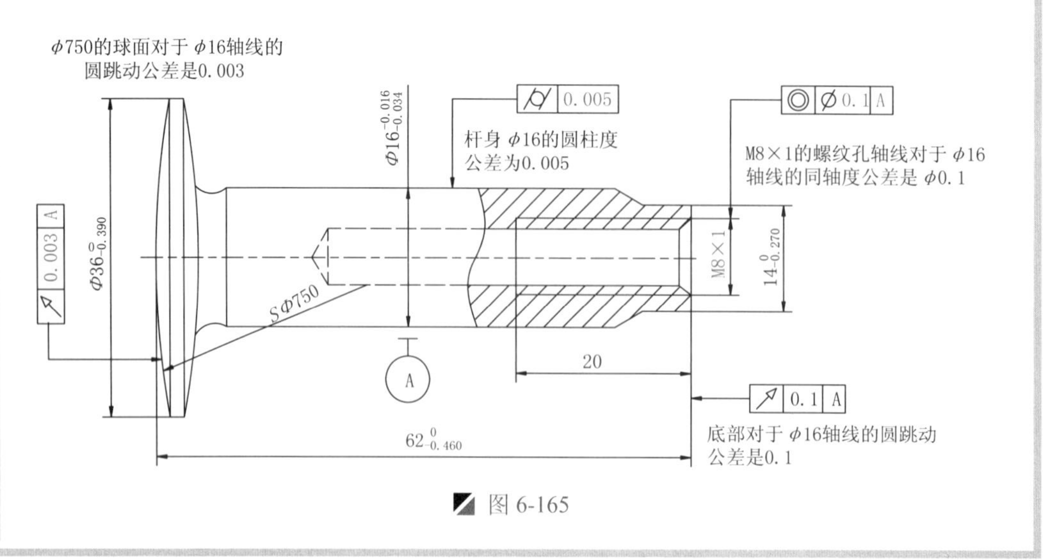

图 6-165

6.8 盖板的绘制

案例	盖板.dwg	视频	盖板的绘制.avi	时长	14'47"

从如图 6-166 所示的零件工程图可以看出，该盖板由主视图和剖视图两个部分组成，在绘制的时候，需综合零件工程图的相关尺寸进行绘制，先绘制主视图，再以此绘制剖面图，最后对其进行尺寸和公差的标注。

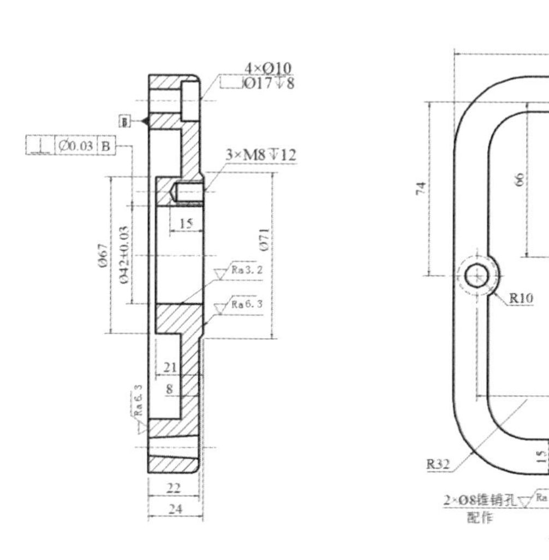

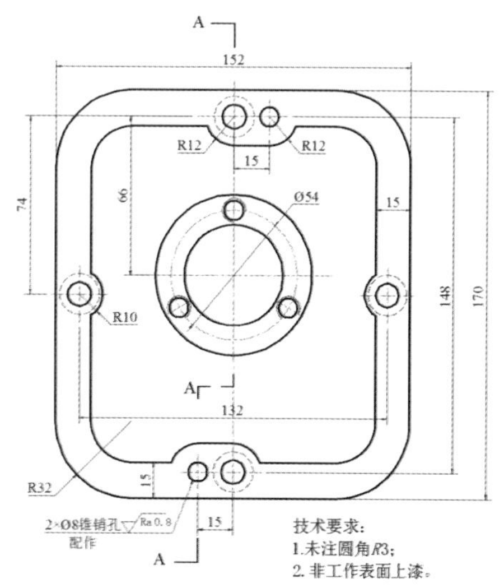

图 6-166

6.8.1 绘制主视图

Step 01 启动 AutoCAD 2015 软件，按<Ctrl+O>组合键，打开“机械样板.dwt”文件。

Step 02 按<Ctrl+Shift+S>组合键，将该样板文件另存为“盖板.dwg”文件。

Step 03 在“图层”面板的“图层控制”下拉列表中，选择“粗实线”图层作为当前图层。

Step 04 执行“矩形”命令（REC），绘制 170mm×152mm 的矩形对象；再执行“构造线”命令（XL），过矩形的中点绘制一条水平和垂直的构造线，并将绘制的构造线转为“中心线”图层，如图 6-167 所示。

Step 05 执行“圆角”命令（F），设置圆角半径为 32mm，将矩形对象的四角进行圆角操作，如图 6-168 所示。

Step 06 执行“偏移”命令（O），将上一步形成的对象向内偏移 15mm，如图 6-169 所示。

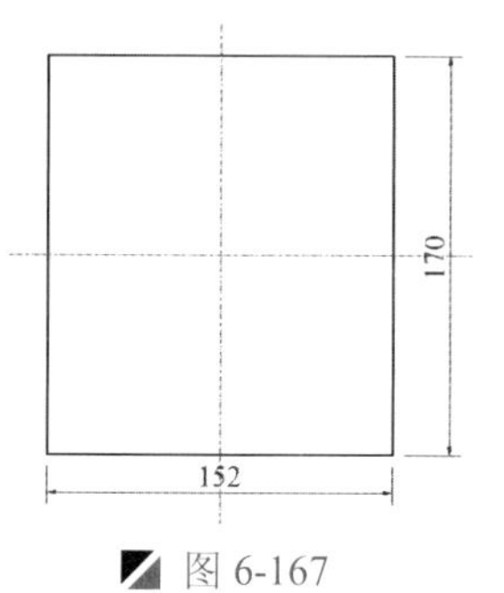

图 6-167

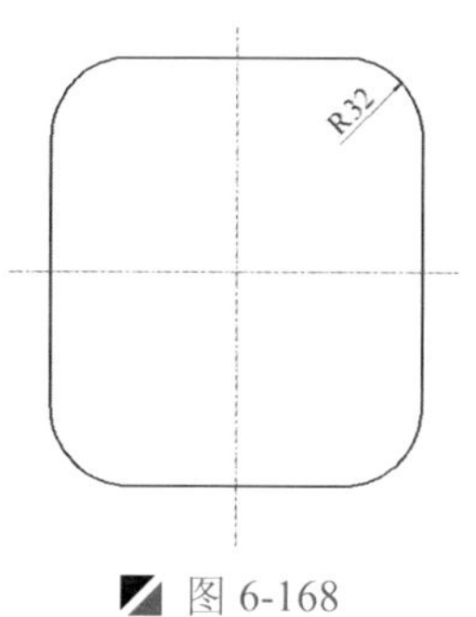

图 6-168

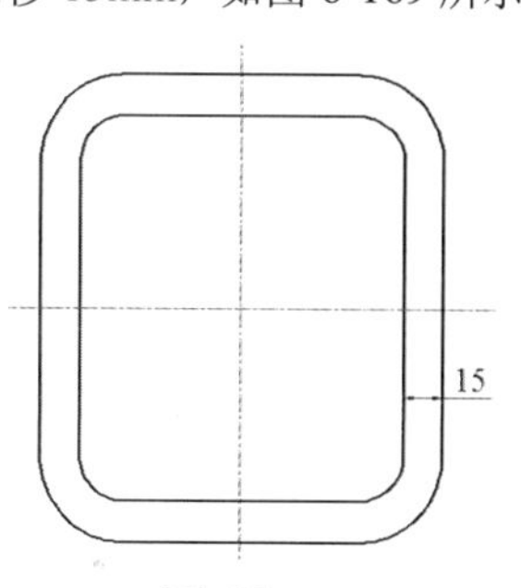

图 6-169

Step 07 执行“偏移”命令（O），将垂直中心线向左右各偏移 15mm 和 66mm，将水平中心线向上下各偏移 74mm，然后将最上侧的水平中心线向下偏移 66mm，如图 6-170 所示。

Step 08 执行“圆”命令（C），捕捉相应的交点绘制直径为 42mm、54mm、67mm、10mm、17mm、8mm 的 13 个圆对象，并进行图层转换操作，如图 6-171 所示。

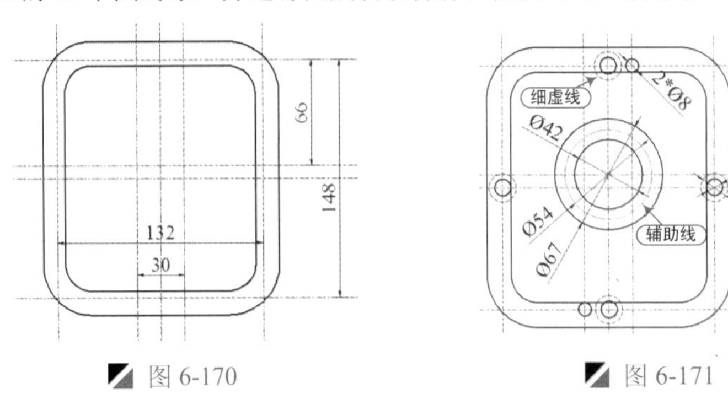

图 6-170　　图 6-171

Step 09 执行“圆”命令（C），捕捉相应的点绘制半径为 10mm、12mm、4mm、5mm 的 8 个圆对象，如图 6-172 所示。

Step 10 执行“直线”命令（L），捕捉相应的点进行直线连接；再执行“修剪”命令（TR），将多余的对象进行修剪并删除，如图 6-173 所示。

Step 11 将半径为 5mm 的圆转为“细实线”图层；再执行“阵列”命令（AR），将内侧的两同心圆和垂直中心线进行圆形阵列，阵列数设置为 3，如图 6-174 所示。

Step 12 执行“分解”命令（X），将上一步形成的阵列对象进行分解操作；再执行“修剪”命令（TR），将多余的对象进行修剪操作，如图 6-175 所示。

Step 13 执行“多段线”命令（PL）和“单行文字”命令（DT），绘制剖切符号，然后将其剖切符号及文字转换为“文字”图层，如图 6-176 所示。

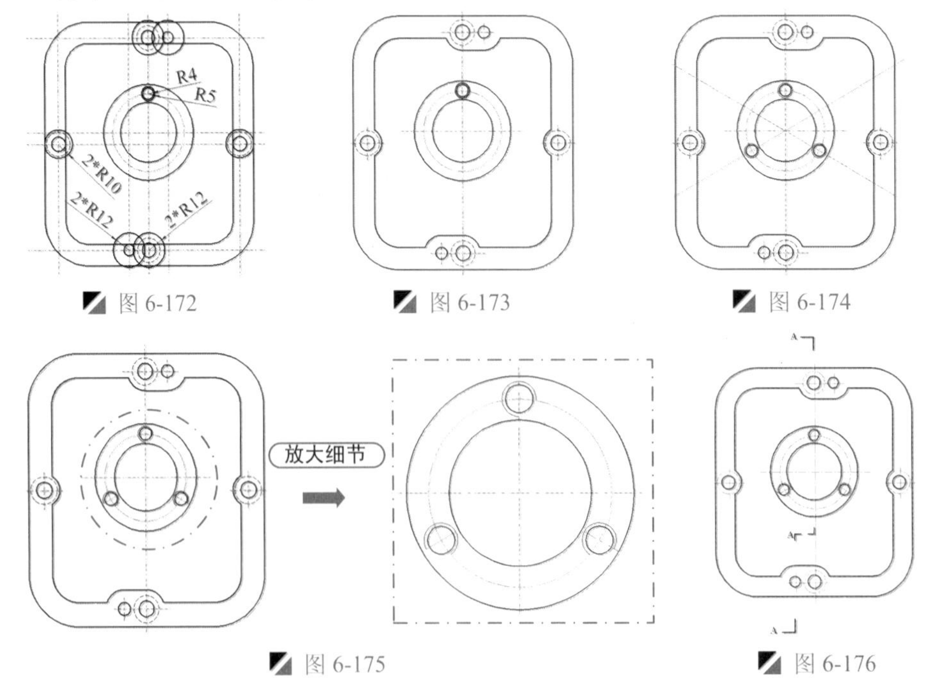

图 6-172　　图 6-173　　图 6-174

图 6-175　　图 6-176

6.8.2　绘制剖视图

Step 01　执行“直线”命令（L），过俯视图的轮廓端点向左引申水平直线，然后在适当位置绘制一条垂直直线，如图 6-177 所示。

Step 02　执行“偏移”命令（O），将绘制的垂直直线向左依次偏移 2mm、8mm、11mm、3mm，如图 6-178 所示。

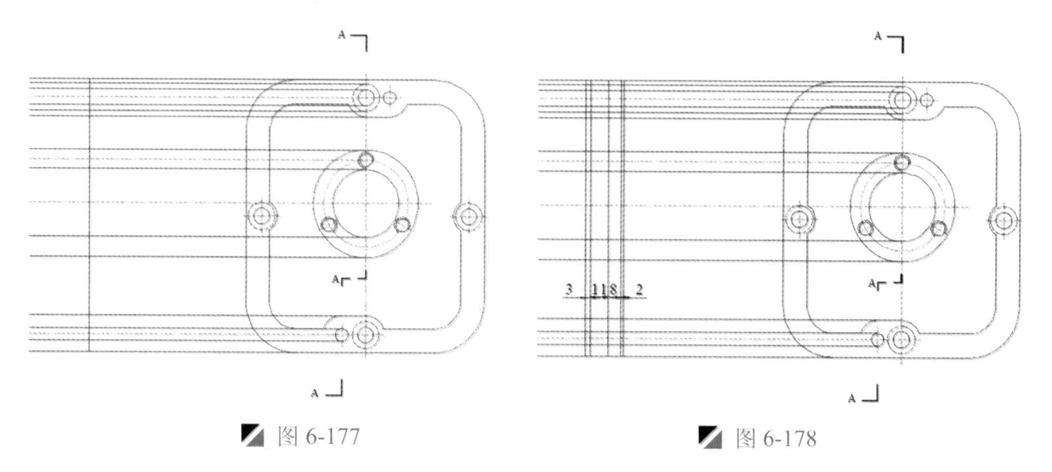

图 6-177　　图 6-178

Step 03　执行“修剪”命令（TR），将多余的对象进行修剪操作，如图 6-179 所示。

Step 04　执行“倒角”命令（CHA）和“圆角”命令（F），设置倒角的距离为 2mm，圆角的半径为 3mm，进行倒角和圆角操作，如图 6-180 所示。

Step 05　执行“偏移”命令（O），将图形的下侧水平中心线向上下各偏移 5mm；再执行“直线”命令（L），将相应的端点进行斜线连接，并将多余的对象进行删除操作，如图 6-181 所示。

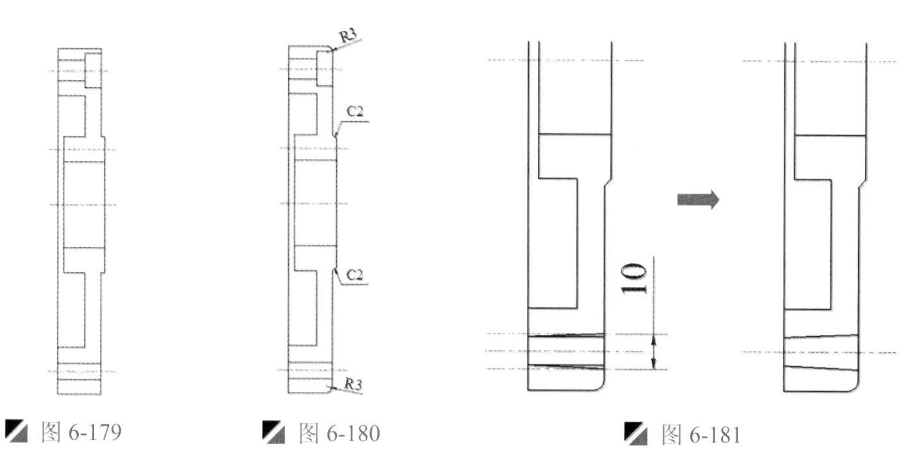

图 6-179　　图 6-180　　图 6-181

Step 06　执行“偏移”命令（O），将上侧第二条水平中心线向上下各偏移 4mm 和 5mm，再将图形最右侧的垂直线段向左偏移 12mm、13mm 和 15mm；执行“直线”命令（L），捕捉相应的点进行直线连接；最后执行“修剪”命令（TR），修剪多余的线条并进行图层转换操作，如图 6-182 所示。

Step 07 切换到“剖面线”图层，执行“图案填充”命令（H），设置图案样例为“ANSI-31”，比例为 1，在指定的位置进行图案填充操作，如图 6-183 所示。

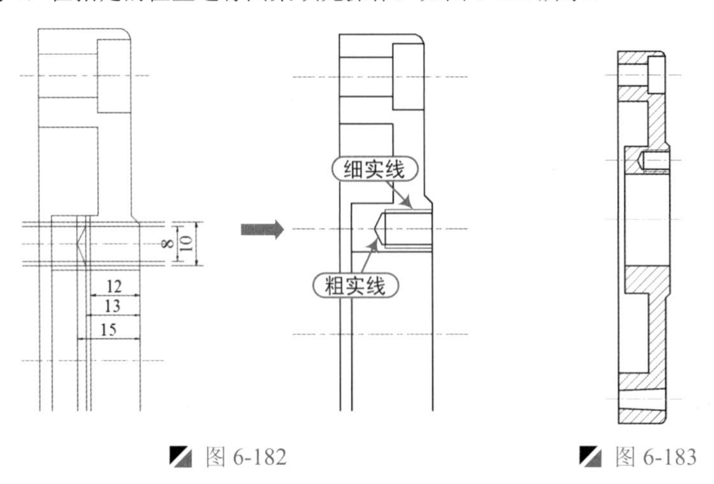

图 6-182　　图 6-183

6.8.3 零件图的标注

Step 01 按照前面相同的方法，修改“机械”和“机械-公差”标注样式：“全局比例因子”均为 1.2，主单位的精度均为 0.0，公差方式为“对称”，公差精度为 0.00。

Step 02 切换到“尺寸与公差”图层，选择“机械”标注样式作为当前样式，在“注释”选项卡的“标注”面板中，单击“线性标注”按钮、“半径标注”按钮，对主视图进行尺寸标注，如图 6-184 所示。

Step 03 同样，再对其左侧的剖视图进行尺寸、公差、粗糙度符号和基准符号的标注，如图 6-185 所示。

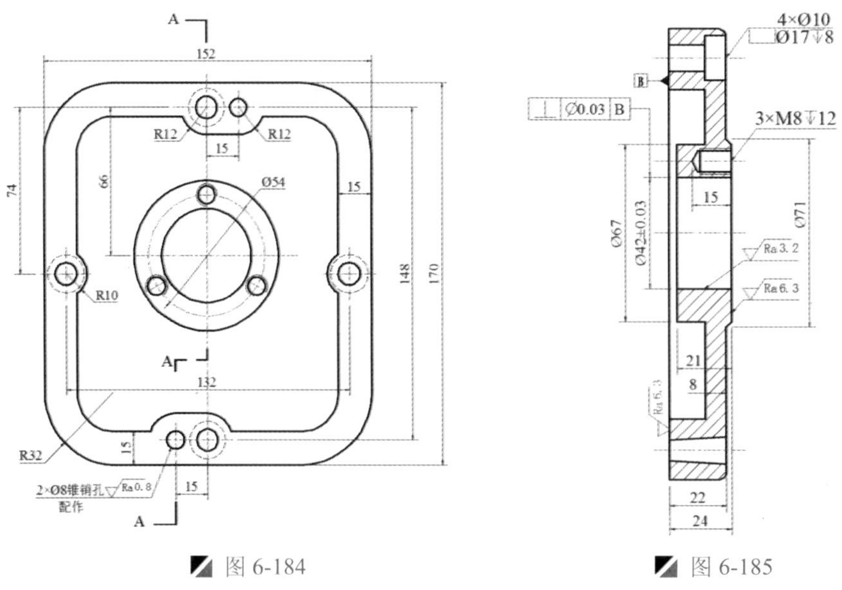

图 6-184　　图 6-185

Step 04 执行“多行文字”命令（MT），在主视图的右下侧进行“技术要求”的文字注释，文字大小为 5，然后将文字注释对象转换为“文字”图层，如图 6-186 所示。

Step 05 至此，该盖板的图形已经绘制完成，按<Ctrl+S>组合键对其进行保存。

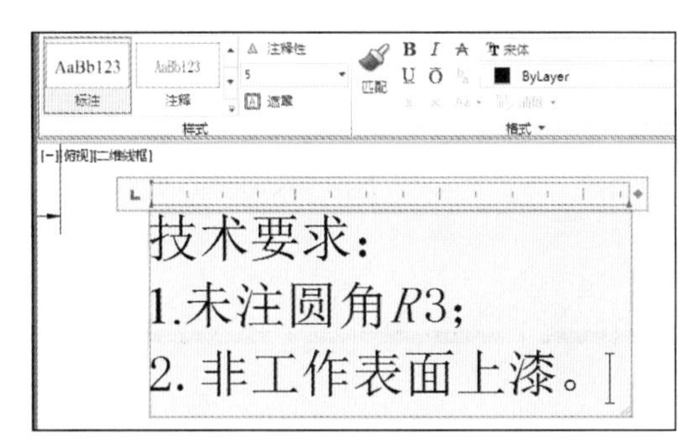

图 6-186

技巧：及时清理无用对象

在一个图形文件中可能存在一些没有使用的图层、图块、文本样式、尺寸标注样式、线型等无用对象，这些无用对象不仅增大文件的尺寸，而且还降低 AutoCAD 的性能，用户应及时使用“PURGE”命令进行清理。

由于图形对象经常出现嵌套，因此，往往需要用户接连使用几次“PURGE”命令才能将无用对象清理干净。

读书破万卷

7

机械零件三维模型图的创建

本章导读

在 AutoCAD 2015 中，创建三维实体有多种方法，AutoCAD 2015 中给出了创建基本实体（如：多段体、长方体、圆锥体、球体、圆柱体等）、沿路径拉伸二维对象、绕轴旋转二维对象、沿路径扫描轮廓、放样等，另外还可以通过组合的方式创建更加复杂的形状等。

本章内容

- 长方体、垫片实体的创建
- 圆柱头螺钉实体的创建
- 固定座实体的创建
- 支撑座、支撑杆实体的创建
- 转接管实体的创建
- 泵盖实体的创建
- 轴承盖实体的创建

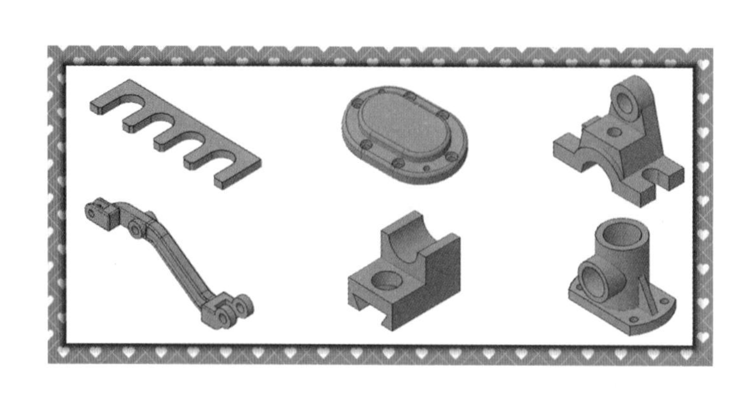

7.1　长方体的创建

案例	长方体.dwg	视频	长方体的绘制.avi	时长	01'36"

创建长方体对象时，在三维建模空间进行操作，长方体是相对其他物体较为简单的一种（基本实体），在 AutoCAD 中创建长方体，可通过基于两点和一个高度来进行，或基于长度、宽度和高度来创建，或者基于一个中心点、底面角点和高度来创建，这里以基于两点和一个高度来创建长方体对象，其操作步骤如下。

Step 01　启动 AutoCAD 2015 软件，按<Ctrl+O>组合键，打开“机械样板.dwt”文件。

Step 02　按<Ctrl+Shift+S>组合键，将该样板文件另存为“长方体.dwg”文件。

Step 03　在菜单栏中选择“视图”｜“三维视图”｜“西南等轴测”，在“图层”下拉列表框中，选择“粗实线”图层作为当前图层。

Step 04　执行“长方体”命令（BOX），按如下命令行提示，设置其相应参数，创建长方体对象，如图 7-1 所示。

```
命令: BOX                                        \\ 执行“长方体”命令
指定第一个角点或 [中心(C)]:                        \\ 随意单击指定长方体角点
指定其他角点或 [立方体(C)/长度(L)]: l               \\ 选择“长度”选项
指定长度 <50.0000>:  <正交 开> 50                  \\ 正交下指定长度为 50
指定宽度 <10.0000>: 30                             \\ 指定宽度为 30
指定高度或 [两点(2P)] <10.000>: 20                  \\ 指定长方体高度值
```

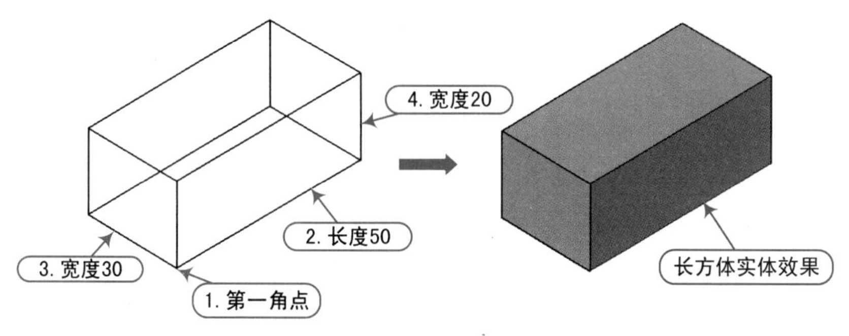

图 7-1

Step 05　至此，该长方体的图形已经创建完成，按<Ctrl+S>组合键对其进行保存。

专业技能：三维空间、视图及视觉样式

绘制三维实体模型图必须在“三维空间”中操作，在“状态栏”中单击“工作空间”按钮，在弹出的快捷菜单中选择“三维基础”或“三维建模”空间均可，如图 7-2 所示。

切换成三维空间后，还需要调整视图方向，默认情况下，坐标系为二维坐标系（如图 7-3 所示），在此基础上单击“视图控件”按钮，在弹出菜单中选择“西南等轴测”视图，则转换成三维世界坐标系（如图 7-4 所示立体图形）。

在“视图控件”按钮旁边，有一个“视觉样式控件”按钮，它是用来控制实体图形显示的，默认情况下是以“二维线框”视觉来显示，可以单击该按钮，在弹出菜单中来选择需要的视觉样式，如图 7-5 所示。

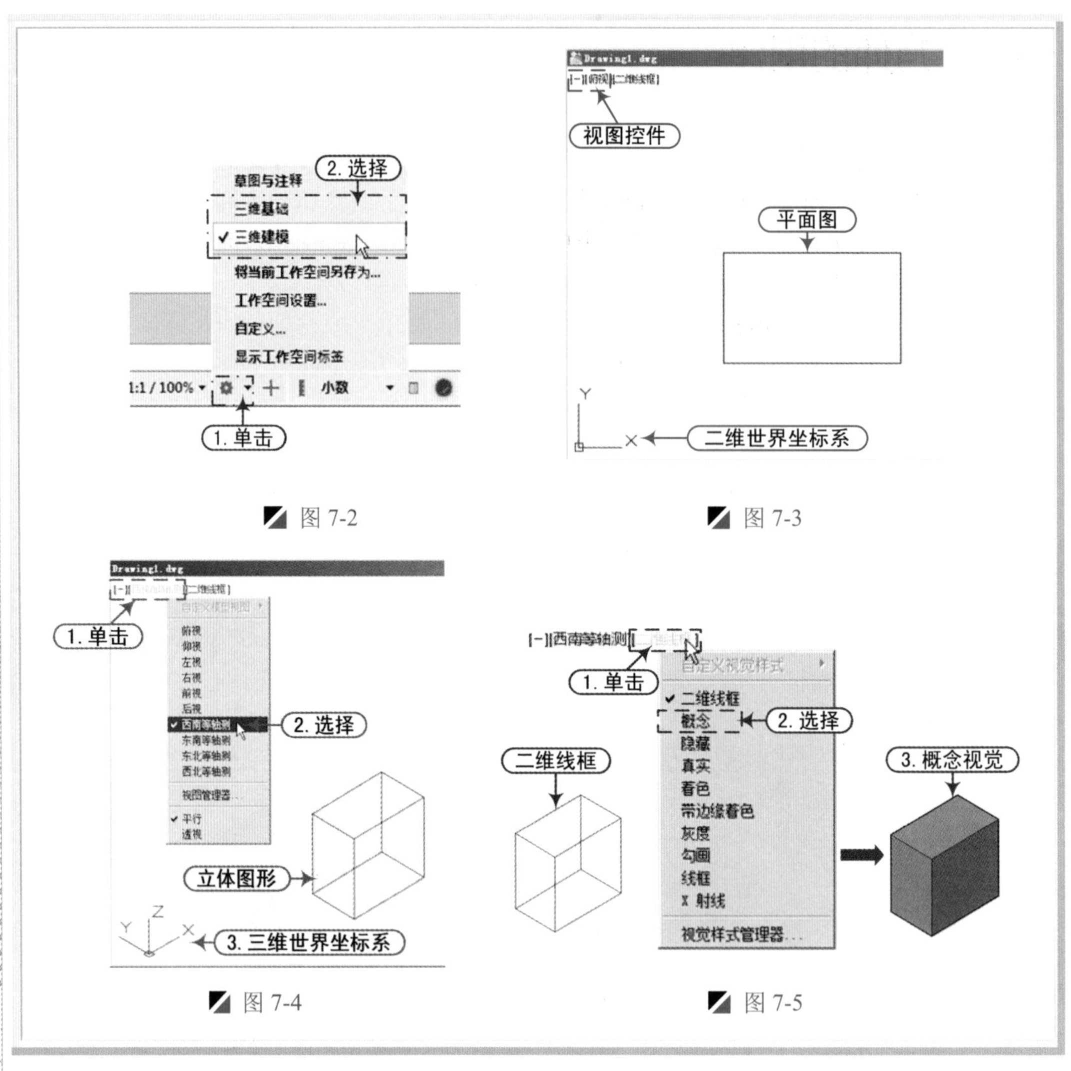

图 7-2

图 7-3

图 7-4

图 7-5

7.2 垫片实体的创建

案例	垫片实体.dwg	视频	垫片实体的绘制.avi	时长	04'23"

创建垫片实体对象时，在三维建模空间进行操作，主要使用 AutoCAD 的矩形、圆、直线、面域、实体拉伸及修剪和删除等命令，其操作步骤如下。

Step 01 启动 AutoCAD 2015 软件，按<Ctrl+O>组合键，打开“机械样板.dwt”文件。

Step 02 按<Ctrl+Shift+S>组合键，将该样板文件另存为“垫片实体.dwg”文件。

Step 03 在菜单栏中选择“视图”|“三维视图”|“俯视”，在“图层”面板的“图层控制”下拉列表中，选择“粗实线”图层作为当前图层。

Step 04 执行“矩形”命令（REC），绘制 65mm×19mm 的矩形对象，如图 7-6 所示。

Step 05 执行“分解”命令（X），将矩形对象进行分解操作；再执行“偏移”命令（O），将矩形对象右侧的垂直线段向左偏移 10mm、15mm，将矩形对象上侧的水平线段向下偏移 9.5mm，如图 7-7 所示。

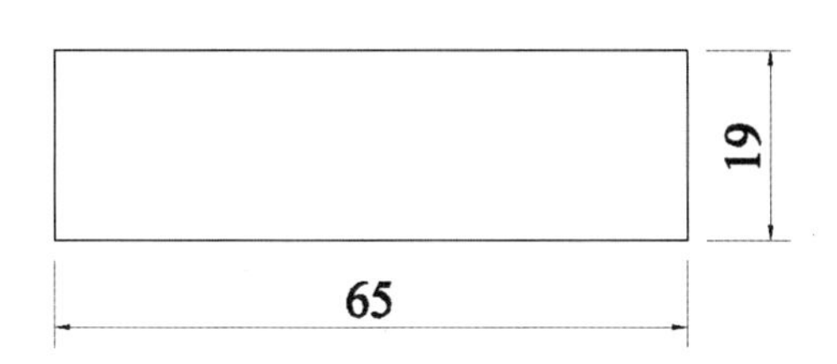

图 7-6

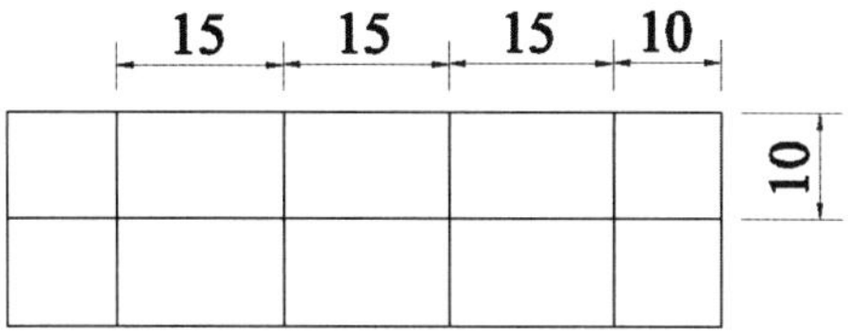

15 15 15 10
10

图 7-7

Step 06 执行“圆”命令（C），捕捉偏移所形成的交点作为圆心，绘制直径为 10mm 的 4 个圆对象，如图 7-8 所示。

Step 07 执行“直线”命令（L），过圆的两侧象限点位置向下绘制直线，使绘制的直线段与下侧水平线相垂直，如图 7-9 所示。

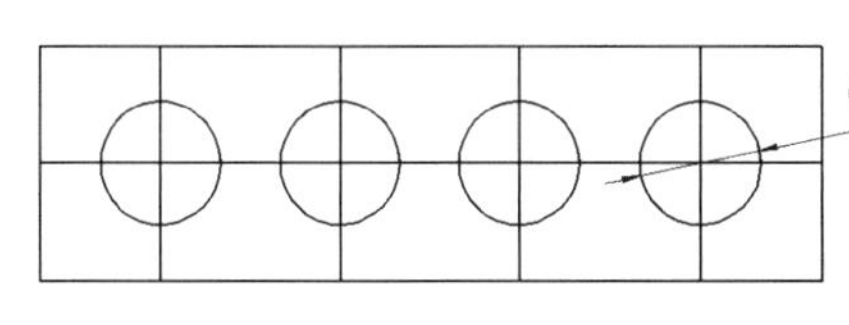

图 7-8

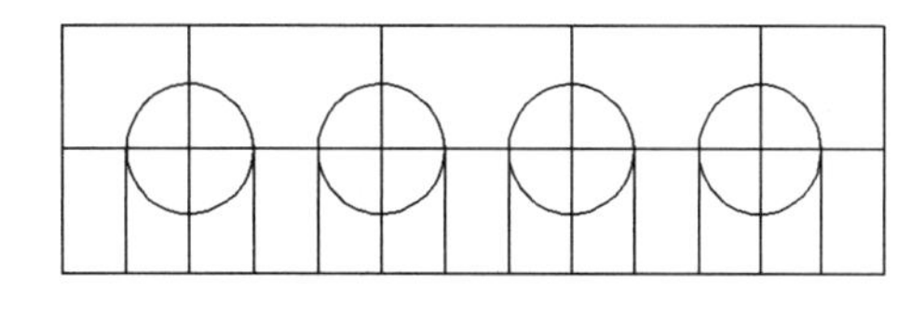

图 7-9

Step 08 执行“修剪”命令（TR），将多余的对象进行修剪并删除操作，如图 7-10 所示。

Step 09 执行“倒角”命令（CHA），设置倒角距离为 1mm，进行倒角操作，如图 7-11 所示。

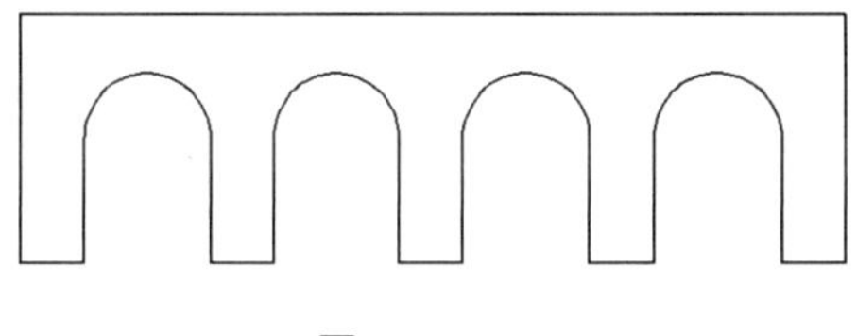

图 7-10

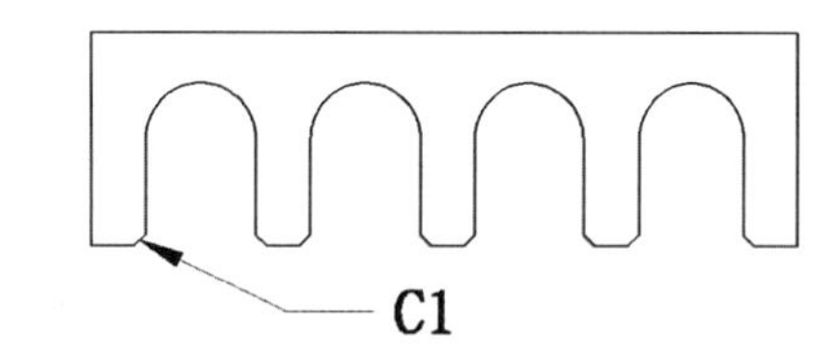

图 7-11

Step 10 选择“视图”｜“三维视图”｜“西南等轴测”命令，将当前图形成西南等轴测视图效果，如图 7-12 所示。

Step 11 执行“面域”命令（REG），将所有绘制的图形对象进行面域操作，并转为“概念”视觉模式，如图 7-13 所示。

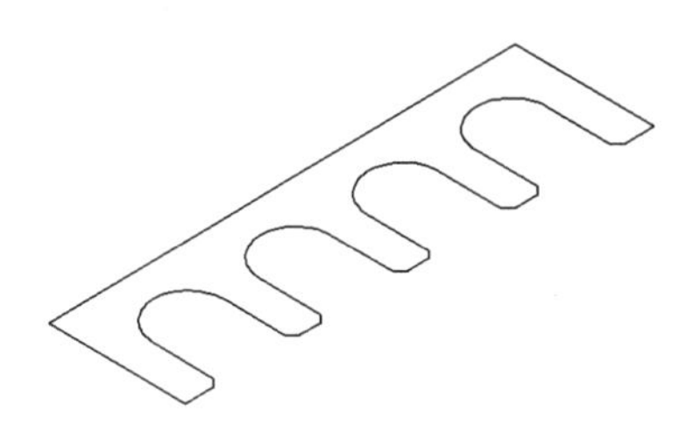

图 7-12

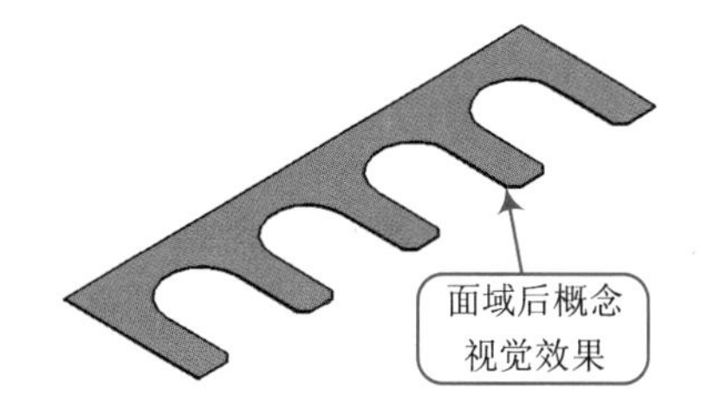

图 7-13

Step 12 在菜单栏中选择“绘图”｜“建模”｜“拉伸”命令（EXT），选择上一步所形成的对象向 Z 轴方向拉伸 3mm 的高度，如图 7-14 所示。

技巧：面域的讲解

若用户在“二维线框”视觉样式下面域之后，面域的图形成为一个整体，视觉上并没有多大变化，只有将视觉样式转换为“概念”、“灰度”等视觉模式下，才能看到该图形形成的三维面。

```
命令: EXTRUDE                                                \\ 拉伸命令
当前线框密度:  ISOLINES=4，闭合轮廓创建模式 = 实体            \\ 当前模式
选择要拉伸的对象或 [模式(MO)]: 找到 1 个                       \\ 选择面域
选择要拉伸的对象或 [模式(MO)]:                                 \\ 空格键
指定拉伸的高度或 [方向(D)/路径(P)/倾斜角(T)/表达式(E)]: 3      \\ 输入拉伸高度值
```

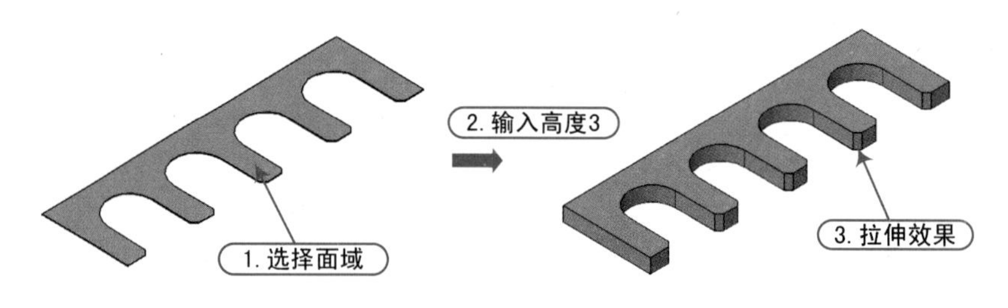

图 7-14

专业技能：拉伸命令讲解

“拉伸”命令用于将闭合边界或面域按照指定的高度拉伸成三维实心体模型，或将非闭合的二维图形拉伸为网格曲面。

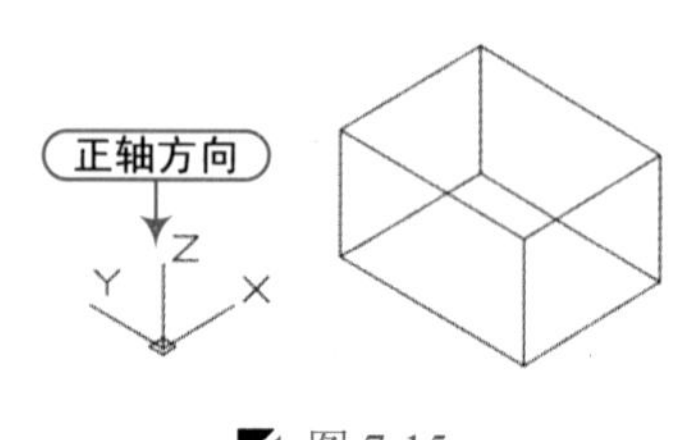

图 7-15

对面域图形拉伸的过程中，可使用鼠标指定拉伸的高度或者输入拉伸的数值，输入值时需要根据当前坐标系来观察，以便输入正确的正值或负值，以达到要求。如图 7-15 所示为默认的“世界坐标系”，X、Y、Z 指针所指的方向即为该方向的正值方向，如向上方向（Z 轴）拉伸高度输入正值（3），向下方向拉伸高度则输入负值（–3）。

Step 13 至此，该垫片实体的图形已经创建完成，按<Ctrl+S>组合键对其进行保存。

专业技能：三维实体的优点

AutoCAD 三维模型实体有许多的优点，能够完成许多在二维平面中无法做到的工作。

① 从物体形态上看：建立三维模型后，可以方便地产生任意方向的平面投影和透视投影视图，通过剖切形体自动获得剖视、断面图。

② 从渲染效果表达上看：能上色，可通过材料赋值、设置灯光和场景得到十分逼真的渲染效果图。

③ 从物体观察上看：可从任意方向和角度观察物体的各个局部。

7.3 圆柱头螺钉实体的创建

案例	圆柱头螺钉实体.dwg	视频	圆柱头螺钉实体的绘制.avi	时长	06'35"

创建圆柱头螺钉实体对象时，在三维建模空间进行操作，主要使用 AutoCAD 的正多边形、圆、直线、阵列、面域、三维旋转、差集、实体拉伸等命令，其操作步骤如下。

Step 01 启动 AutoCAD 2015 软件，按<Ctrl+O>组合键，打开“机械样板.dwt”文件。

Step 02 按<Ctrl+Shift+S>组合键，将该样板文件另存为“圆柱头螺钉实体.dwg”文件。

Step 03 在菜单栏中选择“视图”｜“三维视图”｜“西南等轴测”，在“图层”面板的“图层控制”下拉列表中，选择“粗实线”图层作为当前图层。

Step 04 在“实体”选项卡的“图元”面板中单击“圆柱体”按钮，其快捷键（CYL），按照如下命令行提示，创建底面半径为 12mm，高度为 16mm 的圆柱体，如图 7-16 所示。

```
命令: _cylinder                                          \\ 执行“圆柱体”命令
指定底面的中心点或 [三点(3P)/两点(2P)/切点、切点、半径(T)/椭圆(E)]: 0,0,0 \\ 输入原点坐标确定圆心
指定底面半径或 [直径(D)]: 12                              \\ 输入半径值
指定高度或 [两点(2P)/轴端点(A)] <28.4810>: 16              \\ 输入高度值
```

提示：坐标原点

该圆柱体的底面圆心点的坐标为坐标原点（0, 0, 0）。三维坐标原点（0, 0, 0），在二维原点（0, 0）基础上多增加了一个 Z 轴点坐标（0）。

Step 05 执行“正多边形”命令（POL），捕捉圆柱体上侧面的圆心点来绘制内切于圆的正六边形，其半径为 7mm，如图 7-17 所示。

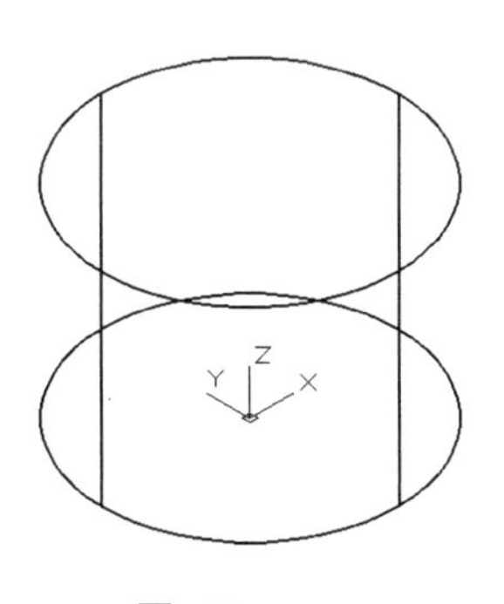

图 7-16

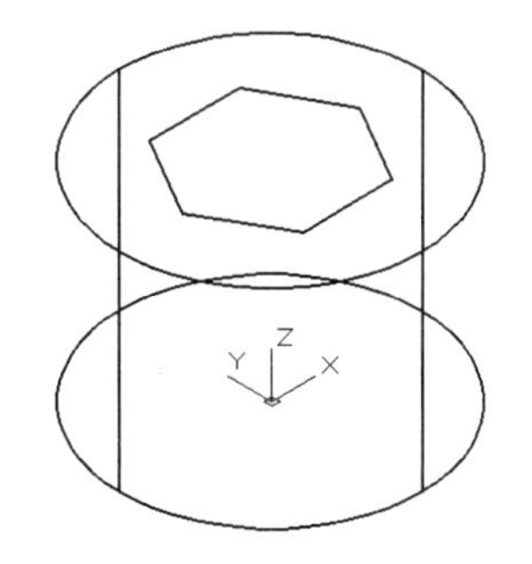

图 7-17

Step 06 单击“实体”面板中的“拉伸”按钮，其快捷键（EXT），选择正六边形对象向下拉伸 8mm，如图 7-18 所示。

Step 07 在“实体”选项卡的“布尔值”面板中单击“差集”按键，其快捷键（SU），对圆柱体和下六边形实体进行差集运算操作，从而形成螺帽实体对象，如图 7-19 所示。

```
命令: _subtract                               \\ 执行“差集”命令
选择要从中减去的实体、曲面和面域...
选择对象: 找到 1 个                            \\ 选择圆柱体并空格键结束选择
选择对象:  选择要减去的实体、曲面和面域...
```

读书破万卷

```
选择对象：找到 1 个                    \\ 选择正六边形并空格键结束选择
选择对象                               \\ 按空格键结束命令
```

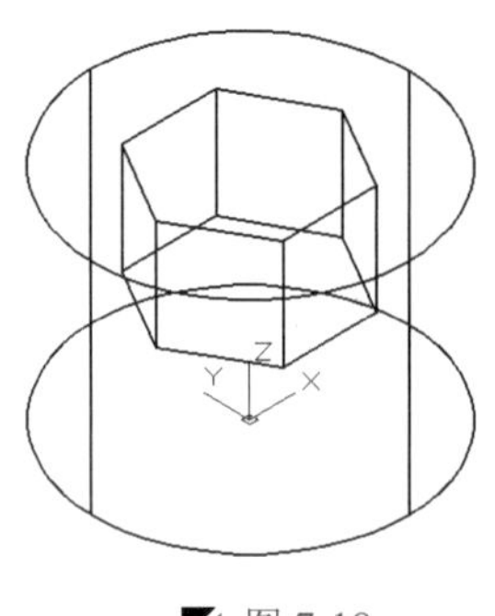

图 7-18

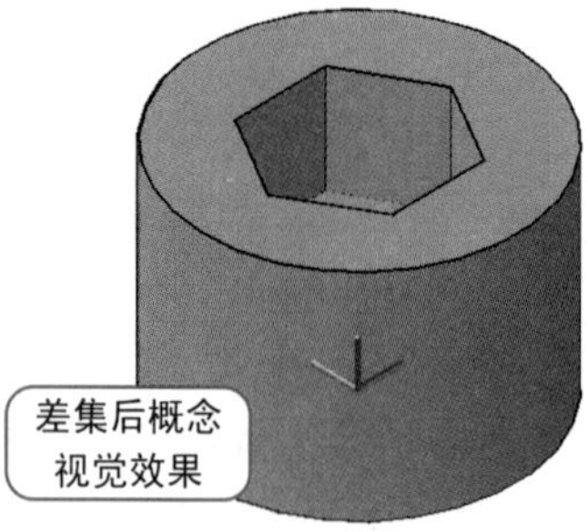

图 7-19

技巧：差集操作

在进行布尔运算中的“差集”命令（SU）时，必须先选择被减的对象并按<Enter>键后，再选择减去的对象并按<Enter>键，否则将不予修剪。除“文字命令”外空格键和 Enter 键功能是相同的。

Step 08 将视图切换至“左视图”，执行“矩形”命令（REC），绘制 2mm×2mm 的矩形对象；再执行“多段线”命令（PL），捕捉下侧的两个角点和上侧的水平线的中心点来绘制一个拐角对象，然后将矩形对象进行删除操作，如图 7-20 所示。

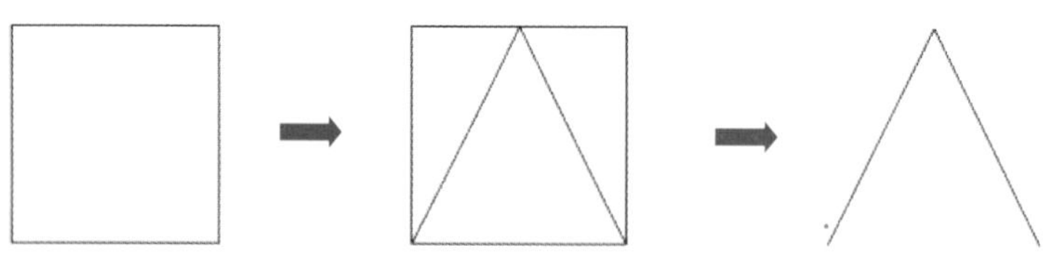

图 7-20

技巧：封闭的多段线

对于一段完整的封闭的多段线效果，可以直接进行“拉伸”命令操作，而不需要进行面域操作。

Step 09 执行“阵列”命令（AR），将上一步所绘制的多段线对象进行矩形阵列操作，其阵列的行数为 1 行，列数为 25 列，列间距为 2mm，如图 7-21 所示。

图 7-21

Step 10 执行“直线”命令（L），过左右两侧多段线的端点向下绘制两条垂直线段，长度为 8mm，再将两条垂直线段的下侧端点进行直线连接操作，如图 7-22 所示。

Step 11 执行“分解”命令（X），将阵列后的对象进行分解操作；再执行“面域”命令（REG），将上一步所形成的图形对象进行面域操作，如图 7-23 所示。

图 7-22

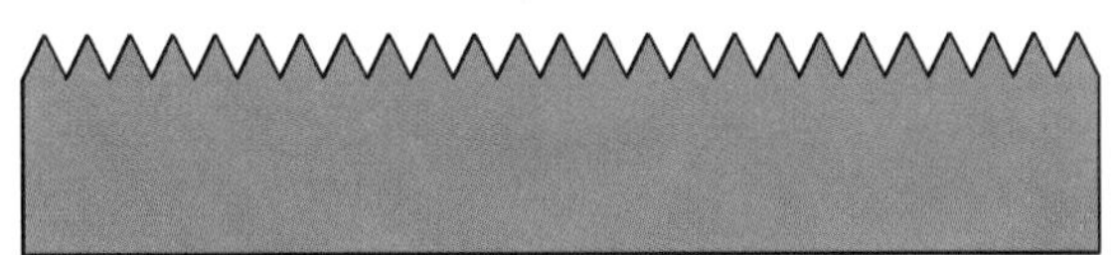

图 7-23

Step 12 在“实体”面板中单击“旋转”按钮，其快捷键（REV），捕捉下侧左右端点作为旋转的轴线点，将面域对象进行 360° 的旋转操作，从而形成螺纹实体效果，如图 7-24 所示。

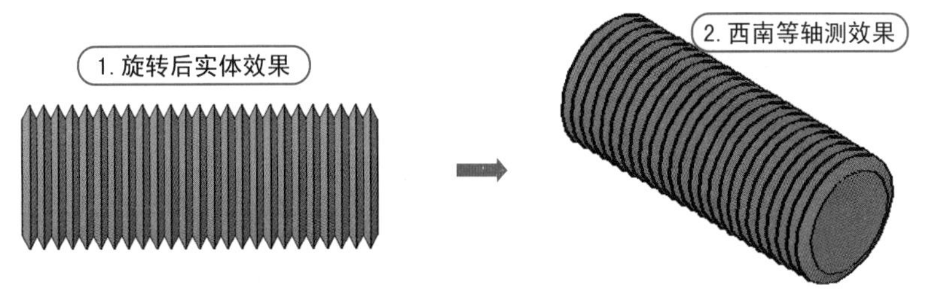

图 7-24

注意：旋转为三维实体的操作

“旋转”命令用于将闭合的二维图形对象绕坐标轴或选择的对象旋转为三维实体。“旋转”命令经常用于创建一些回转体结构的模型。在 AutoCAD 中，输入正值时按逆时针方向旋转，输入负值时按顺时针方向旋转。

在进行实体拉伸或是旋转时，最好进行面域操作，否则容易导致创建的实体对象的内部是空心效果。

Step 13 执行“三维旋转”命令（3drotate），对上一步所旋转的螺纹实体对象进行 90° 三维旋转操作，如图 7-25 所示。

Step 14 执行“移动”命令（M），选择螺纹实体对象，再捕捉螺纹实体上侧面的中心点作为基点，再捕捉螺帽实体下侧的中心点作为目标点，从而将两个实体重合，如图 7-26 所示。

图 7-25　　图 7-26

Step 15 单击“布尔值”面板中“并集”按钮，其快捷键（UNI），对螺帽和螺纹两个实体进行并集操作，从而形成一个整体，如图 7-27 所示。

Step 16 选择“视图”选项卡的“二维导航”面板中单击“自由动态观察”按钮，便于观察图形，如图 7-28 所示。

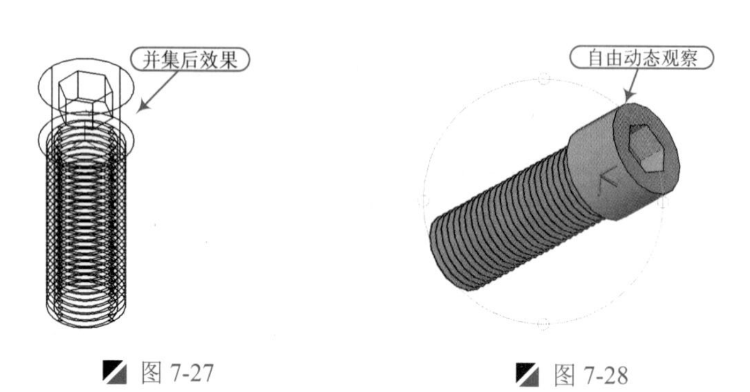

图 7-27　　图 7-28

Step 17 至此，该圆柱头螺钉实体的图形已经创建完成，按<Ctrl+S>组合键对其进行保存。

专业技能：布尔运算方式

布尔运算在数学的集合运算中得到广泛应用，AutoCAD 也将该运算应用到了实体的创建过程中。用户可以对三维实体对象进行并集、交集、差集的运算。如图 7-29 所示为将长方体和圆柱体进行并集、交集、差集后的结果。

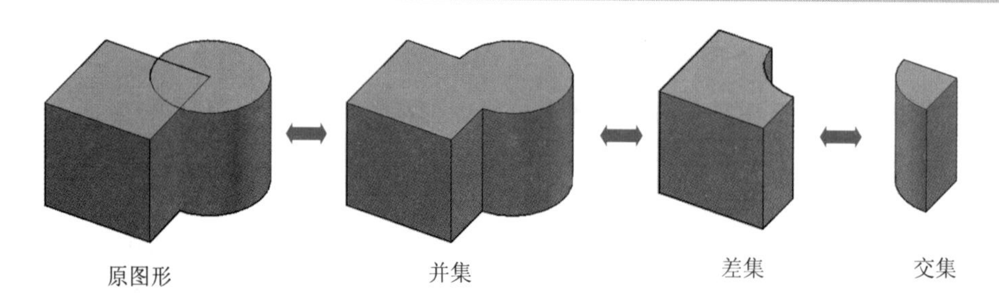

图 7-29

7.4 固定座实体的创建

案例	固定座实体.dwg	视频	固定座实体的绘制.avi	时长	03'59"

创建固定座实体对象时，在三维建模空间进行操作，主要使用 AutoCAD 的插入块、分解、面域、差集、实体拉伸等命令，其操作步骤如下。

Step 01 启动 AutoCAD 2015 软件，按<Ctrl+O>组合键，打开“机械样板.dwt”文件。

Step 02 按<Ctrl+Shift+S>组合键，将该样板文件另存为“固定座实体.dwg”文件。

Step 03 在菜单栏中选择“视图”｜“三维视图”｜“俯视”，在“图层”面板的“图层控制”下拉列表中，选择“粗实线”图层作为当前图层。

Step 04 执行“插入块”命令（I），将“案例\04\固定座.dwg”文件插入当前视图中，如图 7-30 所示。

Step 05 执行“分解”命令（X），将插入的图块文件进行分解操作，并将“尺寸与公差”图层关闭。

Step 06 执行“修剪”命令（TR）和“删除”命令（E），修剪或删除多余的线段，从而保留外轮廓效果，如图 7-31 所示。

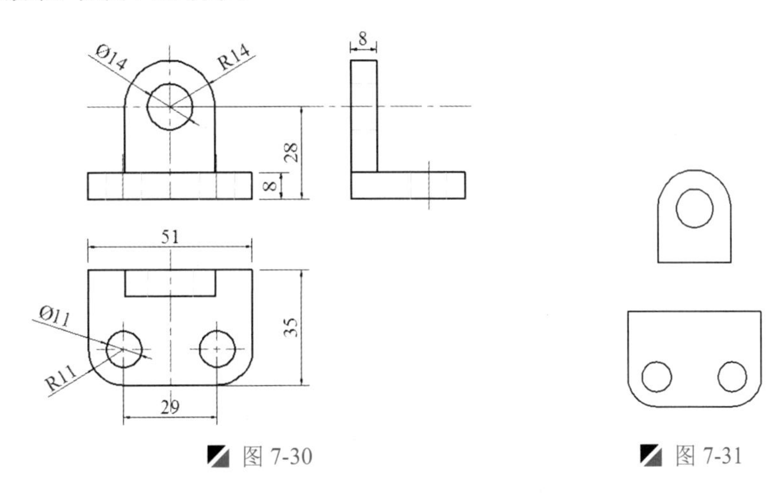

图 7-30　　图 7-31

注意：插入块的打散

插入的文件是一个图块对象，它是一个整体，这时用户应执行“分解”命令（X），将该图块对象进行打散操作，从而才能执行下面的操作。

Step 07 切换至“西南等轴测”；执行“面域”命令（REG），将图形中的所有轮廓对象进行面域操作，如图 7-32 所示。

Step 08 单击“实体”面板中的 “拉伸”按钮，其快捷键（EXT），选择上一步面域对象向 Z 轴方向拉伸 8mm，如图 7-33 所示。

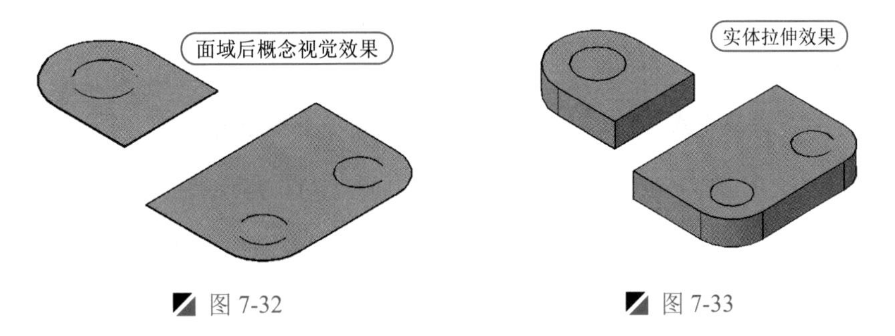

图 7-32　　图 7-33

Step 09 在“实体”选项卡的“布尔值”面板中单击“差集”按键，其快捷键（SU），图形中的实体进行差集运算操作，如图 7-34 所示。

提示：差集的意义

差集运算是在一个实体中减去与之相交实体部分的运算。

Step 10 切换到“左视”，执行“三维旋转”命令（3drotate），将左侧实体对象进行 90° 三维旋转操作，如图 7-35 所示。

读书破万卷

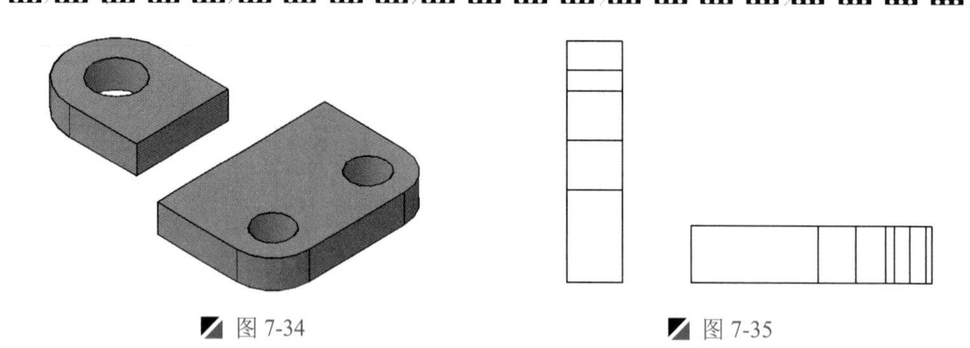

图 7-34　　图 7-35

Step 11　切换到“西南等轴测”，执行“移动”命令（M），捕捉三维旋转实体下侧一边的中点作为移动的基点，捕捉另一个实体上侧一边的中点作为移动的目标点，进行移动操作，从而将两个实体重合，如图 7-36 所示。

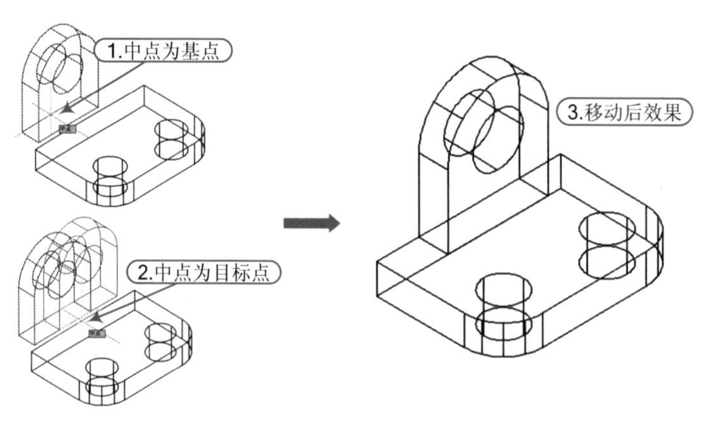

图 7-36

Step 12　单击“布尔值”面板中“并集”按钮，其快捷键（UNI），将两个实体进行并集操作，从而形成一个整体，如图 7-37 所示。

提示：并集的意义

并集运算是将两个或多个实体对象相加合并成一个整个对象。

Step 13　选择“视图”选项卡的“二维导航”面板中单击“自由动态观察”按钮，便于观察图形，如图 7-38 所示。

Step 14　至此，该固定座实体的图形已经创建完成，按<Ctrl+S>组合键对其进行保存。

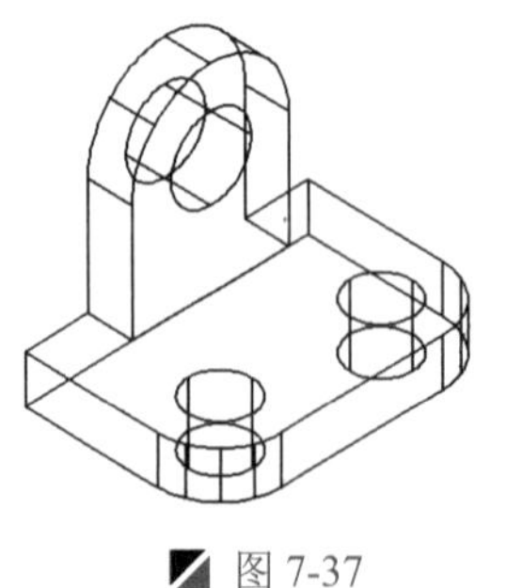

图 7-37

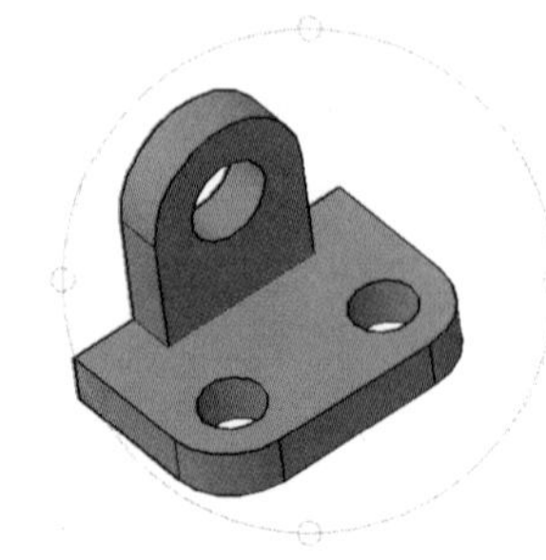

图 7-38

7.5 支撑座实体的创建

案例	支撑座实体.dwg	视频	支撑座实体的绘制.avi	时长	04'26"

创建支撑座实体对象时，在三维建模空间进行操作，主要使用 AutoCAD 的插入块、分解、面域、差集、实体拉伸和修剪等命令，其操作步骤如下：

Step 01 启动 AutoCAD 2015 软件，按<Ctrl+O>组合键，打开“机械样板.dwt”文件。

Step 02 按<Ctrl+Shift+S>组合键，将该样板文件另存为“支撑座实体.dwg”文件。

Step 03 在菜单栏中选择“视图”｜“三维视图”｜“前视”，在“图层”面板的“图层控制”下拉列表中，选择“粗实线”图层作为当前图层。

Step 04 执行“插入块”命令（I），将“案例\04\支撑座.dwg”文件插入当前视图中，如图 7-39 所示。

Step 05 执行“分解”命令（X），将插入的图块文件进行分解操作，并将“尺寸与公差”和“中心线”图层关闭。

Step 06 执行“修剪”命令（TR）和“删除”命令（E），修剪或删除多余的线段，从而保留外轮廓效果，如图 7-40 所示。

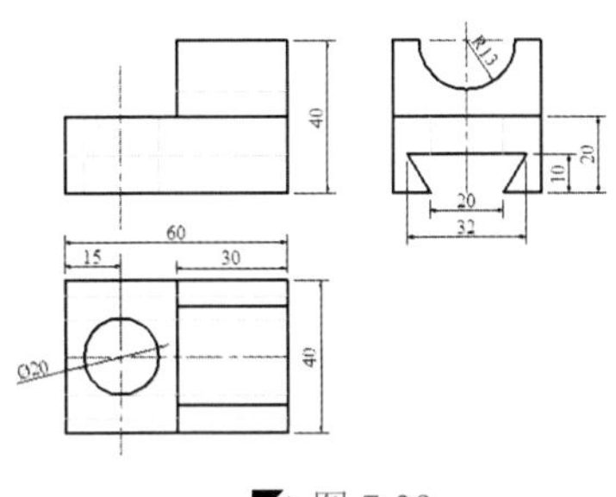

图 7-39

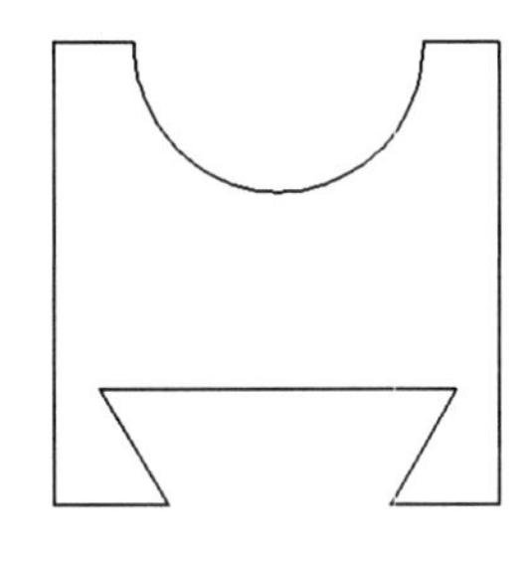

图 7-40

Step 07 切换至“东南等轴测”，执行“面域”命令（REG），将图形中的所有轮廓对象进行面域操作，如图 7-41 所示。

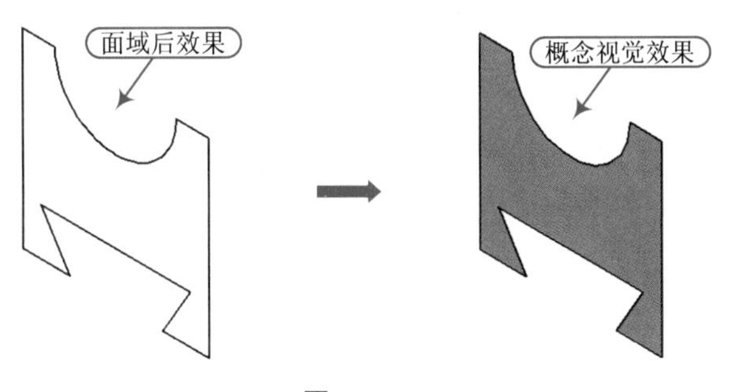

图 7-41

Step 08 单击“实体”面板中的“拉伸”按钮，其快捷键（EXT），选择上一步面域对象拉伸 60mm，如图 7-42 所示。

Step 09 执行“长方体”命令（BOX），按如下命令行提示，设置其相应参数，创建长方体对象，如图 7-43 所示。

读书破万卷

```
命令: _box                                      \\ 执行“长方体”命令
指定第一个角点或 [中心(C)]:                      \\ 指定第一角点
指定其他角点或 [立方体(C)/长度(L)]: L            \\ 选择“长度（L)”选项
指定长度: 30                                    \\ 输入长度值“30”
指定宽度: 20                                    \\ 输入宽度值“20”
指定高度或 [两点(2P)] <40.000>: 40              \\ 输入高度值“40”
```

Step 10 在“实体”选项卡的“布尔值”面板中单击“差集”按键◎，其快捷键（SU），对图形中的两个实体进行差集运算操作，如图 7-44 所示。

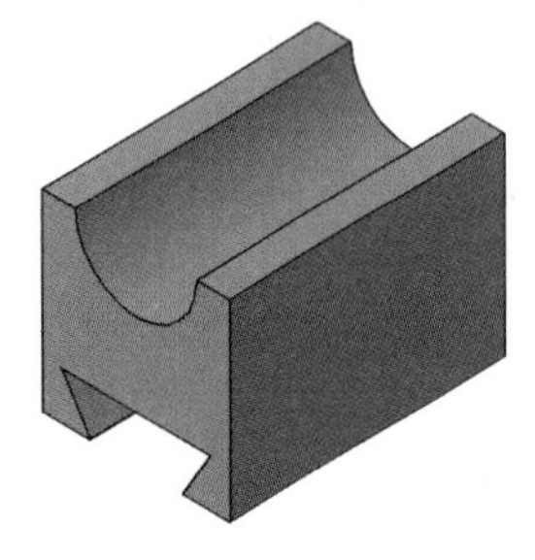

图 7-42

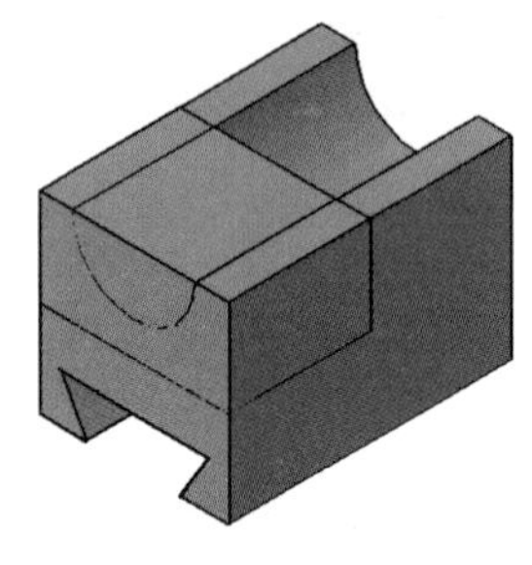

图 7-43

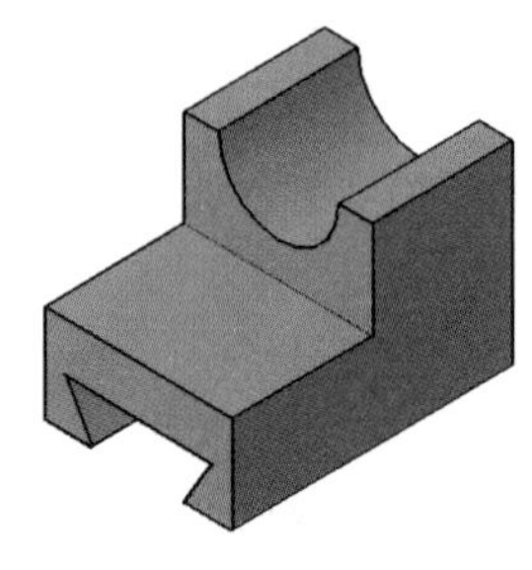

图 7-44

Step 11 切换至“俯视”，执行“构造线”命令（XL），过下侧矩形对象的中点绘制一条水平和垂直的构造线，将其转为“中心线”图层；再执行“圆”命令（C），以绘制的中心线的交点作为圆心点，绘制半径为 10mm 的圆，如图 7-45 所示。

技巧：同一个面上

用户在绘制构造线和圆对象时，应将当前 UCS 坐标平面（XY）与指定的平面在一个面上，否则所绘制的对象不在同一个面上。

Step 12 切换至“东南等轴测”，执行“面域”命令（REG），将上一步绘制的圆对象轮进行面域操作，如图 7-46 所示。

提示：动态观察的运用

用户在实体中创建新的对象时，如果对它的轴测投影方向不便于捕捉，或有其他不方便，这时最好用“动态观察”工具。

Step 13 单击“实体”面板中的 “拉伸”按钮⊡，其快捷键（EXT），选择上一步面域对象向上进行拉伸 10mm，如图 7-47 所示。

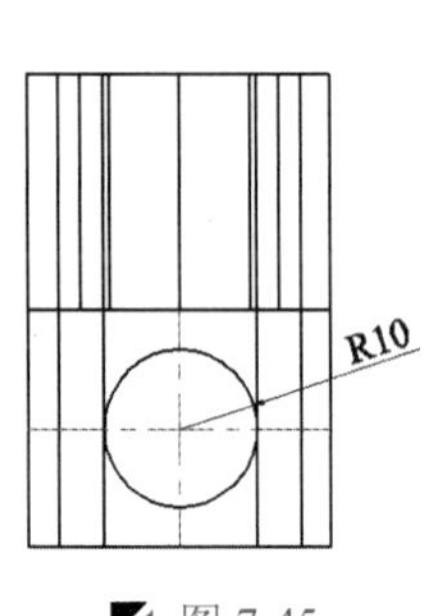

图 7-45

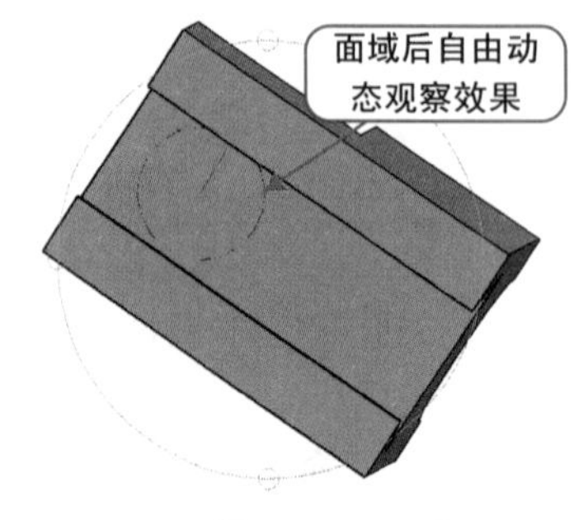

图 7-46

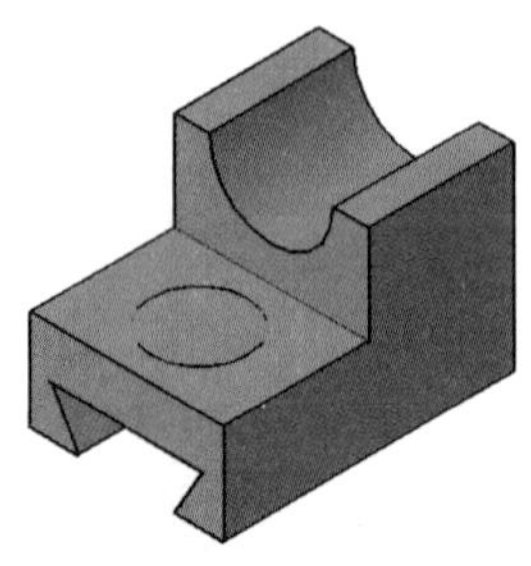

图 7-47

Step 14 在“实体”选项卡的“布尔值”面板中单击“差集”按键，其快捷键（SU），对图形中的两个实体进行差集运算操作，如图 7-48 所示。

Step 15 选择“视图”选项卡的“二维导航”面板中单击“自由动态观察”按钮，便于观察图形，如图 7-49 所示。

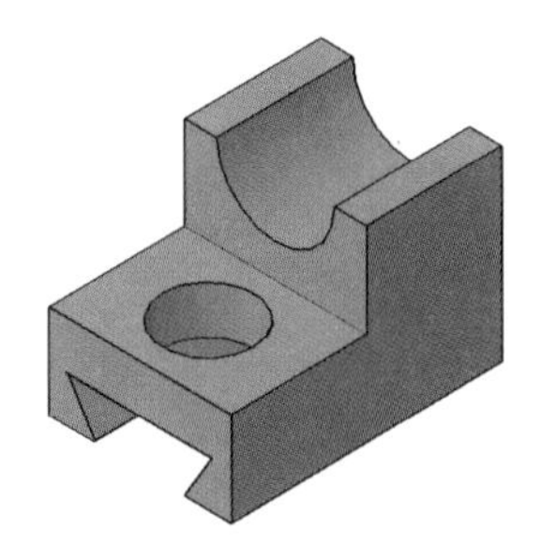

图 7-48

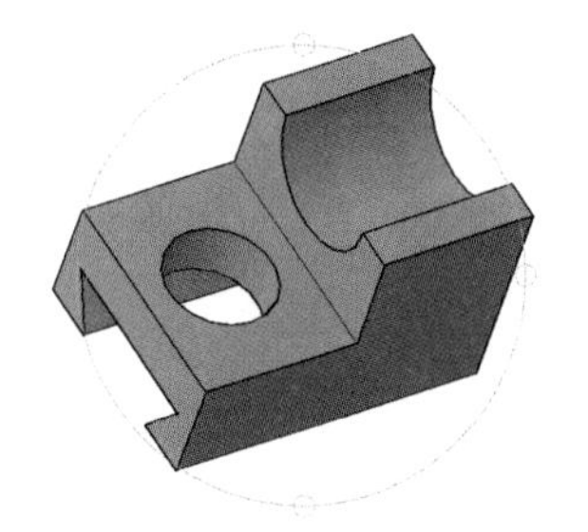

图 7-49

Step 16 至此，该支撑座实体的图形已经创建完成，按<Ctrl+S>组合键对其进行保存。

7.6 转接管实体的创建

案例	转接管实体.dwg	视频	转接管实体的绘制.avi	时长	06'29"

创建转接管实体对象时，在三维建模空间进行操作，主要使用 AutoCAD 的插入块、圆、直线，面域、差集、并集、实体拉伸和修剪等命令，其操作步骤如下。

Step 01 启动 AutoCAD 2015 软件，按<Ctrl+O>组合键，打开“机械样板.dwt”文件。

Step 02 按<Ctrl+Shift+S>组合键，将该样板文件另存为“转接管实体.dwg”文件。

Step 03 在菜单栏中选择“视图”｜“三维视图”｜“俯视”，在“图层”面板的“图层控制”下拉列表中，选择“粗实线”图层作为当前图层。

Step 04 执行“插入块”命令（I），将“案例\04\转接管.dwg”文件插入当前视图中，如图 7-50 所示。

Step 05 执行“分解”命令（X），将插入的图块文件进行分解操作；并将“尺寸与公差”和“中心线”图层关闭。

Step 06 执行“修剪”命令（TR）和“删除”命令（E），将多余的对象进行修剪和删除操作，并将图形内部的两圆和两侧的的对象转为“辅助线”图层，如图 7-51 所示。

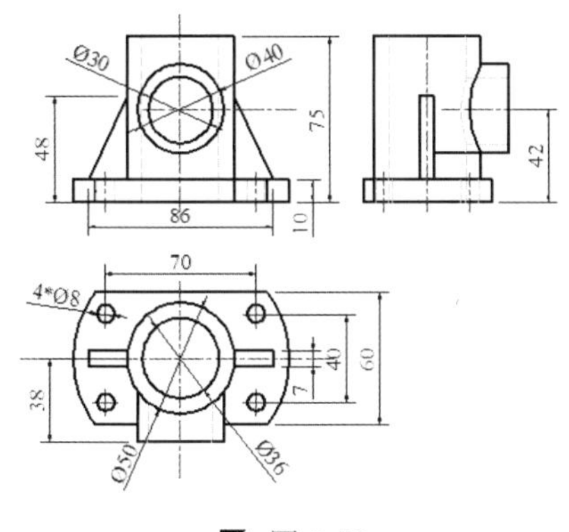

图 7-50

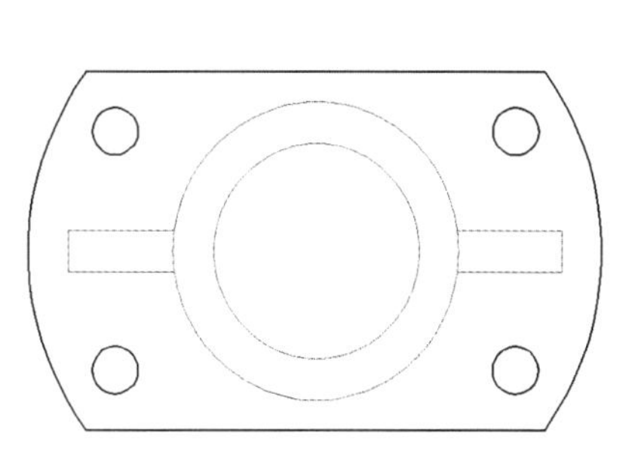

图 7-51

Step 07 将“辅助线”图层关闭，切换至“东南等轴测”，执行“面域”命令（REG），将图形中的所有轮廓进行面域操作，如图 7-52 所示。

Step 08 单击“实体”面板中的 “拉伸”按钮，其快捷键（EXT），选择上一步面域对象向下拉伸 10mm，如图 7-53 所示。

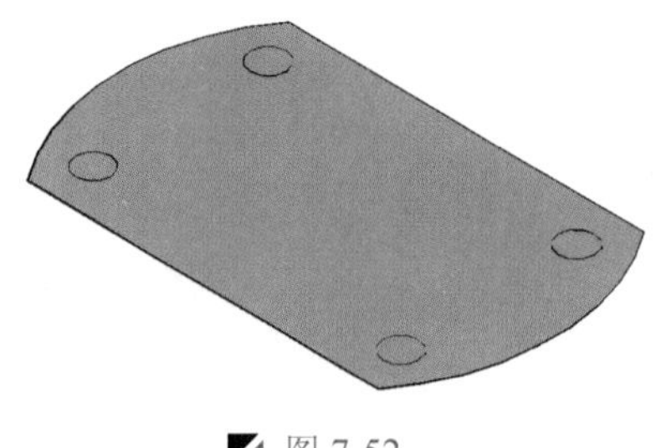

图 7-52

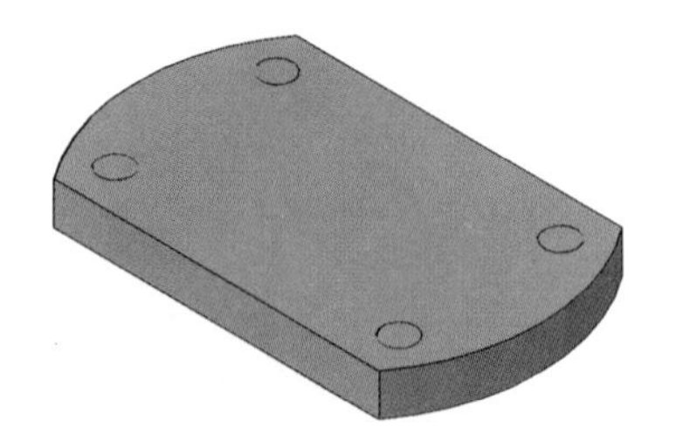

图 7-53

Step 09 在“实体”选项卡的“布尔值”面板中单击“差集”按键，其快捷键（SU），对图形中的两个实体进行差集运算操作，如图 7-54 所示。

Step 10 打开“辅助线”图层，单击“实体”面板中的 “拉伸”按钮，其快捷键（EXT），选择两个辅助圆对象向上拉伸 75mm，如图 7-55 所示。

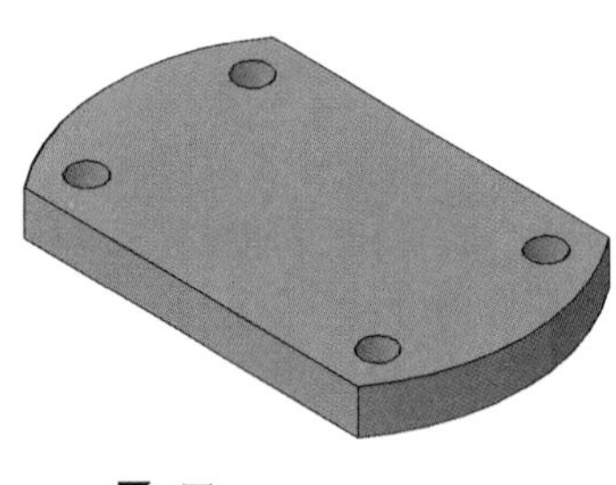

图 7-54

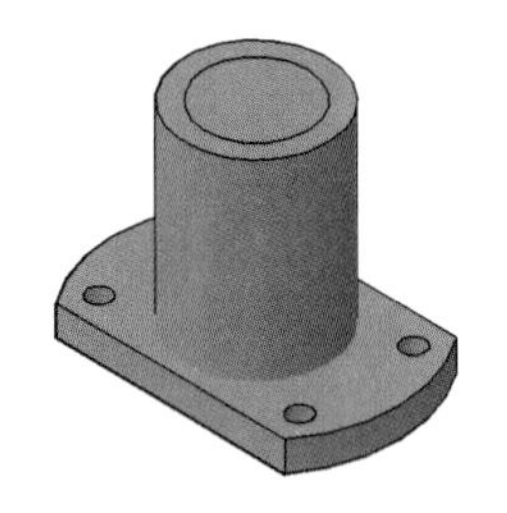

图 7-55

Step 11 切换至“前视”，打开“中心线”图层，执行“构造线”命令（XL），过图形的中心绘制一条垂直构造线，过图形下侧的水平线绘制一条水平构造线并将其偏移 42mm，将绘制的两条构造线转为“中心线”图层。

Step 12 执行“圆”命令（C），捕捉中心线的交点作为圆心，绘制直径为 30mm 和 40mm 的同心圆，如图 7-56 所示。

Step 13 执行“偏移”命令（O），将中侧垂直中心线向左右两侧各偏移 22mm、43mm，将下侧水平中心线向上偏移 48mm；再执行“直线”命令（L），捕捉相应的点进行直线连接，如图 7-57 所示。

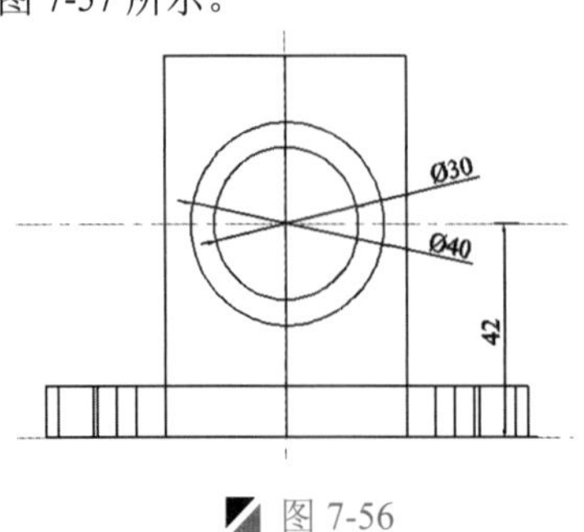

图 7-56

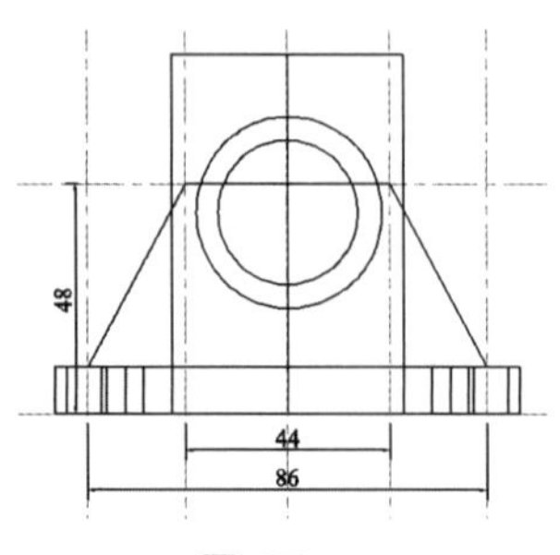

图 7-57

Step 14 切换至“东南等轴测”，执行“面域”命令（REG），将上一步形成的圆、直线段对象进行面域操作；再执行“移动”命令（M），将面域的对象向中间移动 30mm，如图 7-58 所示。

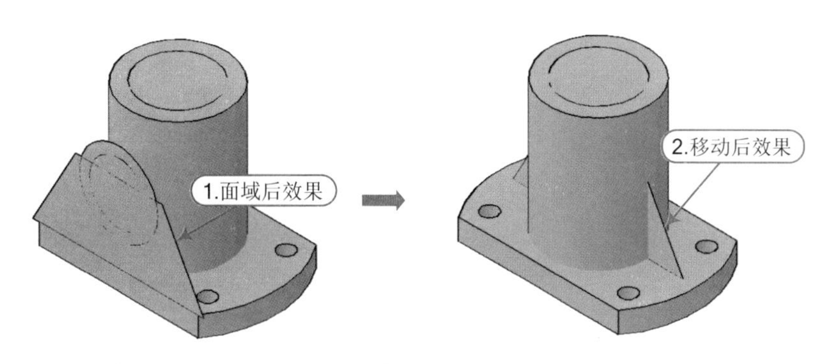

图 7-58

Step 15 单击“实体”面板中的 “拉伸”按钮，其快捷键（EXT），选择偏移的圆面域对象向外进行拉伸 38mm，如图 7-59 所示。

Step 16 执行“移动”命令（M），将另一个面域对象向一侧移动 3.5mm；再执行“拉伸”命令（EXT），选择移动的面域对象向另一侧进行拉伸 7mm，如图 7-60 所示。

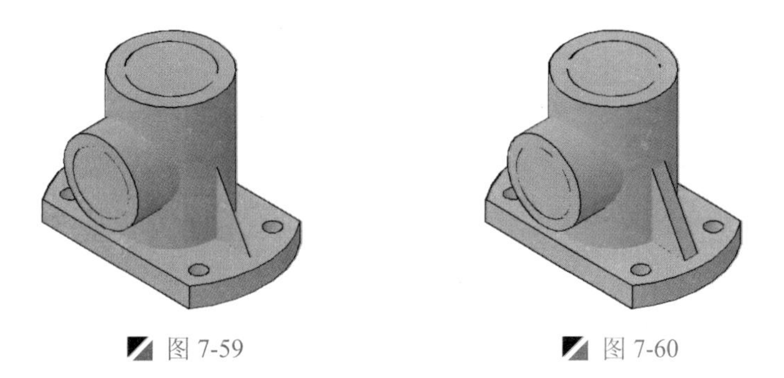

图 7-59　　图 7-60

提示：移动时打开正交

在移动对象时，这时最好按<F8>键打开“正交”模式。

Step 17 单击“布尔值”面板中“并集”按钮，其快捷键（UNI），将上一步拉伸的实体、两个大圆柱实体和最下侧的实体进行并集操作，从而形成一个整体，如图 7-61 所示。

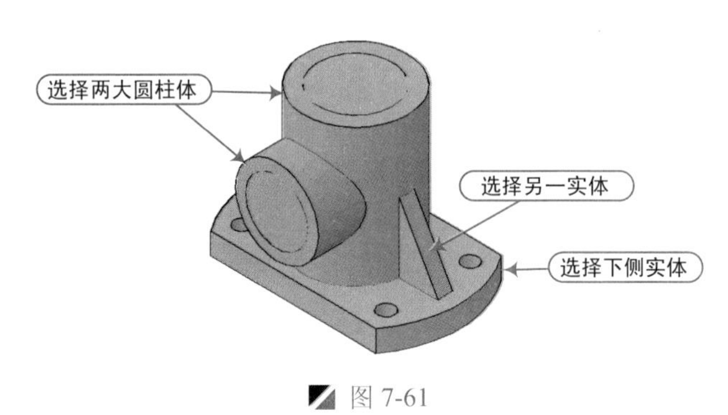

图 7-61

读书破万卷

Step 18 在“实体”选项卡的“布尔值”面板中单击“差集”按键，其快捷键（SU），将上一步并集实体与一个小圆进行差集运算操作，如图 7-62 所示。

Step 19 按<空格键>执行上一步命令，将并集实体与另一个小圆进行差集运算操作，从而完成转接管实体效果，如图 7-63 所示。

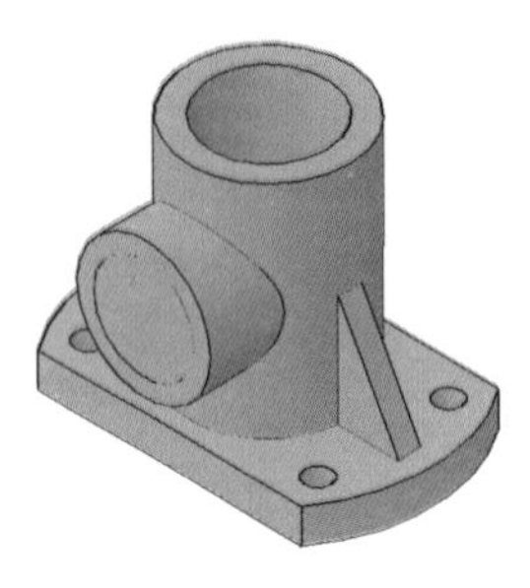

图 7-62

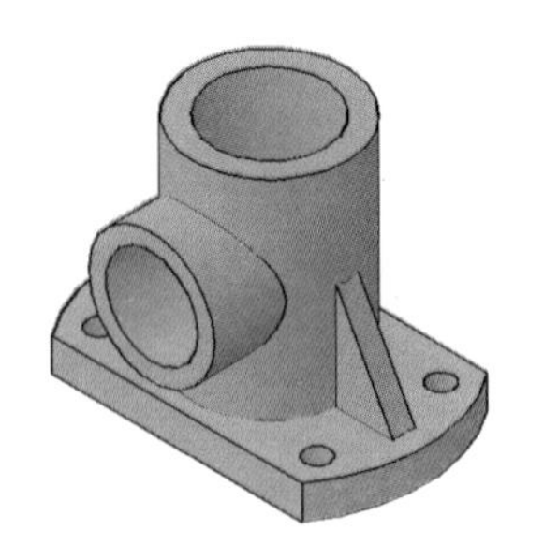

图 7-63

提示：差集后形成的整体

由于前面差集运算的对象虽然看上去为两个实体对象，但实质上为一个整体，当选择其中一个实体对象时，则另一个实体将随着被选中。

Step 20 选择“视图”选项卡的“二维导航”面板，单击“自由动态观察”按钮，便于观察图形，如图 7-64 所示。

自由动态观察效果

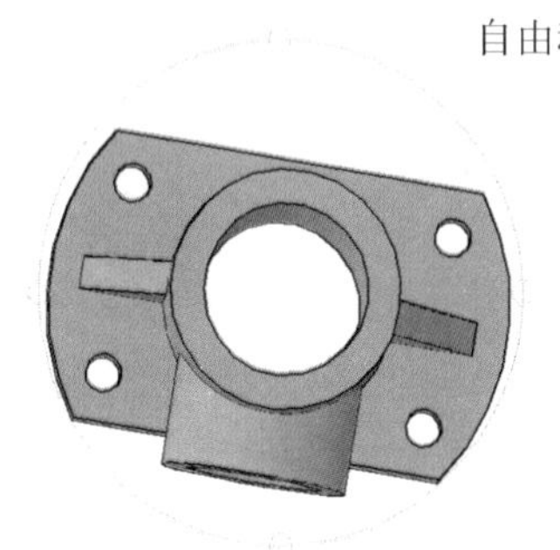

图 7-64

Step 21 至此，该转接管实体的图形已经创建完成，按<Ctrl+S>组合键对其进行保存。

7.7 泵盖实体的创建

案例	泵盖实体.dwg	视频	泵盖实体的绘制.avi	时长	04'48"

创建泵盖实体对象时，在三维建模空间进行操作，主要使用 AutoCAD 的插入块、面域、差集、实体拉伸和修剪等命令，其操作步骤如下。

Step 01 启动 AutoCAD 2015 软件，按<Ctrl+O>组合键，打开“机械样板.dwt”文件。

Step 02 按<Ctrl+Shift+S>组合键，将该样板文件另存为“泵盖实体.dwg”文件。

Step 03 在菜单栏中选择“视图”|“三维视图”|“俯视”，在“图层”面板的“图层控制”下拉列表中，选择“粗实线”图层作为当前图层。

Step 04 执行“插入块”命令（I），将“案例\3\泵盖.dwg”文件插入当前视图中，如图 7-65 所示。

Step 05 执行“分解”命令（X），将插入的图块文件进行分解操作；将相应的图形进行图层转换操作，并将“尺寸与公差”和“中心线”图层关闭，如图 7-66 所示。

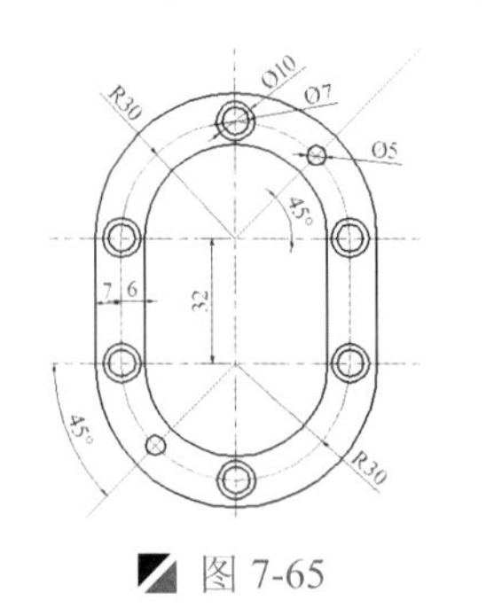

图 7-65

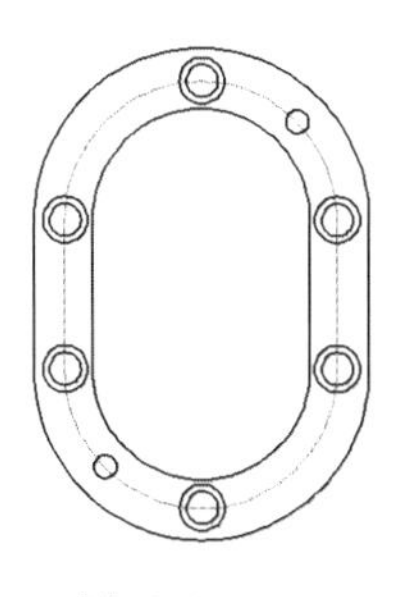

图 7-66

Step 06 切换至“西南等轴测”，单击“实体”面板中的“拉伸”按钮，其快捷键（EXT），将外轮廓向 Z 轴方向进行拉伸 11mm，如图 7-67 所示。

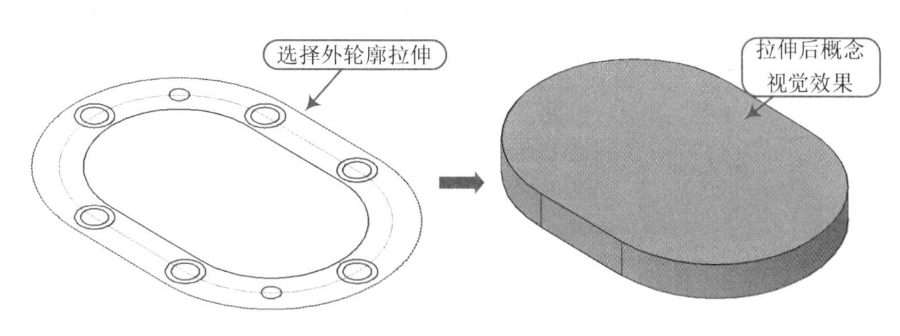

图 7-67

Step 07 按<空格键>重复上一步命令，将内轮廓向 Z 轴方向进行拉伸 20mm，如图 7-68 所示。

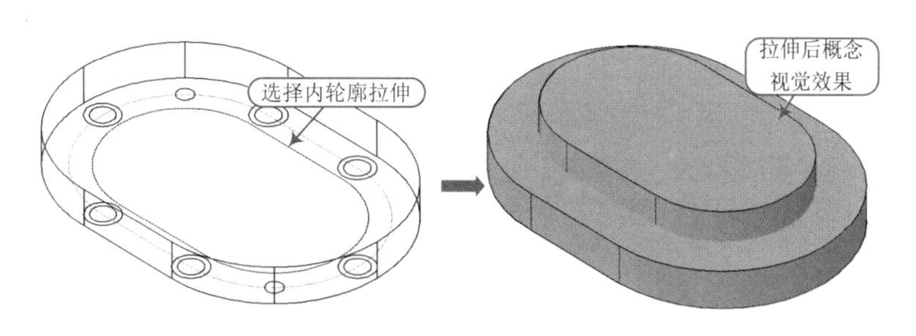

图 7-68

Step 08 单击“布尔值”面板中“并集”按钮，其快捷键（UNI），将拉伸两个实体进行并集操作，从而形成一个整体，如图 7-69 所示。

Step 09 单击“实体”面板中的 “拉伸”按钮，其快捷键（EXT），将 6 个内圆向 Z 轴方向进行拉伸 14mm，如图 7-70 所示。

Step 10 在“实体”选项卡的“布尔值”面板中单击“差集”按键，其快捷键（SU），将外部轮廓与内部拉伸的圆柱对象进行差集运算操作，如图 7-71 所示。

读书破万卷

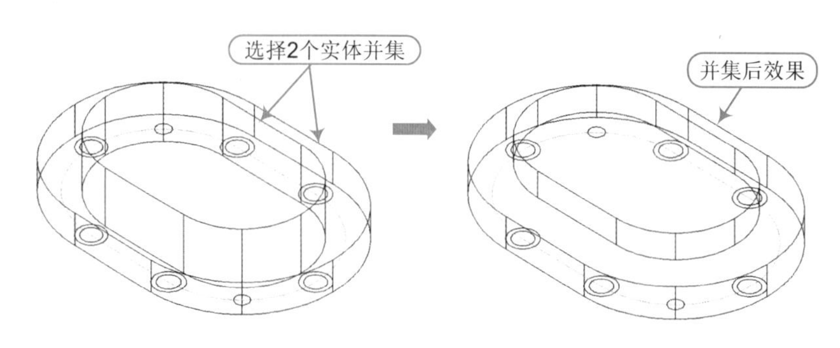

图 7-69

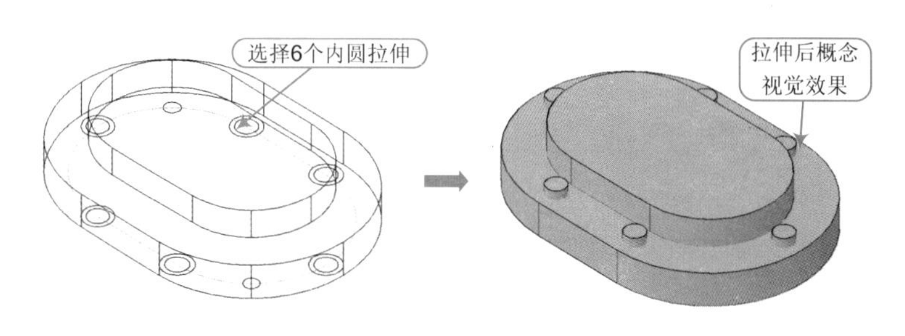

图 7-70

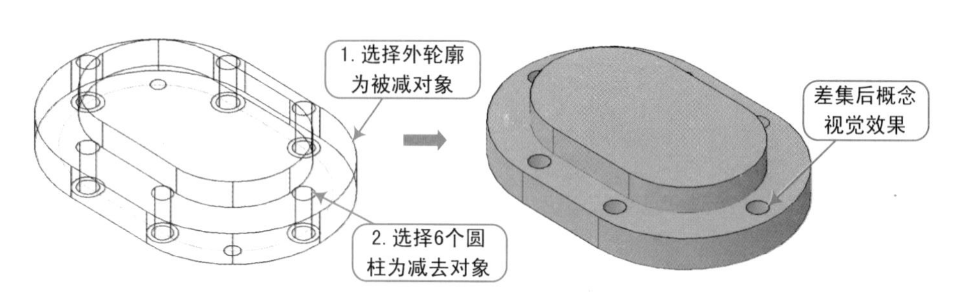

图 7-71

Step 11 执行“移动”命令（M），将外侧的 6 个圆向上移动 11mm；再执行“拉伸”命令（EXT），将移动的 6 个圆对象向下拉伸 4mm，如图 7-72 所示。

Step 12 在“实体”选项卡的“布尔值”面板中单击“差集”按键，其快捷键（SU），将外部轮廓与内部拉伸的圆柱对象进行差集运算操作，从而形成锪孔效果，如图 7-73 所示。

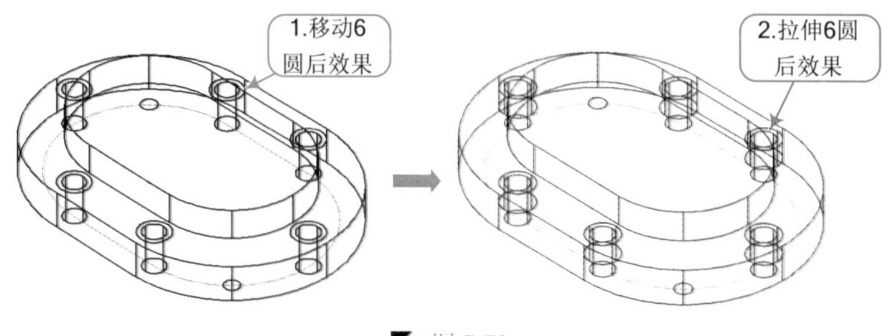

图 7-72

专业技能：锪孔的介绍

锪孔是沉孔的一种特殊形式，是在同心圆柱上的一端进行扩大且内壁与水平面成90°夹角的孔。

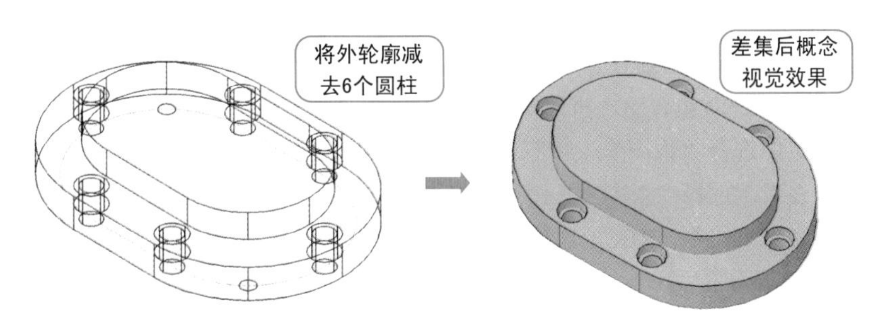

图 7-73

Step 13 单击“实体”面板中的 “拉伸”按钮，其快捷键（EXT），将图形中的另外两个圆向Z轴方向拉伸14mm，如图7-74所示。

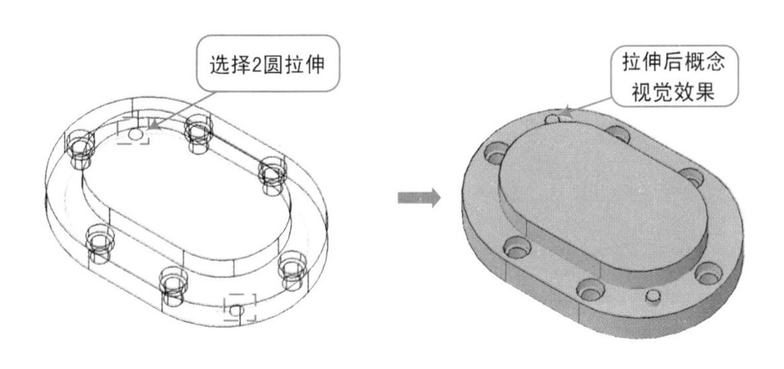

图 7-74

Step 14 在“实体”选项卡的“布尔值”面板中单击“差集”按键，其快捷键（SU），将外部轮廓与内部拉伸的两圆柱对象进行差集运算操作，如图7-75所示。

Step 15 在“实体”选项卡的“实体编辑”面板中单击“圆角边”按键，设置圆角半径为3mm，选择相应的边轮廓进行倒圆角，从而完成泵盖的创建，如图7-76所示。

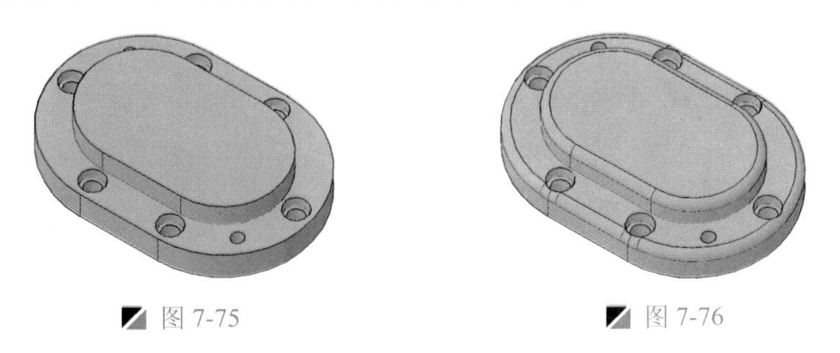

图 7-75　　图 7-76

Step 16 至此，该泵盖实体的图形已经创建完成，按<Ctrl+S>组合键对其进行保存。

读书破万卷

7.8 轴承盖实体的创建

案例	轴承盖实体.dwg	视频	轴承盖实体的绘制.avi	时长	08'32"

创建轴承盖实体对象时，在三维建模空间进行操作，主要使用 AutoCAD 的圆、矩形、面域、差集、实体拉伸和修剪等命令，其操作步骤如下。

Step 01 启动 AutoCAD 2015 软件，按<Ctrl+O>组合键，打开“机械样板.dwt”文件。

Step 02 按<Ctrl+Shift+S>组合键，将该样板文件另存为“轴承盖实体.dwg”文件。

Step 03 在菜单栏中选择“视图”|“三维视图”|“前视”，在“图层”面板的“图层控制”下拉列表中，选择“粗实线”图层作为当前图层。

Step 04 执行“矩形”命令（REC），绘制 100mm×14mm 的矩形对象；再执行“构造线”命令（XL），过矩形的中点、两端点绘制一条水平和垂直构造线，并将构造线转为“中心线”图层，如图 7-77 所示。

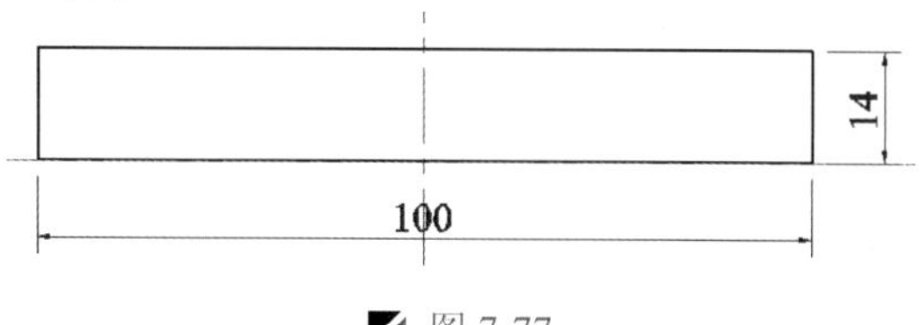

图 7-77

Step 05 执行“圆”命令（C），捕捉中心线的交点作为圆心点，绘制半径为 30mm 的同心圆，如图 7-78 所示。

Step 06 执行“修剪”命令（TR），将多余的对象进行修剪操作，如图 7-79 所示。

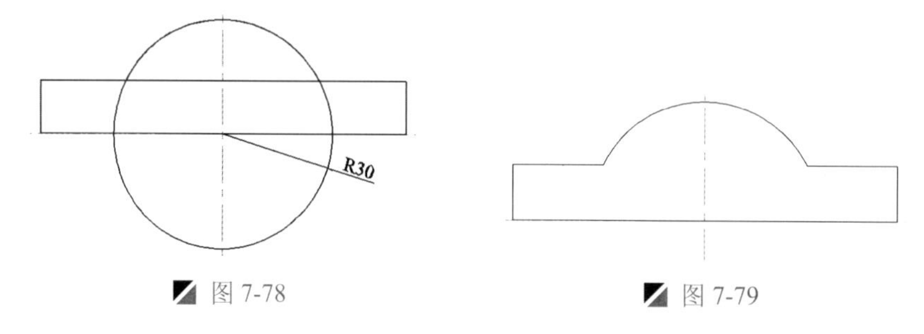

图 7-78　　图 7-79

Step 07 切换至“东南等轴测”，执行“面域”命令（REG），将图形中的所有轮廓对象进行面域操作，如图 7-80 所示。

Step 08 单击“实体”面板中的 “拉伸”按钮，其快捷键（EXT），选择上一步面域对象向 Z 轴方向拉伸 50mm，如图 7-81 所示。

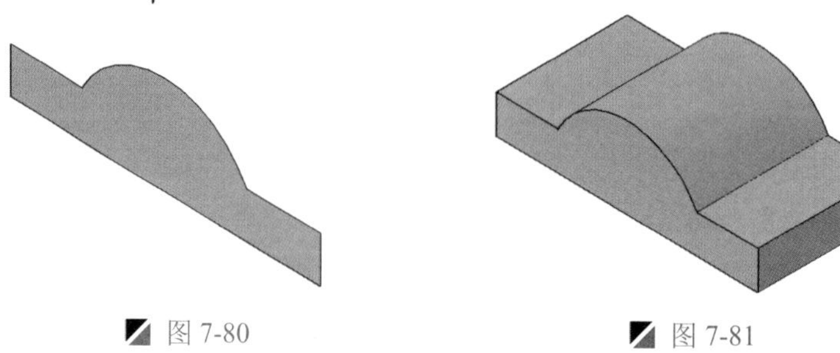

图 7-80　　图 7-81

Step 09 切换至“前视”；执行“偏移”命令（O），将水平中心向上偏移 60mm、22mm，将垂直中心线向左右各偏移 16mm，如图 7-82 所示。

Step 10 执行“圆”命令（C），捕捉相应的交点绘制直径为 18mm、32mm 的同心圆；再执行“多段线”命令（PL），捕捉相应的点绘制 2 条多线段，如图 7-83 所示。

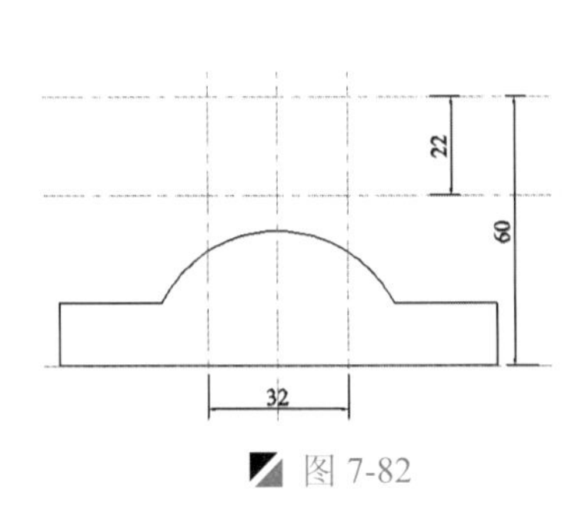

图 7-82

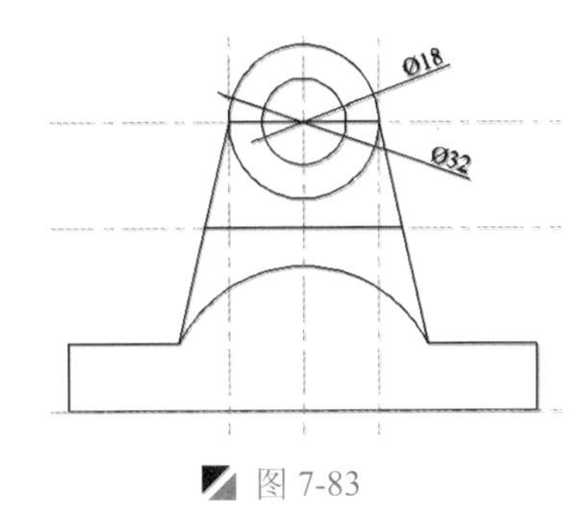

图 7-83

Step 11 切换至“东南等轴测”，执行“移动”命令（M），将绘制的多段线和圆向 Z 轴方向移动 50mm，如图 7-84 所示。

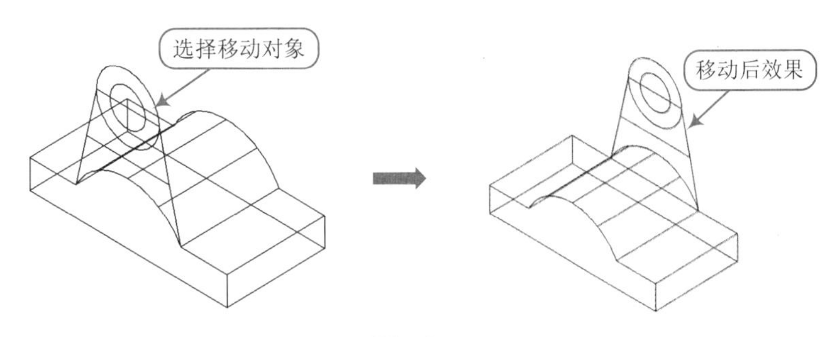

图 7-84

Step 12 执行“面域”命令（REG），将移动的所有轮廓对象进行面域操作，如图 7-85 所示。

Step 13 单击“实体”面板中的 “拉伸”按钮，其快捷键（EXT），选择下侧的面域对象向 Z 轴方向拉伸 45mm，如图 7-86 所示。

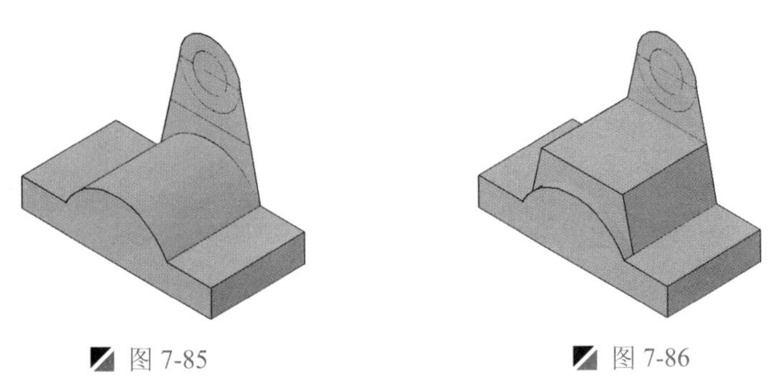

图 7-85　　图 7-86

Step 14 按<空格键>执行“拉伸”命令（EXT），选择中侧的面域对象向 Z 轴方向拉伸 15mm，如图 7-87 所示。

Step 15 按<空格键>执行“拉伸”命令（EXT），选择上侧外圆的面域对象向 Z 轴方向拉伸 18mm，如图 7-88 所示。

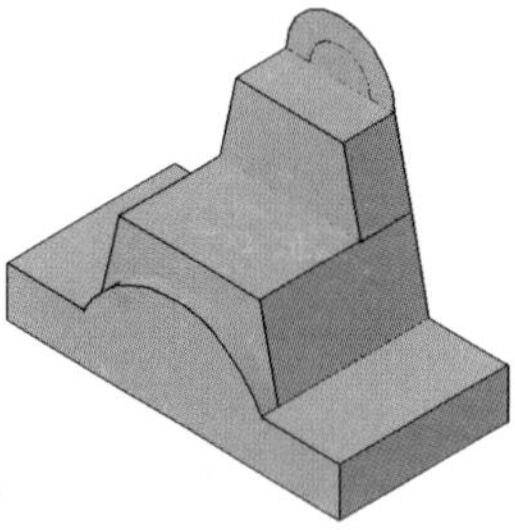

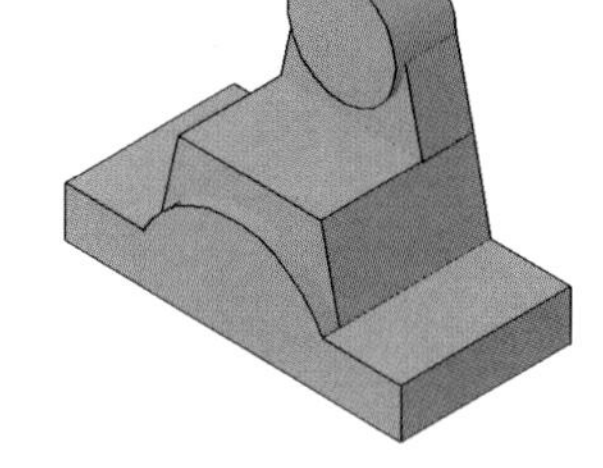

图 7-87

图 7-88

Step 16 切换至“俯视”，执行“偏移”命令（O），将水平中心线向上偏移 20mm、25mm，将垂直中心线向左右各偏移 38mm，如图 7-89 所示。

Step 17 执行“圆”命令（C），捕捉相应的交点作为圆心，绘制半径为 6mm、8mm 的 3 个圆对象；再执行“直线”命令（L），捕捉相应的点进行直线连接，并将多余的圆弧对象进行修剪操作，如图 7-90 所示。

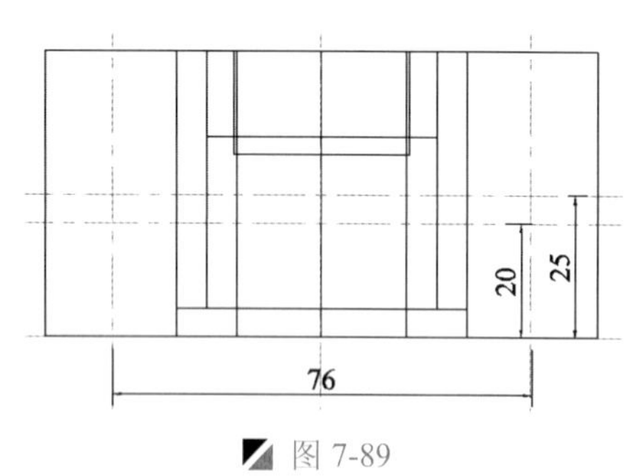

图 7-89

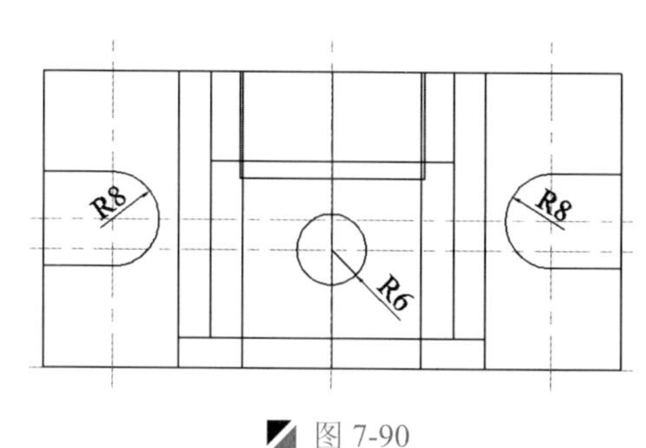

图 7-90

Step 18 切换至“东南等轴测”，关闭“中心线”图层，执行“面域”命令（REG），将上一步绘制的所有轮廓对象进行面域操作，如图 7-91 所示。

Step 19 执行“拉伸”命令（EXT），选择两侧的两个面域对象向 Z 轴方向拉伸 14mm，如图 7-92 所示。

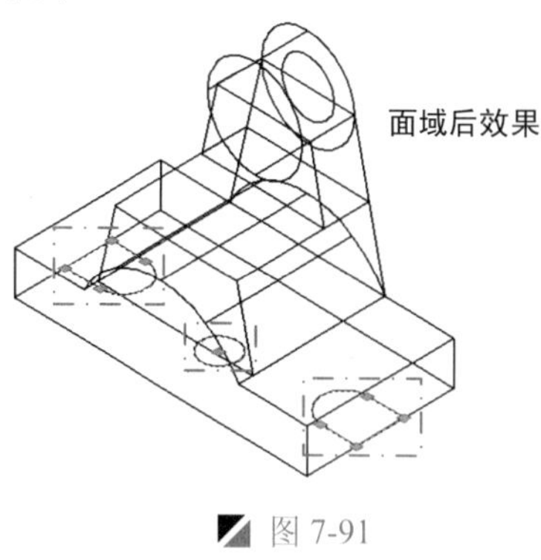

图 7-91

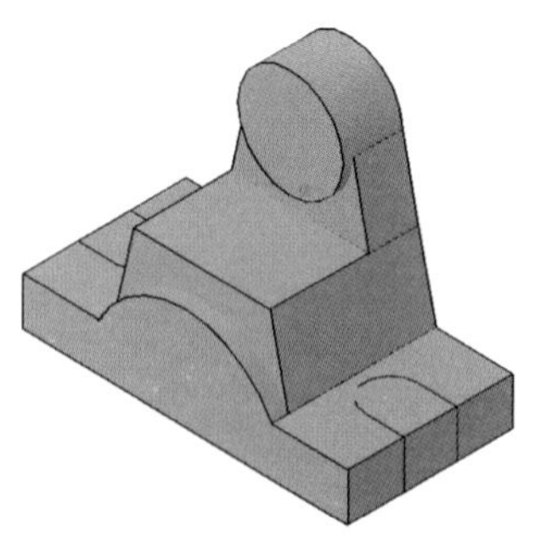

图 7-92

Step 20 在“实体”选项卡的“布尔值”面板中单击“差集”按键，其快捷键（SU），将下侧外部轮廓实体与拉伸的两个实体对象进行差集运算操作，如图 7-93 所示。

Step 21 单击“布尔值”面板中“并集”按钮，其快捷键（UNI），将图形中的所用实体进行并集操作，从而形成一个整体，如图 7-94 所示。

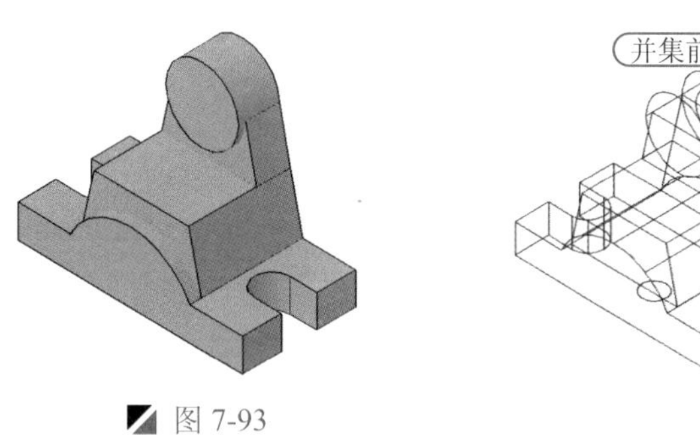

图 7-93

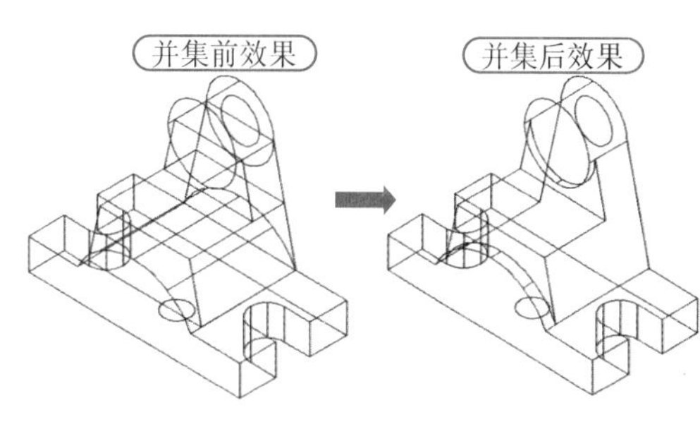

图 7-94

Step 22 执行“拉伸”命令（EXT），选择圆面域对象向 Z 轴方向拉伸 38mm，如图 7-95 所示。

Step 23 执行“拉伸”命令（EXT），选择另一个圆面域对象向 Z 轴方向拉伸 18mm，如图 7-96 所示。

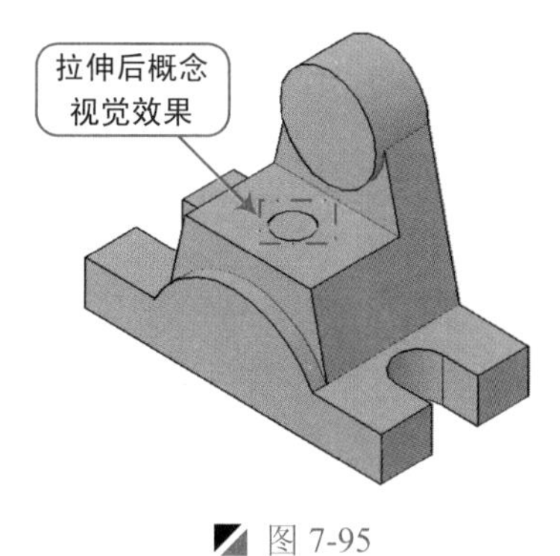

图 7-95

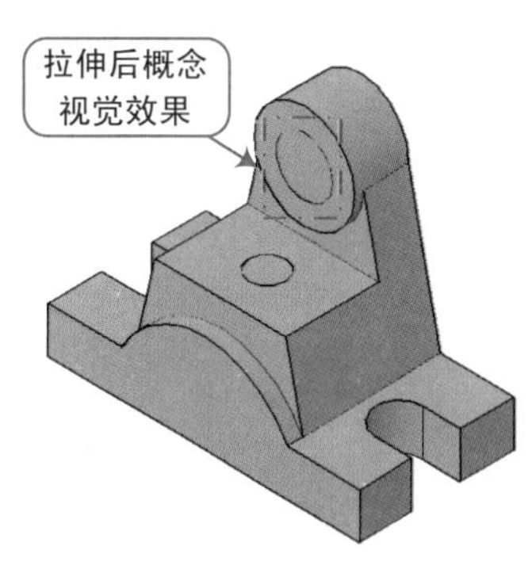

图 7-96

Step 24 执行“差集”命令（SU），将外部轮廓实体与圆柱实体对象进行差集运算操作，如图 7-97 所示。

Step 25 执行“差集”命令（SU），将外部轮廓实体与另一个圆柱实体对象进行差集运算操作，如图 7-98 所示。

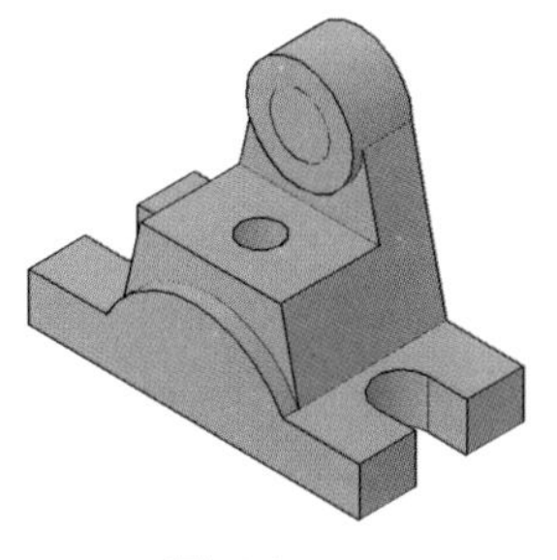

图 7-97

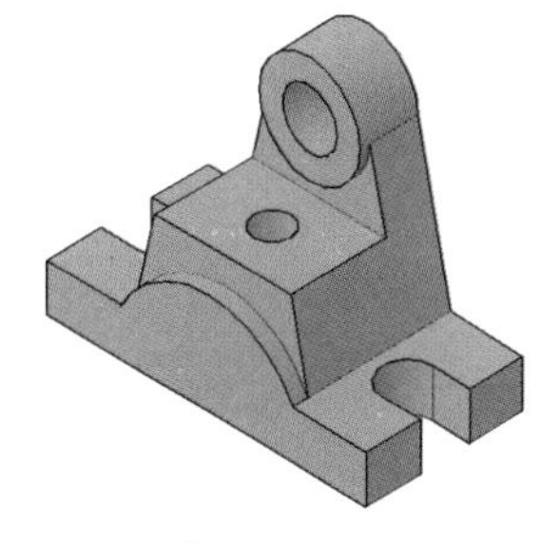

图 7-98

Step 26 切换至“前视”，打开“中心线”图层，执行“圆”命令（C），捕捉的相应的点作圆心，绘制半径为 18mm 的圆对象，如图 7-99 所示。

Step 27 执行“直线”命令（L），捕捉相应的点进行直接连接；再执行“修剪”命令（TR），将多余的圆弧对象进行修剪操作，如图 7-100 所示。

技巧：半圆拉伸前面域

此处在拉伸半圆实体对象之前，一定要事先将其半圆对象执行面域操作，否则所拉伸的对象只能为曲面对象。

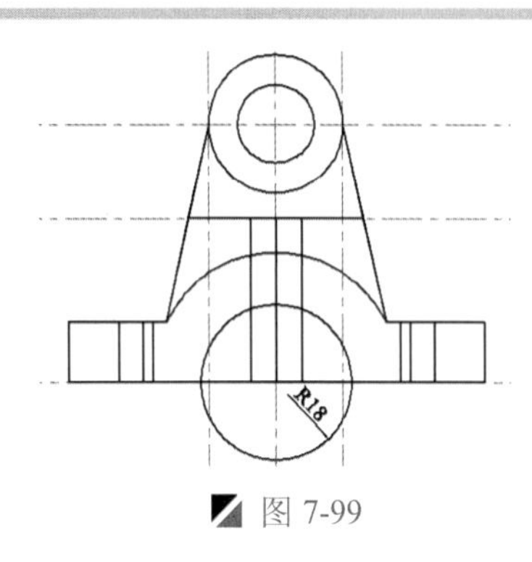

图 7-99

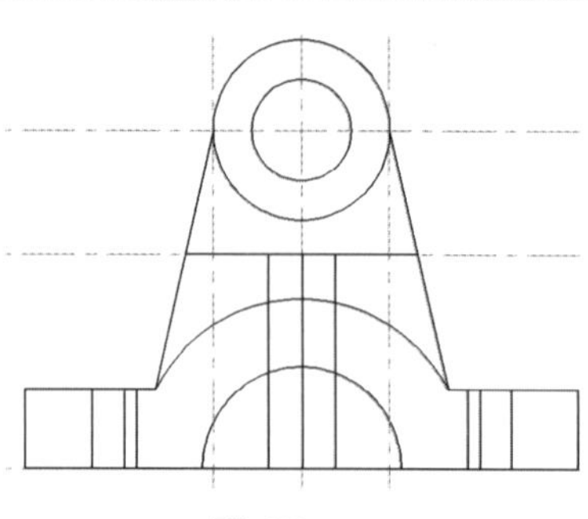

图 7-100

Step 28 切换至“东南等轴测”，关闭“中心线”图层，执行“面域”命令（REG），将上一步绘制的圆弧和直线对象进行面域操作，如图 7-101 所示。

Step 29 执行“拉伸”命令（EXT），选择上一步面域对象向 Z 轴方向拉伸 50mm，如图 7-102 所示。

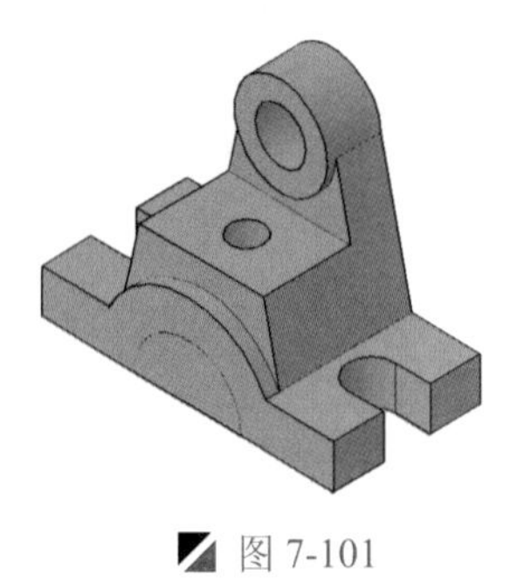

图 7-101

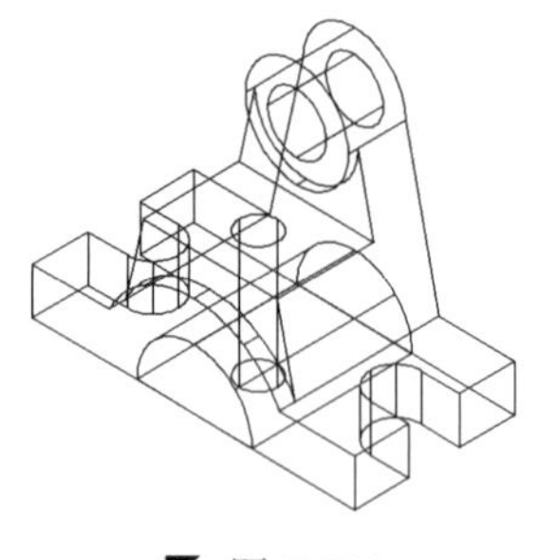

图 7-102

Step 30 执行“差集”命令（SU），将外部轮廓实体与拉伸的实体对象进行差集运算操作，如图 7-103 所示。

Step 31 选择“视图”选项卡的“二维导航”面板中单击“自由动态观察”按钮，便于观察图形，如图 7-104 所示。

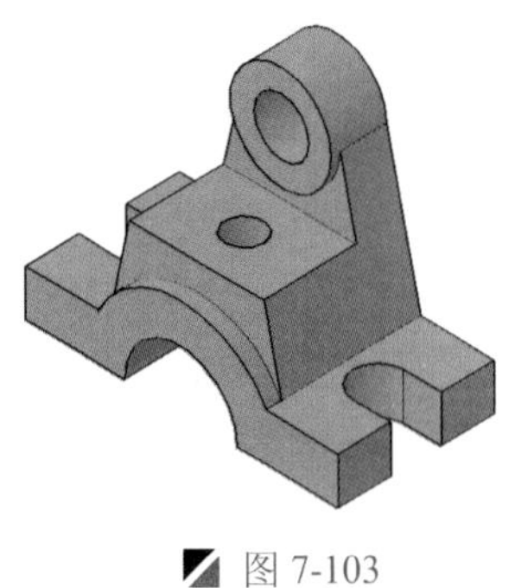

图 7-103

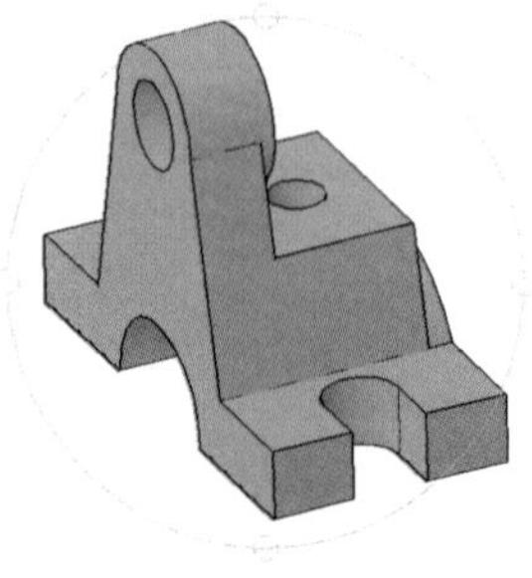

图 7-104

Step 32 至此，该轴承盖实体的图形创建完成，按<Ctrl+S>组合键对其进行保存。

软件知识：视觉样式

在绘制三维实体时，为了更方便地观察图形，在“视图”选项卡的“视觉样式”面板中单击“视觉样式”控制框，即可看到系统提供的视觉样式效果，如图 7-105 所示。

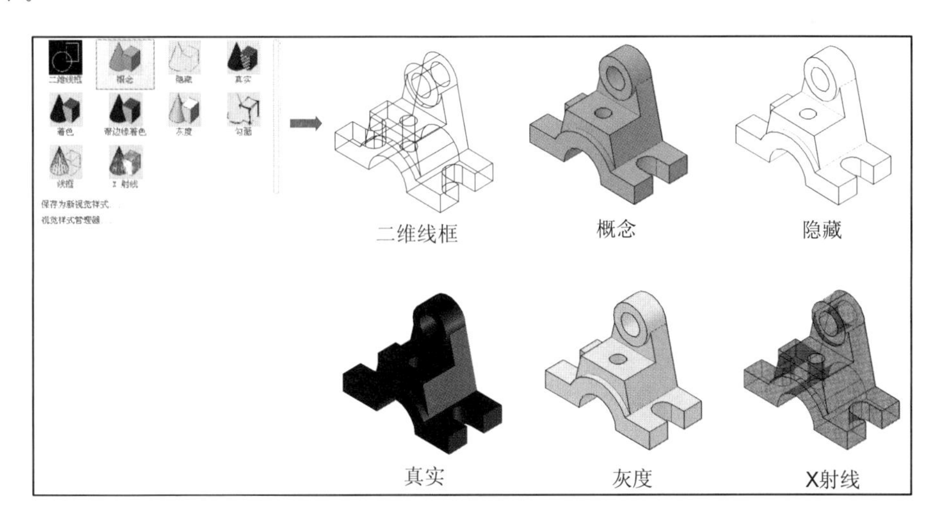

图 7-105

7.9 支撑杆实体的创建

案例	支撑杆实体.dwg	视频	支撑杆实体的绘制.avi	时长	16'30"

创建支撑杆实体对象时，在三维建模空间进行操作，主要使用 AutoCAD 的圆、矩形、面域、差集、实体拉伸和修剪等命令，其操作步骤如下。

Step 01 启动 AutoCAD 2015 软件，按<Ctrl+O>组合键，打开“机械样板.dwt”文件。

Step 02 按<Ctrl+Shift+S>组合键，将该样板文件另存为“支撑杆实体.dwg”文件。

Step 03 在菜单栏中选择“视图”｜“三维视图”｜“前视”，在“图层”面板的“图层控制”下拉列表中，选择“粗实线”图层作为当前图层。

Step 04 执行“矩形”命令（REC），绘制 23mm×14mm 的矩形对象；再执行“圆”命令（C），捕捉矩形右上角端点作为圆心，绘制半径为 4mm、8mm 的同心圆，如图 7-106 所示。

Step 05 执行“圆角”命令（F），对矩形右下角进行圆角操作，其半径为 12mm，如图 7-107 所示。

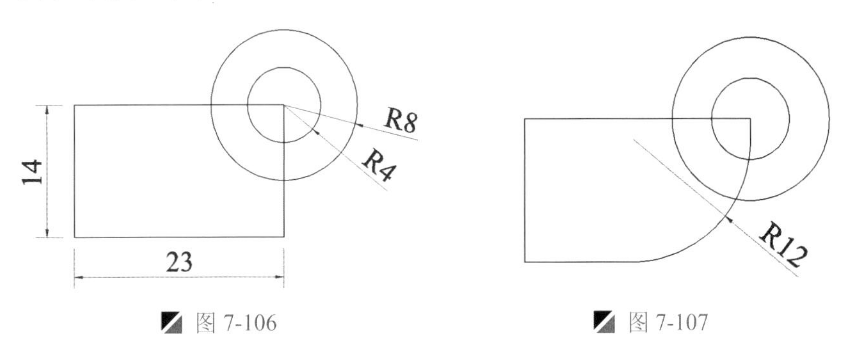

图 7-106　　图 7-107

Step 06 执行“修剪”命令（TR），将多余的对象进行修剪操作，如图 7-108 所示。

Step 07 执行“面域”命令（REG），将图中所有轮廓对象进行面域操作。

Step 08 切换至“东南等轴测”，单击“实体”面板中的 “拉伸”按钮，其快捷键（EXT），选择上一步面域对象向 Z 轴方向拉伸 24mm，如图 7-109 所示。

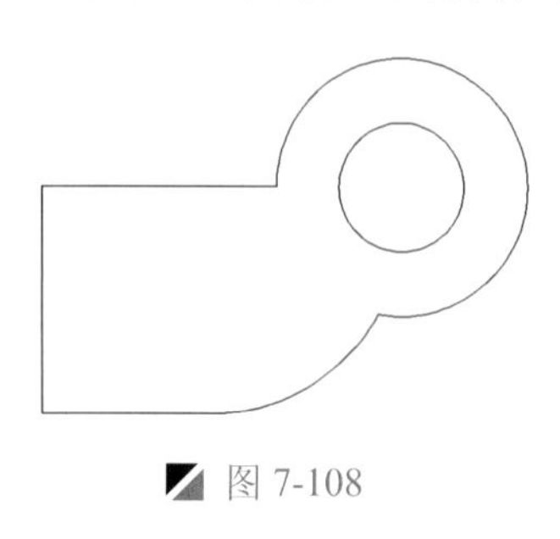

图 7-108

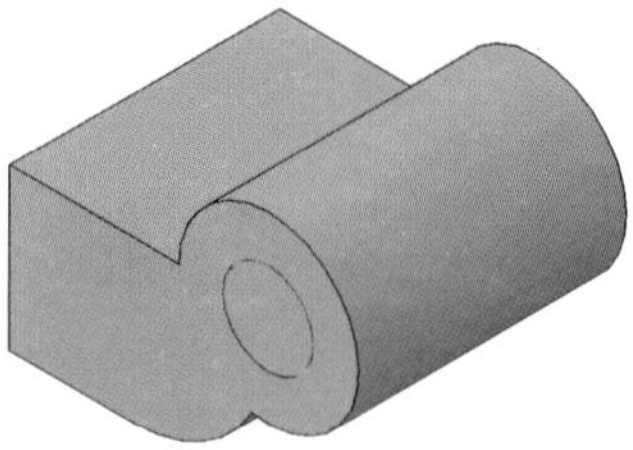

图 7-109

Step 09 执行“差集”命令（SU），将外部轮廓实体与圆柱实体对象进行差集运算操作，如图 7-110 所示。

Step 10 切换至“前视”，执行“直线”命令（L），过圆的象限点绘制一条水平和垂直的线段，如图 7-111 所示。

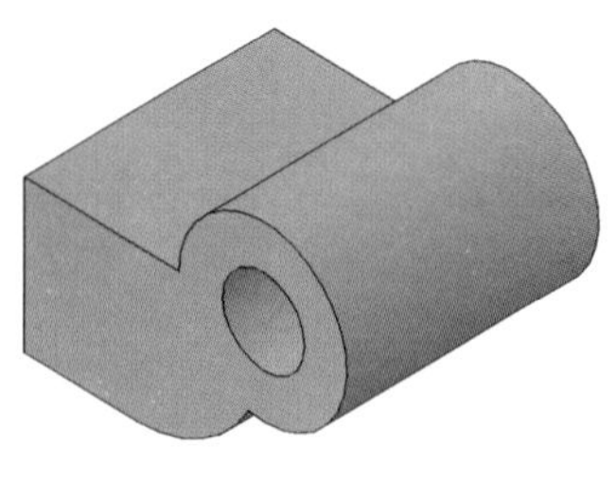

图 7-110

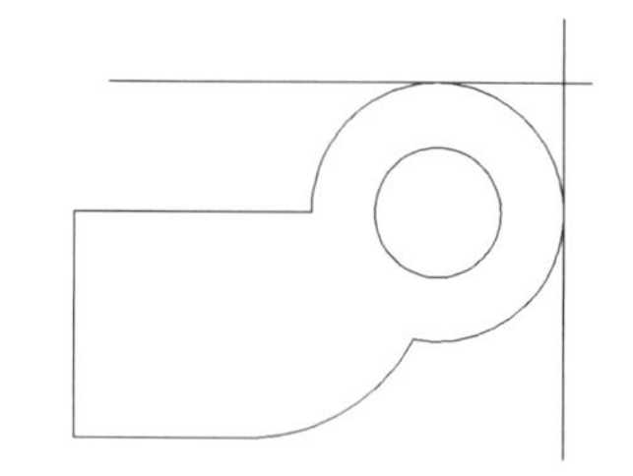

图 7-111

Step 11 执行“偏移”命令（O），将绘制的水平线段向下偏移 22mm，将垂直线段向左偏移 23mm；再执行“修剪”命令（TR），将多余的对象进行修剪操作，如图 7-112 所示。

Step 12 切换至“东南等轴测”，执行“面域”命令（REG），将上一步形成的矩形对象进行面域操作，如图 7-113 所示。

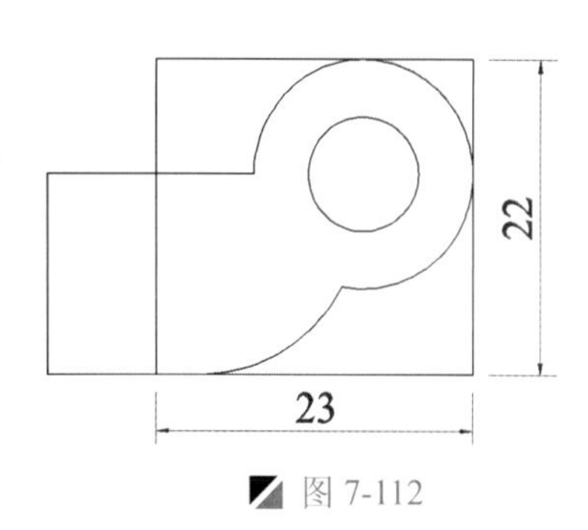

图 7-112

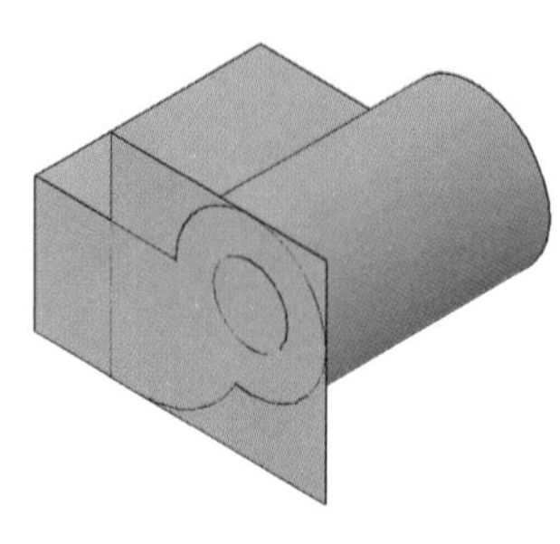

图 7-113

Step 13 执行“移动”命令（M），将绘制的矩形对象向一侧移动 6mm，如图 7-114 所示。

Step 14 单击“实体”面板中的 “拉伸”按钮，其快捷键（EXT），选择上一步移动的对象向 Z 轴方向拉伸 12mm，如图 7-115 所示。

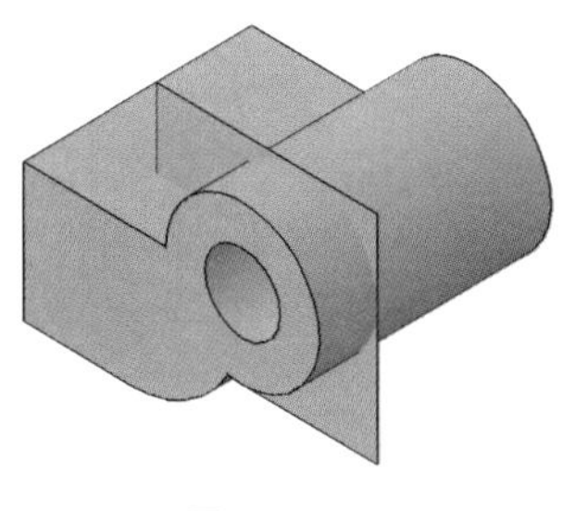

图 7-114

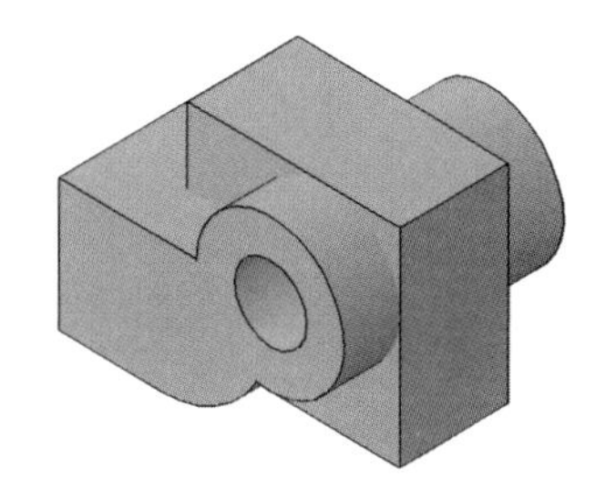

图 7-115

Step 15 执行“差集”命令（SU），将外部轮廓实体与长方体对象进行差集运算操作，如图 7-116 所示。

Step 16 切换至“西南等轴测”，在“实体”选项卡的“实体编辑”面板中单击“圆角边”按键 ，选择左侧的 8 条边轮廓进行倒圆角，设置圆角半径为 1mm，从而完成泵盖的创建，如图 7-117 所示。

图 7-116

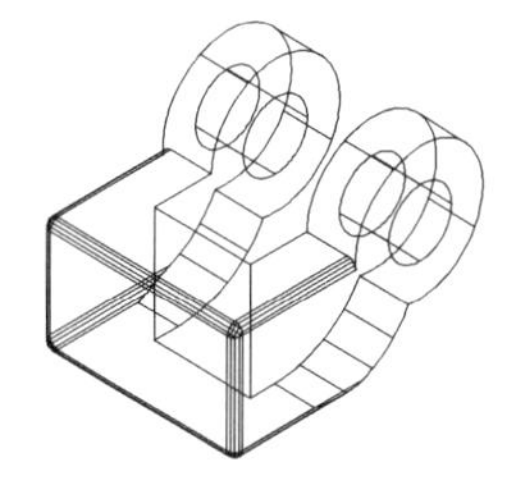

图 7-117

Step 17 切换至“左视”，执行“矩形”命令（REC），在绘制区任意一处绘制 5mm×14mm 和 9mm×14mm 的两个矩形对象，使其矩形的中点在同一条线上，如图 7-118 所示。

Step 18 执行“直线”命令（L），过矩形的中点绘制一条水平和垂直的线段，将绘制的直线段转为“中心线”图层，如图 7-119 所示。

Step 19 执行“偏移”命令（O），将外矩形对象向内偏移 1mm，如图 7-120 所示。

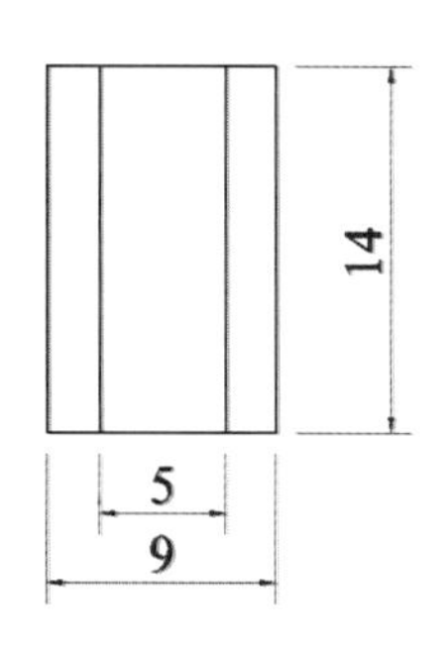

图 7-118

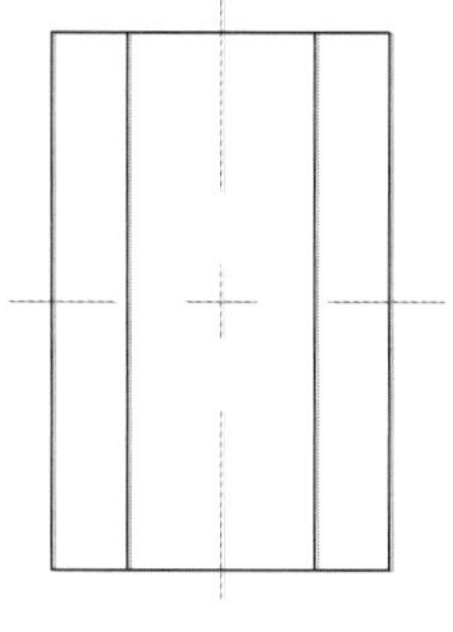

图 7-119

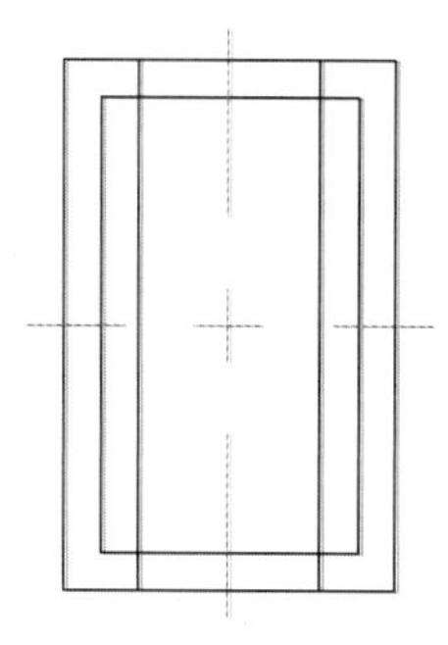

图 7-120

Step 20 执行“圆”命令（C），捕捉上一步偏移后的矩形对象的四角点作为圆的中点，绘制半径为 1mm 的 4 个圆对象，如图 7-121 所示。

Step 21 执行“圆”命令（C），根据命令行提示，选择“切点、切点、半径（T）”选项，绘制 5mm×14mm 的矩形与小圆相切的 4 个圆对象，其半径为 2mm，如图 7-122 所示。

Step 22 执行“修剪”命令（TR），将多余的对象进行修剪操作，如图 7-123 所示。

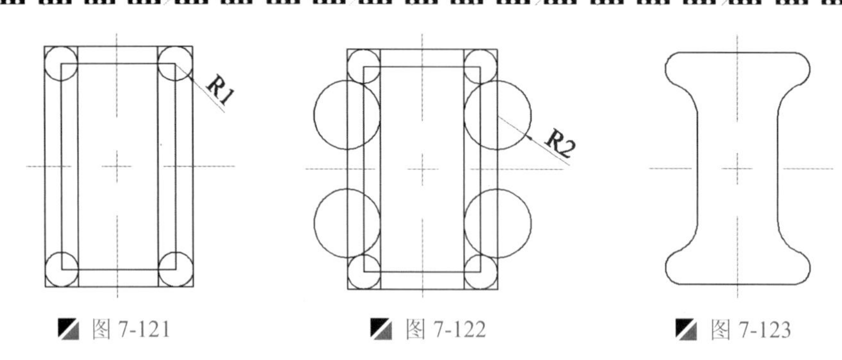

图 7-121　　图 7-122　　图 7-123

Step 23　执行“面域”命令（REG），将上一步形成的轮廓对象进行面域操作，如图 7-124 所示。

Step 24　切换至“前视”，执行“多段线”命令（PL），捕捉上一步形成的面域对象上侧的端点作为多段线的起点，绘制坐标值为（@-8，0）（@-51，33）（@-8，0）的多段线，如图 7-125 所示。

Step 25　执行“圆角”命令（F），对多段线转角处进行圆角操作，设置圆角半径为 18mm，如图 7-126 所示。

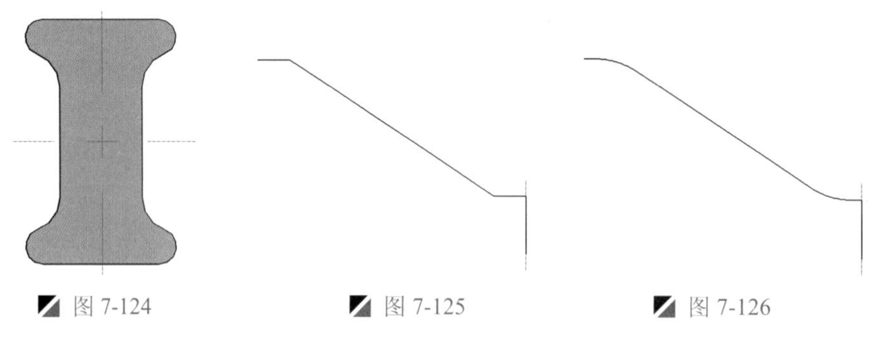

图 7-124　　图 7-125　　图 7-126

Step 26　切换至“西南等轴测”，执行“移动”命令（M），将多段线对象的端点移动到另一对象中心线的交点位置，如图 7-127 所示。

Step 27　切换至“左视”，执行“直线”命令（L），过前面创建好的实体对象的中点绘制一条水平和垂直线段，并将其转为“中心线”图层，如图 7-128 所示。

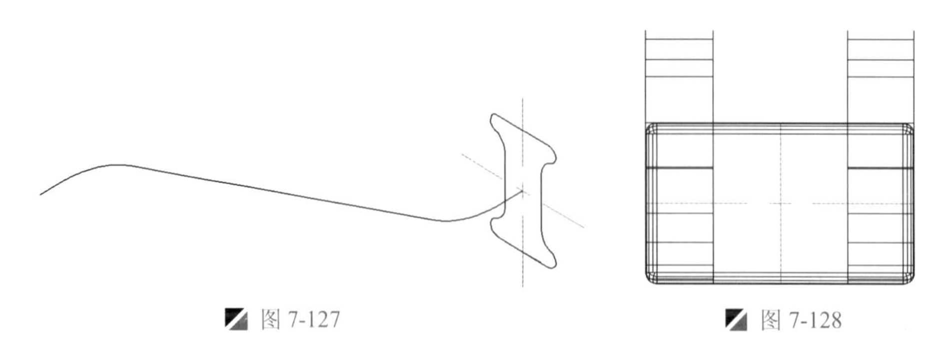

图 7-127　　图 7-128

Step 28　切换至“西南等轴测”，执行“移动”命令（M），使两个图形对象上的中心线的交点重合，如图 7-129 所示。

Step 29　单击“实体”面板中的 “拉伸”按钮，其快捷键（EXT），根据命令行提示，选择“路径（P）”选项，将面域对象沿多段线对象进行拉伸截面，如图 7-130 所示。

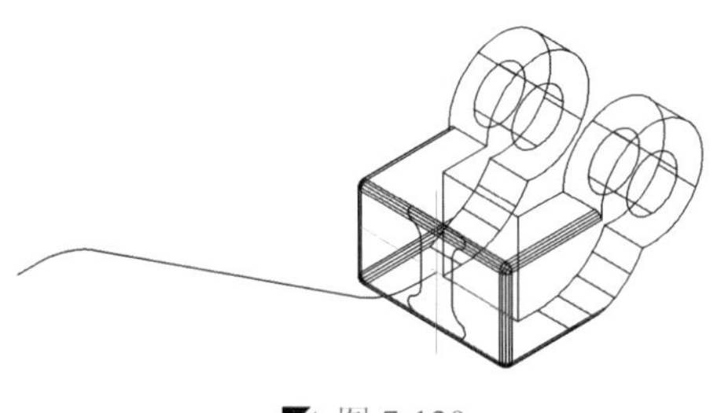

图 7-129

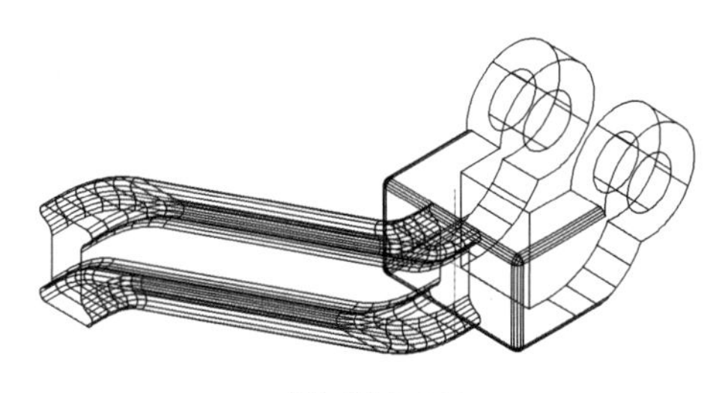

图 7-130

Step 30 切换至“俯视”，执行“矩形”命令（REC），在图中任意一处绘制 35mm×9mm 的矩形对象，如图 7-131 所示。

Step 31 执行“圆角”命令（F），对矩形左上角进行圆角操作，其半径为 9mm，如图 7-132 所示。

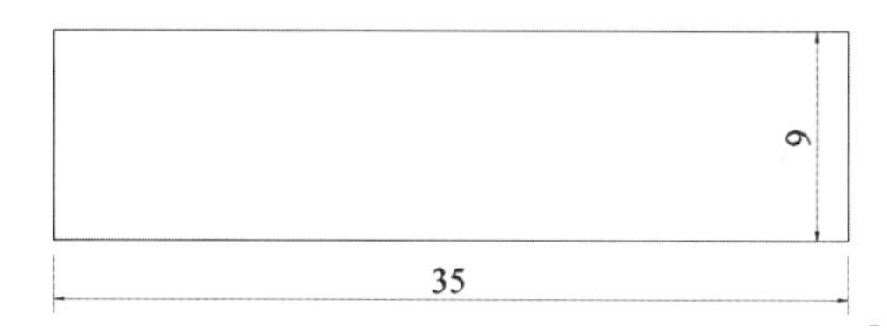

图 7-131

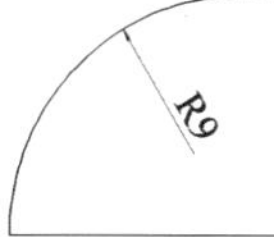

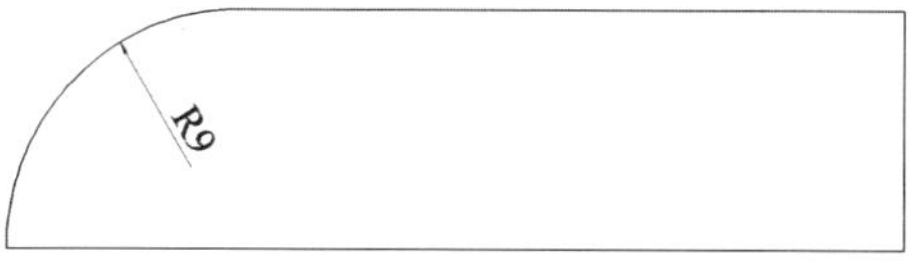

图 7-132

Step 32 切换至“东南等轴测”，单击“实体”面板中的 “拉伸”按钮，其快捷键（EXT），选择上一步形成的对象向 Y 轴方向拉伸 14mm，如图 7-133 所示。

Step 33 切换至“前视”，执行“圆”命令（C），捕捉实体右侧边线的中点作为圆心，绘制半径为 3.5mm 和 7mm 的同心圆对象，如图 7-134 所示。

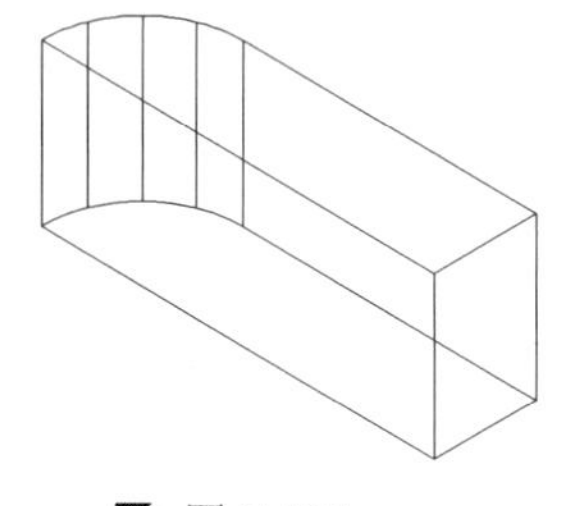

图 7-133

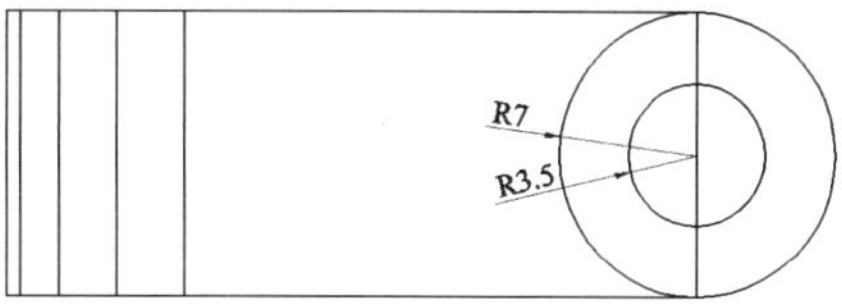

图 7-134

Step 34 执行“移动”命令（M），将两个圆对象向左侧平移 7mm，如图 7-135 所示。

Step 35 切换至“东南等轴测”，单击“实体”面板中的 “拉伸”按钮，其快捷键（EXT），选择两个圆对象向 Z 轴方向拉伸 17mm，如图 7-136 所示。

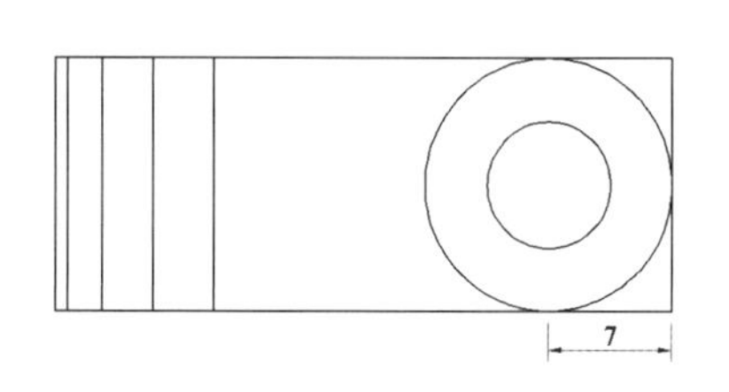

图 7-135

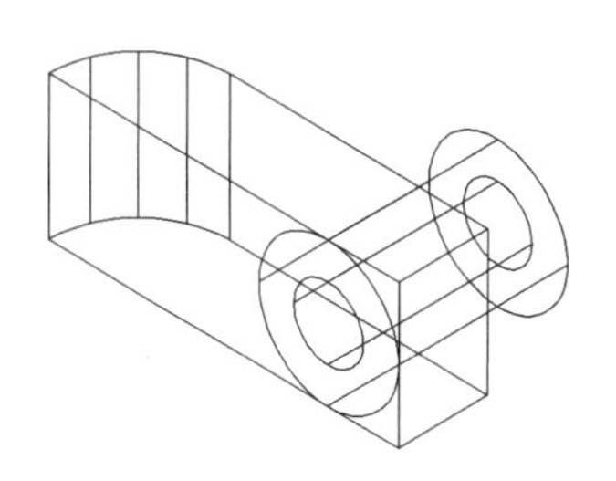

图 7-136

Step 36 执行“移动”命令（M），将两个圆柱体向一侧移动 4mm，如图 7-137 所示。

Step 37 切换至“东南等轴测”，在“实体”选项卡的“实体编辑”面板中单击“圆角边”按键，对实体边缘进行圆角操作，其圆角半径为 1mm，如图 7-138 所示。

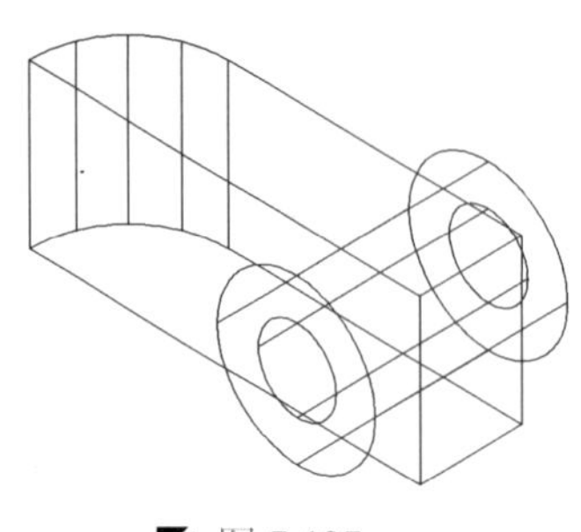

图 7-137

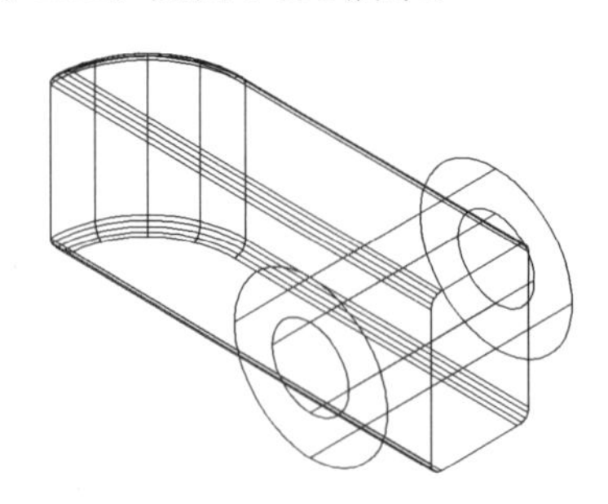

图 7-138

Step 38 单击“布尔值”面板中“并集”按钮，其快捷键（UNI），对圆角矩形实体和大的圆柱体进行并集操作，从而形成一个整体，如图 7-139 所示。

Step 39 单击“布尔值”面板中“差集”按键，其快捷键（SU），将上一步并集的实体与小圆进行差集运算，如图 7-140 所示。

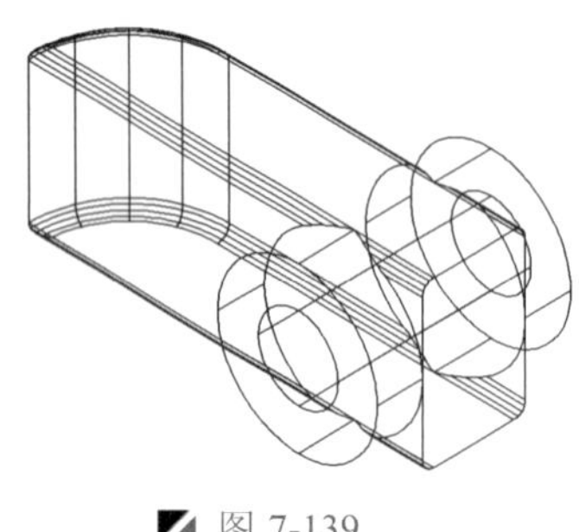

图 7-139

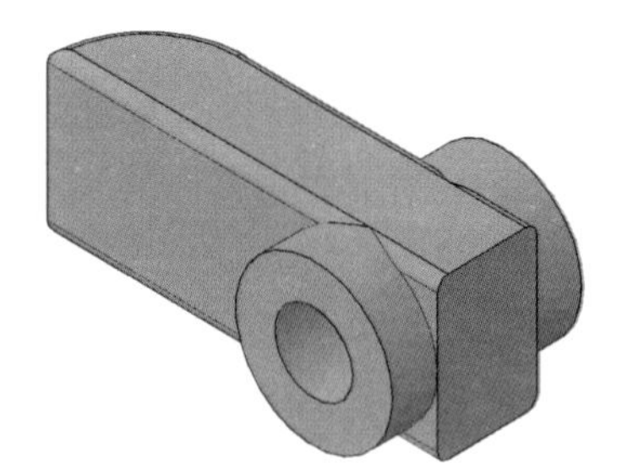

图 7-140

Step 40 执行“移动”命令（M），捕捉实体边线上的中点进行移动，将这一部分的实体模型与前两部分实体进行组合，如图 7-141 所示。

Step 41 切换至“前视”，执行“矩形”命令（REC），在图中任意一处绘制 18mm×14mm 的矩形对象，如图 7-142 所示。

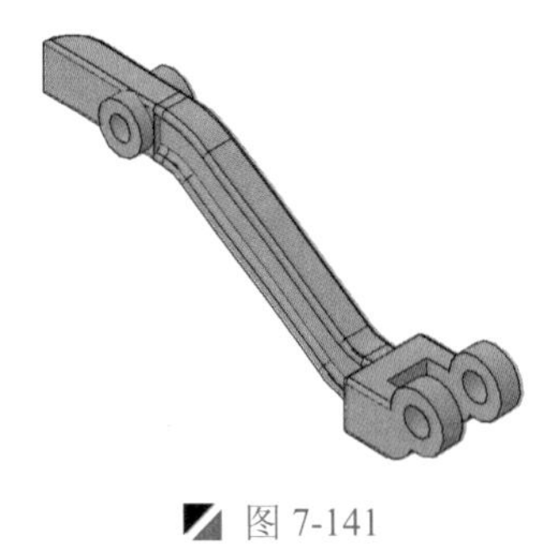

图 7-141

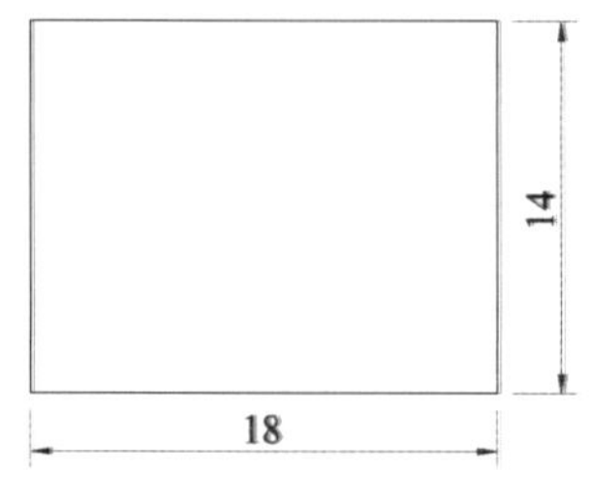

图 7-142

Step 42 执行“圆”命令（C），捕捉矩形左侧垂直线上的中点作为圆心，绘制半径为 3mm 和 7mm 的同心圆对象，如图 7-143 所示。

Step 43 执行“修剪”，将多余的对象进行修剪操作；再执行“面域”命令（REG），将修剪后所形成的所有对象进行面域操作，如图 7-144 所示。

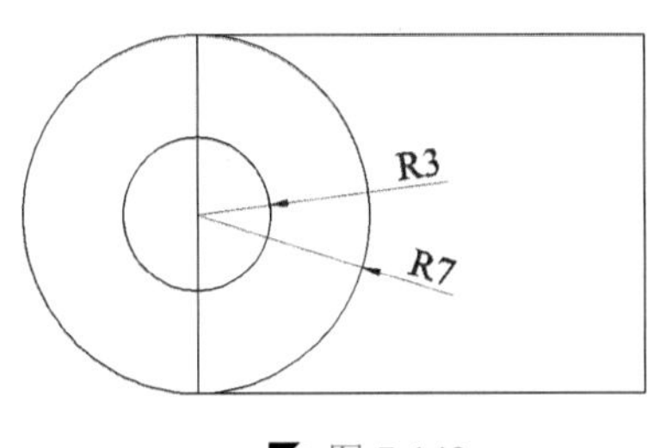

图 7-143

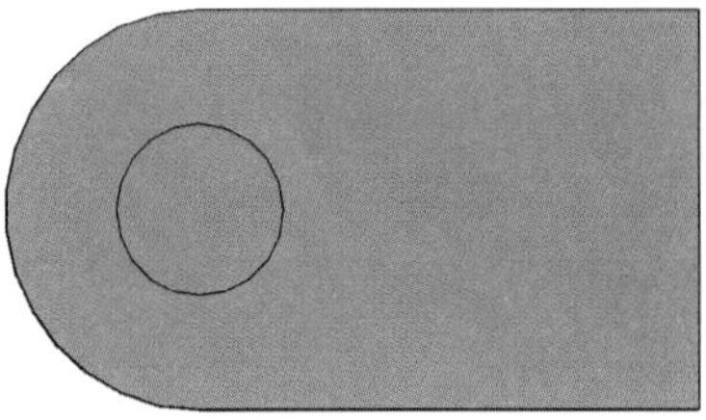

图 7-144

Step 44 切换至“东南等轴测”，单击“实体”面板中的 “拉伸”按钮，其快捷键（EXT），将面域后的对象向 Z 轴方向拉伸 12mm，如图 7-145 所示。

Step 45 切换至“俯视”，执行“矩形”命令（REC），以实体右下角点作为矩形的起点，绘制 17mm×6mm 的矩形对象，如图 7-146 所示。

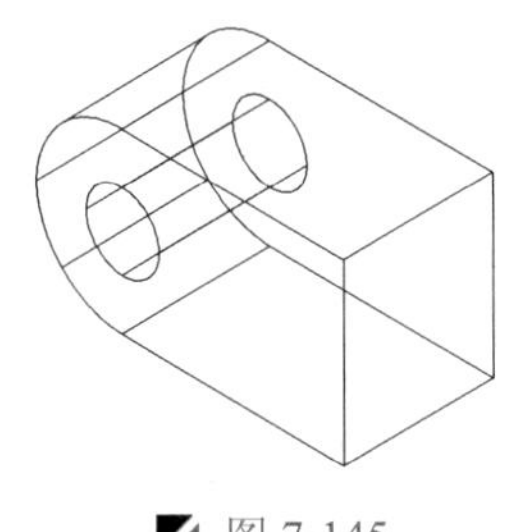

图 7-145

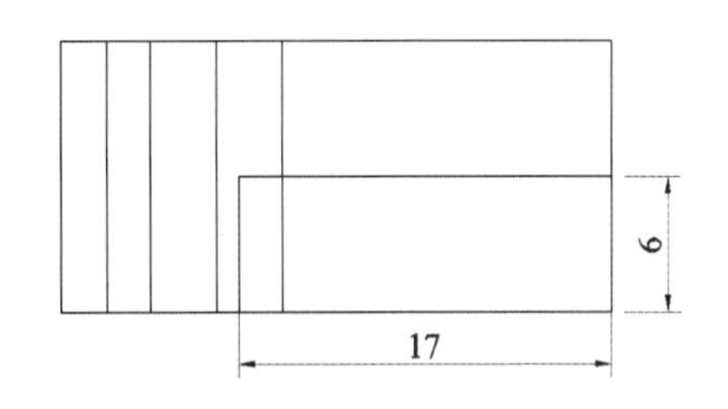

图 7-146

Step 46 执行“移动”命令（M），将绘制的矩形对象向上平移 3mm，如图 7-147 所示。

Step 47 切换至“东南等轴测”，单击“实体”面板中的 “拉伸”按钮，其快捷键（EXT），将移动的矩形对象向上侧方向拉伸 14mm，如图 7-148 所示。

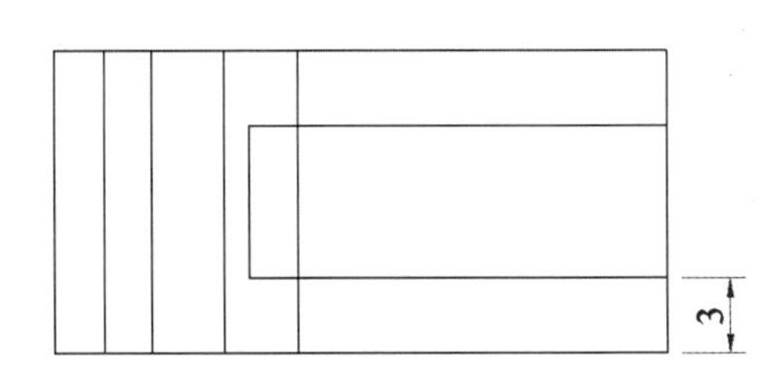

图 7-147

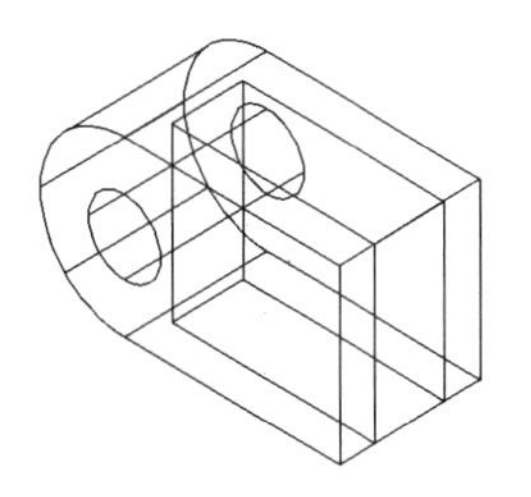

图 7-148

Step 48 执行“移动”命令（M），将上一步拉伸的长方体向一侧平移 8mm，如图 7-149 所示。

Step 49 单击“布尔值”面板中“差集”按键，其快捷键（SU），将外轮廓实体与平移后的长方体进行差集运算，如图 7-150 所示。

Step 50 按<空格键>执行上一步“差集”命令（SU），将外轮廓实体与圆柱体进行差集运算，如图 7-151 所示。

Step 51 在“实体”选项卡的“实体编辑”面板中单击“圆角边”按键，选择右侧的 8 条边轮廓进行倒圆角，其圆角半径为 1mm，如图 7-152 所示。

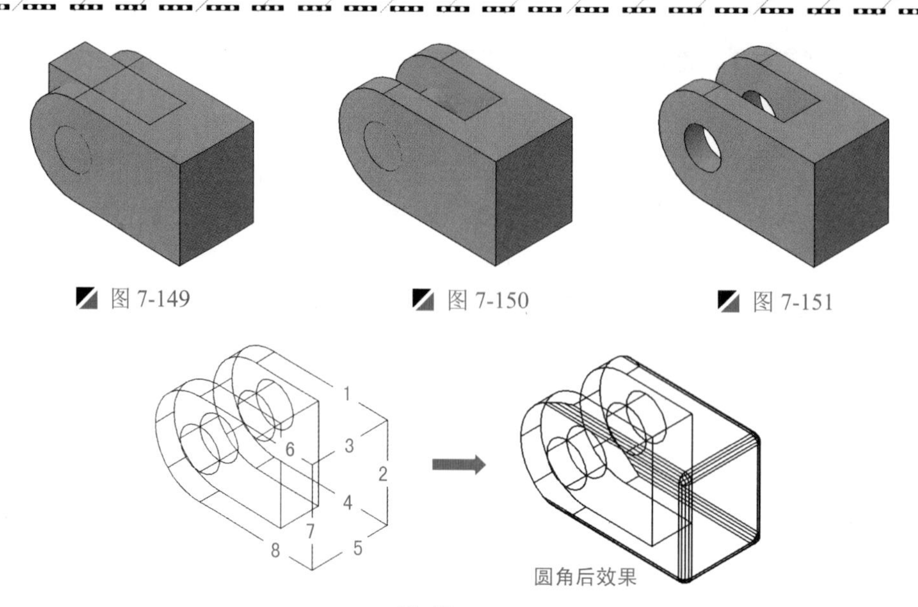

图 7-149　　图 7-150　　图 7-151

图 7-152

Step 52　执行“移动”命令（M），捕捉这一部分实体右侧边线的中点和前一步实体左侧的中点，将实体进行移动操作，如图 7-153 所示。

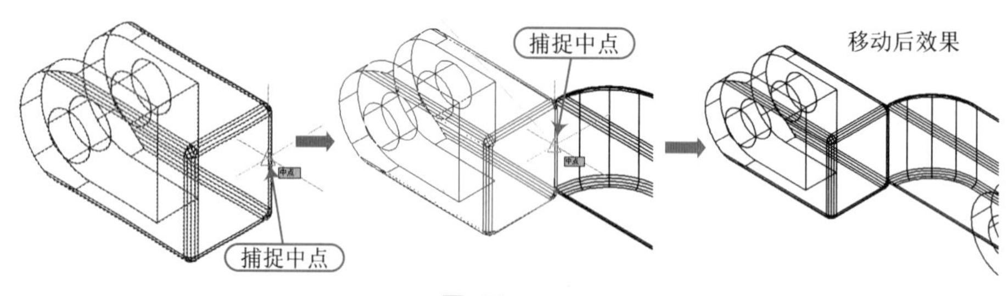

图 7-153

Step 53　执行“移动”命令（M），将实体向 X 轴方向移动 8mm，如图 7-154 所示。

Step 54　关闭“中心线”图层，从而完成支撑杆实体的绘制，如图 7-155 所示。

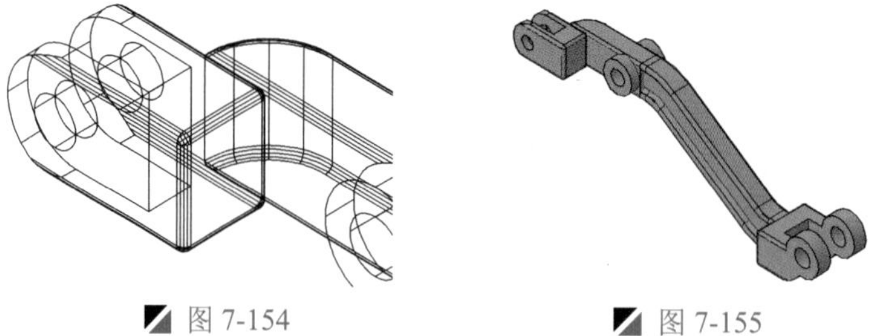

图 7-154　　图 7-155

Step 55　至此，该轴承盖实体的图形创建完成，按<Ctrl+S>组合键对其进行保存。

7.10　机械零件实体（一）的创建

案例	机械零件实体（一）.dwg	视频	机械零件实体（一）的绘制.avi	时长	10'01"

创建机械零件实体对象时，在三维建模空间进行操作，主要使用 AutoCAD 的圆、矩形、偏移、面域、差集、并集、实体拉伸和修剪等命令，其操作步骤如下。

Step 01 启动 AutoCAD 2015 软件，按<Ctrl+O>组合键，打开“机械样板.dwt”文件。

Step 02 按<Ctrl+Shift+S>组合键，将该样板文件另存为“机械零件实体（一）.dwg”文件。

Step 03 在菜单栏中选择“视图”|“三维视图”|“俯视”，在“图层”面板的“图层控制”下拉列表中，选择“粗实线”图层作为当前图层。

Step 04 执行“矩形”命令（REC），绘制 148mm×60mm 的矩形对象，如图 7-156 所示。

Step 05 执行“直线”命令（L），过矩形的中点绘制一条水平和垂直线段，并将绘制的线段转为“中心线”图层，如图 7-157 所示。

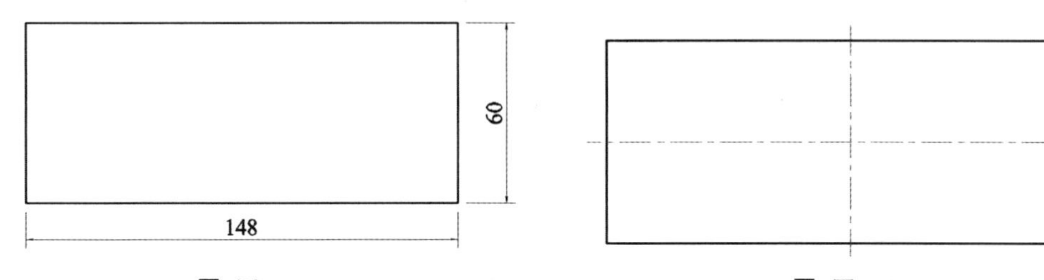

图 7-156　　图 7-157

Step 06 执行“偏移”命令（O），将水平中心线向上下各偏移 15mm，半垂直中心线向左右各偏移 59mm，如图 7-158 所示。

Step 07 执行“圆”命令（C），捕捉右上侧中心线的交点作为圆心，绘制半径为 15mm 和 7.5mm 的同心圆对象，如图 7-159 所示。

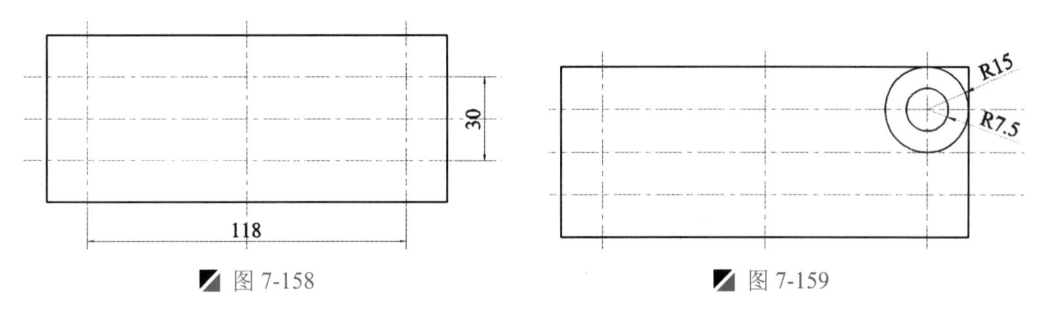

图 7-158　　图 7-159

Step 08 执行“复制”命令（CO），捕捉相应中心线的交点作为放置点，将上一步绘制的同心圆进行复制操作，如图 7-160 所示。

Step 09 执行“修剪”命令（TR），将多余的圆弧和线段进行修剪，并删除偏移后的中心线，如图 7-161 所示。

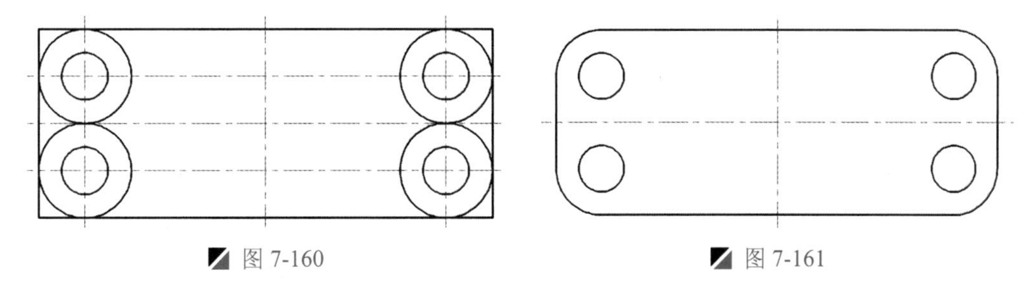

图 7-160　　图 7-161

Step 10 执行“面域”命令（REG），将图形中所有对象进行面域操作。

Step 11 切换至"东南等轴测"，单击"实体"面板中的 "拉伸"按钮，其快捷键（EXT），将面域后的对象向 Z 轴方向拉伸 14mm，如图 7-162 所示。

Step 12 在"实体"选项卡的"布尔值"面板中单击"差集"按键，其快捷键（SU），将外实体与内的 4 个圆柱体进行差集运算操作，如图 7-163 所示。

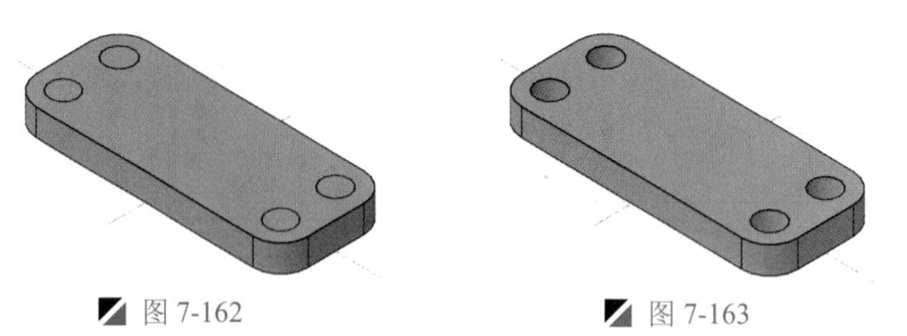

图 7-162　　图 7-163

Step 13 切换至"前视"，执行"直线"命令（L），过拉伸后的实体的中点绘制一条垂直线段，并将其转为"中心线"图层，如图 7-164 所示。

Step 14 执行"圆"命令（C），捕捉中心线的交点作为圆心，绘制半径为 25mm 和 50mm 的同心圆，如图 7-165 所示。

Step 15 执行"直线"命令（L），捕捉圆的象限点进行直线；再执行"修剪"命令（T），将多余的圆弧对象进行修剪操作，如图 7-166 所示。

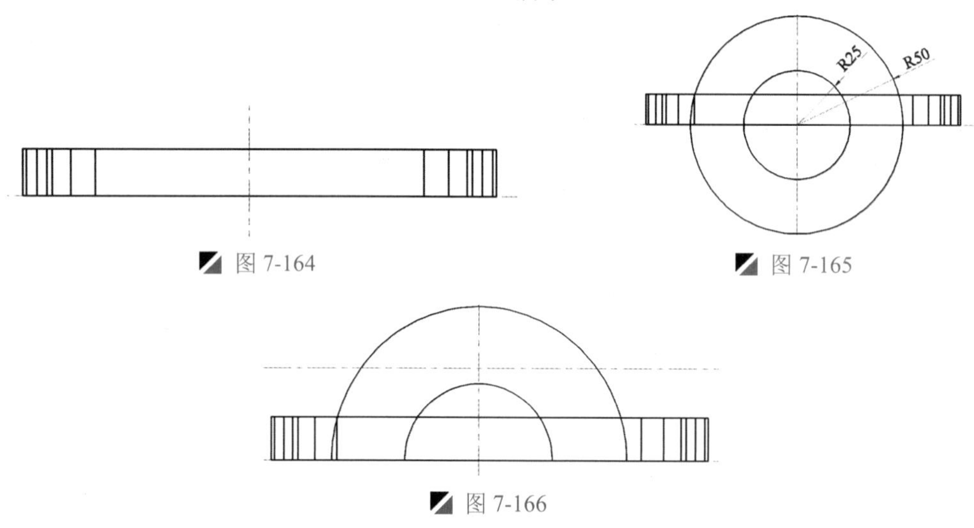

图 7-164　　图 7-165

图 7-166

Step 16 切换至"东南等轴测"，执行"面域"命令（REG），将上一步修剪后形成的对象进行面域操作，如图 7-167 所示。

Step 17 执行"移动"命令（M），将面域后的对象向一侧移动 30mm 的距离，如图 7-168 所示。

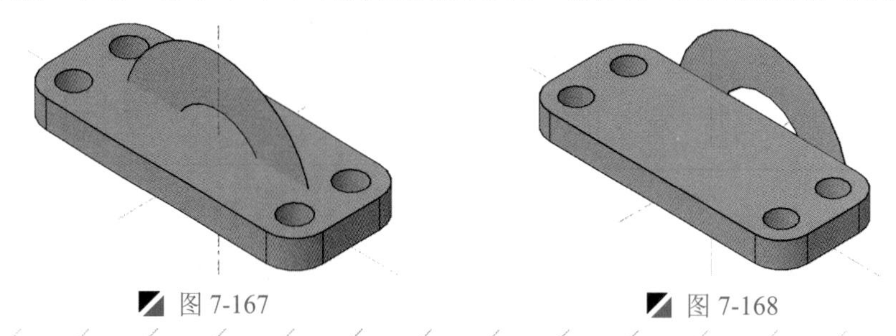

图 7-167　　图 7-168

Step 18 单击“实体”面板中的 “拉伸”按钮，其快捷键（EXT），将移动后的对象向另一侧拉伸 64mm，如图 7-169 所示。

Step 19 切换至“前视”，执行“偏移”命令（O），将水平中心线向上偏移 62mm，如图 7-170 所示。

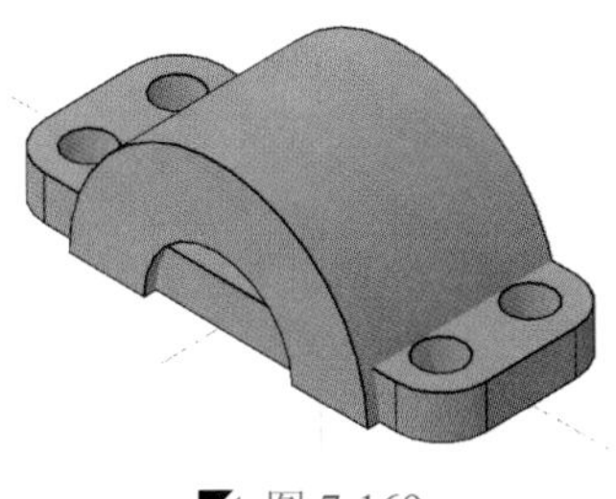

图 7-169

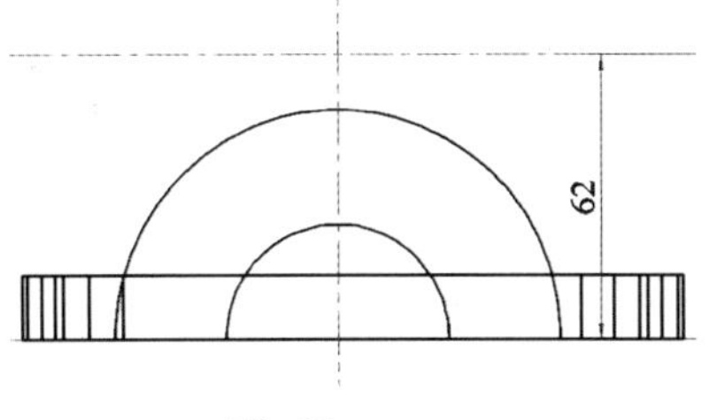

图 7-170

Step 20 执行“圆”命令（C），捕捉上侧中心线的交点作为圆心，绘制半径为 7.5mm 和 15mm 的同心圆，如图 7-171 所示。

Step 21 执行“圆弧”命令（ARC），以三点方法绘制一段圆弧对象；再执行“直线”命令（L），过上侧外圆的象限点绘制 2 条垂直线段，如图 7-172 所示。

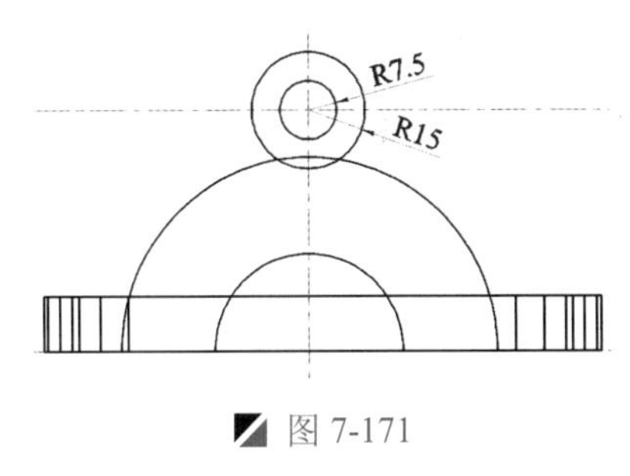

图 7-171

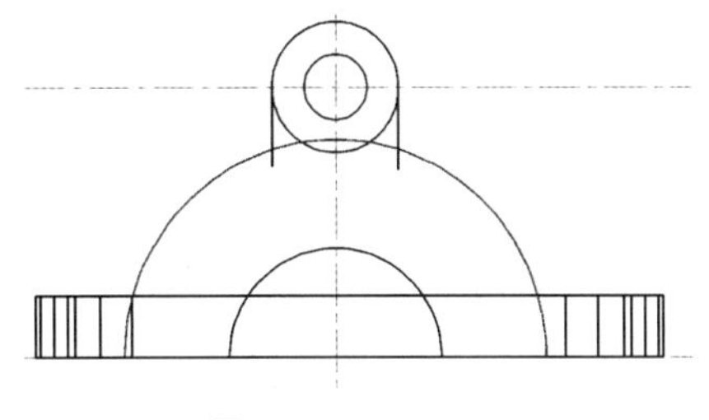

图 7-172

Step 22 执行“修剪”命令（TR），将多余的圆弧和线段进行修剪操作，如图 7-173 所示。

Step 23 切换至“东南等轴测”，执行“面域”命令（REG），将上一步修剪后形成的对象和圆进行面域操作，如图 7-174 所示。

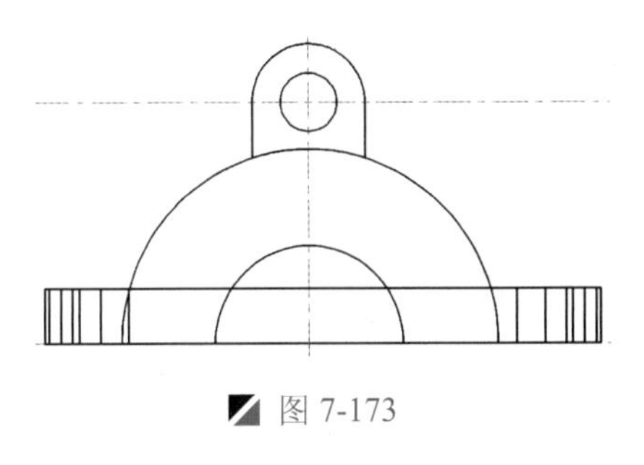

图 7-173

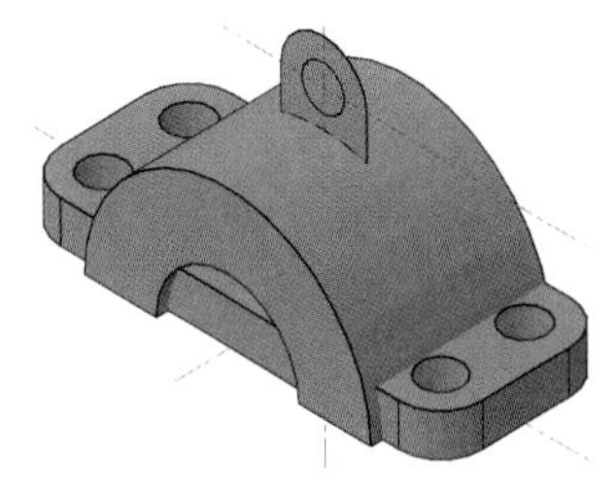

图 7-174

Step 24 执行“移动”命令（M），将面域后的对象向一侧移动 30mm 的距离，如图 7-175 所示。

Step 25 单击“实体”面板中的“拉伸”按钮，其快捷键（EXT），将移动后的对象向另一侧拉伸 12mm，如图 7-176 所示。

Step 26 在“实体”选项卡的“布尔值”面板中单击“差集”按键，其快捷键（SU），将上一步拉伸的两个实体进行差集运算操作，如图 7-177 所示。

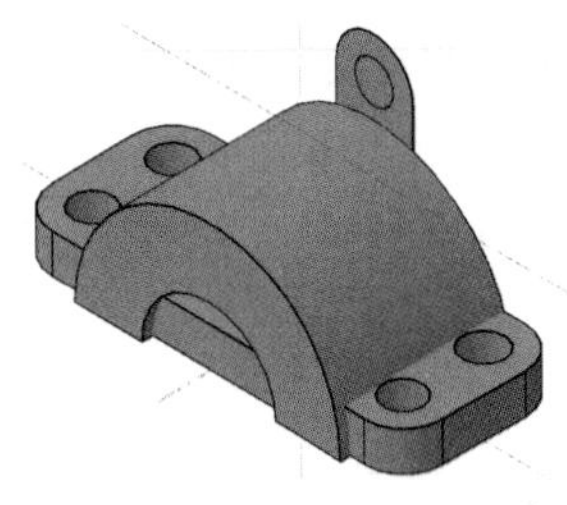
图 7-175

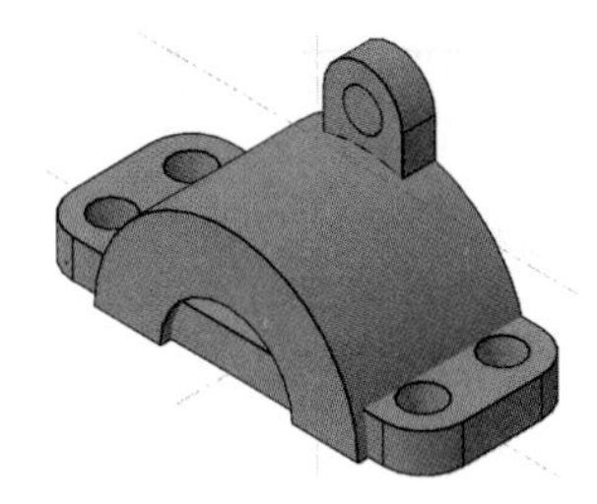
图 7-176

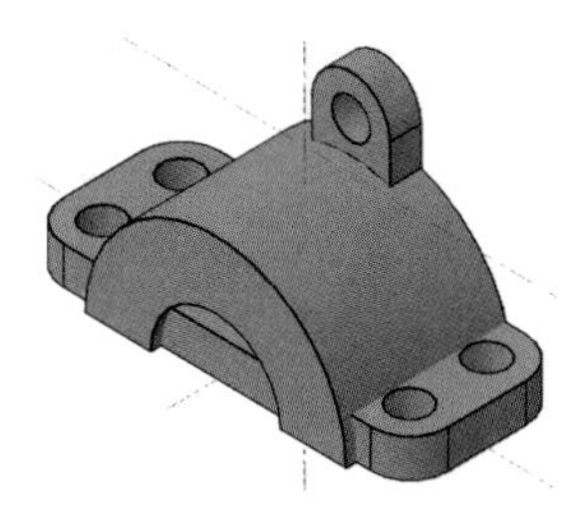
图 7-177

Step 27 切换至“俯视”，执行“偏移”命令（O）将水平中心线向下偏移 34mm，再将偏移后的中心线向上再偏移 32mm，如图 7-178 所示。

Step 28 执行“圆”命令（C），捕捉中心线的交点作为圆心，绘制直径为 16mm 的圆对象，如图 7-179 所示。

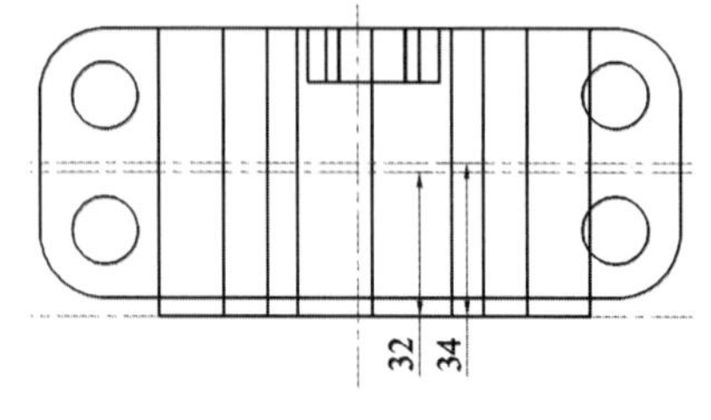

图 7-178

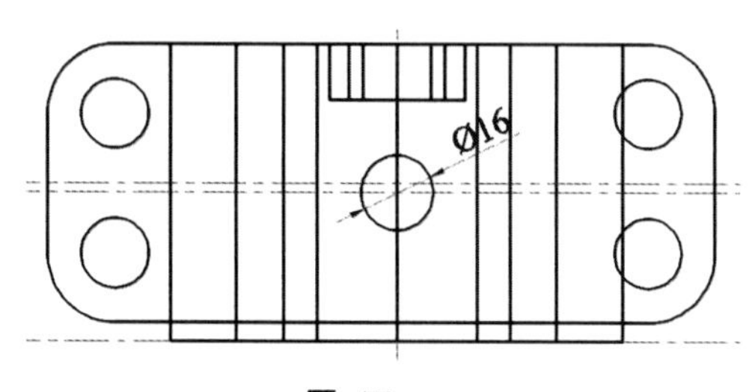

图 7-179

Step 29 执行“矩形”命令（REC），绘制 70mm×32mm 的矩形对象，使矩形的中心点与圆心点重合，如图 7-180 所示。

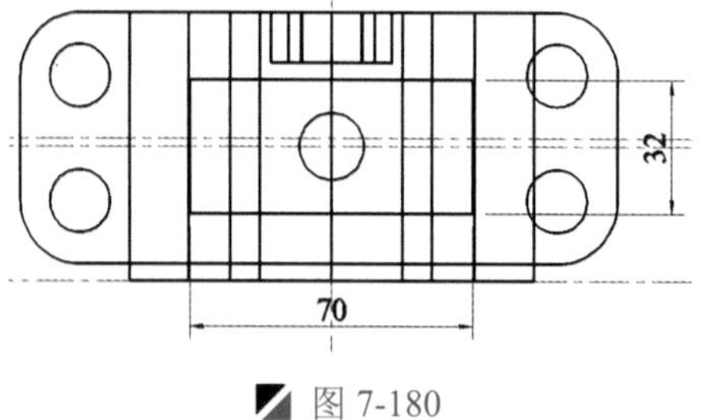

图 7-180

Step 30 切换至“东南等轴测”，执行“面域”命令（REG），将矩形和圆进行面域操作。

Step 31 执行“移动”命令（M），将面域后对象向上移动 44mm 的距离，如图 7-181 所示。

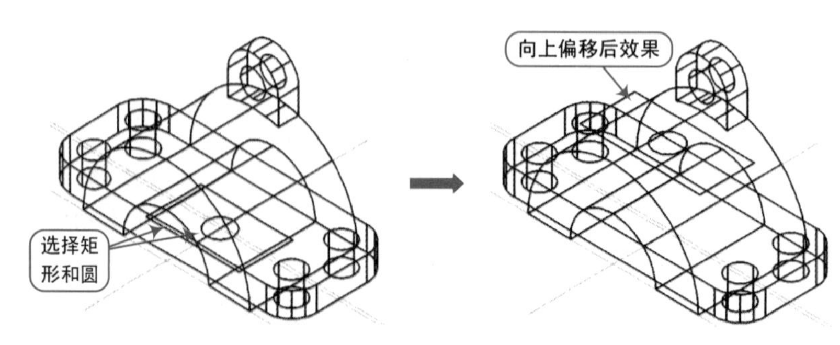

图 7-181

Step 32 单击“实体”面板中的 “拉伸”按钮，其快捷键（EXT），将矩形对象向上拉伸 10mm，如图 7-182 所示。

Step 33 在“实体”选项卡的“布尔值”面板中单击“差集”按键，其快捷键（SU），将长方体与半圆环实体进行差集运算操作，如图 7-183 所示。

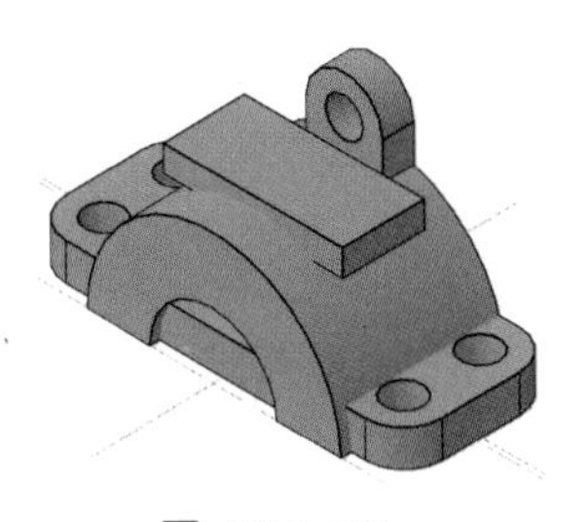

图 7-182

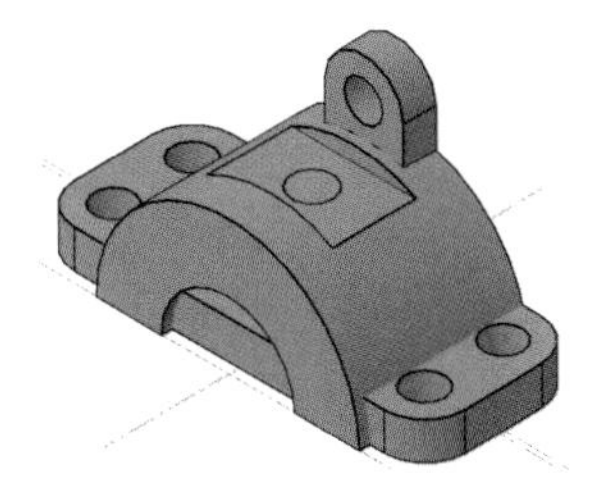

图 7-183

Step 34 单击“布尔值”面板中“并集”按钮，其快捷键（UNI），将图形中所有实体进行并集操作，从而形成一个整体，如图 7-184 所示。

Step 35 单击“实体”面板中的 “拉伸”按钮，其快捷键（EXT），将圆对象向下拉伸 44mm，如图 7-185 所示。

Step 36 在“实体”选项卡的“布尔值”面板中单击“差集”按键，其快捷键（SU），将并集后的实体与圆柱体进行差集运算操作，如图 7-186 所示。

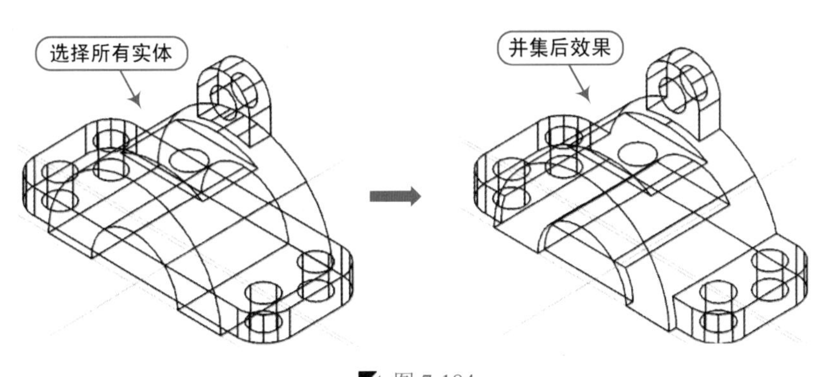

图 7-184

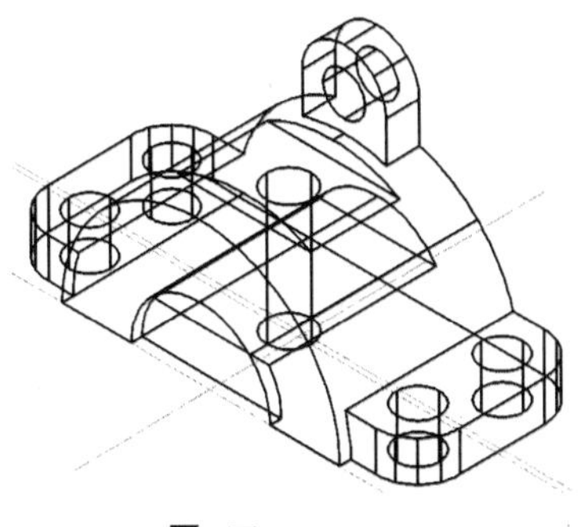

图 7-185

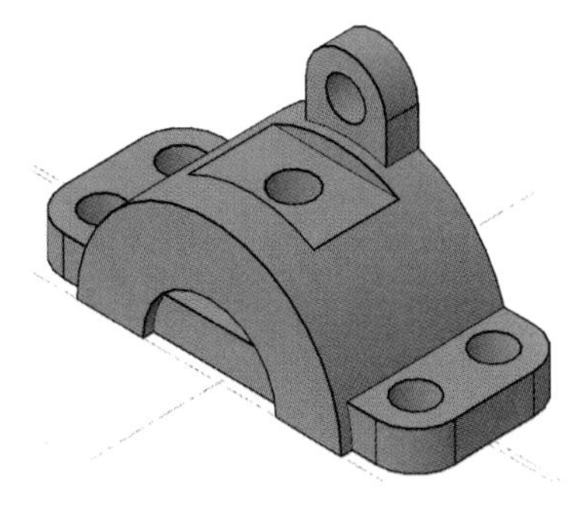

图 7-186

Step 37 单击“建模”面板中的“圆柱体”按钮，其快捷键（CYL），以 2 点方法绘制高为 64mm 的圆柱体，如图 7-187 所示。

读书破万卷

Step 38 在“实体”选项卡的“布尔值”面板中单击“差集”按键，其快捷键（SU），将两个实体进行差集运算操作，并删除中心线，如图 7-188 所示。

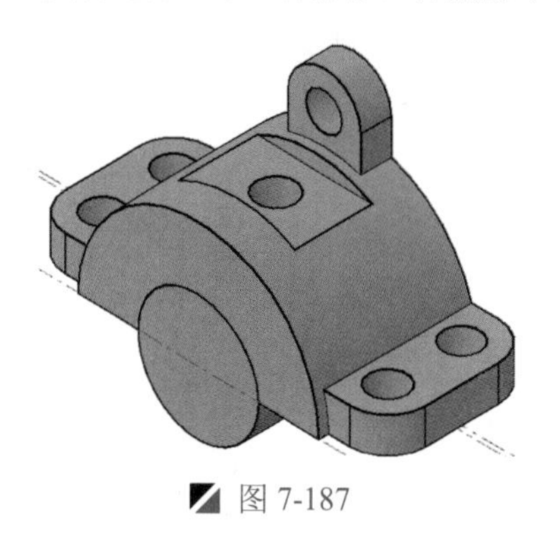

图 7-187

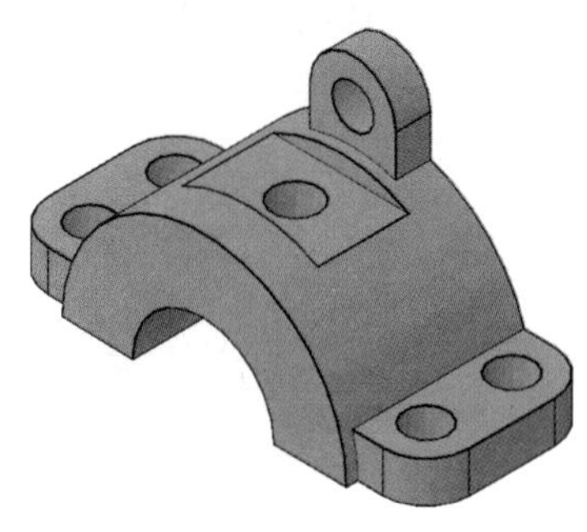

图 7-188

Step 39 至此，该实体的图形创建完成，按<Ctrl+S>组合键对其进行保存。

7.11 机械零件实体（二）的创建

案例	机械零件实体（二）.dwg	视频	机械零件实体（二）的绘制.avi	时长	08'32"

创建机械零件实体对象时，在三维建模空间进行操作，主要使用 AutoCAD 的圆、矩形、偏移、面域、差集、并集、实体拉伸和修剪等命令，其操作步骤如下。

Step 01 启动 AutoCAD 2015 软件，按<Ctrl+O>组合键，打开“机械样板.dwt”文件。

Step 02 按<Ctrl+Shift+S>组合键，将该样板文件另存为“机械零件实体（二）.dwg”文件。

Step 03 在菜单栏中选择“视图”｜“三维视图”｜“俯视”，在“图层”面板的“图层控制”下拉列表中，选择“粗实线”图层作为当前图层。

Step 04 执行“矩形”命令（REC），绘制 84mm×50mm 的矩形对象，如图 7-189 所示。

Step 05 执行“直线”命令（L），过矩形的中点绘制一条垂直的线段，过矩形的上侧角点绘制一条水平线段，并将绘制的线段转为“中心线”图层，如图 7-190 所示。

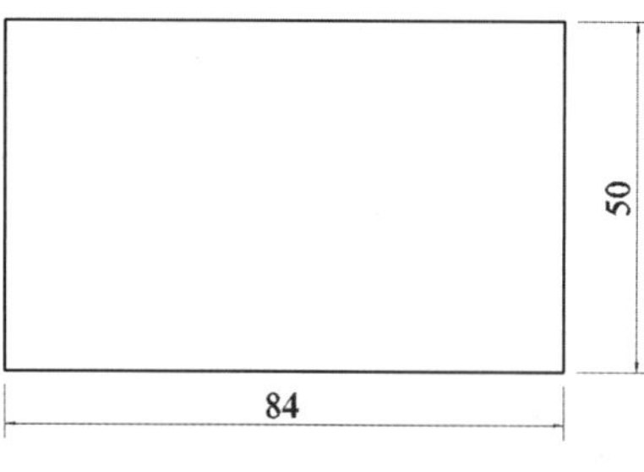

图 7-189

图 7-190

Step 06 执行“偏移”命令（O），将水平中心线向上偏移 6mm、11mm，将垂直中心线向左右各偏移 12mm、31mm，如图 7-191 所示。

Step 07 执行“直线”命令（L），捕捉中心线相应的点进行直线连接，如图 7-192 所示。

Step 08 执行“圆”命令（C），捕捉中心线相应的交点作为圆心，绘制半径为 6mm 和 11mm 的 4 个圆对象，如图 7-193 所示。

Step 09 执行“修剪”命令（TR），将多余的对象进行修剪并删除操作，如图 7-194 所示。

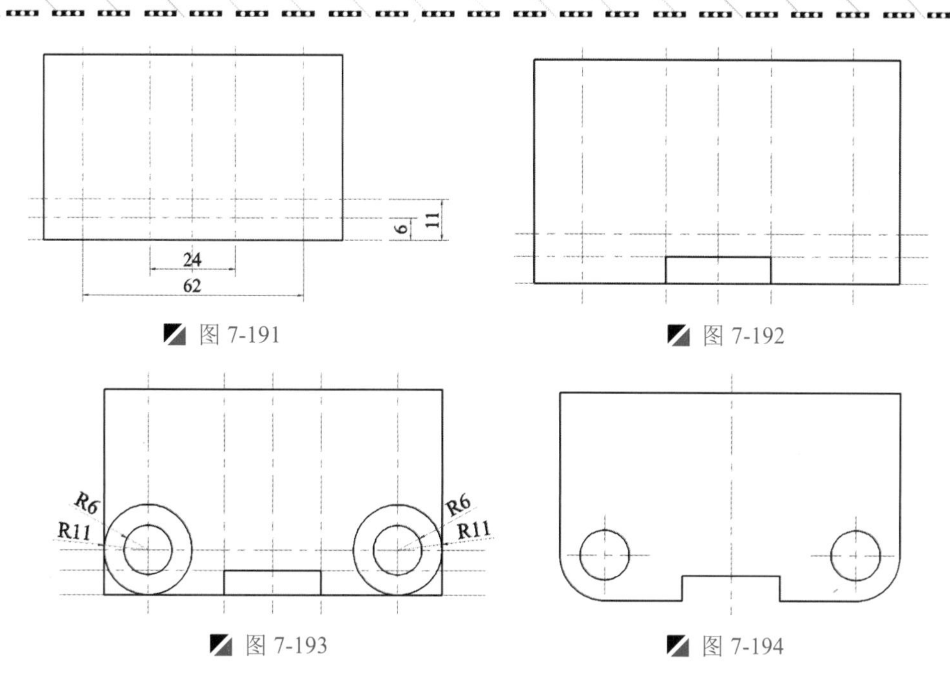

图 7-191　　图 7-192

图 7-193　　图 7-194

Step 10　切换至“东南等轴测”，执行“面域”命令（REG），将图形中所有对象进行面域操作，如图 7-195 所示。

Step 11　单击“实体”面板中的 “拉伸”按钮，其快捷键（EXT），将面域后的对象向 Z 轴方向拉伸 10mm，如图 7-196 所示。

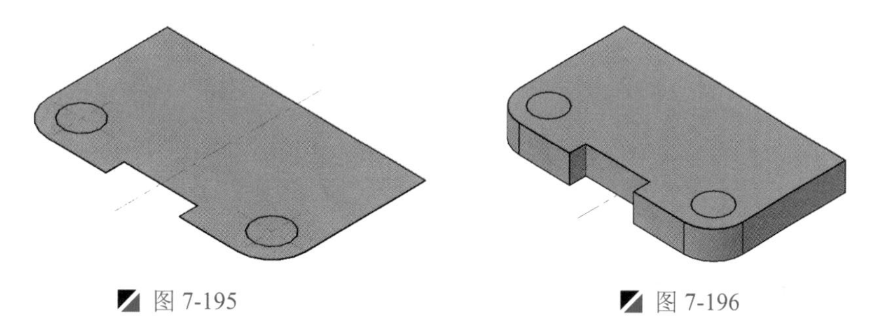

图 7-195　　图 7-196

Step 12　执行“构造线”命令（XL），过实体的中点绘制一条垂直构造线，过实体的轮廓绘制一条水平构造线，并将绘制的构造线转为“中心线”图层，如图 7-197 所示。

Step 13　执行“偏移”命令（O），将水平中心线向上偏移 10mm 和 50mm，将垂直中心线向左右各偏移 32mm，如图 7-198 所示。

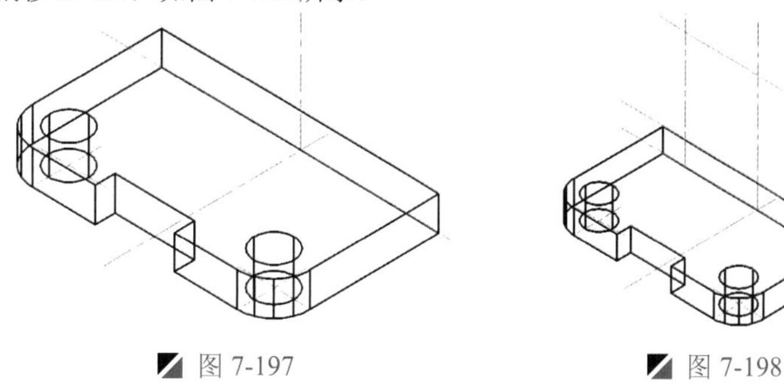

图 7-197　　图 7-198

Step 14 执行“圆”命令（C），捕捉上中侧中心线的交点作为圆心，绘制直径为 40mm 的圆对象；再执行“直线”命令，捕捉相应的点进行直线连接，如图 7-199 所示。

Step 15 执行“修剪”命令（TR），将多余的圆弧对象进行修剪，并删除偏移的中心线对象，如图 7-200 所示。

Step 16 执行“面域”命令（REG），将上一步所形成的对象进行面域操作，如图 7-201 所示。

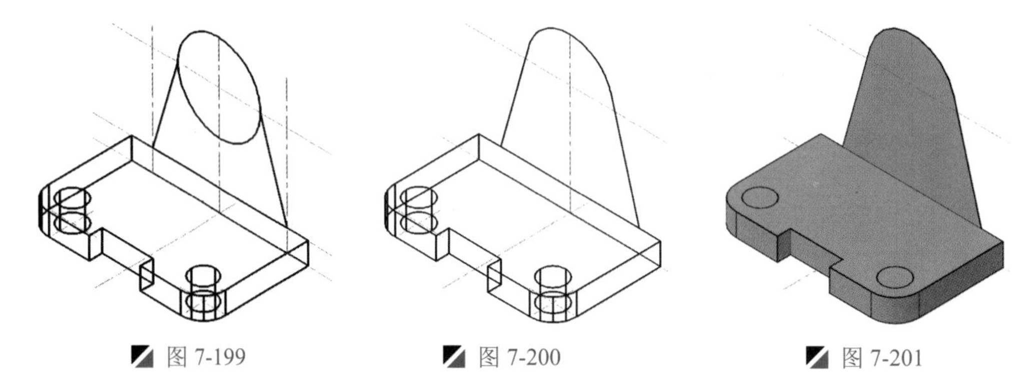

图 7-199　图 7-200　图 7-201

Step 17 单击“实体”面板中的 “拉伸”按钮，其快捷键（EXT），将面域后的对象向内侧拉伸 6mm，如图 7-202 所示。

Step 18 执行“圆”命令（C），捕捉上侧中心线的交点作为圆心，绘制直径为 20mm 和 40mm 的同心圆对象，如图 7-203 所示。

Step 19 执行“偏移”命令（O），将垂直中心线向左右各偏移 3mm，如图 7-204 所示。

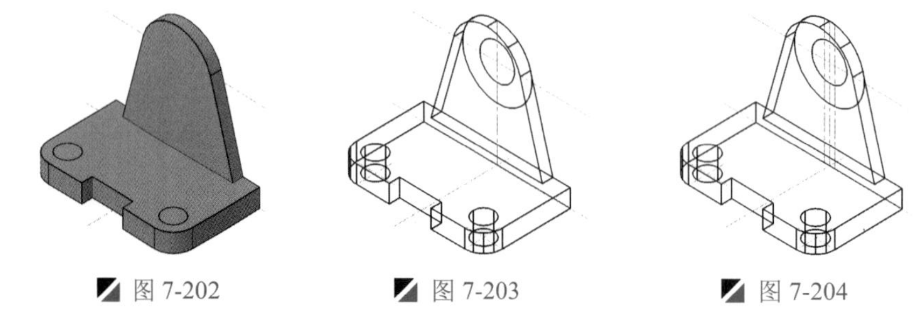

图 7-202　图 7-203　图 7-204

Step 20 执行“直线”命令（L），捕捉相应的点进行直线连接；再执行“修剪”命令（TR），修剪和删除掉多余的对象，如图 7-205 所示。

Step 21 执行“面域”命令（REG），将上一步所形成的对象进行面域操作。

Step 22 单击“实体”面板中的 “拉伸”按钮，其快捷键（EXT），将面域后的对象向一侧拉伸 32mm，如图 7-206 所示。

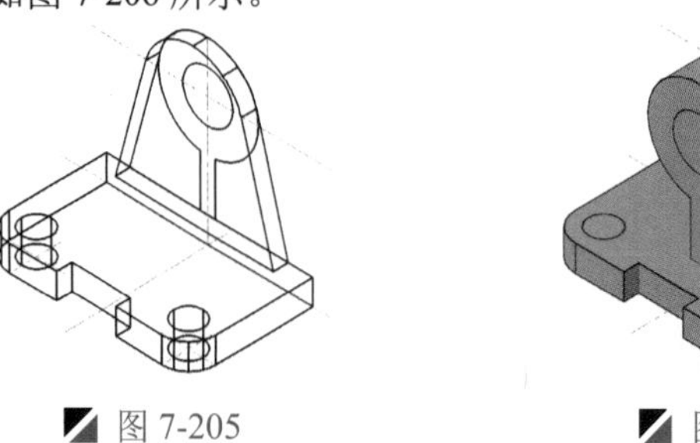

图 7-205　图 7-206

Step 23 切换至“俯视”，执行“偏移”命令（O），将水平中心线向下偏移 32mm 和 13mm 的距离，如图 7-207 所示。

Step 24 执行“圆”命令（C），捕捉相应中心线的交点作为圆心，绘制直径为 16mm 的圆对象，如图 7-208 所示。

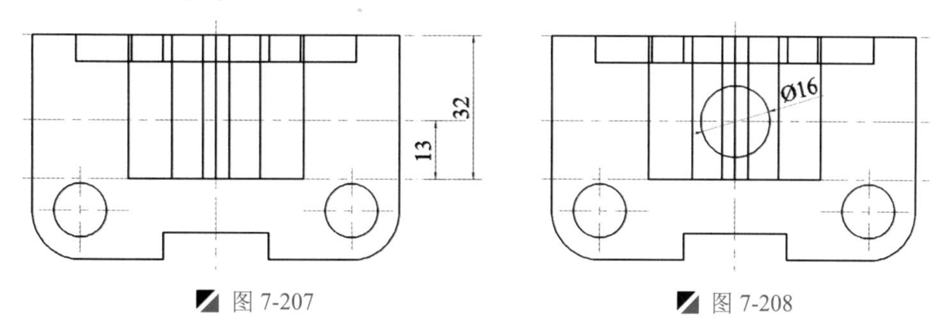

图 7-207　　图 7-208

Step 25 执行“矩形”命令（REC），绘制 40mm×26mm 的矩形对象，使矩形的中点与圆心点重合，如图 7-209 所示。

Step 26 执行“面域”命令（REG），将上一步所形成的对象进行面域操作。

Step 27 执行“移动”命令（M），将面域后的对象向上移动 65mm 的距离，如图 7-210 所示。

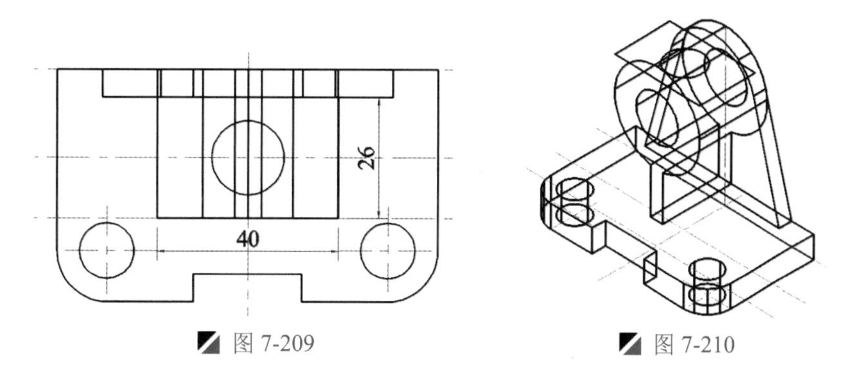

图 7-209　　图 7-210

技巧：点的重合

在绘制矩形的中心点与圆心点重合时，用户可先在一处绘制一个矩形对象，再过矩形的对角点绘制两条辅助斜线段，再捕捉这两条斜线段的交点作为移动的基点，将圆心点作为移动的放置点，然后将半辅助斜线段删除，从而使中点重合，如图 7-211 所示。

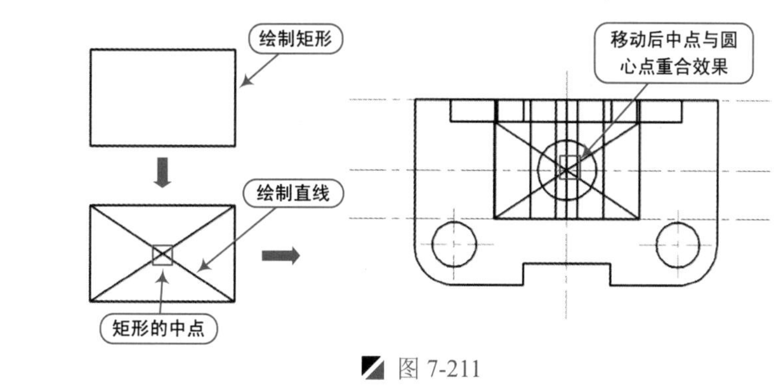

图 7-211

Step 28 单击“实体”面板中的 “拉伸”按钮，其快捷键（EXT），将移动后的矩形对象向上侧拉伸 10mm，如图 7-212 所示。

Step 29 单击“布尔值”面板中的“差集”按键，其快捷键（SU），将长方体与另一个实体进行差集运算操作，如图 7-213 所示。

Step 30 单击“实体”面板中的 “拉伸”按钮，其快捷键（EXT），将圆对象向下侧拉伸 15mm，如图 7-214 所示。

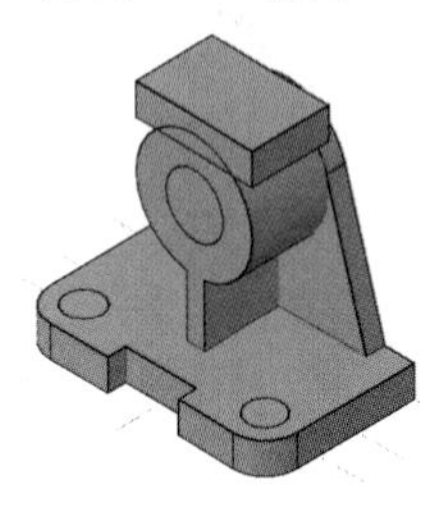
图 7-212

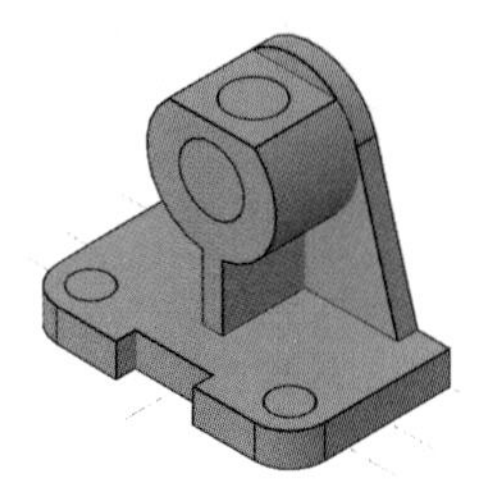
图 7-213

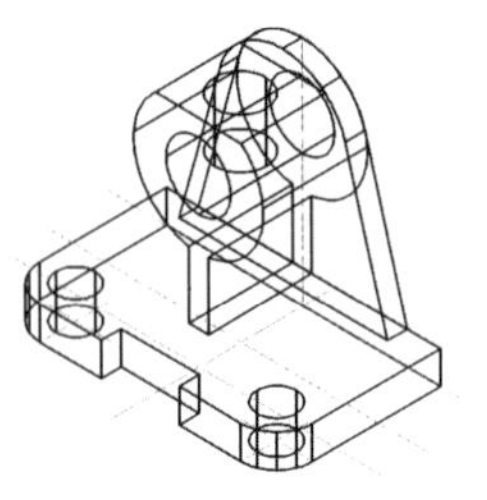
图 7-214

Step 31 单击“布尔值”面板中的“差集”按键，其快捷键（SU），将圆柱体与它的外部实体进行差集运算操作，如图 7-215 所示。

Step 32 单击“布尔值”面板中的“并集”按键，其快捷键（UNI），将差集后的实体与侧外的实体进行并集运算操作，从而形成一个整体效果，如图 7-216 所示。

Step 33 单击“布尔值”面板中的“差集”按键，其快捷键（SU），将并集后的实体与另一个圆柱体进行差集运算操作，如图 7-217 所示。

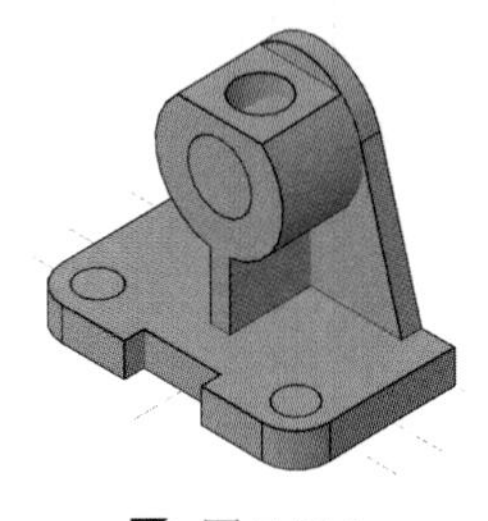
图 7-215

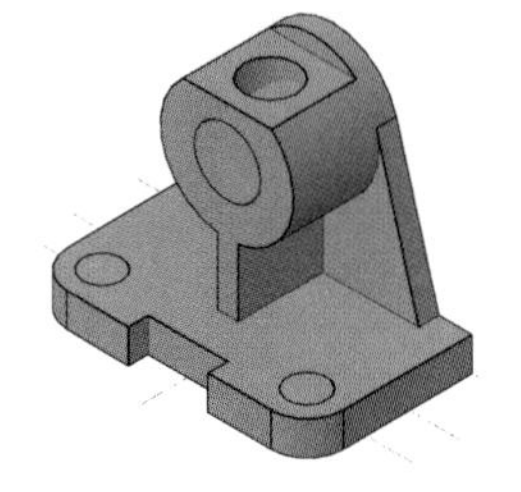
图 7-216

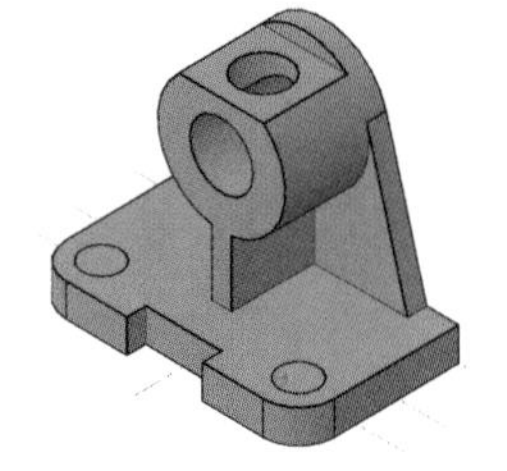
图 7-217

Step 34 单击“布尔值”面板中的“差集”按键，其快捷键（SU），将下侧实体与另外两个加圆柱体进行差集运算操作，如图 7-218 所示。

Step 35 单击“布尔值”面板中的“并集”按键，其快捷键（UNI），将图形中的两个实体进行并集运算操作，从而形成一个整体效果，将“中心线”图层关闭，如图 7-219 所示。

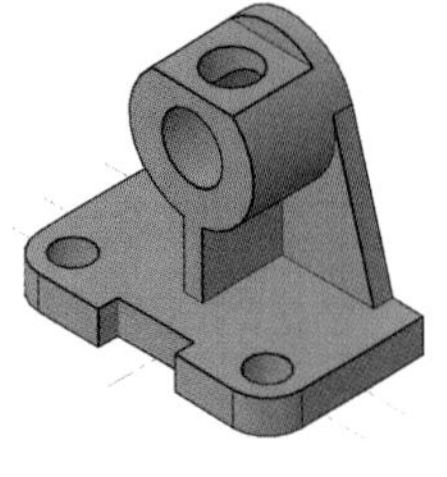
图 7-218

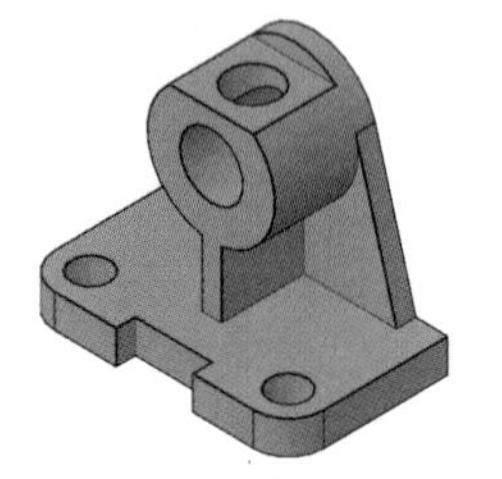
图 7-219

Step 36 至此，该实体的图形创建完成，按<Ctrl+S>组合键对其进行保存。

8

机械部件装配图的绘制

本章导读

装配图是指导生产的重要技术文件，它由若干个零件按照一定的装配关系和技术要求装配起来，通过一张完整的工程图来完整地表达机器或部件的图样，它又是安装、调试、操作和检修机器或部件时不可缺少的标准资料。

本章主要介绍机械装配图的基础知识和装配图的绘制方法。

本章内容

- 了解机械装配图的内容和表达方法
- 了解装配图上的尺寸标注和技术要求
- 了解装配图中零部件的序号和明细栏
- 了解装配图的绘制方法和步骤
- 可调支撑装配图的绘制
- 连接板装配图的绘制

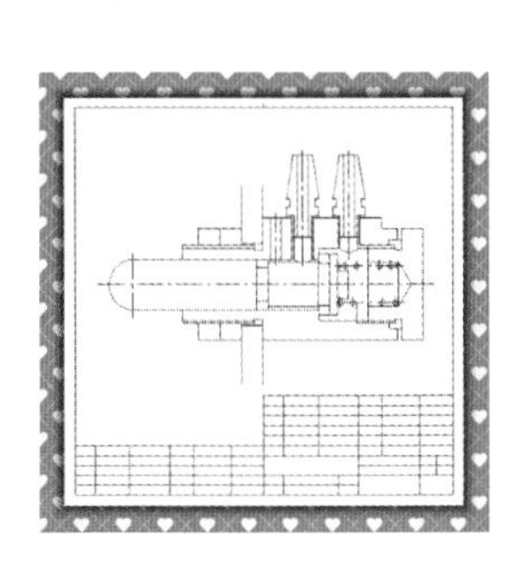

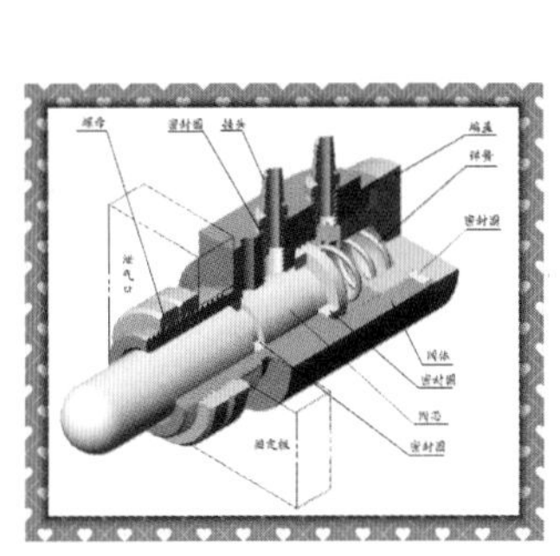

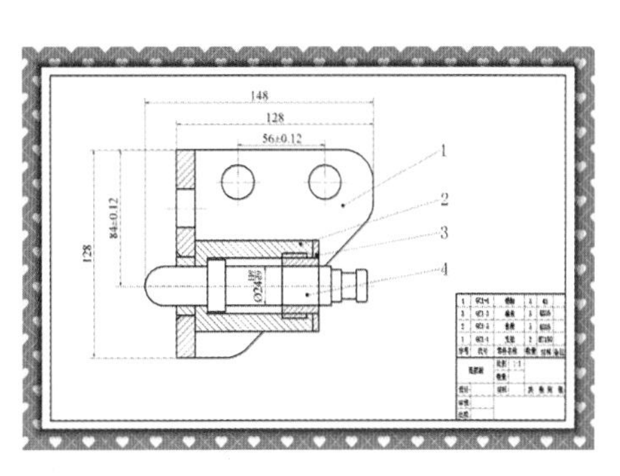

8.1 机械装配图的基础

装配图是表达机器或部件的图样，主要表达其工作原理和装配关系。在机器设计过程中，装配图的绘制位于零件图之前，并且装配图与零件图的表达内容不同，它主要用于机器或部件的装配、调试、安装、维修等场合，也是生产中的一种重要的技术文件，图 8-1 所示为行程开关的三维模型图，它由十个零件组成。图 8-2 所示为该部件的装配图，下面就以行程开关为例，学习装配图的基本知识。

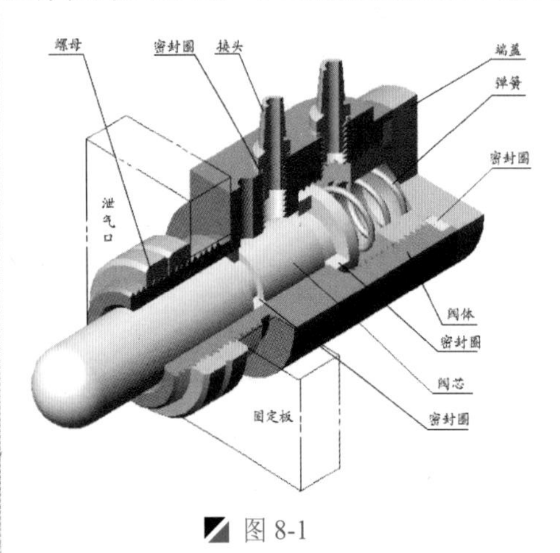

图 8-1

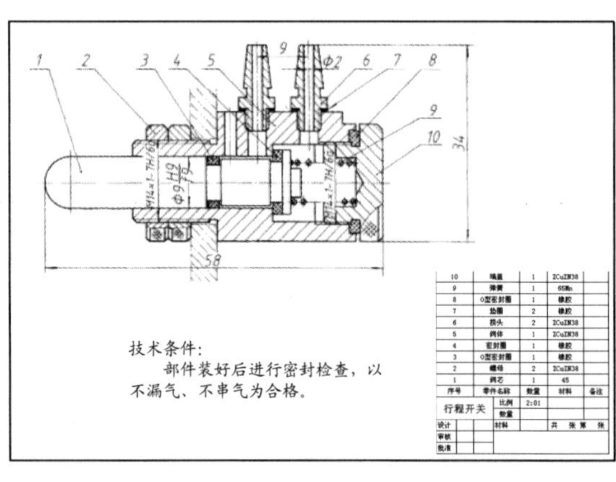

图 8-2

8.1.1 装配图的内容

（1）一组视图。装配图的视图用来表示装配体的工作原理、结构特点、零件之间相互位置及装配连接关系等。

（2）几种尺寸。装配图上标注的尺寸用来表示装配体性能规格、装配、安装、总体大小及有关尺寸等。

（3）技术要求。技术要求主要说明部件在装配、检验、调试中应达到的技术指标。

（4）零件编号、明细栏和标题栏。零件编号、明细栏和标题栏用来说明部件中各零件名称、代号、材料、数量以及部件名称、图样比例、制图、审核人员和签名等。

8.1.2 装配图的表达方法

1. 装配图的规定画法

- 相邻两零件的接触面和配合面只画一条粗实线；不接触表面和非配合表面，就画两条粗实线，如图 8-3 所示。
- 两个或两个以上金属表面相互邻接时，剖面线的倾斜方向应当相反，或方向相同而间隔错开、稀密度不等。
- 同一个零件在各视图中，其剖面线的方向和间隔必须一致。
- 当剖切平面通过螺钉、螺母、垫圈、键、销等标准连接件和轴、手柄、连杆等实心件的轴线或纵向对称面时，这些零件按不剖画，如图 8-4 所示。

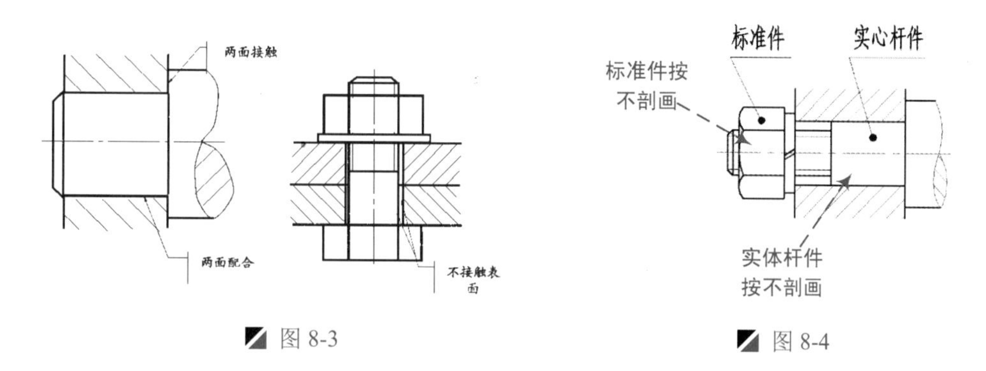

图 8-3　　图 8-4

2. 装配图的特殊画法

◆ 假想画法：是指视图中已将大部分零件的形状、结构表达清楚，但仍有少数零件的某些方面还未表达清楚时，可单独画出这些零件的剖视图。当需要表示某些零件的位置或运动范围和极限位置时，可用细双点画线画出该零件的轮廓线。假象轮廓的剖面区域内不画剖面线，如图 8-5 所示。

◆ 拆卸画法：是在装配图的某个视图上，如果有些零件在其它视图上已经表示清楚，而又遮住了需要表达的零件时，则可将其拆卸掉不画，而画剩下部分的视图，从而称为拆卸画法

◆ 简化画法：是在对于若干相同的零件组，如螺钉、螺栓、螺柱联接等，可只详细地画出一处，其余则用点画线标明其中心位置。滚动轴承等零部件，在剖视较图中可按轴承的规定画法画出。零件的工艺结构，如倒角、圆角、砂轮越程槽、半径较小的铸造圆角、起模斜度等可省略不画，而螺母、螺柱头部可采用简化画法，如图 8-6 所示。

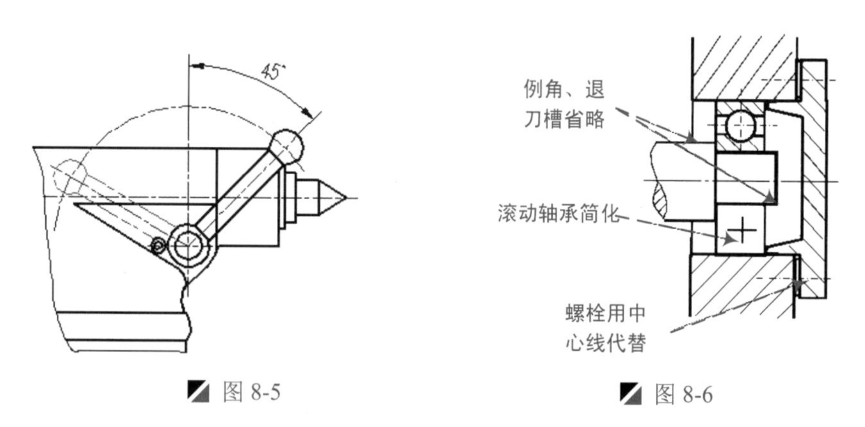

图 8-5　　图 8-6

8.1.3 装配图的尺寸标注、序号、明细栏和技术要求

1. 装配图的尺寸标注

装配图是表达零部件的装配关系，因此，其尺寸标注的要求不同于零件图。不需要标注出每个零件的全部尺寸，一般只需标注规格尺寸、装配尺寸、安装尺寸、外形尺寸和重要尺寸五类。

2. 装配图中的零部件序号

在生产中，为便于图纸管理、生产准备、机器装配和看懂装配图，对装配图上各零部件都要编注序号和代号。序号是为了看图方便编制的，代号是该零件或部件的图号或国标代号。零部件图中的序号和代号与明细栏中的序号和代号一致。

装配图中的序号一般由指引线、圆点（或箭头）横线（或圆圈）和序号数字组成。指引线不要与轮廓线或剖面线等图线平行，指引线之间不允许相交，但指引线允许弯折一次，如图 8-7 所示。

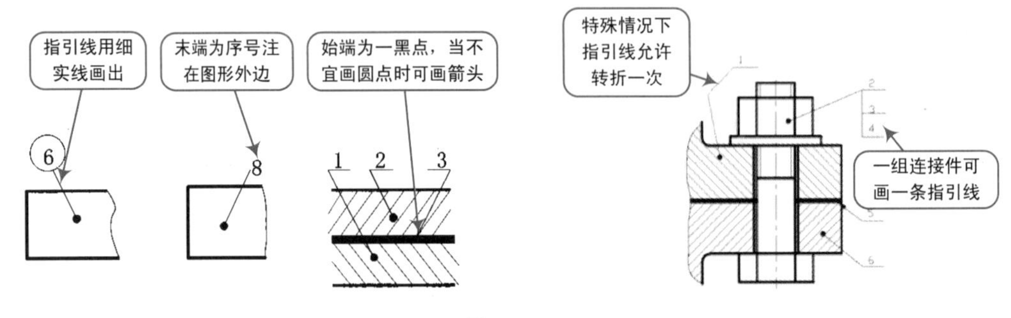

图 8-7

注意：标注时注意事项

> 标注尺寸时要注意以下几点：
> ① 每一种零件在各视图上只编一个序号；
> ② 指引线不能相交，不能与剖面线方向一致；
> ③ 沿水平或垂直方向按顺时针或逆时针方向整齐排列；
> ④ 图中序号应与明细表中的序号一致。

3. 明细栏和标题栏

明细栏中的零件序号应与装配图中的零件编号一致，并且由下往上填写，因此应先编写零件序号再填明细栏，如图 8-8 所示。

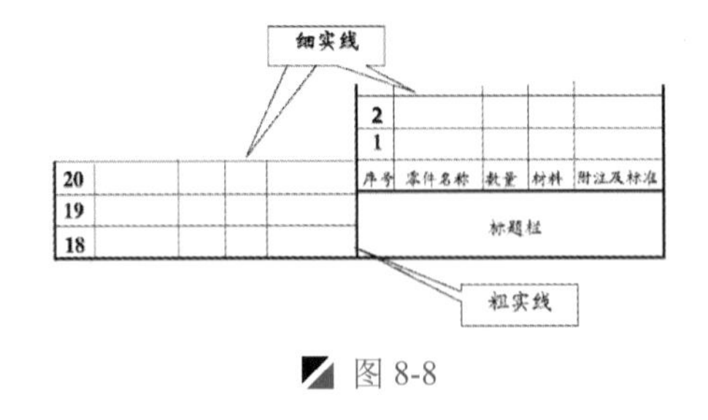

图 8-8

4. 装配图技术要求

不同的机器、部件、其技术要求也不相同。一般来讲，装配图应对机器或部件在装配、试验、调试、检验、使用等方面提出技术指示、措施、性能等方面的要求，或就其中某项提出要求。

技术要求一般注写在明细表的上方或标题栏的左边，也可以另编写技术文件附于图标。

8.1.4 装配图的绘制方法和步骤

对已有的部件进行测量，并画出其装配图和零件图的过程称为部件测绘。在实际生产中，无论是仿制某种先进设备，还是对旧设备进行改造或修配，测绘工作总是必不可少的。下面就结合如图 8-9 所示的行程开关，介绍部件测绘的方法和步骤。

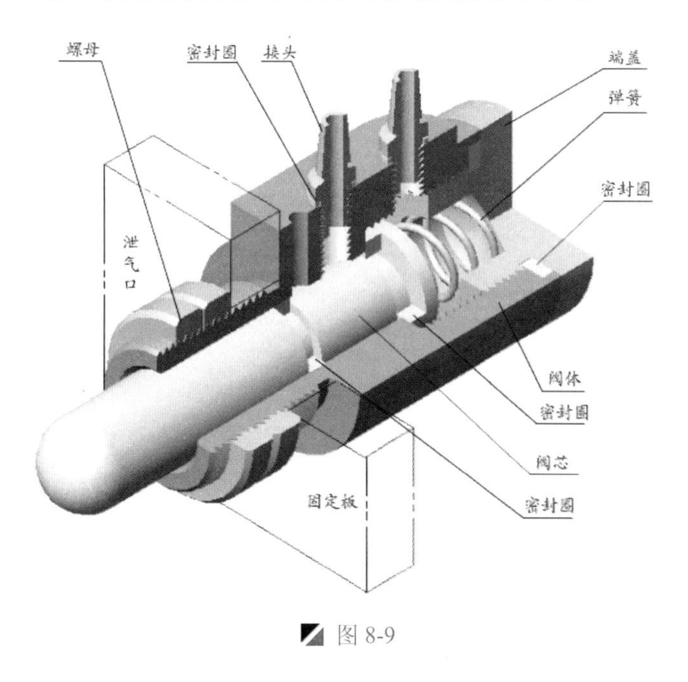

图 8-9

在绘制装配图时，可按照以下 4 个步骤进行绘制。

Step 01 根据确定的表达方案、部件的大小、视图的数量选取适当的绘制比例和图幅，画出各视图的主要基准线，如图 8-10 所示。

Step 02 绘制主体零件和与它直接相关的重要零件，如图 8-11 所示。

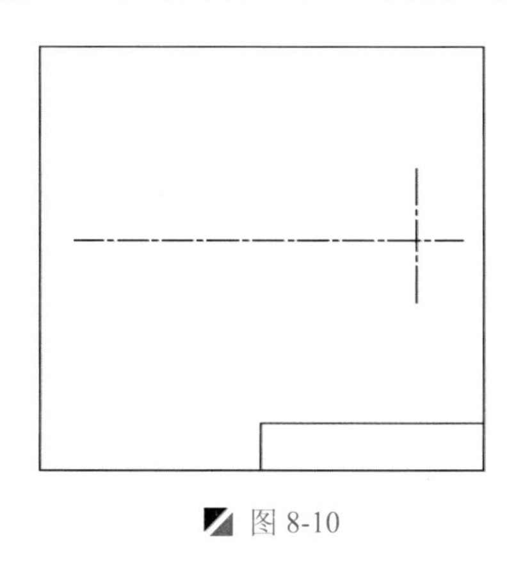

图 8-10

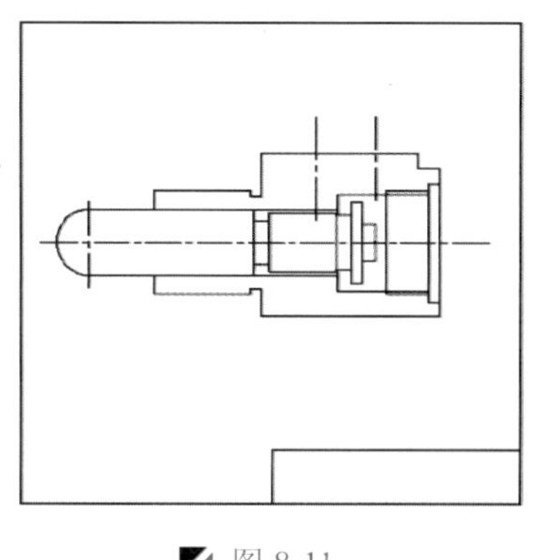

图 8-11

Step 03 绘制其他零件和细部结构，如图 8-12 所示。

Step 04 标注尺寸、编写零件序号、画标题栏、明细栏、剖面线，注写技术要求，完成图如图 8-13 所示。

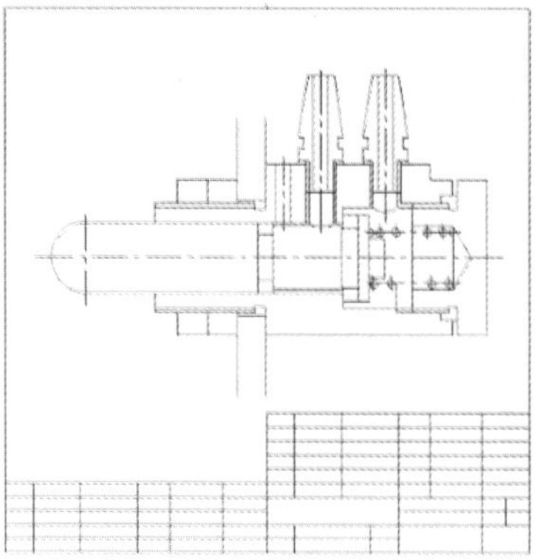

图 8-12

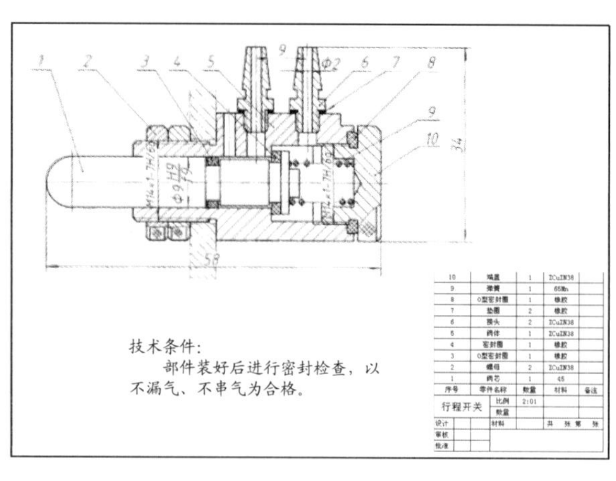

图 8-13

8.2 可调支撑装配图的绘制

案例	可调支撑装配图.dwg	视频	可调支撑装配图的绘制.avi	时长	08'12"

由于装配图的绘制比较复杂，在此可借助事先准备好的各个零件图进行装配图的设计，在绘制可调支撑装配图时，在 AutoCAD 中用到写块、插入块、多重引线、直线、修剪和删除等命令，其操作步骤如下。

Step 01 启动 AutoCAD 2015 软件，按<Ctrl+O>组合键，打开“案例\08\可调支撑装配图素材.dwg”文件，如图 8-14 所示。

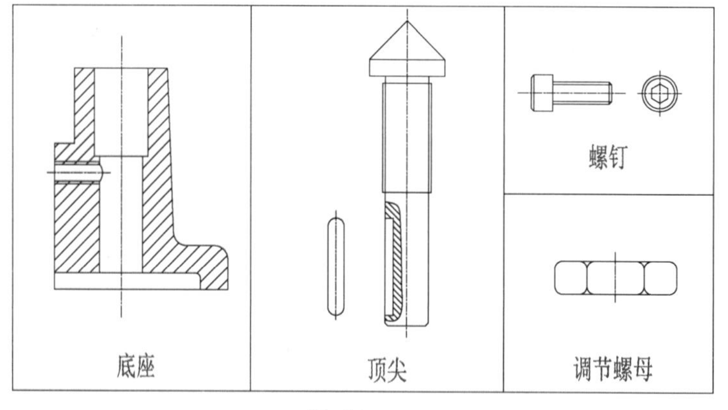

图 8-14

Step 02 执行“写块”命令（W），将底座剖面图保存为“案例\08\底座.dwg”文件，如图 8-15 所示。

Step 03 按同样的方法分别将指定的图形对象保存为相应的图块，如图 8-16 所示。

Step 04 至此，图块文件已经创建完成。执行“文件 | 关闭”菜单命令，将“案例\08\可调支撑装配图素材.dwg”文件关闭。

Step 05 按<Ctrl+O>组合键，打开“机械样板.dwt”文件；再按<Ctrl+Shift+S>组合键，将该样板文件另存为“案例\08\可调支撑装配图.dwg”文件。

Step 06 执行“插入块”命令（I），先将“案例\08\底座.dwg”图块对象插入当前视图位置，如图 8-17 所示。

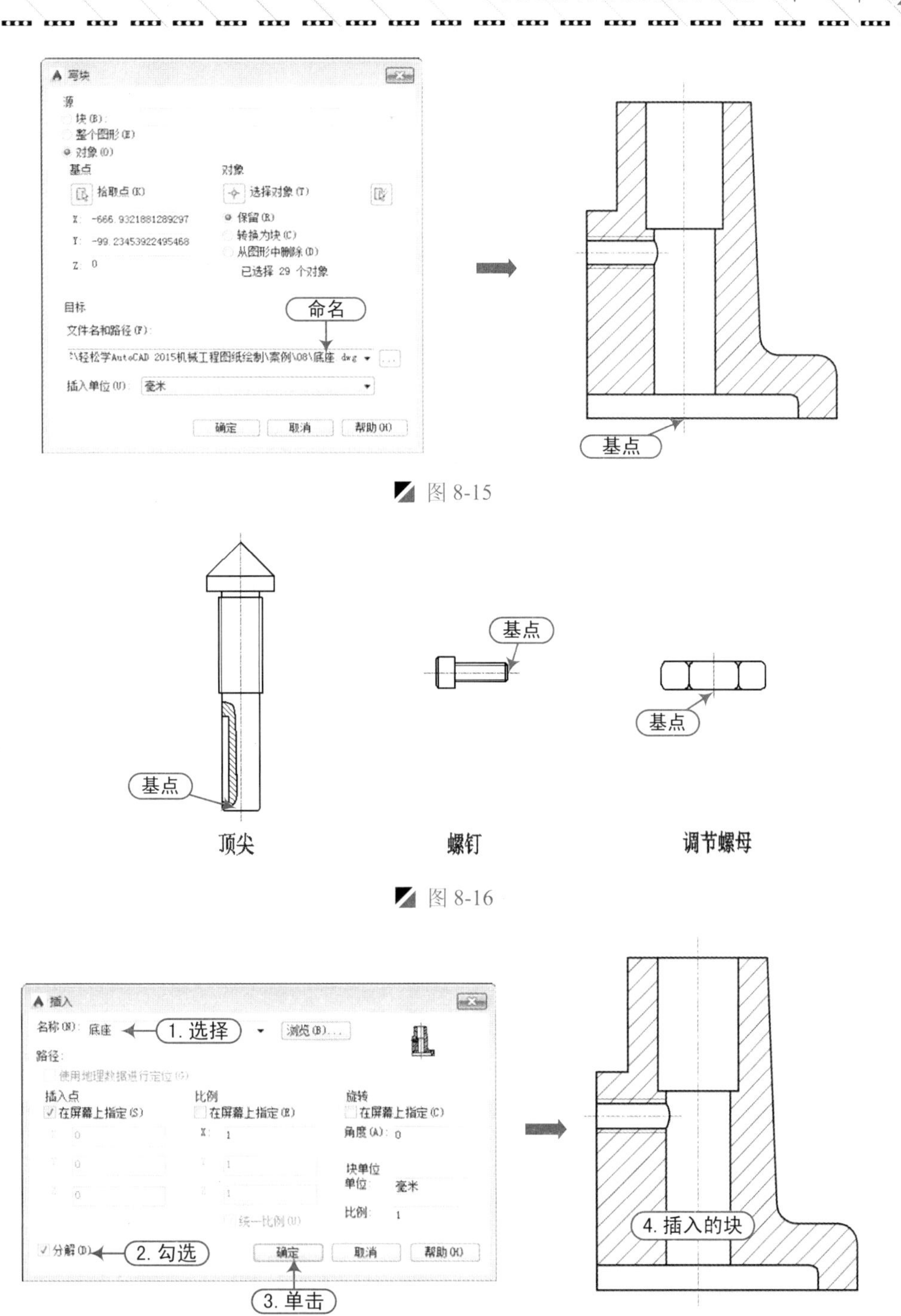

图 8-15

图 8-16

图 8-17

读书破万卷

Step 07 执行“工具 | 快速选择”菜单命令，打开“快速选择”对话框，设置“图层=粗实线”参数，然后单击“确定”按钮，将粗实线对象全部选中；展开“特性”工具栏上的“颜色控制”列表，将所选择的对象的颜色修改为“蓝”，如图 8-18 所示。

Step 08 执行“插入块”命令（I），将“顶尖.dwg”图块插入当前视图位置，如图 8-19 所示。

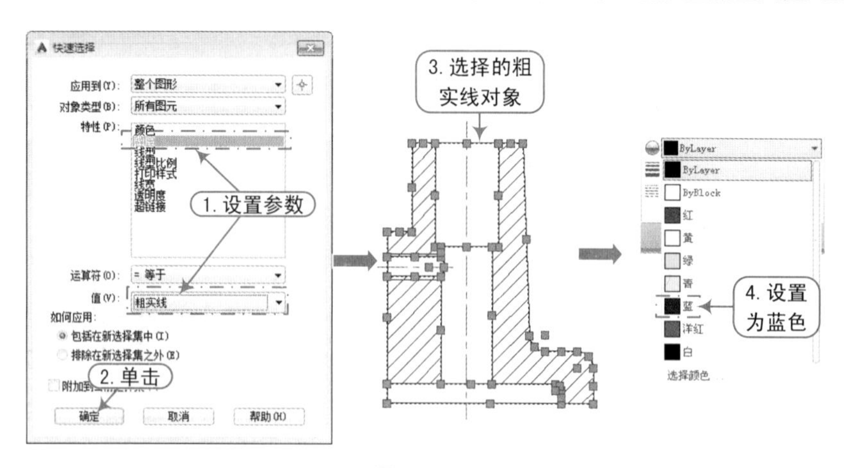

图 8-18

提示：块的插入点

在这里可以执行“from”透明命令，捕捉基点并向上偏移2mm，确定块的插入点。

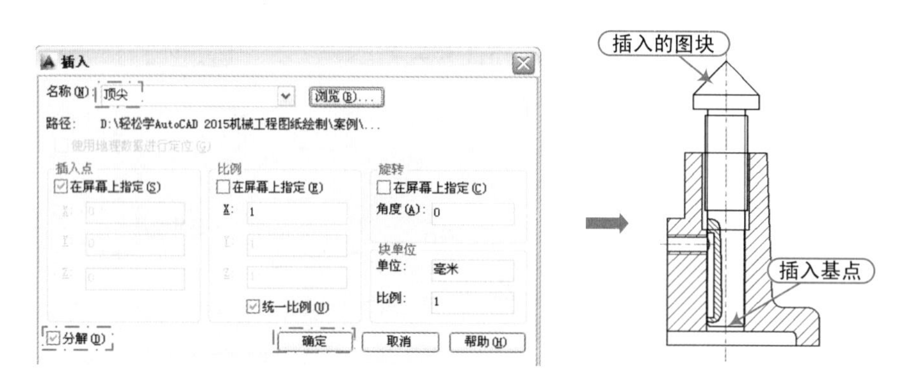

图 8-19

Step 09 按同样的方法，插入“案例\08\螺钉.dwg”图块对象，再插入“案例\08\调节螺母.dwg”图块对象，如图 8-20 所示。

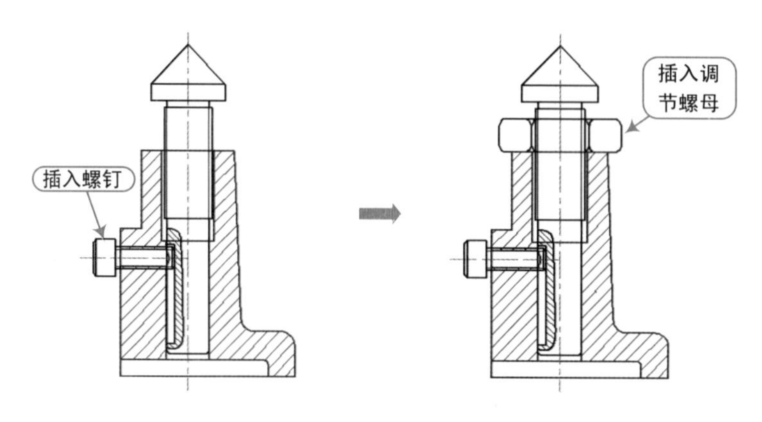

图 8-20

Step 10 执行“修剪”命令（TR）和“删除”命令（E），对装配后的零件进行修剪操作，如图 8-21 所示。

Step 11 执行“工具 | 快捷选择”菜单命令，打开“快捷选择”对话框，将“颜色=蓝”的对象全部选中，然后在“特性”工具栏上的“颜色控制”下拉列表中选择“随层”，完成可调支撑装配效果，如图 8-22 所示。

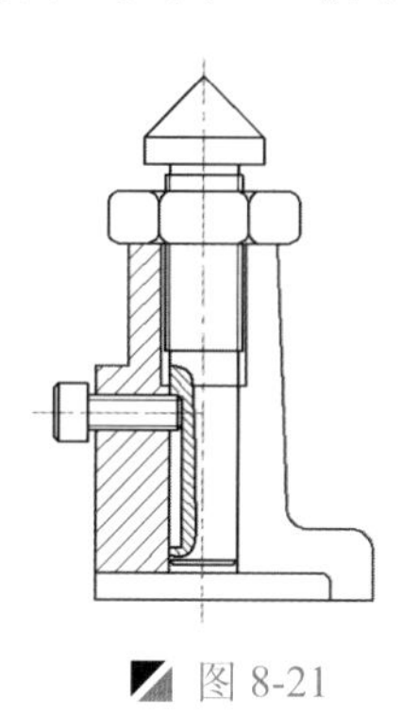

图 8-21

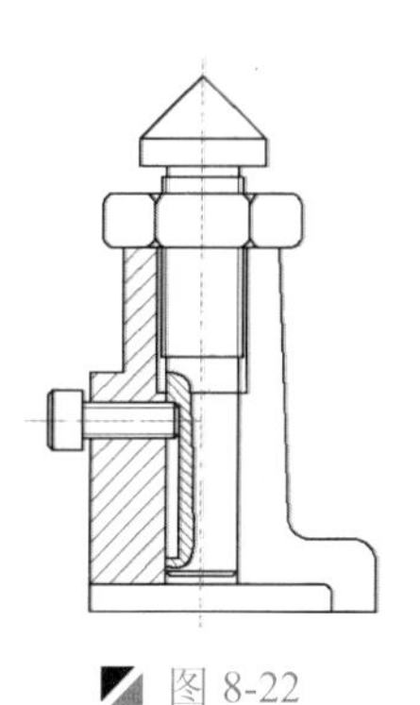

图 8-22

Step 12 执行“格式 | 多重引线样式”菜单命令，选择“新建”选项，新建一个样式，单击“继续”按钮，如图 8-23 所示。

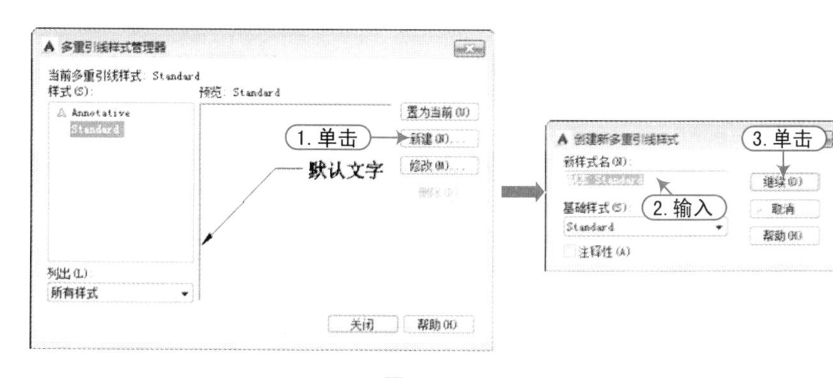

图 8-23

Step 13 进入“修改多重引线样式”对话框，切换至“引线格式”、“引线结构”及“内容” 选项卡进行相应设置，如图 8-24 所示。

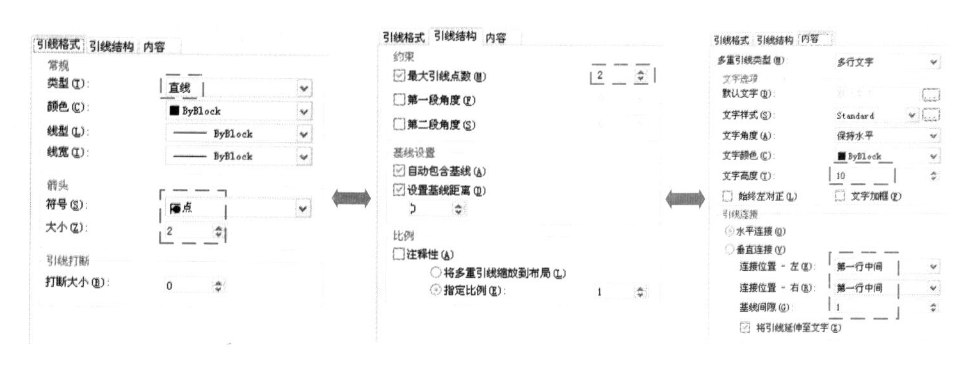

图 8-24

Step 14 执行“多重引线”命令（MLD），对装配图进行引线注释，并输入序号；再切换到“尺寸与公差”图层，对其可调支撑装配图进行标注尺寸，如图 8-25 所示。

Step 15 执行“直线”命令（L）和“文字”命令（MT），绘制标题栏和明细栏，如图 8-26 所示。

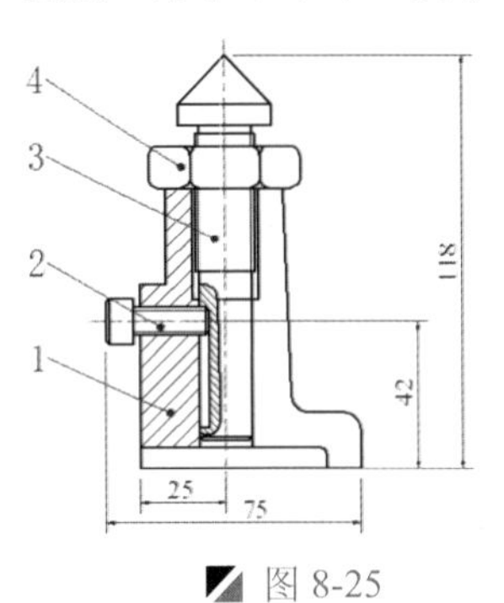

图 8-25

4	QJD1-4	调节螺母	3	35	
3	QJD1-3	顶尖	2	45	
2	QJD1-2	螺钉	3	Q235	
1	QJD1-1	底座	1	HT150	
序号	代号	零件名称	数量	材料	备注
可调支撑		比例	2:1		
		数量			
设计		材料		共 张 第 张	
审核					
批准					

图 8-26

提示：标注方法

装配图的作用是表达零部件的装配关系，因此，其尺寸标注的要求不同于零件图。不需要注出每个零件的全部尺寸，一般只需标注规格尺寸、装配尺寸、安装尺寸、外形尺寸和重要尺寸五大类尺寸。

需要说明的是，装配图上的某些尺寸有时兼有几种意义，而且每一张图上也不一定都具有上述五类尺寸。在标注尺寸时，必须明确每个尺寸的作用，对装配图没有意义的结构尺寸不需注出。

Step 16 执行“直线”命令（L）和“移动”命令（M），绘制表框，并将装配图和标题栏、明细格栏移至表框内，完成图如图 8-27 所示。

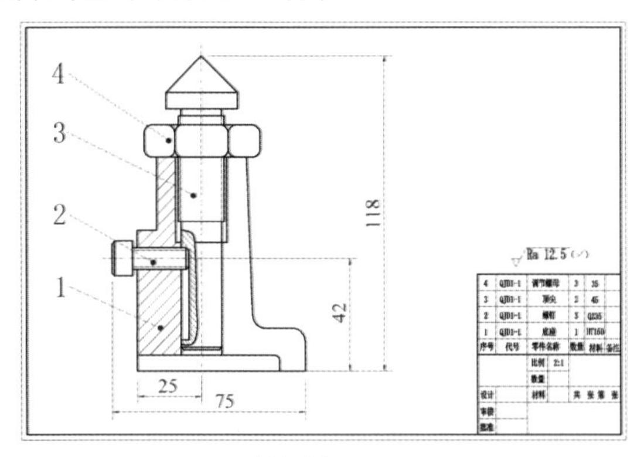

图 8-27

Step 17 至此，可调支撑装配图已完成，按<Ctrl+S>组合键对其进行保存。

8.3 连接板装配图的绘制

案例	可调支撑装配图.dwg	视频	可调支撑装配图的绘制.avi	时长	04'57"

由于装配图的绘制比较复杂，在此可借助事先准备好的各个零件图进行装配图的设计，在绘制可调支撑装配图时，在 AutoCAD 中用到写块、插入块、多重引线、直线、修剪和删除等命令，其操作步骤如下。

Step 01 启动 AutoCAD 2015 软件，按<Ctrl+O>组合键，打开“案例\08\连接板装配图素材.dwg”文件，如图 8-28 所示。

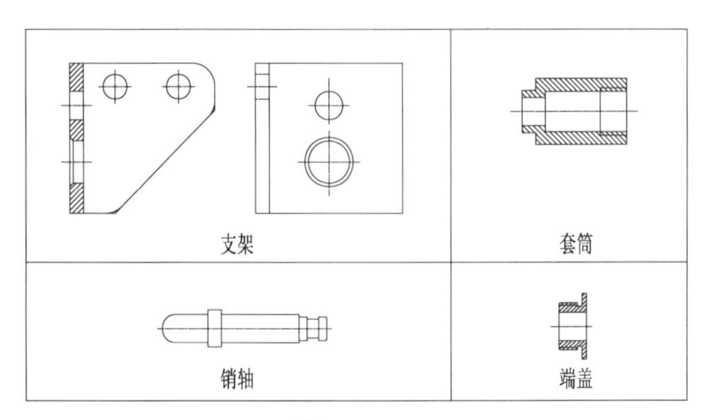

图 8-28

Step 02 执行“写块”命令（W），将支架图保存为“案例\08\支架.dwg”文件，如图 8-29 所示。

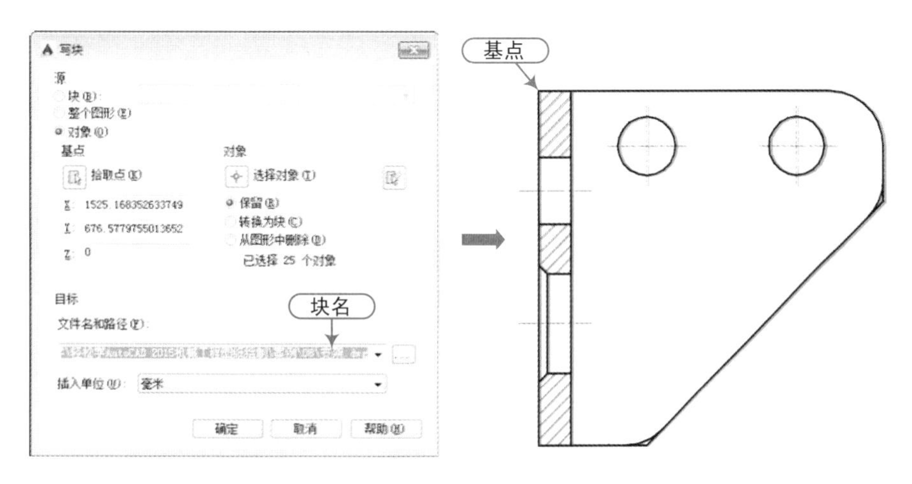

图 8-29

Step 03 按同样的方法分别将指定的图形对象保存为相应的图块，如图 8-30 所示。

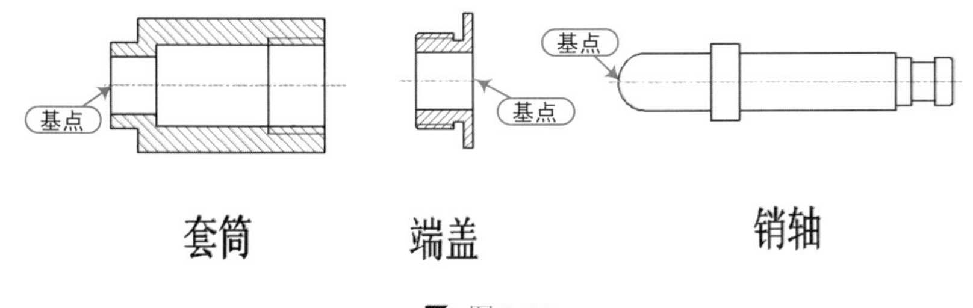

图 8-30

Step 04 至此，图块文件已经创建完成。执行“文件 | 关闭”菜单命令，将“案例\08\连接板装配图素材.dwg”文件关闭。

Step 05 按<Ctrl+O>组合键，打开“机械样板.dwt”文件；再按<Ctrl+Shift+S>组合键，将该样板文件另存为“案例\08\连接板装配图.dwg”文件。

Step 06 执行“插入块”命令（I），先将“案例\08\支架.dwg”图块对象插入当前视图位置。

Step 07 再执行“插入块”命令（I），按照如图 8-31 所示分别插入套筒、端盖。

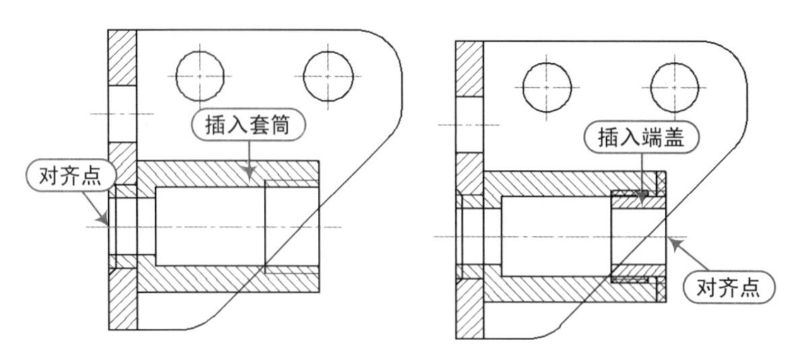

图 8-31

Step 08 执行“插入块”命令（I），插入销轴，如图 8-32 所示。

Step 09 执行“修剪”命令（TR）和“删除”命令（E），对装配后的各零件进行修剪和删除操作，如图 8-33 所示。

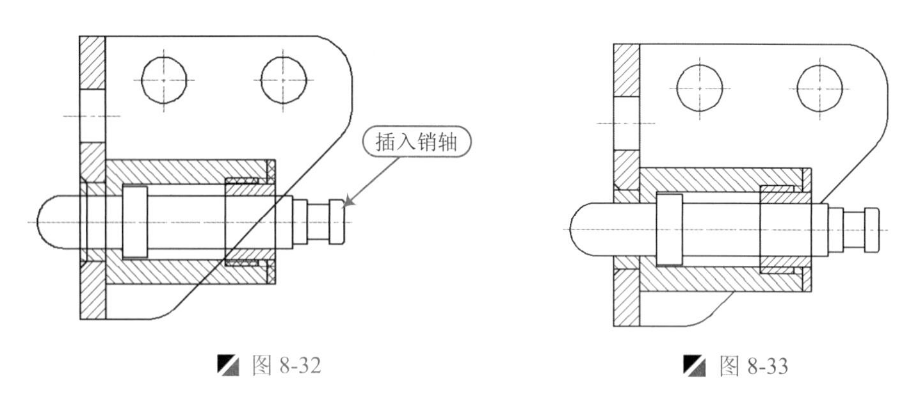

图 8-32　　图 8-33

Step 10 执行“多重引线”命令（MLD），对装配图进行引线注释，并输入序号；切换到“尺寸与公差”图层，对其可调支撑装配图进行标注尺寸，如图 8-34 所示。

Step 11 执行“直线”命令（L）和“文字”命令（MT），绘制标题栏和明细栏，如图 8-35 所示。

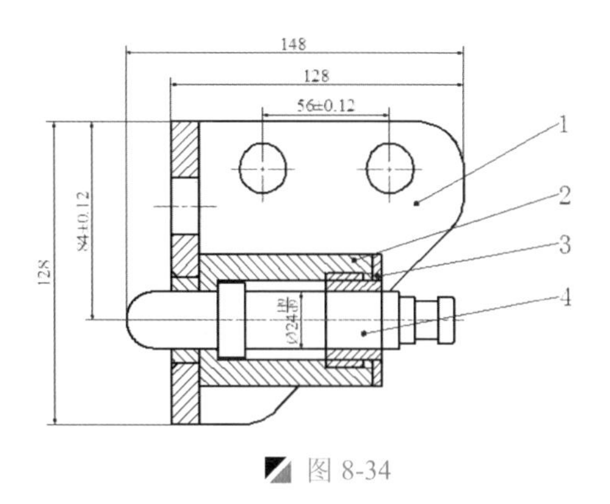

图 8-34

4	GC1-4	销轴	3	45	
3	GC1-3	端盖	5	Q235	
2	GC1-2	套筒	5	Q235	
1	GC1-1	支架	2	HT150	
序号	代号	零件名称	数量	材料	备注
连接板		比例	1:1		
		数量			
设计		材料		共 张 第 张	
审核					
批准					

图 8-35

Step 12 执行“直线”命令（L）和“移动”命令（M），绘制表框，并将装配图和标题栏、明细格栏移至表框内，完成后的效果如图 8-36 所示。

Step 13 至此，连接板装配图已完成，按<Ctrl+S>组合键对其进行保存。

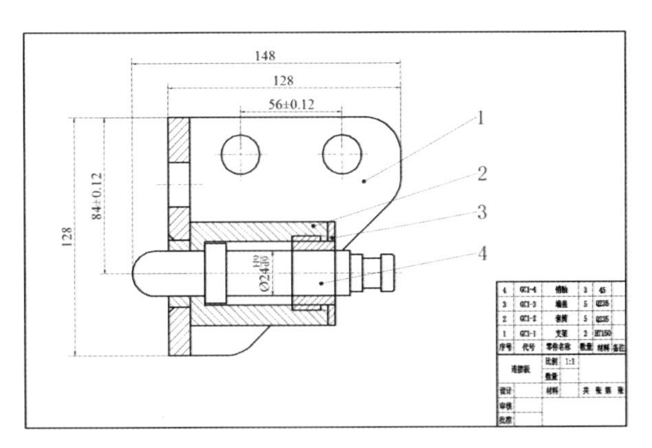

图 8-36

提示：引线序号的排序

在进行引线序号标注时，最好在其右侧绘制一条垂直的参考线，将所有的引线序号都标注在一条线上，然后将该参考线删除即可。

读书破万卷

9

机械零件轴测图的绘制

本章导读

轴测图反映物体的三维形状和二维图形，它富有立体感，能帮人们更快捷、清楚地认识产品的结构。

用平行投影法将物体边同确定该物体的直角坐标系，一起沿不平行于任一坐标平面的方向投射到一个投影面上，所得到的图形称为轴测图。

本章内容

- 掌握轴测图的绘制基础
- 掌握轴测图样板文件的创建
- 掌握直线型轴测图的绘制方法
- 掌握圆型轴测图的绘制方法

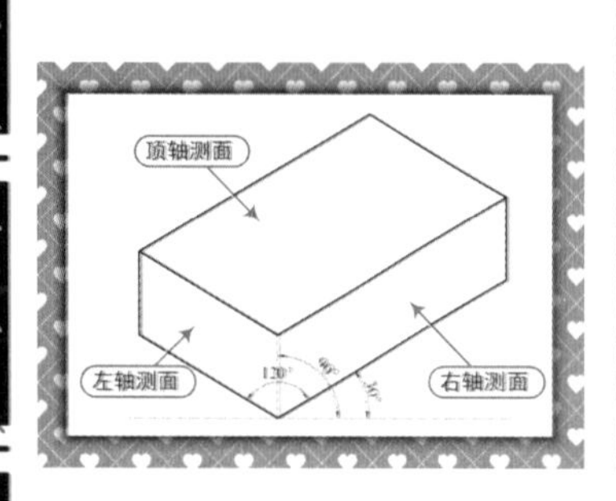

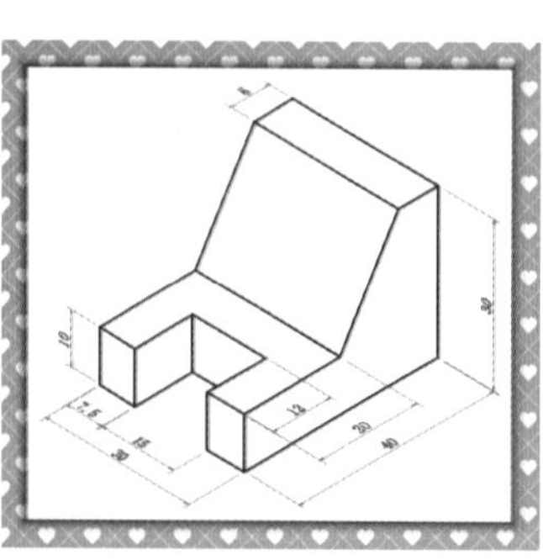

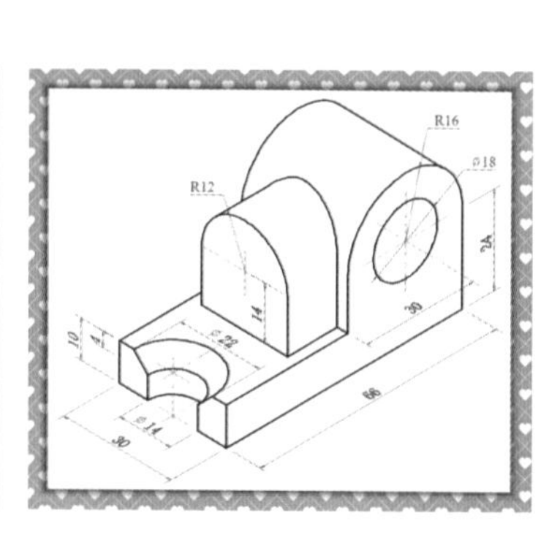

9.1 轴测图的绘制基础

由于轴测图与一般视图的绘制方法不一样，需要事先对其模式进行设置。在本节中，专程对轴测图的基础进行讲解，包括轴测图的视图与角度、轴测图的激活与切换、轴测图中文字的标注、轴测图中尺寸的标注等。

9.1.1 轴测图的视图与角度

一个实体的轴测投影只有三个可见平面，为了便于绘图，应将这三个面作为画线、找点等操作的基准平面，并称它们为轴测平面，根据其位置的不同，分别称为左轴测面、右轴测面和顶轴测面。当激活轴测模式之后，就可以分别在这三个面之间进行切换。如一个长方体在轴测图中的可见边与水平线夹角分别是 30°、90° 和 120°，如图 9-1 所示。

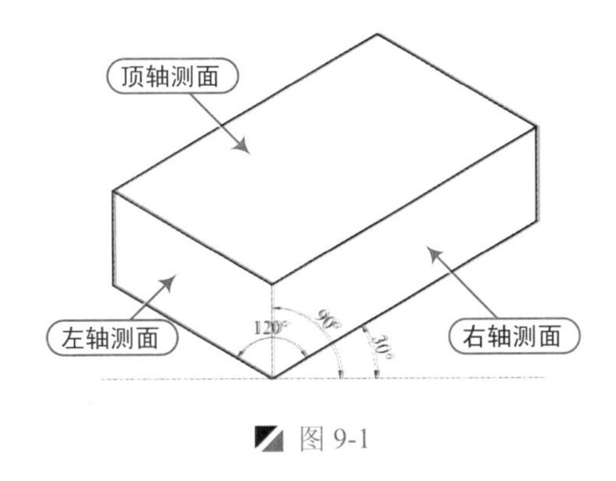

图 9-1

9.1.2 CAD 中轴测图的激活与切换

在 AutoCAD 环境中要绘制轴测图形，首先应进行激活设置才能进行绘制。选择“工具 | 草图设置”菜单命令，打开“草图设置”对话框，在“捕捉和栅格”选项卡中选择“等轴测捕捉”单选项，然后单击“确定”按钮即可激活，如图 9-2 所示。

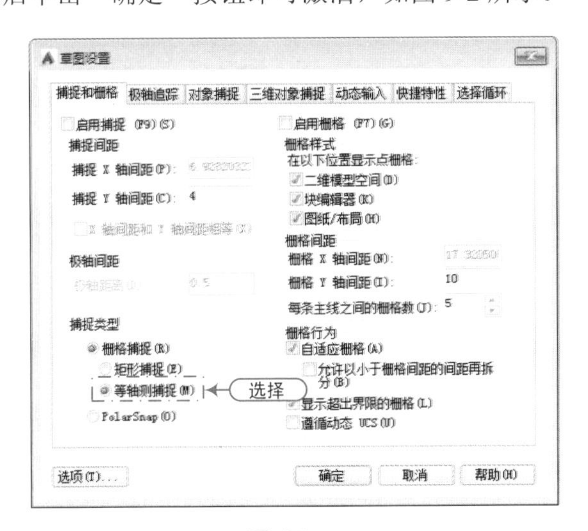

图 9-2

注意：SNAP 命令的使用

用户也可以在命令行中输入“snap”，再根据命令行的提示选择“样式（S）”选项，再选择“等轴测（I）”选项，最后输入垂直间距为 1，其命令行如下：

```
命令: SNAP
指定捕捉间距或 [打开(ON)/关闭(OFF)/传统(L)/样式(S)/类型(T)] <4.000>: s
输入捕捉栅格类型 [标准(S)/等轴测(I)] <I>: i
指定垂直间距 <4.000>: 1
```

另外，用户在对三个等轴面进行切换时，可按<F5>或<Ctrl+E>组合键依次切换上、右、左三个面，其鼠标指针的形状如图 9-3 所示。

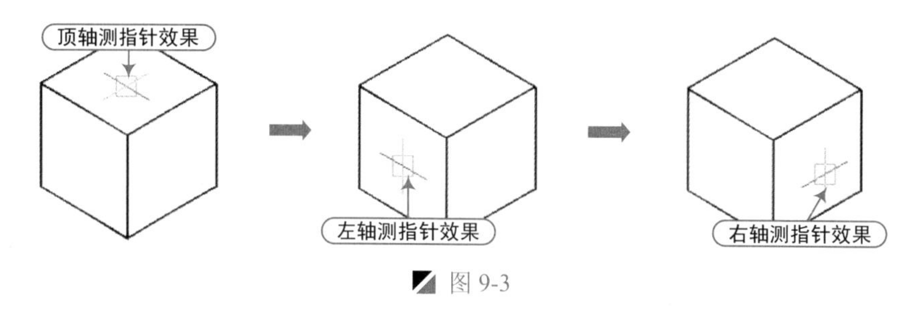

图 9-3

9.1.3 轴测图中文字的标注

为了使某个轴测面中的文本看起来像是在该轴测面内，必须根据各轴测面的位置特点将文字倾斜某个角度值，以使它们的外观与轴测图协调起来，否则立体感不强。

1. 文字倾斜角度设置

执行“格式｜文字样式”菜单命令，或者输入 ST，弹出“文字样式”对话框，根据要求新建“文字倾斜 30”和“文字倾斜-30”两种文字样式，并且分别设置文字样式的倾斜角度为 30°和–30°，如图 9-4 所示。

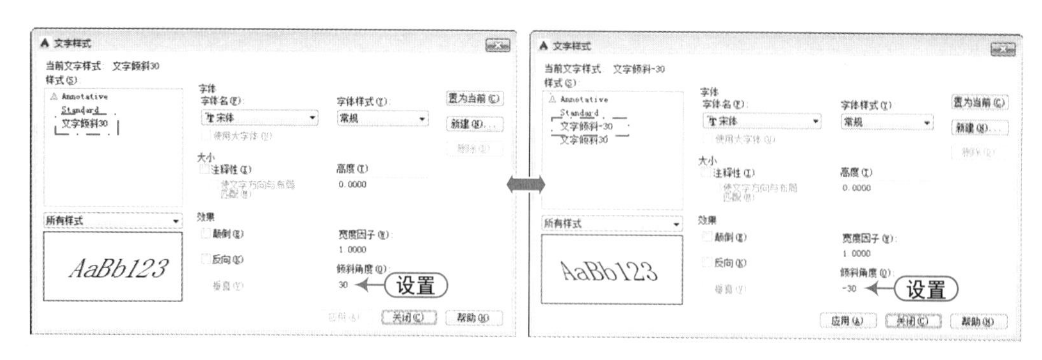

图 9-4

2. 在轴测面上各文本的倾斜规律

文字的倾斜角是指相对于 WCS 坐标系 Y 轴正方向倾斜的角度，角度小于 0，则文字向左倾斜；反之，文字向右倾斜。文字的旋转角是指相对于 WCS 坐标系 X 轴正方向，以文字起点为原点进行旋转的角度，按逆时针方向旋转，角度为正；反之，角度为负。

各轴测面上文本的倾斜与旋转角度，见表9-1所示，注写文字后的效果如图9-5所示。

表9-1 各文本的倾斜与旋转角度

轴测平面	文本所处的方向	文字的倾斜角（°）	文字的旋转角（°）
右轴测平面	与 X_1 轴平行	30	30
	与 Z_1 轴平行	–30	–90
上轴测平面	与 Y_1 轴平行	30	–30
	与 X_1 轴平行	–30	30
左轴测平面	与 Z_1 轴平行	30	90
	与 Y_1 轴平行	–30	–30

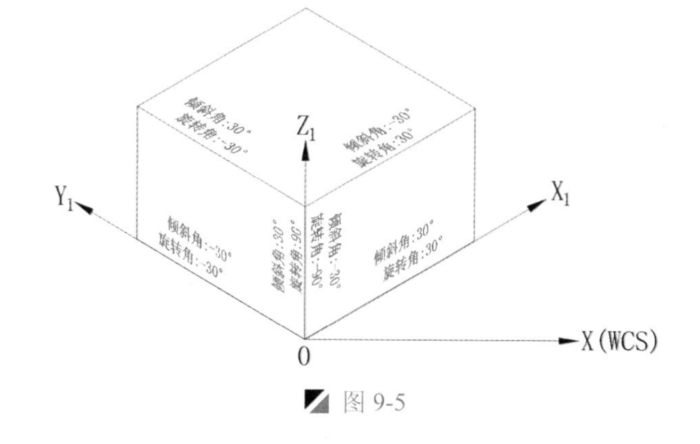

图 9-5

9.1.4 轴测图中尺寸的标注

为了让某个轴测面内的尺寸标注看起来像是在这个轴测面中，就需要将尺寸线、尺寸界线倾斜某一个角度，以使它们与相应的轴测平行。同时，标注文本也必须设置成倾斜某一角度的形式，才能使用文本的外观具有立体感。

1. 设置尺寸标注的字体及标注样式

正等轴测图中的线性尺寸的尺寸界线应平行于轴测轴（正等轴测图的坐标轴，如图9-6所示，简称轴测轴），而 AutoCAD 中用线性标注命令在任何图上标注的尺寸线都是水平或竖直的，所以在标注轴测图尺寸时，除竖直尺寸线外，需要用“对齐标注”命令。为了符合视觉效果，还需要对尺寸界线和尺寸数字的方向进行调整，如图9-7所示，使尺寸线与尺寸界线不垂直，尺寸数字的方向与尺寸界线的方向一致，且尺寸数字与尺寸线、尺寸界线应在一个平面内。

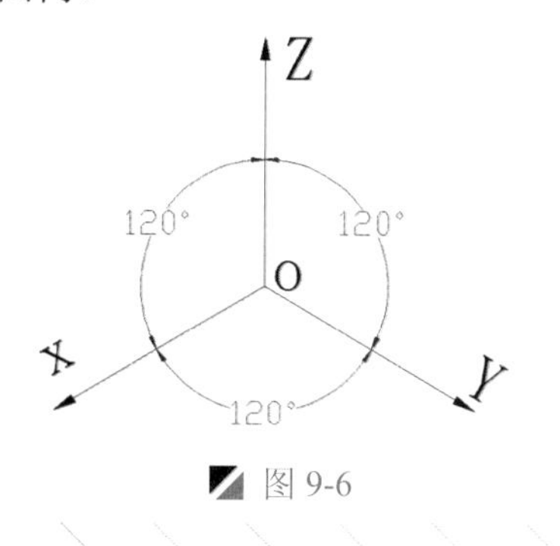

图 9-6

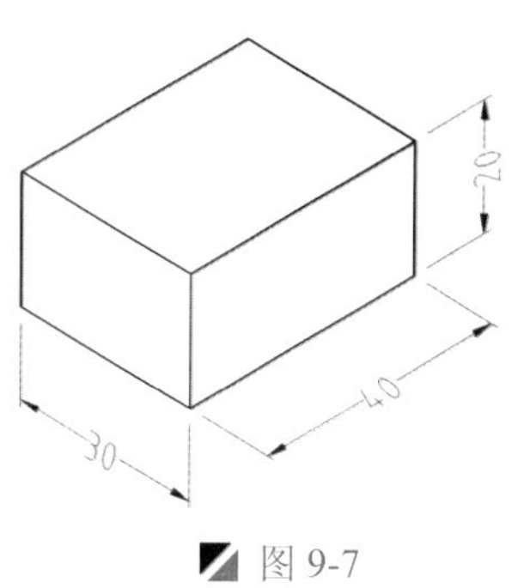

图 9-7

通过对正等轴测图的尺寸标注进行分析，得到了在等轴测图中标注平行于轴测面的线性尺寸，尺寸的文字样式倾斜方向具有以下规律。

① 在 XOY 轴测面上，当尺寸界线平行于 X 轴时，文字样式倾角为 30°；当尺寸界线平行于 Y 轴时，文字样式倾角为–30°。

② 在 YOZ 轴测面上，当尺寸界线平行于 Y 轴时，文字样式倾角为 30°；当尺寸界线平行于 Z 轴时，文字样式倾角为–30°。

③ 在 XOY 轴测面上，当尺寸界线平行于 X 轴时，文字样式倾角为–30°；当尺寸界线平行于 Z 轴时，文字样式倾角为 30°。

由以上规律可以看出，各轴测面内的尺寸中文字样式的倾斜分为 30°或–30°两种情况，因此，在轴测图尺寸标注前，应首先建立倾角分别为 30°或–30°两种文字样式，应用合适的文字样式控制尺寸数字的倾斜角度，就能保证尺寸线、尺寸界线和尺寸数值看起来是在一个平面内。

2. 调整尺寸界线与尺寸线的夹角

由如图 9-8 所示可知，图中尺寸界线与尺寸线均倾斜，需要通过倾斜命令来完成。当尺寸界线与 X 轴平行时，倾斜角度为 30°；当尺寸界线与 Y 轴平行时，倾斜角度为–30°；当尺寸界线与 Z 轴平行时，倾斜角度为 90°。

3. 正等轴测图尺寸标注步骤

① 首先进行对齐标注。在“尺寸标注”工具栏中的单击“对齐标注”按钮，对图形进行对齐标注操作，此时不必选择什么文字样式，如 9-8 所示。

② 其次倾斜尺寸。在“尺寸标注”工具栏中单击“编辑尺寸”按钮，根据命令行提示选择“倾斜（O）”选项，分别将尺寸为 20 的倾斜 30°，将尺寸为 30 的倾斜 90°，将尺寸为 40 的倾斜–30°，即可得到如图 9-9 所示的结果。

③ 然后修改标注文字样式。将尺寸分别为 20、30 和 40 的标注样式中的“文字样式”修改为“样式–30”，从而完成规范的等轴测图的尺寸标注，如图 9-10 所示。

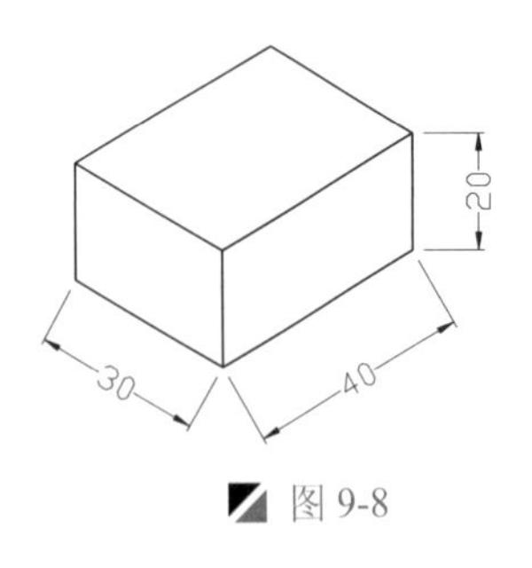

图 9-8

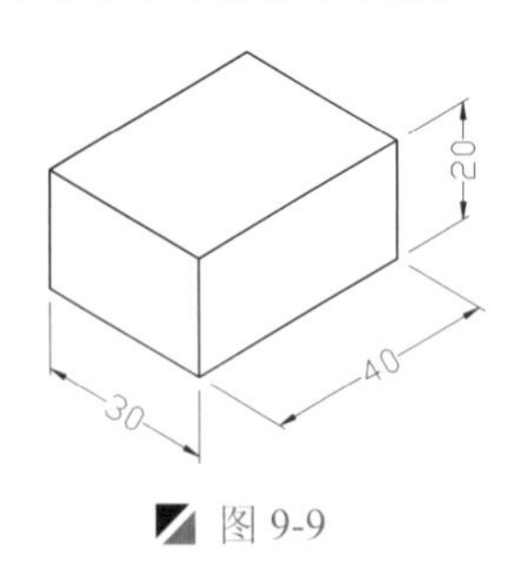

图 9-9

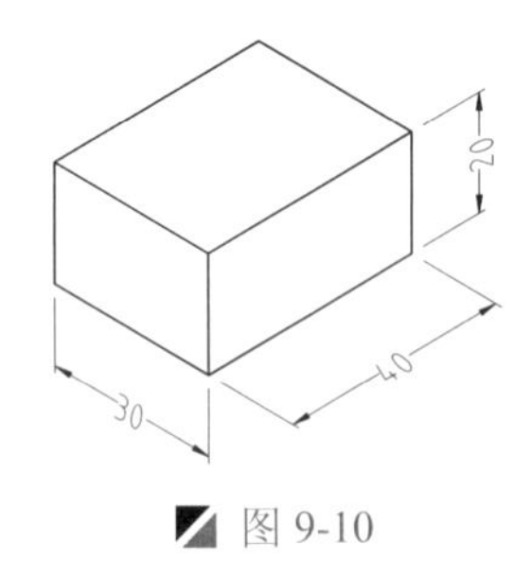

图 9-10

4. 圆和圆弧的正等轴测图尺寸标注

由于圆和圆弧的等轴测图为椭圆和椭圆弧，不能直接用“尺寸标注”命令完成标注，可采用先画圆，然后标注圆的直径或半径，再修改尺寸数值来处理，达到标注椭圆的直径或椭圆弧半径的目的。

带半圆弧形体的等轴测图尺寸标注方法如下。

① 根据前面的方法，对其图形进行长、宽、高的尺寸标注。

② 以椭圆的中心为圆心，以适当半径画辅助圆与椭圆弧相交于 O。

③ 标注圆的半径，箭头指向交点 O，并将辅助圆删除。

④ 选择半径标注对象，在“特性”面板中修改尺寸文字“R10”，如图 9-11 所示。

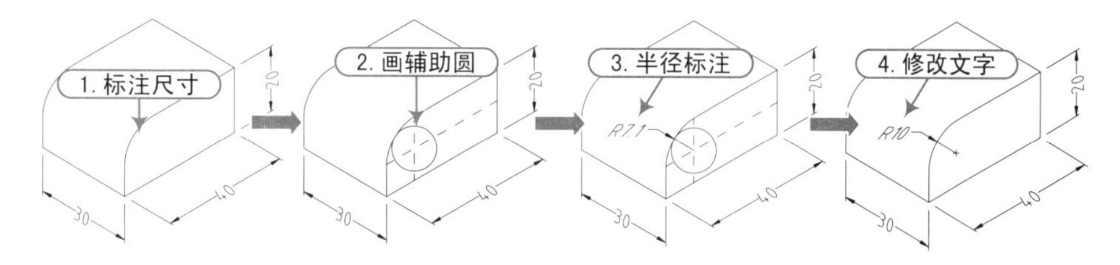

图 9-11

9.2 轴测图样板文件的创建

案例 轴测图样板.dwt 视频 轴测图样板文件的创建.avi 时长 17'28"

由于轴测图绘制的特殊性，所以在绘制轴测图之前，也应该先创建一个样板文件，以提高轴测图的绘制标准、规范和速度，其操作步骤如下。

Step 01 启动 AutoCAD 2015 软件，按<Ctrl+O>组合键，打开“机械样板.dwt”文件。

Step 02 按<Ctrl+Shift+S>组合键，将该样板文件另存为“轴测图样板.dwt”文件。

Step 03 使用鼠标在状态栏的“栅格”按钮上右击，从弹出的菜单中选择“捕捉设置”命令，将弹出“草图设置”对话框，在其中选择“等轴测捕捉”单选项，然后单击“确定”按钮，如图 9-12 所示。

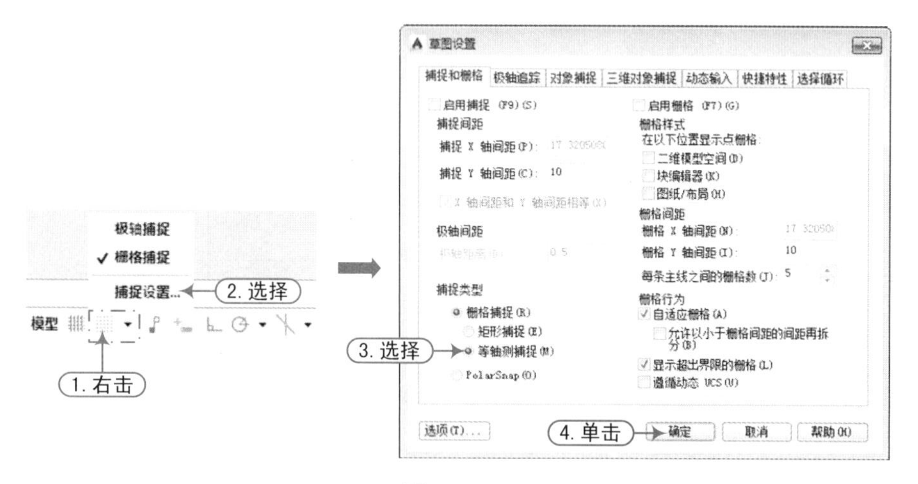

图 9-12

Step 04 执行“文字样式”命令（ST），将弹出“文字样式”对话框，单击“新建”按钮，新建“文字倾斜 30”和“文字倾斜–30”两种文字样式，其文字高度为 0，并且分别设置文字样式的倾斜角度为 30°和–30°，如图 9-13 所示。

Step 05 执行“标注样式”命令（MST），弹出“标注样式管理器”对话框，单击“新建”按钮，新建“倾斜 30 度”标注样式，并单击“继续”按钮，如图 9-14 所示。

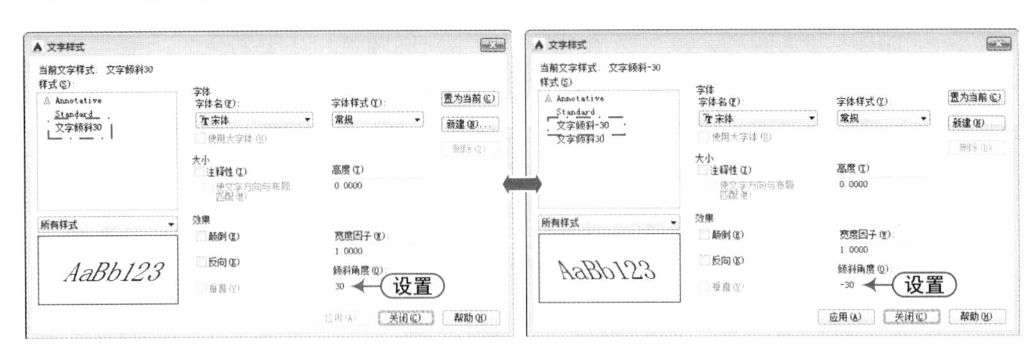

图 9-13

Step 06 此时弹出“新建标注样式：倾斜 30 度”对话框，在其中设置文字样式为“文字倾斜 30”，然后单击“确定”按钮，如图 9-15 所示。

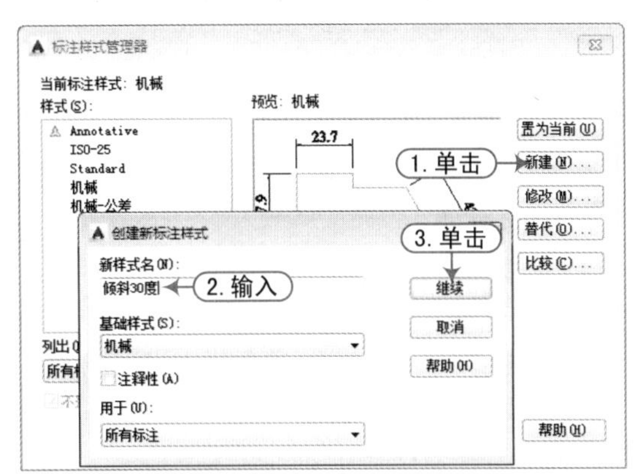

图 9-14

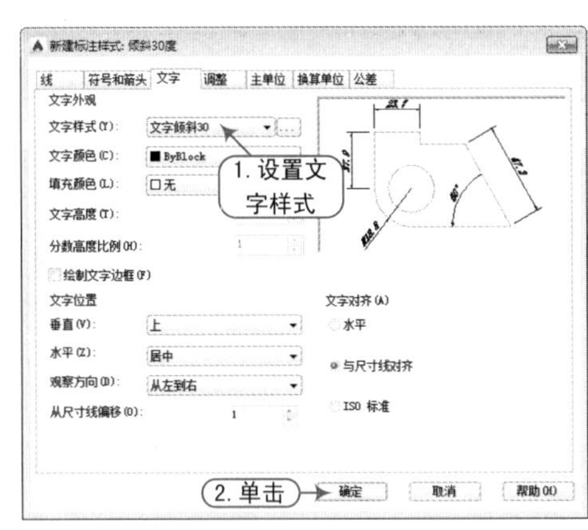

图 9-15

Step 07 同样，再新建“倾斜-30 度”标注样式，且设置文字样式为“文字倾斜-30 度”，如图 9-16 所示。

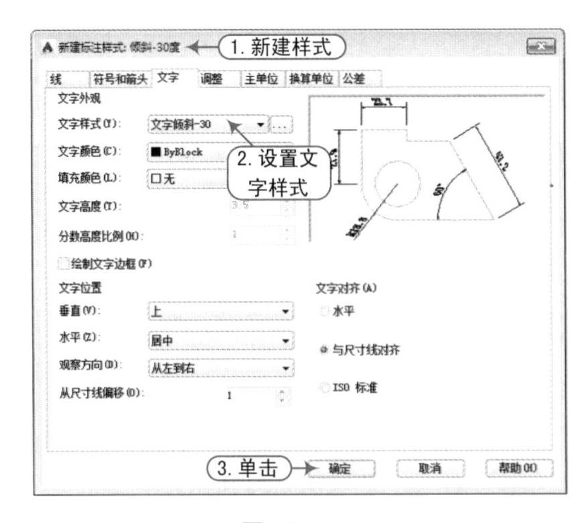

图 9-16

Step 08 这样，该轴测图的样板文件就已经创建完成，按<Ctrl+S>组合键进行保存。

9.3 直线型轴测图的绘制

案例 直线型轴测图.dwg 视频 直线型轴测图的绘制.avi 时长 06'49"

从如图 9-17 所示的轴测图中可以看出，该轴测图只有直线对象，并没有圆和圆弧对象，我们可以称该图形为直线型轴测图。在绘制的时候，先激活轴测图绘制模式，并按<F5>键切换轴测投影面，再使用直线、复制等命令，依次绘制各投影面的直线对象，然后将多余的线段进行修剪，最后对其进行轴测图的尺寸标注。

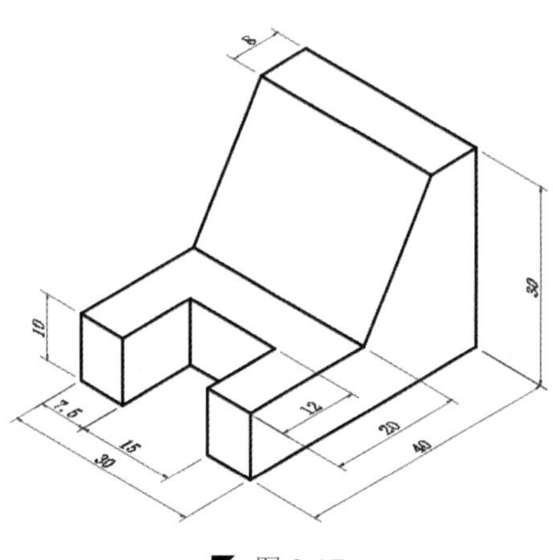

图 9-17

Step 01 启动 AutoCAD 2015 软件，按<Ctrl+O>组合键，打开“轴测图样板.dwt”文件。

Step 02 按<Ctrl+Shift+S>组合键，将该样板文件另存为“直线型轴测图.dwg”文件。

Step 03 在“图层”面板的“图层控制”下拉列表中，选择“粗实线”图层作为当前图层。

Step 04 在状态栏单击“等轴测草图-左”按钮，激活轴测模式进行轴测图的绘制。

Step 05 按<F8>键打开“正交”模式，执行“直线”命令（L），按<F5>键进行轴测面切换，绘制如图 9-18 所示的闭合对象。

Step 06 按<F5>键切换至右轴测图，执行“复制”命令（CO），将上一步绘制的所有直线对象向上复制 10mm 的距离，如图 9-19 所示。

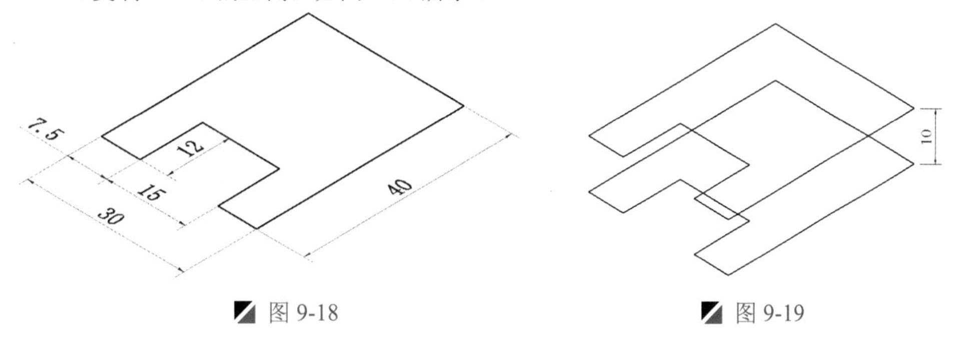

图 9-18 图 9-19

提示：复制时的方向

在复制轴测图面中的对象时，应按<F5>键切换到相应的轴测面，从而移动鼠标来指定移动的方向。

读书破万卷

轴测面内绘制平行线时，不能直接用“偏移”命令（O）进行，因为“偏移”命令中的偏移距离是两线之间的垂直距离，而沿 30° 方向之间的距离却不等于垂直距离。

在轴测面内画平行线时，一般采用“复制”命令（CO），或“偏移”命令（O）中的“通过（T）”选项；也可结合自动捕捉、自动追踪及正交状态作图，保证所画直线与轴测轴的方向一致，如图 9-20 所示。

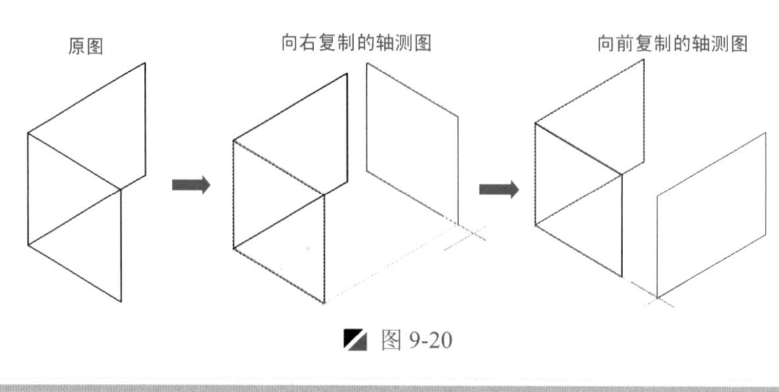

图 9-20

Step 07 执行“复制”命令（CO），将上面图形的右侧的水平线段向左侧复制 20mm 的距离，如图 9-21 所示。

Step 08 执行“修剪”命令（TR），将多余的对象进行修剪操作，如图 9-22 所示。

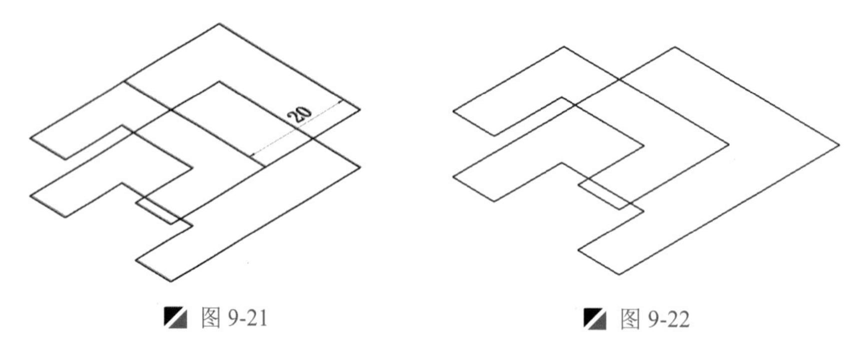

图 9-21　　图 9-22

Step 09 执行“直线”命令（L），捕捉相应的点进行直线连接，如图 9-23 所示。

Step 10 执行“修剪”命令（TR），将多余的对象进行修剪操作，如图 9-24 所示。

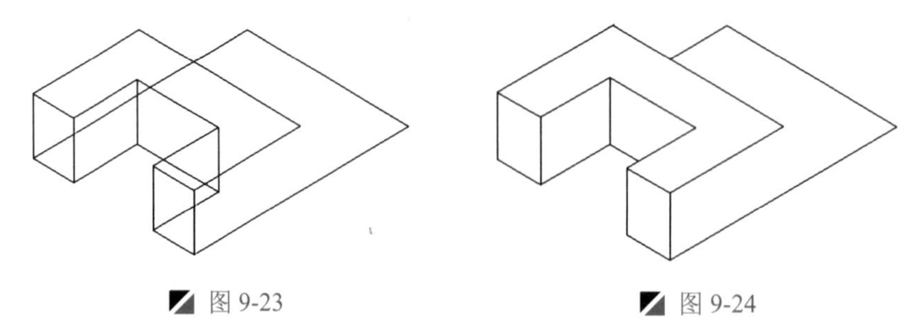

图 9-23　　图 9-24

Step 11 执行“直线”命令（L），绘制如图 9-25 所示的直线段。

Step 12 按<F8>键关闭“正交”模式，执行“直线”命令（L），捕捉相应的点进行直线连接，如图 9-26 所示。

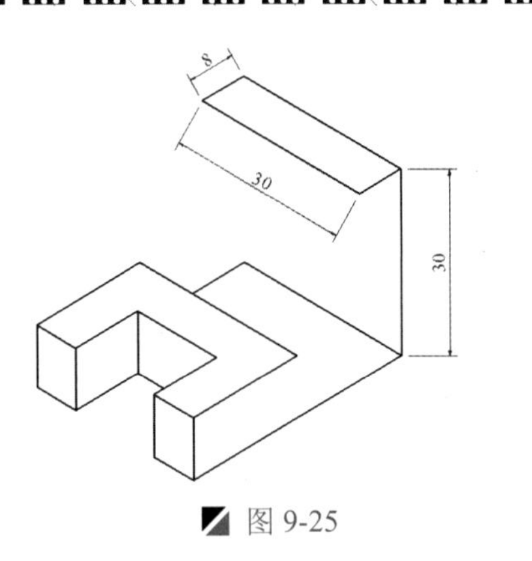

图 9-25

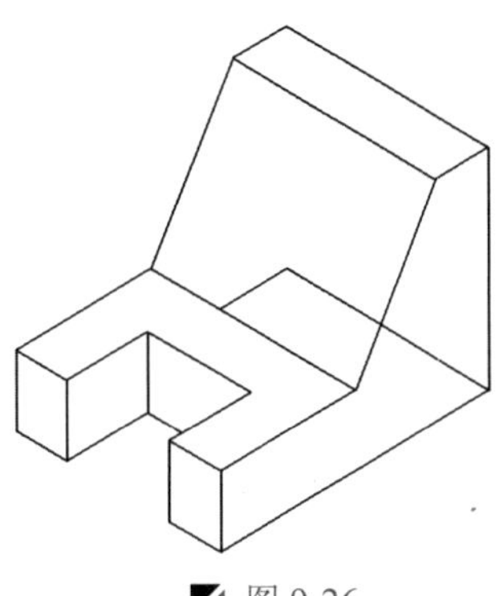

图 9-26

Step 13 执行“删除”命令（E），将多余的对象进行删除操作，如图 9-27 所示。

Step 14 将“尺寸与公差”图层置为当前图层，在“标注”面板中选择“机械”标注样式，再单击“对齐标注”按钮，对图形进行尺寸标注，如图 9-28 所示。

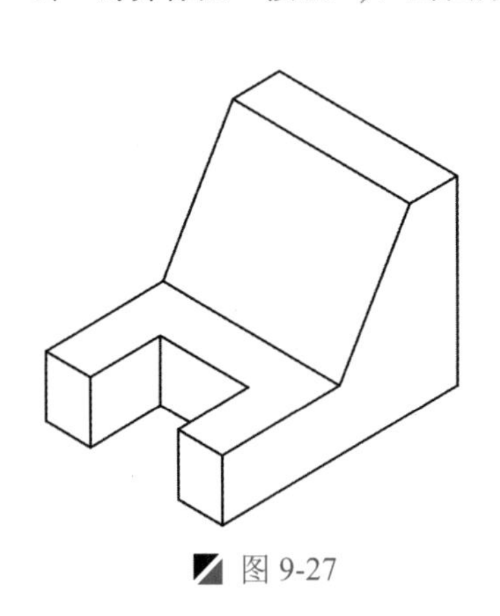

图 9-27

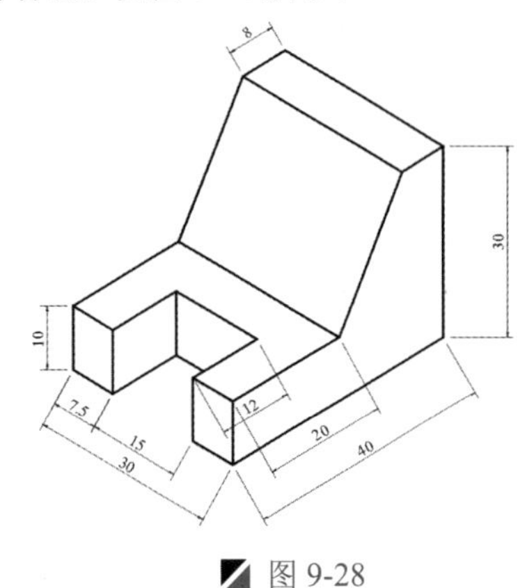

图 9-28

读书破万卷

提示：标注比例因子的修改

在之前“机械样板.dwt”样板文件中，其“机械”标注样式的全局比例因子为 1.2，而后面创建的另外两个标注样式是以此为基准来进行创建的，所以其全局比例因子亦为 1.2。而在本实例中进行尺寸标注时，1.2 的比例比较大，所以用户应先执行“标注样式”命令（MST），修改所有的比例因子为 0.5，这样比较适合本实例，如图 9-29 所示。

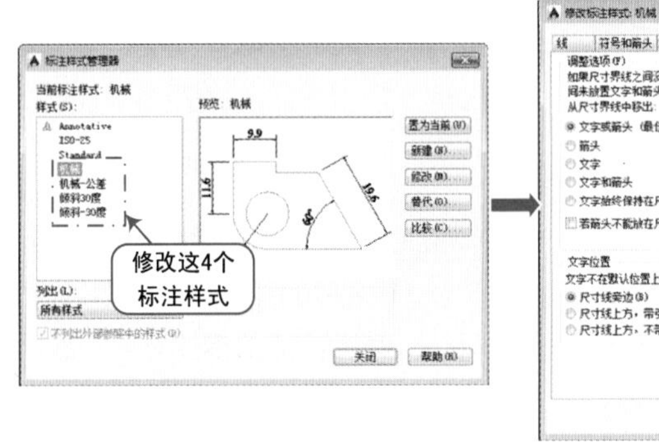

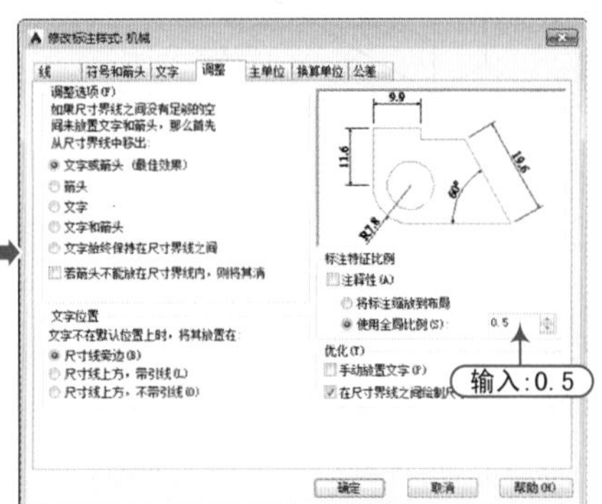

图 9-29

Step 15 在“标注”面板中单击“倾斜”按钮，在图形中选择标注尺寸为 7.5、15 和 30 的标注对象，然后输入倾斜角度为 30°；再选择这三个标注对象，将其转换为“倾斜 30 度”标注样式，则三个标注对象已经设置好，如图 9-30 所示。

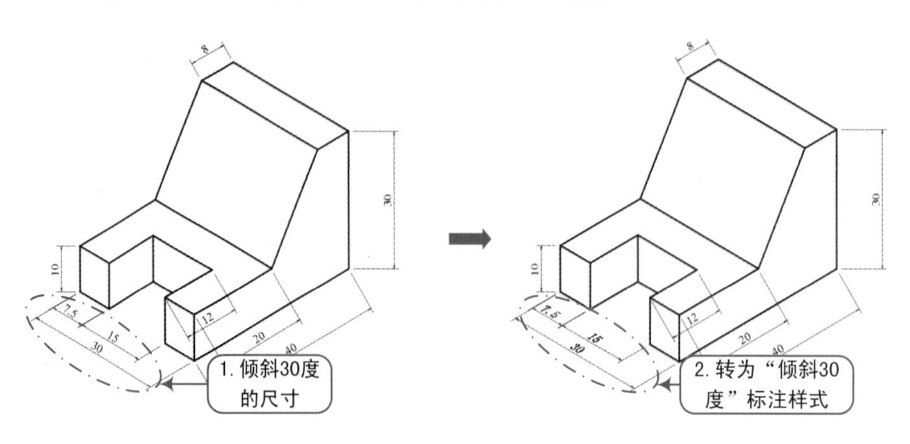

图 9-30

Step 16 同样，单击“倾斜”按钮，在图形中选择标注尺寸为 12、20 和 40 的标注对象，然后输入倾斜角度为–30；再选择这三个标注对象，将其设置为“倾斜–30 度”标注样式，则三个标注对象已经设置好，如图 9-31 所示。

Step 17 同样，单击“倾斜”按钮，在图形中选择标注尺寸为 30 的标注对象，然后输入倾斜角度为–30；然后将其设置为“倾斜 30 度”标注样式，效果如图 9-32 所示。

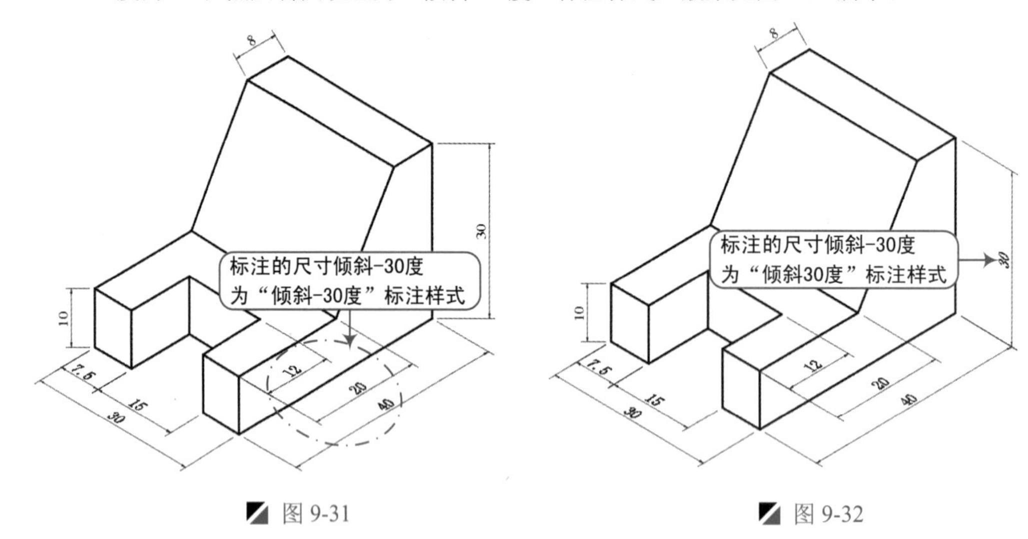

图 9-31　　图 9-32

Step 18 同样，单击“倾斜”按钮，在图形中选择标注尺寸为 8 的标注对象，然后输入倾斜角度为–30；再选择这三个标注对象，将其设置为“倾斜-30 度”标注样式，如图 9-33 所示。

Step 19 同样，单击“倾斜”按钮，在图形中选择标注尺寸为 10 的标注对象，然后输入倾斜角度为–30；再选择这三个标注对象，将角设置为“倾斜-30 度”标注样式，则三个标注对象已经设置好，如图 9-34 所示。

Step 20 至此，该轴测图已经绘制和标注完成，按<Ctrl+S>组合键对其进行保存。

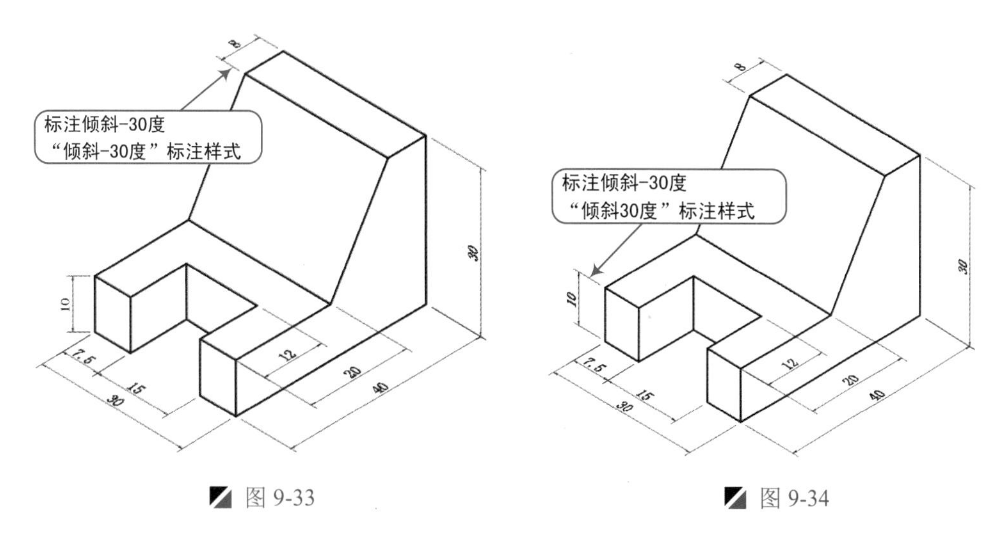

图 9-33　　图 9-34

专业技能：尺寸标注方法

在轴测图上进行尺寸标注时，按照国标（GB4458.3-84）中的如下规定进行标注。

① 轴测图线性尺寸，一般应沿轴测轴方向进行标注，尺寸数值为机件的基本尺寸。

② 尺寸线必须和所标注的线段平行；尺寸界线一般应平行于某一轴测轴；尺寸数字应按相应的轴测图形标注在尺寸线的上方。当在图形中出现数字向下时，应用引出线引出标注，并将数字按水平位置书写。

③ 标注角度的尺寸时，尺寸线应画成与坐标平面相应的椭圆弧，角度数字一般写在尺寸线的中断外，字头向上。

④ 标注圆的直径时，尺寸线和尺寸界线就分别平行于圆所在平面内的轴测轴。标注圆弧半径或较小圆的直径时，尺寸线可从（或通过）圆心引出标注，但注写尺寸数字的横线必须平行于轴测轴。

读书破万卷

9.4 圆型轴测图的绘制

案例	圆型轴测图.dwg	视频	圆型轴测图的绘制.avi	时长	12'19"

从如图 9-35 所示的轴测图中可以看出，该轴测图涉及一些圆和圆弧对象，我们可以称该图形为圆型轴测图。在绘制的时候，先激活轴测图绘制模式，并按<F5>键切换轴测投影面，再使用直线、复制、椭圆等命令，依次绘制各投影面的直线对象，然后将多余的线段进行修剪，最后对其进行轴测图的尺寸标注。

Step 01　启动 AutoCAD 2015 软件，按<Ctrl+O>组合键，打开“轴测图样板.dwt”文件。

Step 02　按<Ctrl+Shift+S>组合键，将该样板文件另存为“圆型轴测图.dwg”文件。

Step 03　在“图层”面板的“图层控制”下拉列表中，选择“粗实线”图层作为当前图层。

Step 04　在状态栏单击“等轴测草图”按钮，激活轴测模式进行轴测图的绘制。

Step 05　按<F8>键打开“正交”模式，执行“直线”命令（L），按<F5>键进行轴测面切换，绘制如图 9-36 所示的闭合对象。

Step 06　执行“直线”命令（L），过右上侧的线段的中点绘制一条垂直线段，并将这两条线段转为“中心线”图层，如图 9-37 所示。

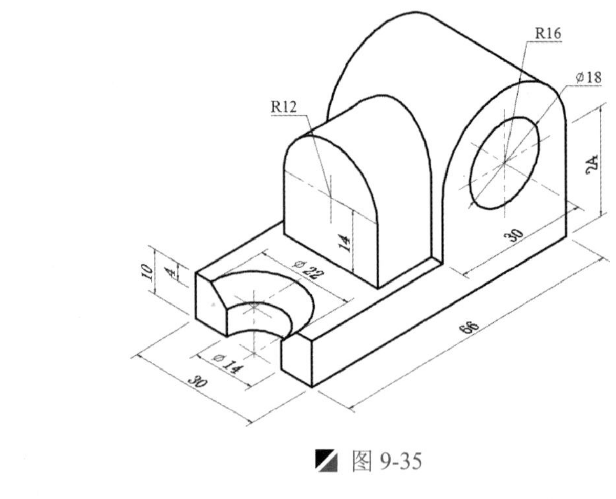

图 9-35

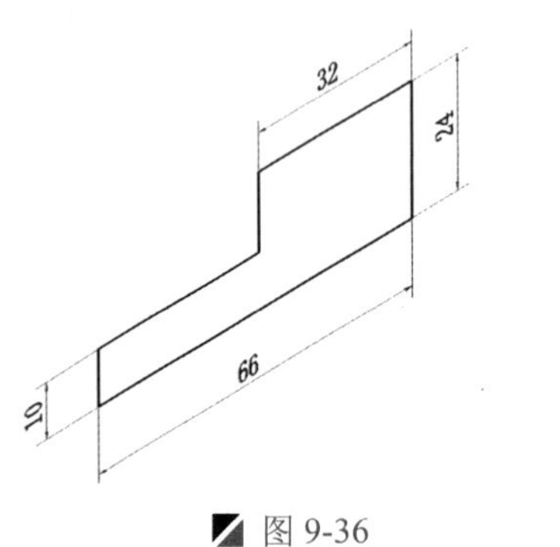

图 9-36

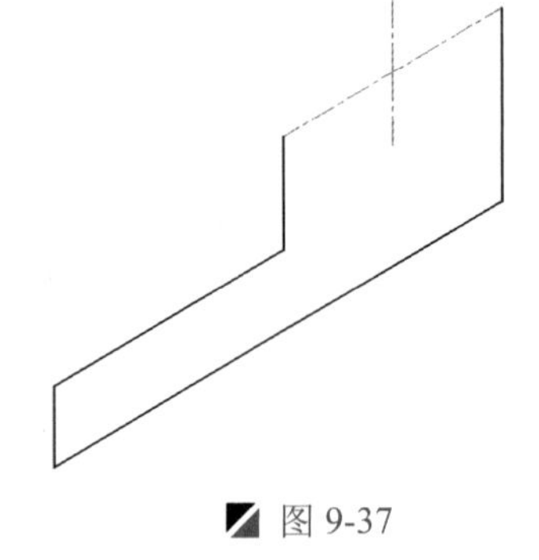

图 9-37

Step 07 执行“椭圆”命令（EL），根据命令行提示，选择“等轴测圆（I）”选项，捕捉中心线的交点作为圆心，绘制半径为 9mm 和 16mm 的同心圆对象，如图 9-38 所示。

Step 08 执行“修剪”命令（TR），将多余的对象进行修剪操作，如图 9-39 所示。

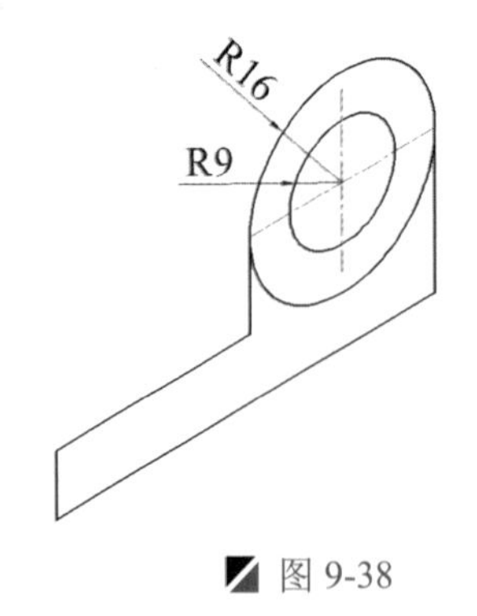

图 9-38

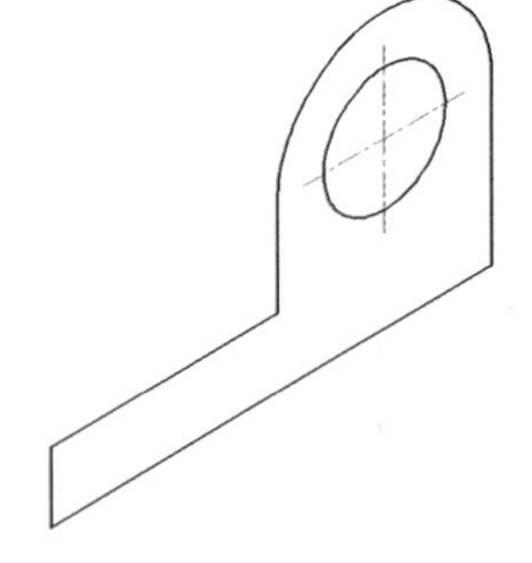

图 9-39

Step 09 执行“复制”命令（CO），将图中所有的对象向一侧复制 30mm 的距离，如图 9-40 所示。

Step 10 执行“直线”命令（L），捕捉相应的点进行直线连接操作，如图 9-41 所示。

Step 11 执行“修剪”命令（TR）和“删除”命令（E），将多余的对象进行修剪并删除操作，如图 9-42 所示。

Step 12 执行“椭圆”命令（EL），根据命令行提示，选择“等轴测圆（I）”选项，捕捉左上侧的线段中点作为圆心，绘制直径为 14mm 和 22mm 的同心圆对象，如图 9-43 所示。

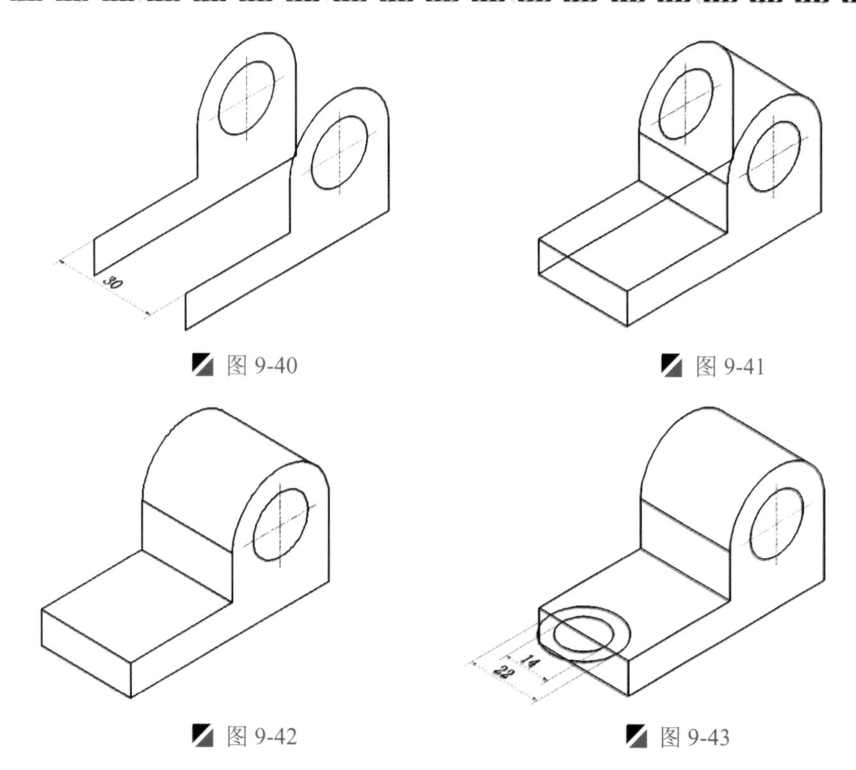

图 9-40　　图 9-41

图 9-42　　图 9-43

Step 13　执行“复制”命令（CO），将上一步绘制的一个小椭圆和线段对象向下复制 4mm 和 10mm 的距离，如图 9-44 所示。

Step 14　执行“修剪”命令（TR）和“删除”命令（E），将多余的对象进行修剪并删除操作，如图 9-45 所示。

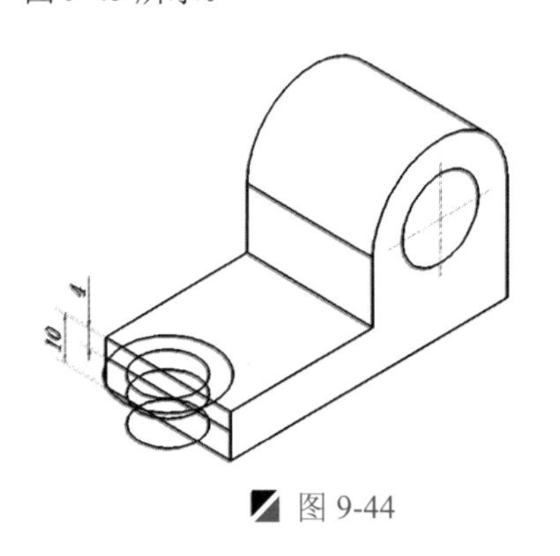

图 9-44

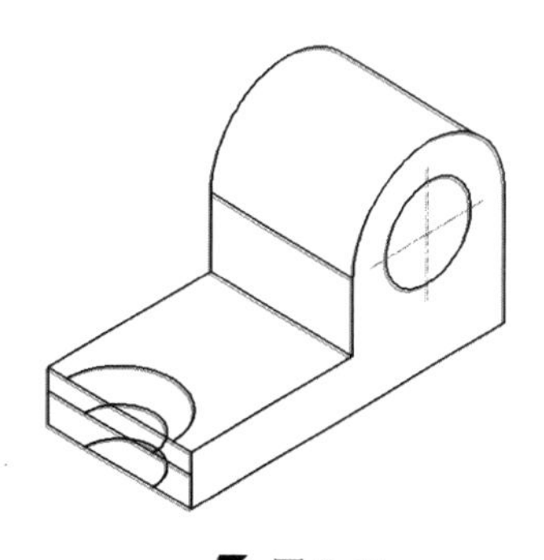

图 9-45

Step 15　执行“直线”命令（L），捕捉相应的点进行直线连接；再执行“修剪”命令（TR），将多余的对象进行修剪，并进行图层转换操作，如图 9-46 所示。

Step 16　执行“直线”命令（L），过左侧的二条线段中点绘制直线；再执行“打断”命令（BR），将左侧的两条线段进行打断操作，并转为“中心线”图层，如图 9-47 所示。

Step 17　执行“复制”命令（CO），选择相应的线段按如图 9-48 所示的方向和尺寸进行复制操作。

Step 18　执行“复制”命令（CO），选择上一步复制的对象向上侧复制 14mm 的距离，如图 9-49 所示。

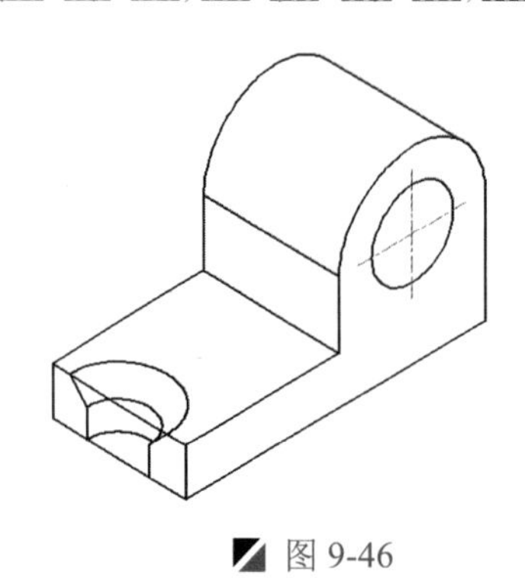

图 9-46

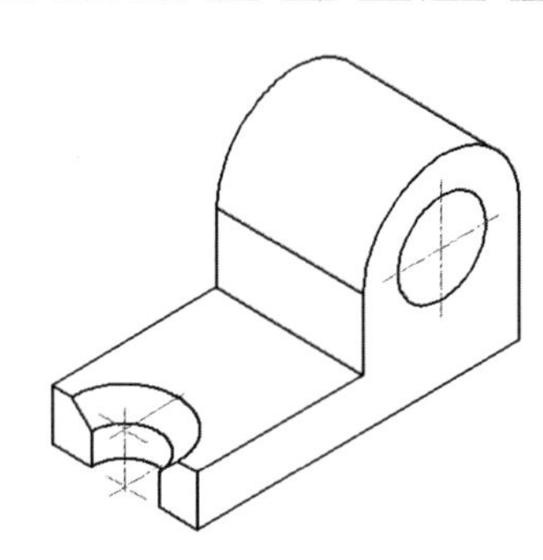

图 9-47

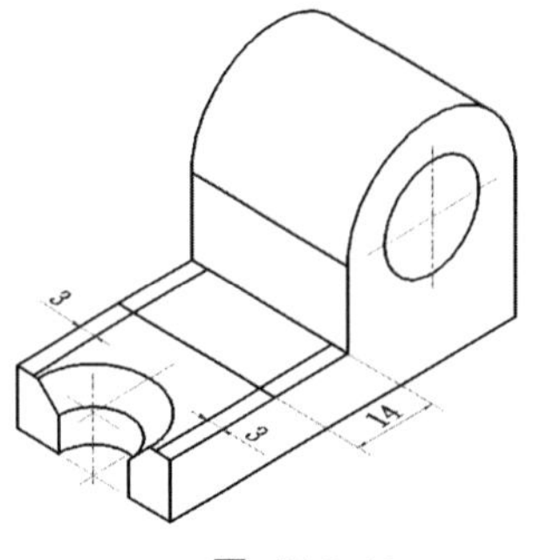

图 9-48

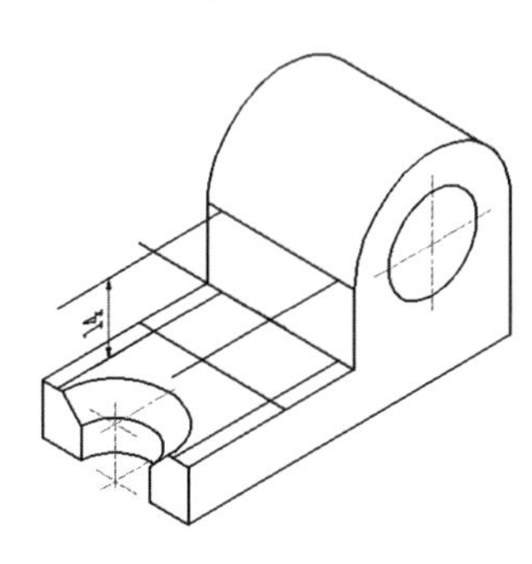

图 9-49

提示：正交模式的开关

在进行直线连接时，用户可关闭“正交”模式。

Step 19 执行“直线”命令（L），捕捉相应的点进行直线连接；再执行“修剪”命令（TR），将多余的对象进行修剪，如图 9-50 所示。

Step 20 执行“椭圆”命令（EL），根据命令行提示，选择“等轴测圆（I）”选项，捕捉相应的线段中点作为圆心，绘制半径为 12mm 的圆对象，如图 9-51 所示。

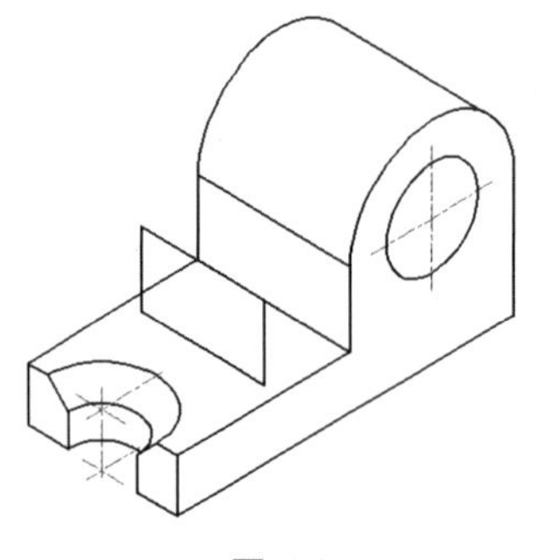

图 9-50

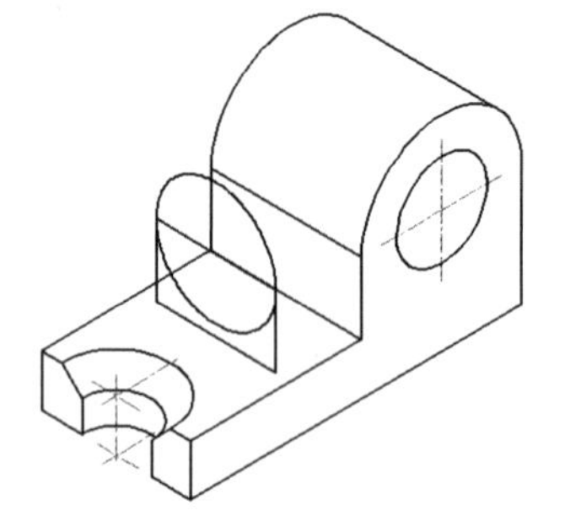

图 9-51

Step 21 执行“直线”命令（L），过圆心点绘制一条线段并将其转为“中心线”图层；再执行“修剪”命令（TR），将多余的对象进行修剪并删除操作，如图 9-52 所示。

Step 22 执行“复制”命令（CO），选择上一步形成的对象向右侧复制 14mm 和 20mm 的距离，如图 9-53 所示。

Step 23 执行“直线”命令（L），捕捉相应的点进行直线连接，如图 9-54 所示。

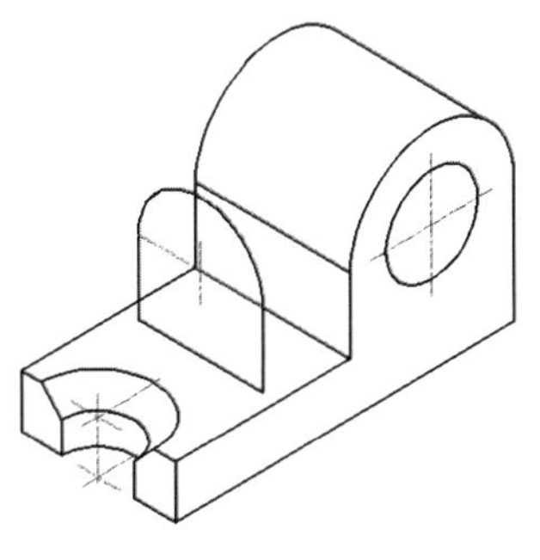

图 9-52

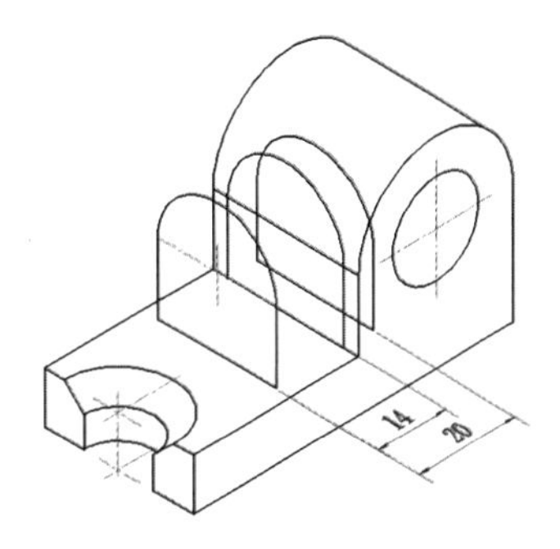

图 9-53

Step 24 执行“样条曲线”命令（SPL），捕捉相应的点进行样条曲线操作，如图 9-55 所示。

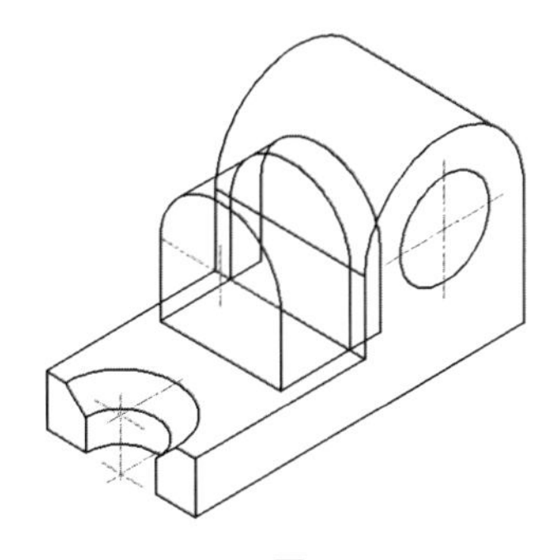

图 9-54

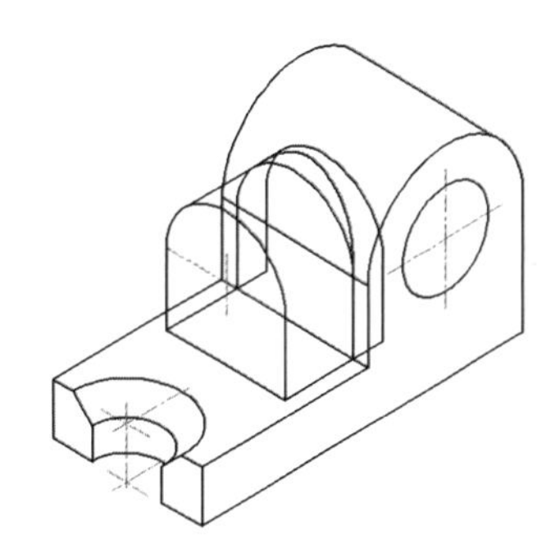

图 9-55

Step 25 执行“修剪”命令（TR）和“删除”命令（E），将多余的对象进行修剪并删除操作，如图 9-56 所示。

Step 26 将“尺寸与公差”图层置为当前图层，在“标注”面板中选择“机械”标注样式，再单击“对齐标注”按钮，对图形进行尺寸标注，如图 9-57 所示。

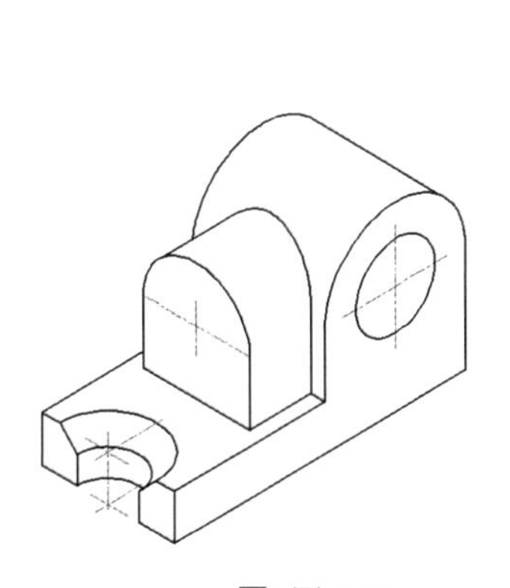

图 9-56

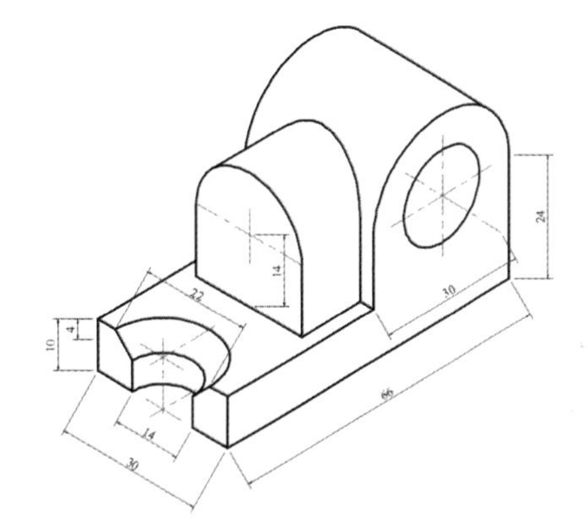

图 9-57

Step 27 按照前面实例中轴测图尺寸标注的方法，分别对其指定的标注对象设置不同的标注样式，以及进行倾斜操作，如图 9-58 所示。

Step 28 对于标注值为 14 和 22 的标注对象，应在其前面添加直径符号，如图 9-59 所示。

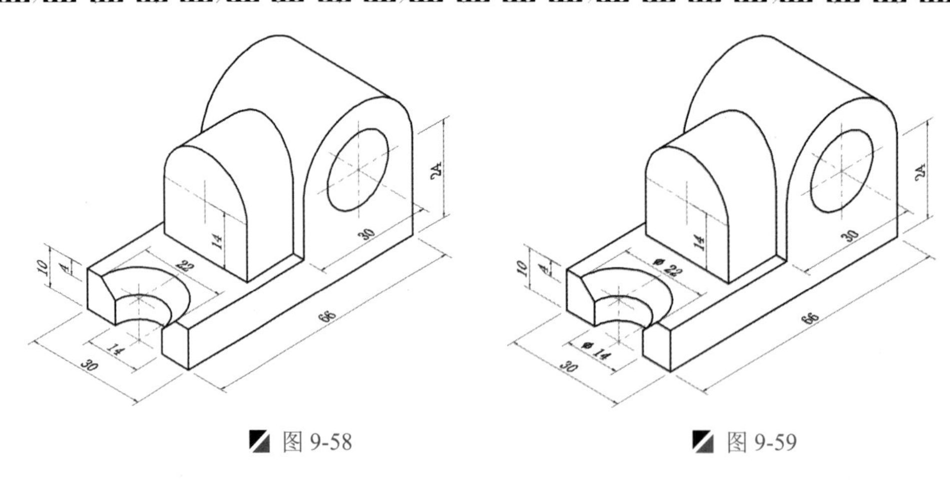

图 9-58　　图 9-59

Step 29　下面来对其轴测图中半径和直径的标注操作。执行“圆”命令（C），捕捉指定的交点作为圆心点，再捕捉椭圆弧上的一点作为圆的半径，如图 9-30 所示。

Step 30　在“标注”面板中，单击“半径标注”按钮，然后对上一步所绘制的辅助圆进行半径标注，如图 9-61 所示。

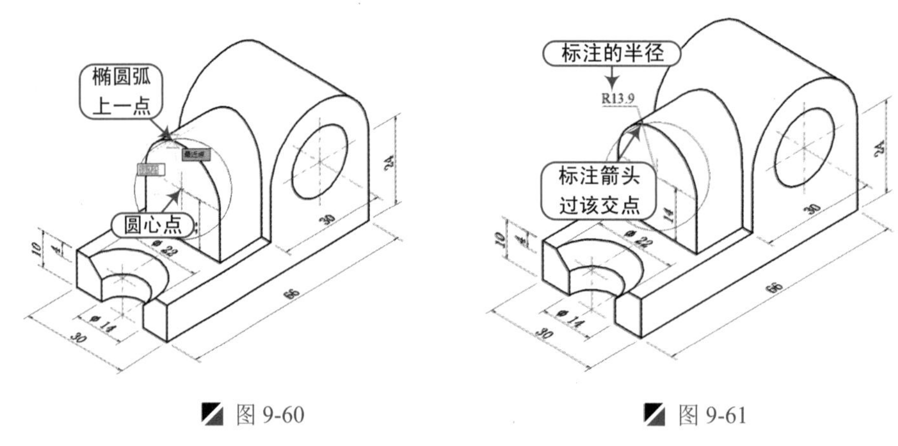

图 9-60　　图 9-61

Step 31　这时发现该半径数值并非正确，这时需要手工修改标注值。双击该标注值对象，则进入文字在位编辑状态，手工输入“R12”即可，如图 9-62 所示。

Step 32　这时删除辅助对象，从而完成该轴测图中半径的标注，如图 9-63 所示。

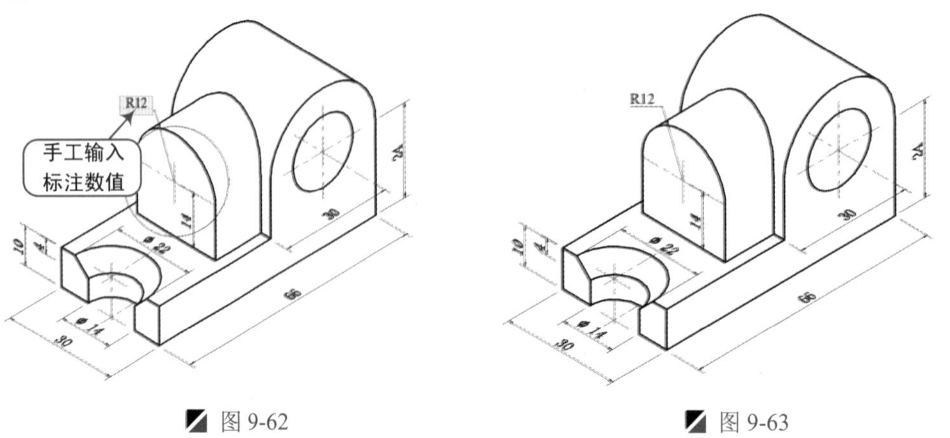

图 9-62　　图 9-63

Step 33 按照前面的方法，再对图形中的其他椭圆弧进行半径或直径的标注，如图 9-64 所示。

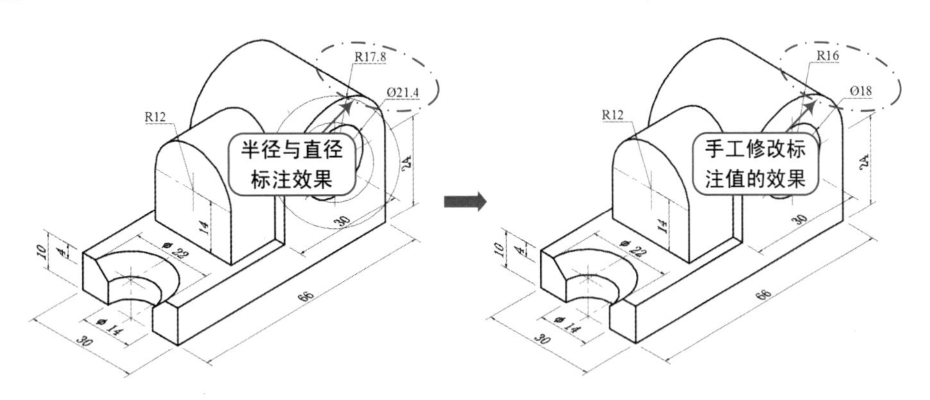

图 9-64

Step 34 至此，该轴测图的绘制和标注已经完成，按<Ctrl+S>组合键对其进行保存。

10

机械工程图综合实践

本章导读

机械零件工程图，是制造和检测零件质量的依据，它直接服务于实际生产。而一张零件工程图应具备四个方面的内容：①一组零件内、外结构形状的视图；②制造零件所需的全部尺寸；③要到达的技术要求（粗糙度、尺寸公差、形位公差等）；④注明零件的名称、数量、材料、比例等。

本章内容

- 主轴工程图的绘制
- 底板工程图的绘制
- 凸模板工程图的绘制

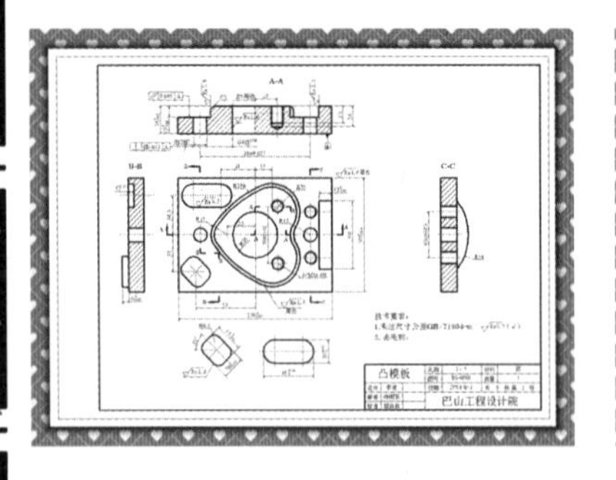

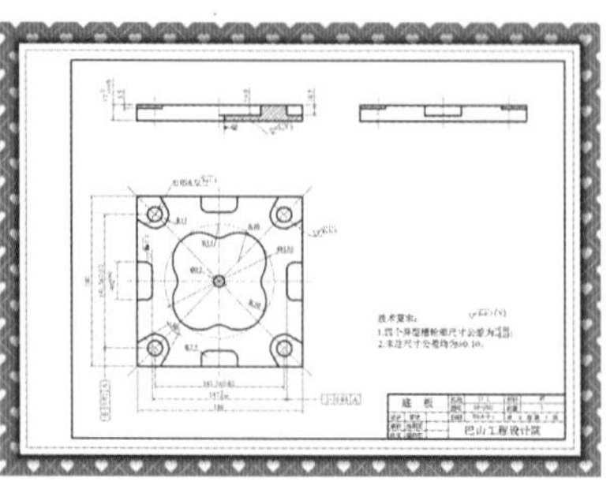

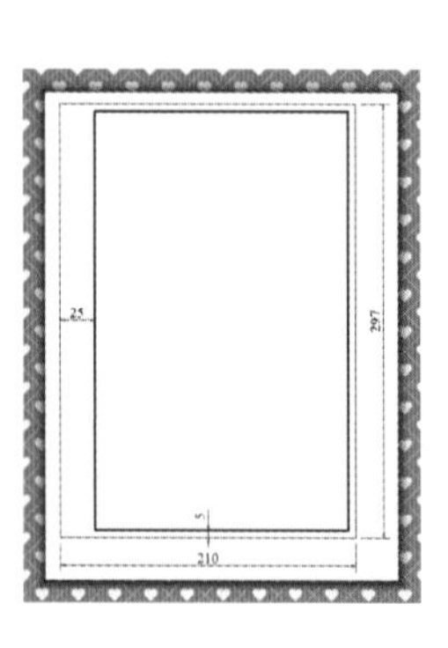

10.1 主轴工程图实战

案例	主轴.dwg	视频	主轴的绘制.avi	时长	23'22"

从如图 10-1 所示的主轴工程图可以看出，它由一个主轴剖视图组成，在绘制的时候，需综合工程图的相关尺寸进行绘制，先绘制主轴图的外部轮廓，再绘制内部轮廓，然后进行剖面填充，最后对其进行工程图尺寸标注。

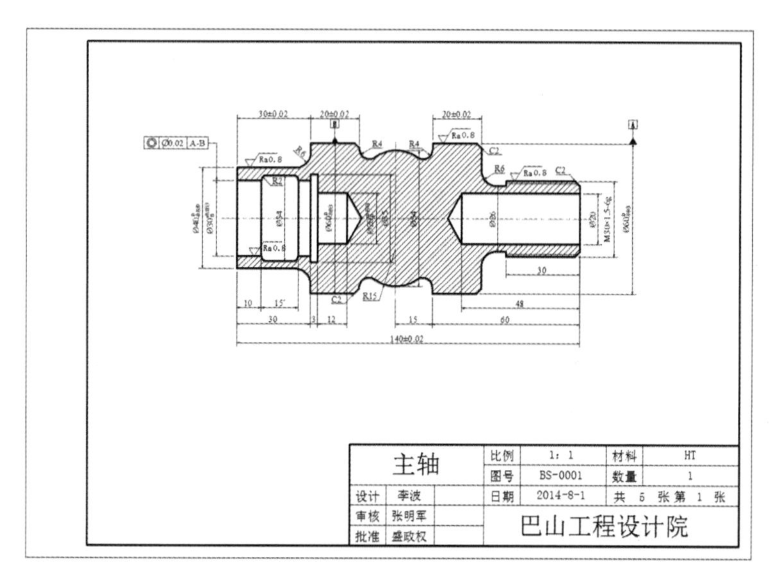

图 10-1

10.1.1 绘制主轴剖视图

Step 01 启动 AutoCAD 2015 软件，按<Ctrl+O>组合键，打开“机械样板.dwt”文件。

Step 02 按<Ctrl+Shift+S>组合键，将该样板文件另存为“主轴.dwg”文件。

Step 03 在“图层”面板的“图层控制”下拉列表中，选择“粗实线”图层作为当前图层。

Step 04 执行“直线”命令（L），绘制一条长 160mm 的水平线段，一条长 30mm 的垂直线段，使垂直线段的下端点在水平线段上，并将水平线段转为“中心线”图层，如图 10-2 所示。

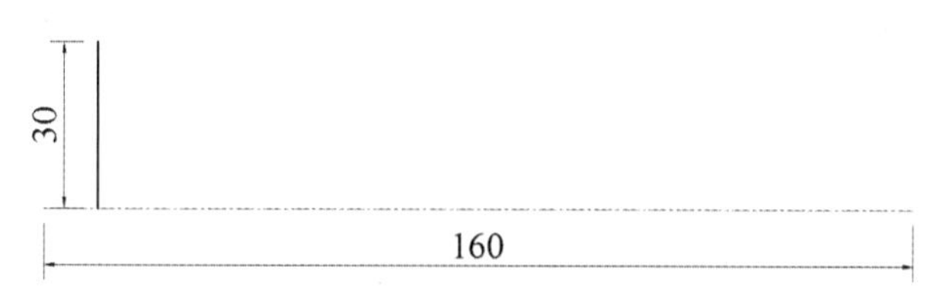

图 10-2

Step 05 执行“偏移”命令（O），将垂直线段向右各偏移 30mm、20mm、15mm、15mm、20mm、10mm、30mm 的距离，如图 10-3 所示。

Step 06 执行“偏移”命令（O），将水平中心线向上依次偏移 13mm、15mm、20mm、27mm、30mm 的距离，并将偏移后的对象转为“粗实线”图层，如图 10-4 所示。

读书破万卷

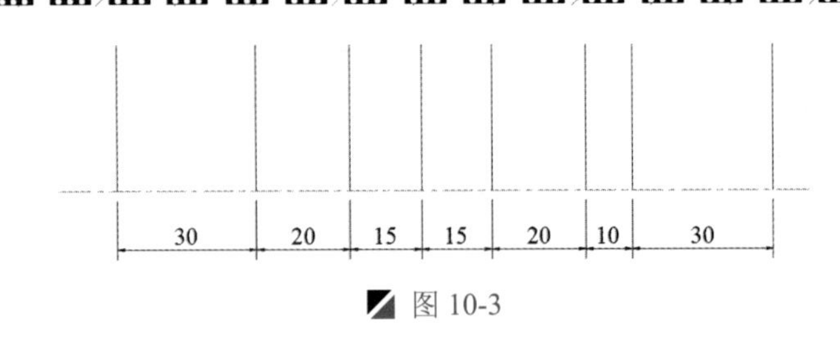

图 10-3

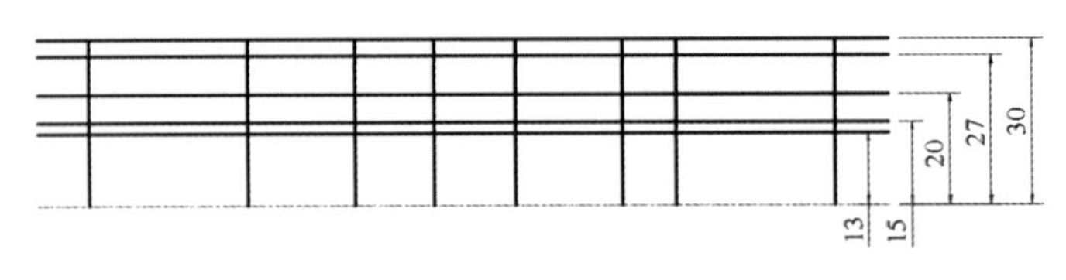

图 10-4

Step 07 执行“修剪”命令（TR），将多余的对象进行修剪并删除操作，如图 10-5 所示。

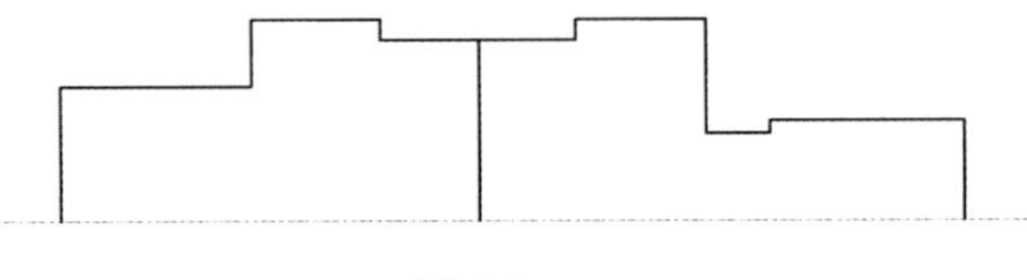

图 10-5

Step 08 执行“圆”命令（C），根据命令行提示，选择“两点（2P）”选项，绘制直径为 30mm 的圆对象，使圆的上象限点与水平和垂直线段的交点相重合，如图 10-6 所示。

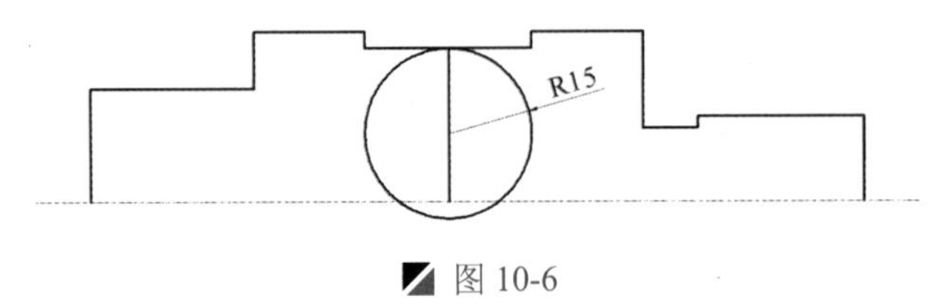

图 10-6

Step 09 执行“圆角”命令（F），设置圆角半径为 4mm 和 6mm，进行圆角操作，如图 10-7 所示。

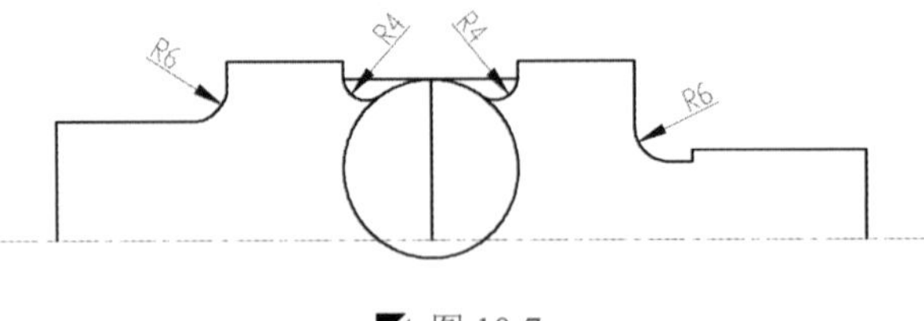

图 10-7

Step 10 执行“修剪”命令（TR），将多余的对象进行修剪并删除操作，如图 10-8 所示。

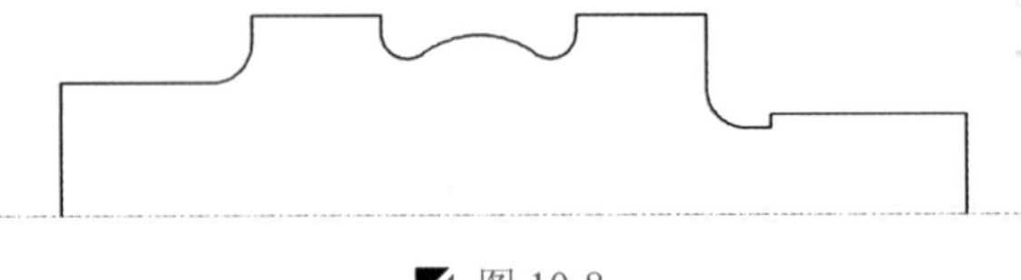

图 10-8

Step 11 执行“倒角”命令（CHA），设置倒角距离为 2mm，将相应的对象进行倒角操作，如图 10-9 所示。

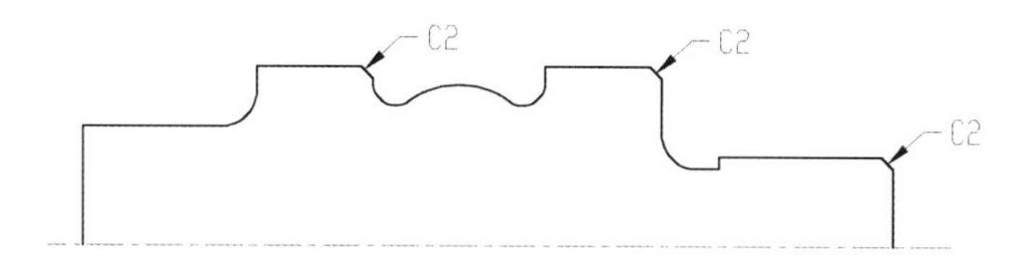

图 10-9

Step 12 执行“镜像”命令（MI），将水平中心线上的所有对象向下进行复制镜像操作，如图 10-10 所示。

Step 13 执行“合并”命令（J），将图形中最左侧和最右侧的垂直线段进行合并操作。

Step 14 执行“偏移”命令（O），将最左侧的垂直线段向右各偏移 10mm、15mm、5mm、3mm、12mm，将最右侧的垂直线段向左偏移 48mm，如图 10-11 所示。

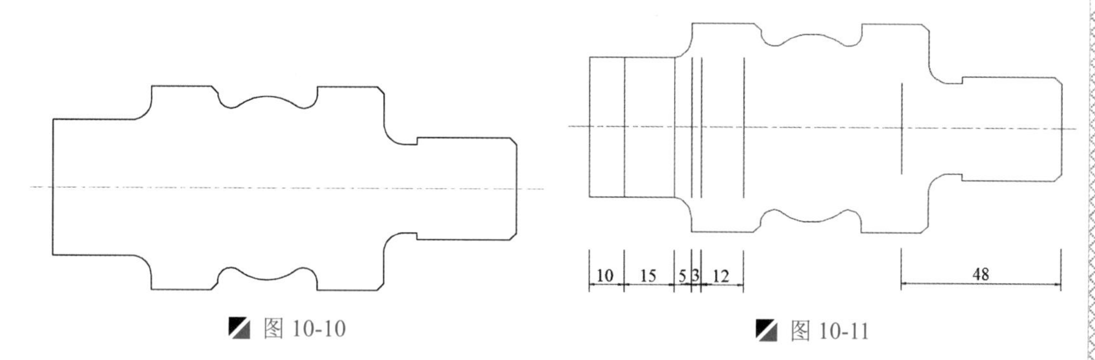

图 10-10　　图 10-11

Step 15 执行“偏移”命令（O），将水平中心线向上下各偏移 10mm、15mm、17mm、17.5mm，如图 10-12 所示。

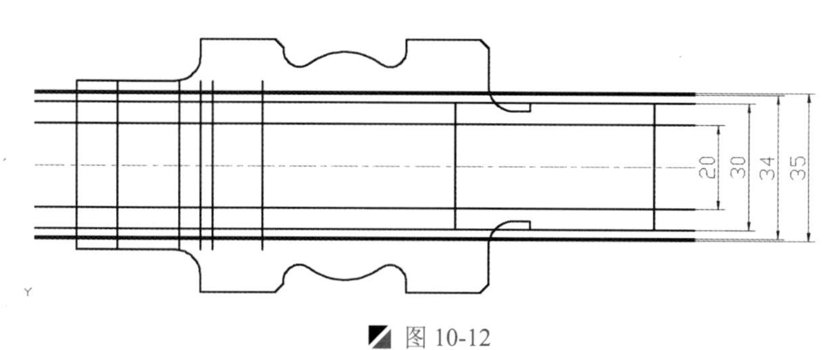

图 10-12

Step 16 执行“修剪”命令（TR），将多余的对象进行修剪并删除操作，如图 10-13 所示。

Step 17 执行“直线”命令（L），打开“极轴追踪”按钮，设置极轴角度为 60° 和 120°，进行直线绘制操作，如图 10-14 所示。

Step 18 执行“圆角”命令（F），图形内从左向右第二个矩形的四角点进行圆角操作，设置圆角半径为 2mm，如图 10-15 所示。

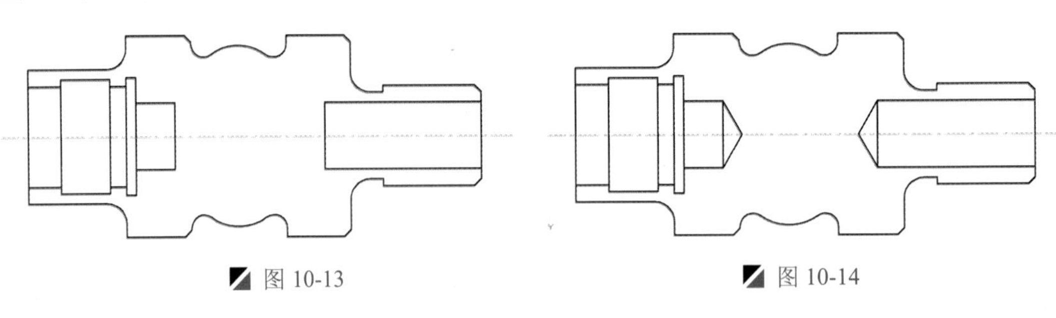

图 10-13　　图 10-14

技巧：多个对象圆角一次性操作

在对矩形进行圆角操作时，如果几个角的圆角半径值是一样的，可选择“多段线（P）”选项，然后可以一次性对该矩形对象全部圆角处理。

Step 19　执行“偏移”命令（O），将最右侧上下水平线段向内偏移 1mm，并将偏移后的对象转为“细实线”图层，如图 10-16 所示。

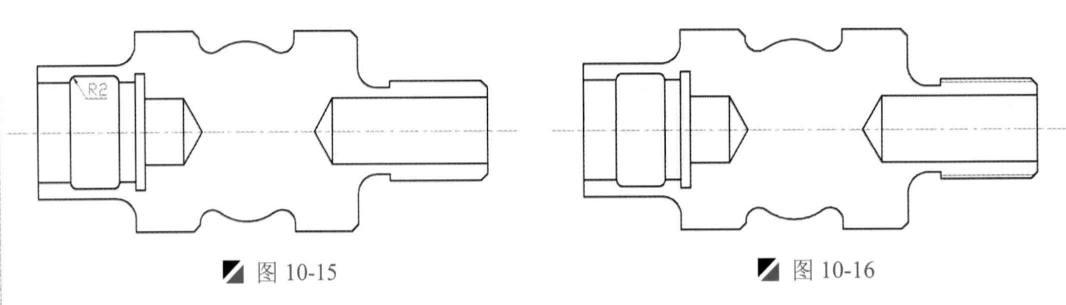

图 10-15　　图 10-16

Step 20　切换至“剖面线”图层，执行“图案填充”命令（H），设置填充图案为“ANSI31”，填充比例为“1”，进行填充操作，如图 10-17 所示。

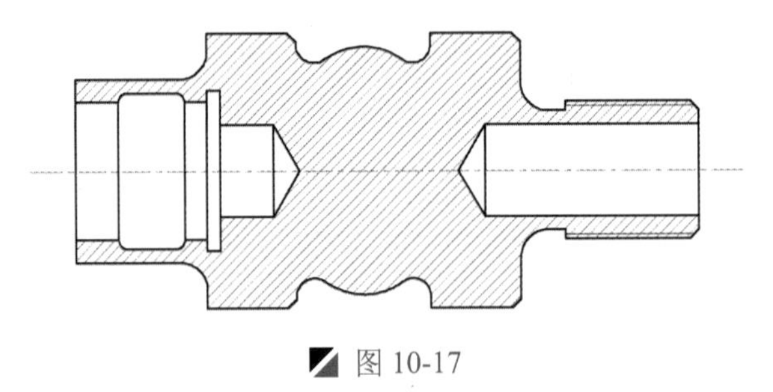

图 10-17

技巧：填充时隐藏中心线和细实线图层

在进行“图案填充”操作时，可以将“中心线”和“细实线”图层进行隐藏，从而即可快速拾取填充的区域。

10.1.2　工程图的标注

Step 01　按照前面章节相同的方法，修改“机械”和“机械-公差”标注样式：“全局比例因子”均为 0.7，主单位的精度均为 0.0，公差方式为“对称”，公差精度为 0.00，公差上偏差值为 0.02。

Step 02 切换到“尺寸与公差”图层，选择“机械”标注样式作为当前样式，在“注释”选项卡的“标注”面板中，单击“线性标注”按钮、“半径标注”按钮，对主视图进行尺寸标注，如图 10-18 所示。

Step 03 选择部分线性标注对象，将其转换为“机械-公差”标注样式，如图 10-19 所示。

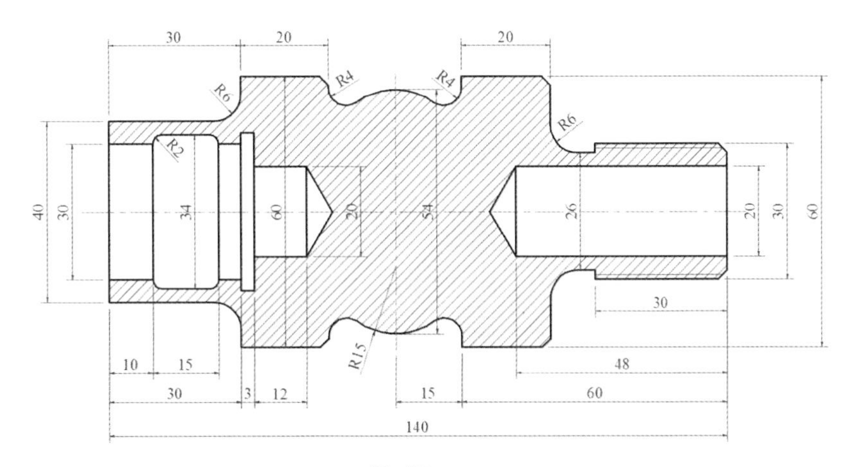

图 10-18

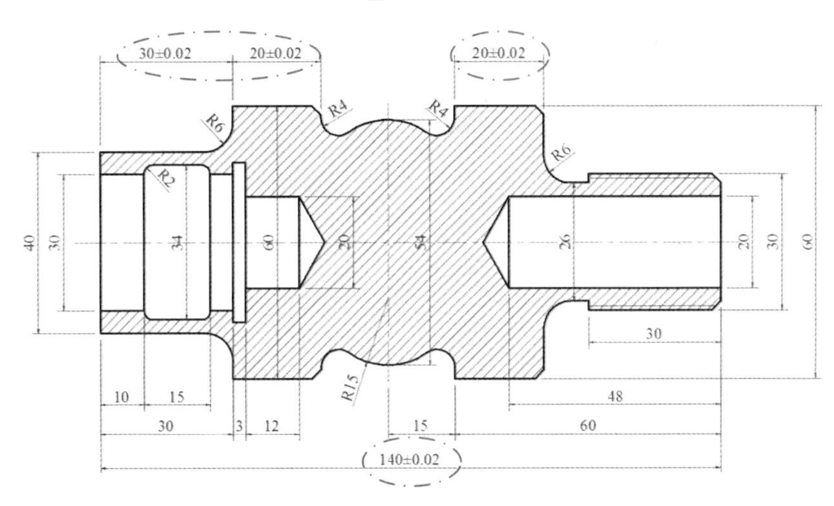

图 10-19

Step 04 执行“标注样式”命令（MST），打开“标注样式管理器”对话框，选择“机械-公差”标注样式，并单击“置为当前”按钮，然后单击“替代”按钮。

Step 05 此时将弹出“替代当前样式：机械-公差”对话框，切换至“公差”选项卡，然后设置公差方式为“极限偏差”，精度为 0.000，下偏差为 0.039，高度比例为 0.6，然后依次单击“确定”和“关闭”按钮退出，如图 10-20 所示。

Step 06 在“标注”面板中单击“更新标注”按钮，在视图中选择需要更新的线性标注对象，从而对其更新为极限公差标注，如图 10-21 所示。

Step 07 由于这里的极限偏差值是一样的，那么这时打开“特性”面板，分别设置不同的极限偏差值，设置后的效果如图 10-22 所示。

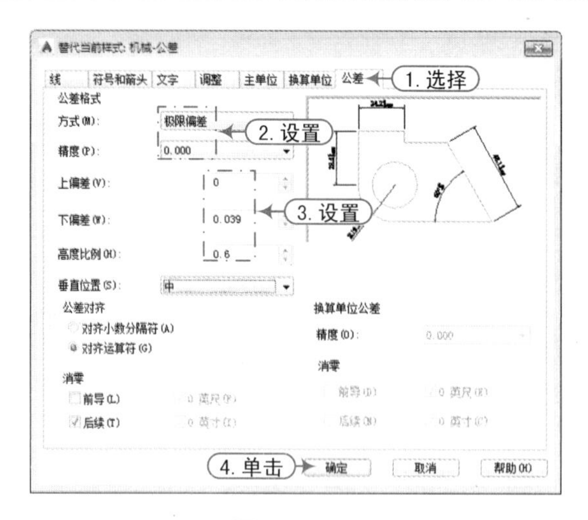

图 10-20

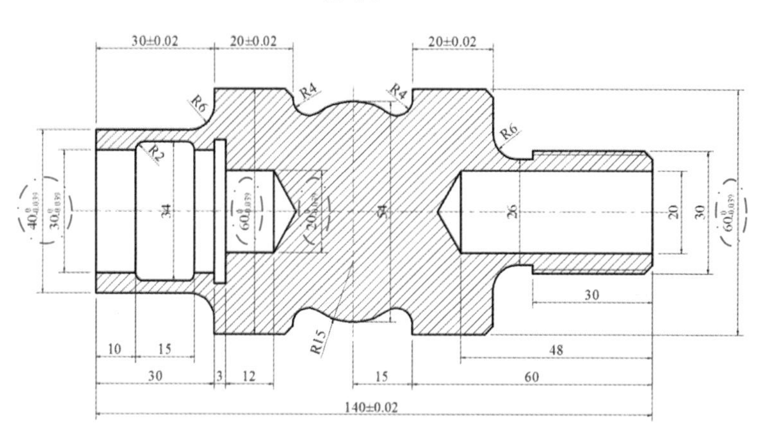

图 10-21

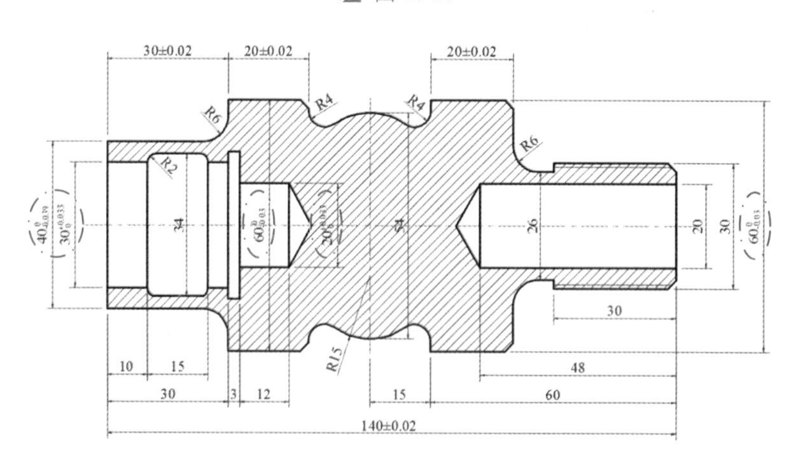

图 10-22

Step 08 对于轴套类工程图，在标注内外直径时，应在标注前面插入“直径”符号Ø，那么这时双击标注的数值对象，将打开“文字编辑器”选项卡，在“插入”面板中单击“符号”按钮@，在其下选择“直径”符号Ø即可，如图 10-23 所示。

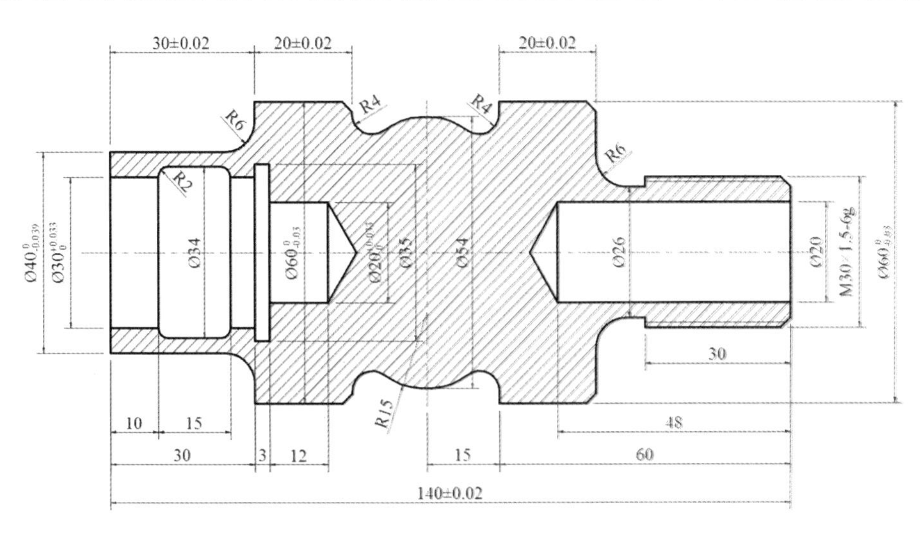

图 10-23

Step 09 同样，执行“标注样式”命令（MST），选择“机械”标注样式，并单击“替代”按钮，将其文字的对齐方式修改为“ISO 标准”。

Step 10 这时，在“标注”面板中单击“更新标注”按钮，在视图中选择半径标注对象，将其半径标注进行更新操作，如图 10-24 所示。

Step 11 执行“插入”命令，将弹出“插入块”对话框，选择“案例\10\粗糙度.dwg”图块文件，并设置插入比例为 0.7，插入工程图的指定位置，并修改粗糙度值为 0.8，如图 10-25 所示。

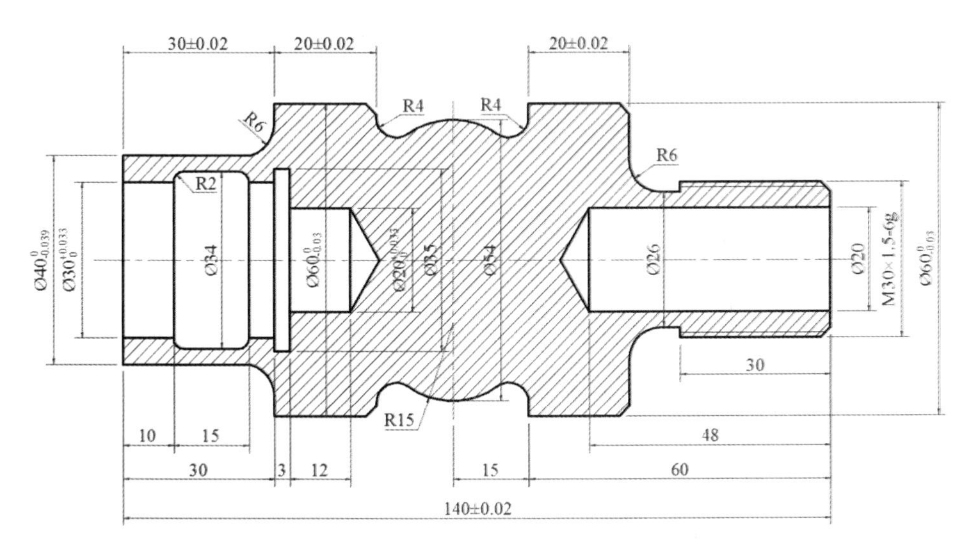

图 10-24

Step 12 执行“引线注释”命令（LE），对视图中指定的倒角位置进行倒角标注，如图 10-26 所示。

Step 13 在“标注”面板中单击“形位公差”按钮，弹出“形位公差”对话框，设置同孔度的形位公差符号，如图 10-27 所示。

读书破万卷

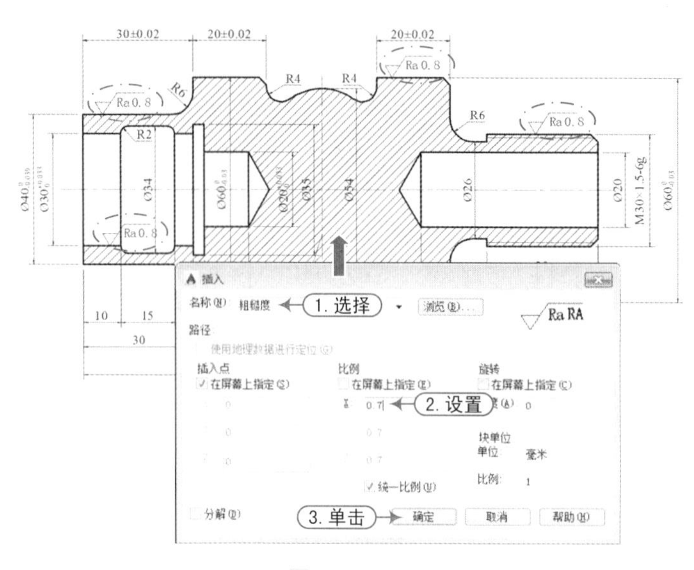

图 10-25

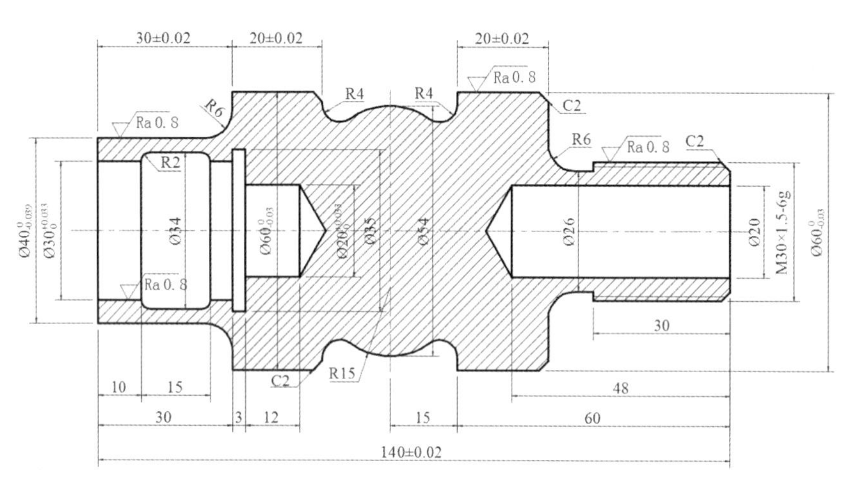

图 10-26

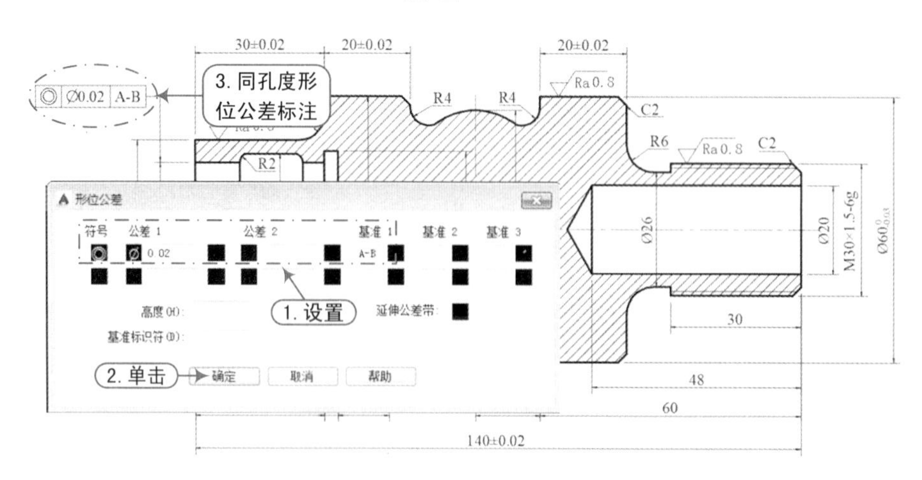

图 10-27

Step 14 执行“插入”命令，将弹出“插入块”对话框，选择“案例\10\基准符号.dwg”图块文件，并设置插入比例为 0.7，插入工程图的指定位置，并修改基准代号值为 A 和 B，如图 10-28 所示。

30±0.02
20±0.02
20±0.02
基准符号
A
B
Ø0.02 A-B
Ra 0.8
R6
R4
R4
C2
R6
Ra 0.8
C2
R2
Ra 0.8
M30×1.5-6g
30
10
15
C2
R15
48
30
3
12
15
60
140±0.02

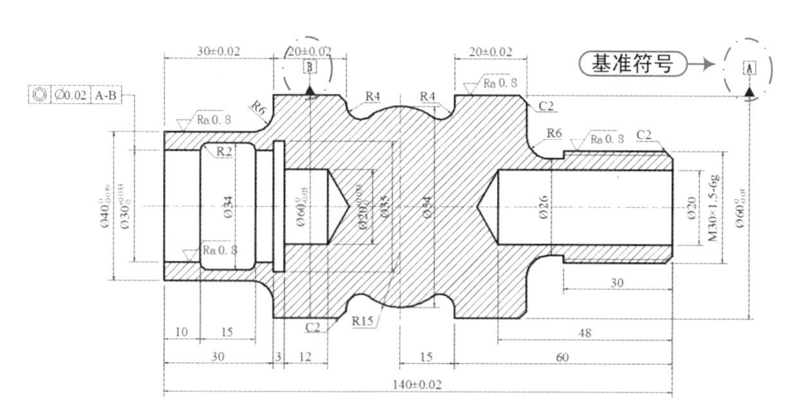

图 10-28

10.1.3 工程图框的制作

Step 01 将“0”图层置为当前图层，使用矩形、分解、偏移、修剪等命令，按照如图 10-29 所示来绘制标题栏。

15
35
15
40
5×8=40
15
20
20
160

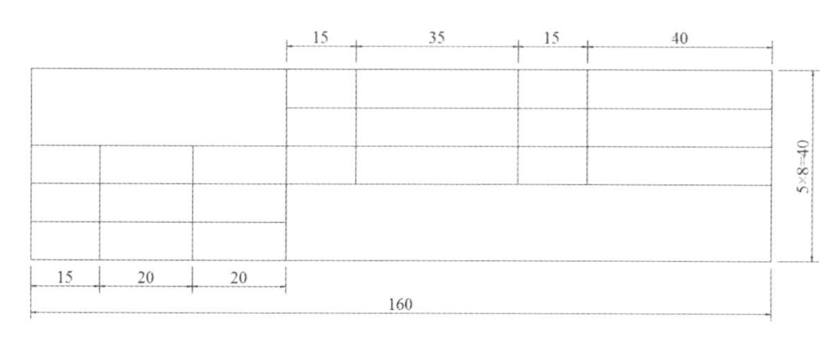

图 10-29

Step 02 将“Standard”文字样式置为当前，执行“单行文字”命令（DT），设置文字高度为 3.5，对齐方式为“正中”，然后按照如图 10-30 所示在其输入相应的文字内容，且设置外框轮廓粗细为 0.3mm。

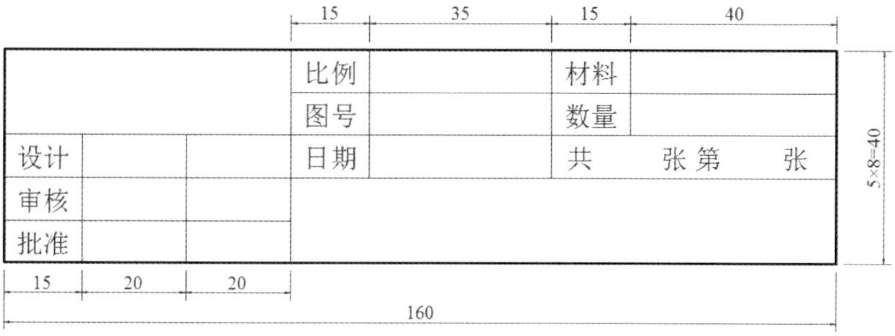

15
35
15
40
比例
材料
图号
数量
设计
日期
共 张 第 张
审核
批准
5×8=40
15
20
20
160

图 10-30

Step 03 执行“定义属性”命令（ATT），弹出“属性定义”对话框，按照如图 10-31 所示来设置属性，并作为“设计”的属性值。

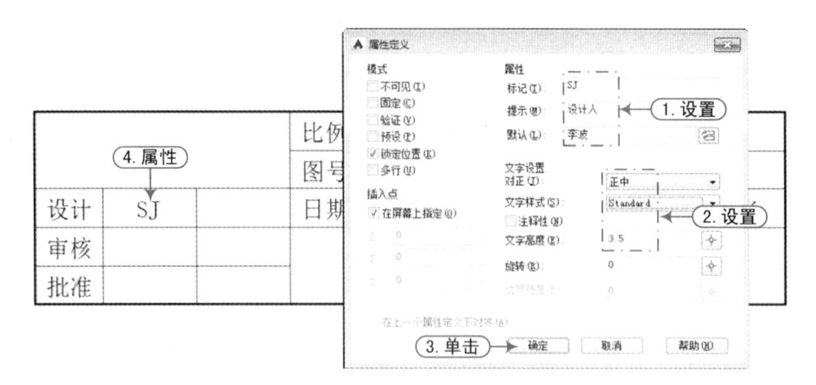

图 10-31

Step 04 将上一步所定义的属性复制到其他表格中，并修改提示内容与属性值，如图 10-32 所示。

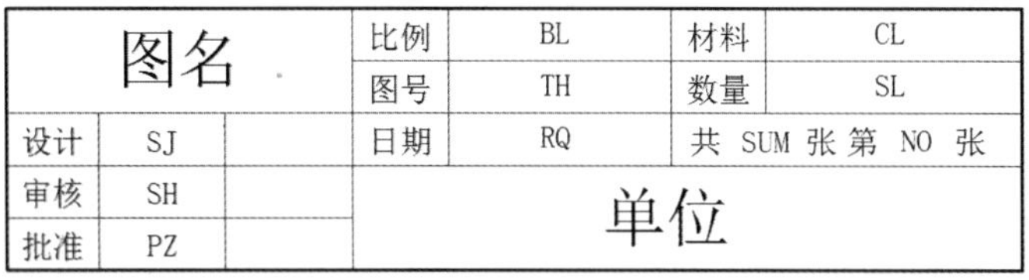

图名			比例	BL	材料	CL
			图号	TH	数量	SL
设计	SJ		日期	RQ	共 SUM 张 第 NO 张	
审核	SH		单位			
批准	PZ					

图 10-32

Step 05 执行“存储块”命令（W），将前面所创建的标题栏保存为“案例\10\标题栏.dwg”图块对象，其基点为右下角点。

Step 06 执行“矩形”命令（REC），在视图中绘制 297×210mm 的矩形对象，并按照如图 10-33 所示的尺寸进行偏移操作，且将内框的线宽设置为 0.3mm。

Step 07 执行“存储块”命令（W），将前面所创建的图框保存为“案例\10\A4-横向.dwg”图块对象，其基点为右下角点。

Step 08 再按照前面的方法，绘制如图 10-34 所示的图框，并保存为“A4-纵向.dwg”图块对象。

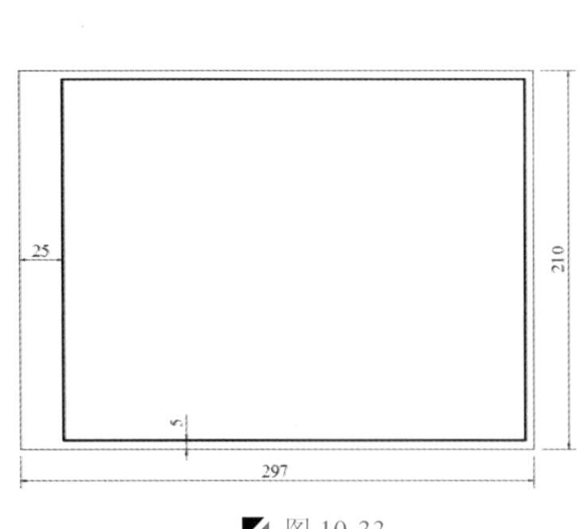

图 10-33

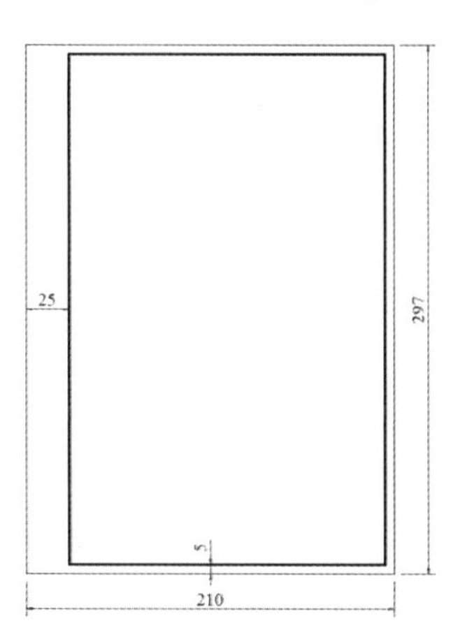

图 10-34

Step 09 接前面所绘制的主轴工程图，执行“插入”命令（I），将“案例\10\A4-横向.dwg”图块对象插入视图中，且将其“盖住”当前的主轴图，如图 10-35 所示。

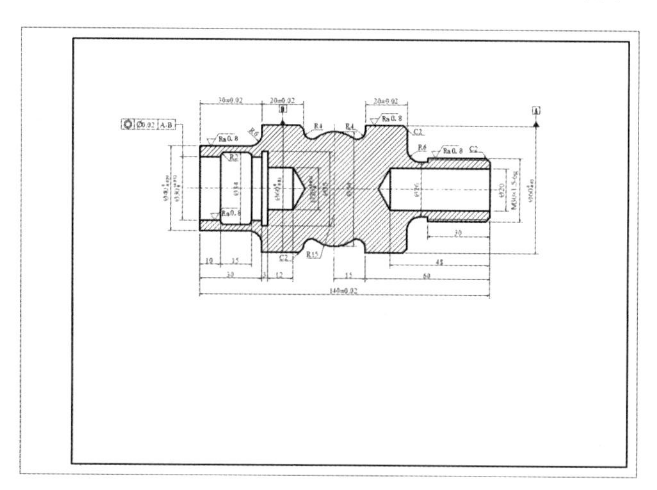

图 10-35

Step 10 在图框的右下角插入“案例\10\标题栏.dwg”图块对象，然后在弹出的“编辑属性”对话框中分别输入属性值即可，如图 10-36 所示。

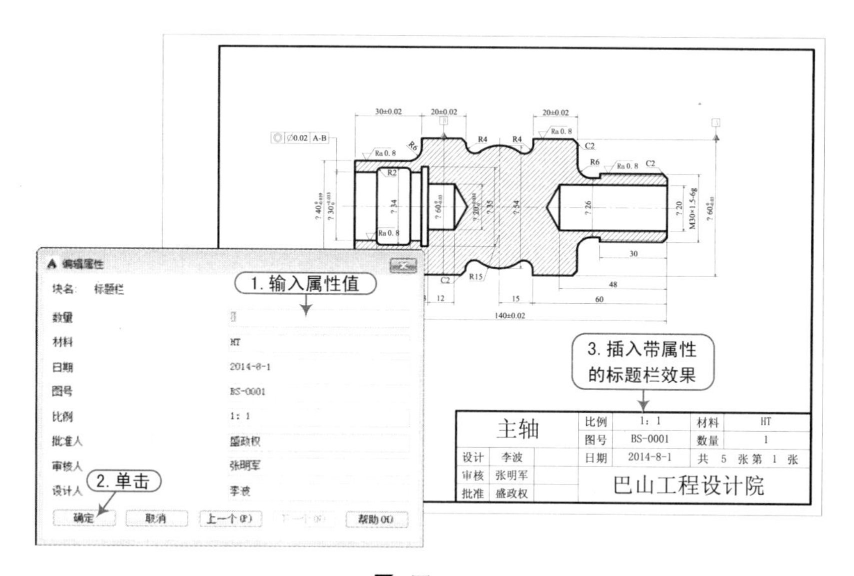

图 10-36

Step 11 至此，该主轴工程图已经绘制完成，按<Ctrl+S>组合键将该文件保存。

10.2 底板工程图实战

案例	底板.dwg	视频	底板的绘制.avi	时长	12'25"

如图 10-37 所示的底板工程图可以看出，它由一个主视图、半剖视图和前视图组成，在绘制的时候，综合工程图的相关尺寸进行绘制，先绘制主视图，再绘制半剖视图和前视图，然后对其进行尺寸及工程符号的标注，以及进行图框的标注。

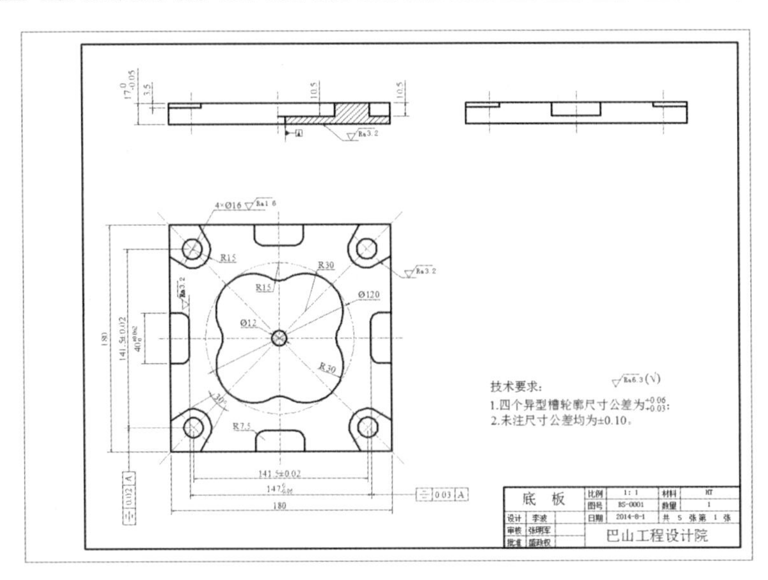

图 10-37

10.2.1 绘制主视图

Step 01 启动 AutoCAD 2015 软件，按<Ctrl+O>组合键，打开“机械样板.dwt”文件。

Step 02 按<Ctrl+Shift+S>组合键，将该样板文件另存为“底板.dwg”文件。

Step 03 在“图层”面板的“图层控制”下拉列表中，选择“粗实线”图层作为当前图层。

Step 04 执行“矩形”命令（REC），绘制 180mm×180mm 的矩形对象；再执行“直线”命令（L），过矩形的 4 角点和中点绘制 4 条线段，并将绘制的线段转为“中心线”图层，如图 10-38 所示。

Step 05 执行“圆”命令（C），捕捉中心线的交点作为圆心点，绘制半径为 6mm、60mm 的同心圆，并将 60mm 的圆对象转为“辅助线”图层，如图 10-39 所示。

Step 06 执行“圆”命令（C），根据命令行提示，选择“2 点（2P）”选项，捕捉斜中心线与辅助圆的交点作为圆的第一个端点，再捕捉中心线的交点作为圆的另一个端点，绘制 4 个半径为 30mm 的圆对象，如图 10-40 所示。

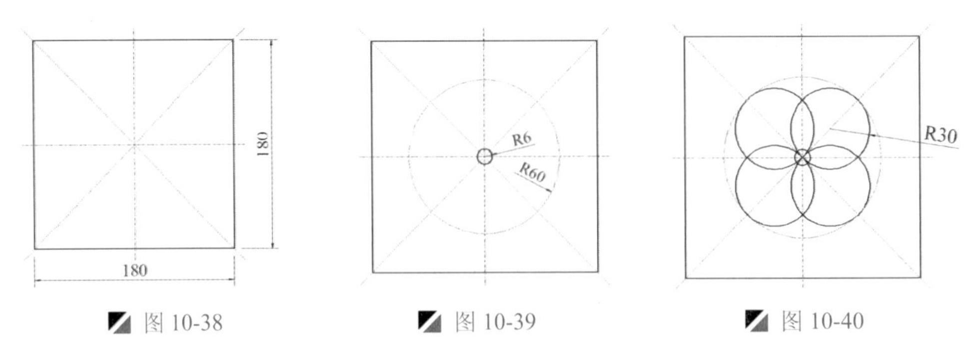

图 10-38　图 10-39　图 10-40

Step 07 执行“圆”命令（C），根据命令行提示，选择“切点、切点、半径（T）”选项，绘制 4 个半径为 15mm 的相切圆对象，如图 10-41 所示。

Step 08 执行“修剪”命令（TR），将多余的对象进行修剪操作，如图 10-42 所示。

Step 09 执行“偏移”命令（O），将水平中心线向上下各偏移 70.75mm，将垂直中心线向左右各偏移 70.75mm，如图 10-43 所示。

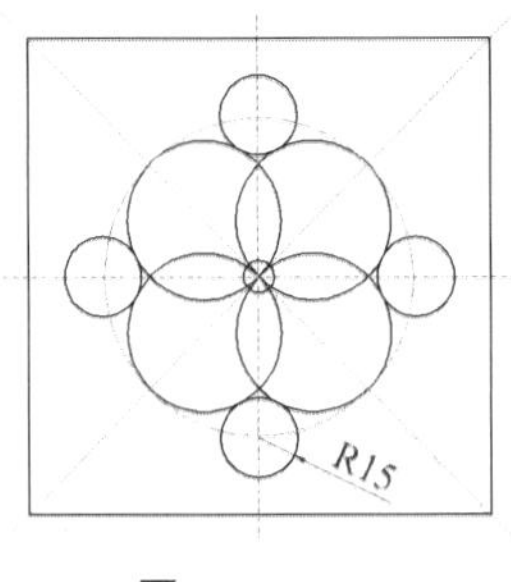

图 10-41

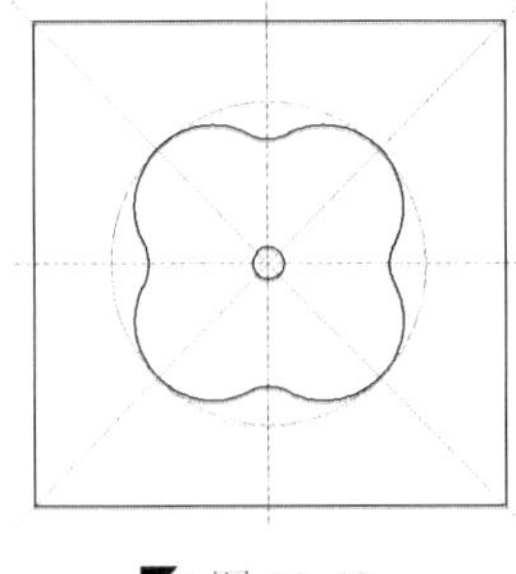

图 10-42

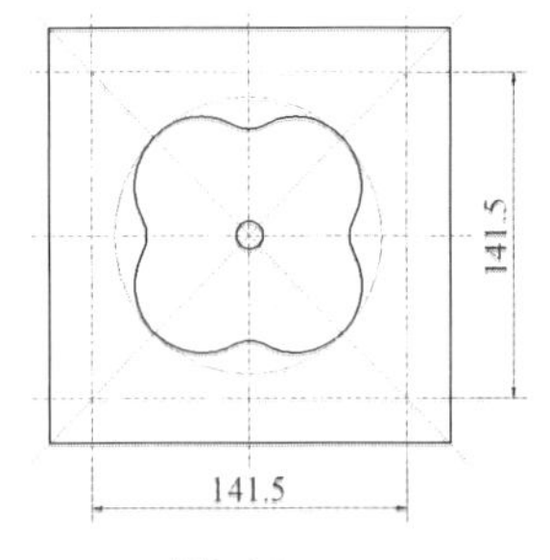

图 10-43

Step 10 执行“圆”命令（C），捕捉偏移后的中心线的交点作为圆心点，绘制半径为 8mm、15mm 的同心圆，如图 10-44 所示。

Step 11 执行“构造线”命令（XL），按如下命令行提示，绘制一条与斜中心线相垂直的构造线，并将绘制的构造线转为“中心线”图层，如图 10-45 所示。

```
命令: XLINE                                                    \\ 执行“构造线”命令
指定点或 [水平(H)/垂直(V)/角度(A)/二等分(B)/偏移(O)]: A         \\ 选择“角度（A）”项
输入构造线的角度 (0.00) 或 [参照(R)]:  R                         \\ 选择“参照（R）”项
选择直线对象:                                                  \\ 选择斜中心线为参照对象
输入构造线的角度 <0.00>: 90                                      \\ 输入与参照线夹角为“90°”
指定通过点:                                                    \\ 放置中心线的交点处
```

Step 12 按同样的方法绘制一条与斜中心线的夹角为 15° 的构造线，并将外圆与夹角为 90° 的构造线的交点作为构造线的放置点，如图 10-46 所示。

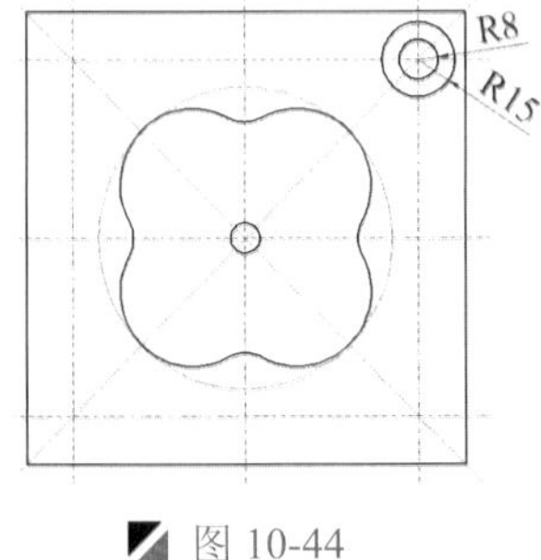

图 10-44

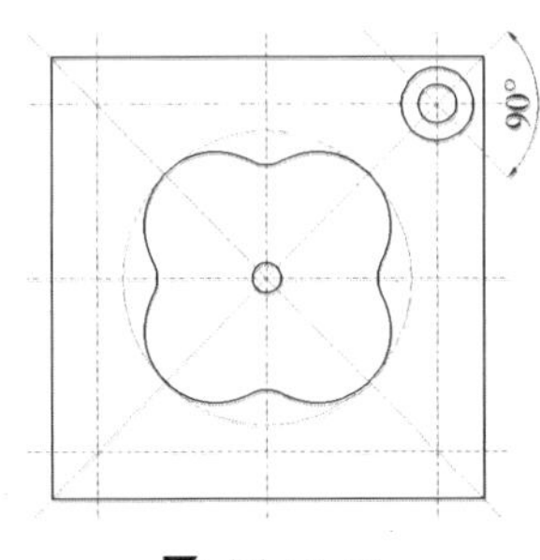

图 10-45

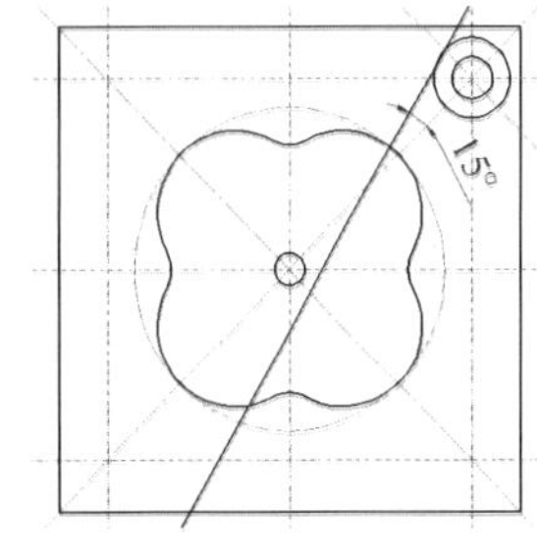

图 10-46

Step 13 执行“镜像”命令（MI），将夹角为 15° 的构造线镜像复制到另一侧，如图 10-47 所示。

Step 14 执行“修剪”命令（TR），将多余的对象进行修剪操作，如图 10-48 所示。

Step 15 执行“镜像”命令（MI），将上一步修剪后形成的对象过垂直中心线镜像复制到左侧，再将镜像后的对象和原对象过水平中心线镜像复制到下侧，如图 10-49 所示。

Step 16 执行“偏移”命令（O），将水平和垂直中心线向两侧各偏移 20mm 和 73.5mm，并将偏移后的对象转为“粗实线”图层，如图 10-50 所示。

Step 17 执行“修剪”命令（TR），将多余的对象进行修剪并删除操作，如图 10-51 所示。

Step 18 执行“圆角”命令（F），捕捉相应的角点进行圆角操作，其圆角半径为 7.5mm，如图 10-52 所示。

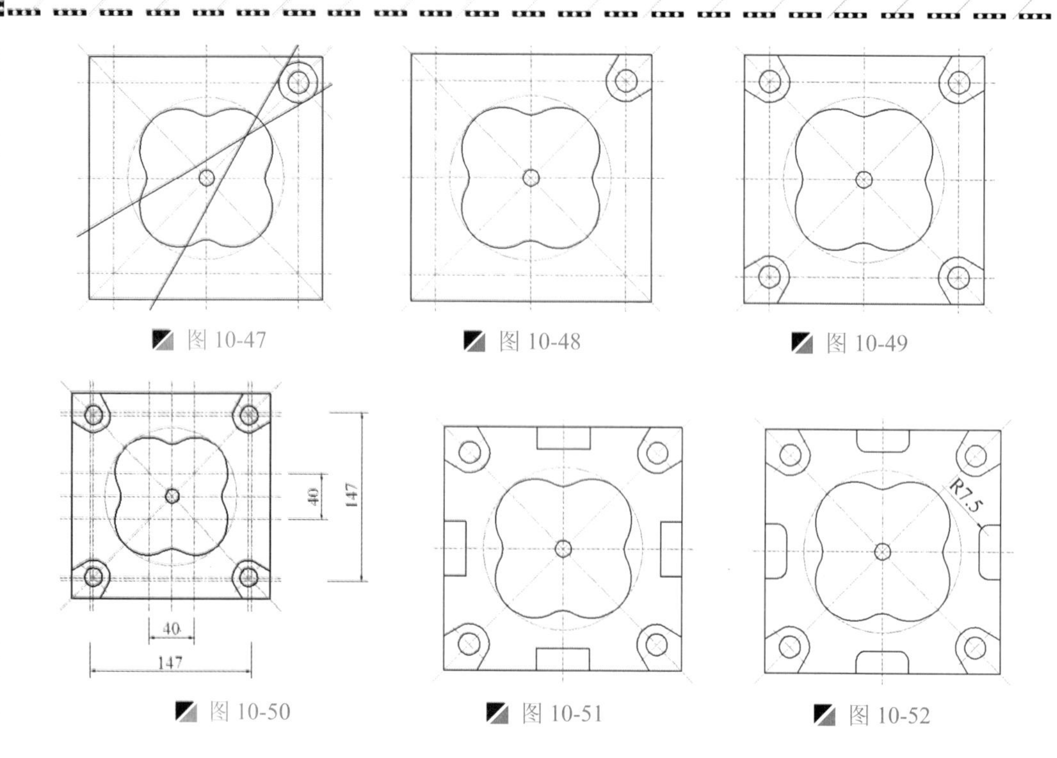

图 10-47　图 10-48　图 10-49

图 10-50　图 10-51　图 10-52

10.2.2 绘制半剖视图

Step 01 执行“直线”命令（L），沿着俯视图的端点绘制垂直投影线，并在投影线的端点绘制一条水平线段，如图 10-53 所示。

技巧：投影线的绘制

> 在绘制右侧的投影线时，用户可以先在图形的左侧绘制一条垂直线段，再执行“延伸”命令（EX），将左侧要投影的线段延伸至所绘制的垂直线段上，再将右侧的垂直线段向左偏移 120mm，再进行修剪和删除操作，从而完成右侧的水平投影线的绘制。

Step 02 执行“偏移”命令（O），将水平线段向上各偏移 6.5mm、7mm、3.5mm，如图 10-54 所示。

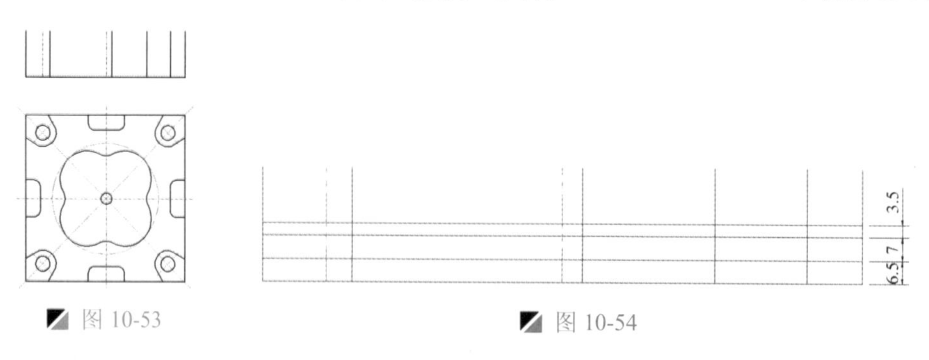

图 10-53　图 10-54

Step 03 执行“修剪”命令（TR），将多余的对象进行修剪并删除操作，如图 10-55 所示。

Step 04 切换至“剖面线”图层，执行“图案填充”命令（H），设置填充图案为“ANSI31”，填充比例为“1”，即可完成剖面图形的绘制，如图 10-56 所示。

图 10-55

图 10-56

10.2.3 绘制前视图

Step 01 执行“复制”命令（CO），将绘制好的剖面图向右侧复制；再执行“删除”命令（E），将多余的对象进行删除操作，如图 10-57 所示。

图 10-57

Step 02 执行“镜像”命令（MI），将图形中左侧的轮廓线和中心线，按照中间的中心线进行水平镜像操作，从而完成前视图的绘制，如图 10-58 所示。

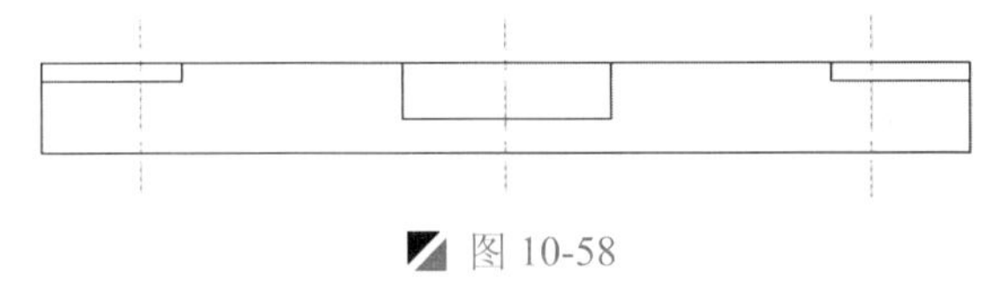

图 10-58

10.2.4 工程图的标注

Step 01 按照前面相同的方法，修改“机械”和“机械-公差”标注样式：“全局比例因子”均为 1.5，主单位的精度均为 0.0，公差方式为“对称”，公差精度为 0.00，公差上偏差值为 0.02。

Step 02 切换到“尺寸与公差”图层，按照前面的方法，对其底板主视图进行尺寸标注，以及进行公差、粗糙度的标注，如图 10-59 所示。

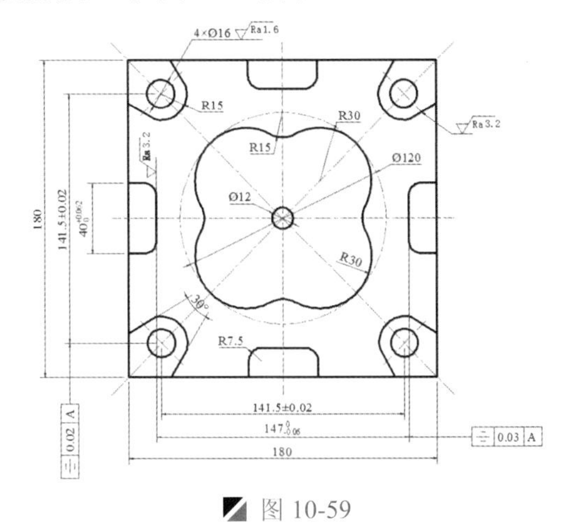

图 10-59

Step 03 同样，再对其上侧半剖视图进行尺寸标注，如图 10-60 所示。

Step 04 执行“多行文字”命令（MT），在图形的右侧进行技术要求的文字标注，其字高为 7，如图 10-61 所示。

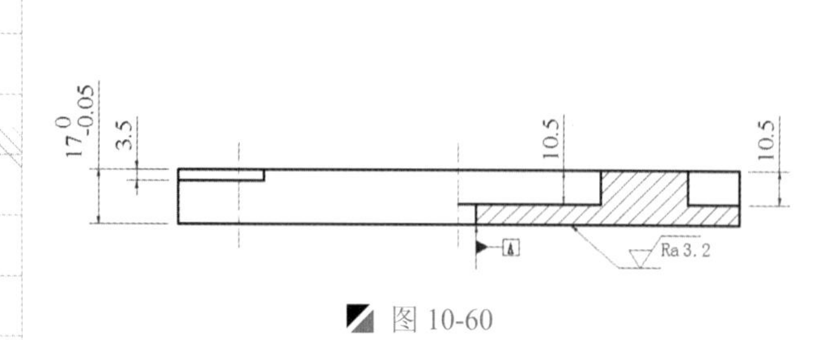

图 10-60

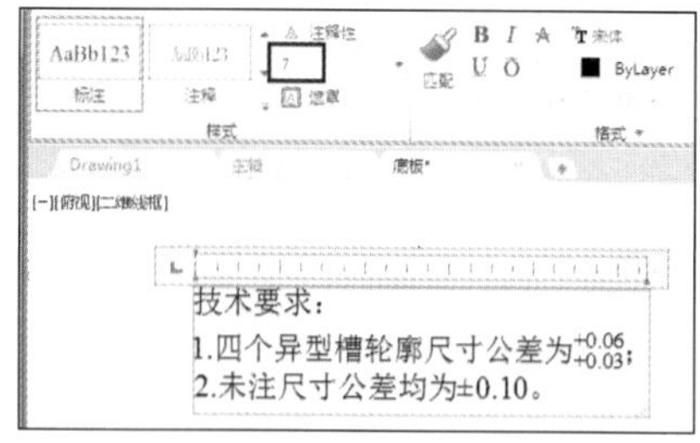

图 10-61

Step 05 参照前面的方法，将“案例\10”文件夹下面的“A4-横向”图块插入并盖住工程图，且插入比例为 2；再将“标题栏”图块插入图框的右下角，且插入比例为 1.5，然后修改标题栏的属性值，完成最终效果如前图 10-37 所示。

Step 06 至此，底板的绘制已完成，按<Ctrl+S>组合键将该文件保存。

10.3 凸模板工程图实战

案例 凸模板.dwg 视频 凸模板的绘制.avi 时长 18'16"

从如图 10-62 所示的凸模板工程图可以看出，它由一个主视图、A-A 剖视图、B-B 剖视图、C-C 剖视图和两个详图组成，在绘制的时候，需综合工程图的相关尺寸进行绘制，先绘制主视图，再绘制 A-A、B-B、C-C 剖视图，再绘制两个详图，然后对其进行尺寸及工程符号的标注，以及进行图框的标注。

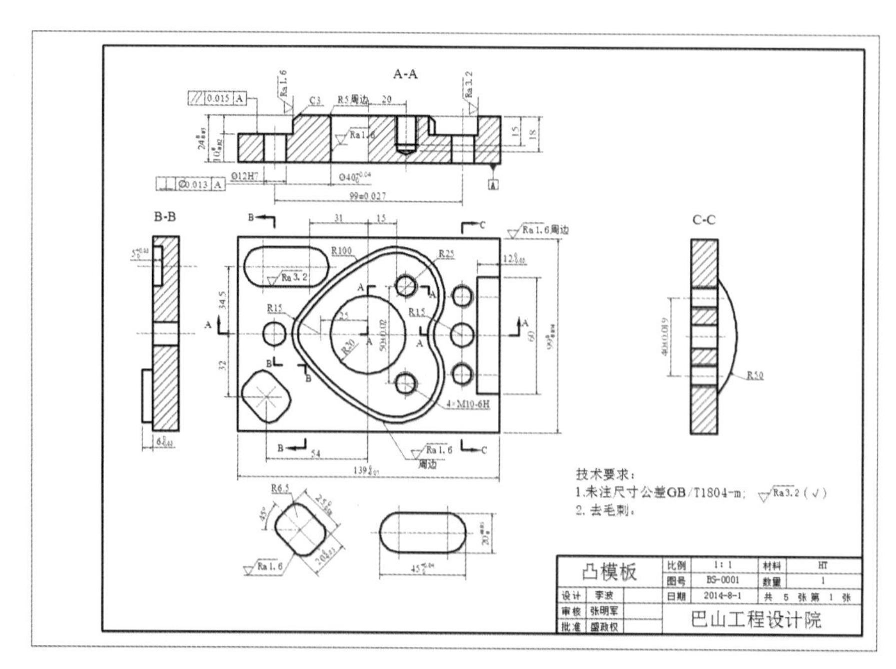

图 10-62

10.3.1 绘制主视图

Step 01 启动 AutoCAD 2015 软件，按<Ctrl+O>组合键，打开“机械样板.dwt”文件。

Step 02 按<Ctrl+Shift+S>组合键，将该样板文件另存为“凸模板.dwg”文件。

Step 03 在“图层”面板的“图层控制”下拉列表中，选择“粗实线”图层作为当前图层。

Step 04 执行“矩形”命令（REC），绘制 139mm×99mm 的矩形对象；再执行“直线”命令（L），过矩形的中点绘制两条中线段，并将绘制的线段转为“中心线”图层，如图 10-63 所示。

Step 05 执行“偏移”命令（O），将水平中心线向上下各偏移 25mm，将垂直中心线向左偏移 25mm 和 49.5mm，再向右偏移 20 和 49.5mm，如图 10-64 所示。

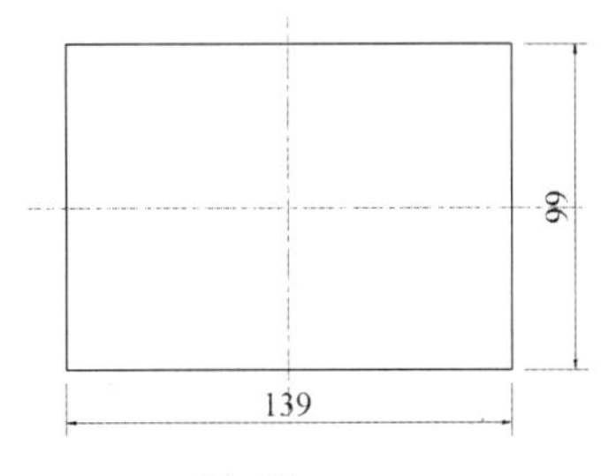

图 10-63

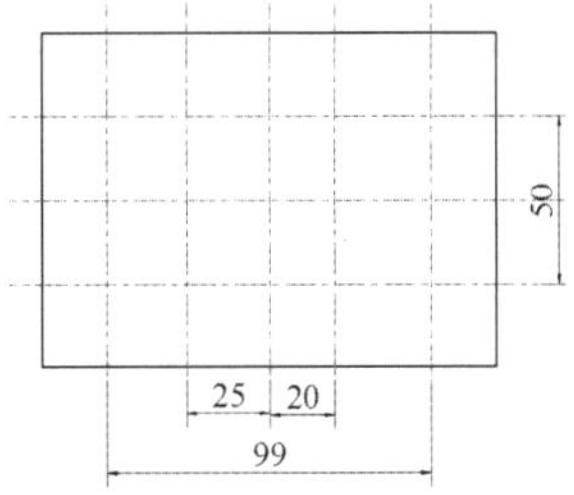

图 10-64

Step 06 执行“圆”命令（C），捕捉相应的交点作为圆心，绘制直径为 10mm、12mm、40mm 的 7 个圆对象，如图 10-65 所示。

Step 07 执行“直线”命令（L），过直径为 10mm 的圆的上下象限点绘制 2 条水平线段，并将绘制的线段转为“中心线”图层；再执行“复制”命令（CO），捕捉直径为 10mm 和 12mm 的圆复制到相应的交点，如图 10-66 所示。

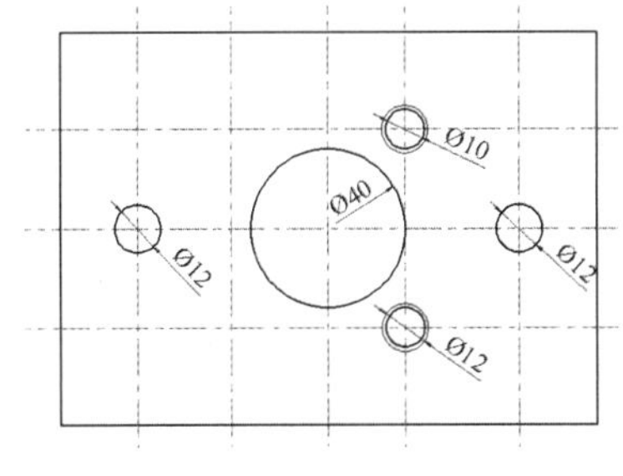

图 10-65

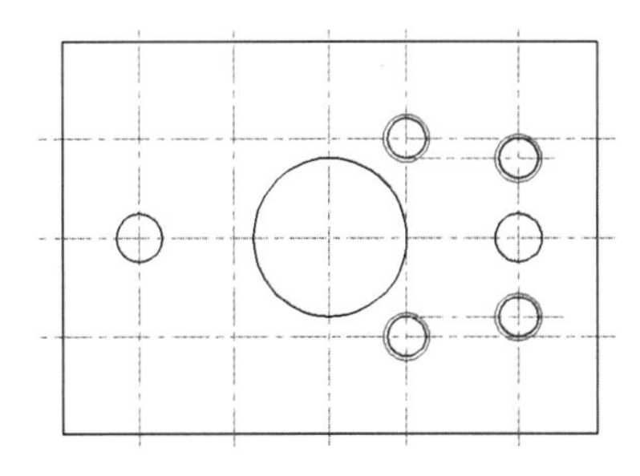

图 10-66

Step 08 执行“修剪”命令（TR），将多余的对象进行修剪并删除操作，如图 10-67 所示。

Step 09 执行“偏移”命令（O），将垂直中心线向右偏移 15mm，如图 10-68 所示。

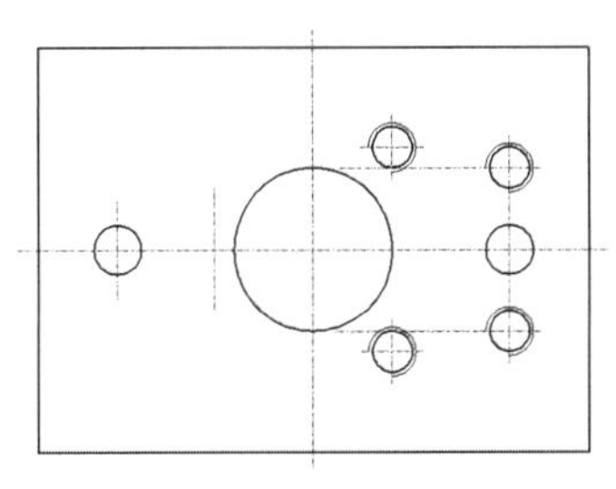

图 10-67

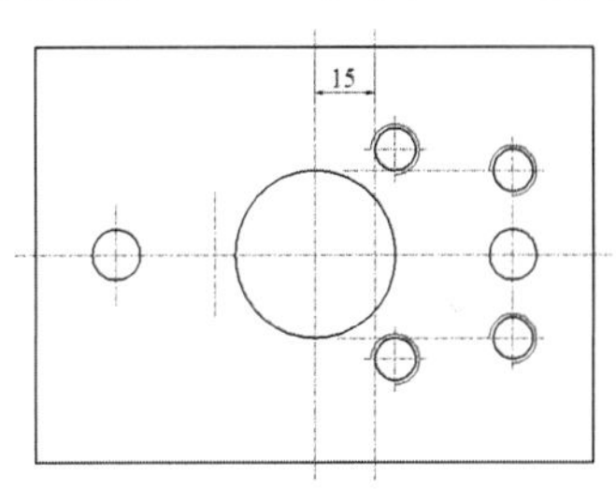

图 10-68

Step 10 执行“圆”命令（C），捕捉相应的交点作为圆心，绘制直径为 15mm、25mm 的 4 个圆对象，如图 10-69 所示。

Step 11 执行“圆”命令（C），根据命令行提示，选择“切点、切点、半径（T）”选项，绘制 2 个半径为 100mm 的相切圆对象，如图 10-70 所示。

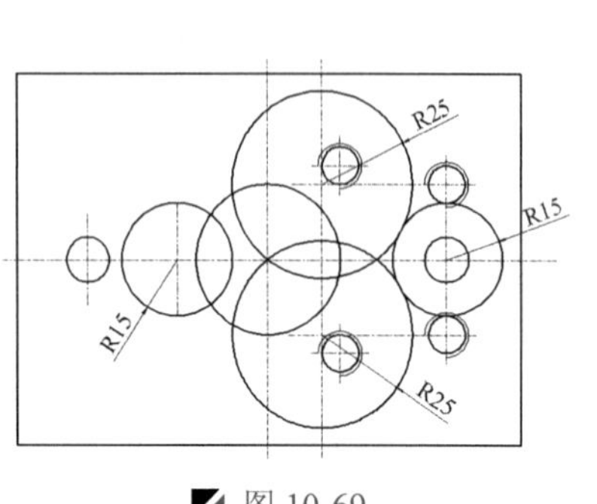

图 10-69

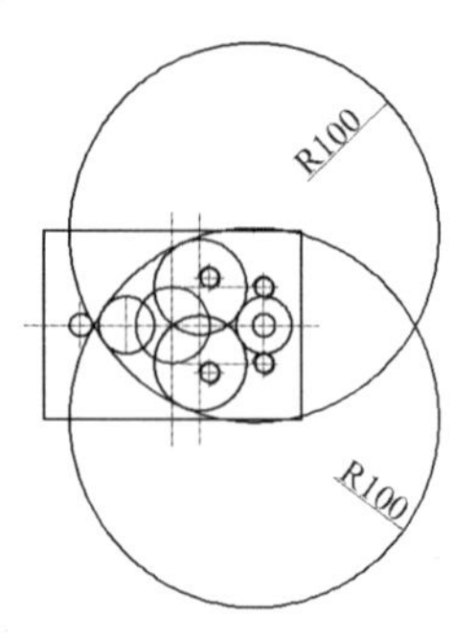

图 10-70

Step 12 执行“修剪”命令（TR），将多余的对象进行修剪并删除操作，如图 10-71 所示。

Step 13 执行“偏移”命令（O），将上一步修剪后形成的对象向内偏移 3mm，如图 10-72 所示。

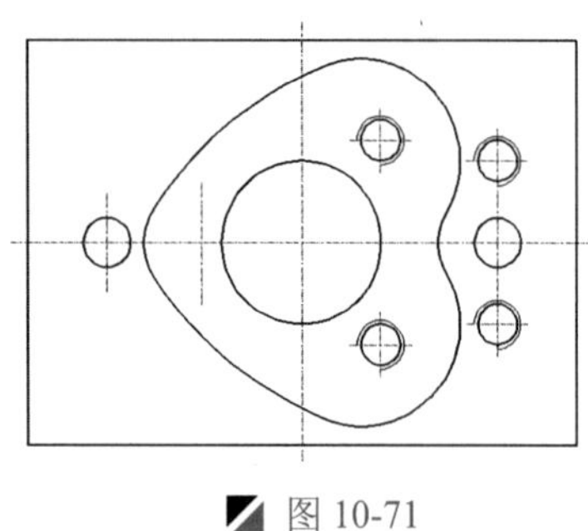

图 10-71

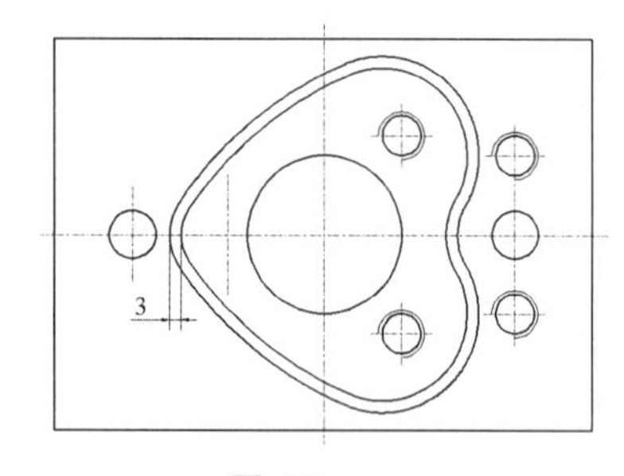

图 10-72

Step 14 执行“分解”命令（X），将矩形对象进行分解操作；再执行“偏移”命令（O），将垂直中心线向左偏移 31mm、54mm，将水平中心线向上偏移 30mm 和 34.5mm，再向下偏移 30mm 和 32mm，将最右侧的垂直线段向左偏移 12mm，并进行图层转换操作，如图 10-73 所示。

Step 15 执行“修剪”命令（TR），将多余的对象进行修剪并删除操作，如图 10-74 所示。

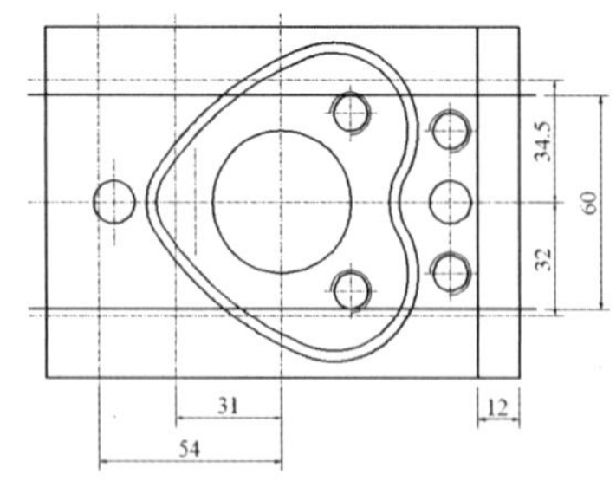

图 10-73

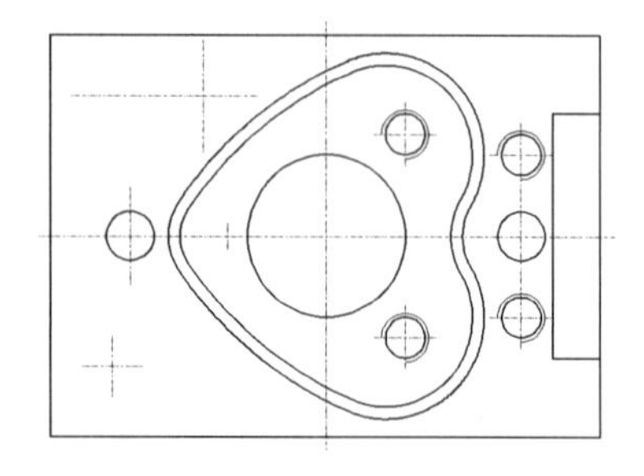

图 10-74

Step 16 执行“圆”命令（C），捕捉相应的交点绘制直径为 20mm 的圆；再执行“复制”命令（CO），将绘制好的圆向左复制 25mm 的距离，如图 10-75 所示。

Step 17 执行“直线”命令（L），捕捉圆的象限点进行直线连接；再执行“修剪”命令（TR），将多余的对象进行修剪并删除操作，如图 10-76 所示。

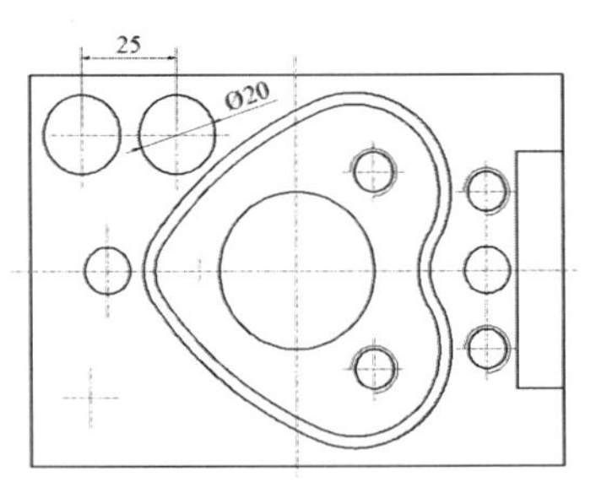

图 10-75

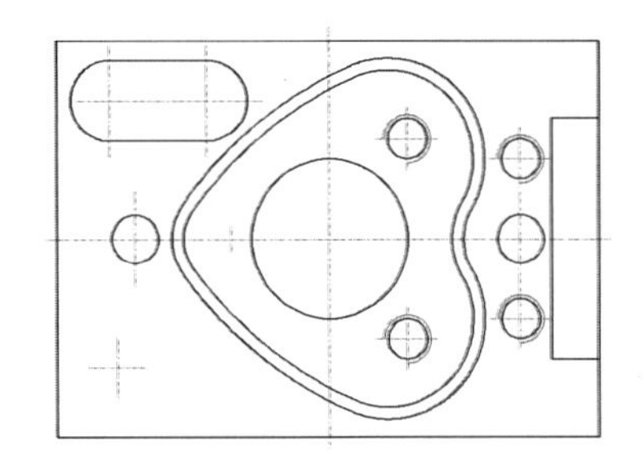

图 10-76

Step 18 执行“偏移”命令（O），将左下角水平中心线向上下各偏移 10mm，将垂直中心经向左右各偏移 12.5mm，并将偏移后的对象转为“粗实线”图层，如图 10-77 所示。

Step 19 执行“圆角”命令（F），将偏移后所形成的夹角进行圆角操作，其圆角半径为 6.5mm，如图 10-78 所示。

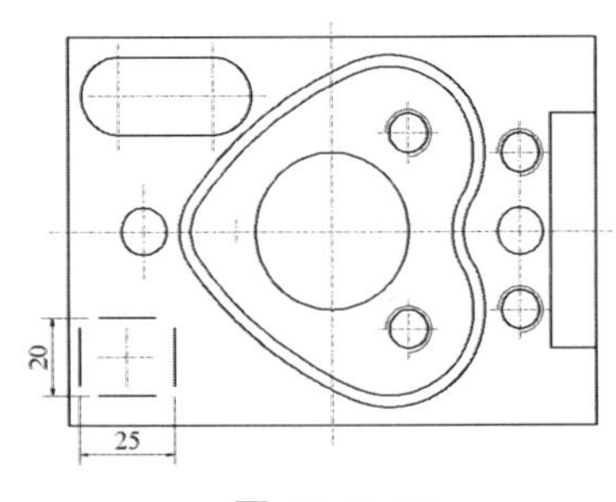

图 10-77

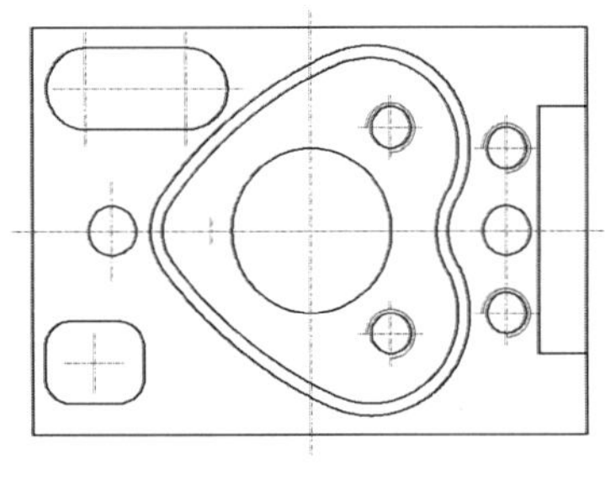

图 10-78

技巧：圆角操作中进行修剪

在进行圆角操作时，应选择“修剪（T）”选项，从而进行圆角操作时并修剪掉多余的对象。

Step 20 执行“旋转”命令（RO），以中心线的交点为基点，将上一步圆角后形成的对象和中心线进行–45° 的旋转操作，如图 10-79 所示。

Step 21 执行“多段线”命令（PL）和”单行文字”命令（DT），绘制剖面符号，如图 10-80 所示。

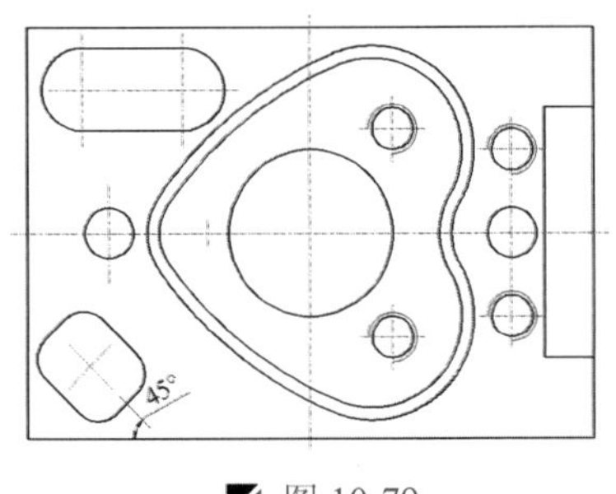

图 10-79

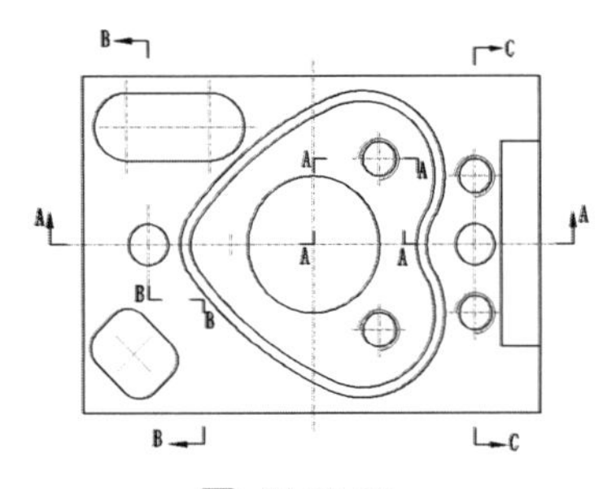

图 10-80

10.3.2 绘制 A-A 剖视图

Step 01 执行“直线”命令（L），沿着俯视图的端点绘制垂直投影线，并在投影线的端点绘制一条水平线段，并进行图层转换操作，如图 10-81 所示。

Step 02 执行“偏移”命令（O），将水平线段向下依次偏移 10mm、15mm、18mm、24mm，并进行相应的延伸操作，如图 10-82 所示。

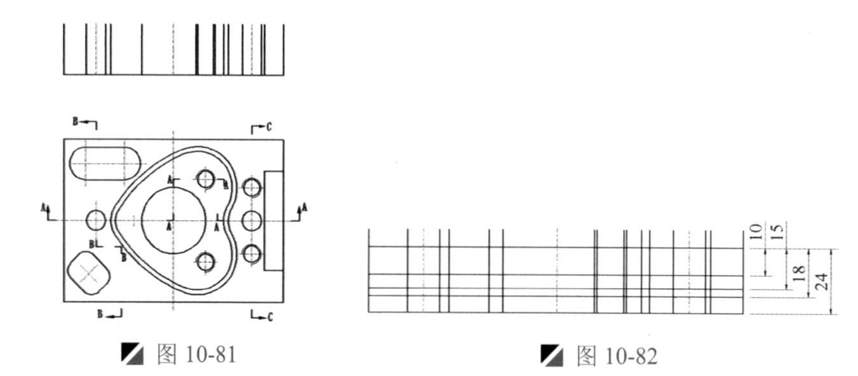

图 10-81　　图 10-82

Step 03 执行“修剪”命令（TR），将多余的对象进行修剪并删除操作，如图 10-83 所示。

Step 04 执行“倒角”命令（CHA），将相应的对象进行倒角操作，其倒角距离为 3mm，如图 10-84 所示。

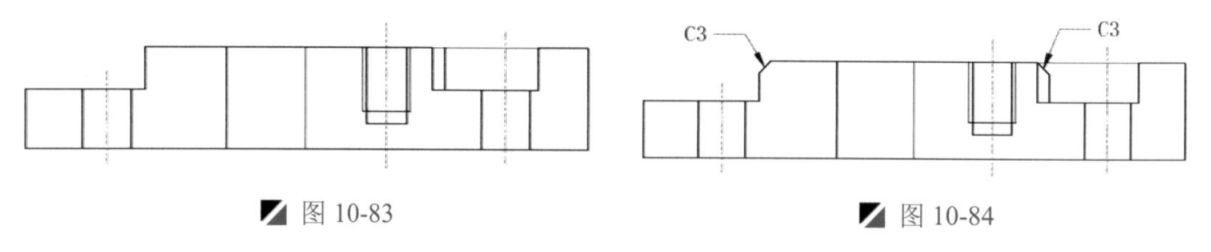

图 10-83　　图 10-84

Step 05 执行“直线”命令（L），捕捉相应的点进行直线连接，如图 10-85 所示。

Step 06 执行“单行文字”命令（DT），在图形上方注写“A-A”文字；切换至“剖面线”图层，执行“图案填充”命令（H），设置填充图案为“ANSI31”，填充比例为“1”，即可完成“A-A”剖面图形的绘制，如图 10-86 所示。

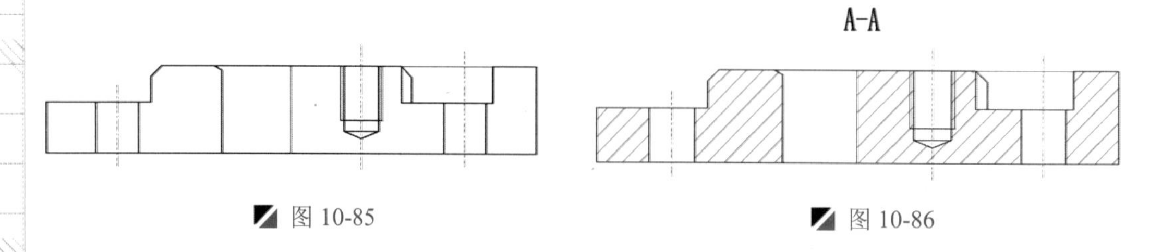

图 10-85　　图 10-86

10.3.3 绘制 B-B 剖视图

Step 01 切换至“粗实线”图层，执行“直线”命令（L），沿着俯视图的端点绘制水平投影线，并在投影线的端点绘制一条垂直线段，并进行图层转换操作，如图 10-87 所示。

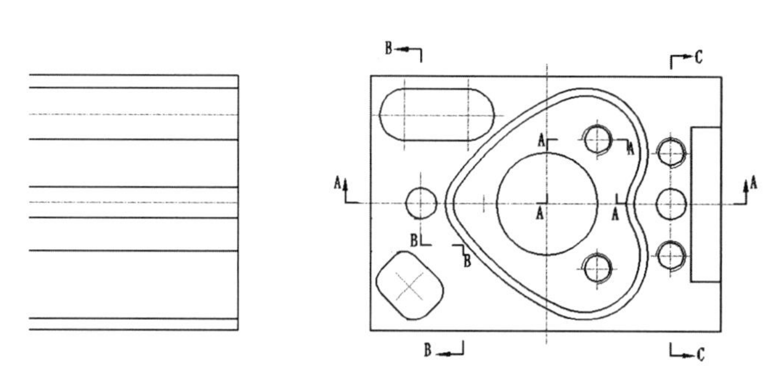

图 10-87

Step 02 执行“偏移”命令（O），将垂直线段向左各偏移 9mm、5mm、6mm，如图 10-88 所示。

Step 03 执行“修剪”命令（TR），将多余的对象进行修剪并删除操作，如图 10-89 所示。

Step 04 执行“单行文字”命令（DT），在图形上方注写文字“B-B”；再切换至“剖面线”图层，执行“图案填充”命令（H），设置填充图案为“ANSI 31”，填充比例为“1”，即可完成“B-B”剖面图形的绘制，如图 10-90 所示。

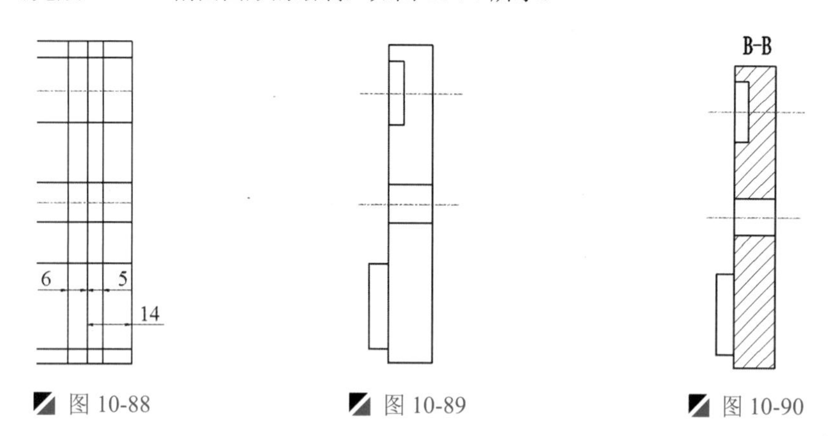

图 10-88　图 10-89　图 10-90

10.3.4 绘制 C-C 剖视图

Step 01 切换至“粗实线”图层，执行“直线”命令（L），沿着俯视图的端点绘制水平投影线，并在投影线的端点绘制一条垂直线段，并进行图层转换操作，如图 10-91 所示。

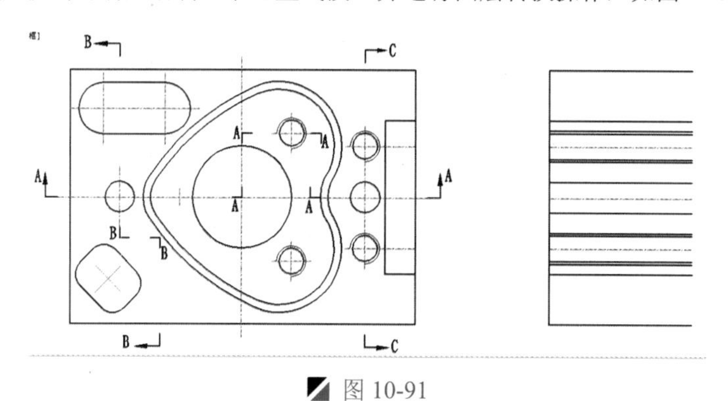

图 10-91

Step 02 执行“偏移”命令（O），将垂直线段向右偏移 14mm，如图 10-92 所示。

读书破万卷

Step 03 执行“修剪”命令（TR），将多余的对象进行修剪并删除，并进行图层转换操作，如图 10-93 所示。

Step 04 执行“偏移”命令（O），将右侧的垂直线段向右偏移 10mm；再执行“圆”命令（C），根据命令行提示，选择“3 点（3P）”选项，绘制半径为 50mm 的圆对象，如图 10-94 所示。

Step 05 执行“修剪”命令（TR），将多余的对象进行修剪并删除操作；再执行“单行文字”命令（DT），在图形上方注写文字“C-C”；再切换至“剖面线”图层，执行“图案填充”命令（H），设置填充图案为“ANSI31”，填充比例为“1”，即可完成“C-C”剖面图形的绘制，如图 10-95 所示。

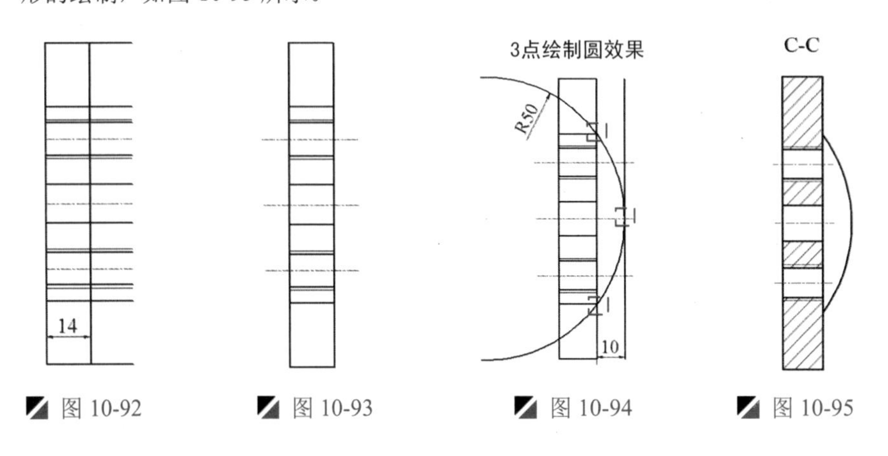

图 10-92　图 10-93　图 10-94　图 10-95

10.3.5 工程图的标注

Step 01 按照前面相同的方法，修改“机械”和“机械-公差”标注样式：“全局比例因子”均为 1.0，主单位的精度均为 0.0，公差精度为 0.000。

Step 02 切换到“尺寸与公差”图层，按照前面的方法，对其凸模板主视图进行尺寸标注，以及进行公差、粗糙度的标注，如图 10-96 所示。

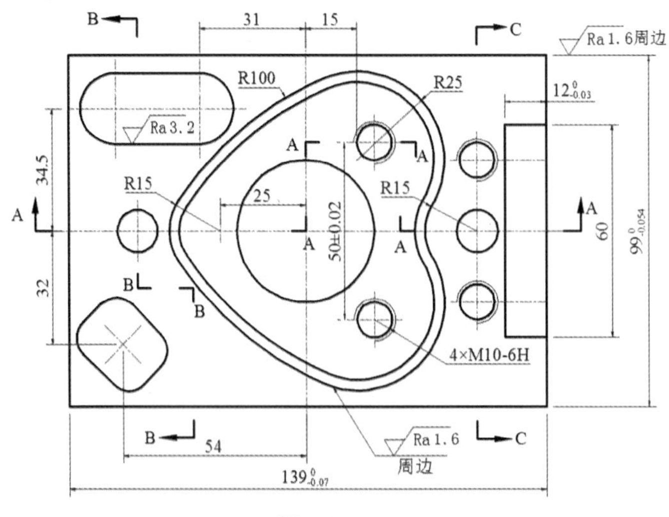

图 10-96

Step 03 对于主视图中，有两个轮廓对象无法对其进行详细的标注，那么这时将该两个轮廓对象复制到主视图的下侧摆放，然后分别对其进行详细的尺寸标注，如图 10-97 所示。

技巧：图形对象详细标注

> 在对复杂的图形进行尺寸标注时，由于图形中的对象比较小而且复杂，这时，用户可将这些对象复制到另一侧，从而进行详细的尺寸标注。

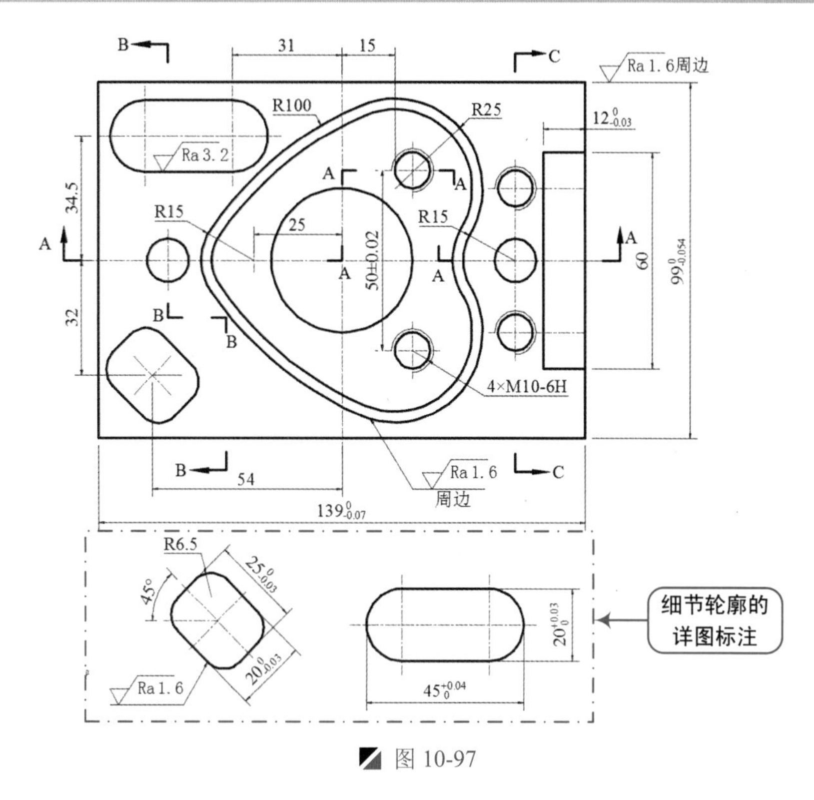

图 10-97

Step 04 同样，再对其上侧的 A-A 剖视图进行尺寸、公差、平行度和垂直度形位公差、基准符号标注等，如图 10-98 所示。

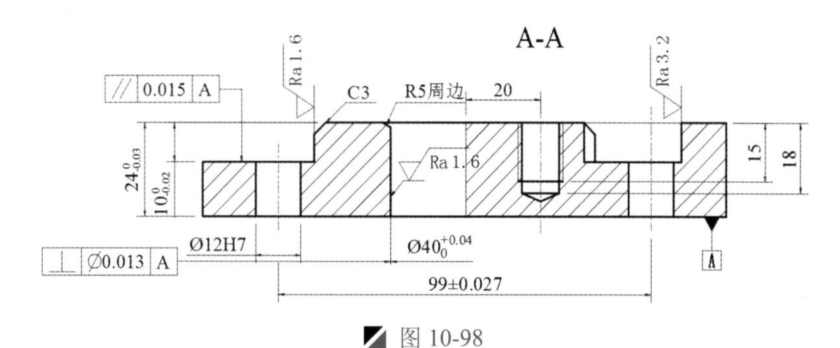

图 10-98

Step 05 同样，再对其 B-B、C-C 剖视图进行标注，如图 10-99 所示。

Step 06 使用“多行文字”命令（MT），进行技术要求的标注，其文字大小为 5，并将其转换为“文字”图层，如图 10-100 所示。

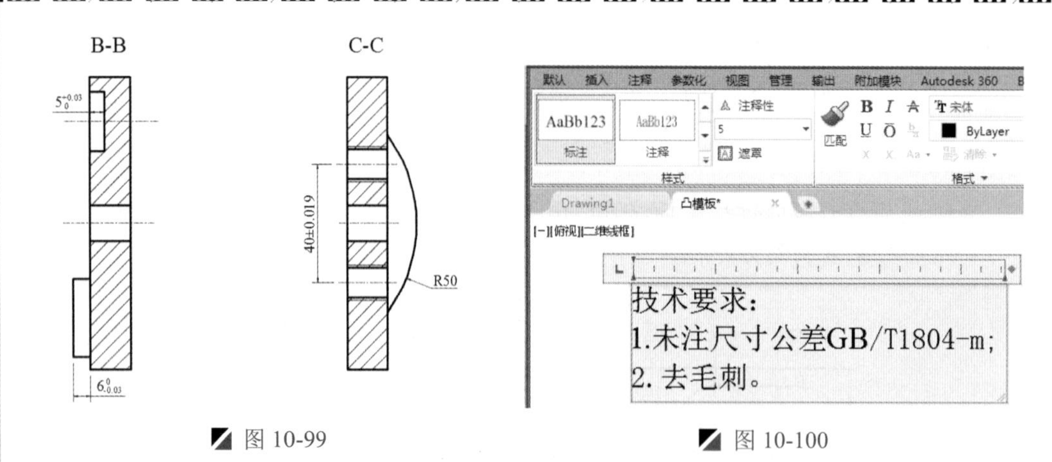

图 10-99　　图 10-100

Step 07　参照前面的方法，将“案例\10”文件夹下面的“A4-横向”图块插入并盖住工程图，且插入比例为 1.5；再将“标题栏”图块插入图框的右下角，然后修改标题栏的属性值，完成最终效果如前图 10-62 所示。

Step 08　至此，凸模板的绘制已完成，按<Ctrl+S>组合键将该文件保存。

附录A AutoCAD常见的快捷命令

1. 对象特性					
快捷键	命令	含义	快捷键	命令	含义
AA	AREA	面积	LTS	LTSCALE	线形比例
ADC	ADCENTER	设计中心	LW	LWEIGHT	线宽
AL	ALIGN	对齐	MA	MATCHPROP	属性匹配
ATE	ATTEDIT	编辑属性	OP	OPTIONS	自定义设置
ATT	ATTDEF	属性定义	OS	OSNAP	设置捕捉模式
BO	BOUNDARY	边界创建	PRE	PREVIEW	打印预览
CH	PROPERTIES	修改特性	PRINT	PLOT	打印
COL	COLOR	设置颜色	PU	PURGE	清除垃圾
DI	DIST	距离	R	REDRAW	重新生成
DS	DSETTINGS	设置极轴追踪	REN	RENAME	重命名
EXIT	QUIT	退出	SN	SNAP	捕捉栅格
EXP	EXPORT	输出文件	ST	STYLE	文字样式
IMP	IMPORT	输入文件	TO	TOOLBAR	工具栏
LA	LAYER	图层操作	UN	UNITS	图形单位
LI	LIST	显示数据信息	V	VIEW	命名视图
LT	LINETYPE	线形			
2. 绘图命令					
快捷键	命令	含义	快捷键	命令	含义
A	ARC	圆弧	MT	MTEXT	多行文本
B	BLOCK	块定义	PL	PLINE	多段线
C	CIRCLE	圆	PO	POINT	点
DIV	DIVIDE	等分	POL	POLYGON	正多边形
DO	DONUT	圆环	REC	RECTANGLE	矩形
EL	ELLIPSE	椭圆	REG	REGION	面域
H	BHATCH	填充	SPL	SPLINE	样条曲线
I	INSERT	插入块	T	MTEXT	多行文本
L	LINE	直线	W	WBLOCK	定义块文件
ML	MLINE	多线	XL	XLINE	构造线
3. 修改命令					
快捷键	命令	含义	快捷键	命令	含义
AR	ARRAY	阵列	M	MOVE	移动
BR	BREAK	打断	MI	MIRROR	镜像
CHA	CHAMFER	倒角	O	OFFSET	偏移
CO	COPY	复制	PE	PEDIT	多段线编辑
E	ERASE	删除	RO	ROTATE	旋转
ED	DDEDIT	修改文本	S	STRETCH	拉伸
EX	EXTEND	延伸	SC	SCALE	比例缩放
F	FILLET	倒圆角	TR	TRIM	修剪
LEN	LENGTHEN	直线拉长	X	EXPLODE	分解

4. 视窗缩放					
快捷键	命令	含义	快捷键	命令	含义
P	PAN	平移	Z+P		返回上一视图
Z		局部放大	Z+双空格		实时缩放
Z+E		显示全图			

5. 尺寸标注					
快捷键	命令	含义	快捷键	命令	含义
D	DIMSTYLE	标注样式	DED	DIMEDIT	编辑标注
DAL	DIMALIGNED	对齐标注	DLI	DIMLINEAR	直线标注
DAN	DIMANGULAR	角度标注	DOR	DIMORDINATE	点标注
DBA	DIMBASELINE	基线标注	DOV	DIMOVERRIDE	替换标注
DCE	DIMCENTER	中心标注	DRA	DIMRADIUS	半径标注
DCO	DIMCONTINUE	连续标注	LE	QLEADER	快速引出标注
DDI	DIMDIAMETER	直径标注	TOL	TOLERANCE	标注形位公差

6. 常用 Ctrl 快捷键					
快捷键	命令	含义	快捷键	命令	含义
Ctrl+1	PROPERTIES	修改特性	Ctrl+O	OPEN	打开文件
Ctrl+L	ORTHO	正交	Ctrl+P	PRINT	打印文件
Ctrl+N	NEW	新建文件	Ctrl+S	SAVE	保存文件
Ctrl+2	ADCENTER	设计中心	Ctrl+U		极轴
Ctrl+B	SNAP	栅格捕捉	Ctrl+V	PASTECLIP	粘贴
Ctrl+C	COPYCLIP	复制	Ctrl+W		对象追踪
Ctrl+F	OSNAP	对象捕捉	Ctrl+X	CUTCLIP	剪切
Ctrl+G	GRID	栅格	Ctrl+Z	UNDO	放弃

7. 常用功能键					
快捷键	命令	含义	快捷键	命令	含义
F1	HELP	帮助	F7	GRIP	栅格
F2		文本窗口	F8	ORTHO	正交
F3	OSNAP	对象捕捉			

附录B AutoCAD常用的系统变量

A	
变量	含义
ACADLSPASDOC	控制AutoCAD是将acad.lsp文件加载到所有图形中，还是仅加载到在AutoCAD任务中打开的第一个文件中
ACADPREFIX	存储由ACAD环境变量指定的目录路径（如果有的话），如果需要则添加路径分隔符
ACADVER	存储AutoCAD版本号
ACISOUTVER	控制ACISOUT命令创建的SAT文件的ACIS版本
AFLAGS	设置ATTDEF位码的属性标志
ANGBASE	设置相对当前UCS的0°基准角方向
ANGDIR	设置相对当前UCS以0°为起点的正角度方向
APBOX	打开或关闭AutoSnap靶框
APERTURE	以像素为单位设置对象捕捉的靶框尺寸
AREA	存储由AREA、LIST或DBLIST计算出来的最后一个面积
ATTDIA	控制INSERT是否使用对话框获取属性值
ATTMODE	控制属性的显示方式
ATTREQ	确定INSERT在插入块时是否使用默认属性设置
AUDITCTL	控制AUDIT命令是否创建核查报告文件(ADT)
AUNITS	设置角度单位
AUPREC	设置角度单位的小数位数
AUTOSNAP	控制AutoSnap标记、工具栏提示和磁吸
B	
变量	含义
BACKZ	存储当前视口后剪裁平面到目标平面的偏移值
BINDTYPE	控制绑定或在位编辑外部参照时外部参照名称的处理方式
BLIPMODE	控制点标记是否可见
C	
变量	含义
CDATE	设置日历的日期和时间
CECOLOR	设置新对象的颜色
CELTSCALE	设置当前对象的线型比例缩放因子
CELTYPE	设置新对象的线型
CELWEIGHT	设置新对象的线宽
CHAMFERA	设置第一个倒角距离
CHAMFERB	设置第二个倒角距离
CHAMFERC	设置倒角长度
CHAMFERD	设置倒角角度
CHAMMODE	设置AutoCAD创建倒角的输入模式
CIRCLERAD	设置默认的圆半径
CLAYER	设置当前图层
CMDACTIVE	存储一个位码值，此位码值标识激活的是普通命令、透明命令、脚本还是对话框
CMDECHO	控制AutoLISP的(command)函数运行时AutoCAD是否回显提示和输入
CMDNAMES	显示活动命令和透明命令的名称
CMLJUST	指定多线对正方式
CMLSCALE	控制多线的全局宽度
CMLSTYLE	设置多线样式
COMPASS	控制当前视口中三维坐标球的开关状态
COORDS	控制状态栏上的坐标更新方式
CPLOTSTYLE	控制新对象的当前打印样式
CPROFILE	存储当前配置文件的名称
CTAB	返回图形中的当前选项卡(模型或布局)名称。通过本系统变量，用户可确定当前的活动选项卡
CURSORSIZE	按屏幕大小的百分比确定十字光标的大小
CVPORT	设置当前视口的标识号
D	
变量	含义
DATE	存储当前日期和时间
DBMOD	用位码表示图形的修改状态
DCTCUST	显示当前自定义拼写词典的路径和文件名
DCTMAIN	本系统变量显示当前的主拼写词典的文件名
DEFLPLSTYLE	为新图层指定默认打印样式名称
DEFPLSTYLE	为新对象指定默认打印样式名称
DELOBJ	控制用来创建其他对象的对象将从图形数据库中删除还是保留在图形数据库中
DEMANDLOAD	在图形包含由第三方应用程序创建的自定义对象时，指定AutoCAD是否以及何时要求加载此应用程序
DIASTAT	存储最近一次使用对话框的退出方式
DIMADEC	控制角度标注显示精度的小数位
DIMALT	控制标注中换算单位的显示
DIMALTD	控制换算单位中小数的位数
DIMALTF	控制换算单位中的比例因子

DIMALTRND	决定换算单位的舍入
DIMALTTD	设置标注换算单位公差值的小数位数
DIMALTTZ	控制是否对公差值作消零处理
DIMALTU	设置所有标注样式族成员（角度标注除外）的换算单位的单位格式
DIMALTZ	控制是否对换算单位标注值作消零处理
DIMAPOST	指定所有标注类型（角度标注除外）换算标注测量值的文字前缀或后缀（或两者都指定）
DIMASO	控制标注对象的关联性
DIMASZ	控制尺寸线、引线箭头的大小
DIMATFIT	当尺寸界线的空间不足以同时放下标注文字和箭头时，确定这两者的排列方式
DIMAUNIT	设置角度标注的单位格式
DIMAZIN	对角度标注作消零处理
DIMBLK	设置显示在尺寸线或引线末端的箭头块
DIMBLK1	当 DIMSAH 为开时，设置尺寸线第一个端点箭头
DIMBLK2	当 DIMSAH 为开时，设置尺寸线第二个端点箭头
DIMCEN	控制由 DIMCENTER、DIMDIAMETER 和 DIMRADIUS 绘制的圆或圆弧的圆心标记和中心线
DIMCLRD	为尺寸线、箭头和标注引线指定颜色
DIMCLRE	为尺寸界线指定颜色
DIMCLRT	为标注文字指定颜色
DIMDEC	设置标注主单位显示的小数位位数
DIMDLE	当使用小斜线代替箭头进行标注时，设置尺寸线超出尺寸界线的距离
DIMDLI	控制基线标注中尺寸线的间距
DIMDSEP	指定一个单独的字符作为创建十进制标注时使用的小数分隔符
DIMEXE	指定尺寸界线超出尺寸线的距离
DIMEXO	指定尺寸界线偏离原点的距离
DIMFIT	已废弃。现由 DIMATFIT 和 DIMTMOVE 代替
DIMFRAC	设置当 DIMLUNIT 被设为 4（建筑）或 5（分数）时的分数格式
DIMGAP	在尺寸线分段以放置标注文字时，设置标注文字周围的距离
DIMJUST	控制标注文字的水平位置
DIMLDRBLK	指定引线的箭头类型
DIMLFAC	设置线性标注测量值的比例因子
DIMLIM	将极限尺寸生成为默认文字
DIMLUNIT	为所有标注类型（角度标注除外）设置单位
DIMLWD	指定尺寸线的线宽
DIMLWE	指定尺寸界线的线宽
DIMPOST	指定标注测量值的文字前缀/后缀（或两者都指定）
DIMRND	将所有标注距离舍入到指定值

DIMSAH	控制尺寸线箭头块的显示
DIMSCALE	为标注变量（指定尺寸、距离或偏移量）设置全局比例因子
DIMSD1	控制是否禁止显示第一条尺寸线
DIMSD2	控制是否禁止显示第二条尺寸线
DIMSE1	控制是否禁止显示第一条尺寸界线
DIMSE2	控制是否禁止显示第二条尺寸界线
DIMSHO	控制是否重新定义拖动的标注对象
DIMSOXD	控制是否允许尺寸线绘制到尺寸界线之外
DIMSTYLE	显示当前标注样式
DIMTAD	控制文字相对尺寸线的垂直位置
DIMTDEC	设置标注主单位的公差值显示的小数位数
DIMTFAC	设置用来计算标注分数或公差文字的高度的比例因子
DIMTIH	控制所有标注类型（坐标标注除外）的标注文字在尺寸界线内的位置
DIMTIX	在尺寸界线之间绘制文字
DIMTM	当 DIMTOL 或 DIMLIM 为开时，为标注文字设置最大下偏差
DIMTMOVE	设置标注文字的移动规则
DIMTOFL	控制是否将尺寸线绘制在尺寸界线之间（即使文字放置在尺寸界线之外）
DIMTOH	控制标注文字在尺寸界线外的位置
DIMTOL	将公差添加到标注文字中
DIMTOLJ	设置公差值相对名词性标注文字的垂直对正方式
DIMTP	当 DIMTOL 或 DIMLIM 为开时，为标注文字设置最大上偏差
DIMTSZ	指定线性标注、半径标注以及直径标注中替代箭头的小斜线尺寸
DIMTVP	控制尺寸线上方或下方标注文字的垂直位置
DIMTXSTY	指定标注的文字样式
DIMTXT	指定标注文字的高度，除非当前文字样式具有固定的高度
DIMTZIN	控制是否对公差值作消零处理
DIMUNIT	已废弃，现由 DIMLUNIT 和 DIMFRAC 代替
DIMUPT	控制用户定位文字的选项
DIMZIN	控制是否对主单位值作消零处理
DISPSILH	控制线框模式下实体对象轮廓曲线的显示
DISTANCE	存储由 DIST 计算的距离
DONUTID	设置圆环的默认内直径
DONUTOD	设置圆环的默认外直径
DRAGMODE	控制拖动对象的显示
DRAGP1	设置重生成拖动模式下的输入采样率
DRAGP2	设置快速拖动模式下的输入采样率
DWGCHECK	确定图形最后是否经非 AutoCAD 程序编辑

DWGCODEPAGE	存储与SYSCODEPAGE系统变量相同的值（出于兼容性的原因）
DWGNAME	存储用户输入的图形名
DWGPREFIX	存储图形文件的“驱动器/目录”前缀
DWGTITLED	指出当前图形是否已命名
E	
变量	含义
EDGEMODE	控制TRIM和EXTEND确定剪切边和边界的方式
ELEVATION	存储当前空间的当前视口中相对于当前UCS的当前标高值
EXPERT	控制是否显示某些特定提示
EXPLMODE	控制EXPLODE是否支持比例不一致（NUS）的块
EXTMAX	存储图形范围右上角点的坐标
EXTMIN	存储图形范围左下角点的坐标
EXTNAMES	为存储于符号表中的已命名对象名称（例如线型和图层）设置参数
F	
变量	含义
FACETRATIO	控制圆柱或圆锥ACIS实体镶嵌面的宽高比
FACETRES	调整着色对象和渲染对象的平滑度，对象的隐藏线被删除
FILEDIA	禁止显示文件对话框
FILLETRAD	存储当前的圆角半径
FILLMODE	指定多线、宽线、二维填充、所有图案填充（包括实体填充）和宽多段线是否被填充
FONTALT	指定在找不到指定的字体文件时使用的替换字体
FONTMAP	指定要用到的字体映射文件
FRONTZ	存储当前视口中前剪裁平面到目标平面的偏移量
FULLOPEN	指示当前图形是否被局部打开
G	
变量	含义
GRIDMODE	打开或关闭栅格
GRIDUNIT	指定当前视口的栅格间距（X和Y方向）
GRIPBLOCK	控制块中夹点的分配
GRIPCOLOR	控制未选定夹点（绘制为轮廓框）的颜色
GRIPHOT	控制选定夹点（绘制为实心块）的颜色
GRIPS	控制“拉伸”、“移动”、“旋转”、“比例”和“镜像”夹点模式中选择集夹点的使用
GRIPSIZE	以像素为单位设置显示夹点框的大小
H	
变量	含义
HANDLES	报告应用程序是否可以访问对象句柄
HIDEPRECISION	控制消隐和着色的精度
HIGHLIGHT	控制对象的亮显。它并不影响使用夹点选定的对象
HPANG	指定填充图案的角度
HPBOUND	控制BHATCH和BOUNDARY创建的对象类型
HPDOUBLE	指定用户定义图案的交叉填充图案
HPNAME	设置默认的填充图案名称
HPSCALE	指定填充图案的比例因子
HPSPACE	为用户定义的简单图案指定填充图案的线间距
HYPERLINKBASE	指定图形中用于所有相对超级链接的路径
I	
变量	含义
IMAGEHLT	控制是亮显整个光栅图像还是仅亮显光栅图像边框
INDEXCTL	控制是否创建图层和空间索引并保存到图形文件中
INETLOCATION	存储BROWSER和“浏览Web对话框”使用的网址
INSBASE	存储BASE设置的插入基点
INSNAME	为INSERT设置默认块名
INSUNITS	当从AutoCAD设计中心拖放块时，指定图形单位值
INSUNITSDEFSOURCE	设置源内容的单位值
INSUNITSDEFTARGET	设置目标图形的单位值
ISAVEBAK	提高增量保存速度，特别是对于大的图形
ISAVEPERCENT	确定图形文件中所允许的占用空间的总量
ISOLINES	指定对象上每个曲面的轮廓素线的数目
L	
变量	含义
LASTANGLE	存储上一个输入圆弧的端点角度
LASTPOINT	存储上一个输入的点
LASTPROMPT	存储显示在命令行中的上一个字符串
LENSLENGTH	存储当前视口透视图中的镜头焦距长度（以毫米为单位）
LIMCHECK	控制在图形界限之外是否可以生成对象
LIMMAX	存储当前空间的右上方图形界限
LIMMIN	存储当前空间的左下方图形界限
LISPINIT	当使用单文档界面时，指定打开新图形时是否保留AutoLISP定义的函数和变量
LOCALE	显示当前AutoCAD版本的国际标准化组织（ISO）语言代码
LOGFILEMODE	指定是否将文本窗口的内容写入日志文件
LOGFILENAME	指定日志文件的路径和名称
LOGFILEPATH	为同一任务中的所有图形指定日志文件的路径

LOGINNAME	显示加载 AutoCAD 时配置或输入的用户名
LTSCALE	设置全局线型比例因子
LUNITS	设置线性单位
LUPREC	设置线性单位的小数位数
LWDEFAULT	设置默认线宽的值
LWDISPLAY	控制“模型”或“布局”选项卡中的线宽显示
LWUNITS	控制线宽的单位显示为英寸还是毫米
M	
变量	含义
MAXACTVP	设置一次最多可以激活多少视口
MAXSORT	设置列表命令可以排序的符号名或块名的最大数目
MBUTTONPAN	控制定点设备第三按钮或滑轮的动作响应
MEASUREINIT	设置初始图形单位（英制或公制）
MEASUREMENT	设置当前图形的图形单位（英制或公制）
MENUCTL	控制屏幕菜单中的页切换
MENUECHO	设置菜单回显和提示控制位
MENUNAME	存储菜单文件名，包括文件名路径
MIRRTEXT	控制 MIRROR 对文字的影响
MODEMACRO	在状态行显示字符串
MTEXTED	设置用于多行文字对象的首选和次选文字编辑器
N	
变量	含义
NOMUTT	禁止消息显示，即不反馈工况（如果消息在通常情况不禁止）
O	
变量	含义
OFFSETDIST	设置默认的偏移距离
OFFSETGAPTYPE	控制如何偏移多段线以弥补偏移多段线的单个线段所留下的间隙
OLEHIDE	控制 AutoCAD 中 OLE 对象的显示
OLEQUALITY	控制内嵌的 OLE 对象质量默认的级别
OLESTARTUP	控制打印内嵌 OLE 对象时是否加载其源应用程序
ORTHOMODE	限制光标在正交方向移动
OSMODE	使用位码设置执行对象捕捉模式
OSNAPCOORD	控制是否从命令行输入坐标替代对象捕捉
P	
变量	含义
PAPERUPDATE	控制警告对话框的显示（如果试图以不同于打印配置文件默认指定的图纸大小打印布局）
PDMODE	控制如何显示点对象
PDSIZE	设置显示的点对象大小
PERIMETER	存储 AREA、LIST 或 DBLIST 计算的最后一个周长值

PFACEVMAX	设置每个面顶点的最大数目
PICKADD	控制后续选定对象是替换当前选择集还是追加到当前选择集中
PICKAUTO	控制“选择对象”提示下是否自动显示选择窗口
PICKBOX	设置选择框的高度
PICKDRAG	控制绘制选择窗口的方式
PICKFIRST	控制在输入命令之前（先选择后执行）还是之后选择对象
PICKSTYLE	控制编组选择和关联填充选择的使用
PLATFORM	指示 AutoCAD 工作的操作系统平台
PLINEGEN	设置如何围绕二维多段线的顶点生成线型图案
PLINETYPE	指定 AutoCAD 是否使用优化的二维多段线
PLINEWID	存储多段线的默认宽度
PLOTID	已废弃，在 AutoCAD2000 中没有效果，但在保持 AutoCAD2000 以前版本的脚本和 LISP 程序的完整性时还可能有用
PLOTROTMODE	控制打印方向
PLOTTER	已废弃，在 AutoCAD2000 中没有效果，但在保持 AutoCAD2000 以前版本的脚本和 LISP 程序的完整性时还可能有用
PLQUIET	控制显示可选对话框以及脚本和批打印的非致命错误
POLARADDANG	包含用户定义的极轴角
POLARANG	设置极轴角增量
POLARDIST	当 SNAPSTYL 系统变量设置为 1(极轴捕捉）时，设置捕捉增量
POLARMODE	控制极轴和对象捕捉追踪设置
POLYSIDES	设置 POLYGON 的默认边数
POPUPS	显示当前配置的显示驱动程序状态
PRODUCT	返回产品名称
PROGRAM	返回程序名称
PROJECTNAME	给当前图形指定一个工程名称
PROJMODE	设置修剪和延伸的当前“投影”模式
PROXYGRAPHICS	指定是否将代理对象的图像与图形一起保存
PROXYNOTICE	如果打开一个包含自定义对象的图形，而创建此自定义对象的应用程序尚未加载时，显示通知
PROXYSHOW	控制图形中代理对象的显示
PSLTSCALE	控制图纸空间的线型比例
PSPROLOG	为使用 PSOUT 时从 acad.psf 文件读取的前导段指定一个名称
PSQUALITY	控制 Postscript 图像的渲染质量
PSTYLEMODE	指明当前图形处于“颜色相关打印样式”还是“命名打印样式”模式
PSTYLEPOLICY	控制对象的颜色特性是否与其打印样式相关联
PSVPSCALE	为新创建的视口设置视图缩放比例因子

PUCSBASE	存储仅定义图纸空间中正交 UCS 设置的原点和方向的 UCS 名称
Q	
变量	含义
QTEXTMODE	控制文字的显示方式
R	
变量	含义
RASTERPREVIEW	控制 BMP 预览图像是否随图形一起保存
REFEDITNAME	指示图形是否处于参照编辑状态，并存储参照文件名
REGENMODE	控制图形的自动重生成
RE-INIT	初始化数字化仪、数字化仪端口和 acad.pgp 文件
RTDISPLAY	控制实时缩放(ZOOM)或平移(PAN)时光栅图像的显示
S	
变量	含义
SAVEFILE	存储当前用于自动保存的文件名
SAVEFILEPATH	为 AutoCAD 任务中所有自动保存文件指定目录的路径
SAVENAME	在保存图形之后存储当前图形的文件名和目录路径
SAVETIME	以分钟为单位设置自动保存的时间间隔
SCREENBOXES	存储绘图区域的屏幕菜单区显示的框数
SCREENMODE	存储表示 AutoCAD 显示的图形/文本状态的位码值
SCREENSIZE	以像素为单位存储当前视口的大小（X 和 Y 值）
SDI	控制 AutoCAD 运行于单文档还是多文档界面
SHADEDGE	控制渲染时边的着色
SHADEDIF	设置漫反射光与环境光的比率
SHORTCUTMENU	控制“默认”、“编辑”和“命令”模式的快捷菜单在绘图区域是否可用
SHPNAME	设置默认的形名称
SKETCHINC	设置 SKETCH 使用的记录增量
SKPOLY	确定 SKETCH 生成直线还是多段线
SNAPANG	为当前视口设置捕捉和栅格的旋转角
SNAPBASE	相对于当前 UCS 设置当前视口中捕捉和栅格的原点
SNAPISOPAIR	控制当前视口的等轴测平面
SNAPMODE	打开或关闭“捕捉”模式
SNAPSTYL	设置当前视口的捕捉样式
SNAPTYPE	设置当前视口的捕捉样式
SNAPUNIT	设置当前视口的捕捉间距
SOLIDCHECK	打开或关闭当前 AutoCAD 任务中的实体校验
SORTENTS	控制 OPTIONS 命令（从“选择”选项卡中执行）对象排序操作
SPLFRame	控制样条曲线和样条拟合多段线的显示
SPLINESEGS	设置为每条样条拟合多段线生成的线段数目
SPLINETYPE	设置用 PEDIT 命令的“样条曲线”选项生成的曲线类型
SURFTAB1	设置 RULESURF 和 TABSURF 命令所用到的网格面数目
SURFTAB2	设置 REVSURF 和 EDGESURF 在 N 方向上的网格密度
SURFTYPE	控制 PEDIT 命令的“平滑”选项生成的拟合曲面类型
SURFU	设置 PEDIT 的“平滑”选项在 M 方向所用到的表面密度
SURFV	设置 PEDIT 的“平滑”选项在 N 方向所用到的表面密度
SYSCODEPAGE	指示 acad.xmf 中指定的系统代码页
T	
变量	含义
TABMODE	控制数字化仪的使用
TARGET	存储当前视口中目标点的位置
TDCREATE	存储图形创建的本地时间和日期
TDINDWG	存储总编辑时间
TDUCREATE	存储图形创建的国际时间和日期
TDUPDATE	存储最后一次更新/保存的本地时间和日期
TDUSRTIMER	存储用户消耗的时间
TDUUPDATE	存储最后一次更新/保存的国际时间和日期
TEMPPREFIX	包含用于放置临时文件的目录名
TEXTEVAL	控制处理字符串的方式
TEXTFILL	控制打印、渲染以及使用 PSOUT 命令输出时 TrueType 字体的填充方式
TEXTQLTY	控制打印、渲染以及使用 PSOUT 命令输出时 TrueType 字体轮廓的分辨率
TEXTSIZE	设置以当前文字样式绘制出来的新文字对象的默认高
TEXTSTYLE	设置当前文字样式的名称
THICKNESS	设置当前三维实体的厚度
TILEMODE	将“模型”或最后一个布局选项卡设置为当前选项卡
TOOLTIPS	控制工具栏提示的显示
TRACEWID	设置宽线的默认宽度
TRACKPATH	控制显示极轴和对象捕捉追踪的对齐路径
TREEDEPTH	指定最大深度，即树状结构的空间索引可以分出分支的最大数目
TREEMAX	通过限制空间索引（八叉树）中的节点数目，从而限制重新生成图形时占用的内存
TRIMMODE	控制 AutoCAD 是否修剪倒角和圆角的边缘
TSPACEFAC	控制多行文字的行间距。以文字高度的比例计算 t
TSPACETYPE	控制多行文字中使用的行间距类型
TSTACKALIGN	控制堆迭文字的垂直对齐方式

读书破万卷

TSTACKSIZE	控制堆迭文字分数的高度相对于选定文字的当前高度的百分比
U	
变量	含义
UCSAXISANG	存储使用 UCS 命令的 X，Y 或 Z 选项绕轴旋转 UCS 时的默认角度值
UCSBASE	存储定义正交 UCS 设置的原点和方向的 UCS 名称
UCSFOLLOW	用于从一个 UCS 转换到另一个 UCS 时生成一个平面视图
UCSICON	显示当前视口的 UCS 图标
UCSNAME	存储当前空间中当前视口的当前坐标系名称
UCSORG	存储当前空间中当前视口的当前坐标系原点
UCSORTHO	确定恢复一个正交视图时是否同时自动恢复相关的正交 UCS 设置
UCSVIEW	确定当前 UCS 是否随命名视图一起保存
UCSVP	确定活动视口的 UCS 保持定态还是作相应改变以反映当前活动视口的 UCS 状态
UCSXDIR	存储当前空间中当前视口的当前 UCS 的 X 方向
UCSYDIR	存储当前空间中当前视口的当前 UCS 的 Y 方向
UNDOCTL	存储指示 UNDO 命令的“自动”和“控制”选项的状态位码
UNDOMARKS	存储“标记”选项放置在 UNDO 控制流中的标记数目
UNITMODE	控制单位的显示格式
USERI1-5	存储和提取整型值
USERR1-5	存储和提取实型值
USERS1-5	存储和提取字符串数据
V	
变量	含义
VIEWCTR	存储当前视口中视图的中心点
VIEWDIR	存储当前视口中的查看方向
VIEWMODE	使用位码控制当前视口的查看模式
VIEWSIZE	存储当前视口的视图高度
VIEWTWIST	存储当前视口的视图扭转角
VISRETAIN	控制外部参照依赖图层的可见性、颜色、线型、线宽和打印样式（如果 PSTYLEPOLICY 设置为 0），并且指定是否保存对嵌套外部参照路径的修改
VSMAX	存储当前视口虚屏的右上角坐标
VSMIN	存储当前视口虚屏的左下角坐标
W	
变量	含义
WHIPARC	控制圆或圆弧是否平滑显示
WMFBKGND	控制 WMFOUT 命令输出的 Windows 图元文件、剪贴板中对象的图元格式，以及拖放到其他应用程序的图元的背景
WORLDUCS	指示 UCS 是否与 WCS 相同
WORLDVIEW	确定响应 3DORBIT、DVIEW 和 VPOINT 命令的输入是相对于 WCS（默认），还是相对于当前 UCS 或由 UCSBASE 系统变量指定的 UCS
WRITESTAT	指出图形文件是只读的还是可写的。开发人员需要通过 AutoLISP 确定文件的读/写状态
X	
变量	含义
XCLIPFRame	控制外部参照剪裁边界的可见性
XEDIT	控制当前图形被其他图形参照时是否可以在位编辑
XFADECTL	控制在位编辑参照时的褪色度
XLOADCTL	打开或关闭外部参照文件的按需加载功能，控制打开原始图形还是打开一个副本
XLOADPATH	创建一个路径用于存储按需加载的外部参照文件临时副本
XREFCTL	控制 AutoCAD 是否生成外部参照的日志文件(XLG)
Z	
变量	含义
ZOOMFACTOR	控制智能鼠标的每一次前移或后退操作所执行的缩放增量